# 现代阻燃材料与技术

钱立军 编著

MODERN FLAME RETARDANT MATERIALS AND TECHNOLOGIES

化学工业出版社

·北京·

## 内容简介

本书共12章，第1章简要介绍阻燃科学的价值、意义、发展历史和国内阻燃剂发展情况；第2章主要介绍了传统阻燃机理以及最新研究的新型阻燃机理；第3～6章依据作者及所在研究团队多年来的研究成果，针对目前市面上常用的各种阻燃剂（卤系、磷氮系、金属化合物、碳系和硅系等）的基本性质、合成制备方法、表征及主要应用情况进行了详细的介绍；第7～10章阐述了各类阻燃材料（聚烯烃、工程塑料、热固性树脂等），介绍了上述材料的主要应用领域和制备方法；第11章全面介绍了阻燃性能测试仪器与方法；第12章介绍了阻燃材料与环境安全。

本书可供从事阻燃剂和阻燃材料研究开发的技术人员参考，对从事阻燃材料的阻燃机制研究、阻燃剂研发生产等技术人员有指导作用，也可作为高等院校相关专业师生的教材和专业参考书。

**图书在版编目（CIP）数据**

现代阻燃材料与技术/钱立军编著．—北京：化学工业出版社，2021.2（2024.2重印）
ISBN 978-7-122-38591-8

Ⅰ.①现…　Ⅱ.①钱…　Ⅲ.①防火材料-基本知识　Ⅳ.①TB34

中国版本图书馆CIP数据核字（2021）第031907号

责任编辑：高　宁　仇志刚　　装帧设计：史利平
责任校对：边　涛

出版发行：化学工业出版社（北京市东城区青年湖南街13号　邮政编码100011）
印　　装：北京建宏印刷有限公司
787mm×1092mm　1/16　印张29¾　字数553千字　2024年2月北京第1版第5次印刷

购书咨询：010-64518888　　售后服务：010-64518899
网　　址：http://www.cip.com.cn
凡购买本书，如有缺损质量问题，本社销售中心负责调换。

定　　价：198.00元

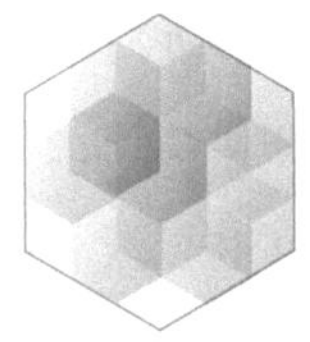

# 前言

近年来，随着世界经济的快速发展，现代制造业所开发的大量产品广泛应用于生产生活的各个方面，在上述产品的制造过程中，大量采用了包括合成高分子材料、木材在内的易燃材料，使得人群、设备设施高度聚集的城市面临着巨大的火灾威胁。一旦发生火灾，将会造成极其惨重的人员伤亡和财产损失。为解决这一问题，许多国家和组织都颁布施行了一系列的阻燃法律和法规，人们的防火安全意识也不断增强，推动了阻燃产品和技术的迅速发展和广泛应用。

中国的阻燃技术研究和发展是从二十世纪八十年代开始，自二十世纪九十年代进入快速发展阶段，首先得到快速发展的是溴系阻燃剂及其阻燃材料。进入二十一世纪，由于十溴二苯醚和六溴环十二烷属有持久性有机污染物被禁用，无卤阻燃产品和技术开始迅速发展，形成溴系阻燃材料与无卤阻燃材料并存的产业局面。近年来，新的无卤阻燃剂和无卤阻燃体系不断被开发，伴随中国制造业的快速发展，形成了更加活跃的阻燃材料产业发展态势。

由于阻燃产品与技术在使用过程中经常会增加成本，存在较高的技术壁垒，使得阻燃技术在现代生产生活中的应用仍然存在着一定的障碍，在发展高性能阻燃产品和技术方面仍然需要加大投入、深入研究，也需要将阻燃领域相关的知识进行系统总结和归纳，为今后先进阻燃产品与技术的发展提供支撑。本书总结凝练了作者长期在阻燃材料领域的研究工作和产业化工作两方面的经验，系统论述了阻燃资源与产业发展情况、阻燃机理、阻燃剂、阻燃材料、阻燃材料测试方法、阻燃材料与环境安全等相关内容，以期为阻燃材料领域的生产技术人员、科研人员、管理人员、学生等提供理论和实践的帮助。

在全书编撰和出版过程中，得到了中国轻工业先进阻燃剂工程技术研究中心、北京工商大学阻燃实验室、山东兄弟科技股份有限公司环境友好大分子阻燃材料工程实验室和山东省海洋化工科学研究院的支持，得到了北京工商大学邱勇博士、王靖宇博士、汤维、姚忠樱、蔡标、杨木森、李俊孝、王志鹏等的协助，其中 POSS 部分内容也得到了北京理工大学张文超副教授的协助，在此表示感谢。由于经验不足、水平有限，所编写的内容有不妥之处恳请各位读者批评指正。本书是在北京高等教育“本科教学改革创新项目”和北京工商大学本科教学改革重点项目的支持下完成的。本书出版获得了北京市长城学者培养计划项目（CIT&TCD20180312）、北京工商大学校级杰青优青培育计划项目和山东省重点研发计划项目（2020CXGC011207）的资助。

2021 年 1 月 9 日

# 目录

**第 4 章**

**磷氮系阻燃剂**

**88**

## 第 6 章

## 碳系和硅系阻燃剂

215



## 第 7 章

## 阻燃聚烯烃

238

# 第1章 绪论

## 1.1 火灾的危害

火是以光和热的方式释放能量并以烟和火焰为特征的燃烧现象，早在距今2万～3万年前，北京周口店的山顶洞人就学会了人工取火，从此火伴随着人类社会的发展与进步，并推动着人类社会从蒙昧状态走向文明。借助火的燃烧过程，人类第一次掌握了天然能源，火发出的光可用来照明、驱赶野兽、指示方向；火发出的热可用来烧煮食物、取暖、冶炼金属、烧制陶器等。火在受控状态使用能够带来光明和温暖，但在不受控的状态下，就极易引发灾难。随着社会的不断发展，人们的生活环境中存在着越来越多的电子电器产品和其他易燃制品，因此火灾也成为了威胁公众安全和社会发展的最常见、最普遍的灾害之一。

随着社会生活的发展和生产资料的日益丰富，导致火灾发生的危险源在不断增多，火灾的危害性也越来越大。近年来，一些重大火灾事件让我们记忆深刻。这些火灾包括重要建筑工程、历史文物和民用建筑火灾、交通工具火灾、电子电器火灾等。

**(1) 建筑火灾**

① 中央电视台新台址大火（图1-1） 2009年2月9日，本是一个喜庆的日子，在建的中央电视台（以下简称央视）电视文化中心即将成为央视新址。为了庆祝这一历史性的时刻，早已置办好的价值35万元的大型烟花被一齐点燃，盛大的烟花引得许多路人驻足观看。然而，人们却没有注意到这一切的背后，早已埋下了深深的隐患。

到了晚上8点，烟花表演结束后，央视新址北配楼外部装饰板着火，火势由外到内，烧到大楼中部时开始发生爆炸，火焰疯狂蹿升，火光照亮数十公里外，整栋建筑付

图 1-1　中央电视台大楼火灾

之一炬。火灾致使一名消防战士牺牲，多人受伤，造成直接经济损失 1.64 亿元。

② 菲律宾土格加劳宾馆火灾（图 1-2）　2010 年 12 月 19 日凌晨，位于菲律宾北部卡加延省土格加劳市的一家宾馆和相邻楼房失火，大火先从旅馆相邻的 5 层楼房底层燃起，再蔓延至这家旅馆。消防人员用了 4 个小时将大火扑灭，两座建筑完全被烧毁。大火最终造成 15 人死亡，12 人受伤。卡加延省土格加劳市坐落在卡加延德奥罗山谷，是一个人口稀少的农业城市，这使得这里的建筑大多是易燃木质结构[1]。

图 1-2　菲律宾宾馆火灾

③ 英国伦敦高层建筑火灾（图 1-3）　2017 年 6 月 14 日凌晨 1 点 15 分，伦敦大都会区警署接到报警电话，位于伦敦西部的格伦费尔大厦发生火灾，短短 30 分钟，大火就蔓延至了整座大厦，明火持续了十几个小时。这次火灾造成了 12 人丧生，79 人送医治疗，其中 17 人伤势严重。随着火势得到控制，高层建筑外墙保温材料的消防隐患也成为舆论关注的焦点。

④ 巴西国家博物馆火灾（图 1-4）　2018 年 9 月 2 日晚，位于巴西里约热内卢市的国家博物馆发生火灾。5 个小时后，消防员才控制住火势，却没有完全扑灭明火，透过巨大窗户可见建筑内部被火熏黑的走廊和烧焦的房梁，这场大火将整个博物馆基本烧毁。虽然消防员竭力“抢救”博物馆中珍贵的藏品，但受灾后仅有 10% 的馆藏得以幸存[2]。

⑤ 法国巴黎圣母院火灾（图 1-4）　2019 年 4 月 15 日下午，巴黎圣母院顶部的塔楼着火，并且火势蔓延迅速，不久大火就将圣母院塔楼的尖顶吞噬，滚滚浓烟遮蔽了塞纳河畔的天空，随即巴黎圣母院标志性的尖顶轰然倒塌，天花板也被烧毁，整座建筑损毁严重，这场火灾直接导致人类文明一大瑰宝的毁坏。而直到次日凌晨火情才得到有效控制，这是因为巴黎圣母院结构为木屋梁，极易燃烧，而石头外墙和高耸的建筑又使得火

灾的扑灭难度较大。这场文明之殇不由得让人们思考对传统古文物建筑防火阻燃的必要性。

The Daily Telegraph

'Disaster waiting to happen'

Dozens feared dead in tower block inferno as experts claim safety warnings were ignored

图 1-3　伦敦大楼火灾

图 1-4　巴西国家博物馆火灾

图 1-5　巴黎圣母院火灾

**(2) 交通工具火灾**

① 高铁火灾事故　2018 年 1 月 25 日，我国 G281 次列车在车站停车阶段，位于 2 号车厢底部的电器设备发生故障，引起车厢底部着火，消防队进行了两个多小时的扑救才将火势控制住，此次事故导致该车厢车体烧穿报废，直接经济损失约 2000 万元，并造成多趟高铁列车停运（图 1-6）。值得庆幸的是，该起火灾发生在高铁停靠车站期间，未造成人员伤亡，倘若在高铁行进过程发生火灾，后果更是难以设想。

此次高铁火灾并非个例，北京至武汉的 D2031 次动车车顶也曾发生火灾事故；2015 年法国南部，高铁起火造成 300 余人紧急疏散；日本等国也曾发生过高铁火灾。实际上，使用在高铁上的材料对阻燃性能有着严格的要求，但是火灾仍时有发生，这些高铁火灾事故也让人们警醒：人们应该更加严格地把控高铁材料的质量，使其阻燃性能

图 1-6　G281 次高铁火灾事故

满足高铁防火规范，达到高阻燃标准。

② 飞机火灾事故　纵观航空史，不管是国外还是国内，飞机火灾事故时有发生（图 1-7）。飞机上可燃、易燃物多，人员密集、逃生困难，所以一旦飞机失火，危险性极大。2019 年 5 月 5 日，一架俄航客机起飞后突发故障折返，紧急降落时起落架折断，飞机起火，火势迅速蔓延，致使飞机一半机身被烧毁。该次事故共造成 41 人遇难，据调查，火灾原因有可能是电器设备发生故障。2017 年 10 月 9 日，美国航空客机在中国香港国际机场停机坪停靠时，漏油导致飞机着火，货物部分受损，有人员受伤。因此，飞机材料的防火、阻燃处理是极其必要的，这将会为人员的逃生和火灾应急处理提供更多的时间。

图 1-7　飞机火灾事故

③ 机动车火灾事故　车水马龙的今天，汽车的火灾事故更是屡见不鲜，汽车的轮胎、座椅、中控台、保险杠等都属于易燃材料（图 1-8）。2009 年 6 月 5 日，成都一辆满载乘客的公交车发生燃烧，造成重大的人员伤亡，27 人遇难、74 人受伤。2013 年，厦门一公交车行驶过程突然起火，共造成 48 人死亡、30 多人受伤。类似公交车火灾事件还有许多，事故起因主要包括人为纵火和车辆自身故障，但车辆上大量易燃的材料则是火灾发展猛烈的潜在原因。

图 1-8　机动车火灾事故

此外，近年来随着新能源汽车的出现与推广，一些汽车自燃现象常有发生，这是因为电池的本身属性易引发相关材料的着火，进而蔓延至整辆车，最后导致火灾。因此对电池电极、电解质等相关材料的阻燃需要进一步的发展和规范。

**(3) 电子电器火灾**

随着科技的发展，电子电器产品走进千家万户，给人们带来便捷的同时也带来了火灾风险（图 1-9）。电子电器产品上有相当一部分的配件是高分子材料，包括壳体、主板、线缆等，是易燃烧的材料，而电起火是导致火灾的主要原因。2014 年 1 月 11 日，香格里拉地区一人员因取暖器使用不当，引发火灾，造成烧损、拆除房屋面积近 6 万平方米，直接损失近 9000 万元。2014 年 1 月 14 日，温州市某鞋业有限公司发生火灾事故，造成 16 人死亡、5 人受伤，火灾原因是电气线路故障引燃周围鞋盒等可燃物，从而引发大型火灾。2020 年 2 月 23 日，深圳市宝安区一店铺发生火灾，事故造成包括一名婴儿在内的 4 人死亡，火灾原因是电气线路短路，从而引燃周边电器、纸制品等易燃物。这些事例不仅警示人们用电安全，更对电子电器配件的阻燃性能提出了更高的要求。

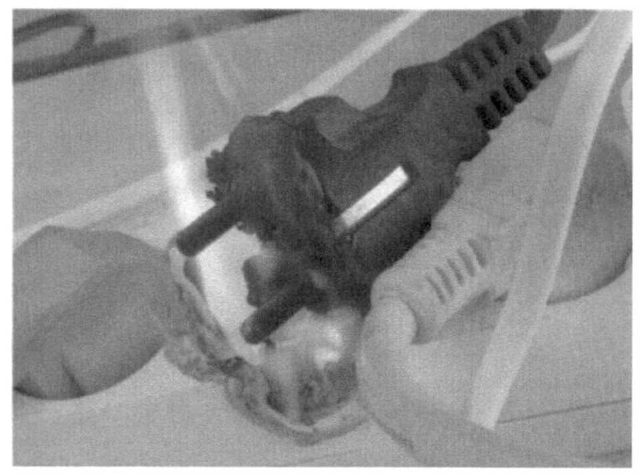

图 1-9　电子电器火灾事故

据中国消防微信公众号信息，2019 年全年我国共接报火灾 23.3 万起，由于火灾共导致 1335 人死亡，837 人受伤，直接损失达 36.12 亿元[3]。火灾不仅给人们的生命及财产安全带来损害，还会严重污染环境，破坏生态平衡，因此，对火灾的防范极为重要，在我国古代，人们就总结出“防为上，救次之，戒为下”的经验。随着科学技术的发展，阻燃材料的推广和使用极大地减少了火灾的发生，为人民生命和财产安全提供了有效的保障。

## 1.2 现代材料的火灾危险性

随着科学技术的发展，除了原有的木材、纸张、蚕丝等易燃材料仍然在现代生活中广泛应用以外，各种新材料不断涌现，尤其以高分子材料的发展和使用最为突出，诸如塑料、合成纤维、合成橡胶等制品已经广泛应用于建筑、交通、汽车、军工、机械、化工等领域。在一些领域里塑料已经替代钢铁等传统材料实现了广泛应用，如汽车的轻量化发展中，一些高比强度的高分子复合材料替代了传统的钢结构材料；电子电器作为科技进步的重要标志渗透到了我们生活的方方面面，而电子电器的大部分零部件如外壳、电线电缆外皮、插线板、管道等都属于高分子材料；此外，许多建筑材料也是高分子材料，如外墙保温泡沫材料、涂料、管道、塑料饰板、有机玻璃等。高分子材料给生产生活带来了便利，但也带来了潜在的火灾风险，因为大多数高分子材料都属于可燃或易燃材料，在使用过程中遇到高温会迅速分解燃烧，从而引发火灾。大部分高分子材料以碳、氢等元素为主，此外还可能含有氮、氧、硫、硅等多种元素，组成决定了其燃烧时不可自熄，并且火势发展迅速；其燃烧产生的熔滴还可能引燃周围的其他材料，导致火灾快速蔓延。

火灾导致人员伤亡最主要的原因是高温灼伤和烟气中毒。高分子材料通常具有高的热值，在发生火灾时燃烧强度大，温度高，破坏力强。此外，烟雾中的有毒气体主要来源于高分子材料的燃烧释放的气体。火灾中绝大部分高分子材料燃烧会产生大量的 CO、$CO_2$ 气体，高浓度情形下可导致人员毒气中毒或窒息死亡。部分高分子材料在燃烧时还会生成如 $SO_2$、$NH_3$、HCl 等气体产物，对人体的呼吸系统等造成不可逆的伤害，甚至造成人员窒息死亡。此外，由于高分子材料热解或不完全燃烧时还会生成大量烟雾，从而大大降低了火灾现场可见度，影响人员的逃生及救援工作。

除此之外，传统的材料如木材、纸张、蚕丝等同样存在着火灾危险性。木材从古代就被作为主要的燃料，而现在成为了许多木质结构建筑、家具等的主要材料，当其着火时，火灾蔓延迅速、燃烧剧烈，极具危险性。巴西博物馆火灾案例就是最好佐证，这场文化的浩劫警示我们火灾防范的重要性。另一个看似不能燃烧的材料钢材同样也具备火灾风险性。钢材作为当代建筑的主要结构材料之一，发生火灾时，虽然不会产生燃烧现象，但是随着温度升高到某一程度时，钢材的力学性能会急剧下降，使承力构件对建筑物失去支撑能力，从而导致建筑物倒塌，造成不可估量的损失，著名的“9·11”事件中，建筑大楼的倒塌就是由于高温引起钢结构材料失去支撑能力导致的。因此，该类材料同样需要进行防火处理。

## 1.3 材料阻燃的必要性

阻燃材料是指自身不易燃烧的材料或者能够抑制或延缓其他材料燃烧的阻燃剂材料。近年来火灾频发，特大火灾伤人事故常有发生，对材料进行阻燃处理是减少火灾的重要措施之一。阻燃材料的使用能大大降低火灾发生率，国家标准 GB 20286—2006 规定在公共场所使用的制品和组件需要达到一定的阻燃级别，这也就意味着公共场所使用的制品和组件材料必须具有更好的难燃性，在一定火源的条件下，阻燃材料能实现更长时间保持不被引燃，或者实现引燃后自熄等现象，从源头上杜绝了火灾的发生。

图 1-10 所示为材料燃烧阶段示意图。

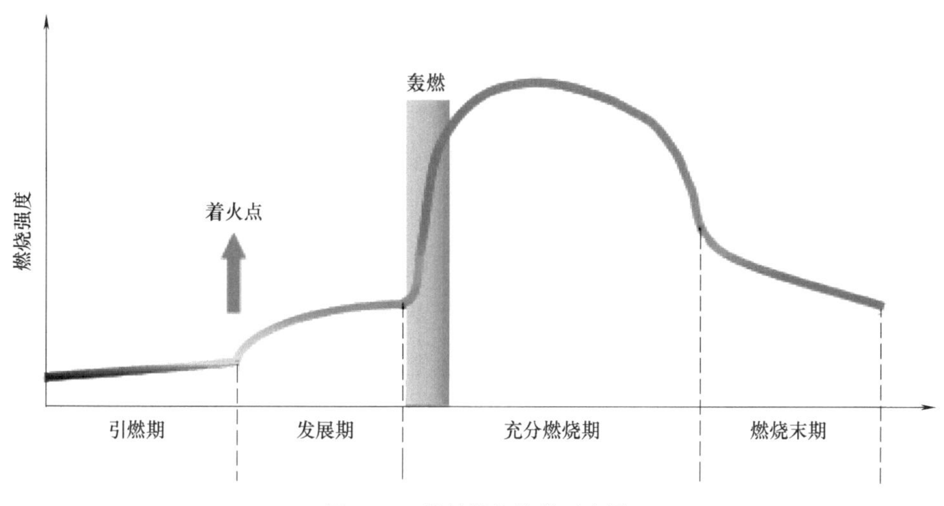


图 1-10 材料燃烧阶段示意图

火灾发生后一般分为四个阶段：①初起阶段（引燃期）：由于高温或者小的火源引起的小范围着火，在该阶段的燃烧范围不大，火灾仅限于初始起火点附近，燃烧区域温度高，但是周围环境温度较低。②发展阶段（发展期）：着火发生一段时间以后，周围环境温度逐渐上升，从而引起周围可燃物质的分解燃烧，导致火焰蔓延，火灾范围逐渐扩大。③猛烈燃烧阶段（充分燃烧期）：火灾空间内的所有可燃物被卷入大火之中，发生猛烈的燃烧，此时环境温度、热释放速率等参数达到峰值，破坏作用最强。④熄灭阶段（燃烧末期）：随着火灾空间内的可燃物的燃烧，“燃料”不断减少，燃烧速度、热释放速率等开始发生明显下降，直至可燃物消耗殆尽，火灾结束。因此着火后，扑灭火灾的最佳时期为火灾的初起阶段，此时火灾范围最小，环境温度低。阻燃材料并不意味着其不可燃烧，在持续火源或者高温条件下仍是可燃的，但是阻燃材料中的阻燃剂可以有效阻止火焰的蔓延和降低阻燃材料的燃烧强度，延长材料达到猛烈燃烧阶段的时间，为人员争取更长的逃生时间，同时为灭火救援争取更多的时间。即使火灾发展到猛烈燃烧阶段，材料中的阻燃剂仍可有效降低材料的热释放速率峰值，即降低火灾的最大燃烧强度，削弱火灾的破坏力。

火灾导致人员伤亡的另一重要的因素是，材料燃烧时释放的大量烟雾及有毒气体对人体危害极大，可导致人员中毒或窒息死亡。阻燃材料可实现对烟释放的明显抑制作用，如在一些应用场合需要对 PVC 材料进行抑烟处理，降低其在火灾中对人员的伤害，增加人员的逃生概率，同时也减少火灾对环境的污染。

## 1.4 阻燃材料的发展历史[4-6]

虽然直到近几十年，阻燃材料才开始逐渐得到广泛的应用，但是对于阻燃材料的研究和使用却已历经上千年。

我国古代建筑基本以木结构为主体，极易发生火灾，古人对于防火已经创造出了许多行之有效的方法。我国最早关于防火技术的记载出自春秋时期编撰的《左传》：“火所未至，撤小屋，涂大屋”，意为火灾尚未波及之处，拆去小的房子，并将大型房屋表面涂上泥巴，此处泥巴对房屋的涂覆处理可当作对木材的防火处理，这可以当作“防火涂料”最早的雏形。此外，墨子对于防火也有相似的记载：“五十步积薪，毋下三百石，善蒙涂，毋令外火能伤也。”意为相距五十步堆放薪柴，若在三百石以上，则需要用泥土覆盖，以防火灾波及。元朝著名农学家王祯根据“火得木而生，得水而熄，得土而

尽”的理论研制了一种较原始的防火涂料，该材料用砖屑末、白善泥、桐油、枯莩碳、石灰等五种原料，以“糯米胶”调制而成。在科技并不发达的中国，这些原始的“阻燃材料”为木质建筑的防火发挥了重要的作用。

西方阻燃技术的发展，前期以对木材和织物的阻燃为主。公元前 400 多年，希腊历史学家 Herodotus 记载了埃及人将木材浸入钾铝的硫酸盐溶液（矾液）中使其具有一定的阻燃性。大约两世纪后，罗马人改进了这一工艺，将醋加入上述矾液中以提高阻燃的耐久性。公元前 83 年，古罗马记载了阻燃技术在军事上的应用。人们发现用 alum 溶液处理木质城堡可以达到阻燃的目的，从而抵御火攻，并且还采用头发增强的黏土做成涂层来保护围城塔，以免其被纵火剂毁坏（alum 系拉丁文，据研究推测其为铁和铝的二硫酸盐）。关于织物阻燃技术最早记载于 1638 年 Nikolas Sabbatini 发表的论文。研究发现可用陶土［$2Al_2O_3 \cdot 6SiO_2 \cdot (3\sim4)H_2O$］和熟石膏（$CaSO_4 \cdot 0.5H_2O$）作为填料加入涂料处理剧院的帆布窗帘，从而降低剧院的火灾风险，该项阻燃技术最早在巴黎剧院得到应用。1735 年，出现了第一个对木材和纺织品进行阻燃处理的专利，即利用矾液、硼砂及硫酸亚铁盐对木材和织物进行阻燃改性。1821 年，为保证观看戏剧的安全性，法国国王路易十八委托化学家 J. L. Gay-Lussac 研究降低织物可燃性的技术，开发出了氯化铵、磷酸铵、硼砂三者混合的阻燃剂，该阻燃剂对黄麻、亚麻等织物具有很好的阻燃性，该研究成果经受住了时间考验，目前仍在广泛使用。1859 年，Versmannt 和 Oppenheim 将磷酸铵、氯化铵、硼砂、硫酸铵、锡酸铵等应用于织物阻燃，进一步提高了阻燃效率，并且还申请了用氧化锡沉淀于织物而赋予其阻燃性的专利。上述研究成果为后来天然有机材料的阻燃处理奠定了技术和实践基础，至今仍有重要的理论和实用价值。1913 年，化学家 W. H. Perkin 采用锡酸盐（或钨酸盐）与硫酸铵的混合物处理织物，并且对纺织品的阻燃处理提出了一系列基本要求：如阻燃耐久性好、不应损害织物手感、不影响印染、无毒、成本低等。此外，Perkin 还对阻燃作用机理进行了理论上的研究，这一开创性的工作标志着阻燃技术进入新纪元。

20 世纪初期，随着合成高分子材料的出现和广泛使用，上述的水溶性无机盐对疏水性强的高分子材料几乎没有用处，原有的用于阻燃织物的阻燃方案自然不能满足新型材料的阻燃需要，因此现代的阻燃技术开始转向发展与聚合物具有较好相容性的阻燃剂。如今的阻燃材料琳琅满目、种类繁多，但对阻燃材料发展最重要的进展可归纳为如下几个方面：

**(1) 卤-锑协同作用**

战争期间，军队的帆布帐篷需要阻燃和防水处理，于是 1930 年人们研发出了氧化锑-氯化石蜡协效阻燃体系。这是首次明确卤素-锑化合物的复配具有协同阻燃作用，也是首次采用有机卤素化合物取代之前流行的无机盐作阻燃剂。卤-锑协同作用的发现被誉为近代阻燃技术的一个里程碑，至今仍是阻燃应用的主流理论之一。基于溴-锑协同体系，人们后来开发了一系列卤系阻燃剂，如在20世纪60年代，开发了一种环状含氯化合物——德克隆，并在塑料中广泛使用。随着卤系阻燃技术的研究和发展，溴系阻燃剂成为了生产和应用的主流，这类阻燃剂是所有现代阻燃剂中发展最早、产业化程度最完善的产品，在整个塑料阻燃领域发挥着极其重要的作用。其主要品种包括十溴二苯醚、十溴二苯乙烷、六溴环十二烷、溴化环氧树脂、溴化聚苯乙烯、三-（三溴苯氧基）-三嗪、八溴醚、四溴双酚A、三溴苯酚、四溴苯酐二醇、二溴新戊二醇等。上述溴系阻燃剂中，十溴二苯醚和六溴环十二烷因具有持久性有机污染物的特征，已经被《斯德哥尔摩公约》等公约管控和禁用，并将逐渐退出市场。卤系阻燃剂高分子化已经成为今后卤系阻燃剂的发展趋势，如近些年开发的溴化环氧树脂、溴化聚苯乙烯和溴化苯乙烯-丁二烯-苯乙烯共聚物等产品。然而由于部分卤系阻燃剂在环保和安全方面问题的暴露，一些机构对卤系阻燃剂的应用持谨慎态度，这间接推动了无卤阻燃技术的发展。

**(2) 反应型阻燃剂**

第二次世界大战期间，美国开发了以四羟甲基氯化磷为主的一系列纤维素阻燃处理剂。后来英国Proban公司在此基础上开发出了著名的Proban阻燃工艺用来处理纺织品，即将织物经过浸渍阻燃整理液、预烘干、氨熏、氧化水洗、烘干、预缩等工艺，使阻燃剂分子与织物发生化学键接，赋予其可靠的阻燃特性和良好的耐久性。该技术是首次利用阻燃剂与被阻燃物的反应来制备阻燃复合材料，为日后从分子结构上赋予高分子材料以阻燃性提供了新思路。20世纪50年代初期，Hooker化学公司用反应型单体“氯菌酸”制备了阻燃不饱和聚酯材料，此后反应型阻燃单体不断涌现，如四溴双酚A、四溴邻苯二甲酸酐、氯化苯乙烯等。其中以四溴双酚A的用量最大，主要用来制备阻燃环氧树脂、阻燃聚碳酸酯等材料。

**(3) 膨胀型阻燃体系**

20世纪70年代，D. W. Van Krevelen指出，如果在燃烧时促进聚合物产生炭层，可显著改进材料的阻燃性。研究者们逐渐开始进行实验探究，1989年，意大利都灵理工大学的G. Camino将聚磷酸铵和季戊四醇应用于聚丙烯的阻燃研究，并揭示了该体系主要通过形成多孔膨胀型泡沫炭层来发挥阻燃效果。这一发现为此后膨胀型阻燃体系的发展奠定了基础。目前已经开发出多种多样的膨胀阻燃体系，可为聚烯烃材料、涂料等赋予优异的阻燃效果。

进入21世纪，阻燃材料发展迅速，已经发展了包括卤系、磷系、氮系、硅系等众多阻燃产品。随着社会生产生活的发展，对阻燃材料提出了更高的要求。在环保方面，

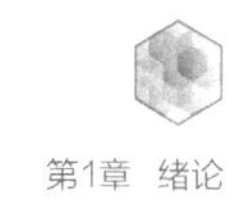



需要研究和生产环境友好型的阻燃剂产品；在使用方面，需要保证阻燃复合材料良好的阻燃性及优异的力学性能。如今，科学家们不仅研究阻燃剂成分对阻燃效率的影响，还研究阻燃剂的结构、粒径尺寸等对阻燃效率、力学性能的影响。随着阻燃科学和相关科学的发展，现代阻燃科学技术也将日臻成熟，将极大地保障社会公共安全。

## 1.5 中国阻燃材料产业发展现状

从 20 世纪 80 年代改革开放以来，中国经济蓬勃发展，尤其是以制造业为基础的工业经济进入飞速发展的阶段，其中一个重要标志就是塑料产品的产量、销量、进出口量迅速扩大。塑料产品的应用领域众多，包括电子电器、建筑材料、汽车、高铁和飞机的内饰材料等，但是塑料材料的易燃性决定了在上述领域应用需要对塑料材料进行阻燃处理。此外，对塑料材料阻燃处理不充分导致的火灾也造成了重大的人身伤亡事故和财产损失，一个重要的事件就是 2009 年中央电视台电视文化中心大火，由于外墙保温材料不合格导致新建的地标性大楼被烧毁，造成了重大的经济损失。因此，阻燃材料产业在中国受到了越来越多的重视，中国消防管理部门颁布了一系列强制法规来遏制重大火灾事件的发生，也推动了中国阻燃剂和阻燃材料市场的迅速发展。

大多数阻燃剂的制造依赖于天然资源，以下将对阻燃资源分布与中国产业发展情况进行简要介绍。

### 1.5.1 溴系阻燃剂的产业现状与展望

溴系阻燃剂严重依赖于溴素资源。全球溴素资源最丰富的地区在死海地区和美国阿肯色州（Arkansas State）地下卤水区（图 1-11），中国的溴素资源主要分布在莱州湾和环渤海湾地区，其中莱州湾的地下卤水是中国溴素资源最集中的地方，然而其资源的丰度仍然很低，含量仅为 200～300mg/L，远低于死海地区的 10000～12000mg/L。但是依托上述资源，中国仍然具有占全球 19%的溴素产

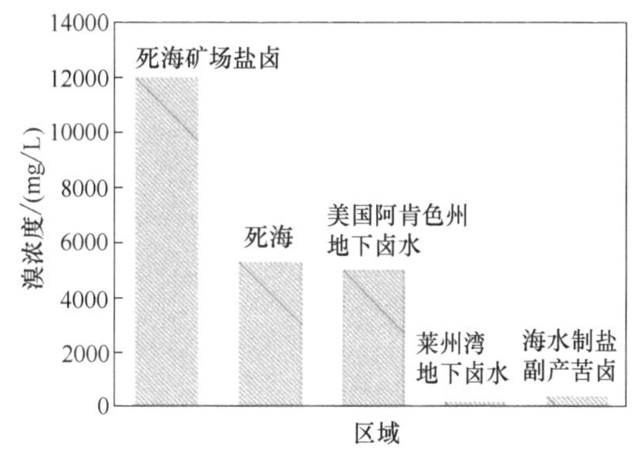


图 1-11 溴素资源分布

量，并由此支撑了繁荣的中国溴系阻燃剂的工业生产。依托国内溴素资源与进口的溴素，中国形成了以山东潍坊滨海地区为中心的溴系阻燃剂生产基地；依托进口资源并且靠近销售市场，江苏省也形成了多种溴系阻燃剂的规模生产。

中国自20世纪80年代以来，开始进行溴系阻燃剂的生产，到目前为止，中国大陆已经能够生产几乎所有的溴系阻燃剂产品。包括即将被《斯德哥尔摩公约》禁用的十溴二苯醚和六溴环十二烷；包括反应型溴系阻燃剂——四溴双酚A、三溴苯酚；也包括由反应型阻燃剂制备的三-(三溴苯氧基)-三嗪（FR-245）、四溴双酚A聚碳酸酯低聚物（BC-52/BC-58）、八溴醚、甲基八溴醚、四溴苯酐二醇等产品；还包括高分子聚合型溴系阻燃剂——溴化环氧树脂（BEO）、溴化聚苯乙烯（BPS）、溴化SBS，但溴化SBS由于受杜邦公司专利（原属于Dow化学）保护没有生产。

溴系阻燃剂应用性能稳定，与聚合物相容性好，在有机阻燃剂应用市场中仍然占有重要地位。当前溴素价格高位运行，溴系阻燃剂价格处于高位并将长期维持这一状态，直接促进了无卤阻燃材料的发展。六溴环十二烷及多溴联苯醚被认定为持久性有机污染物（POPs）而被禁用。但是，高分子溴系阻燃剂由于分子量高、物理化学性质相对稳定、与高分子材料相容性好等优点，目前仍然不能完全被无卤阻燃剂所取代。

### 1.5.2 磷系阻燃剂的产业现状与展望

**(1) 磷矿资源情况**

中国是磷矿储量全球第二的国家，磷矿资源极其丰富，磷矿开采量位居世界第一位。中国的磷矿资源主要分布在西南部的云南、贵州、四川、湖南和湖北五个省份，具体分布情况见图1-12。作为无卤磷系阻燃剂的主要原料，丰富的磷矿资源使中国磷系阻燃剂产品的价格极具竞争力，产业发展十分迅速。

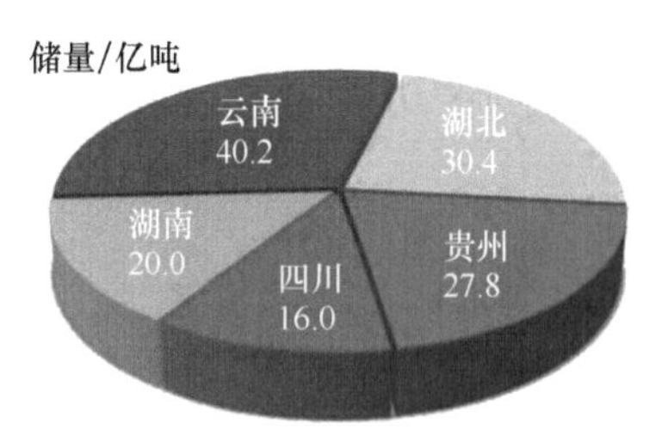


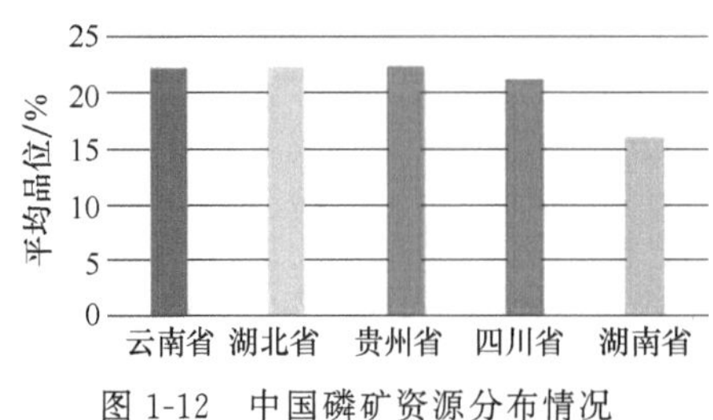


图1-12 中国磷矿资源分布情况

**(2) 磷系阻燃剂生产情况**

在磷系阻燃剂中，应用最为广泛也是最为基础的阻燃剂为聚磷酸铵（APP）。该阻燃剂主要应用于阻燃涂料、阻燃聚烯烃等产品中。目前中国产量约为3万吨/年。其中比较大的生产商为浙江万盛股份有限公司、杭州捷尔思化工有限公司、浙江旭森无卤消烟阻燃剂有限公司、普塞呋（清远）磷化学有限公司等。

磷酸酯是产量最大的一类磷系阻燃剂，中国每年磷酸酯的产量近 15 万吨，主要生产商为江苏雅克科技有限公司和浙江万盛化工有限公司。主要生产的产品包括 TCEP、TCPP、BDP、RDP 等。

三聚氰胺聚磷酸盐（MPP）是一种可用于阻燃尼龙等工程塑料的阻燃剂产品，具有热稳定性高、耐水性好等优点。主要的 MPP 生产商包括山东卫东化工有限公司、四川省精细化工研究院、泰州百力化学有限公司等。

磷杂菲化合物 DOPO 为 2000 年以后在无卤阻燃环氧树脂领域发展起来的一种新型阻燃剂产品。中国两家主要生产企业为山东卫东化工有限公司和江苏涵丰实业有限公司。下游的磷杂菲衍生物的研究目前十分繁荣，多种新型磷杂菲衍生物陆续进入了产业化试制阶段。除了无卤阻燃环氧树脂领域，新型磷杂菲衍生物逐渐被推广应用于阻燃织物和工程塑料领域。

磷腈化合物也是随着无卤阻燃环氧树脂的发展而发展起来的一类磷系阻燃剂。其中最主要的产品为六苯氧基环三磷腈。由于该产品合成转化率偏低，产品价格一直居高不下，限制了该产品作为大工业产品的发展。

**(3) 磷系阻燃剂发展展望**

磷系阻燃剂的阻燃性能优良，在阻燃剂领域备受关注，在中国具有较大发展潜力和空间。磷系阻燃剂的结构多样性、复合应用灵活性，在发展新结构化合物以及新型高效复合阻燃体系方面有重大意义。目前中国磷系阻燃材料发展迅速，研究及生产活跃，已经在本领域取得突破。

## 1.5.3 氮系阻燃剂的产业现状与展望

**(1) 氮系阻燃剂产业情况**

氮系阻燃剂中的三聚氰胺氰脲酸盐（MCA，图 1-13）凭借其低烟、低毒、热稳定性良好等优点，特别是以其低廉的价格，受到阻燃剂市场的极大欢迎。2018 年中国总的 MCA 产量为 3.5 万～4.0 万吨。

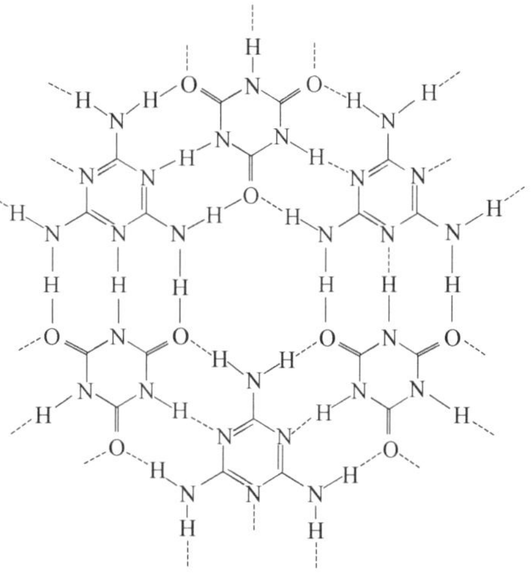

图 1-13 MCA 结构式

另一种重要的氮系阻燃剂是成炭剂，主要包括三嗪成炭剂和哌嗪成炭剂，与 APP 等共同组成膨胀型阻燃剂，在膨胀型阻燃剂中与 APP 比例约为 1∶3。目前已形成产业化的成炭剂公司有普塞呋（清远）磷化学有限公司、杭州捷尔思化工有限公司。主要生产聚烯烃用的膨胀型阻燃剂。

（2）氮系阻燃剂发展展望

氮系阻燃剂单独使用时阻燃效率不高，要达到满意的阻燃效果往往需要较高的添加量，为克服阻燃剂单独使用时的缺点，需要将其与其他阻燃剂复合使用，以获得较好的阻燃效果。所以氮系阻燃剂的发展趋势有如下几点：设计与制备含氮基团与含磷基团复合新结构；研究氮系阻燃剂与磷系阻燃剂高效复配体系；发展具有更优阻燃效果的具有不同取代基的三嗪类、哌嗪类成炭剂的合成及其复合阻燃体系。

## 1.5.4 镁系阻燃剂的产业现状与展望

（1）中国镁资源情况

中国的镁资源储量位居全球第一位，主要位于我国辽宁省（图 1-14）。辽宁省拥有高品位的水镁石矿藏，镁矿石储量占中国镁矿储量的 85%以上。另外一个镁资源来源于制盐苦卤。作为制盐业的副产品，氢氧化镁是制盐苦卤的主要用途。

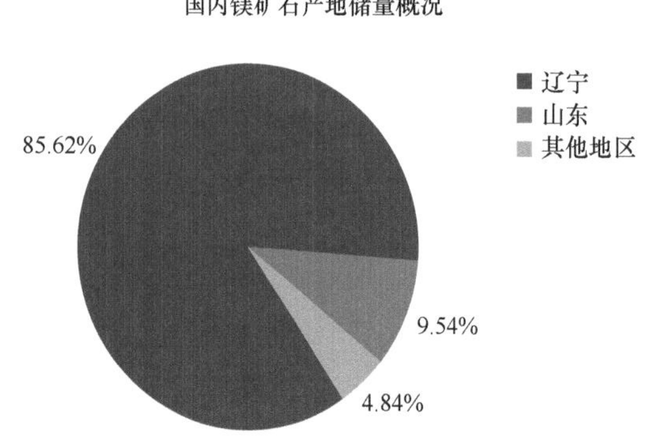

图 1-14　国内镁矿石地区分布图

（2）镁系阻燃剂产业情况

目前中国市场上镁系阻燃剂主要是水镁石粉，可采用物理方法粉碎水镁石制造水镁石粉，其生产厂家大多数分布在辽宁省。制造水镁石粉的主要成本是电费和运费。由于环保行动，目前水镁石的开采受到了规范，使水镁石粉的价格有明显提高。

制盐苦卤所转化的镁系阻燃剂主要是源于化学法生产的氢氧化镁。目前采用氢氧化钠与氯化镁生产氢氧化镁的制造方法，通过与制盐相结合可以实现循环经济无污染制造镁系阻燃剂。但该方法制备的氢氧化镁产品成本价格高，市场竞争力不足。随着中国对资源的保护和环保压力的增加，目前化学法制备氢氧化镁的生产逐渐启动。

## 1.5.5 锑系阻燃剂的产业现状与展望

中国的锑资源储量位居全球第一位。在中国境内，锑资源主要分布在广西、湖南、

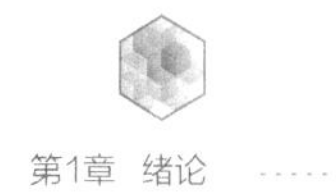



云南和贵州。中国掌握全球近一半的锑矿资源，同时完成了全球90％的锑品生产。

锑主要是以氧化锑的形式作为阻燃协效剂添加在各种卤系阻燃剂中，而其中又以在阻燃塑料中应用最为广泛。

自2006年锑价大幅上涨以来，很多厂商采取了减少溴系阻燃塑料中氧化锑的含量配比，或者研制其他替代品的对策。由于卤系阻燃剂的市场份额将保持稳定，因此主要应用于卤系阻燃剂复合协效的三氧化二锑产品仍将保持稳定的需求比例。

### 1.5.6 总结

目前制造业产品的一个重要发展趋势是轻、薄、小以及高性能化。因此，尽管阻燃塑料的应用领域会更广泛，但是塑料用量会有所削减，而相应的阻燃剂产品的市场会保持稳定，但高性能阻燃剂品种的需求会不断增加。这将推动我们不断努力开发高性能阻燃剂产品。而对防火阻燃安全的需求也将确保阻燃制品在电子电器、建筑业、电动汽车、新能源材料、高铁、飞机等领域应用不断发展。中国阻燃剂市场目前处于一个不断深入发展的阶段，正逐渐形成规模较大的阻燃剂企业集团。

## 参考文献


[1] 国外火灾概览［J］. 中国消防，2011，1：48-49.

[2] 于萍萍. 文明之殇——巴西国家博物馆火灾背后［J］. 消防界（电子版），2018，4（19）：10-15.

[3] 张巍伟. 智慧消防的社会化工作探讨［J］. 今日消防，2020，5（7）：16-17.

[4] 欧育湘. 实用阻燃技术［M］. 北京：化学工业出版社，2002.

[5] 王玉忠. 阻燃剂的发展史及聚酯纤维的阻燃改性［J］. 青岛大学学报（工程技术版），1997，1：45-54.

[6] 郑艳明，李慧勇，席绍峰. 阻燃高分子材料的发展［J］. 科技信息（学术研究），2008，24：652.

# 第2章 阻燃机理

聚合物材料燃烧过程如图 2-1 所示，当材料受热时发生分解，为燃烧提供气体“燃料”，可燃性气体在足够的氧气或氧化剂及外部引燃源条件下被引燃，材料开始燃烧，而燃烧时产生的热量进一步促使基体分解生成可燃性气体，维持燃烧过程。因此，阻燃技术通过控制维持燃烧的一个或多个条件来达到阻燃的目的，通常阻燃技术通过在气相、凝聚相或者在两相共同发挥作用来完成阻燃过程，下面将对阻燃机理作详尽阐述。

图 2-1　聚合物材料燃烧过程示意图

## 2.1　气相阻燃机理

气相阻燃是指阻燃成分在气相中发挥阻燃作用，从而起到延缓或中断燃烧的效果，具体包括猝灭效应、稀释效应、带走热量、隔绝氧气、吹熄效应等机理，以下作详细阐述。

### 2.1.1 猝灭效应

高分子材料的燃烧其实是一连串的自由基链式反应，阻断该反应即能达到减缓燃烧强度的目的。在阻燃复合材料燃烧时，阻燃剂受热分解会产生自由基物质，可以捕捉由材料基体燃烧释放的自由基，从而中断高分子材料燃烧的链式反应，起到降低燃烧强度甚至中断燃烧的效果，该现象称之为猝灭效应，机理如图 2-2 所示。如溴系阻燃剂燃烧时产生的 Br·能够捕捉燃烧反应中的自由基，阻断燃烧的链反应进行；磷系阻燃剂，如二乙基次磷酸铝、磷杂菲化合物等阻燃剂受热分解会产生含磷化合物（如 PO·、$PO_2$·等），可捕获 H·、OH·、R·等重要的活性自由基从而阻止或减缓燃烧链式反应进程，赋予材料良好的阻燃性和自熄性。

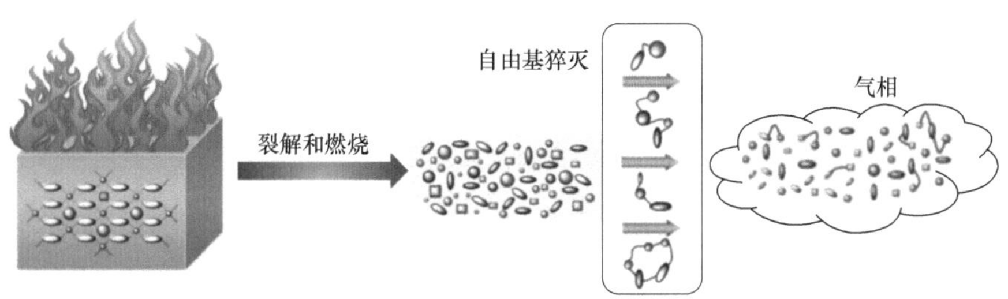


图 2-2 猝灭效应机理

以一种磷杂菲衍生物阻燃剂 TGD 为例，如图 2-3 所示，TGD 受热裂解时，首先分裂为三-烯丙基-三嗪三酮（$m/z=249$）和磷杂菲碎片（$m/z=230$ 或 215）两部分。随着分子碎片的进一步裂解：一方面，两种磷杂菲碎片将分裂成磷氧自由基（PO·，$m/z=47$；$PO_2$·，$m/z=63$）、苯氧自由基（$m/z=93$）、苯基甲基二取代磷酰自由基（$m/z=139$）、联苯自由基（$m/z=152$）以及邻苯基苯氧自由基（$m/z=169$）等自由基碎片；另一方面，三-烯丙基-三嗪三酮将分裂成一系列的惰性烷基异氰酸酯自由基碎片（$m/z=208$、125、83、70、56）以及活跃的烷基自由基碎片（$m/z=41$）。在材料燃烧过程中，TGD 裂解产物中的 PO·、$PO_2$·以及苯基甲基二取代磷酰自由基等自由基碎片都能够有效地猝灭 HO·、H·以及 R·等活性自由基，发挥气相阻燃作用[1]。

### 2.1.2 稀释效应

稀释效应是指阻燃剂受热分解出难燃气体，将可燃物分解出来的可燃性气体的浓度冲淡，延缓或抑制材料的燃烧，同时也对燃烧区内的氧浓度起到稀释的作用，使之难于

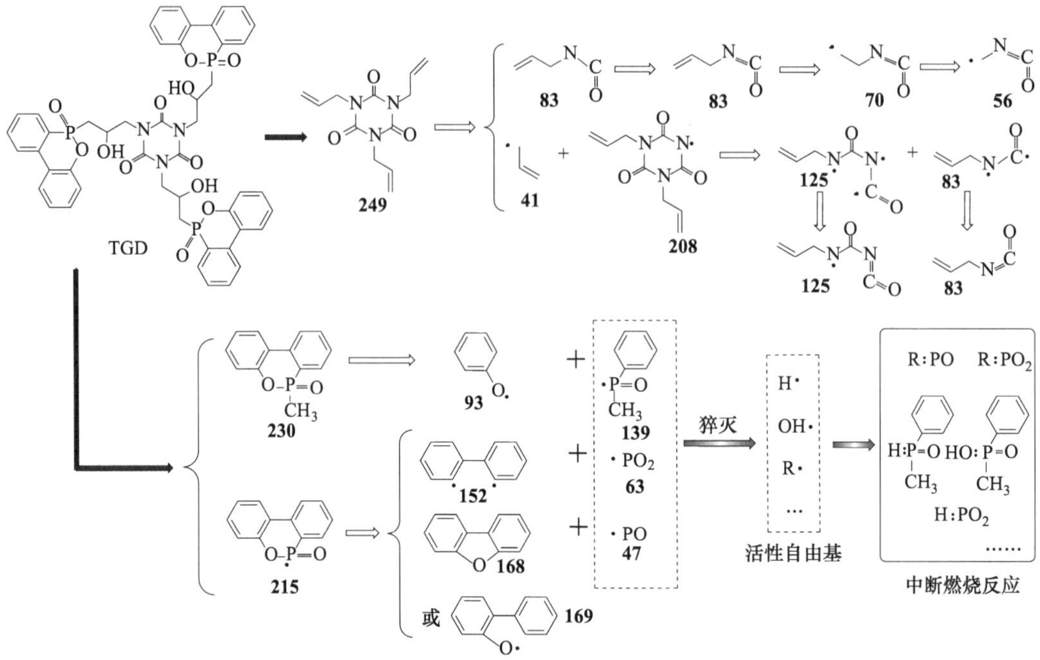

图 2-3 TGD 分解及其猝灭效应原理图

燃烧或者降低燃烧的强度，从而达到阻燃的目的。如聚磷酸铵在受热时，首先分解产生 $NH_3$，稀释了材料周围混合气体中可燃性气体的浓度，也降低了混合气体中氧气的含量，在可燃物周围形成气体保护层；水合硼酸锌、三聚氰胺、三聚氰胺氰尿酸盐等受热会生成水蒸气、$NH_3$、$N_2$ 等不燃性气体，同样起到稀释可燃性气体和氧气浓度的作用[2]。

图 2-4 为稀释效应示意图。

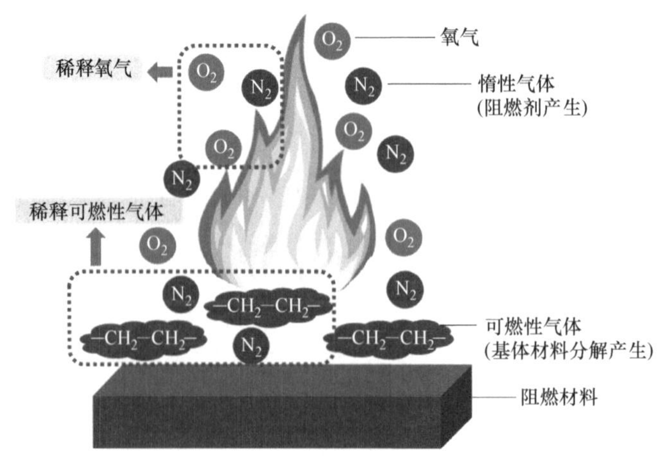


图 2-4 稀释效应示意图

### 2.1.3 带走热量

带走热量是指将材料燃烧产生的部分热量带走，降低燃烧区域的温度，抑制材料基体的热分解强度，减缓可燃性气体的释放速度，甚至使材料不能维持热分解温度和产生可燃性气体，减弱燃烧反应甚至导致燃烧自熄。例如，在大多数情况下消防员采用喷水的方式应对火灾，水对大火的作用之一就是通过水的受热蒸发带走大量热量并降低着火区域温度来实现灭火目的。一些含丰富氢氧根的无机阻燃剂，包括氢氧化镁、氢氧化铝、水镁石等，在受热时会生成大量的水蒸气，带走体系的热量，延长了材料到达着火点的时间，达到了阻燃的效果；另外，熔滴的产生也是带走燃烧体系热量的一种重要方式，以氯化石蜡或其与氧化锑组成的协同体系来阻燃高聚物时，由于这类阻燃剂能促进聚合物分解熔化，熔融聚合物滴落时带走大部分热量，因而减少了反馈至基体聚合物的热量，致使材料燃烧延缓甚至中止燃烧[3]。但是，易熔融材料滴落的灼热液滴仍然可引燃其他物质，有时会增加火灾危险性。

### 2.1.4 隔绝氧气

气相阻燃中的隔绝氧气是指阻燃剂在燃烧时释放出密度大的气体，弥漫覆盖于聚合物表面，能阻隔聚合物或者可燃性气体与氧气的接触，从而达到阻燃的目的。例如，溴系阻燃剂和三氧化二锑协同阻燃，能够产生密度大于空气的三溴化锑气体，覆于材料表面隔绝氧气，产生阻燃效果。

### 2.1.5 吹熄效应

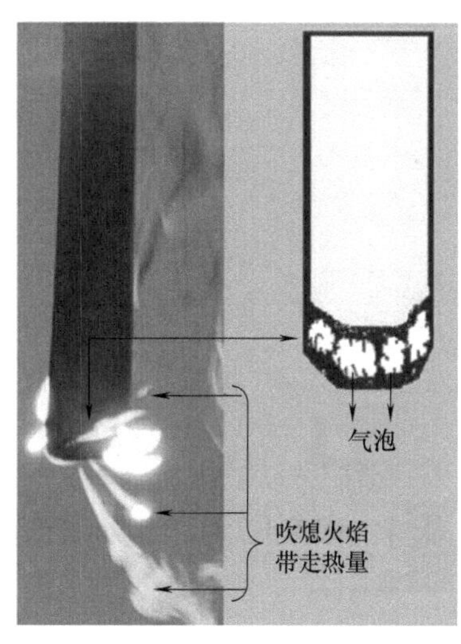

图 2-5 吹熄效应机理

吹熄效应是指阻燃材料在燃烧的过程中，阻燃剂提前分解产生的气相产物在基材内部快速形成较大的内部气泡，气泡中含有较高浓度的阻燃成分，当炭层内部气泡中的热解气体到达一定体积和压力后，会在极短的时间里冲破炭层向外高速喷出，通过集中释放带有阻燃成分的高速气体，实现了对火焰的快速熄灭作用，机理如图 2-5 所示。这一效应是杨荣杰、张文超等在研究阻燃环氧树脂时对其阻

燃机理进行分析所提出的。吹熄效应目前主要发生在使用了含有磷杂菲化合物作为阻燃剂的阻燃环氧树脂中。在环氧树脂中使用的固化剂与阻燃剂的结构对环氧树脂的交联成炭和气体的释放速率都有着重要的影响，甚至影响着吹熄效应的发生与否。如以 DOPO/八苯基笼状低聚倍半硅氧烷（OPS）为阻燃剂，以 4,4′-二氨基二苯基砜（DDS）为固化剂，对环氧树脂进行阻燃，阻燃复合物在燃烧的过程中形成炭层，阻燃环氧树脂内部基质不断分解并向外表面补充可燃性挥发物。与此同时，炭层外部开始发生交联，形成炭层，起到一定的气相阻隔作用。在此过程中，阻燃剂分解释放的气体在熔融的基体内部集聚形成气泡。当气泡中的压力超过炭层可以承受的极限时，内部集聚的气体从炭层的内部向外喷出，快速释放的含阻燃成分的气体，实现了对正在燃烧火焰的有效熄灭[4]。

## 2.2 凝聚相阻燃机理

凝聚相阻燃机理是指在凝聚相中延缓或中断聚合物基体分解燃烧的一类阻燃机理。目前的凝聚相阻燃作用主要是指聚合物燃烧受热时在表面生成一层固体不燃烧的阻隔层，如图 2-6 所示，这个阻隔层能够覆盖于材料基体表面，阻断聚合物和火焰之间的传热和传质，使燃烧强度减弱或者使火焰熄灭，从而达到阻燃的效果。下面将对凝聚相阻燃机理进行具体阐述。

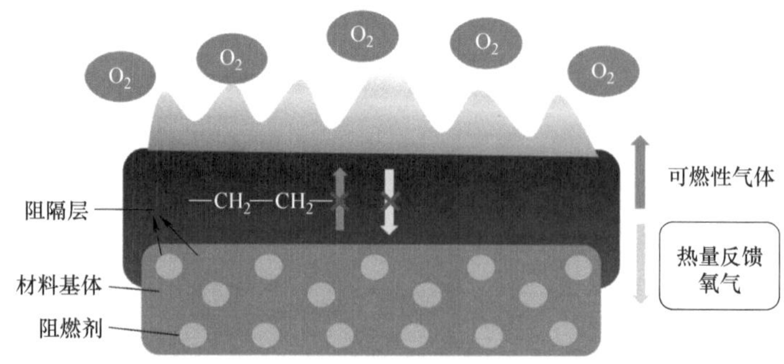


图 2-6　凝聚相阻燃机理示意图

### 2.2.1 成炭阻隔和边缘阻隔效应

成炭阻隔效应是指在燃烧过程中当一些阻燃体系作用时，会在燃烧物表面形成较多残炭结构的炭层，从而阻隔了氧气及燃烧热对基材的反馈，降低基材热分解强度，减少可燃性气体释放，达到有效抑制材料在燃烧的目的。成炭阻隔效应可实现材料在燃烧时一直保持较低的热释放速率甚至火焰熄灭，并延长燃烧到达热释放速率峰值的时间，对于抑制火灾的蔓延和发展有重要意义。最典型的具有成炭阻隔效应的阻燃剂为膨胀型阻燃体系，其在燃烧时会形成膨胀型多孔炭层，如图 2-7 所示，并发挥成炭阻隔效应，从而极大抑制了材料的燃烧强度。

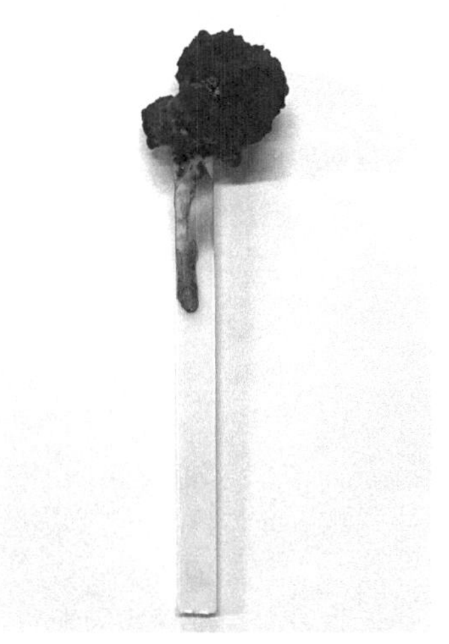
图 2-7 膨胀型多孔炭层

在聚合物基体燃烧时，热量向基体的传递会导致基体进一步分解，因此可以通过阻隔热量传递达到阻燃的效果，如图 2-8 所示。最理想的隔热物质为膨胀型炭层，其隔开了燃烧区域与聚合物基体，燃烧热在经过炭层向基体传递的过程中，由于炭层是热的不良导体，传热效率低，有效抑制了材料基体温度的上升，减慢了材料的分解速度，从而导致更少的“燃料”释放，达到降低燃烧强度的目的。此外，一些具有片状结构的阻燃剂，如蒙脱土等也可以在一定程度阻止燃烧热向基体传递。

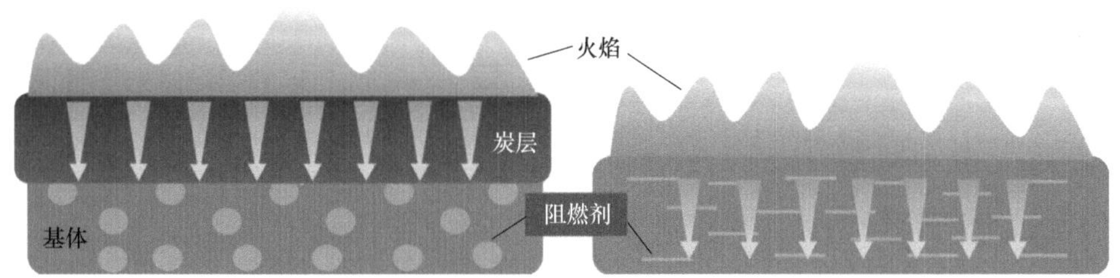

图 2-8 阻止热反馈示意图

## 2.2.2 基材炭化减少燃料

一些阻燃剂具有促进材料基体成炭的作用，因此在阻燃复合材料燃烧时，阻燃剂与聚合物基体发生反应，促进基体炭化，将可燃性基材成分更多锁定在凝聚相中不被燃烧，减少了可燃性气体“燃料”供应，抑制了材料的燃烧。如图 2-9 所示，阻燃样品燃烧后，在凝聚相形成大量的残炭，从而保留部分基体不被燃烧，与未阻燃样品相比，有效地减少了可燃成分释放，在燃烧效果中最明显的表现是材料总热释放量的降低。

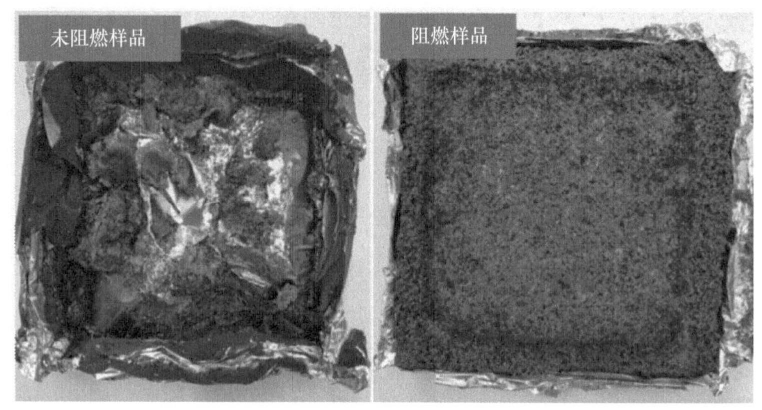


图 2-9 燃烧后炭化的聚合物基体

## 2.2.3 边缘阻隔效应

边缘阻隔效应是指一些阻燃成分在燃烧过程中会向材料的棱角边缘区域聚集，形成具有阻隔作用的保护层，抑制基体的燃烧行为，实现提高材料阻燃等级的效果。以有机改性蒙脱土（OMMT）在磷杂菲化合物（TAD）/EP 体系中的作用机理为例：OMMT 在材料燃烧初期引起的提前燃烧使得材料的边缘及表面形成了致密的、富含无机 MMT 颗粒的炭层。这种炭层能够发挥有效的边缘阻隔保护作用，在材料的中后期燃烧过程中起到了十分重要的阻止作用，如图 2-10 所示[5]。

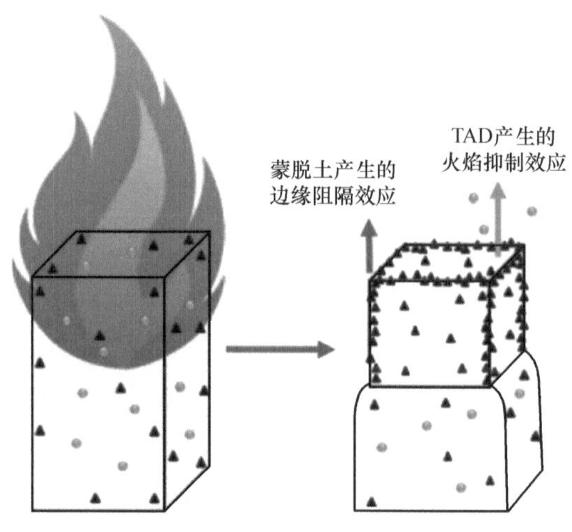


图 2-10 边缘阻隔效应机理图

# 2.3 协同阻燃机理

## 2.3.1 阻燃元素协同效应

不同的阻燃元素往往具有不同的化学特性，当两种或两种以上的阻燃元素共存时在材料燃烧过程中产生了增强的阻燃作用或效应，称为阻燃元素协同效应（flame retardant element synergistic effect）。元素协同效应的产生有多种原因，其一是因为特定阻燃元素之间或者含阻燃元素的化合物之间能够发生特定的反应，生成具有良好阻燃性能的产物；其二是不同的阻燃元素在燃烧时形成的产物虽然不能发生反应，但不同产物之间在抑制燃烧过程中分别发挥作用，形成对于燃烧过程抑制的协同作用。

卤-锑协同效应是最经典也是应用最为广泛的阻燃元素协同效应。其阻燃机理是：卤系阻燃剂与锑化合物复配后，除卤素本身气相阻燃作用外，在燃烧过程中卤化氢（HX）与锑化合物（主要是 $Sb_2O_3$）反应生成的卤氧化锑可在很宽的温度范围内按三步吸热反应分解为三卤化锑，而无论是卤化锑还是卤化氢均为密度较大的难燃气体，它不仅能稀释空气中的氧，而且能覆盖于材料的表面，隔绝空气，使材料的燃烧速度降低或自熄；此外，三卤化锑能促进凝聚相的成炭反应，炭层能够覆盖在基材表面，可以降低火焰对基材的热辐射及热传导，减缓聚合物的受热分解，减少气相可燃性物质的产生及逸出并进入火焰区，降低燃烧的强度[6]。

$$Sb_2O_3 + 2HX \longrightarrow 2SbOX + H_2O$$

$$5SbOX \longrightarrow Sb_4O_5X_2 + SbX_3(g)\uparrow$$

$$4Sb_4O_5X_2 \longrightarrow 5Sb_3O_4X + SbX_3(g)\uparrow$$

$$3Sb_3O_4X \longrightarrow 4Sb_2O_3 + SbX_3(g)\uparrow$$

磷-氮协同阻燃效应是研究最多的阻燃元素协同效应。磷元素在凝聚相阻燃中可形成稳定的含磷炭层；氮元素在高温下生成无毒的难燃性气体，可以稀释可燃气体的浓度。磷、氮元素协同时，燃烧过程中氮元素生成的气体还可以作为炭层的发泡剂，形成发泡的膨胀型多孔炭层，限制可燃性气体进入气相以达到隔热、隔氧的作用[7]。

磷-硅协同阻燃效应近年来研究较多，其阻燃机理是：高温下含磷基团分解生成的偏磷酸脱去基体材料中的水形成含磷炭层，由于硅元素表面能较低，容易迁移至材料表面形成含硅保护层，提高了材料表面炭层的热稳定性，从而发挥磷-硅协同阻燃效果。并且，用硅氧烷代替硅烷时，磷硅的阻燃协同效应得到进一步加强，因为硅氧烷降解形成的二氧化硅成分阻止了炭层的氧化，从而提高了炭层的稳定性[8]。

此外，还存在多种元素的协同效应，如磷-氮-硅协同等等。阻燃元素协同效应发挥的程度往往与各元素的比例、元素的价态、元素所处的化学结构等相关。

### 2.3.2 阻燃基团协同效应

在阻燃聚合物协同体系的研究过程中，钱立军等提出了构建高效阻燃分子的阻燃基团效应（flame retardant group synergistic effect）[9]。该思想相对于元素协同效应的理论提出，认为阻燃元素通常会以特定的阻燃基团形式存在并发挥阻燃作用，认为含有多种阻燃基团的阻燃剂在某些情况下比单一基团的阻燃剂表现出更好的阻燃效果，即含多种阻燃基团的阻燃剂可能产生阻燃基团协同效应。基团协同效应可以存在于同一阻燃分子中，也可以存在于含有典型阻燃基团的不同组分之间。化学基团是分子中相对稳定的化学结构，因为特定的阻燃基团通常以相对稳定的分解路径裂解，从而导致含有相同阻燃基团的分子通常以相似的方式发挥阻燃作用。如果不同的阻燃基团键接在同一个阻燃分子中，或者存在于同一阻燃体系中，这些阻燃基团将共同释放阻燃作用，这些阻燃作用包括相互促进、相互补充、相互反应、与聚合物基体发生反应和重新分配气相与凝聚相阻燃效应等。基于这些特定的基团协同方式，一些含有多种阻燃基团的阻燃剂在发挥阻燃作用的过程中都产生了更高的阻燃效率。

近年来，一些研究通过键接不同的阻燃基团制备了许多双阻燃基团或多阻燃基团的阻燃化合物，如磷杂菲基团可与磷腈、三嗪、三嗪三酮、笼状倍半硅氧烷、双螺环磷酸盐、环四硅氧烷等基团键接制备阻燃剂分子；此外还包括磷腈/烷基磷酸酯、三嗪/烷基磷酸酯、三嗪三酮/双螺环磷酸盐、磷腈/马来酰亚胺、三嗪/马来酰亚胺双基化合物等，这些都是利用不同阻燃基团产生基团协同效应的应用案例。

以磷杂菲衍生物为例，磷杂菲基团在受热过程中会生成大量具有猝灭效应的自由基产物，常被用来进行高分子的阻燃改性研究。9,10-二氢-9-氧杂-10-磷杂菲-10-氧化物（简称 DOPO）分子多与其他阻燃基团键接制备多阻燃基团的化合物，这些阻燃基团会共同发挥阻燃作用，从而形成基团协同效应（如图 2-11 所示）。如磷腈基团受热分解会生成磷酸、偏磷酸等强酸，将促进聚合物体系成炭，同时释放出的惰性气体还能够发挥气相稀释作用，因此磷腈和磷杂菲基团结合的双基团化合物能够发挥两种基团的协同作用；再比如磷杂菲/三嗪三酮双基化合物同样可以建立起基团协同效应的关系，代表性

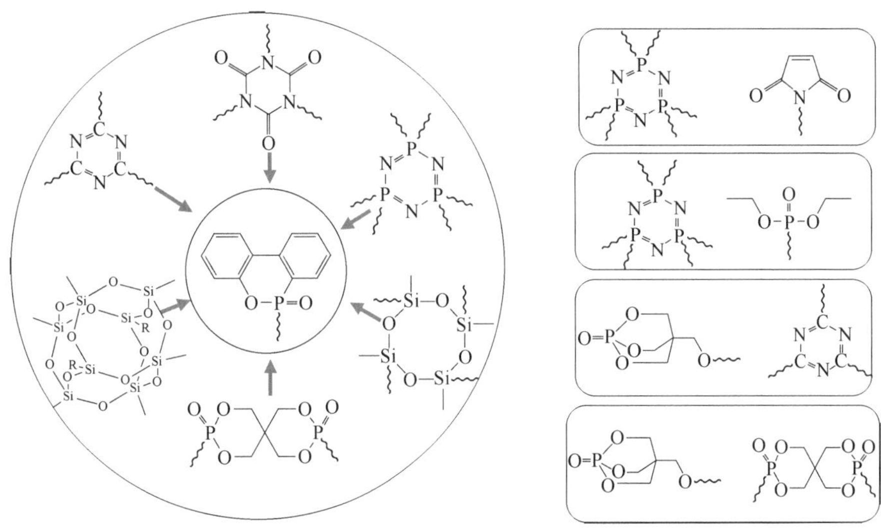

图 2-11 阻燃基团协同作用示意图

的阻燃剂如 TGD（图 2-3）和 TAD（图 2-12），通过 TAD 的热解路径作具体分析，在受热裂解时，TAD 的碎片分为两个部分：具有猝灭作用的磷杂菲基团碎片和具有稀释作用的三嗪三酮基团碎片。两种基团的协同作用赋予了 TAD 优异的阻燃性能[10]。

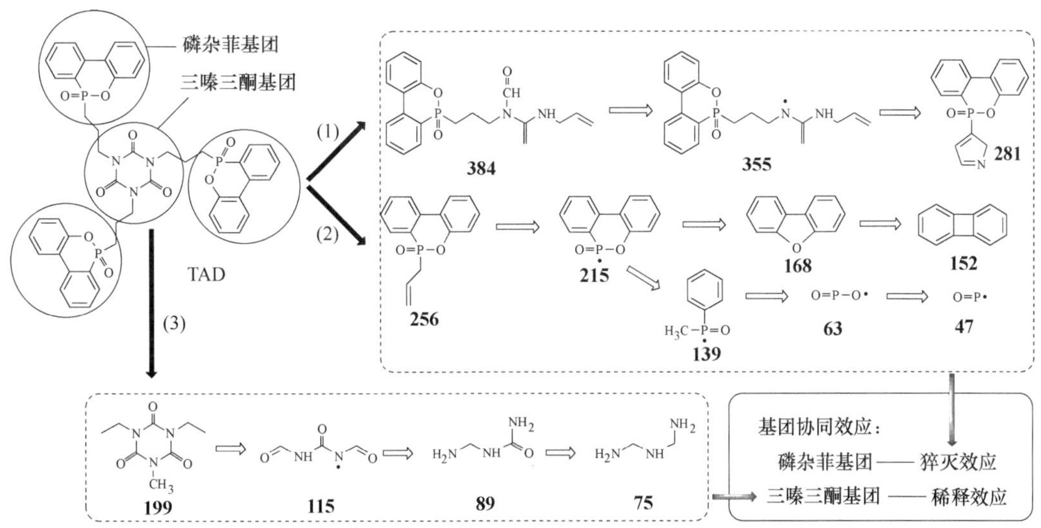


图 2-12 三嗪/磷杂菲双基化合物 TAD 的基团协同效应机理

## 2.3.3 组分协同效应

多种阻燃成分共同作用时的阻燃效果如果高于各组分单独作用时的效果，称为组分协同效应（component synergistic effect）。组分协同效应通常由多种在燃烧过程中能够发生化学反应的组分组成，通过组分间的化学反应形成高效的阻燃成分，发挥出良好的阻燃效果。化学膨胀型阻燃剂 IFR（intumescent flame retardant）是典型的组分协同阻燃体系，对聚烯烃可以发挥良好的阻燃作用。一般由酸源（脱水剂）、炭源（成炭剂）和气源（发泡剂）三个部分组成，如图 2-13 所示。但是这三种组分单独作用于聚烯烃时的效果微乎其微，在共同使用时会发挥组分协同作用。其中酸源的作用是与炭源发生酯化反应，使之脱水形成炭层。气源受热分解时释放出大量不易燃的气体，使炭层膨胀[11,12]。三组分共同作用形成组分协同作用。

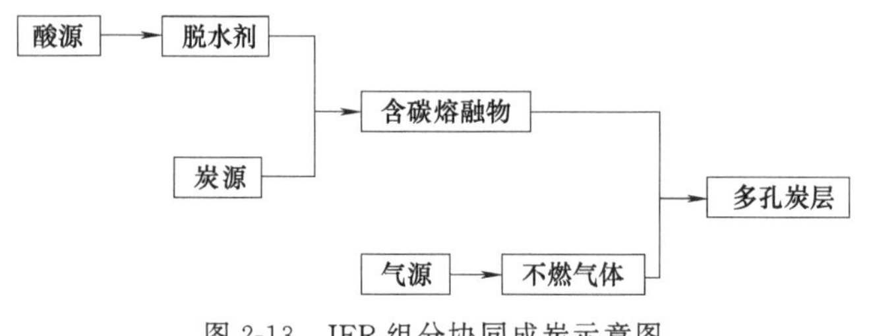


图 2-13　IFR 组分协同成炭示意图

## 2.3.4　金属协同效应

常见的金属化合物阻燃剂包括金属氧化物、金属氢氧化物、锑系和钼系阻燃剂等，部分过渡金属以及稀土金属也具有一定的阻燃效应。

金属化合物可促进成炭，如锰、锌、铜、钴、镍、铝等金属化合物与膨胀型阻燃剂共同作用时，金属化合物催化脱水和交联反应，可加速聚合物基体炭化并形成更均匀、更稳定的炭层[13]。

稀土氧化物与铝镁阻燃剂在聚烯烃电缆中也存在协同作用，氧化镧的存在可改善铝镁阻燃剂在基体树脂中的分散性，使其分布更加均匀，并且燃烧时含有稀土氧化物的复合体系燃烧残留物形成的炭层结构稳定，更为致密坚硬，很好地发挥了隔热、隔氧作用[14]。

金属氢氧化物包括氢氧化镁和氢氧化铝，是阻燃剂应用中数量最大的一类。氢氧化镁和氢氧化铝共同作用时，表现出协同效应。其协同机理是：氢氧化镁和氢氧化铝受热均会发生分解反应并吸收热量，而氢氧化铝的吸热量比氢氧化镁大，但是分解温度比氢氧化镁低 140℃左右，两者并用后，在 23～455℃范围内均存在脱水吸热反应，因而可以在较宽的范围内抑制高分子材料的燃烧；此外，反应生成的水蒸气可以降低可燃气体的浓度，而残渣沉积于聚合物表面，起到隔离氧气的作用，因此两者配合使用出现了一定的协同效应[15]。

## 2.4 阻燃效应评价方法

阻燃效应包括气相阻燃效应和凝聚相阻燃效应，气相阻燃表现为火焰抑制效应，而凝聚相阻燃效应具体表现为成炭效应和炭层阻隔保护效应。不同的阻燃效应将影响阻燃材料的不同燃烧行为，通过锥形量热测试可以记录阻燃材料与纯样品燃烧时的区别，从而得到许多量化的数据指标。钱立军根据德国 Schartel 教授对材料在锥形量热仪测试中对不同阻燃效应的分析方法[16]，总结形成了以下三种计算不同阻燃效应的公式[17]。火焰抑制效应主要体现在阻燃剂抑制材料燃烧的链式反应，从而降低可燃性气体“燃料”的燃烧放热，有效燃烧热（EHC）代表单位质量“燃料”的放热，因此火焰抑制效应可以用式（2-1）EHC 的变化比例来定量评价；成炭效应是指更多质量的材料基体组分以炭的形式保留在凝聚相组分中，从而减少了可燃性气体“燃料”的供应，因此成炭效应可以用式（2-2）材料总质量损失（TML）变化比例来定量评价；炭层阻隔保护效应主要体现在对热量的阻隔从而抑制基体的进一步分解，实现可燃性气体“燃料”较缓慢地释放至燃烧区域，结果表现为抑制材料燃烧时的热释放速率峰值（pk-HRR）比例与抑制总热释放量（THR）比例的相对关系，因此可用式（2-3）来定量评价炭层阻隔保护效应。

$$\text{火焰抑制效应}=1-\mathrm{EHC}_{\mathrm{FR}}/\mathrm{EHC}_{\text{纯}} \tag{2-1}$$

$$\text{成炭效应}=1-\mathrm{TML}_{\mathrm{FR}}/\mathrm{TML}_{\text{纯}} \tag{2-2}$$

$$\text{阻隔和保护效应}=1-(\text{pk-HRR}_{\mathrm{FR}}/\text{pk-HRR}_{\text{纯}})/(\mathrm{THR}_{\mathrm{FR}}/\mathrm{THR}_{\text{纯}}) \tag{2-3}$$

根据式（2-1）～式（2-3）可以定量描述上述三种阻燃效应，同时还可以用来推算阻燃体系的作用模式变化，计算阻燃基团协同效应等。

### 参考文献


[1] Qian L J, Qiu Y, Sun N, et al. Pyrolysis route of a novel flame retardant constructed by phosphaphenanthrene and triazine-trione groups and its flame-retardant effect on epoxy resin [J]. Polymer Degradation and Stability, 2014, 107 (SI): 98-105.

[2] 孙华莉. 阻燃剂的应用 [J]. 科技传播, 2011, 17: 115-116.

[3] 史记, 于柏秋, 安玉良. 膨胀型防火涂料研制及阻燃机理研究进展 [J]. 化学与黏合, 2011, 33 (1): 51-54.

[4] Zhang W C, Li X M, Yang R J. Blowing-out effect and temperature profile in condensed phase in flame retarding epoxy resins by phosphorus-containing oligomeric silsesquioxane [J]. Polymers for Advanced Technologies, 2013, 24 (11): 951-961.

[5] Tang S, Wachtendorf V, Klack P, et al. Enhanced flame-retardant effect of a montmorillonite/phosphaphenanthrene compound in an expoxy thermoset [J]. RSC Advances, 2017, 7 (2): 720-728.

[6] 阳卫军, 金胜明, 唐谟堂. 卤-锑协同阻燃机理研究进展 [J]. 现代塑料加工应用, 2002, 1: 45-48.

[7] 万晓明, 倪恒健, 王文华, 等. 元素杂化阻燃高分子材料的研究进展 [J]. 化工新型材料, 2019, 47 (5): 20-24.

[8] 张利利, 刘安华. 磷硅阻燃剂协同效应及其应用 [J]. 塑料工业, 2005, S1: 203-205+209.

[9] Qian L J, Qiu Y, Tang S. Definition, mechanism and evaluation method of flame-retardant groups synergistic effect [C]. Changchun, China: $4^{th}$ International Symposium on Flame-Retardant Material & Technologies, 2016: 19-21.

[10] Tang S, Qian L J, Liu X X, et al. Gas-phase flame-retardant effects of a bi-group compound based on phosphaphenanthrene and triazine-trione groups in epoxy resin [J]. Polymer Degradation and Stability, 2016, 133: 350-357.

[11] 汤朔, 靳玉娟, 钱立军. 膨胀型阻燃剂的研究进展 [J]. 中国塑料, 2012, 26 (8): 1-8.

[12] 李玉芳, 伍小明. 膨胀型阻燃剂及其在塑料中的应用研究进展 [J]. 塑料制造, 2011, 7: 82-85.

[13] Lewin M, Endo M. Catalysis of intumescent flame retardancy of polypropylene by metallic compounds [J]. Polymers for Advanced Technologies, 2003, 14 (1): 3-11.

[14] 牛红梅. 稀土氧化物在聚烯烃电缆中的协同阻燃作用 [J]. 塑料, 2011, 3: 30-32.

[15] 王娟, 李志伟, 李小红, 等. 氢氧化镁协同阻燃剂研究进展 [J]. 中国塑料, 2010, 24 (9): 11-16.

[16] Brehme S, Schartel B, Goebbels J, et al. Phosphorus polyester versus aluminium phosphinate in poly (butylene terephthalate) (PBT): Flame retardancy performance and mechanisms [J]. Polymer Degradation and Stability, 2011, 96 (5): 875-884.

[17] Wang J Y, Qian L J, Huang Z G, et al. Synergistic flame-retardant behavior and mechanisms of aluminum polyhexamethylenephosphinate and phosphaphenanthrene in expoxy resin [J]. Polymer Degradation and Stability, 2016, 130: 173-181.

# 第3章 卤系阻燃剂

## 3.1 卤系阻燃剂概述

### 3.1.1 卤系阻燃剂简介

阻燃剂根据组成和结构的不同可分为无机和有机阻燃剂两大类，其中有机阻燃剂在20世纪70年代开始大规模地工业生产及应用。有机阻燃剂绝大部分是含卤、磷、氮和硅的有机化合物，有机阻燃剂以物理化学性质稳定、与聚合物相容性好、所阻燃的材料加工性好等优点被广泛应用于各种工业产品的制造。

### 3.1.2 卤系阻燃剂的市场现状

近年来，在十溴二苯醚和六溴环十二烷被列入《斯德哥尔摩公约》具有持久性有机污染的物质名单以后，关于卤系阻燃剂环境危害的问题被迅速放大[1]，并出现了无卤阻燃剂这一名词与溴系阻燃剂相对应，并将无卤阻燃剂与环境友好相对应。这一现象的发生，使卤系阻燃剂的市场受到了很大的影响。2008～2010年，随着国内溴素价格飞涨[2]、卤系阻燃剂的价格居高不下等因素的推动，以及随着包括磷系、氮系、硅系、膨胀型阻燃剂品种的不断发展，原来在有机阻燃剂中占有主导地位的卤系阻燃剂面临着各种无卤阻燃剂的竞争。但是溴系阻燃剂从被开发并应用以来，以其高效稳定的特性而被广泛应用，并在某些产品中具有不可替代的良好效果。因此，溴系阻燃剂的市场最终将在价格与市场因素的作用下趋于稳定，并将长期作为可选用的阻燃剂之一被继续使用下去。

溴系阻燃剂仍然是目前世界上产量最大的有机阻燃剂，是全球销售额最高的阻燃剂种类，它在阻燃剂总产量中所占比例仅次于金属氢氧化物[3]。

## 3.1.3 现有卤系阻燃剂品种

卤系阻燃剂作为有机阻燃剂中工业化最早的一类阻燃剂，由于其性价比高、稳定性好、阻燃效率高、与聚合物材料的相容性好，成为了世界上应用最广泛的有机阻燃剂。卤系阻燃剂主要包括氟系阻燃剂、氯系阻燃剂、溴系阻燃剂三大类，其中以溴系阻燃剂品种最多。

氟系阻燃剂主要品种包括全氟丁基磺酸钾盐、苯磺酰基苯磺酸钾（KSS)、聚四氟乙烯等，前两种主要用于聚碳酸酯的阻燃，聚四氟乙烯及其衍生品种主要用作各种高分子阻燃材料的抗滴落剂，有效地提高了众多阻燃聚合物的阻燃级别[3]。

氯系阻燃剂主要为氯化石蜡、双（六氯环戊二烯）环辛烷和含氯的磷酸酯类阻燃剂。

目前，溴系阻燃剂的类别包括高溴单体型、元素复合型、高分子聚合型。其中高溴单体型作为最先发展的溴系阻燃剂，具有制备技术和应用方法简单的特点，主要品种包括：十溴二苯乙烷、八溴醚、甲基八溴醚、四溴双酚 A、十溴二苯醚、六溴环十二烷等品种；元素复合型包括溴氮、溴氯和溴磷型阻燃剂，比如溴代三嗪、溴代磷酸酯等；近年来，卤系阻燃剂由原来的以小分子为主向高分子方向发展，溴化聚苯乙烯、溴化环氧树脂、溴化苯乙烯-丁二烯-苯乙烯共聚物（溴化 SBS)、溴化聚苯醚等阻燃剂迅速发展。

## 3.1.4 溴系阻燃剂

### (1) 溴系阻燃剂的主要优点

① 对基材的力学性能及电气性能影响相对较小。由于大多数溴系阻燃剂为有机阻燃产品，因此，与无机阻燃剂相比，具有添加量少、与基材相容性好的特点；且有机溴系阻燃剂中不含有各种金属离子、可水解或者吸潮的成分，因此溴系阻燃材料电气性能良好。

② C—Br 键的键能适中，便于发挥阻燃作用。其中脂肪碳 C—Br 键分解温度在200～260℃；芳香溴 Ar—Br 相对稳定，分解温度在 280～320℃。上述 C—Br 键分解温

度略高于聚合物分解温度或处于聚合物初始分解温度附近，所以能够在火焰扩散前发挥阻燃作用，抑制或阻止火灾的发生和蔓延。

③ 阻燃效率高。在相同添加量的情况下，溴系阻燃剂大部分情况下效率最高。

④ 对薄壁和复杂制品的成型更容易，有利于缩短成型周期，提高生产效率；可进行回收和重复性使用。

**(2) 溴系阻燃剂阻燃机理**

① 气相阻燃　溴系阻燃剂的阻燃作用主要在气相中进行，并主要通过溴-锑协同效应发挥优异的阻燃作用。

② 自由基捕捉　溴系阻燃剂受热分解过程中，溴成分能够捕捉燃烧链式反应过程中的活性自由基（如 OH·、O·、H·），生成燃烧惰性物质，使燃烧减缓或中止。

③ 隔氧　HBr 为密度较大的气体，又难燃，它不仅能稀释空气中的氧，且能覆盖于材料的表面，隔绝空气，致使材料的燃烧速度降低或自熄。

④ 吸热　卤-锑协同体系在燃烧过程中生成的卤氧化锑可在很宽的温度范围内按三步吸热反应分解为三卤化锑。另外，在更高温度下固态三氧化二锑可吸热气化，可有效地降低聚合物的温度和分解速度。

⑤ 成炭　三卤化锑能促进凝聚相的成炭反应，炭层能够覆盖在基材表面，可以降低火焰对基材的热辐射及热传导，减缓聚合物的受热分解，减少气相可燃性物质的产生及逸出，降低燃烧的强度。

## 3.2 十溴二苯乙烷

### 3.2.1 概述

十溴二苯乙烷（英文名称 decabromodiphenyl ethane，DBDPE）是一种使用范围广泛的常见添加型阻燃剂，其溴含量高，热稳定性好，抗紫外线性能佳，较其他溴系阻燃剂的渗出性低，适用于聚乙烯、聚丙烯、ABS、环氧树脂、弹性体、胶黏剂和密封剂等聚合物的阻燃，特别适用于电子电器制品的阻燃。

十溴二苯乙烷化学结构式如下所示：

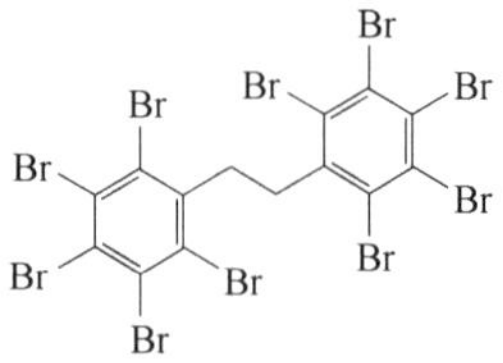

十溴二苯乙烷为白色粉末状，溴含量82.3%（质量分数），微溶于醇、醚，几乎不溶于水。

十溴二苯乙烷是美国Albemarle（雅保）公司为实现替代十溴二苯醚阻燃剂于20世纪90年代初开发的一个溴系阻燃剂品种。国外主要生产企业有美国雅保、德国朗盛、以色列化工集团，产能合计超过了3万吨/年。

国内从2005年起开始批量生产，打破了进口产品在国内市场的垄断局面。目前国内主要的生产厂家包括山东卫东化工有限公司、泰州百力化学股份有限公司、山东天一化学股份有限公司、山东润科化工股份有限公司和山东海王化工股份有限公司等。上述企业2018年的十溴二苯乙烷总产量为4.3万吨。

## 3.2.2 十溴二苯乙烷的合成方法

十溴二苯乙烷是通过先合成二苯乙烷中间体，然后对其进行溴化的方法制备。其中很重要的一点是二苯乙烷的纯度将会直接影响最终产品十溴二苯乙烷的质量，所以通常情况下二苯乙烷的纯度要在99.5%以上。

目前二苯乙烷的制备方法通常采用氯化苄法，此种方法获得的二苯乙烷产品收率高、纯度高。

**(1) 1,2-二苯乙烷的制备**

在反应器内通入氮气，将体系中的氧气赶出，加入一定量的蒸馏水，加入铁粉、铜粉和氯化亚铜，并在搅拌下加热到85℃。然后滴加苄基氯，并控制温度。反应后，将反应液冷却一段时间后，加入盐酸搅拌均匀然后冷却至室温，得到的结晶为粗产品1,2-二苯乙烷。粗产品1,2-二苯乙烷精馏后得到精制的1,2-二苯乙烷，测得其熔点为49～50℃。

图3-1为1,2-二苯乙烷的合成路线。

$$2\,C_6H_5\text{—}CH_2\text{—}Cl + Fe \xrightarrow[CuCl]{Cu} C_6H_5\text{—}CH_2\text{—}CH_2\text{—}C_6H_5 + FeCl_2$$

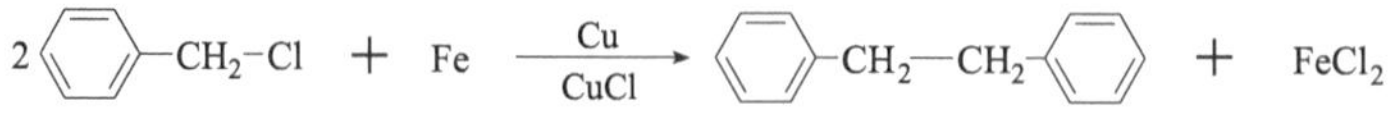

图3-1 1,2-二苯乙烷的合成路线

**(2) 1,2-二苯乙烷的溴化**

将三氯化铝催化剂加入过量的溴素中，搅拌均匀，然后在10～15℃条件下向过量

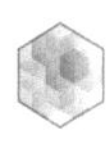



溴中滴加二苯乙烷，反应过程产生的溴化氢用水吸收，保温回流反应 2～3h 后溴化完成，加水使催化剂失活并将过量溴蒸出，加入亚硫酸钠、络合剂除去残留的溴、金属离子等，然后进行过滤，湿法粉碎、压滤、干燥、气流粉碎后即得十溴二苯乙烷产品。

图 3-2 为十溴二苯乙烷的合成路线。

$$C_6H_5-CH_2-CH_2-C_6H_5 + 10Br_2 \longrightarrow C_6Br_5-CH_2-CH_2-C_6Br_5 + 10HBr$$

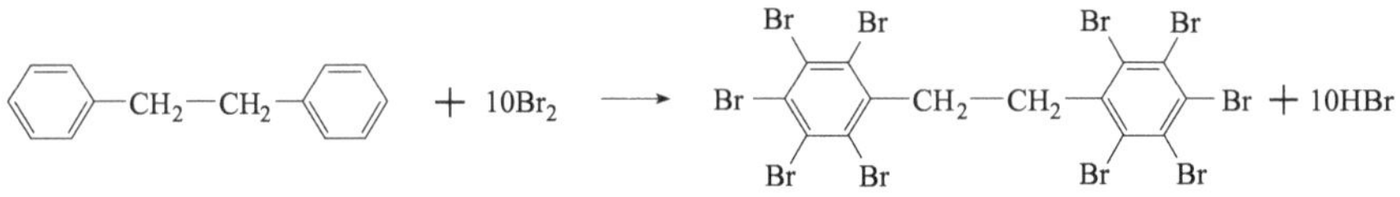

图 3-2　十溴二苯乙烷的合成路线

## 3.2.3　十溴二苯乙烷的表征

1,2-二苯乙烷的红外光谱如图 3-3 所示：3057cm$^{-1}$、3026cm$^{-1}$ 为苯环上 C—H 的振动吸收峰，2943cm$^{-1}$、2918cm$^{-1}$、2854cm$^{-1}$ 为亚甲基 C—H 的振动吸收峰；1599cm$^{-1}$、1491cm$^{-1}$、1451cm$^{-1}$ 为苯环骨架的振动吸收峰；751cm$^{-1}$、698cm$^{-1}$ 为苯环单取代的振动吸收峰。

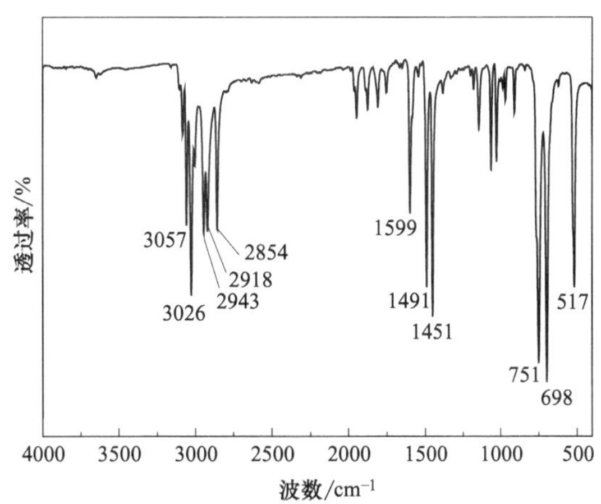


图 3-3　1,2-二苯乙烷的红外光谱图

1,2-二苯乙烷的$^1$H NMR 吸收峰位置为：7.27（10H，多重峰），2.98（4H，三重峰）。

十溴二苯乙烷的红外光谱如图 3-4 所示，其中 2947cm$^{-1}$、2866cm$^{-1}$ 是亚甲基 C—H 的伸缩振动吸收峰；1509cm$^{-1}$、1449cm$^{-1}$ 为苯环骨架的振动吸收峰；764cm$^{-1}$、663cm$^{-1}$、555cm$^{-1}$ 为 C—Br 的振动吸收峰。

十溴二苯乙烷在 $N_2$ 氛围下热失重图如图 3-5 所示，初始分解温度在 340℃左右，具有很好的热稳定性。

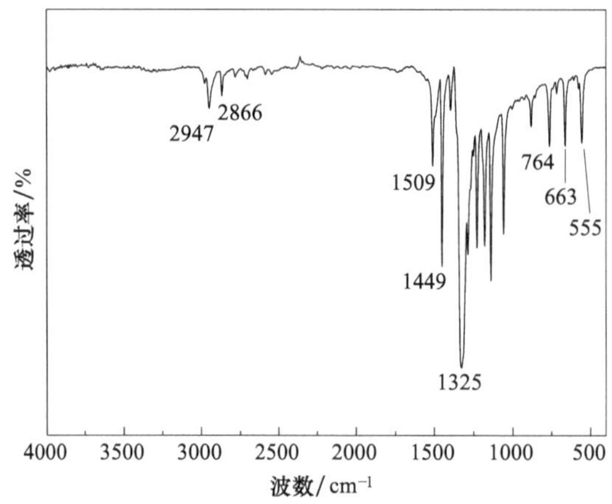


图 3-4 十溴二苯乙烷的红外光谱图

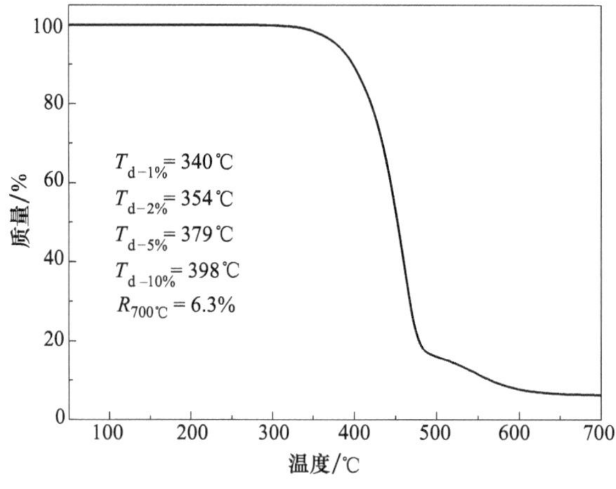


图 3-5 十溴二苯乙烷热失重图

十溴二苯乙烷的 DSC 测试结果如图 3-6 所示，其熔点为 352℃，熔点在其初始分解温度以后。由于熔点高，在大多数情况下，十溴二苯乙烷以固体颗粒形式存在于聚合物材料中，不能与聚合物材料形成熔融体系。

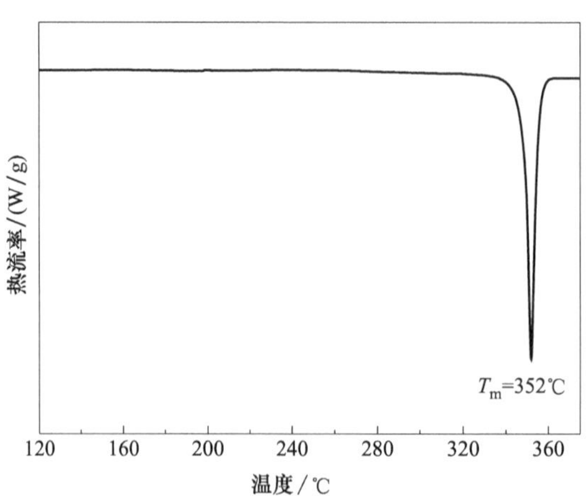


图 3-6 十溴二苯乙烷的 DSC 曲线

### 3.2.4 十溴二苯乙烷的主要应用领域

十溴二苯乙烷主要用作取代十溴二苯醚阻燃剂，是目前最为通用的阻燃剂品种，可广泛应用于各种材料的阻燃。

将十溴二苯乙烷应用于阻燃 ABS 中，按照表 3-1 内配方进行配料，通过螺杆熔融挤出造粒，并注射成样条进行测定。样品性能测试结果见表 3-2、表 3-3[3]。

**表 3-1 十溴二苯乙烷用于 ABS 阻燃的配方** 单位：质量份

| 样品编号 | 1# | 2# | 3# |
|---|---|---|---|
| ABS | 81.3 | 78 | 75.4 |
| DBDPE 用量 | 12.5 | 15.0 | 17.0 |
| $Sb_2O_3$ | 4.2 | 5.0 | 5.6 |
| 抗氧化剂 | 1.0 | 1.0 | 1.0 |
| 偶联剂 | 1.0 | 1.0 | 1.0 |

**表 3-2 样品力学性能的测试**

| 样品编号 | 1# | 2# | 3# |
|---|---|---|---|
| 悬臂梁式带 V 形缺口抗冲强度/($J/m^2$) | 35.3 | 33.3 | 32.5 |
| 拉伸强度/MPa | 52.6 | 51.3 | 49.9 |
| 断裂伸长率/% | 4.8 | 4..1 | 4.0 |
| 弯曲强度/MPa | 70.7 | 68.8 | 67.1 |
| 弯曲模量/MPa | 2434 | 2542 | 2534 |

**表 3-3 样品阻燃性能的测试**

| 样品编号 | 1# | 2# | 3# |
|---|---|---|---|
| 极限氧指数(LOI)/% | 27.2 | 27.6 | 28.1 |
| UL 94(3.2mm) | V-0 | V-0 | V-0 |

添加质量分数 12.5%的十溴二苯乙烷和 4.2%的三氧化二锑可以使 ABS 达到 UL 94 V-0 级，极限氧指数 27.2%。随着阻燃剂添加量的增加，极限氧指数也随之增加，但力学性能逐渐下降。十溴二苯乙烷在包括 ABS 在内的各种聚合物材料中均具有相对稳定的阻燃性能。

## 3.3 十溴二苯醚

### 3.3.1 概述

十溴二苯醚（英文名称 decabromodiphenyl oxide，DBDPO）是一种常见、高效的添加型阻燃剂。具有溴含量高、添加量少、热稳定性好、阻燃效率高等优点。用途广泛，适用于橡胶、纺织、电子、塑料等诸多行业，尤其适用于 PE、PP、ABS、PA6、PS、PBT、PC 等合成材料，但耐候性较差。该阻燃剂曾经是应用最为广泛的溴系阻燃剂，但随着研究的深入，发现该阻燃剂具有持久性有机污染物特性，对环境和生态安全存在较大的威胁，目前其已经被《斯德哥尔摩公约》禁用，中国作为该公约缔约方，也会在不久禁止使用该阻燃剂。其化学结构式如下所示：

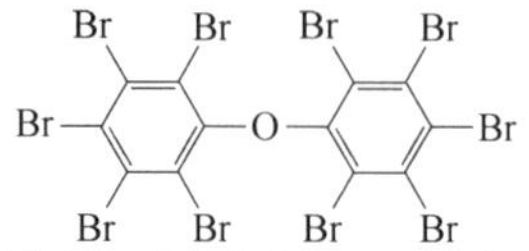

十溴二苯醚为白色或微黄色粉末，溴含量 83.3%，熔点大于 300℃，无腐蚀性，不溶于水、乙醇、丙酮、苯等溶剂，微溶于氯代芳烃，稳定性良好。

国外十溴二苯醚的合成研究起始于 20 世纪 60 年代中后期，20 世纪 70 年代实现了 DBDPO 的工业化生产，曾经的主要生产国有美国、日本、德国、英国和法国，曾经的国外主要生产商有美国大湖公司、雅保公司、陶氏化学公司，日本的三井东压有限公司、松永化学公司、日宝化学公司、东洋曹达工业公司，以色列化工集团（ICL）和法国的阿托公司等[4]。目前国外公司均已停产该产品。

2020 年，在中国范围内仅有三家企业仍旧在生产十溴二苯醚，而总的十溴二苯醚产量从最高峰的每年近 5 万吨减少到 2018 年的 8000 多吨。三家企业分别是山东海王化工股份有限公司、山东卫东化工有限公司和山东天一化学股份有限公司。而随着中国环保法规和履行国际公约行动的进一步开展，该产品在 2020 年后不久将会停止生产。

## 3.3.2 十溴二苯醚的合成方法

十溴二苯醚主要采用过量溴法制备，合成路线如图 3-7 所示：

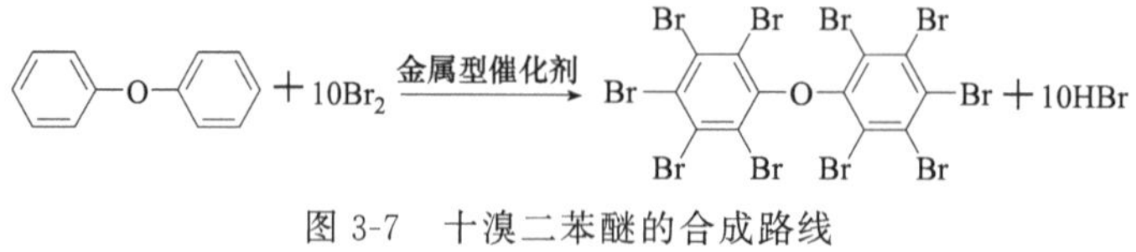

图 3-7 十溴二苯醚的合成路线

将铝粉或三氯化铝等催化剂加入过量的溴素中，搅拌均匀并降温，然后在 20～35℃条件下向过量溴中滴加二苯醚，反应过程产生的溴化氢用水吸收，保温回流反应 2～3h 后溴化完成，加水使催化剂失活并将过量溴蒸出，用亚硫酸钠等消除残留的溴素，然后进行过滤，湿法粉碎、压滤、干燥、气流粉碎后即得十溴二苯醚产品。

### 3.3.3 十溴二苯醚的表征

十溴二苯醚的红外光谱如图 3-8 所示，1502cm$^{-1}$ 和 1350cm$^{-1}$ 为苯环骨架的振动吸收峰；965cm$^{-1}$ 为醚键的特征吸收峰；713cm$^{-1}$ 为 C—Br 键振动吸收峰。

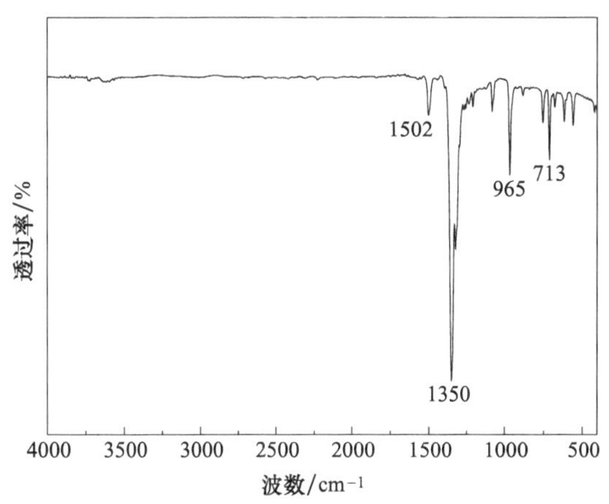


图 3-8 十溴二苯醚的红外光谱图

十溴二苯醚在 $N_2$ 氛围下热失重如图 3-9 所示，其初始分解温度在 320℃左右，具有较好的热稳定性。

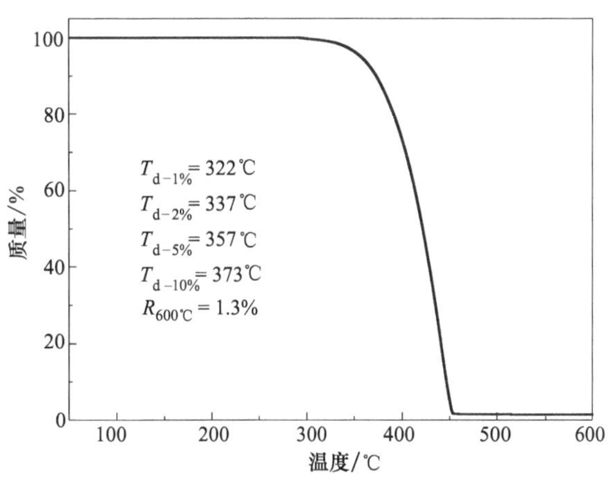


图 3-9 十溴二苯醚的热失重曲线

DSC 测试结果如图 3-10 所示，十溴二苯醚的熔点在 306℃附近，熔点和热稳定性均低于十溴二苯乙烷。

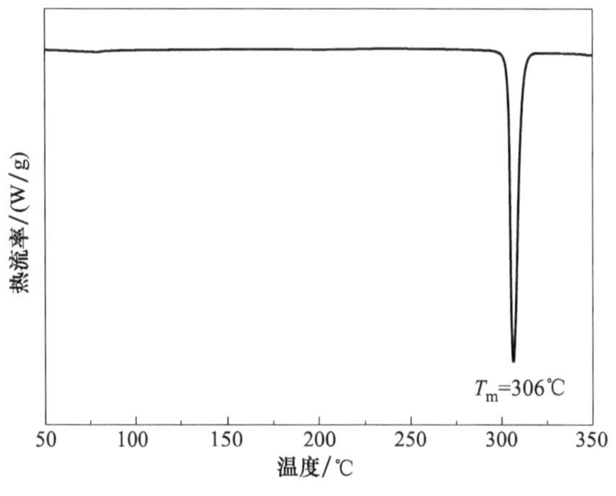


图 3-10　十溴二苯醚的 DSC 曲线

### 3.3.4　十溴二苯醚的主要应用领域

本品广泛适用于橡胶、纺织、电子、塑料等行业，与三氧化二锑并用，尤其适用于PE、PP、ABS、PA6、PS、PBT、PC 等合成材料。阻燃效率高，热稳定性好。表 3-4 为十溴二苯醚的建议配方。

表 3-4　十溴二苯醚的建议配方　　　单位：%（质量分数）

| 聚合物材料 | 阻燃标准 | DBDPO/% | $Sb_2O_3$/% |
|---|---|---|---|
| HIPS | UL 94 V-2(1/16″) | 10～12 | 3～4 |
| PBT(未增强) | UL 94 V-0(1/32″) | 9～10 | 3～4 |
| PBT(30%玻璃纤维增强) | UL 94 V-0(1/32″) | 9～10 | 4～5 |
| 聚丙烯均聚物 | UL 94 V-0(1/16″) | 20～30 | 7～15 |
| 聚丙烯共聚物 | UL 94 V-0(1/16″) | 20～30 | 7～15 |
| 尼龙 6 | UL 94 V-0(1/32″) | 14～16 | 5～7 |
| 尼龙 66 | UL 94 V-0(1/32″) | 13～16 | 4～5 |
| 不饱和聚酯树脂 | UL 94 V-0 和 5V(1/16″) | 12.5 | 2.0 |
| 25%玻璃纤维增强层压板 | UL 94 V-0 和 5V(1/8″) | 10.8 | 1.5 |

## 3.4　四溴双酚 A

### 3.4.1　概述

四溴双酚 A 又称 2,2′,6,6′-四溴双酚 A、4,4′-（1-甲基亚乙基）双（2,6-二溴）苯酚，简写 TBBPA，是双酚 A 的衍生物。分子式为 $C_{15}H_{12}Br_4O_2$，分子量 543.87，其既可以作为反应型阻燃剂，又可作为添加型阻燃剂（目前已经很少用作添加型阻燃剂），同时可以作为中间体合成高分子量的溴系阻燃剂[5]。四溴双酚 A 的结构式为：

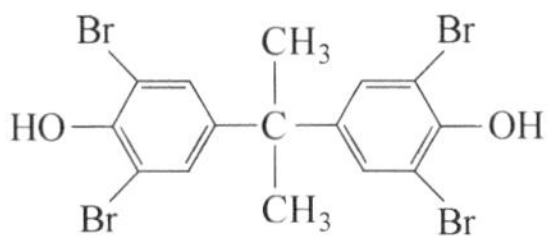

四溴双酚 A 为白色粉末，溴含量 58.8%，密度 $2.1g/cm^3$，熔点 179～184℃，沸点 316℃（分解），可溶于甲醇、乙醇、丙酮和甲苯，也可溶于氢氧化钠水溶液，微溶于水。

目前中国市场，四溴双酚 A 产量呈现上升趋势，现在几乎全部用于制备低分子量、高分子量的溴化环氧树脂、八溴醚、甲基八溴醚和四溴双酚 A 聚碳酸酯低聚物等产品。

主要生产厂家包括山东天一化学股份有限公司、山东兄弟科技股份有限公司、天津长芦汉沽盐场有限公司等。

### 3.4.2 四溴双酚 A 的合成方法

四溴双酚 A 是由双酚 A 和溴素反应制得，由于在双酚 A 中与两个羟基相邻的四个氢原子很活泼，容易被溴取代，因此在一定条件下可以与溴发生取代反应。

根据反应条件不同分为直接溴代法、催化溴代法、氧化溴代法等。其中氧化溴代法一般采用双氧水氧化法。

向反应釜中加入氯苯、双酚 A，搅拌均匀，然后在 25～30℃条件下控制同步滴加溴素、双氧水，在 40℃左右保温并反应 1h，再升温至 80℃，保温熟化 1h，然后加入亚硫酸钠除溴、水洗、冷却结晶、过滤、干燥即得四溴双酚 A 产品。

### 3.4.3 四溴双酚 A 的表征

图 3-11 为四溴双酚 A 的红外光谱图，$3480cm^{-1}$ 为—OH 振动吸收峰；$3073cm^{-1}$ 为苯环上 C—H 的伸缩振动吸收峰；$2988cm^{-1}$ 为甲基中 C—H 的伸缩振动吸收峰；在 $1555cm^{-1}$、$1473cm^{-1}$ 处的峰为苯环骨架振动吸收峰；$1397cm^{-1}$ 为甲基 C—H 的变形振动吸收峰；$616cm^{-1}$、$573cm^{-1}$ 为 C—Br 键振动吸收峰。

图 3-12 为四溴双酚 A 的 $^1H$ NMR 谱图，特征峰有 9.81（2H，—OH），7.33（4H，Ar—H），1.56（6H，$—CH_3$）。

四溴双酚 A 在 $N_2$ 氛围下热失重曲线如图 3-13 所示，由于四溴双酚 A 含有酚羟基，热稳定程度相对较低，其初始分解温度为 241℃。

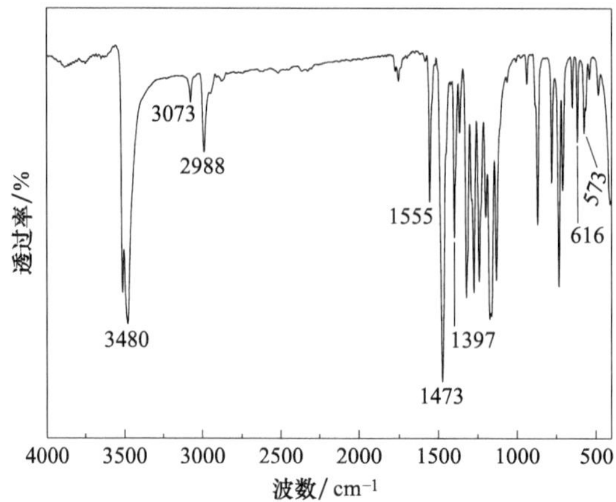


图 3-11 四溴双酚 A 的红外光谱图

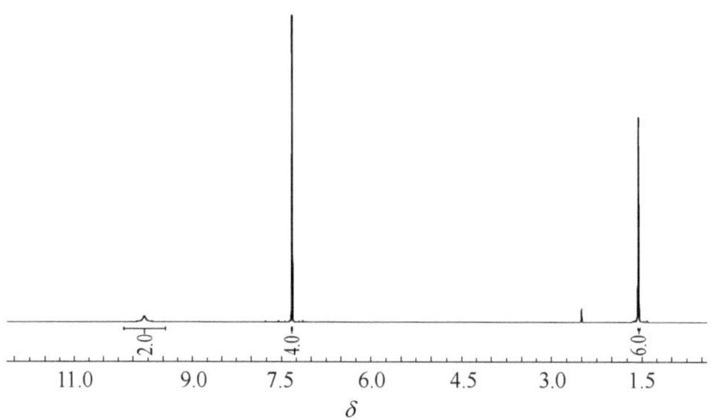


图 3-12 四溴双酚 A 的核磁氢谱

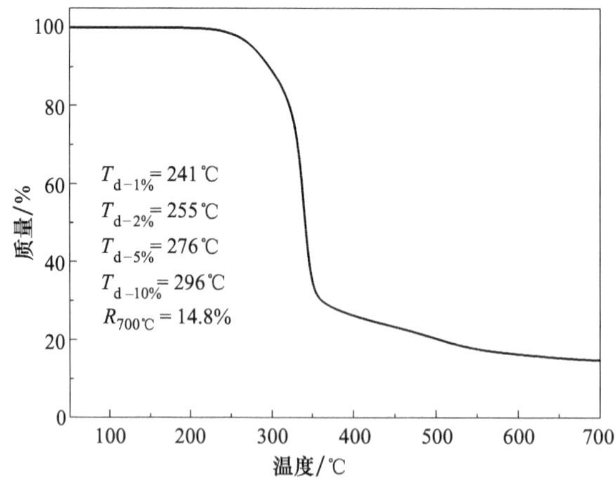


图 3-13 四溴双酚 A 的热失重曲线

根据 DSC 测试结果，四溴双酚 A 的熔点在 182～184℃（图 3-14）。

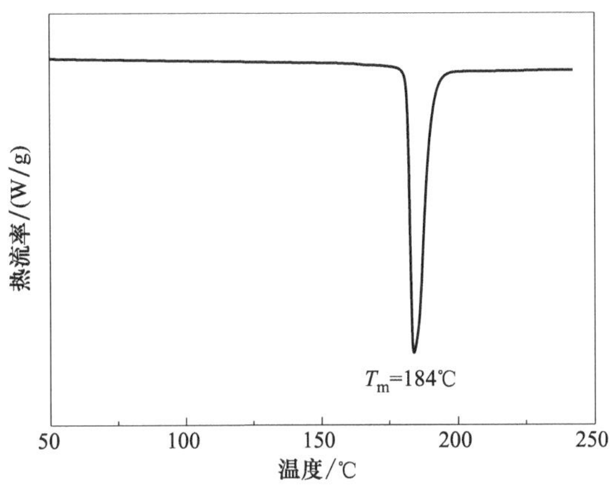


图 3-14 四溴双酚 A 的 DCS 曲线

### 3.4.4 四溴双酚 A 的主要应用领域

四溴双酚 A 主要用于生产固液相的溴化环氧树脂，液体溴化环氧树脂大量用于环氧覆铜板的阻燃，固体溴化环氧树脂是优良的工程塑料阻燃剂[6]。同时，作为反应型阻燃剂，可用于环氧树脂、酚醛树脂、聚氨酯树脂等的阻燃改性；作为添加型阻燃剂可用于高抗冲击聚苯乙烯、不饱和树脂、SAN 树脂、ABS 树脂，同时还可以作为纸张、纤维的阻燃处理剂[7]。

由于分子中含有两个对称的羟基，这两个羟基很容易与 NaOH 反应生成酚钠然后与有机酸反应生成酯。羟基还可以参与聚合反应，成为制备阻燃环氧树脂、阻燃聚碳酸酯、阻燃不饱和聚酯的缩聚单体[8]。

## 3.5 溴化聚苯乙烯

### 3.5.1 概述

溴化聚苯乙烯，简称 BPS，是一种高分子聚合型溴系有机阻燃剂，具有高阻燃性、热稳定性及光稳定性等良好的力学及物理化学性质，与聚合物相容性好，广泛应用于聚对苯二甲酸丁二醇酯、聚对苯二甲酸乙二醇酯、聚苯醚、尼龙 66 等工程塑料，使用过程中需要和含锑化合物配合使用。BPS 属于高分子型阻燃剂品种，该阻燃剂与聚合物之间具有优异的相容性，不影响工程塑料的加工温度、玻璃化转变温度等性能。溴化聚苯乙烯分子式为：

$$\left[\text{CH}-\text{CH}_2\right]_n \text{（苯环上取代 } \text{Br}_x\text{）}$$

溴化聚苯乙烯为白色或淡黄色粉末或颗粒；溴含量 62%～68%；热分解温度大于 330℃；熔融温度 160～190℃；分子量大，热稳定性好，迁移速率较慢，不易析出，因此能够较长时间保证高分子材料的阻燃性；在聚合物中分散性和相容性好，易于加工，不起霜，能够保持基体材料原有的力学性能。

20 世纪 80 年代美国 Ferro 公司和 Great Lake 公司率先实现了溴化聚苯乙烯的工业化生产[9]。Great Lake 公司和 Ferro 公司分别代表着两种不同的溴化聚苯乙烯合成工艺。Great Lake 公司是以苯乙烯为原料，将其溴化制得溴化苯乙烯单体，之后将单体聚合得到 BPS。Great Lake 公司于 1994 年在美国专利 5369202 中提供了其商品 PDBS-80 的合成方法[10]，其合成路线是先溴化再聚合，这样避免了溴化剂在主链上的卤代反应，因而制得的聚溴化苯乙烯的热稳定性极佳。

1980 年，Ferro 公司在美国专利 4352909 中详细描述了商品名为 PyroChek 68PB 的溴化聚苯乙烯作为一种阻燃添加剂的合成方法；James C. Gill 等人[11] 在聚苯乙烯溴化之前向体系中加入 1%～5%的主链烷基卤代抑制剂，以该专利的方法生产出来的溴化聚苯乙烯主链烷基卤含量仅为 750ppm（1ppm＝1mg/kg），提高了溴化聚苯乙烯的热稳定性；随后有研究[12] 在溴化聚苯乙烯后处理过程中用氨或肼作为亲核试剂，除去溴化苯乙烯产品中的烷基溴和单质溴，提高了溴代聚苯乙烯的热稳定性。

该产品在中国主要生产厂家为山东兄弟科技有限公司、山东天一化学股份有限公司、泰州百力化学股份有限公司、山东旭锐新材有限公司等。该产品依据分子量的不同可以分为高分子量和低分子量两类产品，其中 Albemarle 和 Lanxess 两家公司可以提供低分子量的 BPS 产品，而中国原来仅能制造高分子量 BPS 产品，因此其销售市场受到了极大的抑制，总产量在 8000 吨左右。2019 年 6 月，钱立军带领团队成功开发了国产低分子量溴化聚苯乙烯的技术，并于 2019 年底实现了该产品的工业化量产。

### 3.5.2 溴化聚苯乙烯的合成方法

溴化聚苯乙烯的合成路线通常采用将聚苯乙烯在溶剂中溴化的方式获得（图 3-15）。

溶剂法制备 BPS 工艺流程如下：

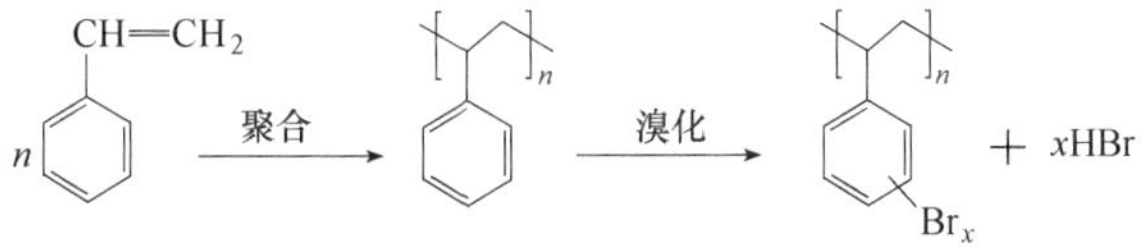

图 3-15 溴化聚苯乙烯的合成路线

将聚苯乙烯溶解在卤代烃中，加入 Lewis 酸催化剂，搅拌均匀，在低温下加入氯化溴或者液溴进行溴化反应，放出溴化氢进行吸收，反应 2～5h 后溴化完成，加入亚硫酸钠消除过量的氯化溴或者液溴，然后洗涤，蒸馏去除卤代烃后，干燥，得到溴化聚苯乙烯产品。

在制备过程中需要注意不要过量溴化，容易导致产品颜色加深，影响产品质量。此外，采用氯化溴法制备的溴化聚苯乙烯会增加一定的氯含量，也就是在溴化的同时，会发生一定数量的氯化反应。采用氯化溴作为溴化剂时，溴化聚苯乙烯的氯含量在 0.5%～2%之间。

溴化聚苯乙烯属于新型环保高分子溴系阻燃剂，为目前阻燃助剂系列中的高端阻燃剂产品，产品应用性能好，是高附加值、高技术含量阻燃剂产品的典型代表。

美国 Great Lake 公司采用的工艺是先将苯乙烯溴化，再进行聚合，得到 BPS。图 3-16 为 Great Lake 公司生产溴化聚苯乙烯的合成路线[13]。

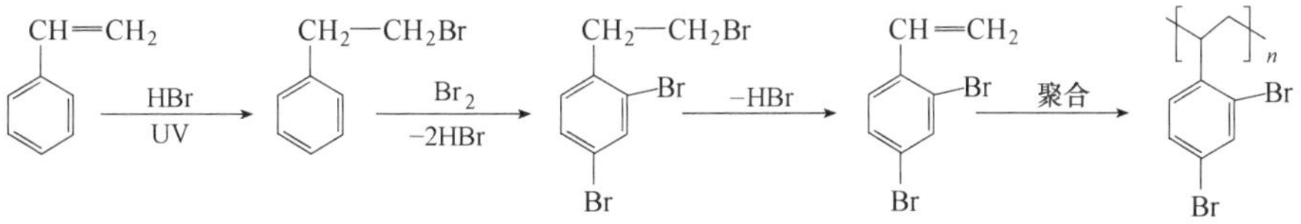

图 3-16 溴化聚苯乙烯的合成路线

### 3.5.3 溴化聚苯乙烯的表征

图 3-17 为溴化聚苯乙烯的红外光谱图，3077cm$^{-1}$ 为苯环上 C—H 的振动吸收峰；2920cm$^{-1}$、2853cm$^{-1}$ 为脂肪族 C—H 的伸缩振动吸收峰；1552cm$^{-1}$、1444cm$^{-1}$ 为苯环骨架的振动吸收峰；1397cm$^{-1}$ 为亚甲基的变形振动吸收峰；706cm$^{-1}$、600cm$^{-1}$ 为 C—Br 的振动吸收峰。

图 3-18 为低分子量溴化聚苯乙烯的热失重曲线，溴化聚苯乙烯的初始分解温度在 360℃以上，热稳定性能良好，能够满足包括尼龙在内的高加工温度聚合物的加工需要。

图 3-19 为 DSC 测试结果，低分子量的溴化聚苯乙烯的 $T_g$ 在 161℃附近，表明溴

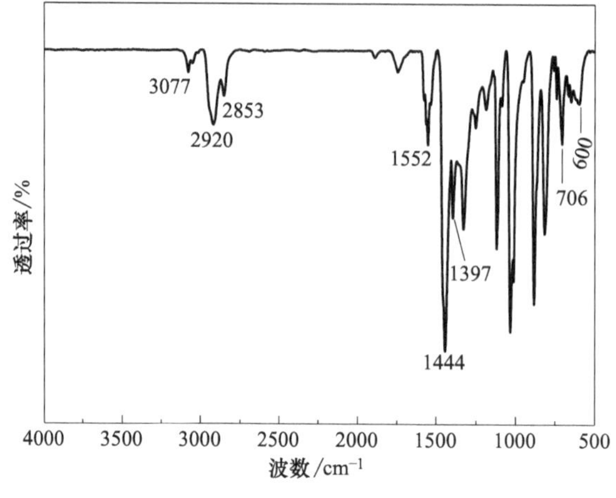


图 3-17 溴化聚苯乙烯红外光谱图

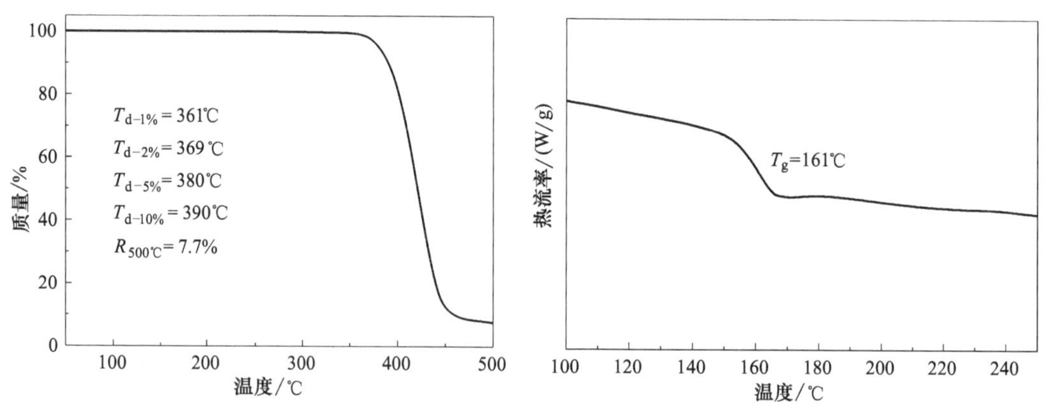


图 3-18 低分子量溴化聚苯乙烯 TGA 曲线

图 3-19 低分子量溴化聚苯乙烯 DSC 曲线

化聚苯乙烯除了具有优异的热稳定之外，还具有良好的加工流动性。

### 3.5.4 溴化聚苯乙烯的主要应用领域

BPS 由于具有极其优异的产品长期应用稳定性、热稳定性、高分子熔融特性，适用于对流动性和热稳定性有较高要求的尼龙和 PBT（聚对苯二甲酸丁二醇酯）的阻燃改性。将 BPS 添加 18%应用于尼龙 6 和尼龙 66 中，可以得到具有优异阻燃性能和熔体流动速率的材料。具体性能参数如表 3-5、表 3-6 所示。

将溴化聚苯乙烯与三氧化二锑按照质量比 3∶1 进行复配，并与 PBT 进行熔融共混制备阻燃材料，当复配阻燃剂用量达到 20%时，材料的阻燃级别达到 FV-0 级，极限氧指数达到 28%以上（表 3-7）[14]。

**表 3-5 BPS 阻燃 PA6 样品的性能参数**

| BPS 阻燃 PA6 样品 | 熔体流动速率/(g/10min) | 冲击强度(无缺口)/(kJ/m²) | 拉伸强度/MPa | LOI/% | 垂直燃烧试验 | | |
|---|---|---|---|---|---|---|---|
| | | | | | 样条厚度/mm | UL 94 阻燃级别 | 是/否熔滴 |
| 1-BPS/PA6 | 46.8 | 45.3 | 87.4 | 31.4 | 3.2 | V-0 级 | 否 |
| | | | | | 1.6 | V-0 级 | 是 |
| 2-BPS/PA6 | 32 | 45.7 | 79.9 | 32.2 | 3.2 | V-0 级 | 否 |
| | | | | | 1.6 | V-0 级 | 否 |

**表 3-6 BPS 阻燃 PA66 样品的性能参数**

| 样品 | 冲击强度(无缺口)/(kJ/m²) | 拉伸强度/MPa | LOI/% | 垂直燃烧试验 | | |
|---|---|---|---|---|---|---|
| | | | | 样条厚度/mm | UL 94 阻燃级别 | 是/否熔滴 |
| 1-BPS/PA66 | 41.5 | 82.8 | 37.2 | 3.2 | V-0 级 | 否 |
| | | | | 1.6 | V-0 级 | 否 |
| 2-BPS/PA66 | 42.8 | 80.6 | 39.1 | 3.2 | V-0 级 | 否 |
| | | | | 1.6 | V-0 级 | 否 |

**表 3-7 溴化聚苯乙烯阻燃 PBT 的性能参数**

| PBT | 复合阻燃剂 | 弯曲强度/MPa | 拉伸强度/MPa | 断裂伸长率/% | 悬臂梁缺口冲击强度/(kJ/m²) | 悬臂梁无缺口冲击强度/(kJ/m²) | 热变形温度/℃ |
|---|---|---|---|---|---|---|---|
| 100 | 0 | 79.1 | 51.0 | 204.0 | 4.49 | 117.20 | 53.75 |
| 90 | 10 | 84.1 | 50.4 | 18.4 | 4.43 | 45.02 | 55.25 |
| 85 | 15 | 85.1 | 50.2 | 9.8 | 4.41 | 37.43 | 57.90 |
| 80 | 20 | 85.4 | 47.7 | 4.0 | 4.29 | 37.20 | 61.65 |
| PBT | 复合阻燃剂 | LOI/% | 垂直燃烧 | 介电损耗因数/$\times 10^{-2}$ | 表面电阻率/$\times 10^{16}$ Ω | 体积电阻率/$\times 10^{16}$ Ω·cm | 电气强度/(kV/mm) |
| 100 | 0 | 21.0 | 燃烧 | 2.09 | 3.59 | 2.60 | 15.90 |
| 90 | 10 | 22.0 | FV-2 | 1.83 | 2.94 | 2.33 | 16.60 |
| 85 | 15 | 25.0 | FV-1 | 1.79 | 2.55 | 2.25 | 16.70 |
| 80 | 20 | 28.0 | FV-0 | 1.74 | 2.12 | 1.79 | 16.75 |

# 3.6 三溴苯酚及其衍生物

## 3.6.1 概述

2,4,6-三溴苯酚的分子式为 $Br_3C_6H_2OH$，分子量为 330.80，是一种多用途的溴系阻燃剂，不仅可以作为环氧树脂和聚氨酯等树脂的反应型阻燃剂，含溴聚苯醚、亚磷酸酯、磷酸酯等新型高性能阻燃剂的中间体；也可作为添加型阻燃剂，与其他阻燃剂复配后用于树脂中，用途十分广泛。三溴苯酚为白色针状或棱状结晶，熔点 90～94℃，沸点 286℃，密度 2.55g/mL，闪点 109.7℃，溴含量 72.4%，易溶于乙醇、乙醚等有机溶剂，难溶于水。三溴苯酚生产企业曾经多达 30 多家，由于产品气味大、环保要求高，目前该产品仅有少数几家企业生产。

## 3.6.2 三溴苯酚的合成方法

生产三溴苯酚的工艺路线主要有以下两种：

**(1) 氧化溴化法**

2,4,6-三溴苯酚的合成以苯酚和氢溴酸为原料，水或水和乙醇的混合物为溶剂，在氧化剂双氧水作用下生成 2,4,6-三溴苯酚。其具体合成步骤为：在装有搅拌器、冷凝器、温度计和滴液装置的反应器中加入溶剂水或水和乙醇混合液，溶剂用量为每摩尔苯酚用 400～1500mL，再按物料配比苯酚：氢溴酸：双氧水（摩尔比）为 1：2.8～3.5：1.5～4.0 加入苯酚、氢溴酸，常温搅拌使之混合均匀。搅拌下滴加双氧水，滴加过程中保证温度在 10～70℃范围内，加完后于 30～110℃保温 0.5～6h 结束反应。冷却至室温、过滤，固体于乙醇或乙醇与水混合液中重结晶，产品于 60～80℃干燥得到纯品[15]。该法是国内外目前采用较多的方法。图 3-20 为三溴苯酚的合成路线。

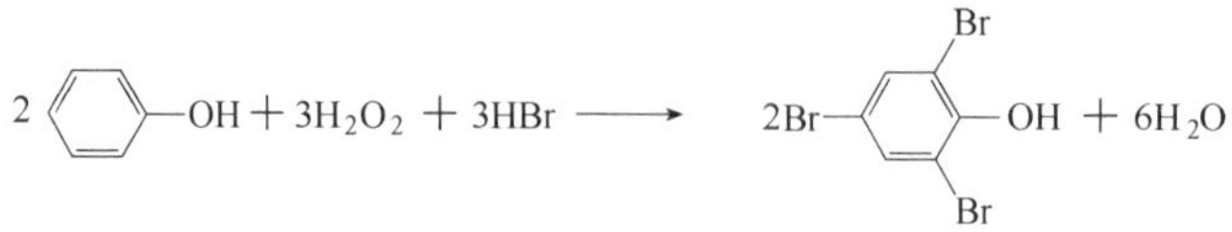

$$2\ C_6H_5\text{—}OH + 3H_2O_2 + 3HBr \longrightarrow 2\ (2,4,6\text{-}Br_3C_6H_2)\text{—}OH + 6H_2O$$

图 3-20 三溴苯酚的合成路线

(2) **直接溴化法**

将苯酚加入反应釜，搅拌下加水溶解并升温至 60℃，在搅拌下缓慢滴加等化学反应当量的溴水（KBr 作为助溶剂），滴加完毕后继续搅拌 30min。然后冷至 40℃，进行过滤，滤饼用水洗至中性即得粗品。将粗品溶于 70℃ 乙醇中，加入活性炭脱色，过滤后，将等量的水与滤液混合，析出针状结晶即为成品，收率约 96%。

## 3.6.3 三溴苯酚的表征

图 3-21 为 2,4,6-三溴苯酚的红外光谱图，其中 3408$cm^{-1}$、1160$cm^{-1}$ 分别是—OH 基团的伸缩和弯曲振动吸收峰；3069$cm^{-1}$、856$cm^{-1}$ 分别是为苯环上 C—H 的伸缩振动和弯曲振动吸收峰；1554$cm^{-1}$、1455$cm^{-1}$ 为苯环骨架振动特征峰；663$cm^{-1}$、552$cm^{-1}$ 为 C—Br 的伸缩振动特征峰。

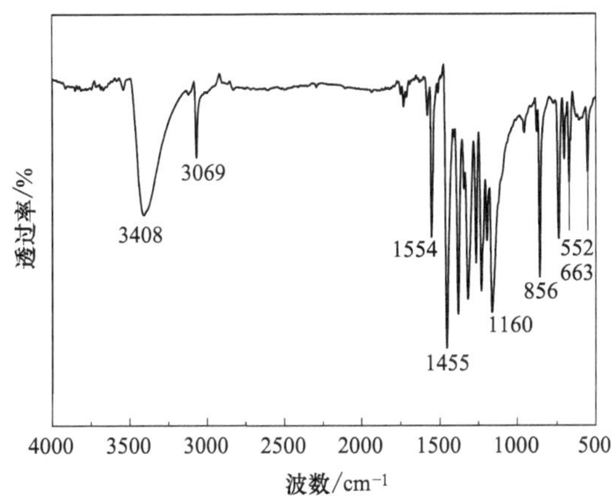


图 3-21 2,4,6-三溴苯酚的红外光谱图

图 3-22 为 2,4,6-三溴苯酚的$^1$H NMR 谱图，特征峰有 10.25（1H，—OH），7.77（2H，Ar—H）。

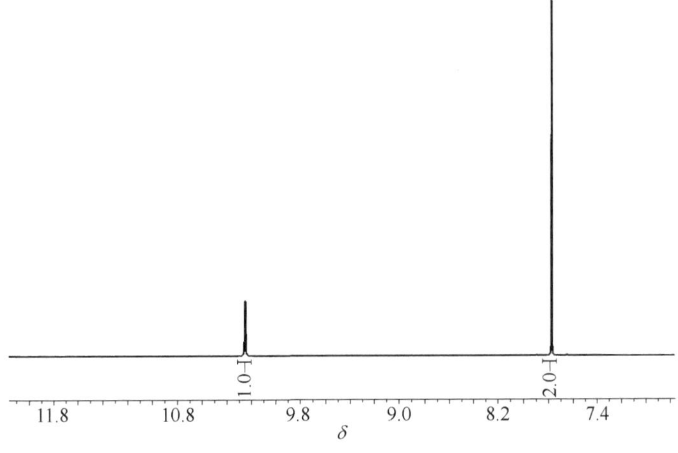


图 3-22 2,4,6-三溴苯酚的核磁氢谱

图 3-23 是 2,4,6-三溴苯酚在 $N_2$ 气氛下的热失重曲线，由于其存在酚羟基，其热稳定性不高，且容易升华。

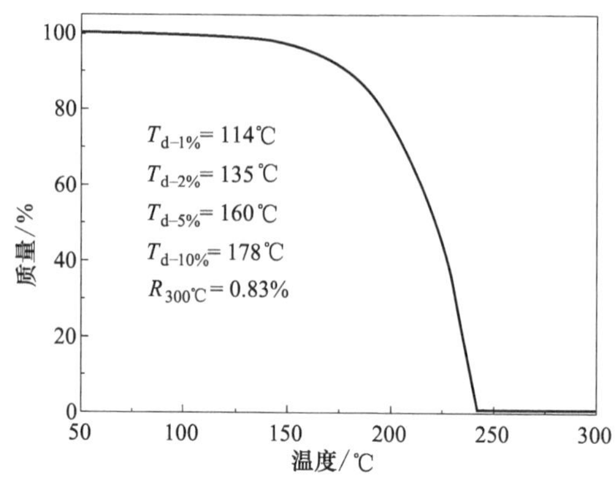


图 3-23　2,4,6-三溴苯酚的热失重曲线

## 3.6.4　三溴苯酚的主要应用领域

2,4,6-三溴苯酚是溴化环氧低聚物不可或缺的原料，可用于封端溴化环氧低聚物的末端环氧基，使环氧低聚物的金属黏附性变弱，脱模性变好，相比于未封端的溴化环氧树脂，其溴含量增加约 10%，在对材料的阻燃改性中不仅可以减少阻燃剂用量，还可以改善耐复合材料的抗冲击性能和耐紫外线性能。三溴苯酚也被用于封端四溴双酚 A 聚碳酸酯低聚物。2,4,6-三溴苯酚本身也可作为反应型阻燃剂用于酚醛树脂和环氧树脂；还可以通过缩聚法制成新型阻燃剂聚 2,6-二溴苯醚。

## 3.6.5　三溴苯酚衍生物

**(1) 丙烯酸 2,4,6-三溴苯酯**[16,17]

丙烯酸 2,4,6-三溴苯酯外观为白色或带黄色的结晶，溴含量 62.3%，熔点 75～76℃，折射率为 1.57～1.58。可以与丙烯酸及其酯类、甲基丙烯酸及其酯类、丙烯腈、苯乙烯等多种单体进行自由基共聚，从而赋予高分子产品优良的阻燃性能，并且可以在不损伤高分子产品原来物理性能的前提下，对部分性能有所改善。

日本与美国对丙烯酸 2,4,6-三溴苯酯早有研究，其中日本大阪有机化学公司于 1985 年就实现了工业化生产，目前国外供应商主要在日本和美国，如东京化成工业株式会社（TCI）、Matrix Scientific。而国内丙烯酸 2,4,6-三溴苯酯工业生产起步较晚。

合成方法：在四口烧瓶中加入三溴苯酚及溶剂，低温下滴加与三溴苯酚相当量的催化剂及丙烯酰氯与适量溶剂的混合液，将混合物搅拌数小时。然后向反应混合物中加入 NaOH 溶液，过滤洗涤得到白色细粒状产品。反应方程式如图 3-24 所示：

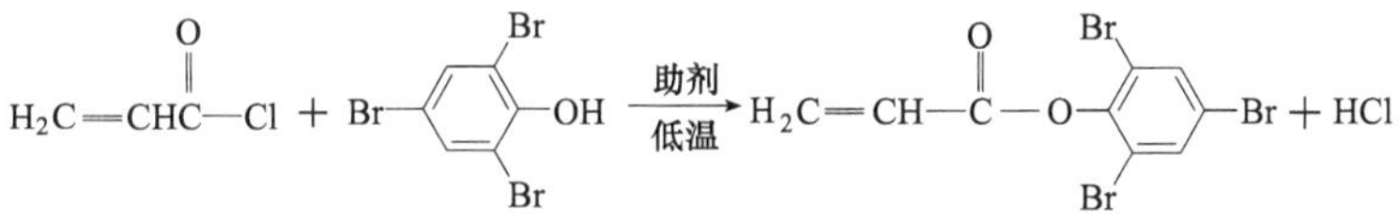

$$H_2C{=}CH\overset{\overset{O}{\|}}{C}{-}Cl + Br{-}C_6H_2Br_2{-}OH \xrightarrow[\text{低温}]{\text{助剂}} H_2C{=}CH{-}\overset{\overset{O}{\|}}{C}{-}O{-}C_6H_2Br_2{-}Br + HCl$$

图 3-24 丙烯酸 2,4,6-三溴苯酯的合成路线

主要应用领域：丙烯酸三溴苯酯作为一种性能优良的反应型阻燃剂，不但能赋予树脂很好的阻燃性能，具有不迁移、无损失及阻燃效果长久等优点，而且能够改善树脂的部分物理性能，特别适用于塑料、黏合剂、涂料等方面。在低发泡聚苯乙烯中可替代六溴环十二烷使用。

### (2) 三溴苯氧乙酸[18]

三溴苯氧乙酸是一种含溴有机阻燃剂，在高温下能产生密度大于空气的溴化氢气体，稀释并隔绝空气，使被燃物因缺氧而熄灭。同时能捕捉自由基，终止燃烧的链式反应。

合成方法：称取氯乙酸 2g 溶于 100mL 水中，用 10%$Na_2CO_3$ 溶液中和。量取三溴苯酚 6.6g，NaOH 0.9g，溶于 50mL 水中，将 NaOH 水溶液加入三溴苯酚中，使其全部转化成酚钠。两种溶液混合反应，再加热使水分蒸发至近干，后加盐酸中和至 pH 为 2～3，减压抽滤，使甲苯在 100℃重结晶，并在 100℃下干燥，即得纯品三溴苯氧乙酸（白色针状晶体）。反应方程式如图 3-25 所示：

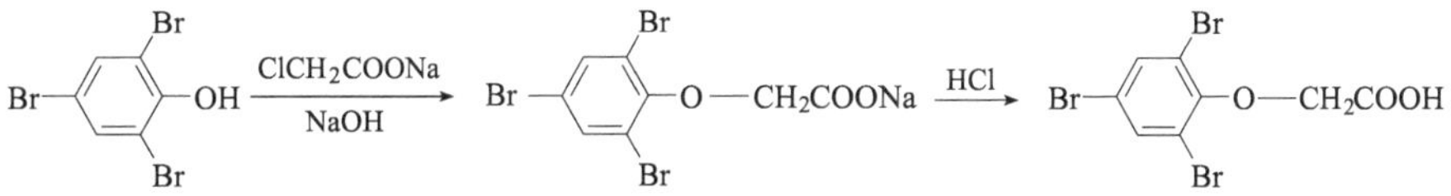

$$Br{-}C_6H_2Br_2{-}OH \xrightarrow[NaOH]{ClCH_2COONa} Br{-}C_6H_2Br_2{-}O{-}CH_2COONa \xrightarrow{HCl} Br{-}C_6H_2Br_2{-}O{-}CH_2COOH$$

图 3-25 三溴苯氧乙酸的合成路线

### (3) 聚二溴苯醚[19]

聚二溴苯醚是一种析出性小、相容性好、热稳定性高、耐光、耐久的阻燃剂，加入树脂中不降低树脂的力学性能。主要用于热塑性聚酯（PBT、PET）、尼龙、高抗冲击聚苯乙烯、ABS、各类聚醚等材料中。

合成方法：在 50mL 二甲基亚砜（DMSO）中加入 6.6g 2,4,6-三溴苯酚（0.02mol），0.4g $CuCl_2 \cdot 2H_2O$（0.002mol）和 1.6g $NaHCO_3$（0.002mol），加热到 50℃搅拌反应 1.5h。反应结束后将反应物质倒入 30～50mL 甲醇中，分离出聚合物，

甲醇洗涤，水洗涤，烘干。熔点为 240～250℃。反应方程式如图 3-26 所示：

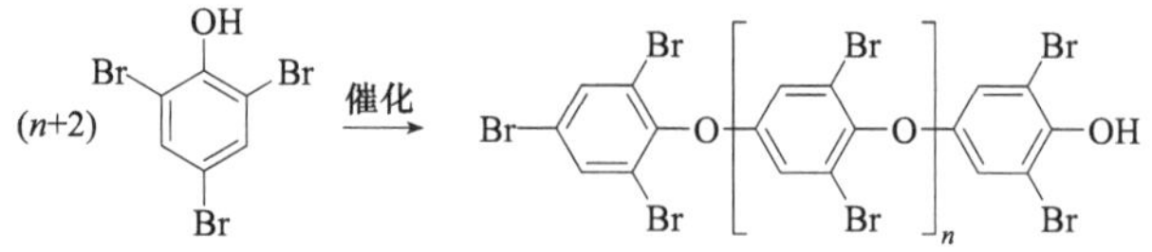

图 3-26　聚二溴苯醚的合成路线

#### (4) 磷酸三 (2,4,6-三溴苯基) 酯[20]

磷酸三（2,4,6-三溴苯基）酯是一种既含磷又含溴的具有协同阻燃效应的高效阻燃剂，它具有很高的热稳定性、较低的挥发性等优点，广泛用于高温加工和浅色要求的工程塑料以及热固性聚氨酯材料中。

合成方法：在 100mL 三口反应瓶中，投入 10.3g 干燥的 2,4,6-三溴苯酚、1.54g (0.92mol) 三氯氧磷和 20mL 1，2-二氯乙烷及 10mL 四氯乙烷，在室温下，搅拌使之完全溶解。在 2h 内滴加 3.0g 三乙胺，升温使其回流，反应 10h，冷却静置滤去白色沉淀，减压蒸馏除去滤液中的溶剂，剩余物分别用乙醇和水洗涤，干燥后用乙醇重结晶得白色固体，熔点 216～218℃，收率 81.5%。化学反应方程式如图 3-27 所示：

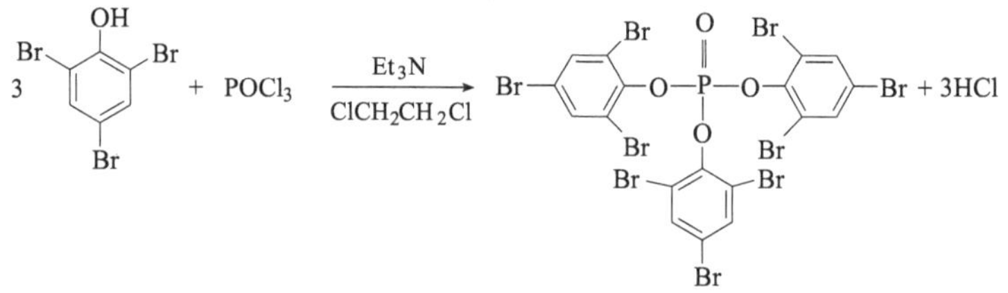

图 3-27　磷酸三（2,4,6-三溴苯基）酯的合成路线

#### (5) 磷酸三 (2,4-二溴苯基) 酯[21,22]

磷酸三（2,4-二溴苯基）酯（简称 BPP）是一种略有来苏水气味的白色针状晶体，是低熔点、高热稳定性、相容性好的添加型阻燃剂。由于 BPP 分子中含有溴和磷两种阻燃元素，溴/磷的协同效应可以减少甚至省去卤素阻燃剂常用的协效剂 $Sb_2O_3$，明显地改善树脂的力学性能。

磷酸三（2,4-二溴苯基）酯的熔点为 110℃，溴含量 60%，磷含量 3.9%，分子量 800，密度 2.3g/cm$^3$，常温下化学性质稳定，可在强碱作用下水解。

合成方法：磷酸三（2,4-二溴苯基）酯的制备常常需要无水卤化物为催化剂，其反应机理可能是 2,4-二溴苯酚与无水卤化物形成一种络合物，然后该络合物与三氯氧磷发生离子型反应生成磷酸三（2,4-二溴苯基）酯。其反应方程式如图 3-28 所示：

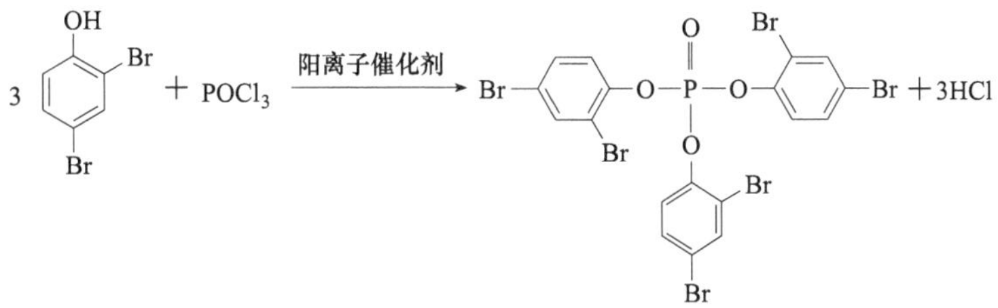

$$3\ \text{2,4-二溴苯酚} + POCl_3 \xrightarrow{\text{阳离子催化剂}} \text{磷酸三(2,4-二溴苯基)酯} + 3HCl$$

图 3-28 磷酸三（2,4-二溴苯基）酯的合成路线

主要应用领域：BPP 广泛用于 PBT、PET、PC、PPO、ABS 等工程塑料及其合金，由于无需使用 $Sb_2O_3$ 特别适合透明材料（如 PC、PMMA 等）的阻燃，对材料的透光率无影响。在 30%玻璃纤维增强 PBT 中加入 13%的磷酸三（2,4-二溴苯基）酯后，阻燃效果达到 UL 94 V-0 级，弯曲强度 200MPa，缺口冲击强度 $10kJ/m^2$；将其用于 PC 的阻燃，其阻燃性能也能达到 UL 94 V-0 级，拉伸强度 70MPa，断裂伸长率 94.6%，缺口冲击强度 $26.6kJ/m^2$，热变形温度 130℃。

# 3.7 溴代三嗪

## 3.7.1 概述

2,4,6-三（2,4,6-三溴苯氧基)-1,3,5-三嗪（简称为溴代三嗪），分子式为 $C_{21}H_6Br_9N_3O_3$，分子量 1067，是一种溴-氮协同的环保型阻燃剂，具体优点有：分子结构大，外观洁白呈面粉状、阻燃效率高，热稳定性好，不易挥发析出，抗紫外线辐射及耐光性优越，与树脂的相容性好，可以提高制品的抗冲击强度，能改善制品着色性，不影响热塑性塑料的透明性，并且具有持久的抗静电性能和良好的加工性能。特别适用于具有较高加工温度的 ABS、ABS/PC 合金、HIPS、PBT 等塑料制品的阻燃，可替代溴化聚苯乙烯等微黄或深褐色阻燃剂，满足产品阻燃和其他性能的综合要求。

溴代三嗪外观为白色粉末，棒状晶体（图 3-29）；溴含量为 67%；相对密度为 2.44；熔点 230℃。

溴代三嗪最早由以色列化工集团研制成功。溴代三嗪比十溴二苯醚环保，耐光性和颜色黄变性能更佳；比十溴二苯乙烷的流动性好，颜色外观好。对专用于聚酯、ABS、

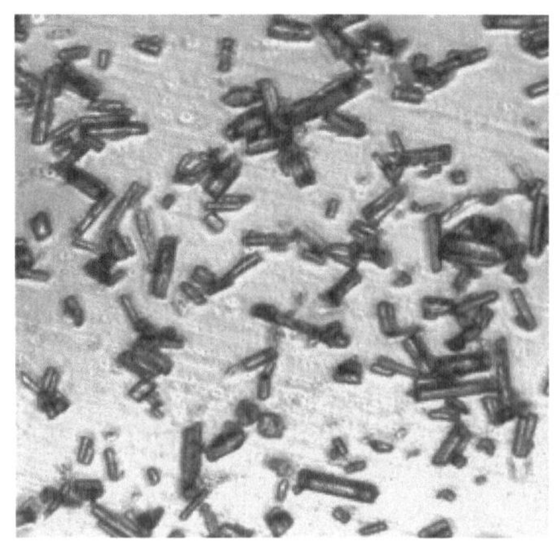
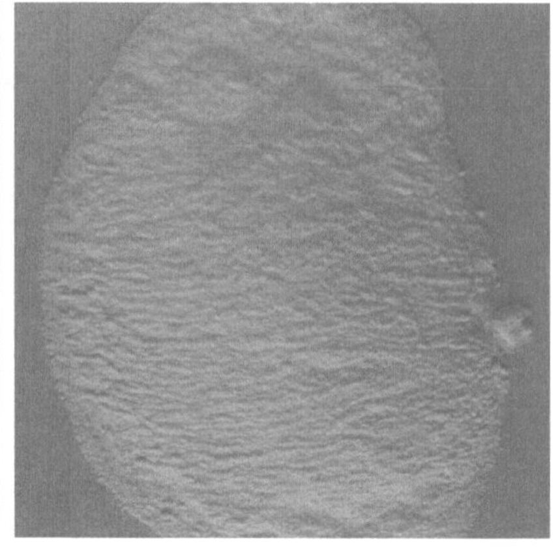

图 3-29　溴代三嗪在热台偏光显微镜下照片和实物图

抗冲击性聚苯乙烯和聚碳酸酯等工程塑料的阻燃剂而言，溴代三嗪是一种理想的品种。

目前国外生产溴代三嗪的厂家主要有以色列化工集团和美国大湖生产公司；国内生产溴代三嗪的厂家主要有山东卫东化工有限公司、山东旭锐新材有限公司。国内溴代三嗪在 2019 年产量约 13000～15000t[23]。

## 3.7.2　溴代三嗪的合成方法

**(1) 酚钠法**

将一定量的丙酮加入三口烧瓶，加入三溴苯酚，搅拌溶解后加入无水碳酸钠，搅拌生成三溴苯酚钠盐，然后加入三聚氯氰，在回流温度下反应 4～6h 后，过滤固体产物，然后将固体产物进行加热水洗三次，至产物呈现中性，获得产物溴代三嗪。

**(2) 氯化氢消除法**

在 250mL 三口烧瓶中加入甲苯 100mL，加入三溴苯酚（50g，0.151moL），加入三聚氯氰（9.049g，0.049moL），加入相转移催化剂四甲基氯化铵 1g，回流条件下，反应 8h，氯化氢释放完毕，加入氢氧化钠 0.6g，水 50mL，搅拌洗涤，对下层清液分

图 3-30　溴代三嗪的合成路线

液，再次加入水 50mL，搅拌洗涤，分液，减压蒸馏去除甲苯，得白色固体 51.81g，收率 99.1%，熔点 230.5℃，溴含量 67.35%（理论值 67.48%），$^{1}H$ NMR（d-DMSO）：$\delta$=8.047（S，6H）。反应方程式如图 3-30 所示。

### 3.7.3 溴代三嗪的表征

溴代三嗪的红外光谱见图 3-31：3076cm$^{-1}$ 为苯环上 C—H 的伸缩振动；1584cm$^{-1}$ 为苯环的骨架振动，1439cm$^{-1}$ 为三嗪环的骨架变形振动；1092cm$^{-1}$ 为醚键 C—O 的伸缩振动，说明产物中有醚键生成；856cm$^{-1}$ 为三溴苯氧基中 1,2,3,5 四取代苯环上 C—H 的变形振动；689cm$^{-1}$、551cm$^{-1}$（弱峰）为 C—Br 的伸缩振动。

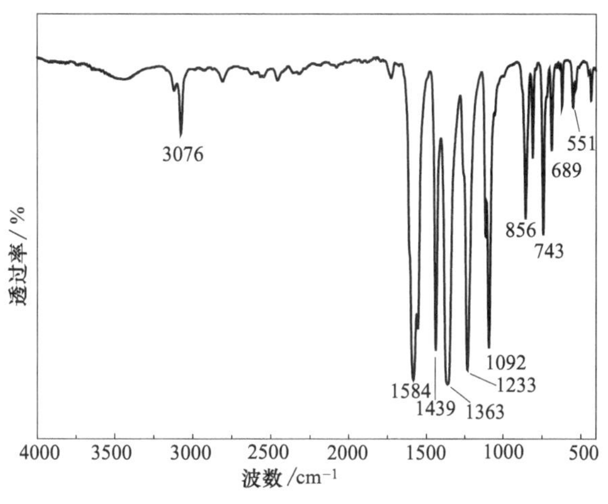


图 3-31 溴代三嗪的红外光谱图

图 3-32 为溴代三嗪的$^{1}H$ NMR 谱图，8.04 属于三溴苯酚的苯环上的 6 个氢原子。

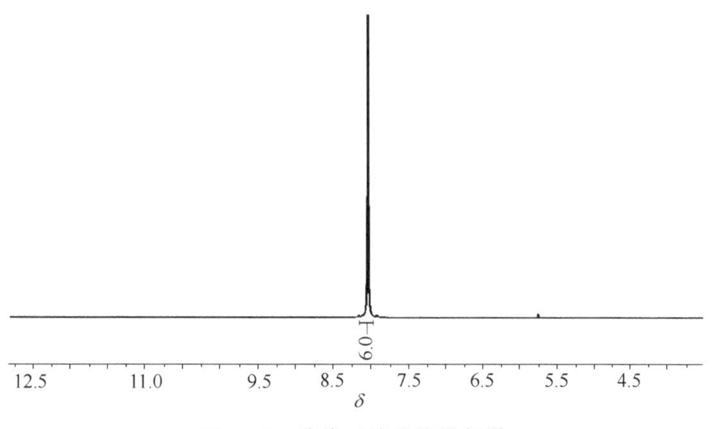


图 3-32 溴代三嗪的核磁氢谱

图 3-33 为溴代三嗪的热失重曲线，溴代三嗪具有优异的热稳定性，1%分解温度大于 330℃，能满足大多数工程塑料的加工温度，可用于多种工程塑料的阻燃改性。

DSC 测试结果显示，溴代三嗪的熔点在 230℃附近（图 3-34）。

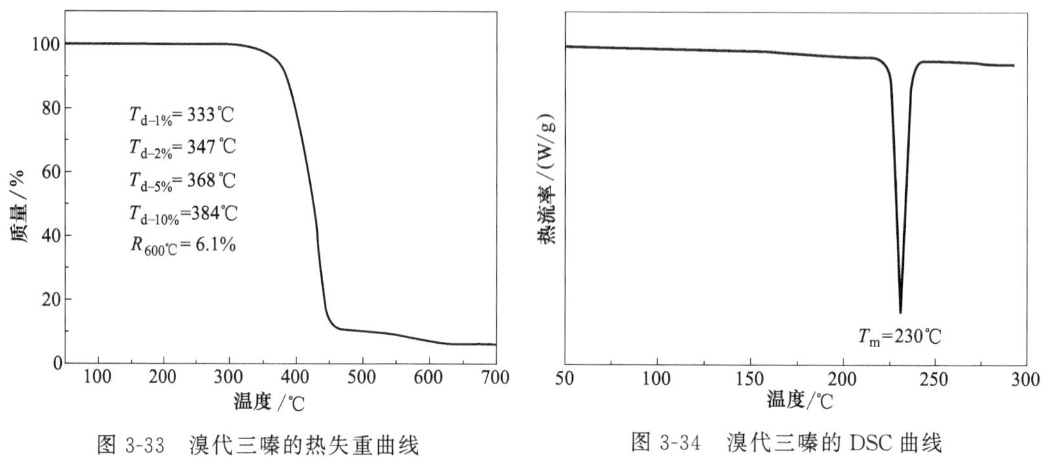


图 3-33　溴代三嗪的热失重曲线　　图 3-34　溴代三嗪的 DSC 曲线

## 3.7.4　溴代三嗪的主要应用领域

溴代三嗪阻燃剂是专门为阻燃型 ABS、PBT、PC/ABS、HIPS 等开发的产品，应用中通常需要按比例添加 $Sb_2O_3$。

阻燃 ABS 配方实例：ABS 1977.5g，抗滴落剂 7.5g，溴代三嗪 375g，$Sb_2O_3$ 125g，润滑剂 15g，将上述材料熔融共混挤出造粒，并注射成样条。所测性能指标如表 3-8 所示，结果表明溴代三嗪与三氧化二锑在质量比 3∶1 时，添加 20%的溴代三嗪与 $Sb_2O_3$，可以使 1.5mm 厚度的 ABS 达到 UL 94 V-0 级[14]。

表 3-8　溴代三嗪阻燃 HIPS 的测试结果

| 测试项目 | 测试标准 ASTM | 测试结果 |
|---|---|---|
| 拉伸强度/MPa | D638 | 29 |
| 断裂伸长率/% | D638 | 44.5 |
| 悬臂梁缺口冲击强度/($J/m^2$) | D256 | 94 |
| 弯曲强度/MPa | D790 | 39.3 |
| 弯曲模量/MPa | D790 | 2258 |
| 熔体流动速率/(g/10min) | D1238 | 8.1 |
| 热变形温度/℃ | D648 | 85 |
| 阻燃性(1.5mm) | UL 94 | V-0 |

阻燃 HIPS 配方实例：HIPS 1000g，溴代三嗪 180g，$Sb_2O_3$ 50g，其他助剂 40g，经螺杆熔融共混挤出，并注射成型。所制备的阻燃 HIPS 可以达到在 1.5mm 厚度下的 UL 94 V-0 级别[24]。

# 3.8 溴化环氧树脂

## 3.8.1 概述

溴化环氧树脂（英文名称 brominated epoxy resins，BER 或 BEO）是一类分子结构中含有溴元素的环氧树脂材料。目前所开发的溴化环氧树脂属于缩水甘油醚类环氧树脂，其主要制备原料为四溴双酚 A 和环氧氯丙烷，而根据分子结构中端基的不同，溴化环氧树脂又可分为 EP 型和 EC 型，其分子结构式如下所示。EP 型与 EC 型相比，前者的耐光性较佳，但溴含量略低；后者阻燃的 ABS 及 HIPS 具有较优的抗冲击强度。溴化环氧树脂通常按分子量可分为低、中、高三种，分子量范围在 700～60000，各种不同分子量的溴化环氧树脂由于软化温度区间不同可以应用于不同材料中，并因此影响阻燃塑料的力学性能。

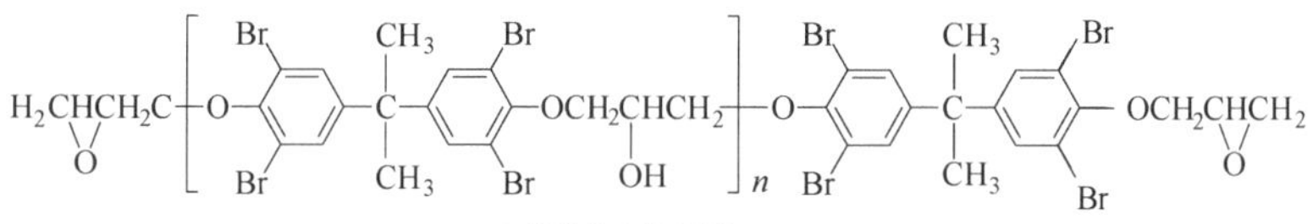

EP型溴化环氧树脂

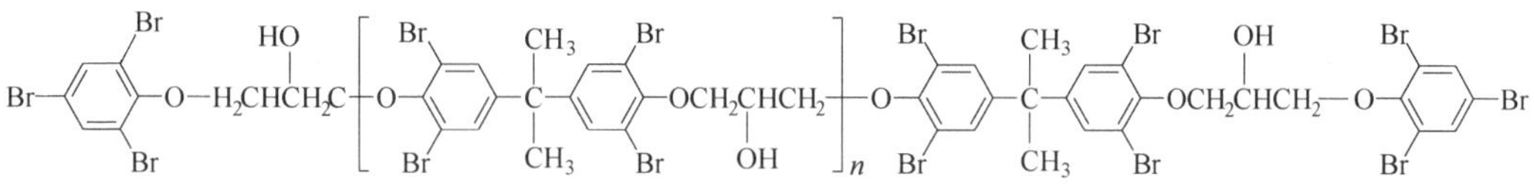

EC型溴化环氧树脂

溴化环氧树脂属于高分子阻燃剂，其应用在聚合物材料中时，对原聚合物的物理性能影响较小且可以保持原聚合物特性，并且它对被阻燃基材的电气性能、力学性能、耐热性以及耐化学品性能影响较小。此外，应用过程中无溴析出。

其他物理性质根据溴化环氧树脂的分子量不同稍有差异，如表 3-9 所示。

20 世纪 70 年代，溴化环氧树脂开始被广泛地生产和应用。起初溴化环氧树脂主要应用于电子线路板制备，产品分子量在 800～900，溴含量为 18%～20%。后来人们逐渐开发了溴含量在 50%以上、重均分子量在 1600～60000 的中高分子量的溴化环氧树脂产品。

表 3-9　产品品种与性能列表

| 分子量 $M_w$ | 产品型号 | 溴含量/% | 软化温度区间/℃ | $T_d$(失重1%)/℃ |
|---|---|---|---|---|
| 1400 | EC | 58～60 | 95～105 | 350 |
| 1600 | EC | 57～59 | 100～110 | 345 |
| 2000 | EC | 56～58 | 110～120 | 338 |
| 4000 | EC | 55～57 | 115～125 | 338 |
| 15000 | EC | 52～54 | 135～145 | 346 |
| 25000 | EC | 52～54 | 140～145 | 341 |
| 10000 | EP | 51～52 | 125～130 | 312 |
| 15000 | EP | 52～53 | 130～140 | 328 |
| 20000～25000 | EP | 52～53 | 140～145 | 331 |

此产品多年来一直由以色列化工集团、韩国宇进公司生产，国内在 2003～2006 年由钱立军等将系列品种的溴化环氧树脂开发成功并实现了工业化。目前，溴化环氧树脂全年的产量约为 1.2 万吨，主要生产厂家为山东天一化学股份有限公司、苏州博瑞达高分子材料有限公司、江苏兴盛化工有限公司和江苏开美化学有限公司等。

## 3.8.2 溴化环氧树脂的合成方法

高分子溴化环氧树脂采用两步法进行合成。

① 第一步四溴双酚 A 和环氧氯丙烷在季铵盐催化剂催化下反应得到四溴双酚 A 缩水甘油醚。其合成由醚化和环化反应两个阶段组成，分别依据开环醚化和脱氯化氢环化的反应机理。四溴双酚 A 缩水甘油醚合成反应式如图 3-35 所示：

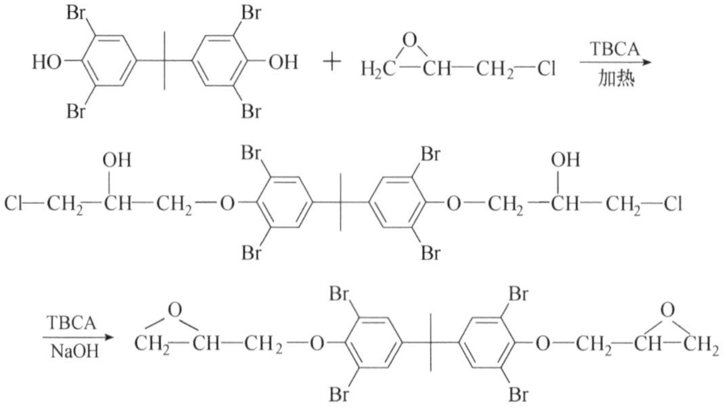

图 3-35　高分子溴化环氧树脂的合成路线

开环醚化反应是通过催化剂打开环氧氯丙烷的环氧键，进攻四溴双酚 A 一侧的羟基，然后再进攻另一侧的羟基，该过程为开环反应，剧烈放热。如果无催化剂参加反应，反应将是一个十分缓慢的过程。四溴双酚 A：环氧氯丙烷投料摩尔比 1：6，在 0.3%催化剂的作用下，当反应进行 2.5h 后，原料反应率超过 99%，反应基本完成。

环化反应是用氢氧化钠溶液脱除醚化产物上的 HCl，使反应物发生闭环反应，由于醚化物为不溶于水的黏稠的油状有机物，所以需要通过相转移催化反应方式，将氢氧根从水溶液中转移到有机相，与醚化物发生消除反应，脱除 HCl，形成闭环产物，完成环化过程。首先，相转移催化剂与氢氧化钠反应生成能进入有机相的分子，将氢氧根离子带入有机相，与醚化物反应后，生成氯化钠，而催化剂还原，再次回到水相，继续参与反应的进行。四溴双酚 A 与环氧氯丙烷的开环醚化和闭环环化反应机理如图 3-36 所示[3]：

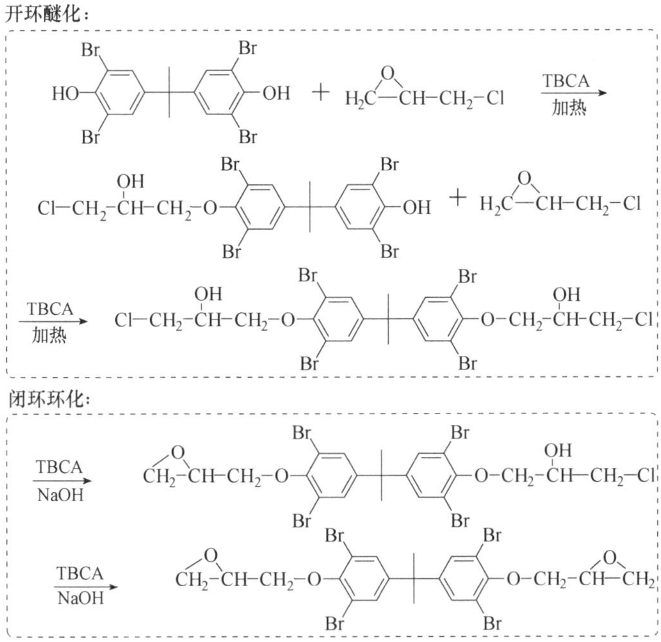

开环醚化：

闭环环化：

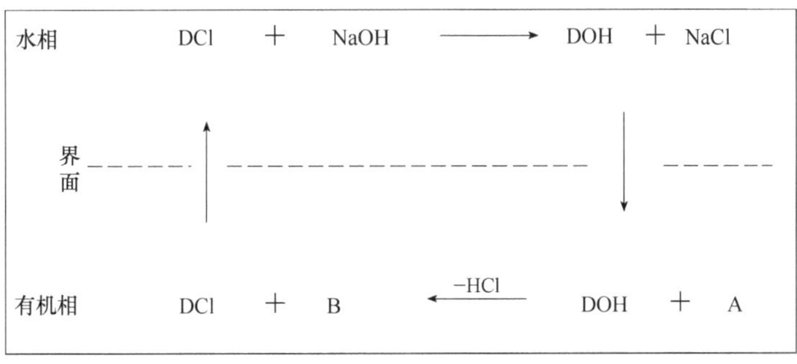


图 3-36 四溴双酚 A 缩水甘油醚环化原理

制备四溴双酚 A 缩水甘油醚的具体工艺条件：

将 410g 环氧氯丙烷与 400g 四溴双酚 A 按比例加入四口烧瓶，安装好回流冷凝器和温度计，开始加热，加入季铵盐催化剂，搅拌升温至 90℃，反应 2.5h，减压蒸馏除去过量的环氧氯丙烷，温度不高于 120℃，真空度大于 900kPa。降温至 60℃，加入 100g 甲苯，搅拌均匀，在 1h 内均匀加入 25%氢氧化钠溶液并搅拌均匀。反应 5h，然后加入 300g 甲苯萃取，并加 400g 水趁热洗涤，洗掉生成的氯化钠，分液。再连续两次加入 400g 热水洗涤，分液，得溴化环氧树脂甲苯溶液，减压蒸馏，蒸除溶剂甲苯，温度不高于 120℃，真空度大于 900kPa。

② 第二步再通过将四溴双酚 A 缩水甘油醚与四溴双酚 A 进行加成聚合反应，制备中高分子量的溴化环氧树脂。中高分子量溴化环氧树脂反应式如图 3-37 所示：

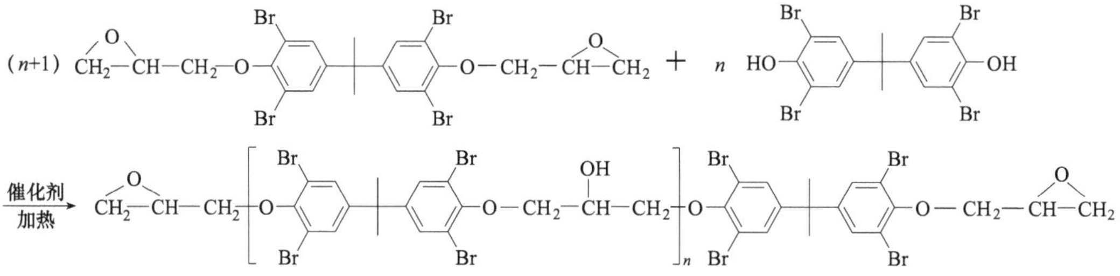

图 3-37　中高分子量溴化环氧树脂反应式

分子量大小的控制通常是通过调节 $n$（四溴双酚 A 缩水甘油醚）∶$n$（四溴双酚 A）的摩尔投料比来实现。对于得到预期分子量的产品可以通过如下方法计算摩尔投料比获得。

$$(n+1)\text{E-28}+n\text{TBBPA}=\text{HBER}$$

$$700 \qquad 543.85$$

$$W=700+n(543.85+700) \tag{3-1}$$

$$\text{质量投料比}=\frac{543.85n}{700(n+1)} \tag{3-2}$$

式中，$W$ 为高分子溴化环氧树脂重均分子量；$n$ 为聚合度；E-28 为四溴双酚 A 缩水甘油醚；TBBPA 为四溴双酚 A；HBER 为高分子溴化环氧树脂。

将预期分子量 $W$ 代入式（3-1），求出 $n$ 值，将 $n$ 值带入式（3-2），求出投料比，最后按该质量投料比将反应物加入反应器，即可通过聚合反应得到预期分子量的产品。

聚合反应的具体工艺条件：

将四溴双酚 A 缩水甘油醚加入反应釜内，加热熔化，在 120℃按上述反应方程式计算的质量比例加入四溴双酚 A，以便获得预期的分子量。搅拌均匀，溶解成淡黄色透明液体。加入催化剂添加量为 0.3%，升温至 160～170℃，反应 45min，直至软化点达到要求，把料放进薄片机、造粒机，造粒。最后得到颗粒均匀的微黄色产品。

### 3.8.3　溴化环氧树脂的表征

图 3-38 为溴化环氧树脂的红外光谱图，3566cm$^{-1}$ 和 3462cm$^{-1}$ 为—OH 吸收峰；3075cm$^{-1}$ 为苯环上 C—H 伸缩振动吸收峰；2967cm$^{-1}$、2939cm$^{-1}$、2875cm$^{-1}$ 为甲基和亚甲基上 C—H 伸缩振动吸收峰；1584cm$^{-1}$、1536cm$^{-1}$、1467cm$^{-1}$ 处的峰为苯环骨架振动吸收峰，1387cm$^{-1}$ 为 C—H 的变形振动吸收峰，999cm$^{-1}$ 为 C—O—C 伸缩振动吸收峰；640cm$^{-1}$ 为 C—Br 键振动吸收峰。

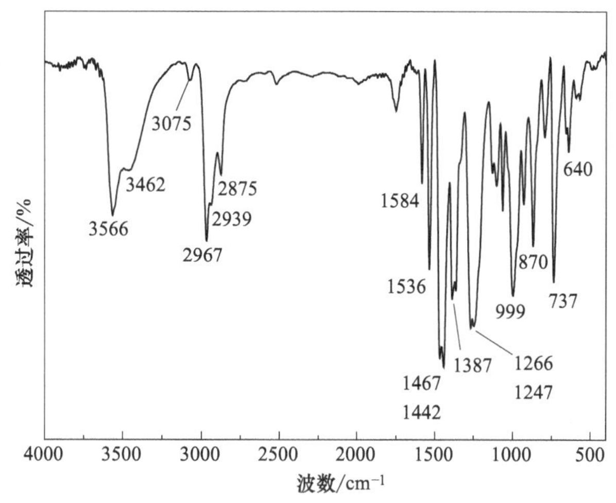


图 3-38　EP 型溴化环氧树脂的红外光谱图

图 3-39 为溴化环氧树脂的$^1$H NMR 谱图，其特征峰为 7.46（Ar—H），5.42（—OH），4.37（$\rangle$CH—），4.05（—$CH_2$—），1.58（—$CH_3$）。

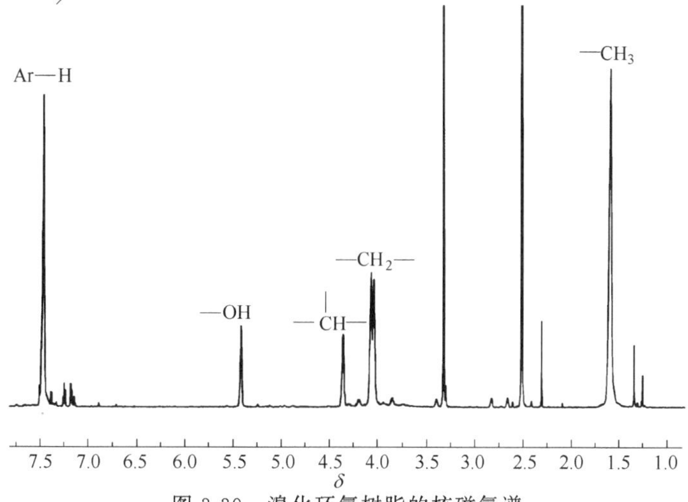


图 3-39　溴化环氧树脂的核磁氢谱

图 3-40 是溴化环氧树脂的热失重图，在 $N_2$ 气氛下，EP 型溴化环氧树脂的初始分解温度大于 360℃，表现出优异的热稳定性能。图 3-41 的 DSC 测试结果表明，$T_g$ 在 133℃附近，溴化环氧树脂具有良好的熔融流动性，适于制备薄壁铸件。

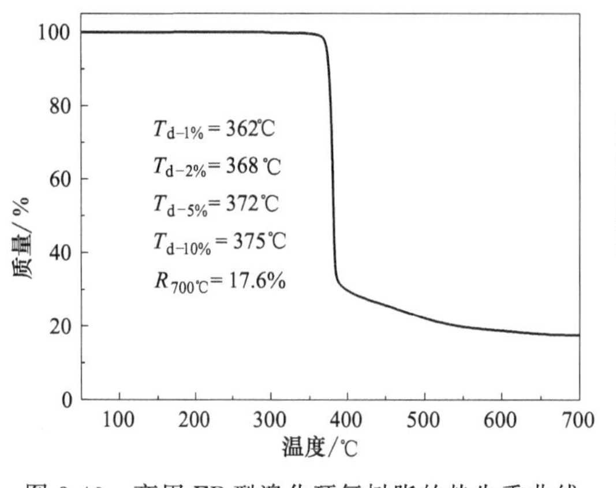


图 3-40 商用 EP 型溴化环氧树脂的热失重曲线

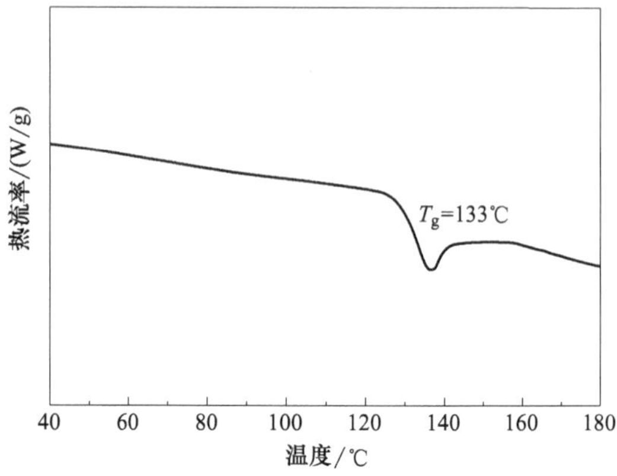


图 3-41 EP 型溴化环氧树脂的 DSC 曲线

### 3.8.4 溴化环氧树脂的主要应用领域

分子量在 700～800 范围的产品为 EP 型结构，主要作为覆铜板黏结剂和封装材料使用；分子量 1400～4000 中等分子量产品为 EC 封端型产品，通常适于阻燃 ABS、PC/ABS 合金和 HIPS；分子量在 8000～25000 的高分子量 EP 型产品适用于 PBT。分子量在 30000 以上的 EC 型产品由于其封端结构稳定还可用于尼龙阻燃。

用于阻燃 PBT 是溴化环氧树脂的主要用途之一。以此为例，表 3-10 所列为溴化环氧树脂阻燃 PBT 产品配方，表 3-11 所列为不同配方下 PBT 材料的性能测试结果。结果表明，随着溴化环氧树脂添加量的上升，PBT 材料的极限氧指数会随之提高（图 3-42），阻燃级别达到 UL 94 V-0 级别。此外，对材料的力学性能有一定的改善作用。

**表 3-10 溴化环氧树脂阻燃 PBT 产品配方** 单位：%（质量分数）

| 配方 | 10%BER/PBT | 12%BER/PBT | 14%BER/PBT | 16%BER/PBT |
|---|---|---|---|---|
| BER20000 | 10 | 12 | 14 | 16 |
| $Sb_2O_3$ | 4.5 | 4.5 | 4.5 | 4.5 |
| 1076 | 0.05 | 0.05 | 0.05 | 0.05 |
| 618 | 0.05 | 0.05 | 0.05 | 0.05 |
| KH-560 | 0.5 | 0.5 | 0.5 | 0.5 |
| 玻璃纤维 | 30 | 30 | 30 | 30 |
| PBT | 54.9 | 52.9 | 50.9 | 48.9 |

表 3-11 不同配方的 PBT 应用结果

| 指标 | 10%BER/PBT | 12%BER/PBT | 14%BER/PBT | 16%BER/PBT |
|---|---|---|---|---|
| 极限氧指数 LOI/% | 22.7 | 32.0 | 35.0 | 37.7 |
| UL 94 阻燃级别(1.6mm) | HB | V-2 | V-0 | V-0 |
| 拉伸强度/MPa | 26.4 | 69.7 | 94.0 | 81.7 |
| 伸长率/% | 0.45 | 1.15 | 1.72 | 1.29 |
| 悬臂梁缺口冲击/(J/m²) | 22.3 | 32.1 | 35.4 | 35.4 |
| 弯曲强度/MPa | 55.0 | 82.2 | 117.6 | 109.5 |
| 弯曲模量/MPa | 5415 | 6013 | 6769 | 6851 |

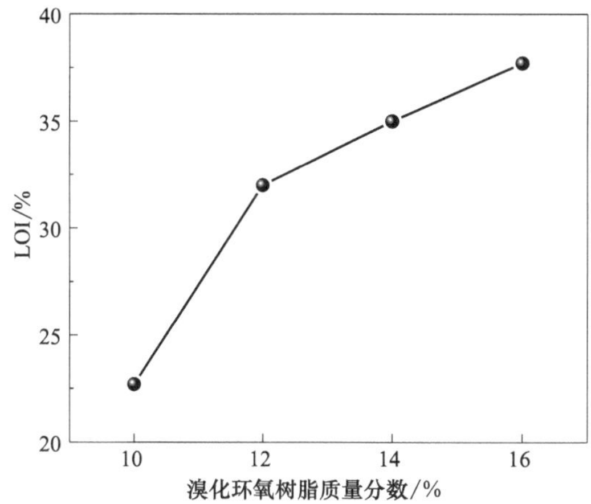


图 3-42 溴化环氧树脂添加量对材料 LOI 的影响

# 3.9 六溴环十二烷

## 3.9.1 概述

六溴环十二烷（hexabromocyclododecanes，HBCD）是一种添加型脂环族溴系阻燃剂，作为添加型含溴阻燃剂被广泛应用于聚苯乙烯泡沫当中（含量 2.5%）、室内装潢纺织品（含量 6%～15%）和电子产品等领域，使用年限已超 20 年[25,26]。六溴环十二烷已经被《斯德哥尔摩公约》禁用，中国将于 2021 年 12 月 26 日停止使用。

六溴环十二烷，具有溴含量高（理论质量分数 74.71%）[27]、热稳定性好等优点，与阻燃协效剂共同使用时，用量低，阻燃效果好，本身无毒，但其在环境中具有持久性有机污染，因而被禁用。分子结构式如下所示：

六溴环十二烷为白色或者浅灰色粉末，分子式 $C_{12}H_{18}Br_6$，分子量为 642，有多种异构体，目前主要有三种异构体（$\alpha$-HBCD、$\beta$-HBCD、$\gamma$-HBCD），低熔点型熔点为 167～168℃，高熔点型熔点为 195～196℃。对热和紫外线的稳定性好[28]。溶于甲醇、乙醇、丙酮、乙酸戊酯、乙腈等常见有机溶剂。温度在 170℃以上时开始脱溴化氢，在 190℃下脱溴化氢变得剧烈。

HBCD 主要产自中国、欧洲、日本和美国。2018 年中国 HBCD 产量为 18000 多吨，主要生产厂家为山东旭锐新材有限公司、寿光阳波化工有限公司、山东东信新材料科技股份有限公司、潍坊昌大化工有限公司等[28]。

## 3.9.2 六溴环十二烷的合成方法

HBCD 合成工艺：在反应器中加入醇和三氯甲烷混合溶液，在冰水浴的条件下反应，控制温度在 10～15℃，同步滴加溴素、环十二碳三烯，滴加完成后低温继续反应 1h，然后加入氢氧化钠溶液去除过量溴素，溶液水洗至中性，减压蒸馏出三氯甲烷，经过过滤、干燥得到产品（图 3-43）[29]。

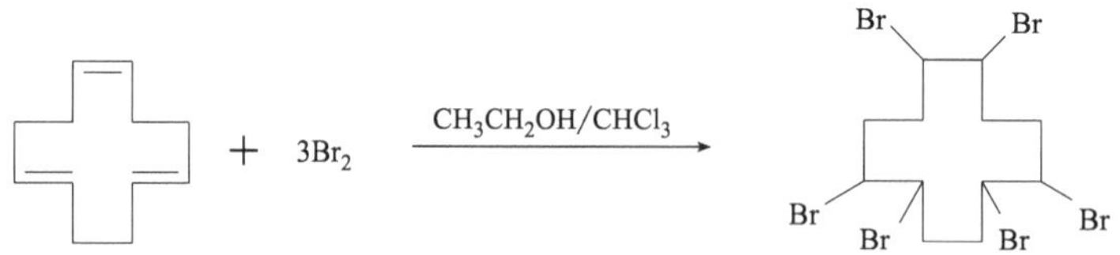


图 3-43　六溴环十二烷的合成路线

## 3.9.3 六溴环十二烷的表征

图 3-44 为六溴环十二烷的红外光谱图，其中 2844～2938$cm^{-1}$ 附近为环烷链上 C—H 结构的伸缩振动吸收峰，1461$cm^{-1}$、1440$cm^{-1}$ 为 C—H 结构的弯曲振动吸收

峰；620cm$^{-1}$、539cm$^{-1}$ 为 C—Br 基团的特征吸收峰。

图 3-45 为六溴环十二烷在 $N_2$ 气氛下的热失重曲线，六溴环十二烷的初始分解温度在 232℃，在热稳定剂存在下，能够满足挤出发泡聚苯乙烯的加工要求。

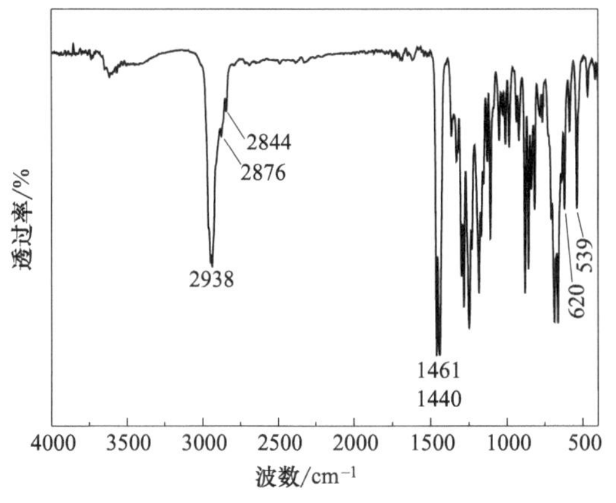


图 3-44 六溴环十二烷的红外光谱图

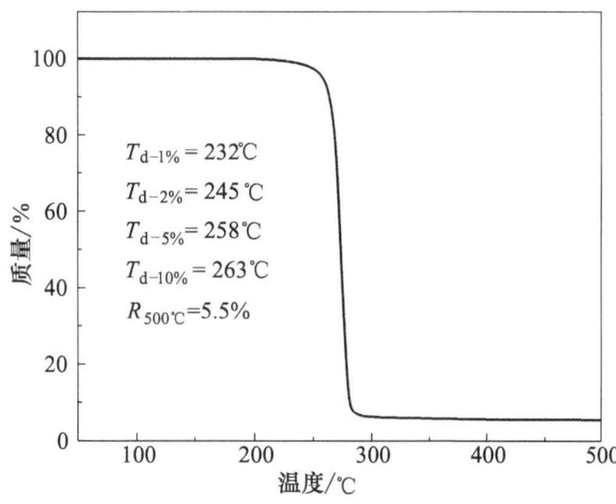


图 3-45 六溴环十二烷的热失重曲线

图 3-46 是六溴环十二烷的 DSC 曲线，测试结果表明其 $T_g$ 在 138℃附近，熔点在 198℃附近。

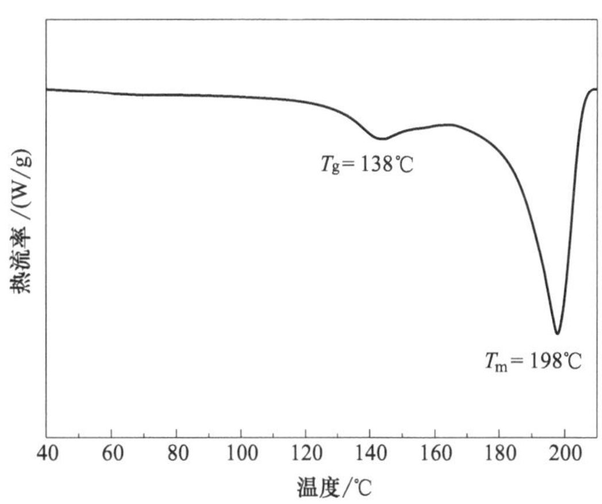


图 3-46 六溴环十二烷的 DSC 曲线

## 3.9.4 六溴环十二烷的主要应用领域

六溴环十二烷具有低填充性，在与协效阻燃剂共用时能够在较低的添加量下获得良好的阻燃效果，主要用于聚苯乙烯挤塑板（XPS）阻燃，也可用于发泡聚苯乙烯（EPS）、纤维、聚乙烯、聚碳酸酯、不饱和聚酯等塑料和涤纶纺织品的阻燃[30]。

# 3.10 八溴醚和甲基八溴醚

## 3.10.1 概述

四溴双酚 A-双（2,3-二溴丙基）醚（简称八溴醚，BDDP），分子式 $C_{21}H_{20}Br_8O_2$，分子量 943.65，作为常用的添加型阻燃剂之一，八溴醚因其具有良好的热稳定性和光稳定性被广泛用于聚丙烯（PP）、聚乙烯（PE）、聚丁烯和聚烯烃共聚物的阻燃[31,32]。

四溴双酚 A 双（2,3-二溴-2-甲基丙基）醚（简称甲基八溴醚），分子式 $C_{23}H_{24}Br_8O_2$，分子量 971.7，同八溴醚一样，都是高效的阻燃剂。

八溴醚与甲基八溴醚都是四溴双酚 A 深加工的产品，阻燃效果更好。作为添加型阻燃剂[33]，八溴醚和甲基八溴醚是既含有芳香族溴又含有脂肪族溴的高效阻燃剂，有极好的热稳定性和光稳定性。与六溴环十二烷相比，其分解温度较高，在有些方面是六溴环十二烷无法替代的[34]。由于其熔点（85～105℃）比较适中[33]，可在一般塑料加工温度下先熔融为均匀的分散体。

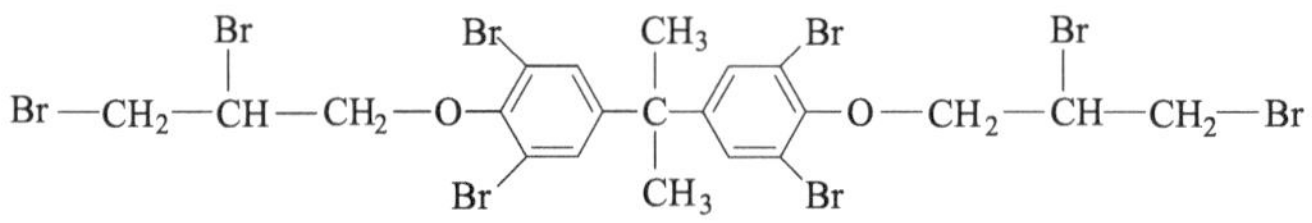

八溴醚

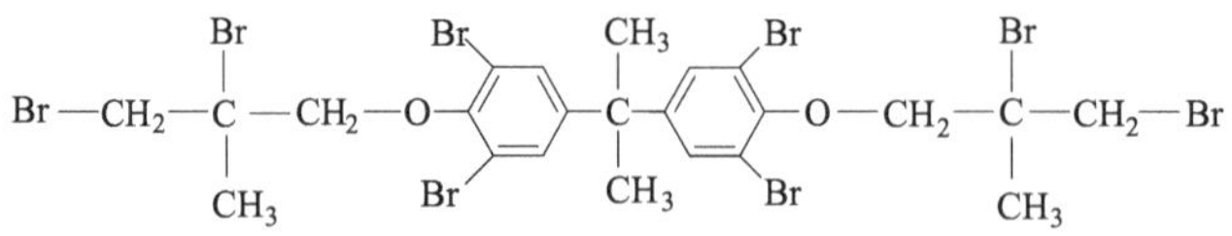

甲基八溴醚

八溴醚为灰白色粉末，相对密度 2.17，熔点 107～120℃，理论溴含量为 67.7%[34]。溶于二氯乙烷、甲苯、丙酮，微溶于水和甲醇。甲基八溴醚为白色粉末，溴含量大于 64%。

八溴醚生产单位主要集中在山东，山东兄弟科技股份有限公司是全球最大的八溴醚生产厂家。甲基八溴醚作为主要替代 HBCD 的溴系阻燃剂产品，目前有多家山东的企业开展了相关生产活动，其中主要有山东兄弟科技股份有限公司、山东海王化工股份有限公司等。

## 3.10.2 八溴醚和甲基八溴醚的合成方法[35]

### (1) 八溴醚的合成

① 向四口烧瓶中加入称量好的四溴双酚 A，量取适量醇加入，搅拌至完全溶解。制备 NaOH 溶液倒入滴液漏斗中，缓缓滴加。烧瓶中颜色变红，后变浅，整个过程保持在 45℃以下，再维持 15min。称取适量氯丙烯加入滴液漏斗中，慢慢滴加，维持温度约 40℃，后慢慢升温至 55℃，待氯丙烯回流 20min，冷却至室温，用水洗涤。将四溴双酚 A-双烯丙基醚在 80℃烘箱中烘干（图 3-47）。

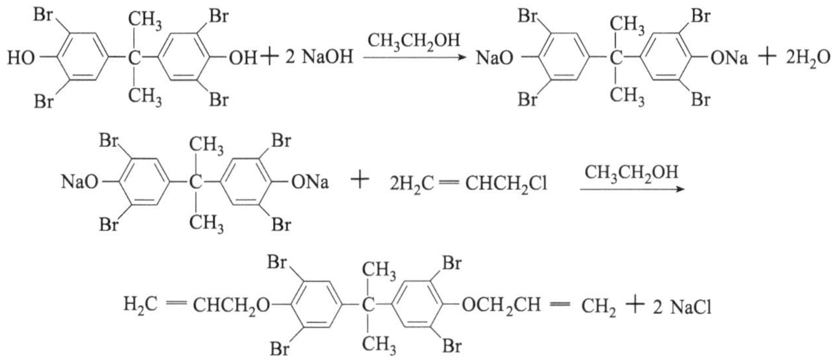

图 3-47 四溴双酚 A-双烯丙基醚的合成路线

② 将四溴双酚 A-双烯丙基醚加入氯仿中完全溶解，滴加溴素。保持 30min 后，用亚硫酸氢钠溶液中和，除去溶液中未反应的红色游离溴素。待变白后，加入少量水进行搅拌。停止搅拌后，在氯仿与水分开时，除去水层，向氯仿中滴入醇，八溴醚析出后萃取，于 60℃烘箱中烘干（图 3-48）。

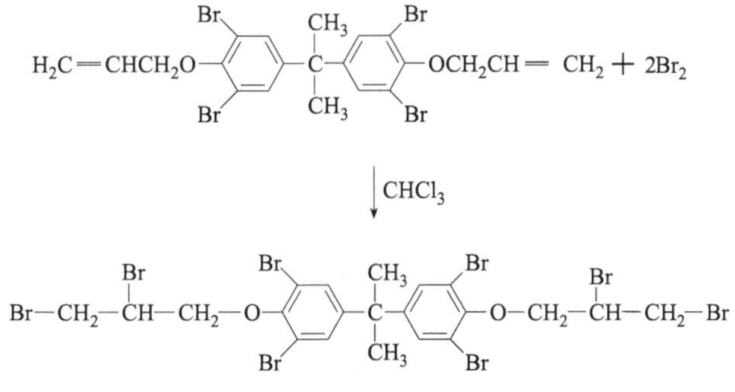

图 3-48 八溴醚的合成路线

### (2) 甲基八溴醚的合成

甲基八溴醚的合成方法与八溴醚合成方法相似，其中原料氯丙烯需要替换为甲基氯丙烯。

## 3.10.3 八溴醚和甲基八溴醚的表征

### (1) 八溴醚的表征

图 3-49 为八溴醚的红外光谱图，其特征峰如下：3068cm$^{-1}$、3031cm$^{-1}$ 为苯环上 C—H 的吸收峰，2968cm$^{-1}$、2936cm$^{-1}$、2870cm$^{-1}$ 为甲基和亚甲基上 C—H 的吸收峰；1583cm$^{-1}$、1537cm$^{-1}$、1465cm$^{-1}$ 为苯环骨架振动吸收峰；977cm$^{-1}$ 为 C—O—C 的伸缩振动吸收峰；579cm$^{-1}$ 为 C—Br 的伸缩振动吸收峰。

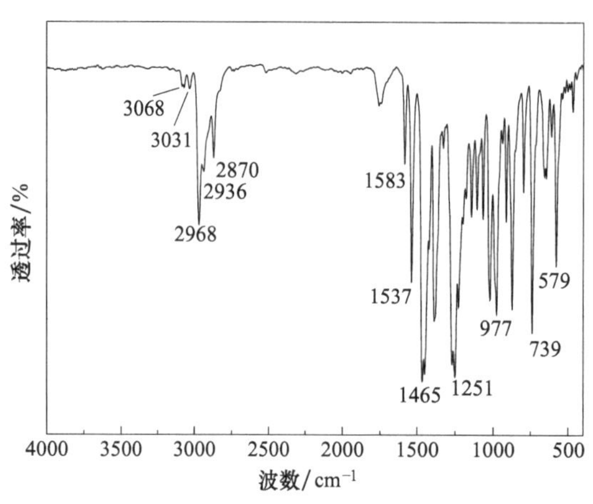


图 3-49 八溴醚的红外光谱图

图 3-50 为八溴醚的[1]H NMR 谱图，特征峰有 7.53（4H），4.73（2H），4.31～4.36（4H），4.07～4.12（4H），1.63（6H）。

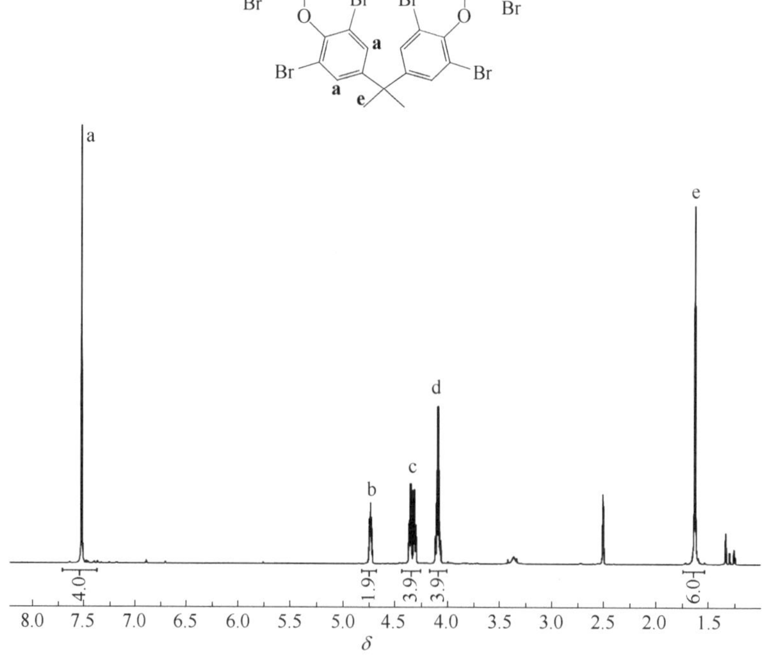


图 3-50 八溴醚的核磁氢谱

八溴醚在 $N_2$ 气氛下的热失重曲线如图 3-51 所示，其初始分解温度为 293℃，具有较高的热稳定性。

八溴醚的 DSC 曲线见图 3-52，熔点在 116℃附近，在 100℃以下就开始熔融，具有较低的熔融温度，可能导致加工过程中产生“架桥”现象，堵塞螺杆进料口。

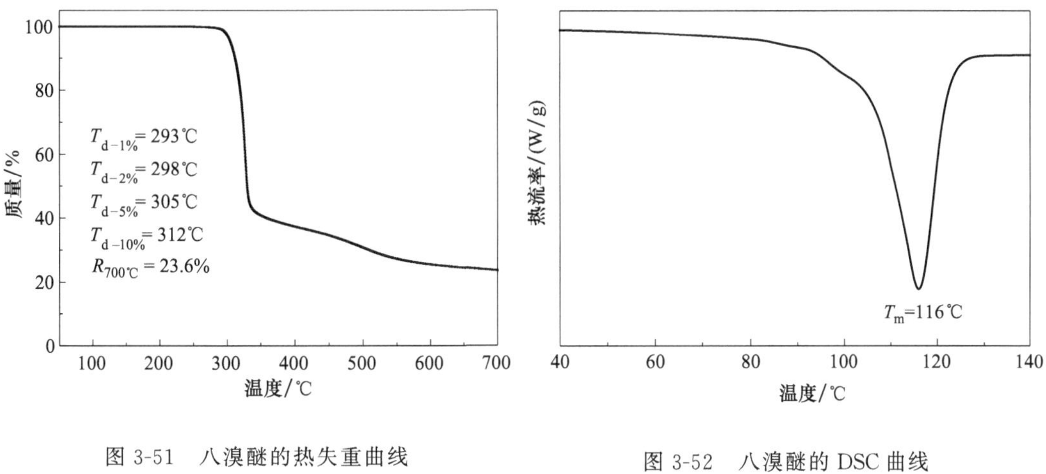


图 3-51 八溴醚的热失重曲线

图 3-52 八溴醚的 DSC 曲线

(2) 甲基八溴醚的表征

图 3-53 为甲基八溴醚的红外光谱图，其特征峰如下：2974cm$^{-1}$、2938cm$^{-1}$、2875cm$^{-1}$ 为甲基、亚甲基伸缩振动吸收峰；1583cm$^{-1}$、1537cm$^{-1}$、1447cm$^{-1}$ 处为苯环骨架振动吸收峰；1382cm$^{-1}$ 为甲基的弯曲振动吸收峰；979cm$^{-1}$ 为 C—O—C 的伸缩振动吸收峰，552cm$^{-1}$ 为 C—Br 的伸缩振动吸收峰。

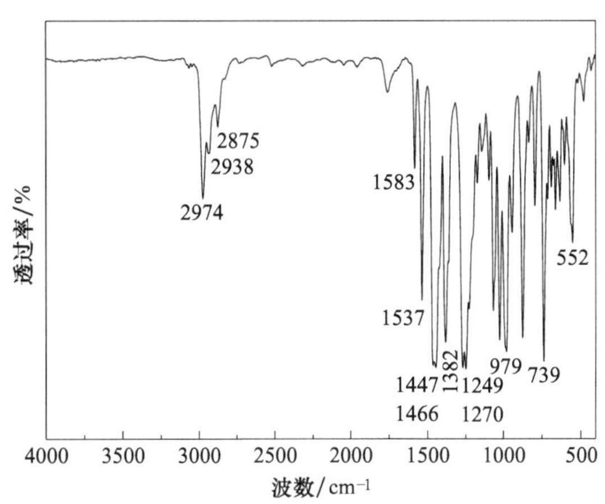


图 3-53 甲基八溴醚的红外光谱图

图 3-54 为甲基八溴醚的核磁氢谱，特征峰有 7.52ppm（4H），4.23～4.26ppm（4H），4.13～4.20ppm（4H），1.98ppm（6H），1.63ppm（6H）。

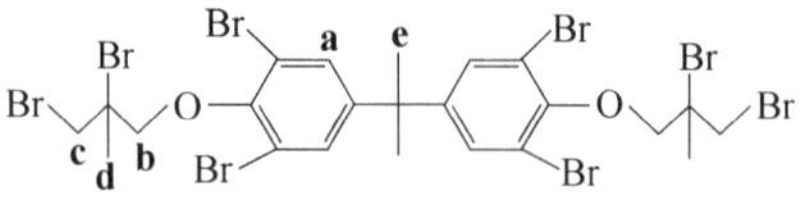

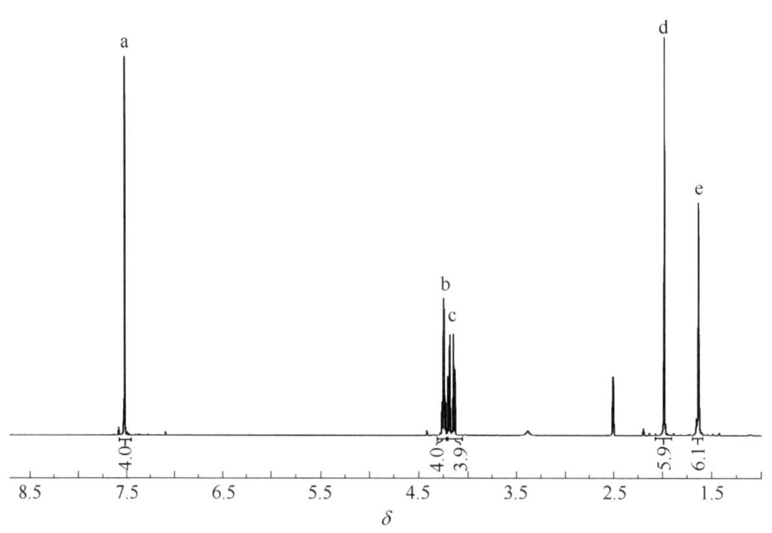


图 3-54　甲基八溴醚的核磁氢谱

甲基八溴醚在 $N_2$ 气氛下的热失重曲线如图 3-55 所示，其初始分解温度为 237℃，与 HBCD 热稳定性相似。

甲基八溴醚的 DSC 曲线见图 3-56，熔点在 117℃附近，与八溴醚相近，同样在 100℃以下开始进入熔融状态，应用于挤出发泡聚苯乙烯时，容易在螺杆进料口“架桥”，阻塞进料口。

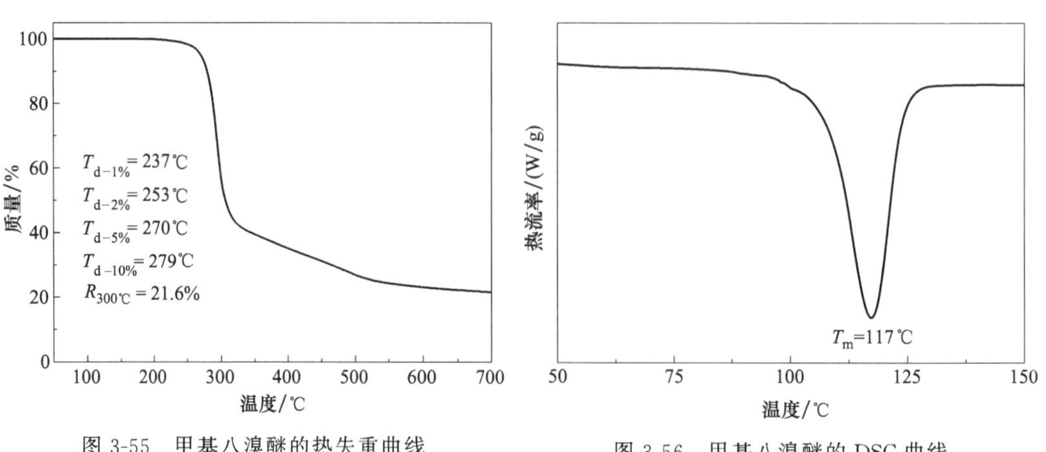


图 3-55　甲基八溴醚的热失重曲线

图 3-56　甲基八溴醚的 DSC 曲线

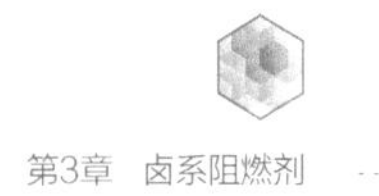



### 3.10.4 八溴醚和甲基八溴醚的主要应用领域

用八溴醚阻燃的聚丙烯（PP）与未改性 PP 对比时，二者的力学性能几乎没有差异，因此八溴醚和甲基八溴醚常常应用在阻燃 PP、聚乙烯（PE）、聚丁烯和聚烯烃共聚物的阻燃[36]。但是八溴醚阻燃剂产品中常夹杂有小分子含溴有机物，易在 200℃下发生化学分解反应，催化八溴醚丙基链的溴发生脱溴化氢连续反应，释放出酸性气体，腐蚀模具，并使制品表面带色。

国内外的产品中通常加入少量的热稳定剂或缚酸剂等有机化合物，改善其热稳定性。但是，这些小分子有机化合物易迁移到材料的表面，污染环境，并使材料的力学性能在使用过程中下降，并且也会影响阻燃效果。经研究发现，通过微胶囊包覆和纳米材料的改性效果可以提高其阻燃效率，减少阻燃剂的迁移析出[37]。

## 3.11 溴化苯乙烯-丁二烯嵌段共聚物

### 3.11.1 概述

溴化苯乙烯-丁二烯嵌段共聚物是由苯乙烯-丁二烯嵌段共聚物（SBS）经溴化而制备的一种高分子溴系阻燃剂，具有高分子量、不出霜、高热稳定性、耐迁移性、环境友好等特点，是替代六溴环十二烷的备选溴系阻燃剂品种之一。由于结构与聚苯乙烯有一定的相似性，因而与聚苯乙烯具有良好的相容性，可广泛应用于聚苯乙烯等高分子材料的阻燃。

溴化 SBS 为白色粉末状固体，分子量约 8 万～20 万，溴含量 64%～67%。

溴化 SBS 是由美国陶氏化学开发的一款高分子溴系阻燃剂，2020 年授权以色列化工集团、德国朗盛公司和山东旭锐新材有限公司生产。国内溴化 SBS 技术的开发生产厂家为山东润科化工股份有限公司、山东联银化学有限公司等。

### 3.11.2 溴化苯乙烯-丁二烯嵌段共聚物的合成方法

溴化过程中，SBS 中丁二烯单元的双键打开并接上溴原子。溴化 SBS 的反应过程如图 3-57 所示：

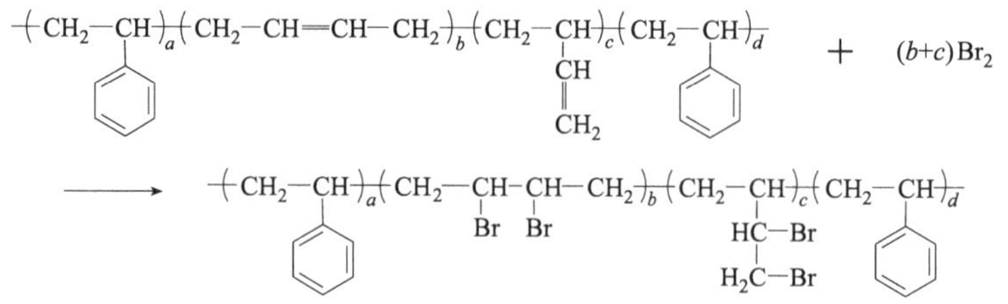

$$\left[CH_2-\underset{C_6H_5}{CH}\right]_a\left[CH_2-CH=CH-CH_2\right]_b\left[CH_2-\underset{\underset{CH_2}{\overset{\|}{CH}}}{CH}\right]_c\left[CH_2-\underset{C_6H_5}{CH}\right]_d + (b+c)Br_2$$

$$\longrightarrow \left[CH_2-\underset{C_6H_5}{CH}\right]_a\left[CH_2-\underset{Br}{CH}-\underset{Br}{CH}-CH_2\right]_b\left[CH_2-\underset{\underset{H_2C-Br}{HC-Br}}{CH}\right]_c\left[CH_2-\underset{C_6H_5}{CH}\right]_d$$

图 3-57　溴化 SBS 的合成路线

目前，市售的溴化 SBS 产品采用陶氏化学和山东润科化工开发的溴化法进行制备，该方法实现了碳碳双键的高选择性溴化，且基本不影响芳环。已经报道的具体步骤如下[38]：将 SBS 原料、卤代烃溶剂和溴化剂混合，在 40～80℃条件下进行溴化反应，所选用的溴化剂为三溴化季铵盐，如三溴化苯基三甲基铵。此外，在溴化到 50%左右时，向反应体系加入水等溶剂会加快三溴化季铵盐与丁二烯单元的反应速度，而不会形成高含量杂质或显著降低溴化产物的热稳定性。反应完成后，经纯化以去除残余溴、溴化剂、溶剂和特定应用所需的副产品，可得到溴化 SBS 产品。

### 3.11.3　溴化苯乙烯-丁二烯嵌段共聚物的表征

图 3-58 为溴化 SBS 的红外光谱图，其中 $3024cm^{-1}$、$697cm^{-1}$ 分别是为苯环上 C—H 的伸缩振动和弯曲振动吸收峰；$2924cm^{-1}$、$2854cm^{-1}$ 分别是脂肪链上 C—H 结构的伸缩振动吸收峰；$1600\sim1142cm^{-1}$ 内的峰为苯环骨架振动吸收峰和脂肪链 C—H 结构弯曲振动的吸收峰；$595cm^{-1}$、$547cm^{-1}$ 为 C—Br 的特征吸收峰。

溴化 SBS 在 $N_2$ 气氛下的热失重曲线如图 3-59 所示，其初始分解温度为 251℃，能够较好的满足挤出发泡聚苯乙烯的加工需要。

溴化 SBS 的 DSC 曲线见图 3-60，$T_g$ 为 123℃，说明其软化熔融温度均高于甲基八溴醚，具有更好的加工性能。

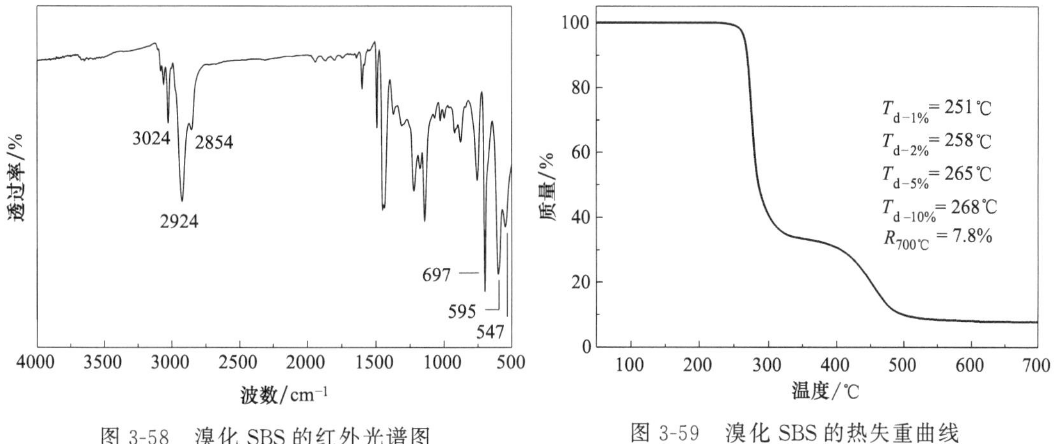


图 3-58　溴化 SBS 的红外光谱图

图 3-59　溴化 SBS 的热失重曲线

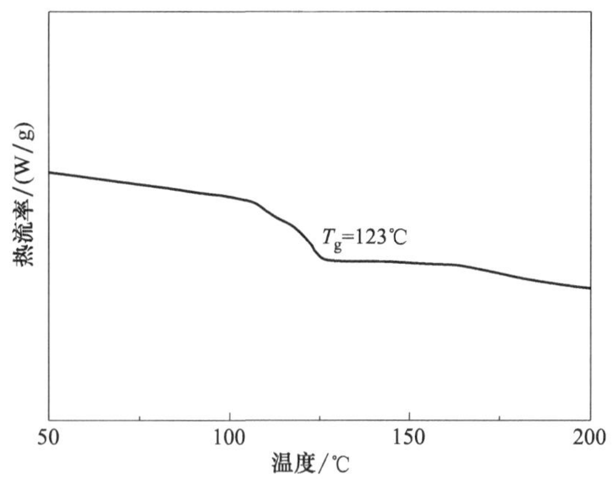


图 3-60　溴化 SBS 的 DSC 曲线

## 3.11.4　溴化苯乙烯-丁二烯嵌段共聚物的主要应用领域

溴化 SBS 可用于聚苯乙烯、不饱和聚酯、聚碳酸酯、合成橡胶等聚合物的阻燃。以聚苯乙烯为例[39]，当溴化 SBS 在 PS 中的添加量达到 5%时，1.5mm 厚试样通过了 UL 94 V-0 级别，并且极限氧指数（LOI）由改性前的 18.1%提高到 33.2%，极大地提高了材料阻燃性能（表 3-12）。

**表 3-12　溴化 SBS 在 PS 中的燃烧性能测试结果**

| PS/% | 溴化 SBS/% | LOI/% | UL 94(1.5mm) | | |
|---|---|---|---|---|---|
| | | | 等级 | 滴落 | 引燃 |
| 100 | 0 | 18.1 | 无 | — | — |
| 99.5 | 0.5 | 24.8 | 无 | — | — |
| 98 | 2 | 30.5 | V-1 | 是 | 否 |
| 95 | 5 | 33.2 | V-0 | 是 | 否 |

# 3.12 四溴双酚A聚碳酸酯低聚物

## 3.12.1 概述

四溴双酚A聚碳酸酯低聚物亦属于大分子溴系阻燃剂，美国科聚亚公司生产了商品牌号为BC52（分子量2500，苯氧基封端，溴含量52%）和BC58（分子量3500，三溴苯氧基封端，溴含量58%）的四溴双酚A聚碳酸酯低聚物产品，日本帝人化成公司生产了商品牌号为Fire Guard 7000（异丙基苯酚封端）、Fire Guard 7500（异丙基苯酚封端）的四溴双酚A聚碳酸酯低聚物。国内目前主要生产厂家是山东卫东化工有限公司和山东旭锐新材有限公司。

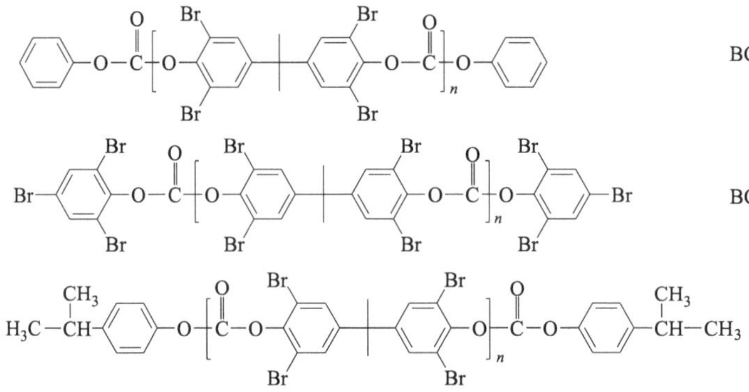

BC52

BC58

Fire Guard 7000/7500

## 3.12.2 四溴双酚A聚碳酸酯的合成方法

四溴双酚A聚碳酸酯低聚物有三种制备方法：光气法、酯交换法、三光气法。光气法由于原料的危险性，目前不被采用。

**(1) 酯交换法**

主要采用四溴双酚A与碳酸二苯酯通过酯交换脱除苯酚小分子制得产品。熔融酯交换法反应速度较慢，原材料纯度要求高，需要使用高真空对苯酚小分子进行脱除，以促进聚合反应的发生。

**(2) 三光气法**

用二（三氯甲基）碳酸酯（BTC，俗称固体光气，三光气）代替光气与四溴双酚A

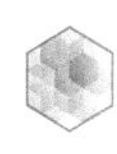



反应制得产物。BTC 在常温下是极稳定的固体物质，便于贮运，使用安全，无污染。在一定条件下，1mol BTC 可分解释放出 3mol 光气，该路线反应原理仍然是光气法。用 BTC 代替光气制备溴代 PC，反应条件易于控制，无需特殊的设备，使用一般装置即可。反应时，投料计量准确，便于合成不同分子量的产品，并具有原料易得、产物收率和纯度高、生产成本低、操作安全易行等优点。

## 3.12.3 四溴双酚 A 聚碳酸酯低聚物的表征

### (1) 苯氧基封端四溴双酚 A 聚碳酸酯低聚物

图 3-61 为苯氧基封端四溴双酚 A 聚碳酸酯低聚物的红外光谱图，其中 $3079cm^{-1}$ 为苯环上 C—H 的吸收峰，$2971cm^{-1}$、$2936cm^{-1}$ 和 $2874cm^{-1}$ 为脂肪族 C—H 的吸收峰；$1796cm^{-1}$ 为 C ═O 的吸收峰；1584～$1456cm^{-1}$ 为苯环骨架的吸收峰；$1199cm^{-1}$ 为 C—O 的吸收峰；$747cm^{-1}$ 为 C—Br 的吸收峰。

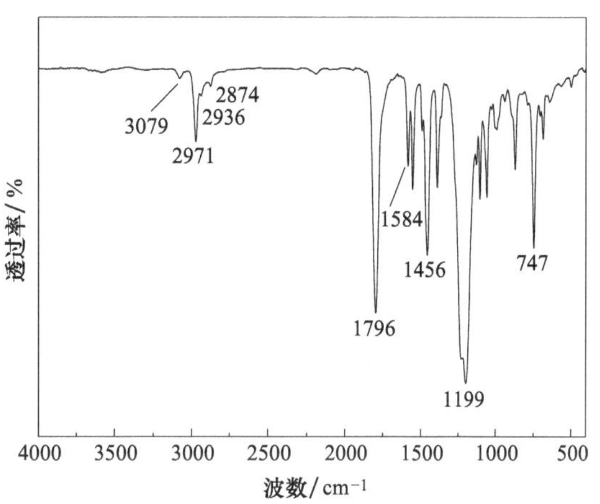


图 3-61 苯氧基封端四溴双酚 A 聚碳酸酯低聚物的红外光谱图

图 3-62 为苯氧基封端四溴双酚 A 聚碳酸酯低聚物的 $^{1}H$ NMR 谱图，2.50 是溶剂峰，3.33 是水峰，其特征峰为 7.34 ～ 7.70（Ar—H），1.70（$—CH_3$）。

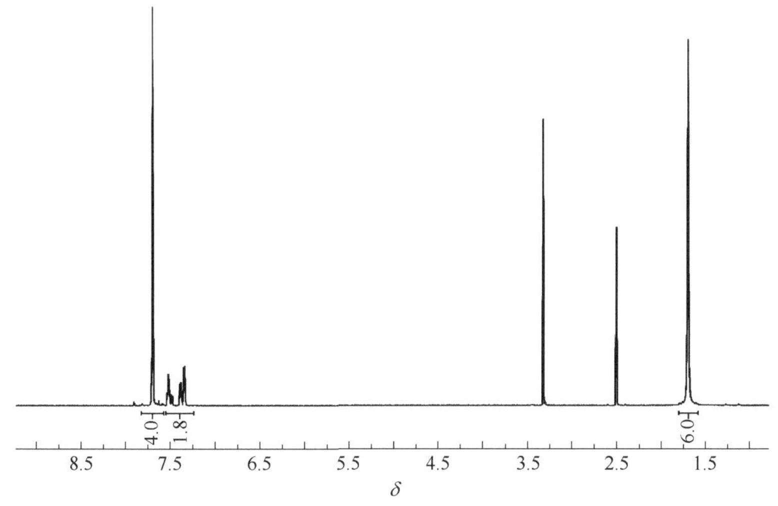


图 3-62 苯氧基封端四溴双酚 A 聚碳酸酯低聚物的核磁氢谱

四溴双酚 A 聚碳酸酯低聚物在 $N_2$ 气氛下的热失重曲线如图 3-63 所示，失重 1%的温度在 392℃，表明四溴双酚 A 聚碳酸酯低聚物具有极其优异的热稳定性，可用于加工温度较高的聚酰胺等工程塑料的阻燃。

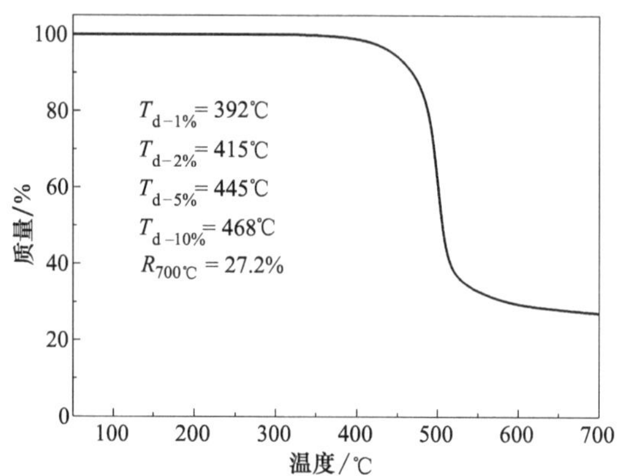


图 3-63　苯氧基封端四溴双酚 A 聚碳酸酯低聚物的热失重曲线

DSC 测试结果如图 3-64，苯氧基封端四溴双酚 A 聚碳酸酯低聚物的熔点在 188℃附近。其在 200℃以下能够熔融的特性，使其与被阻燃的聚合物具有良好的相容性并可实现充分分散。

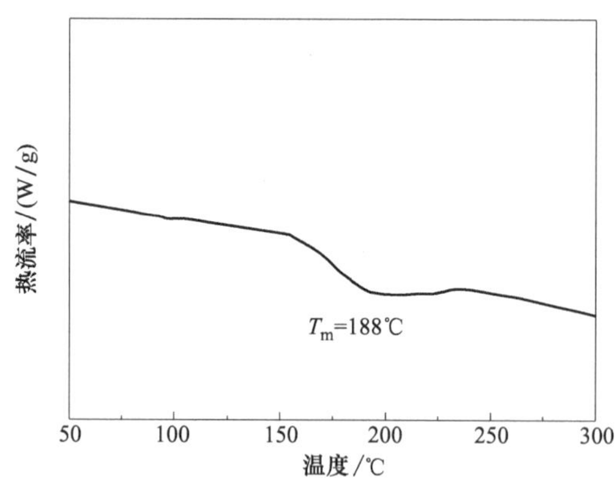


图 3-64　苯氧基封端四溴双酚 A 聚碳酸酯低聚物的 DSC 曲线

**(2) 三溴苯氧基封端四溴双酚 A 聚碳酸酯低聚物**

图 3-65 为三溴苯氧基封端四溴双酚 A 聚碳酸酯低聚物的红外光谱图，其中 $3076cm^{-1}$ 为苯环上 C—H 的伸缩振动吸收峰，$2971cm^{-1}$、$2935cm^{-1}$ 和 $2874cm^{-1}$ 为脂肪族 C—H 的伸缩振动吸收峰；$1797cm^{-1}$ 为 C═O 基团的伸缩振动吸收峰；1583～$1455cm^{-1}$ 为苯环骨架的吸收峰；$1200cm^{-1}$ 为 C—O 基团的伸缩振动吸收峰；$748cm^{-1}$ 为 C—Br 基团的特征吸收峰。

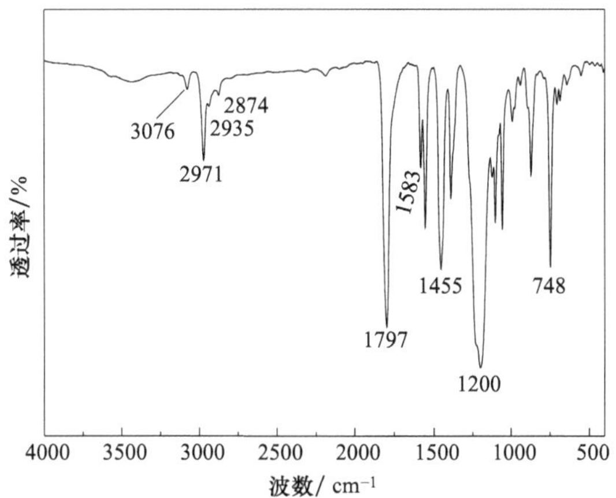


图 3-65 三溴苯氧基封端四溴双酚 A 聚碳酸酯低聚物的红外光谱图

图 3-66 为三溴苯氧基封端的四溴双酚 A 聚碳酸酯低聚物的 $^{1}$H NMR 谱图，2.50 是溶剂峰，3.33 是水峰，特征峰 8.14 和 7.70 为三溴苯酚芳香环上的氢，1.70 是甲基的氢。

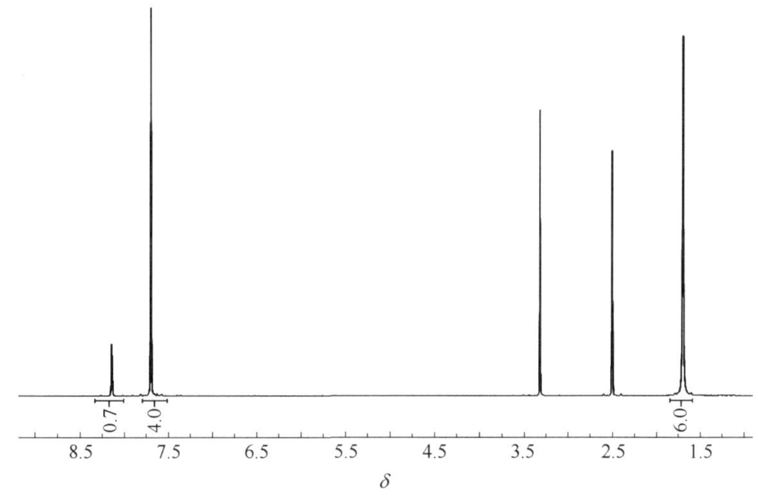


图 3-66 三溴苯氧基封端四溴双酚 A 聚碳酸酯低聚物的核磁氢谱

三溴苯氧基封端的四溴双酚 A 聚碳酸酯低聚物在 $N_2$ 气氛下的热失重曲线如图 3-67 所示，失重 1%的温度为 382℃，具有极其优异的热稳定性，使其适用于较高加工温度的高分子材料的阻燃。

DSC 测试结果见图 3-68，三溴苯氧基封端四溴双酚 A 聚碳酸酯低聚物的熔点在 204℃附近，由于三溴苯氧基封端使其熔融温度相对于苯氧基封端的低聚物有所上升。

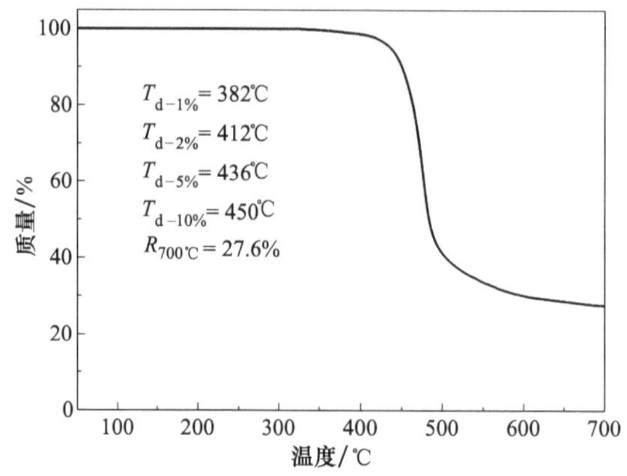


图 3-67 三溴苯氧基封端四溴双酚 A 聚碳酸酯低聚物的热失重曲线

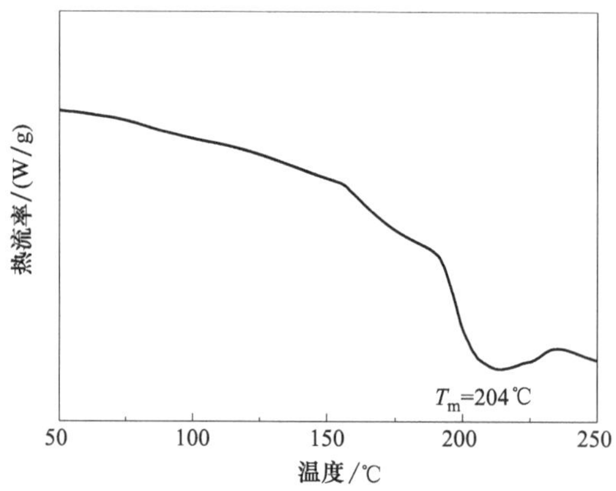


图 3-68 三溴苯氧基封端四溴双酚 A 聚碳酸酯低聚物的 DSC 曲线

## 3.12.4 四溴双酚 A 聚碳酸酯低聚物的主要应用领域

范全保等[40] 采用阻燃剂苯氧基四溴双酚 A 聚碳酸酯低聚物对聚碳酸酯（PC）进行改性，研究了阻燃剂含量对 PC 力学性能、阻燃性能和热稳定性的影响。研究发现：随着阻燃剂含量的增加，PC 复合材料的阻燃等级、氧指数均有显著提高，当阻燃剂含量达到 3%时，复合材料的阻燃等级达到 FV-0 级，当阻燃剂含量为 7%时，PC 复合材料的氧指数可达到 40.2%，比纯 PC 的氧指数提高近 50%；TGA 曲线显示，阻燃剂的加入使 PC 复合材料热稳定性明显提高，起始失重温度和最大热失重速率温度均向高温移动，且 550℃下的残留率和最终的残留率均明显增多；同时，PC 复合材料的拉伸强度、弯曲强度随阻燃剂含量的增加而提高，但冲击强度逐渐降低。

# 3.13 二溴新戊二醇

## 3.13.1 概述

二溴新戊二醇又称 2,2-双（溴甲基)-1,3-丙二醇，由于具有羟基可以继续反应，是一种典型的反应型阻燃剂，可以用于制造各种新型的溴系阻燃剂，也可以直接使用制造阻燃不饱和聚酯树脂等[41,42]。

二溴新戊二醇外观为白色粉末或结晶粉末，熔点 109℃，沸点 235℃，溴含量 60%～61%，羟值 13mg KOH/g。

二溴新戊二醇作为一种低溴含量的反应型阻燃剂，自 20 世纪 70 年代在国外首先开发以来一直受到关注。国内生产制造商是宜兴市中正化工有限公司，年产量 400～500t。

## 3.13.2 二溴新戊二醇的合成方法

① 按一定的比例加入季戊四醇、氢溴酸水溶液及冰醋酸，在常压下缓慢加热反应，逐步使分馏柱柱头温度达 100～150℃，在此温度下将水尽量蒸出，然后减压蒸馏出易挥发副产品及最后剩余的水分。残余物在真空中于 120～130℃下蒸馏，即得到一种水样清澈并很快结晶的产物。该产物经中和、过滤、干燥得粉状产品，精制后即得二溴新戊二醇。合成路线如图 3-69 所示：

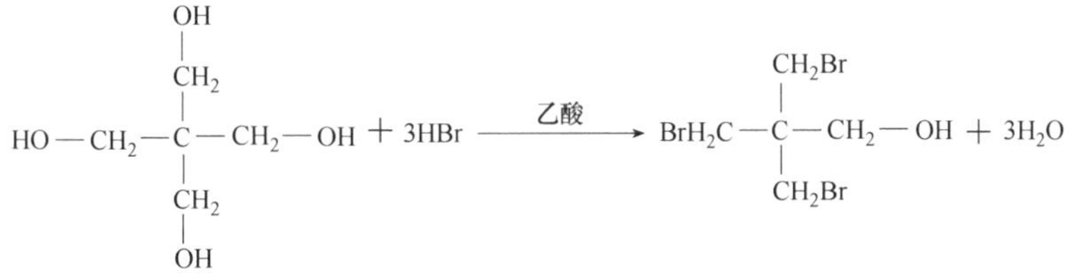

$$\mathrm{HO-CH_2-\underset{\substack{|\\CH_2\\|\\OH}}{\overset{\substack{OH\\|\\CH_2\\|}}{C}}-CH_2-OH + 3HBr \xrightarrow{\text{乙酸}} BrH_2C-\underset{\substack{|\\CH_2Br}}{\overset{\substack{CH_2Br\\|}}{C}}-CH_2-OH + 3H_2O}$$

图 3-69 二溴新戊二醇的合成路线

② 在 500mL 三口烧瓶中加入 34.0g 季戊四醇（0.25mol），128.8g 40%氢溴酸溶液（0.63mol）和一定量的浓硫酸，搅拌下回流 7h，冷却后，倒入盛有 200mL 等体积

的对二甲苯和冰水的混合物中，搅拌 0.5h，抽滤，冷水洗三次，干燥，得到类白色固体 58.02g，收率（以季戊四醇计）82.3%[41]。合成路线如图 3-70 所示：

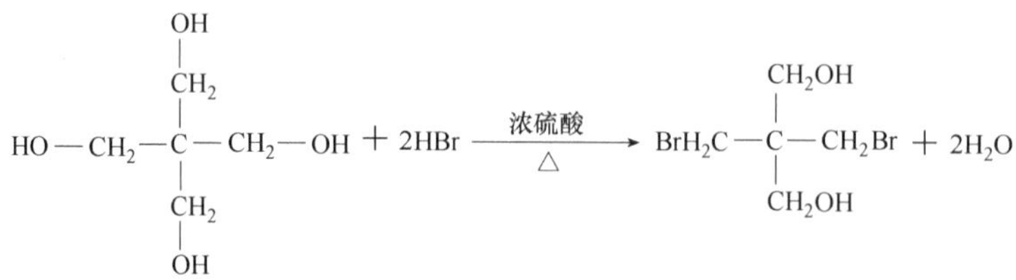

$$\mathrm{HO-CH_2-\underset{\underset{OH}{|}}{\underset{CH_2}{|}}{\overset{\overset{OH}{|}}{\overset{CH_2}{|}}{C}}-CH_2-OH} + 2HBr \xrightarrow[\triangle]{\text{浓硫酸}} \mathrm{BrH_2C-\underset{CH_2OH}{\underset{|}{\overset{CH_2OH}{\overset{|}{C}}}}-CH_2Br} + 2H_2O$$

图 3-70　二溴新戊二醇的合成路线

### 3.13.3　二溴新戊二醇的主要应用领域

二溴新戊二醇由于具有羟基可以继续反应，是一种典型的反应型阻燃剂，可以用于制造各种新型溴系阻燃剂，也可将其作为二元醇和任何所需要的二元酸（或酸酐）制成不饱和树脂如反应型阻燃不饱和聚酯等。上述树脂配合使用含磷协效剂，可以制成半透明阻燃玻璃钢制品，极限氧指数可达 30%[43,44]。

## 3.14　四溴苯酐和四溴苯酐二醇

### 3.14.1　概述

四溴邻苯二甲酸酐（简称四溴苯酐），是反应型阻燃剂，主要用于聚酯、不饱和聚酯和环氧树脂[45,46]。

四溴苯酐为白色粉末，溴含量 68%～69%[47]，熔点 276～280℃，不溶于水及脂肪烃溶剂，可溶于硝基苯、*N*,*N*-二甲基甲酰胺，微溶于丙酮、二甲苯、氯代烃溶剂、二噁烷。

四溴苯酐二醇是溴系阻燃剂中的重要品种，是一种新型高效溴系脂肪醇阻燃剂，广泛用于硬质聚氨酯泡沫塑料、黏合剂和涂料的阻燃，属添加型阻燃剂。

四溴苯酐二醇外观为琥珀色黏稠液体，溴含量 46%，可溶于甲苯、乙醇、乙二醇、丙二醇、丙酮等有机溶剂。

四溴苯酐二醇国内主要生产厂家为山东润科化工股份有限公司、盐城融新化工有限公司等。

## 3.14.2 四溴苯酐和四溴苯酐二醇的合成方法

### (1) 四溴苯酐的合成方法

在装有冷凝器、搅拌器、温度计和滴液漏斗的四口烧瓶中按一定的配比加入苯酐、发烟硫酸和催化剂，升温至75℃的条件下滴加溴素后反应5h，然后高温140℃回流条件下保温反应2h，将过量的溴从反应物中蒸出。然后冷却结晶，过滤并用稀硫酸和水洗涤，烘干即为四溴苯酐[48]。合成路线如图3-71所示：

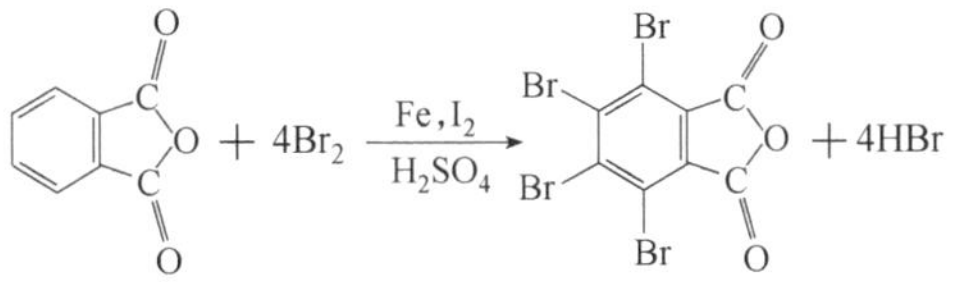

$$\text{苯酐} + 4Br_2 \xrightarrow[H_2SO_4]{Fe,I_2} \text{四溴苯酐} + 4HBr$$

图3-71 四溴苯酐的合成路线

### (2) 四溴苯酐二醇的合成方法

将四溴苯酐和一缩二乙二醇搅拌均匀后加入催化剂，在惰性气体的保护下，进行第一次升温反应（100～150℃），结束后加入有机溶剂溶解上述物料，降温后加入环氧丙烷，随后进行第二次升温并保温反应（50～80℃）。反应结束后进行热滤，然后蒸馏去除有机溶剂得到产物[49]。合成路线如图3-72所示：

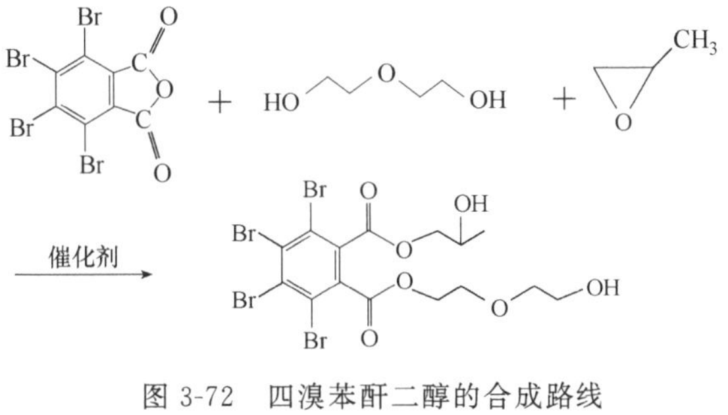

$$\text{四溴苯酐} + HO\text{–}CH_2CH_2\text{–}O\text{–}CH_2CH_2\text{–}OH + \text{环氧丙烷}(CH_3) \xrightarrow{\text{催化剂}} \text{四溴苯酐二醇}$$

图3-72 四溴苯酐二醇的合成路线

## 3.14.3 四溴苯酐二醇的表征

图3-73为四溴苯酐二醇的红外光谱图，其中3395$cm^{-1}$、1242$cm^{-1}$分别是羟基基团的伸缩和弯曲振动吸收峰；1750$cm^{-1}$为结构中羰基的特征吸收峰；2935$cm^{-1}$、

2876$cm^{-1}$ 是 C—H 结构的伸缩振动吸收峰；1650～1430$cm^{-1}$ 为苯环的骨架振动吸收峰；632$cm^{-1}$、557$cm^{-1}$ 是 C—Br 基团的特征吸收峰。

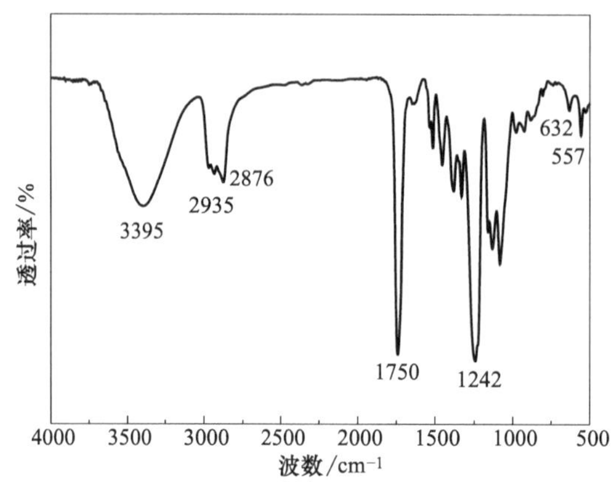


图 3-73　四溴苯酐二醇的红外光谱图

### 3.14.4　四溴苯酐和四溴苯酐二醇的主要应用领域

四溴苯酐是良好的反应型阻燃剂，可用于聚苯乙烯、聚乙烯、聚丙烯、ABS 树脂等，此外还用于阻燃涂料、木材防腐剂、抗静电剂等。由四溴苯酐反应制备的阻燃性不饱和聚酯是目前国外主要的阻燃不饱和聚酯品种之一。

四溴苯酐二醇主要用于汽车、飞机和高铁上的坐垫用聚氨酯软泡和硬泡阻燃（以软泡为主），添加量为 15%～20%（质量分数）。

## 3.15　三聚氰胺氢溴酸盐

### 3.15.1　概述

三聚氰胺氢溴酸盐（MHB）是一种溴化氢与三聚氰胺形成的铵盐化合物，外观为白色粉末，在水中具有比较高的溶解性，可以与自由基引发剂、金属化合物协效制备 UL 94 V-2 级的阻燃聚丙烯材料。Bertelli G 等人[50] 研究发现，少量的自由基引发剂的添加，能够促使 MHB 对聚丙烯进行高效地阻燃改性，还能降低烟量的释放。

### 3.15.2 三聚氰胺氢溴酸盐的合成方法

按摩尔比 1∶0.95，分别称取三聚氰胺（M）37.839g 和氢溴酸（B）57.648g（40%浓度），先将氢溴酸倒入 500mL 三口烧瓶，再在 150r/min 的搅拌速度下，将三聚氰胺缓慢加入三口烧瓶，再往三口烧瓶中加入 60mL $H_2O$，使搅拌桨能够均匀搅拌反应体系。各组分添加结束后，将搅拌速度提升至 200r/min，并缓慢升温至 90℃，保持 3.5h，结束反应。将反应体系冷却至室温后，进行真空抽滤，并用无水乙醇冲洗产物，除去产物中残留的氢溴酸。将滤饼置于 120℃的恒温烘箱中，高温干燥 2h。产物烘干后，称重、记录，并将产物密封保存。合成路线见图 3-74。

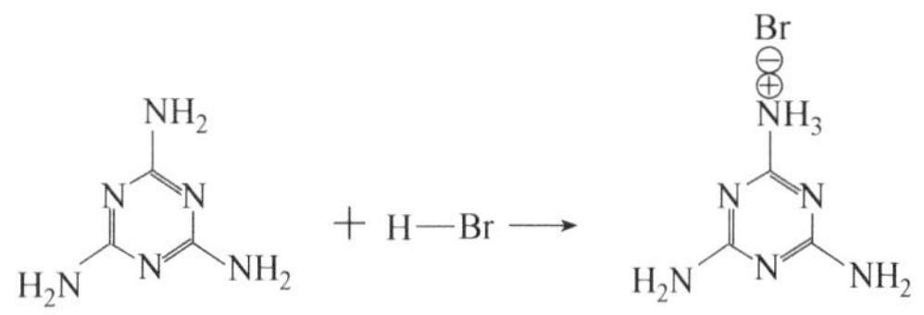

图 3-74 三聚氰胺氢溴酸盐的合成路线

### 3.15.3 三聚氰胺氢溴酸盐的主要应用领域

以 MHB 为基础的阻燃体系在 PP 中具有非常显著的效果，主要用于制备 UL 94 V-2 级阻燃 PP。通过与自由基引发剂混合使用，促进 PP 在受热时加速分解，诱导聚合物熔体产生大量熔滴来形成协同效应。在 UL 94 垂直燃烧测试中，该类复合物可以达到 UL 94 V-2 级。这是因为在燃烧过程中，聚合物产生的熔滴从燃烧体系中带走了热量，同时聚合物热解产生可燃性气体产物的速率低于维持燃烧所需的最低限度。上述作用共同导致了火焰的熄灭，以及下方棉花的引燃。

## 3.16 全氟丁基磺酸钾

### 3.16.1 概述

全氟丁基磺酸钾，分子式为 $C_4F_9SO_3K$，分子量为 338.2，是一种性能优异的特种塑料助剂，具有优越的抗静电性和阻燃性，是聚碳酸酯材料的专用阻燃剂。相比传统使用的溴系、氯系、磷系、氮系和硅系阻燃剂，全氟丁基磺酸钾可在极低添加量（<0.1%）下显著改善PC的阻燃性能，垂直燃烧达UL 94 V-0（3.2mm厚）的阻燃等级，且对材料力学性能和透明性的影响较小[51]，也可用于聚苯乙烯、聚酰亚胺、聚酯、聚酰胺等透明性树脂以提高透明性。

全氟丁基磺酸钾为白色固体粉末，熔点约271℃，分解温度高于400℃，易溶于水，20℃时水溶解度可达49.3g/L。

由于全氟辛基磺酸（PFOS）对人体和环境的极大危害，2001年美国EPA提出禁用PFOS，此后3M公司研发了全氟丁基磺酸盐用以取代PFOS。国外全氟丁基磺酸钾主要供应商有3M公司、Bayer公司以及意大利的Miteni公司；国内全氟丁基磺酸钾主要供应商多在湖北，如武汉赛沃尔化工、武汉博莱特化工、湖北恒新化工等公司。

## 3.16.2 全氟丁基磺酸钾的合成方法

全氟丁基磺酸钾合成路线见图3-75[52]：

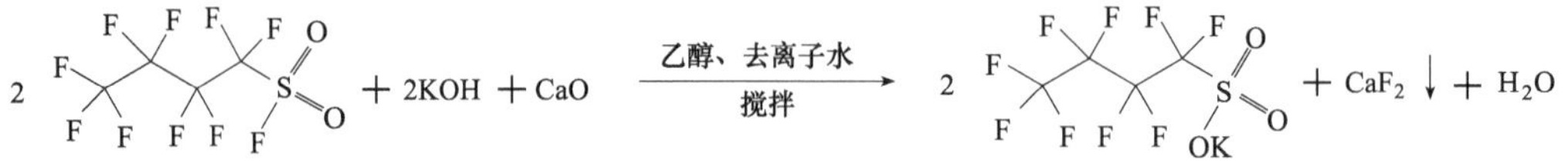

$$2\,CF_3CF_2CF_2CF_2SO_2F + 2KOH + CaO \xrightarrow[\text{搅拌}]{\text{乙醇、去离子水}} 2\,CF_3CF_2CF_2CF_2SO_3K + CaF_2\downarrow + H_2O$$

图3-75　全氟丁基磺酸钾的合成路线

① 环丁烯砜的电化学氟化　在希蒙斯电解槽内，加入无水氟化氢和环丁烯砜，混合后通入2500A的直流电，控制电解液的温度在24℃，电压一般控制在5～8V之间进行操作。在此条件下，氟化氢电解生成氢和氟，氟在阳极一侧产生，便和环丁烯砜发生反应，取代环丁烯砜中的全部氢原子，生成全氟丁基磺酰氟，电解产物不溶于电解液而沉于电解槽底，隔一定时间放出。

② 全氟丁基磺酰氟的精制　全氟丁基磺酰氟常温下是无色透明液体，略有辛辣味，沸点64℃，相对密度1.638。从电解槽底放出的粗品先经5% $NaHCO_3$ 水洗去除游离氢氟酸，然后在填料塔中常压精馏，收取63.5～66℃的馏分，全氟丁基磺酰氟的纯度可达99%以上。

③ 全氟丁基磺酸钾的合成　在搪瓷釜内加入氢氧化钾、氧化钙、无离子水和乙醇，在搅拌下，缓慢连续加入全氟丁基磺酰氟，反应进行到釜内物料pH=7～7.5时为止。50℃下静置2～4h，取出上层清液，下层离心出氟化钙沉淀、清液合并。全氟丁基磺酸钾溶液经结晶、过滤、干燥、粉碎制得成品，如果经分析某些离子超标，可进行重结晶提纯。

### 3.16.3 全氟丁基磺酸钾的主要应用领域

全氟丁基磺酸钾主要用于阻燃聚碳酸酯，添加少量的全氟丁基磺酸钾阻燃剂就能够极大地改善其阻燃性能，并且改性后 PC 的物理性能和力学性能与通用 PC 相当。需注意的是用量如超过 0.1%，不但不能提高材料的阻燃性能，还会影响 PC 的透明性。为满足更高的阻燃要求，全氟丁基磺酸钾多与其他阻燃剂复配使用。

阻燃 PC 配方（质量份）：PC 树脂 100 份，全氟丁基磺酸钾 0.1 份，滑石粉（3.2～3.6μm）5 份，抗滴落剂 0.2 份，将各个原料均匀混合后加入挤出机料斗然后进行挤出造粒，并注射成型，测得性能数据如表 3-13 所示[53]。

表 3-13 全氟丁基磺酸钾阻燃 PC 的测试结果

| 测试项目 | 测试结果 |
|---|---|
| 拉伸强度/MPa | 66.3 |
| 断裂伸长率/% | 99.5 |
| 弯曲强度/MPa | 97.2 |
| 弯曲模量/MPa | 2653 |
| 悬臂梁缺口冲击强度/(J/m) | 103.8 |
| 阻燃性 | UL 94 V-0 |
| 热变形温度/℃ | 126.4 |

## 3.17 得克隆阻燃剂

### 3.17.1 概述

得克隆为固态白色粉末，是一种多氯代阻燃剂，又称双（六氯环戊二烯）环辛烷、敌可燃、易来灭（DK-15）、DCRP，英文名 dechlorane plus，分子式：$C_{18}H_{12}Cl_{12}$，结构式如下：

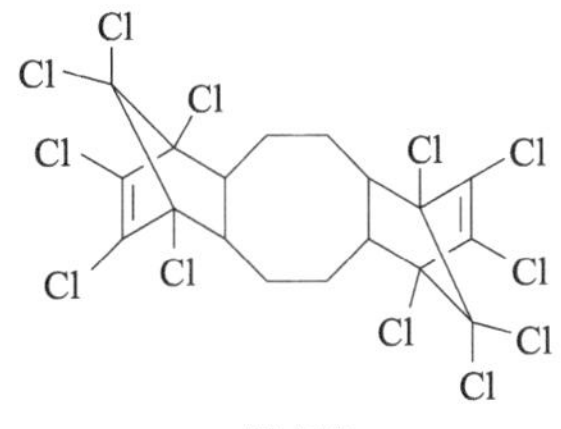

Cl Cl Cl Cl Cl Cl Cl Cl Cl Cl Cl Cl

得克隆

得克隆作为阻燃剂广泛应用于电线电缆、汽车、塑料屋顶材料、电视和计算机显示器的硬塑料连接器、电线涂层和家具。得克隆作为一种商用多氯代化合物，从 1960 年开始使用，目前稳定在 1000 多吨的规模。氯系阻燃剂得克隆由于具有持久性和生物累积性目前被多国法律法规限制使用。具体内容参见第 12 章。

得克隆包含两种立体异构体：顺式得克隆和反式得克隆。这两种异构体在技术产品中的比例约为 1∶3，即 25％的顺式得克隆和 75％的反式得克隆。表 3-14 为得克隆的部分性质。

**表 3-14　得克隆部分性质**

| 性质 | 数值 |
|---|---|
| 分子量 | 653.73 |
| 氯含量/％ | 65.08 |
| 密度/($g/cm^3$) | 1.8 |
| 熔点/℃ | 350 |
| 水溶性/(mg/L) | $4.4\times10^{-8}$ |

得克隆自 20 世纪 70 年代开始，由美国的 OxyChem 化学公司生产并用以替代当时被禁用的灭蚁灵（Mirex），目前作为十溴二苯醚的替代品在市场上销售。

目前得克隆的全球生产厂家只有一家，江苏安邦电化有限公司，年产 1000t 左右，产品几乎全部用于出口到国际市场。

## 3.17.2　得克隆的合成方法

得克隆主要由六氯环戊二烯与 1,5-环辛二烯进行 Diels-Alder 双烯加成反应制得，合成反应方程式如图 3-76 所示：

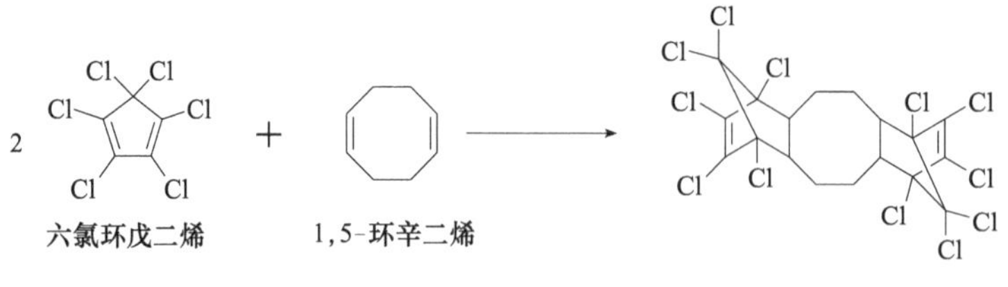

图 3-76　得克隆的合成反应方程式

江苏安邦电化有限公司陈灿银等[54] 开发了一种高品质得克隆的制备方法：在 140～180℃下，六氯环戊二烯与环辛二烯在溶剂中保温反应 3～10h，其中六氯环戊二烯与环辛二烯的摩尔比为 2.0～2.5∶1，所述溶剂为单一溶剂，为烷烃或卤代烃，溶剂质量为六氯环戊二烯与环辛二烯总质量的 30％～60％。这种方法简单易行，易于产业化，得到高品质的得克隆，白度达 98 以上，收率能达到 98.5％。

### 3.17.3 得克隆的主要应用领域

得克隆是有机氯系脂肪族的白色粉末状阻燃剂，常和三氧化二锑协同使用，可用于尼龙 6、尼龙 66、PBT、HIPS、ABS、PP 以及 TPU 等多种热塑性塑料阻燃改性中，也用于环氧、酚醛等热固性树脂中，赋予材料优异的阻燃性及其他综合性能。

但由于该化合物具有在环境中的持久性和生物累积性，目前已经大幅度减少了其生产和使用量，在不久的将来，该化合物将被禁止使用。

## 参 考 文 献


[1] 王晓君，赵伟，刘吉平. POPs公约与溴代阻燃剂的关系，正确对待溴系阻燃剂 [C]. 2013 年全国阻燃学术年会会议论文集.

[2] 张月. 国内外阻燃剂市场分析 [J]. 精细与专用化学品，2014，22 (8)：20-24.

[3] 钱立军. 新型阻燃剂制造与应用 [M]. 北京：化学工业出版社，2013：1-315.

[4] 杨泽慧. 十溴二苯醚催化合成及精制工艺和工艺条件优化研究乙嘧硫磷合成初步研究 [D]. 长沙：湖南大学，2002.

[5] 刘建伟. 四溴双酚 A 合成工艺研究 [J]. 化工管理，2018 (33)：88-89.

[6] 魏建良. 四溴双酚 A (TBBPA) 的研发生产现状与质量提升 [J]. 盐业与化工，2014，43 (4)：4-7.

[7] 梁亚红，陈苏战. 四溴双酚 A (TBBPA) 的工业应用与前景分析 [J]. 盐业与化工，2012，41 (9)：1-4.

[8] 郝庆云，宁培起. 四溴双酚 A 生产与应用简介 [J]. 热固性树脂，1997 (3)：16，32-34.

[9] 曲英治. 高溴含量高热稳定性溴化聚苯乙烯的制备 [D]. 大连：大连理工大学，2012.

[10] Atwell Ray W，Hodgen Harry A，Fielding William R，et al. Polymers or brominated styrene [P]. US：5369202，1994.

[11] Gill James C，Dever James L，et al. Brominated polystyrene having improved thermal stability and color and process for the preparation thereof [P]. US：6518368，2003.

[12] Favstritsky Nicolai A，Fielding William R，Sands John L，et al. Process for purifying brominated polystyrene [P]. US：5328983，1994.

[13] 王彦，董月，夏琳，等. 溴化聚苯乙烯的合成、应用及研究进展 [J]. 橡塑技术与装备，2017，43 (20)：13-17.

[14] 张效礼，邢秋，朱四来. 高分子阻燃剂溴化聚苯乙烯的应用 [J]. 热固性树脂，2010，25 (2)：2-34.

[15] 王忠卫. 一种 2,4,6-三溴苯酚的环保生产方法 [P]. 中国：200810139773. 2. 2008-09-09.

[16] 王泉增，李海华，周政懋，等. 丙烯酸 2,4,6-三溴苯酯阻燃剂的合成、表征及应用. 中国塑

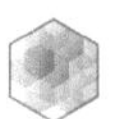



料，2000，14（2）：70-73.

[17] 张鹏，王一平，闫丽萍．2,4,6-三溴丙烯酸苯酯的合成［J］．化学工业与工程，1998（2）：3-5.

[18] 杨秀英，修方席．新型阻燃剂三溴苯氧乙酸的合成［J］．青岛化工学院学报，1999，20（4）：357-359.

[19] 张典宁，王晨．阻燃剂聚二溴醚的合成［J］．东南大学学报，1996，26（1）：40-48.

[20] 王彦林，严后芹，陈燕萍．阻燃剂磷酸三（2,4,6-三溴苯基）酯的合成研究［J］．海湖盐与化工，2006，35（2）：6-8.

[21] 裴顶峰，刘绍松，周凯，等．新型多功能阻燃剂-磷酸三（2,4-二溴苯基）酯［J］．化工新型材料，1998，24（10）：35-37.

[22] 樊真，江国顺．阻燃剂磷酸三（2,4-二溴苯基）酯的性能及其应用［J］．中国塑料，2002，16（3）：60-62.

[23] 刘建伟．溴系阻燃剂-溴代三嗪的研究［J］．化工管理，2018，34：72-73.

[24] 唐安斌，黄杰，王倩，等．阻燃剂 2,4,6-三（2,4,6-三溴苯氧基）-1,3,5-三嗪的合成及工业试验研究［J］．精细化工，2007，24（10）：1011-1014.

[25] 岳强．环境中六溴环十二烷的研究现状与展望［J］．广东农业科学，2010，37（6）：217-220.

[26] 焦杏春，路国慧，王晓春，等．环境中溴系阻燃剂六溴环十二烷的水平及分析进展［J］．岩矿测试，2012，31（2）：210-217.

[27] 吴丹，张雨山，蔡荣华，等．六溴环十二烷阻燃剂制备的研究进展［J］．化学工业与工程，2014，31（2）：13-17.

[28] 朱秀华，李岩，白皓，等．环境空气中六溴环十二烷研究进展［J］．环境化学，2016，35（12）：2469-2481.

[29] 孔庆池，尹丽娟，阿地里江·阿不力孜等．高 γ 异构体含量六溴环十二烷的合成［J］．精细石油化工，2012，29（6）：43-45.

[30] 李永东，云霞，那广水等．环境中六溴环十二烷的研究进展［J］．环境与健康杂志，2010，27（10）：933-936.

[31] 马哲，宋翠翠．高效液相法测定八溴醚纯度［J］．天津化工，2017，31（2）：34-37.

[32] 卢翔，姜向新，杨友强，等．八溴醚阻燃 PP/PS 共混物的性能研究［J］．广州化工，2017，45（24）：66-69，104.

[33] 魏颖娣，周静静，吕建平．微胶囊包覆改善阻燃剂八溴醚热稳定性能［J］．合肥工业大学学报（自然科学版），2009，32（6）：837-840.

[34] 吴海勇．八溴醚的合成研究［J］．苏盐科技，2001（4）：6-7，42.

[35] 杨春常，唐宪达，黄治清，等．高效阻燃剂-八溴醚的合成［J］．辽宁化工，1989（6）：29-31.

[36] 李向梅，杨荣杰．八溴醚阻燃剂在聚丙烯中析出的研究［J］．中国塑料，2004（9）：79-82.

[37] 魏颖娣. 微胶囊化八溴醚的制备、干燥与应用 [D]. 合肥：合肥工业大学，2009.

[38] Hull J John W，Greminger Douglas C，Adaway Timothy J. Two-step process for brominating butadiene copolymers [P]，US：8410226，2013.

[39] 杨倩，张鹏宇，刘彤，等. 溴化苯乙烯-丁二烯共聚物的制备及阻燃性能研究 [J]. 塑料科技，2019，47 (10)：35-39.

[40] 范全保，谢婷，杨二钘，等. 苯氧基四溴双酚 A 聚碳酸酯齐聚物对聚碳酸酯阻燃性能的影响 [J]. 塑料科技，2010 (1)：43-45.

[41] 姒承荣. 一种新型的反应型阻燃剂-二溴新戊二醇 [J]. 玻璃钢/复合材料，1993，6：19.

[42] 李秀瑜，吴洋，张增池. 阻燃剂二溴新戊二醇的合成工艺研究 [J]. 杭州化工，1999，1：7-9.

[43] 王献玲. 成炭剂二溴新戊二醇在膨胀型阻燃聚合物的影响 [D]. 保定：河北大学，2014.

[44] 曹凤坤. 反应型阻燃剂二溴新戊二醇的制备及其应用的研究 [J]. 河北化工，199，72：19-20.

[45] 侯望奇. 五氧化二锑和四溴苯酐协同阻燃性能 [J]. 湘潭大学自然科学学报，1991，1：99-101.

[46] 周长山. 用于不饱和聚酯的四溴苯酐及其酯类阻燃剂 [J]. 热固性树脂，1987，2：49-54.

[47] 高瑞华. 四溴苯酐的合成研究 [J]. 浙江化工，2003，5：19.

[48] 黄颂安，曾作祥，汪瑾. 四溴苯酐阻燃剂的合成研究 [J]. 精细石油化工，1996，2：9-10.

[49] 宗先庆. 一种四溴苯酐二醇的合成方法 [P]. 中国：201310121836. 2，2013-08-07.

[50] Bertelli G，Camino G，Costa L，et al. Fire retardant systems based on melamine hydrobromide：Part I-Fire retardant behaviour [J]. Polymer Degradation and Stability，1987，18 (3)：225-236.

[51] 肖元琴，欧育湘，赵毅. 聚碳酸酯用磺酸盐阻燃剂研究进展 [J]. 塑料助剂，2007，4：1-4.

[52] 范春雷. 全氟丁磺酸钾的合成研究 [J]. 有机氟工业，2005，2：8.

[53] 应杰，邱琪浩，顾亥楠，等. 磺酸盐/滑石粉协同阻燃 PC 材料的性能研究 [J]. 塑料工业，2019，47 (6)：122-126.

[54] 陈灿银. 得克隆的合成及在尼龙 66 中的应用 [J]. 河南化工，2010，27 (14)：16-17.

# 第4章 磷氮系阻燃剂

## 4.1 磷氮系阻燃剂分类与概述

磷氮元素属于同族元素，都是典型的无卤阻燃元素，在阻燃剂分子中经常会出现在同一个分子中，发挥磷-氮协同效应，因此在本章中将磷氮系阻燃剂作为一个类别来进行介绍。

### 4.1.1 磷系阻燃剂的种类与特点

磷系阻燃剂可以分为有机磷系阻燃剂与无机磷系阻燃剂。其中无机磷系阻燃剂主要包括红磷、聚磷酸铵、三聚氰胺磷酸盐、三聚氰胺聚磷酸盐、焦磷酸哌嗪等，而有机磷系阻燃剂包括磷酸酯、磷杂菲、磷腈、有机次膦酸及其盐化合物等。

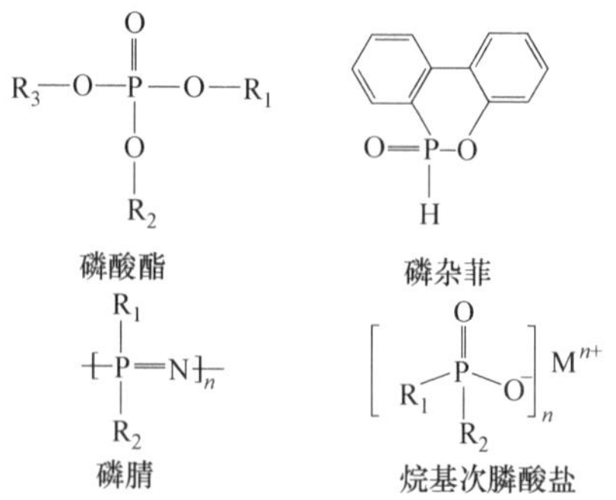

磷酸酯　磷杂菲

磷腈　烷基次膦酸盐

无机磷酸铵盐类阻燃剂由于具有价格低、环境友好等特性，近年来发展迅速。主要用于制备防火涂料、聚烯烃用膨胀型阻燃剂、工程塑料等阻燃材料。

磷酸酯化合物通常为小分子液体形态，由于其具有低黏度、良好的相容性等特点，所以可以广泛应用于聚氨酯、环氧树脂等热固性材料中，也可以应用于聚酯等热塑性材料的阻燃和增塑。

磷杂菲化合物 DOPO 通常作为反应型阻燃剂被引入其他结构中，由于其优异的热稳定性和阻燃的高效性而常被用于设计新型阻燃分子，以前主要是应用于环氧树脂等热固性材料，而目前已经开始应用于阻燃工程塑料领域。

磷腈由于具有非共轭的结构，呈现柔软的分子结构特性，软化温度较低，但热稳定性良好，考虑到单一磷腈结构阻燃效率的不足，应筛选适当磷腈取代基团以获得更加优异的阻燃效率，同时取代基团也将直接影响磷腈阻燃剂热稳定性的高低。

有机次膦酸盐热稳定性很高，阻燃效率随其烷基侧链的增长而降低，可以适用于尼龙的阻燃，与三聚氰胺类阻燃剂复合使用效率更高。

磷系阻燃剂的阻燃效果通常与材料中磷含量呈现正相关，但当含量增加到某一数量时，单纯依靠增加磷系阻燃剂的数量，材料的阻燃性能提升不再明显；磷系阻燃剂与含氮化合物通常具有较好的 P-N 协效作用，所以调节磷氮成分比例，有助于获得更高效的阻燃体系；磷系阻燃剂中的多数品种具有较高的亲水性以及部分品种的水解性，所以其应用过程中需要注意其吸湿潮解问题的影响[1]。

## 4.1.2 磷系阻燃剂的阻燃原理

磷系阻燃剂通常在气相和凝聚相中同时发挥阻燃作用，具体作用方式如下[1]：

① 磷系阻燃剂受热分解释放出 PO·、$PO_2$·自由基等，猝灭燃烧链式反应中产生的 H·、HO·、O·等活性自由基，终止链式反应；

② 磷系阻燃剂受热分解，释放出磷酸、偏磷酸、聚磷酸、焦磷酸等强酸，促进被阻燃基材脱水成炭；

③ 磷系阻燃剂持续受热脱水形成富磷的玻璃态物质，覆盖在基材表面，隔绝空气，阻碍可燃性气体的释放，减弱火焰对基材的热量反馈强度。

## 4.1.3 红磷类阻燃剂

红磷是阻燃剂中仅有的两种以元素单质形式出现的阻燃剂之一，通常以红磷颗粒、包覆红磷或者微胶囊红磷的形式生产销售。优点是价格低、磷含量高，缺点是容易导致产品染色、与水反应容易释放 $PH_3$ 可燃性有害气体。该产品目前仍然有一定的市场空间，国内每年用量 14000～16000t。

### 4.1.4 铵盐类化合物

近年来，无卤阻燃助剂以其环境友好的特性备受关注，其中铵盐类阻燃剂由于制备简单、清洁生产、应用和废弃时可无害降解等特性符合目前材料科学发展中循环经济、低碳生产、环境友好的要求而越来越受到关注。其主要品种包括聚磷酸铵（APP）、三聚氰胺磷酸盐（MP）、三聚氰胺聚磷酸盐（MPP）、三聚氰胺氰尿酸盐（MCA）等。

这类阻燃剂在制造过程中不涉及有机溶剂、不涉及含盐废水的排放、无有机废弃物产生，整个生产可实现无三废排放，因此可以作为清洁生产的典范产品。另外，由于这类产品为无机盐化合物，其分解或降解产物不会导致持久性有机污染，所以无论从制造还是应用，其环境友好特性是其备受推崇的主要原因。但这类阻燃剂在应用过程中，由于其铵盐的亲水特性，所以所阻燃产品的耐水性或者电性能需要特别予以注意。

这类阻燃剂主要与其他阻燃剂复合，个别情况下也可以单独使用。MCA 可以单独应用于阻燃尼龙 6，APP 和成炭剂复合使用可以获得膨胀型阻燃体系用于阻燃聚烯烃，MPP、MP、MCA 可以与烷基次膦酸盐复配用于阻燃尼龙和聚酯。

阻燃原理：无机铵盐型阻燃剂主要以气相阻燃为主，凝聚相阻燃作用为辅，但当与其他阻燃剂复合使用时，磷酸铵盐类阻燃剂通常会产生良好的凝聚相阻燃作用。综合起来讲，该类阻燃剂阻燃原理如下：

① 受热分解释放出不燃性气体如 $NH_3$、三聚氰胺等，可以稀释可燃性气体或者氧气，阻止燃烧；

② 受热分解释放出 PO· 自由基，可以猝灭气相燃烧链式反应的活性自由基，终止链式反应；

③ 阻燃剂受热分解产生磷酸、偏磷酸等酸性物质，作为酸源促进体系脱水成炭，或形成黏稠状炭层，结合释放出的气体，发挥膨胀阻燃作用。

### 4.1.5 磷酸酯化合物

磷酸酯化合物是以三氯氧磷为主要原料，与酚、醇等化合物发生氯化氢消除反应制备的一类阻燃剂。该类阻燃剂主要形态为黏稠液体，部分为低熔点固体。磷酸酯化合物普遍具有一定的水溶解性，因此，部分品种对水生生物有危害，在欧盟产品危害性的标识中贴有对水生生物有危害的 R51 和 R54 标签。

磷酸酯化合物近年来发展十分迅速，一方面，随着阻燃剂无卤化的发展，磷酸酯类阻燃剂在工程塑料以及热固性树脂方面的应用不断扩展；另一方面，国内磷酸酯制造技术水平迅速提高，产品质量达到或超过国外同类产品水平，且价格优势明显，在国际市场上销售良好。

磷酸酯化合物主要有近年来发展很快的双酚 A 双（二苯基）磷酸酯（BDP）、间苯二酚双（二苯基）磷酸酯（RDP）以及甲基膦酸二甲酯（DMMP）等品种，也有传统的磷酸三苯酯（TPP）、磷酸三（1-氯-2-丙基）酯（TCPP）、三（2-氯乙基）磷酸酯等品种。

磷酸酯化合物通常具有较高的磷含量，在燃烧过程主要以生成磷酸、偏磷酸并对聚合物脱水成炭，或形成不燃的玻璃态物质覆盖于材料表面隔绝氧气与可燃性气体，降低火焰的热量反馈，从而减弱基材的降解反应程度来实现阻燃作用。而笼状和螺环磷酸酯，由于采用了季戊四醇作为原料，分子内含有酸源和炭源，降解时，成炭比例高并伴有膨胀形态，因此这一类磷酸酯阻燃剂通常会形成膨胀炭层阻燃。国内外多个研究小组，进一步将酸源、炭源和气源集合到一个分子中，合成了多种化学膨胀型阻燃分子，均具有明显的膨胀阻燃特性。

### 4.1.6 磷杂菲化合物

自 20 世纪 70 年代 DOPO 被制备以来[2]，初期其并没有引起人们足够的重视，直到 1998 年，王春山等将该化合物引入环氧树脂中，制备了具有优异阻燃性能的覆铜板无卤阻燃环氧树脂[3,4]，从而引发了将含磷杂菲基团化合物作为阻燃材料的研究热潮。随着研究的进展，各研究小组逐渐发现其更多的特性，由此新型磷杂菲化合物的构建和性能的研究逐渐成为热点，近年来 DOPO 衍生物的应用已经逐渐开始扩展到工程塑料领域。

DOPO 具有活泼的 P—H 基团[5]，由于其易于断裂，形成 H·、DOPO·自由基，能够猝灭氧自由基而作为抗氧剂来使用，但其主要用途并不在此。通过 P—H 键与其他不饱和化合物发生自由基加成反应[6,7]，或与醇发生脱水反应、与酯发生酯交换反应[8]，磷杂菲基团能够非常容易地被引入其他分子中，构建成新型分子。而新构建的分子不仅仅是结构上具有明显的变化，更为重要的是，由于引入磷杂菲基团，这些分子的物理化学性质也将发生极大的改变。因而，DOPO 作为一个容易构建新型分子结构和新性能的化合物的分子，具有明确的应用研究前景。

磷杂菲化合物作为阻燃剂使用主要是在气相和凝聚相中分别发挥阻燃作用，在气相中磷杂菲化合物通过释放磷氧自由基、苯氧自由基发挥气相猝灭作用；在凝聚相中，含磷组分通过生成复杂含磷化合物，锁定更多的含碳成分，结合磷杂菲本身丰富的芳香成分促进材料形成炭层，发挥阻燃作用。

## 4.1.7 聚磷腈化合物

聚磷腈化合物作为一种全磷氮杂环非共轭化合物，以其独特的物理化学性能为国外研究工作者所瞩目，早在 20 世纪 70 年代就有国外专著问世。近年来随着国内材料研究工作的逐渐深入，对于聚磷腈材料的研究开始逐渐发展。

聚磷腈化合物具有优异的光稳定性和热稳定性，良好的耐高低温特性，高氧指数，低排烟量，放出的气体无腐蚀和低毒性，具有耐油、耐化学品和耐高温特性，耐水及耐溶剂特性，因此该类材料在军事、航天耐烧蚀材料和耐苛刻环境材料领域、石油化工领域、生物医学领域等方面具有极其广阔的应用前景[9]。

**(1) 聚磷腈的结构特点**

作为无机主链高分子之一的线型磷腈聚合物，其分子量可高达 $10^6$，并具有由 P、N 原子交替组成的骨架主链，而且每个 P 原子上连有两个侧基 R、R′。从磷腈的骨架结构上看，好像磷氮具有单双键交替存在的长程共轭形态，但实际上，磷氮原子杂化形成的 π 键相互独立，并未形成长程共轭体系，因此，也就不会对主链旋转弯曲构成限制，所以也就造成了磷腈分子主链柔软以及分子的低熔点、低玻璃化转变特性。

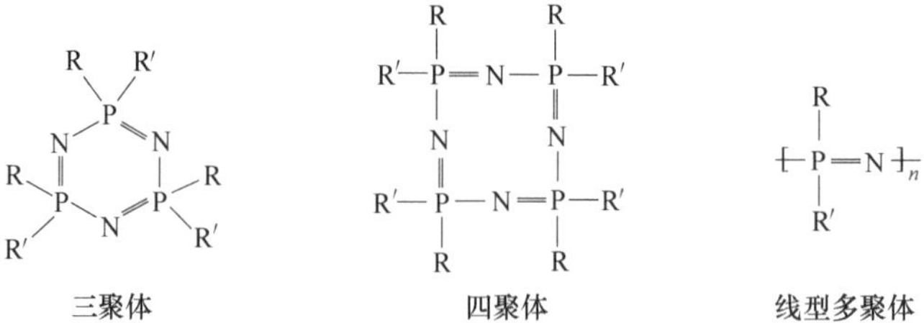


**(2) 聚磷腈物理化学性能特点[10]**

磷腈分子主链结构稳定，具有极高的耐热温度，可以短时间承受 500℃以上的高温，而对于聚磷腈化合物的物理化学性质起决定作用的是磷腈中磷原子上的侧链种类、性质和数量。这些侧基可以决定磷腈分子的亲水性或亲油性、热稳定性质、阻燃行为和效果。总的说来，磷腈结构作为主链骨架结构，是一个相当稳定并且柔顺性极好的分子骨架结构；对于阻燃性能来说，磷腈化合物更多的是由磷原子的取代侧基决定的，磷腈骨架仅起到辅助作用。

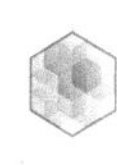



**(3) 聚磷腈化合物的阻燃机理[11,12]**

① 磷氮六元环结构，具有很高的耐热等级，在高温下容易形成致密的炭层，因而具有优异的隔热效果。部分磷腈类化合物还能与基体树脂反应，可提高基体的交联度，进而提高炭层的强度。

② 受热分解生成的磷酸、偏磷酸和聚磷酸，可在聚合物制品的表面形成一层具有不挥发性的保护膜，隔绝空气——隔离膜机理。

③ 不易燃烧的气体阻断了氧的供应，实现了阻燃增效和协同的目的，聚合物燃烧时形成的PO·基团，与火焰区域中的H·、HO·活性基团结合，起到抑制火焰的作用——终止链反应机理。

## 4.1.8　次磷酸及其盐类化合物

次磷酸及其盐类化合物突出的特点是以接有烷基的次膦酸或者无机次磷酸根作为构建阻燃分子的基础。其中烷基次膦酸盐的热稳定性高，耐水性好，阻燃效率高。并且其综合性能优异，包括对材料力学性能影响小，色泽较佳，较低的烟密度，较高的漏电起痕指数（CTI）值，适用于尼龙、聚酯、纤维及纺织品等高分子材料的阻燃改性，尤其是用于制备薄壁制品[13]。然而烷基次膦酸盐的工业生产技术难度相对较高，主要以次磷酸钠或次磷酸为原料，通过与烯烃自由基加成后再与金属离子反应，最终生成烷基次膦酸盐。其制备技术和相关专利被国外垄断，产品价格较昂贵。无机次磷酸盐多采用沉淀法，通过次磷酸钠或次磷酸溶液与金属离子进行共沉淀制得，制备工艺简单，成本投入小，价格便宜，也适用于尼龙、聚酯等高分子材料的阻燃改性。然而相较于烷基次膦酸盐，其耐水性不佳，尤其是热稳定性较差，在储存和加工过程易分解释放磷化氢导致自燃，所以在应用领域一直受到限制。

烷基次膦酸/盐阻燃剂中应用最广泛的为二乙基次膦酸铝（ADP）和2-羧乙基苯基次膦酸（CEPPA），无机次磷酸盐阻燃剂则为次磷酸铝（AHP）。这类阻燃剂在尼龙6、尼龙66、聚酯或聚烯烃等材料中可以单独使用，可以发挥较高效的阻燃效率。而当与MPP、MP、MCA等磷-氮阻燃剂，或者与氧化锑、氧化锌、硼酸锌、蒙脱土等无机金属氧化物/盐复配使用时，都能进一步提升其在凝聚相的阻燃表现。

次磷酸及其盐类化合物阻燃剂是以气相和凝聚相阻燃相结合的方式发挥作用的。其中，无机次磷酸盐（次磷酸铝）虽然结构中磷含量远高于烷基次膦酸/盐阻燃剂（二乙基次膦酸铝），但是由于次磷酸铝的热稳定性差，结构不稳定等原因，其阻燃效率却远低于二乙基次膦酸铝。综合起来讲，该类阻燃剂阻燃原理如下：

① 次磷酸/烷基次膦酸盐高温下受热分解释放出 PO·自由基，此外还可能会产生磷单质，进入气相消耗氧气的同时也转变为 PO·自由基，可以猝灭气相中的燃烧链式反应的活性自由基，终止链式反应；

② 次磷酸/烷基次膦酸盐热解在凝聚相进一步可生成磷酸、偏磷酸等玻璃态或液态的保护层，覆盖于燃烧体表面，隔绝空气；以 $Al^{3+}$ 为代表的金属离子则会通过与生成的具有强脱水性的磷酸、偏磷酸和聚偏磷酸的结合，进一步促进聚合物基体形成稳定的隔热隔质的膨胀炭层。

### 4.1.9 三嗪或哌嗪成炭剂

在三嗪和哌嗪类成炭剂被开发应用以前，成炭剂主要以季戊四醇或者双季戊四醇为主，成炭效率相对较低，添加量大。三嗪成炭剂和哌嗪成炭剂被开发成功以后，以高含氮结构为主要结构组成的成炭剂成炭效率大幅度提高，并可以不再使用气源，以聚磷酸铵作为酸源和气源，以三嗪或哌嗪成炭剂作为炭源，形成了高效的膨胀型阻燃体系。

阻燃机理：

① 三嗪成炭剂具有丰富的三嗪环结构和高含氮的结构，这使三嗪成炭剂表现出优异的成炭性能和热稳定性；

② 在燃烧时，三嗪成炭剂可与聚磷酸铵、次磷酸盐等反应生成含有 P—O—C、P—N 等结构的炭层，在凝聚相中发挥成炭作用；

③ 三嗪成炭剂由于含氮量高，在受热时还可分解产生 $N_2$ 等惰性气体，发挥气相阻燃作用。

## 4.2 红磷

### 4.2.1 概述

红磷也被称为赤磷，是一种高效的含磷无机无卤阻燃剂，阻燃效率与高聚物类型有关，比如对含有氧元素的高聚物阻燃效率更高，与其他阻燃剂相比，在某些情况下达到相同阻燃级别时所需的添加量少。

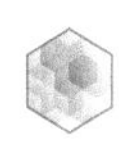



红磷易吸潮、表面稳定性差，暴露在空气中，会和空气中的水分作用而发生氧化还原反应，在红磷粒子表面形成磷的氧化物或酸，同时放出剧毒的磷化氢；而且红磷对热、摩擦和冲击相当敏感，操作时存在着火的危险；纯的红磷与大多数聚合物的相容性较差，影响产品的阻燃与力学性能；并且红磷的本身带有很深的紫红色，极大地限制了其使用范围。因此商品红磷阻燃剂在使用前一般都需要经过微胶囊化或白化等特殊处理[14]。

红磷是红色或紫红色无定形粉末，无臭，具有金属光泽，暗处不发光。密度为 2.34g/cm$^3$，熔点（4.357MPa 时）590℃，升华点 416℃，着火点 260℃。溶于三溴化磷和氢氧化钠，微溶于无水乙醇，不溶于热水、稀酸、二硫化碳、乙醚和液氨等。如图 4-1 所示为红磷图片。

图 4-1 红磷和微胶囊红磷

红磷作为阻燃剂使用的历史可以追溯到 1963 年，到了 20 世纪 70 年代后期，对红磷进行表面包覆处理制备的微胶囊化红磷阻燃剂开始兴起，使其使用的安全性、稳定性等性能得以提升。英国 Albright&Wilson 公司、日本磷化学公司率先推出了微胶囊化红磷产品，可广泛应用于 PE、PP、EVA、环氧树脂、不饱和聚酯以及聚酰胺等材料中。

我国对红磷阻燃剂的研究始于 20 世纪 80 年代后期，目前国内主要的生产厂家有桐城市信得新材料有限公司、中蓝晨光化工研究院、广州银塑阻燃新材料股份有限公司等，每年总产量在 14000～16000t。

### 4.2.2 红磷的制备方法

黄磷在隔绝空气的条件下加热至 220～280℃可转化为红磷，而制备红磷多以工业黄磷为原料。将黄磷加入耐压反应釜中，釜中放入黄磷质量 20%的水，然后升温反应，反应温度 220～280℃，反应约 4h，在反应过程中通过反应釜上的减压孔排出水汽和其

他挥发性物质。制备好的红磷经洗涤干燥后，再根据不同应用需要进行磨细或者包覆。

### 4.2.3 红磷的主要应用领域

红磷主要应用于热塑性工程塑料，如尼龙（PA）、聚对苯二甲酸丁二醇酯（PBT）、聚苯醚（PPO）等，也可用于提高 PE、EVA 等聚烯烃材料的氧指数。而微胶囊化红磷（MRP）被广泛用于阻燃环氧树脂（如变压器封装材料、电容器及电阻器用粘接剂和涂料）、聚氨酯（如管道、贮槽的保温材料和密封材料）、酚醛树脂（如成型材料、电气零件、层压板）、聚酰胺（热熔胶）、天然橡胶、合成橡胶（如耐热软线、橡胶薄板、衬垫材料）、丙烯酸乳液（无纺布上胶料）、聚乙烯（如电线用材料、低压电器骨架材料、热熔胶）、ABS、聚丙烯（低压电器骨架材料及汽车配件）、不饱和聚酯、热塑性聚酯、聚缩醛、聚碳酸酯、聚苯醚等，特别是对聚碳酸酯、聚对苯二甲酸乙二酯及聚苯醚的阻燃效果更好[16,17]。

① 阻燃环氧树脂　采用以聚氨酯（PU）增韧改性环氧树脂为基体，在其中添加两次包覆红磷作为阻燃剂，制备增韧阻燃环氧树脂胶黏剂。当环氧树脂∶聚酯型聚氨酯预聚体∶阻燃剂＝100∶30∶15（质量比）时，可制备出综合性能较好的增韧阻燃环氧树脂胶黏剂，剪切强度为 23.2MPa，极限氧指数可达 30％。

② 阻燃聚丙烯（PP）　采用 MRP 和氢氧化镁（MH）复配作为阻燃剂，以熔融挤出法制备 PP 复合材料。MRP 或 MH 单独使用时阻燃效率低，将它们复配后能有效提高材料的阻燃性能。当 PP∶MRP∶MH＝100∶15∶50（质量比）时，MRP/MH/PP 复合材料的极限氧指数为 26％，UL 94 达到 V-0 级。

③ 阻燃 PA66　采用包覆红磷和纳米改性氢氧化铝（ATH）复配作为阻燃剂，制备阻燃 PA66。当 PA66、包覆红磷、纳米改性 ATH 三者质量比为 100∶13∶20 时，所得到的 PA66 复合材料极限氧指数可达 33％，是一种阻燃和力学性能都较为优良的材料。

## 4.3 聚磷酸铵

### 4.3.1 概述

聚磷酸铵，又称多聚磷酸铵或缩聚磷酸铵，简称 APP（ammonium polyphosphate)，是一种含 P 和 N 两种阻燃元素的聚磷酸盐，按其聚合度可分为低聚、中聚以及高聚 3 种。其聚合度越高，吸湿性、水溶性越小，反之则吸湿性、水溶性越大。按其结构可以分为结晶态和无定形态，结晶态聚磷酸铵为长链状非水溶性的盐。聚磷酸铵的分子通式为 $(NH_4)_{(n+2)}P_nO_{(3n+1)}$，其结构式如下：

$$H_4NO-\overset{\overset{\displaystyle O}{\|}}{\underset{\underset{\displaystyle ONH_4}{|}}{P}}-O-\left[\overset{\overset{\displaystyle O}{\|}}{\underset{\underset{\displaystyle ONH_4}{|}}{P}}-O\right]_{n-2}-\overset{\overset{\displaystyle O}{\|}}{\underset{\underset{\displaystyle ONH_4}{|}}{P}}-ONH_4$$

APP

聚磷酸铵无毒无味；磷含量：30%～32%；氮含量：14%～16%；初始分解温度：大于 250℃；溶解性随聚合度增加而降低，在热水中有更大的溶解度，各个聚合度的 APP 在水中均可溶解成黏稠液体；在热水中，P—O—P 键会发生部分水解，导致聚合度降低。

APP 在 1965 年由美国孟山都公司首先开发成功，起初主要用作肥料和森林灭火剂。随后，在 20 世纪 70 年代初，日本、西德、苏联等开始大量生产。目前在我国山东、浙江、四川等地都有较大的 APP 生产厂家。

目前，国内 APP 产量约为 3 万吨/年，主要厂家有：杭州捷尔思阻燃化工有限公司、浙江旭森非卤消烟阻燃剂有限公司、普塞呋（清远）磷化学有限公司等。

### 4.3.2　聚磷酸铵的合成方法

制备高聚合度的 APP 方法有很多，总的来说，反应条件的控制对产品质量影响很大[18]。目前工业上常用的是磷酸氢二胺-五氧化二磷-氨气法：该方法操作简便、工艺路线缩短、产品质量较好。但五氧化二磷有很强的吸湿性和反应活性，因此，对反应设备的密闭性和耐腐蚀性要求较高。将 $n$（磷酸氢二铵）∶$n$（五氧化二磷）∶$n$（脲）=1.0∶1.0∶0.3 在干燥氨气气氛下机械搅拌混合，反应逐渐升温至 150～130℃并反应 2h，然后在 150～200℃再保温 1.5～2h，即可获得高聚合度的 APP。

### 4.3.3　聚磷酸铵的表征

Ⅱ型聚磷酸铵微观结构如图 4-2 所示。

图 4-3 为 APP 的红外光谱图。其中 3196cm$^{-1}$ 附近为 $NH^{4+}$ 的不对称伸缩振动吸收

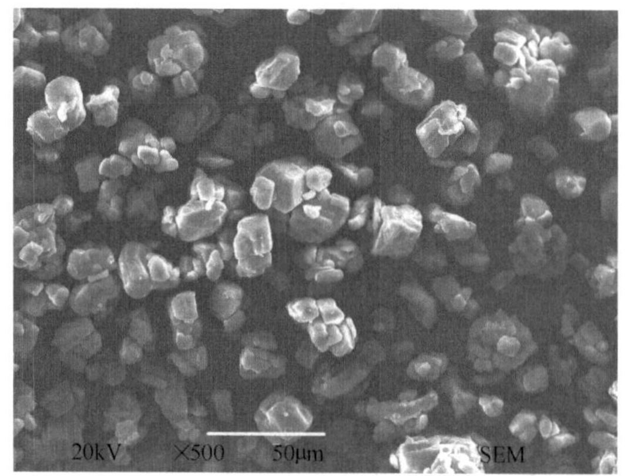


图 4-2 Ⅱ型 APP 扫描电镜图

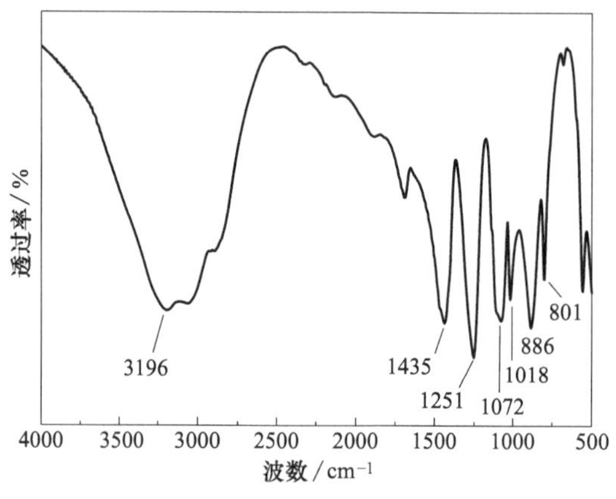


图 4-3 APP 的红外光谱图

峰，1435cm$^{-1}$ 为 $NH^{4+}$ 的弯曲振动吸收峰，1251cm$^{-1}$ 为 P═O 基团的伸缩振动吸收峰，1072cm$^{-1}$、1018cm$^{-1}$、886cm$^{-1}$ 为 P—O—P 基团的伸缩振动吸收峰，801cm$^{-1}$ 为 P—O—P 的弯曲振动吸收峰。

由 APP 的热失重曲线（图 4-4）可知，高聚合度 APP 在 300℃以上开始失重，在 550℃以前完成第一阶段分解，失重约 20%，此处失重主要是由于 APP 分解释放出氨气造成的；随后，550～700℃为第二阶段失重，失重约 70%，此处失重主要是由于 APP 主链断裂成小碎片释放造成的。高聚合度 APP 具有一定的成炭能力，残炭产率一般为 10%左右，这有利于 APP 更好地发挥凝聚相阻燃作用。

## 4.3.4 聚磷酸铵的改性研究

APP 在应用中最需要解决的就是其吸湿性的问题，为了解决这一问题，通常通过

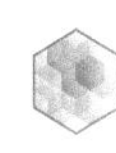

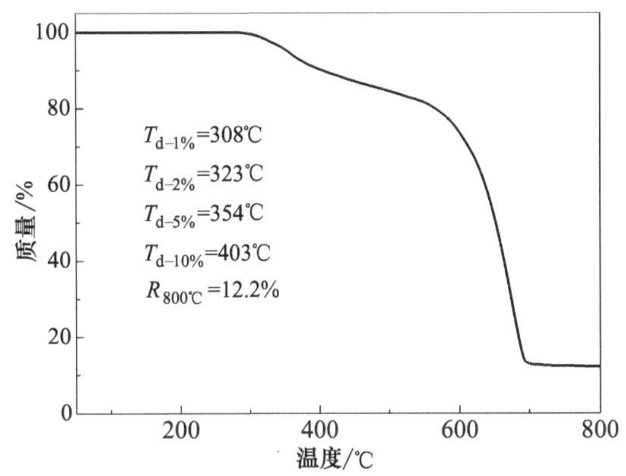


图 4-4 高聚合度 APP 的热失重曲线

以下三种途径对 APP 进行改性，分别是偶联剂改性、三聚氰胺改性及微胶囊化改性。

**(1) 偶联剂改性**

硅烷、硅氧烷、铝酸酯等本身具有一定的阻燃性，加入 APP 中，既可以增加其阻燃性，又对其吸湿性有一定的改善，同时也能够改善材料的韧性、耐热性以及吸水率。另外利用硅烷偶联剂还可以将小的有机分子加到 APP 分子链上改善其吸湿性。

**(2) 三聚氰胺改性**

对三聚氰胺进行表面改性是近年来研究的热点。目前常用的一种方法是先将聚磷酸铵表面包覆，然后利用一定的交联剂把三聚氰胺与已表面包覆三聚氰胺的聚磷酸铵颗粒连接起来，改善吸湿性。选用的交联剂包括含有异氰酸酯、羟甲基、甲酰基、环氧基等基团的化合物[19]。浙江大学曹堃等[20] 研究了三聚氰胺（MEL）改性聚磷酸铵（APP）过程中 APP 本身的化学及物理变化。改性反应条件下，APP 聚合度略有增加，晶型由Ⅰ型变为Ⅰ、Ⅱ型混合物，改性产物（MAPP）的热稳定性大大提高，其热失重特征更符合阻燃要求。

**(3) 微胶囊化改性**

APP 与某些高分子材料相容性较差，易从聚合物制品中迁移到表面而流失，从而降低了它的阻燃性能。采用微胶囊技术（MC）对 APP 进行包覆处理，使 APP 表面涂有包覆材料，从而改变 APP 的性能。根据所需的阻燃基体种类，选择合适的囊材，微胶囊化的阻燃剂加入后可增加与聚合物的相容性，从而减少和消除阻燃剂对聚合物制品力学和电性能的不利影响[21]。

通过原位聚合法在超细 APP 表面包覆上三聚氰胺-甲醛树脂，包覆树脂后的超细 APP 溶解度可以降低到 0.25g/100mL 水；经树脂包覆后的超细 APP 样品其热分解温

度与微米级 APP 相一致，保持了 APP 的阻燃特性[22]。采用原位聚合法制备以 EP 为壁材、APP 为芯材的微胶囊阻燃剂（MCAPP）。与未包覆的 APP 相比，当 EP 含量达到 10%时，在 25℃和 80℃条件下，MCAPP 在水中的溶解度都有较大幅度的降低，其下降幅度分别达到 63%和 50%[23]。

### 4.3.5 聚磷酸铵的主要应用领域

APP 作为无卤阻燃剂的主要品种，目前应用普遍，但其单独阻燃作用有限，主要作为膨胀型阻燃体系的酸源和气源，与其他无卤阻燃助剂复配使用，既降低了阻燃剂的使用量，提高了阻燃效果，又使材料的力学性能损失减少到最小。目前，APP 主要作为防火涂料、塑料、橡胶阻燃助剂的常用组分之一。

以 APP 为基础的膨胀型阻燃体系（IFR）在当前无卤阻燃聚烯烃的应用研究中颇为活跃[24]。即 APP 与成炭剂复配使用，其使用时的质量比根据成炭剂的不同稍有变化，典型的比例有 7∶3、3∶1、4∶1、5∶1 等，所组成的 IFR 在材料中添加的量大约为 20%～25%。早期，典型且广为应用的膨胀型阻燃剂（IFR）体系是 APP/PER/MEL[25]。如今，应用更多的是 APP/三嗪成炭剂体系，其能够表现出更高的阻燃效率。将 APP 与三嗪/乙二胺超支化结构成炭剂（EA）复配用于 PP 的阻燃研究中，发现 APP 与 EA 以 7∶3 比例复配，并且 IFR 添加量为 25%时，阻燃 PP 的极限氧指数达到 32.3%，并且达到 UL 94 的 V-0 级别，此外阻燃 PP 的热释放速率峰值相比于纯 PP 下降了 85%，极大地抑制了材料的燃烧强度[26]。

APP 阻燃体系通常还应用于防火涂料的制备，以典型的 APP/MEL/PER 体系为阻燃剂、可膨胀石墨为协效剂、钛白为填料，可与硅丙乳液共同制备膨胀型阻燃涂料用于金属防火。在硅丙乳液的添加量为 30%，APP∶MEL∶PER∶EG∶$TiO_2$ 的质量比为 20∶15∶13∶2∶5 时所制备的阻燃涂料具有优异的阻燃性能。并且，在该阻燃体系中，APP 的含量对阻燃涂料耐火性影响最大[27]。更多基于 APP 的 IFR 体系将在 4.20“化学膨胀型阻燃剂”中详细介绍。

除了应用在膨胀型体系中，APP 还可单独使用或复配使用在其他聚合物基体中。如，APP 可与 MCA 复配用于环氧树脂的改性，当 APP 与 MCA 的质量比为 3∶1、总添加量为 20%时，阻燃环氧树脂的 LOI 达到 27.2%，并通过 UL 94 的 V-0 级别测试。向该体系引入纳米蒙脱土后，还会进一步提高环氧树脂的阻燃性能[28]。APP 还可与 $SiO_2$ 复配用于 TPU 的可抑烟阻燃改性[29]。

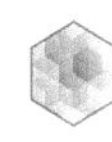



# 4.4 三聚氰胺磷酸盐和三聚氰胺聚磷酸盐

## 4.4.1 概述

三聚氰胺磷酸盐（MP）和三聚氰胺聚磷酸盐（MPP）是一类磷氮系无机铵盐化合物，其中MPP由MP脱水缩合而来，两者具有相似的组成。作为无卤阻燃体系的重要成员，它们可以单独使用，也可以与其他阻燃剂复配应用于聚酰胺、聚烯烃、合成橡胶、防火涂料、纸张及防火板等材料中。MP、MPP分子式如下所示：

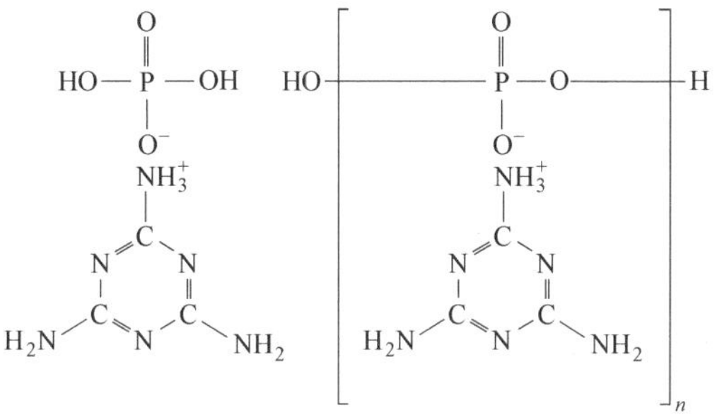

MP　　　　MPP

MP（melamine phosphate）受热到240～250℃以上时，开始失水，所以其初始分解温度不高，难以被应用于高温加工的材料中，常用于如聚丙烯、生物降解塑料、涂料等材料中。

MPP（melamine pyrophosphate）可以由MP脱水制得，并且MPP着色性能优越，分散性好，无其他气味，热稳定性好，水溶性小，发烟性小。比MCA的分解温度高，在加工过程中不影响基材的表面光洁度，在防火涂料中添加也不会明显增加涂料黏度。MPP可单独用于玻璃纤维增强阻燃PA66，也可以与季戊四醇等炭源一起应用于聚烯烃、玻璃纤维增强的PA6、EVA等材料中，它也可以与聚磷酸铵一起复合使用。MPP在某些条件下可以替换APP进行应用。

表4-1为MP和MPP的性质。

**表4-1 MP和MPP性质**

| 性质 | MP | MPP |
| --- | --- | --- |
| 状态 | 白色固体粉末 | 白色固体粉末 |
| 气味 | 无其他气味 | 无其他气味 |

续表

| 性质 | MP | MPP |
| --- | --- | --- |
| 磷含量/% | ≈12 | 12～14 |
| 氮含量/% | 36～39 | 40～44 |
| 1%分解温度/℃ | 240～260 | 310～330 |
| 20℃水中溶解度/(g/L) | <0.1 | <0.05 |

目前国内主要生产 MPP 的厂商包括山东寿光卫东化工有限公司、四川省精细化工研究院、泰州百力化学股份有限公司等。

## 4.4.2 三聚氰胺磷酸盐和三聚氰胺聚磷酸盐的合成方法

**(1) MP 的制备[30]**

在 90～95℃的水中不断搅拌下加入一定量的三聚氰胺，待其充分分散后再分批缓慢地加入浓磷酸，控制反应温度和滴加磷酸的速度，加速搅拌至反应完全，反应物冷却至室温后过滤，滤饼用去离子水洗涤后放置真空干燥箱中于 80℃烘 2h，然后于 110℃烘干 3h，即可得到三聚氰胺磷酸盐白色晶体。图 4-5 为 MP 的合成路线。

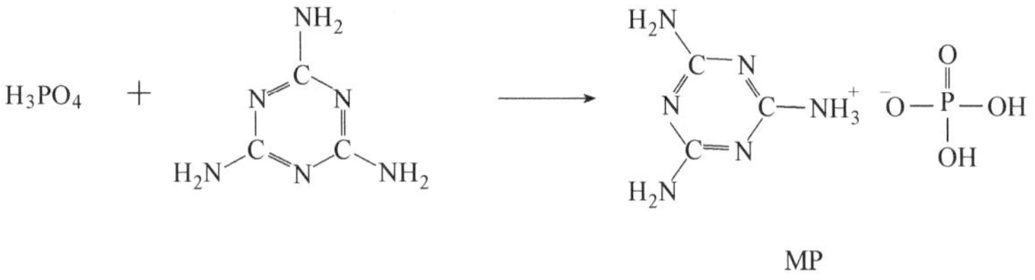

图 4-5 MP 的合成路线

**(2) MPP 的制备**

将三聚氰胺均匀地分散于聚磷酸中（质量比=101.4∶151.2），然后将混合物加热至 300℃反应 4h，可获得 97.5%的 MPP 转化率[31]。也可以将 MP 在 270～300℃之间加热发生脱水缩合反应，在其中可以添加三聚氰胺或者尿素等成分促进缩合反应进程。图 4-6 为 MPP 的合成路线。

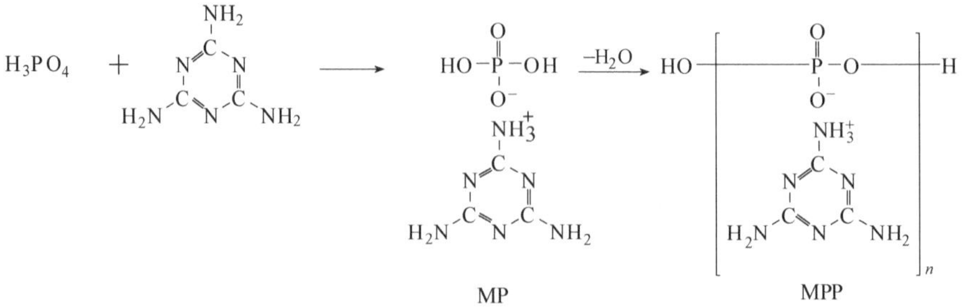

图 4-6 MPP 的合成路线

### 4.4.3 三聚氰胺磷酸盐和三聚氰胺聚磷酸盐的表征

图 4-7 为 MPP 的红外光谱图，其中 3358cm$^{-1}$ 和 3158cm$^{-1}$ 为 N—H 和 $NH^{3+}$ 结构的伸缩振动吸收峰，1680cm$^{-1}$ 为三嗪环上 C ═N 结构的伸缩振动吸收峰，1513cm$^{-1}$ 为三嗪环上 C—N 结构的伸缩振动吸收峰，1268cm$^{-1}$ 为 P ═O 基团的伸缩振动吸收峰，1068cm$^{-1}$ 和 885cm$^{-1}$ 分别为 P—O—P 基团的伸缩振动吸收峰和弯曲振动吸收峰。MPP 主要的红外光谱特征吸收峰说明如表 4-2 所示[32]。

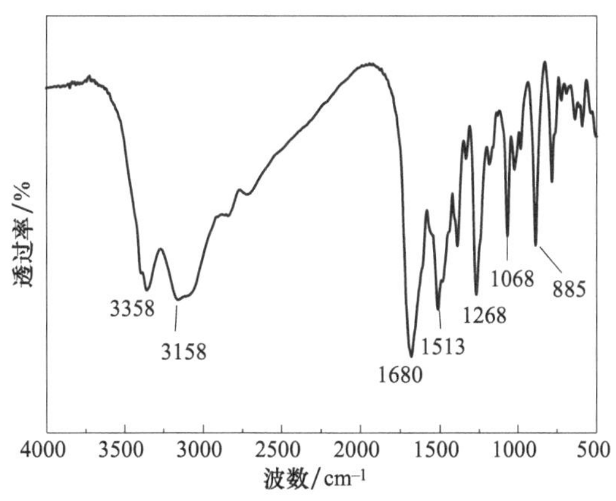


图 4-7 MPP 的红外光谱图

**表 4-2 MPP 主要的红外光谱特征吸收**

| 波数范围/cm$^{-1}$ | 基团 | 强度 |
|---|---|---|
| 3450～3250 双峰 | $NH_2$ | 中 |
| 2700～2560 肩峰 | P—OH | 中 |
| 1530～1490 | $NH_3^+$ | 强 |
| 1360～1250 | C—N | 强 |
| 1690～1640 | C ═N | 强 |
| 1040～910 | P—O | 强 |
| 1335～1080 | P ═O | 强 |
| 1025～870 | P—O—P | 强 |

MPP 比 MP 具有更好的热稳定性。MP 通常在 250℃附近就开始分解，而 MPP 在 310℃以上才开始分解，如图 4-8 所示。因此 MP 一般只能用于加工温度低于 220℃的材料，如 PP、EVA 等，而 MPP 可用于工程塑料，如尼龙 66。

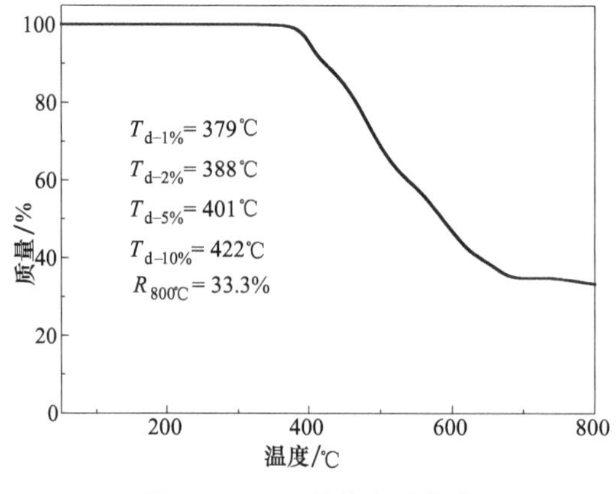


图 4-8 MPP 的热失重曲线

### 4.4.4 三聚氰胺磷酸盐和三聚氰胺聚磷酸盐的主要应用领域

(1) MP 的应用

MP 单独应用时，很多情况下效果不尽如人意，在添加量很高时，才能达到一定的阻燃效果。当 MP 被单独添加到 PP 中时，即使添加 40%，仍然不能获得具有阻燃等级的材料，如果与季戊四醇、双季戊四醇或三季戊四醇混合使用，并总添加量达到 40%时，就能获得具有 UL 94 V-0 阻燃级别的材料[33]。在 EVA（乙烯-乙酸乙烯酯）中应用也具有相似的问题，即 MP 和 PER 总添加量为 50%时，MP：PER 质量比为 2：1 才能显示出最好的阻燃效果，体系极限氧指数最高，垂直燃烧达到 UL 94 的 V-0 级别[34]。当 MP 用量达到 50 份时，脱醇型 RTV 硅橡胶的极限氧指数达到了 28.8%，垂直燃烧级别为 FV-1 级。但上述的 MP 阻燃剂所需的添加量太高，从而失去了被应用的价值[35]。

MP 应用在可生物降解聚合物聚丁二酸丁二醇酯（PBS）、聚氨酯、阻燃环氧树脂方面效果相对较好。可生物降解聚合物 PBS 的 LOI 值为 23%，添加 20%（质量分数，余同）MP 材料的 LOI 值为 30.5%，阻燃级别也达到了 UL 94 的 V-1 级[36]；MP 用于阻燃聚氨酯材料、聚醚多元醇与二苯基甲烷二异氰酸酯（MDI-50）为基础制备的聚氨酯材料，阻燃剂 MP 添加量达到 20%时，其 LOI 值可达到 29%～30%[37]；MP 用于阻燃环氧树脂（该环氧树脂是由固化剂 650 型低分子聚酰胺固化双酚 A 型环氧树脂来制备的），在 MP 添加量达到 30%后，LOI 值为 34.5%，此时阻燃环氧树脂达到了 UL 94 的 V-0 级（3mm 厚）[38]。

(2) MPP 的应用

MPP 的初始分解温度在 310℃以上，因此可应用于尼龙等高温加工材料的阻燃改性。MPP 也被用来与烷基次膦酸盐复合使用，用于尼龙材料的阻燃。在尼龙 66 中添加

25%的 MPP，25%的玻璃纤维以及1%的抗氧剂、偶联剂助剂，可以获得 UL 94 的 V-0 级阻燃尼龙 66，LOI 值为 38%[39]。MPP 还常与烷基次膦酸铝复配，当 MPP 与烷基次膦酸铝以 1∶3 的质量比复配，并在 PA6 材料的添加量为 20%时，可使 PA6 材料通过 UL 94 的 V-0 级别测试，LOI 达到 31.0%，并且该体系可提高复合材料的残炭产率，添加 20% ADP 的 PA6 材料的残炭产率为 3.95%，而该体系可使 PA6 的残炭产率提高到 6.53%[40]。此外，MPP 还可以与促进成炭的成分复配用于尼龙 66 中，以降低阻燃剂的添加量，这对改善材料的力学性能有一定作用。将 11.9%MPP 与 5.1%聚酰亚胺复配用于阻燃玻璃纤维增强的尼龙 66 材料中，阻燃材料的极限氧指数达到了 33.9%，并在锥形量热测试中保留了更多的残炭产率[41]。由于尼龙 66 与尼龙 6 的降解路线不同，MPP 对尼龙 6 的阻燃效果提高不明显，仅极限氧指数提高了 5.5%，而对阻燃级别的提高没有帮助[42]。Shahab Jahromi 等[43] 认为 MPP 用于尼龙 6 和尼龙 66 的阻燃时，会导致尼龙 66 明显的交联以及尼龙 6 的高分子解聚反应。

当 MPP 与其他阻燃成分复合使用时，可应用于尼龙 6 的阻燃。当 28%的 MPP 分别和 2%的 $ZnO \cdot 3B_2O_3 \cdot 3.5H_2O$ 或者 2%的铁基蒙脱土复合使用阻燃尼龙 6，可以获得 UL 94 V-0 的阻燃级别，其 LOI 均为 31%左右[44]；将 25%硅灰石、滑石粉或者玻璃粉分别与尼龙 6 共混，并添加 25%的 MPP，可以获得 UL 94 V-0 级的阻燃材料，其 LOI 值在 33%～35.5%之间[45]；添加 4%的 4A 分子筛和 20%的 MPP 可使 PA6 的极限氧指数达到 30%，拉伸强度为 64MPa，弯曲强度为 112MPa，冲击强度为 4.32kJ/m$^2$，这是由于 4A 分子筛可以加速 PA6/MPP 体系成炭，并且可以改变炭层结构，形成致密的炭层，阻止空气中氧气的进入，提高燃烧性能[46]。DSM 公司在 1998 年就报道了一种基于三聚氰胺聚磷酸盐（Melapur 200）的阻燃剂，可用于白色或彩色玻璃纤维增强的尼龙 66 中，能够承受 320℃的加工温度，阻燃尼龙的杨氏模量超过 10000kPa，断裂伸长率高于 2.1%，缺口冲击强度高于 40kJ/m$^2$。

MPP 也可以被应用于聚烯烃类化合物的阻燃，但需要与其他阻燃成分复合使用才能达到相应的效果。将恒温聚合得到的 MPP 与聚磷酸（APP）、季戊四醇（PER）以质量比 5∶4∶3 复配组成膨胀型阻燃剂（IFR），用于阻燃低密度聚乙烯（LDPE），当添加的膨胀型阻燃剂量为 18%，$Al(OH)_3$ 添加量为 4%时，阻燃 LDPE 的极限氧指数可以达到 26%，并通过 V-1 级测试，且力学性能优良，热稳定性得到明显改善[47]。当在 LDPE 中添加 25%的 MPP、5%的 OMMT 时，复合材料阻燃级别达到 UL 94 的 V-1 级，LOI 值达到 28.2%[48]。采用聚磷酸三聚氰胺/季戊四醇（MPP/PER）膨胀阻燃体系与水滑石（LDH）并用阻燃改性乙烯-乙酸乙烯酯（EVA）热塑性弹性体，当 EVA/MPP/PER/LDH 质量比为 60∶20∶10∶10 时，复合材料阻燃级别达到 UL 94 V-0 级，

LOI值为30.6%[49]。采用聚磷酸蜜胺（MPP）/季戊四醇（PER）/聚磷酸铵（APP）三元膨胀型阻燃剂（IFR）阻燃PP，其阻燃级别可以达到UL 94 V-0级，LOI值达到30.7%[50]。

# 4.5 三聚氰胺氰尿酸盐

## 4.5.1 概述

三聚氰胺氰尿酸盐（melamine cyanurate，MCA）分子式为$C_6H_9N_9O_3$，是由三聚氰胺和氰尿酸经酸碱成盐反应制备的化合物。MCA具有良好的耐热性、耐水性、低烟、价格低廉等优点[51]。目前三聚氰胺氰尿酸盐在改善PA6、PP和PBT等材料的阻燃性能与抗熔滴性能方面的应用非常广泛，并且取得了较好的效果[52]。

MCA是三聚氰胺和氰尿酸通过氢键结合不断扩展而形成的大平面分子，这种分子的形成是由于三聚氰胺分子和氰尿酸分子均为三嗪平面共轭分子，三聚氰胺具有三个氨基，而氰尿酸具有三个仲氨基或者羟基（互变异构体），两者在三个方向上形成九个氢键，从而自组装成具有规整结构的巨大的平面氢键网络，形成了MCA分子。

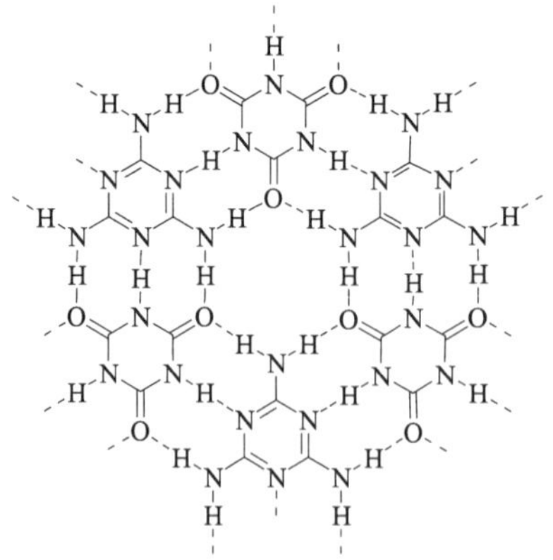

MCA

MCA为白色粉末状固体，无臭无味，氮含量较高（48%±2%），密度为1.5g/cm$^3$。由于其具有层片状的结构，因此具有润滑感。该化合物具有亲水性，难溶于水，在醇类、酯类以及醚类溶剂中溶解度极低，但能较好地分散于油类介质中[53]。热稳定性高，320℃开始升华但不分解，分解温度约为440～450℃。

MCA是国外20世纪70年代末开发的一种含氮精细化工产品，我国20世纪80年代初开始研制开发MCA产品，最先是用于机械润滑油方面[54]。随着工程塑料行业的发展，市场上对MCA的需求逐渐增大，2017年下半年MCA市场一度出现供不应求的现象[55]。

国内厂家有四川精细化工研究设计院、杭州捷尔思阻燃化工有限公司、浙江旭森非卤消烟阻燃剂有限公司、济南泰星精细化工有限公司、普塞呋（清远）磷化学有限公司、寿光卫东化工有限公司等。国外的生产商主要有Cibar精化、阿克苏Nobel公司、日本的日产化学等[56]。

## 4.5.2 三聚氰胺氰尿酸盐的合成方法

MCA的生产工艺方法主要是三聚氰胺和氰尿酸水相成盐法。将三聚氰胺和氰尿酸按照等摩尔比投入水中，水与三聚氰胺和氰尿酸总质量的比例为100∶(8～12)，加热至85～95℃，反应1h左右，过滤得到MCA产物。

图4-9为MCA的合成路线。

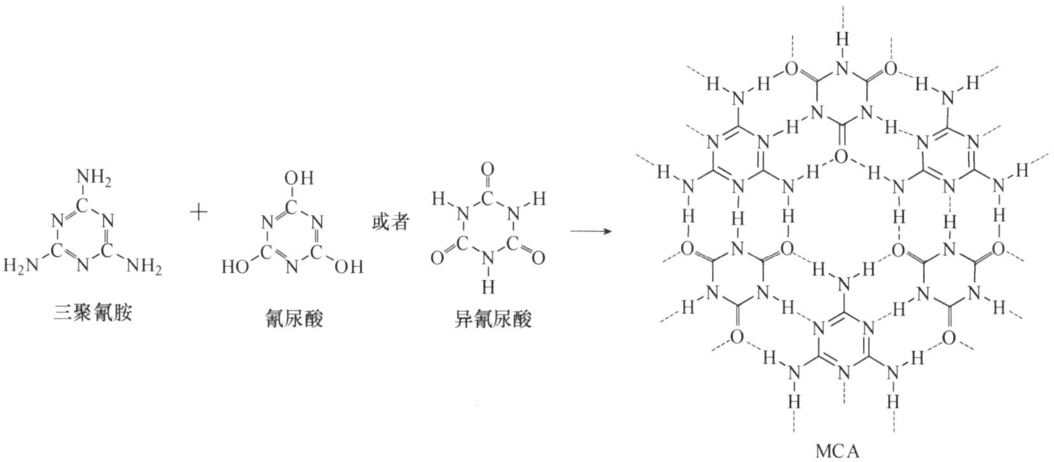

三聚氰胺 + 氰尿酸 或者 异氰尿酸 → MCA

图4-9 MCA的合成路线

## 4.5.3 三聚氰胺氰尿酸盐的表征

图4-10为MCA的红外光谱图，其中3391cm$^{-1}$为N—H的伸缩振动吸收峰，3230cm$^{-1}$为羟基的特征吸收峰，在3000～2500cm$^{-1}$范围内存在多个吸收峰证明了羟基缔合峰的存在，这是MCA分子中氢键效应导致的，1738cm$^{-1}$为C═O基团的伸缩振动吸收峰，1664cm$^{-1}$为三嗪环上C═N结构的伸缩振动吸收峰，1449cm$^{-1}$为三嗪环上C—N结构的伸缩振动吸收峰。

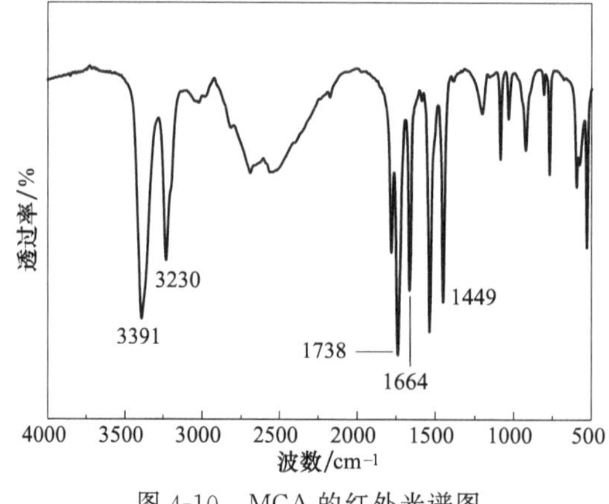


图 4-10 MCA 的红外光谱图

MCA 在 $N_2$ 气氛下的热失重曲线如图 4-11 所示，其分解 1%的温度超过 320℃。

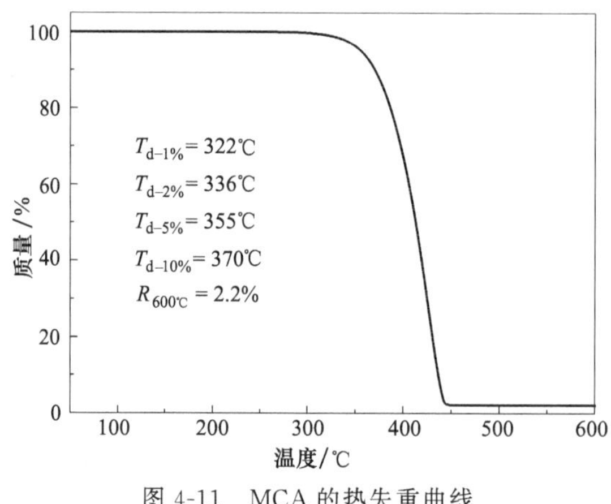


图 4-11 MCA 的热失重曲线

## 4.5.4 三聚氰胺氰尿酸盐的阻燃机理

MCA 在阻燃时主要发挥气相阻燃作用。MCA 在燃烧过程中吸热升华分解，带走热量，同时分解散发出氨气等惰性气体，稀释氧气和可燃性气体，使材料阻燃性能提高。因为其气相阻燃机理，也使得 MCA 阻燃尼龙（无玻璃纤维）在加热到 600℃时，残炭量一般为 0。

## 4.5.5 三聚氰胺氰尿酸盐的主要应用领域

MCA 常用于尼龙、橡胶、酚醛树脂、环氧树脂、丙烯酸乳液、聚氯乙烯和其他烯烃的阻燃当中，用量少且阻燃效果好。同时，MCA 也是良好的润滑油助剂、涂料消光剂、电镀级塑料助剂[54]。

(1) MCA 阻燃尼龙[57]

在 PA6 中添加 8%的 MCA 可以使尼龙达到 UL 94 的 V-0 级，但不稳定。通常在 5 根测试样条中，有 1～2 根会产生滴落引燃现象，即使增加 MCA 的添加量也不能改变这一情况。但是纳米级的 MCA 具有更稳定的 PA6 阻燃效果，添加 8%的 MCA 可以使 PA6 达到 UL 94 的 V-0 级。

MCA 阻燃 PA6 体系的拉伸强度要低于纯 PA6 体系，仅是轻微下降；其冲击强度比纯尼龙产品下降大约 13%；但其阻燃性能明显提高，LOI 值从 22.3%上升到 28.5%，UL 94 阻燃级别从 V-2 上升到 V-0 级；熔体流动速率略有上升，但纳米级的 MCA 会导致熔体流动速率降低，流动性下降。

将 MCA 添加到玻璃纤维（GF)/PA66 中，可使 GF/PA66 复合材料达到 UL 94 的 V-0 级；MCA 晶体被均匀地分散于尼龙基体中，在燃烧时 MCA 通过自身吸热分解，产生不可燃气体，实现气相阻燃作用，并在复合材料残炭表面上留下纳米级气孔。

(2) MCA 协同阻燃 PET[58]

MCA 被应用于阻燃 PET 胶带，将 MCA 添加在 PET 胶带的胶液中，可以使 PET 胶带具有较好的阻燃性能，即点燃时炭化卷曲并且自熄。

另外，MCA 也被应用于制备 MCA 共混阻燃 PET。当磷含量为 0.6%、MCA 添加量为 5%时，复合材料的极限氧指数达到 28%，且达到 UL 94 的 V-0 级。这表明添加 MCA 提高了 PET 阻燃性能。

(3) MCA 阻燃硬质聚氨酯泡沫（RPUF/MCA)[59]

MCA 作为阻燃剂，制备 RPUF/MCA。30 份的 MCA 使 RPUF/MCA 复合材料达到 UL 94 的 V-1 级别，极限氧指数达到 22.0%。MCA 的添加使初始热分解温度和复合材料的燃烧烟气密度都有所降低，有效地提高了复合材料阻燃性能。

## 4.6 焦磷酸哌嗪

### 4.6.1 概述

焦磷酸哌嗪（PAPP）分子式为 $C_4H_{14}N_2O_7P_2$，分子量为 264，是近年来关注度比较高的一种无卤添加型阻燃剂[60]，具有磷含量高、成炭性能好等优点[61]。PAPP同时含磷、氮，属于单组分膨胀阻燃剂（IFR），可以同时在气相和凝聚相中抑制材料持续燃烧。以PAPP为主组成的IFR体系应用在合成树脂当中，能赋予基材优异的阻燃性能，同时对于基材力学性能的负面影响也要小于APP组成的IFR体系，目前已应用于PP等材料的阻燃当中。

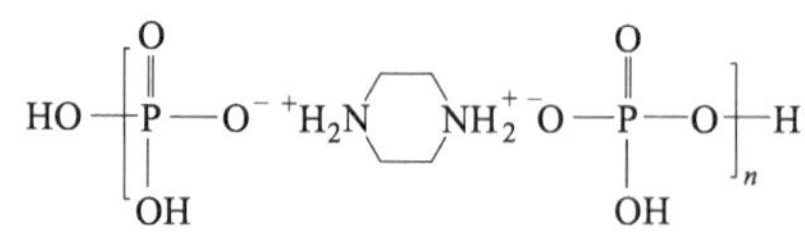

$$\mathrm{HO}\!\left[\begin{array}{c}\mathrm{O}\\ \|\\ -\mathrm{P}-\mathrm{O}^{-}\ {}^{+}\mathrm{H_2N}\langle\ \rangle\mathrm{NH_2^{+}}\ {}^{-}\mathrm{O}-\mathrm{P}-\mathrm{O}-\\ |\\ \mathrm{OH}\end{array}\right]_n\!\mathrm{H}$$

PAPP

PAPP外观为白色粉末，无臭无味，其密度为1.71g/cm$^3$左右，磷含量为23.48%、氮含量为10.60%（理论值）。

PAPP的研究和生产厂家有英国leancare ltd公司、日本ADEKA、云南江磷集团股份有限公司、四川省精细化工研究设计院、浙江旭森非卤消烟阻燃剂有限公司。

## 4.6.2 焦磷酸哌嗪的合成方法

PAPP的合成方法有复分解沉淀法、五氧化二磷法、二磷酸哌嗪缩合法。目前使用较多的焦磷酸哌嗪合成方法属于二磷酸哌嗪缩合法，这种方法先合成二磷酸哌嗪中间体，然后二磷酸哌嗪脱水缩合成焦磷酸哌嗪，此种方法合成的焦磷酸哌嗪产率较前两种方法有所提高[62]。

将计量好的磷酸加入三口烧瓶中，再加入适量去离子水，加热并充分搅拌30min，然后分批加入与磷酸摩尔比为1∶2的无水哌嗪充分搅拌3～4h直至反应结束。将反应液体转移至烧杯中蒸发，随后处理成白色粉末中间体[63]。

图4-12为中间体二磷酸哌嗪的合成路线。

$$\mathrm{HO-P(=O)(OH)-OH} + \mathrm{HN\langle\ \rangle NH} \longrightarrow \mathrm{HO-P(=O)(OH)-O^{-}\ {}^{+}H_2N\langle\ \rangle NH_2^{+}\ {}^{-}O-P(=O)(OH)-OH}$$

二磷酸哌嗪

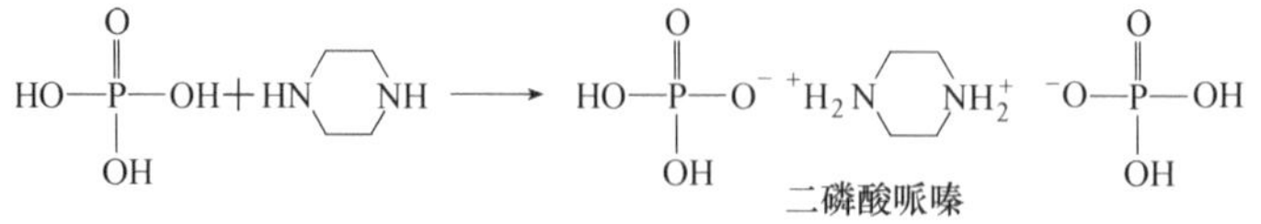

图4-12　中间体二磷酸哌嗪的合成路线

将所得的中间体放置在电热烘箱中，升温热处理30min得到目标产物，干燥后即可得到白色粉末状目标产物。图4-13为PAPP的合成路线。

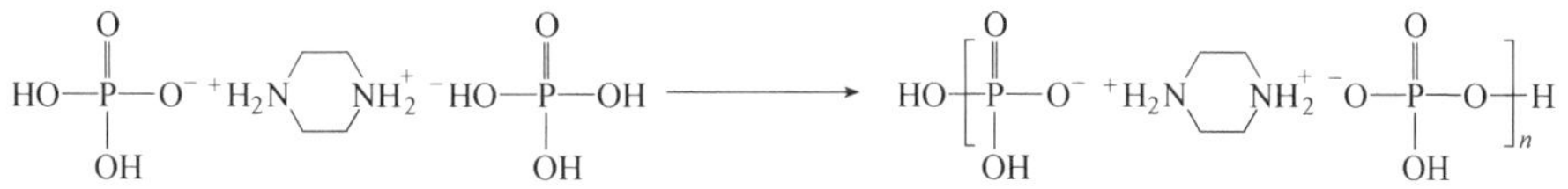

$$HO-\overset{O}{\underset{OH}{\overset{\|}{\underset{|}{P}}}}-O^{-}\ {}^{+}H_2N\bigcirc NH_2^{+}\ {}^{-}HO-\overset{O}{\underset{OH}{\overset{\|}{\underset{|}{P}}}}-OH \longrightarrow HO\left[\overset{O}{\underset{OH}{\overset{\|}{\underset{|}{P}}}}-O^{-}\ {}^{+}H_2N\bigcirc NH_2^{+}\ {}^{-}O-\overset{O}{\underset{OH}{\overset{\|}{\underset{|}{P}}}}-O\right]_n H$$

图 4-13 PAPP 的合成路线

## 4.6.3 焦磷酸哌嗪的主要应用领域

PAPP 适用于三元乙丙橡胶（EPDM）和 PP 等高分子材料中添加型阻燃剂，添加量 25%～40%，有优异的阻燃效果；协效阻燃 PP 成炭性能好。

(1) PAPP 阻燃热塑性弹性体 TPE

Zhu 等人[64] 将 PAPP 与一定质量分数的二乙基次膦酸铝（AlPi）结合，加入 TPE 复合材料中。TPE 在垂直燃烧测试中达到 UL 94 的 V-0 级（1.6mm 厚），并且当掺入质量比为 4∶1 的 25%PAPP/AlPi 时极限氧指数值为 28.5%。PAPP/AlPi 的引入改善了 TPE 的残炭量和热稳定性，并生成了高质量的炭层，起到良好的阻燃作用。

(2) PAPP 阻燃 PA6

Xiao 等[65] 将 PAPP 与 PA6 混合，发现 PAPP 具有较高的磷含量和良好的热稳定性。PAPP 增加了 PA6 的稳定性，并使残炭量显著增加。PA6/PAPP 达到 UL 94 的 V-0 级，LOI 值为 42%，并且 PAPP 可以大大降低材料的热释放速率峰值和总热释放量，促进树脂基体形成致密的炭层。

许肖丽等[66] 将 PAPP、蒙脱土（MMT）和三聚氰胺聚磷酸盐（MPP）三组分复配阻燃剂添加到 PA6 材料中研究其阻燃性能，在 PAPP 的质量分数为 60.5%、MMT 的质量分数为 9.0%、MPP 的质量分数为 30.5%、阻燃剂添加质量分数为 30%时，该配方阻燃 PA6 材料的极限氧指数值为 39.5%，达到 UL 94 的 V-0 级别，并且阻燃剂在材料表面形成连续致密的炭层，在 700℃时的残炭产率比纯样的增加了约 10 倍，有效抑制了材料的降解，显著降低了燃烧过程中的热释放量，提高了 PA6 的阻燃性能。

(3) PAPP 阻燃 PP

曾倩等[67] 将制备的 PAPP 应用于玻璃纤维增强聚丙烯（PP/GF）当中。PP/GF/PAPP 复合材料的垂直燃烧达到 UL 94 的 V-0 级，LOI 增加到 28.45%，显著提高了 PP 的阻燃性能。PAPP 掺杂的 PP/GF 的拉伸强度，缺口冲击和弯曲强度均低于纯 PP/GF，但提高了弯曲模量和断裂伸长率。

# 4.7 双酚 A 双（二苯基）磷酸酯

## 4.7.1 概述

双酚 A 双（二苯基）磷酸酯 [bisphenol A bis（diphenyl phosphate），简称 BDP]，分子量 696，是一类重要的磷系阻燃剂，与传统的单磷酸酯阻燃剂相比，具有与基体相容性好、耐迁移、耐挥发、耐辐射、低毒、阻燃效果较为持久等优点。其结构式如下：

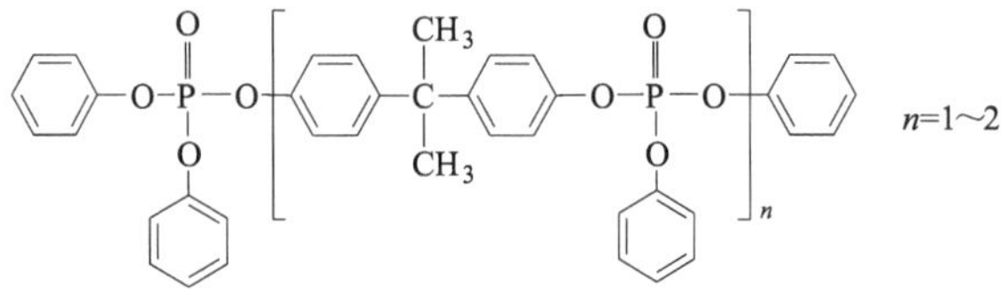

$n$=1~2

双酚A双(二苯基)磷酸酯(BDP)

BDP 外观为无色透明液体；相对密度：1.258；磷含量：8.9%；溶于丙酮、甲苯等，微溶于正己烷；耐水分解性好，耐高温，5%热失重温度为 378℃，低毒。

到目前为止，已经开发了三代磷酸酯类阻燃剂。第一代是磷酸三苯酯（TPP），虽然阻燃效果优异但是容易挥发，为了解决其挥发性问题，人们开发了第二代磷酸酯类阻燃剂，双酚 A 双（二苯基）磷酸酯（BDP）和间苯二酚双（二苯基）磷酸酯（RDP）[68]。

目前国内主要的 BDP 生产厂商为浙江万盛化工有限公司、日本 ADEKA、山东旭锐新材有限公司等。

## 4.7.2 双酚 A 双（二苯基）磷酸酯的合成方法

三氯氧磷同双酚 A 反应得到双酚 A 四氯双磷酸酯，再用苯酚进行封端反应，得到目标产物。

例：加入 25.2g 三氯氧磷、12.5g 双酚 A、0.25g 无水三氯化铝，通氮气保护，搅拌，逐渐升温至 50℃，反应 6h；减压至 2.6kPa 以下，回收未反应的三氯氧磷，得到中间体；把 20.9g 苯酚加入中间体中，在 140℃反应 8h。经碱洗、水洗、干燥得到产物

33.6g，产率 88.7%[69]。整个化学反应方程式如图 4-14 所示：

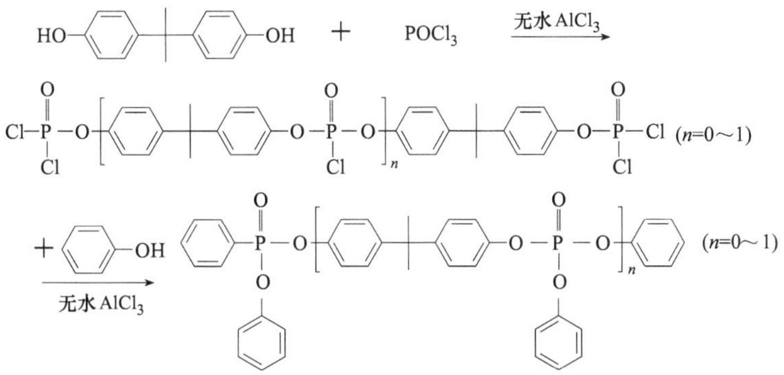

图 4-14　BDP 的合成路线

## 4.7.3　双酚 A 双（二苯基）磷酸酯的表征

图 4-15 为 BDP 的 $^{1}$H NMR 谱图，谱图中显示了苯环上氢的化学位移位于 7.21～7.45 之间，分别属于双酚 A 中的苯环以及苯氧基上的苯环氢；甲基的化学位移位于 1.61 处。

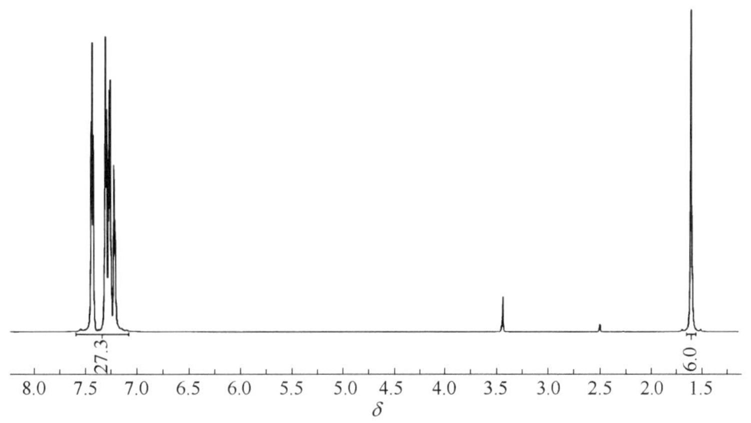


图 4-15　BDP 的核磁氢谱

图 4-16 为 BDP 的红外光谱图，其特征峰如下：3068cm$^{-1}$、1590cm$^{-1}$、1490cm$^{-1}$ 为苯环特征吸收峰；2970cm$^{-1}$ 是甲基伸缩振动吸收峰；1200cm$^{-1}$、967cm$^{-1}$ 是 P—O—C 的特征吸收峰。

在图 4-17 中可以看出，BDP 在 310℃ 时失重超过 1%，而当温度达到 550℃ 时，BDP 将挥发或分解质量将全部损失。

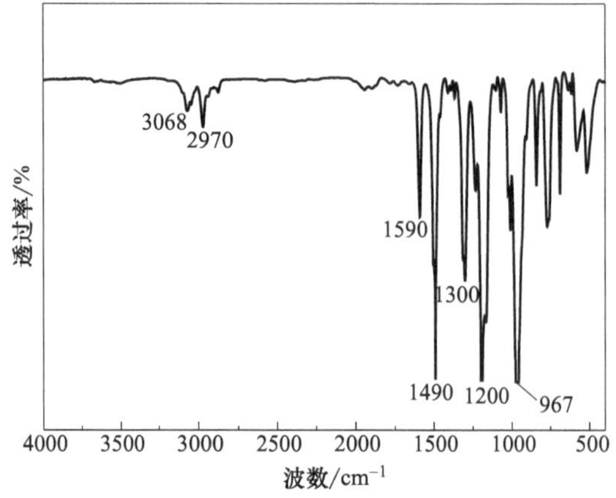


图 4-16　BDP 的红外光谱图

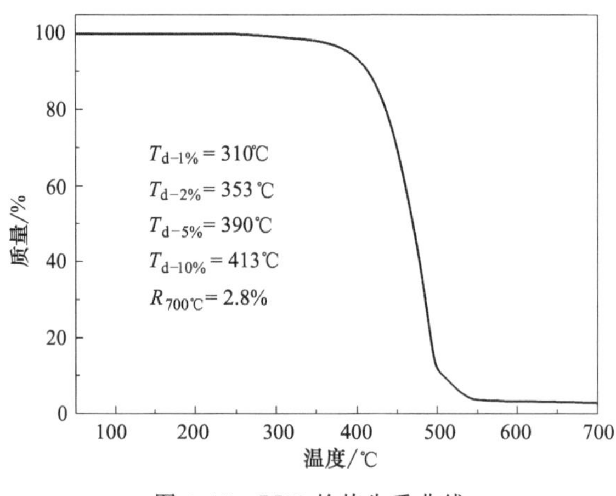


图 4-17　BDP 的热失重曲线

## 4.7.4　双酚 A 双（二苯基）磷酸酯的主要应用领域

BDP 是一种无卤磷系阻燃剂，和传统的单磷酸酯阻燃剂相比，具有与聚合物基材相容性好、耐迁移、耐挥发、耐辐射、毒性低、阻燃效果持久等优点[70]。作为添加型阻燃剂，适用于 PP、PC、PBT、ABS、EP、HIPS、SBS、PC、PPO 等聚合物。BDP 与其他磷酸酯复配使用经常能够提高阻燃效率，但与 OMMT 复配使用，则作用有限甚至相反。

### （1）阻燃 PC 和 PC/ABS 合金

采用 BDP 及其复配体系制备 PC/ABS，15%的 BDP 阻燃 PC/ABS，体系的 LOI 值达到 30.0%，阻燃级别达到 UL 94 的 V-0 级，av-HRR 和 pk-HRR 分别下降 35.84% 和 31.17%；采用 BDP/纳米 $SiO_2$ 复配阻燃 PC/ABS，当纳米 $SiO_2$ 的添加量为 7%时，

LOI 值达到 31.1%，UL 94 阻燃级别达到 V-0 级，av-HRR 和 pk-HRR 分别下降 43.18%和 40.69%，阻燃、抑烟效果最佳，对 PC/ABS 材料的力学性能影响最小[71]。

加入单组分阻燃剂 BDP，可使 PC 的 LOI 值由 25.3%提高到 29.4%，UL 94 阻燃级别由 V-2 级提高到 V-0 级[72,73]。加入双组分阻燃复配体系 BDP/OMMT 后，BDP/OMMT 复配体系的阻燃性能还不如单组分 BDP。

(2) 阻燃 PP

当 PP/IFR/BDP 体系中磷含量为 8.9%时，其 LOI 值为 29.5%，UL 94 级别达到 V-0 级；而 PP/IFR 体系的 LOI 值为 28.5%，UL 94 级别也仅为 V-1 级[74]。

(3) 阻燃 PC/PBT 合金

对于未添加阻燃剂的 PC/PBT 合金而言，其 LOI 值仅为 25%，在 UL 94 测试中无级别；当聚合物合金中 BDP 质量分数为 10%时，PC/PBT 合金的 LOI 值就高达 31%，且 UL 94 级别也达到了 V-0 级；此外，BDP 阻燃 PC/PBT 合金最明显的优势在于其对力学性能的影响较小[75]。

(4) 阻燃 PPO/HIPS 合金

BDP 与 MCA 的复配体系对 PPO/HIPS 具有较好的阻燃性，添加 8%BDP 能使 PPO/HIPS 的 LOI 值由 24%增加到 33.6%，同时使 PPO/HIPS 达到 UL 94 的 V-0 级[76]。

(5) 阻燃 PPO

对于添加单组分磷酸酯阻燃剂而言，随着阻燃剂含量的增加，改性聚苯醚（MP-PO）的阻燃等级显著提高；当 BDP 质量分数不低于 10%时，MPPO 的阻燃级别达到 UL 94 的 V-0 级；复配型阻燃剂的阻燃效率优于单组分阻燃剂，当 BDP∶TPP=3∶2、阻燃剂总质量分数为 8%时，MPPO 可以达到 UL 94 V-0 级，综合性能优异[77]。

(6) 阻燃 EP

添加质量分数 13%的 BDP 在双酚 A 型环氧树脂（EP）中，磷含量达到 1.16%时，LOI 值由纯 EP 的 25.0%提高到 29.6%，且能使 UL 94 级别达到 V-0 级。但随着阻燃剂 BDP 添加量增加，阻燃 EP 的 LOI 值提高有限，甚至会下降[78]。采用 BDP、纳米 $SiO_2$ 和 EP 制备阻燃环氧树脂（BDP/EP）和阻燃环氧树脂纳米材料（BDP/$SiO_2$/EP）；BDP 和 BDP/$SiO_2$ 对 EP 均有较好的阻燃性，添加 15%BDP 和 5%纳米 $SiO_2$ 复合体系能使 EP 的 LOI 值达到 30.4%，垂直燃烧通过 UL 94 V-0 级，500℃残炭产率提高到 30.8%，av-HRR 下降 73.1%；在阻燃过程中，BDP/$SiO_2$/EP 体系能形成致密、光滑、坚硬的炭层，形成了较好的阻燃效果[79]。

(7) 阻燃 ABS

利用 BDP、APP 及酚醛树脂(PR)组成膨胀型阻燃剂(IFR),阻燃 ABS 树脂。当 IFR 添加量在 30%左右时,ABS 的 LOI 值达到 29.9%,垂直燃烧也达到 UL 94 V-0 级,av-HRR 下降 50.9%;IFR 阻燃 ABS 样品燃烧后可形成连续、致密、封闭、坚硬的焦化膨胀炭层,实现了高效阻燃的目的[80]。

## 4.8 间苯二酚双(二苯基)磷酸酯

### 4.8.1 概述

间苯二酚双(二苯基)磷酸酯[resorcinol bis (diphenyl phosphate),简称 RDP],分子式为 $C_{30}H_{20}O_8P_2$,分子量为 574。这类阻燃剂同时具有阻燃、增塑、抗氧等功能。RDP 黏度比 BDP 的低,但其水解稳定性不太理想。RDP 的结构式如下所示:

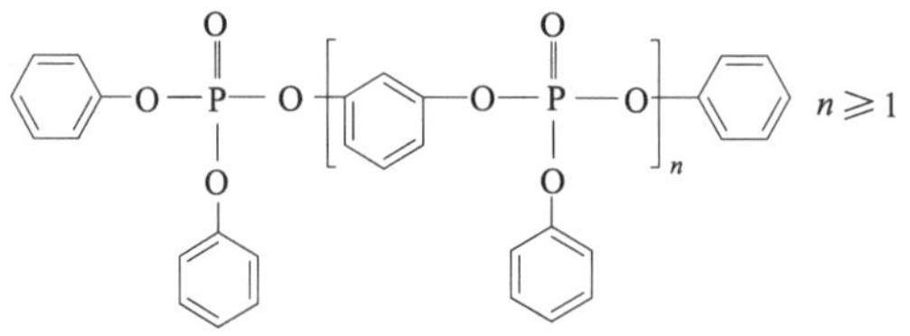

间苯二酚双(二苯基)磷酸酯(RDP)

RDP 为无色或浅黄色透明液体;相对密度 1.347;磷含量为 10.78%。

国外有日本的 Daihachi 公司、美国 Akzo Nobel 公司生产,国内有江苏雅克科技有限公司和浙江万盛化工有限公司生产 RDP 等产品。

### 4.8.2 间苯二酚双(二苯基)磷酸酯的合成方法

在催化剂催化下,过量的三氯氧磷和间苯二酚反应之后,蒸馏回收过量的三氯氧磷,得到间苯二酚双(磷酰二氯)中间体,再与苯酚反应制得 RDP。

例:第一步,三氯氧磷和间苯二酚发生缩合反应生成间苯二酚双磷酰二氯(化合物 1);第二步,化合物 1 与苯酚经酯化反应而得到间苯二酚双(二苯基)磷酸酯(化合物 2),阻燃剂 RDP 是由以单体为主并掺杂有多聚体的混合物。具体合成过程如图 4-18

所示[80]：

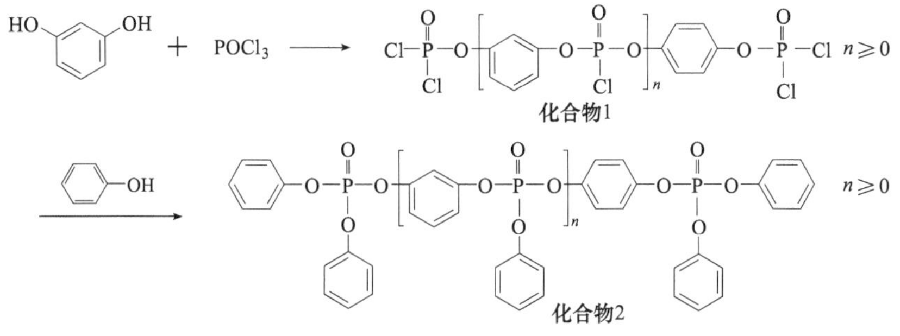

化合物1

化合物2

图 4-18 RDP 的合成路线

加入无水三氯化铝或氯化镁 2.20g、三氯氧磷 550.82g、间苯二酚 88.05g，在搅拌下加热至 85～90℃并反应 5h；先常压蒸馏，待釜温升至 150℃不出馏分后，进行减压蒸馏，真空度为 0.095MPa，回收三氯氧磷 297.53g，得到浅黄色透明黏稠液体。

酯化反应：待缩合反应中间体降温至约 60℃时，加入熔融苯酚 278.32g，升温至 120～125℃，反应 8h，得到浅黄色粗品 445.65g。

RDP 粗品的后处理：将上述粗品用 800g 甲苯溶解，有机相热水洗涤 3～4 次；将有机相常压蒸馏出甲苯和副产物磷酸三苯酯，再减压蒸馏，得到无色或浅黄色液体产品 417.82g，收率 91.20%。

## 4.8.3 间苯二酚双（二苯基）磷酸酯的表征

图 4-19 为 RDP 的 $^1$H NMR 谱图，谱图中仅存在芳香环的氢，所以其化学位移出现在 7.1～7.6 之间。

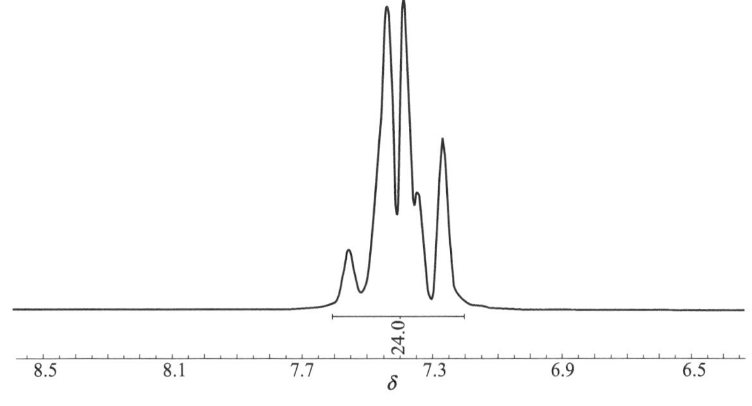


图 4-19 RDP 的核磁氢谱

图 4-20 为 RDP 的红外光谱图，其特征峰如下：3071$cm^{-1}$、1591$cm^{-1}$、1488$cm^{-1}$为苯环特征吸收峰；1301$cm^{-1}$为 P═O 特征吸收峰，1187$cm^{-1}$、964$cm^{-1}$为 P—O—C 的特征吸收峰。

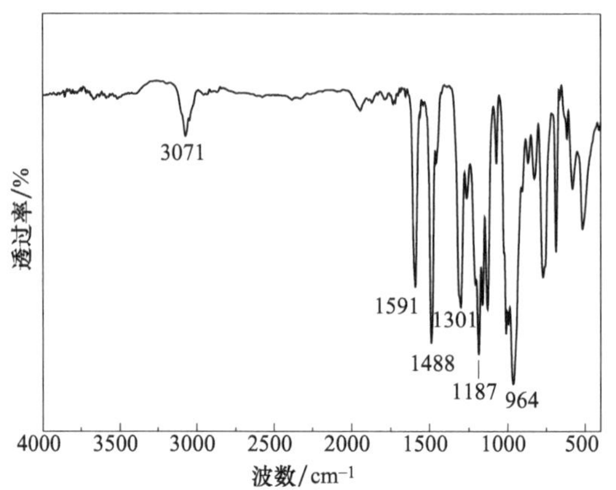


图 4-20　RDP 的红外光谱图

从图 4-21 可以看出，RDP 的初始分解温度与 BDP 相近，其 1%失重温度约 259℃，520℃以后 RDP 挥发并分解完成，残炭产率较低。

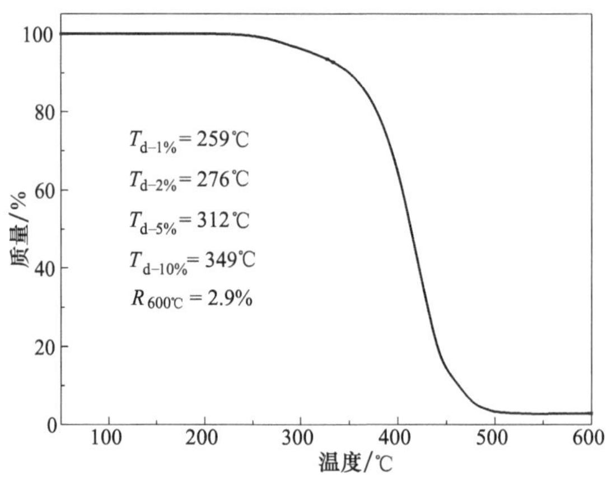


图 4-21　RDP 的热失重曲线

### 4.8.4　间苯二酚双（二苯基）磷酸酯主要应用领域

阻燃剂 RDP 主要用于 PP、PC、ABS、PC/ABS、PA、改性 PPO 等聚合物材料中。

(1) 阻燃 PP

以 RDP 为阻燃协效剂，三聚氰胺焦磷酸盐（MPP）和季戊四醇（PER）膨胀型阻燃体系为主阻燃剂，制备膨胀型阻燃 PP 材料。随 RDP 含量的增加，阻燃 PP 的 LOI 呈现先增大后减小的趋势。当 RDP 的质量分数为 5.0%时（IFR 质量分数为 20.0%），阻燃 PP 的 LOI 从 28.5% 提高到 30.5%，UL 94 垂直燃烧级别从 V-1 级提高到 V-0 级[81]。

(2) 阻燃 PC 和 PC/ABS

采用 RDP 对 PC 进行改性，随着阻燃剂含量的增多，PC 的阻燃等级、LOI 值均有显著提高，且最终的残炭产率明显升高；当 RDP 质量分数为 8%时，PC 的阻燃等级可达到 UL 94V-0 级，LOI 值达到 31%[82]。Vothi 等也研究了 RDP 对 PC 阻燃性能的影响。当 RDP 质量分数为 5%，即体系中磷元素含量为 0.54%时，PC 的 UL 94 阻燃级别可达到 V-0 级[83]。由此可见，RDP 能够有效提高 PC 材料的阻燃性能。

制备 RDP 阻燃 PC/ABS 合金时，PC∶ABS 的质量比为 7∶3，当 RDP 添加量为 14%时，合金阻燃等级达到 UL 94 V-0 级，且对合金的拉伸强度与断裂伸长率影响不大[84]。

(3) 阻燃 PC/PBT

RDP 对 PC/PBT（质量比为 7∶3）合金阻燃时，当 RDP 添加量为 10%时，可明显提高合金的阻燃性能，材料达到 UL 94 V-0 级，但是会降低合金的韧性[85]。

(4) 阻燃 PA6

氢氧化镁（MH）、RDP 单独及复配阻燃改性 PA6 时，发现单独使用 MH 或 RDP 对 PA6 的阻燃效果并不理想；当 $m$(PA6)∶$m$(MH)∶$m$(RDP)=45∶50∶5 时，复配体系达到了垂直燃烧 UL 94 V-0 级，LOI 值达到 47.0%；此外，该复配体系还能改善 PA6 的力学性能，同时 RDP 的加入能使 PA6/MH 之间的作用力加强，热稳定性提高，燃烧炭层更为致密[86]。

## 4.9 三（2-氯乙基）磷酸酯

### 4.9.1 概述

三（2-氯乙基）磷酸酯［tris（2-chloroethyl）phosphate，简称 TCEP］，是一种新型含卤磷酸酯阻燃剂。因具有高效阻燃性、良好的抗紫外线和耐低温性，可作为阻燃性

增塑剂添加到聚氯乙烯、聚氨酯、酚醛树脂、聚丙烯酸酯等树脂中，而且可以改善塑料的抗静电性、耐寒性、耐酸性、耐水性，因此被广泛应用于塑料、合成橡胶、合成纤维、涂料等领域[87]。TCEP结构式如下所示：

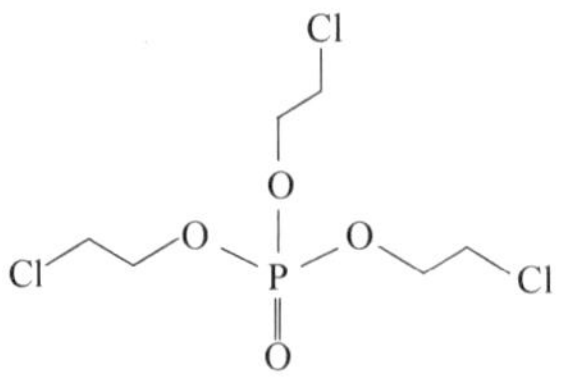

TCEP

TCEP外观为无色或浅黄色油状液体，微带奶油味。磷含量为10.8%、氯含量高达36.7%，阻燃效果显著。其熔点为−51℃，沸点194℃，热分解温度240～280℃，密度1.385g/cm$^3$，可溶于乙醇、丙酮、氯仿、四氯化碳等有机溶剂，不溶于脂肪族烃，水解稳定性良好。

国内生产厂家主要有山东力昂新材料科技有限公司、济南郭氏伟业化工有限公司、广州市潮德阻燃材料有限公司、济南祥丰伟业化工有限公司和济南金邦环保科技有限公司等。

## 4.9.2 三（2-氯乙基）磷酸酯的合成方法

在1000L搪瓷反应釜内先投入330kg三氯氧磷，并加入按物料总量计为3%的偏钒酸钠，搅拌使之混合均匀，然后升温至55℃，通入470kg环氧乙烷，反应过程中温度不得超过60℃，反应时间为15h左右。当黏度达到规定标准时，停止通环氧乙烷。反应结束后降温，过量环氧乙烷经填料塔脱除，用氢氧化钠中和至pH =7，然后水洗，水温70～80℃为宜，水洗后减压蒸馏，制得TCEP。反应过程如图4-22所示：

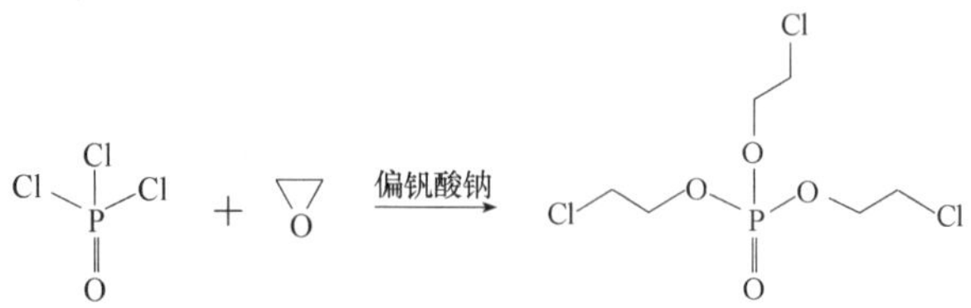

偏钒酸钠

图4-22　TCEP的合成路线

## 4.9.3 三（2-氯乙基）磷酸酯的主要应用领域

TCEP可用于硝酸化纤维素、醋酸纤维素的阻燃处理，聚氯乙烯、聚氨酯泡沫以及酚醛树脂聚氯乙烯阻燃增塑，丙烯酸树脂的难燃处理，建筑物夹层板内纸和聚乙烯醇的难燃处理。除了具有自熄性外，还可改善耐水性、耐寒性、物理性能及抗静电性，制品手感柔软，并且还是阻燃橡胶输送带的主要阻燃材料，一般添加量为 5～10 份。

# 4.10 磷酸三（1-氯-2-丙基）酯

## 4.10.1 概述

磷酸三（1-氯-2-丙基）酯［tris（1-chloro-2-propyl）phosphate，简称 TCPP］，分子式为 $C_9H_{18}Cl_3PO_4$，分子量为 327.56，该阻燃剂结构中同时含有磷、氯两种元素，协同作用使其阻燃效果显著，同时兼具良好的稳定性和增塑、防潮、抗静电等作用，属于添加型阻燃剂。主要用于阻燃软（硬）质聚氨酯泡沫、环氧树脂、聚苯乙烯、丙烯酸、醋酸纤维素、乙基纤维素树脂、酚醛塑料、聚醋酸乙烯酯及枪式泡沫填缝剂的生产[88]。

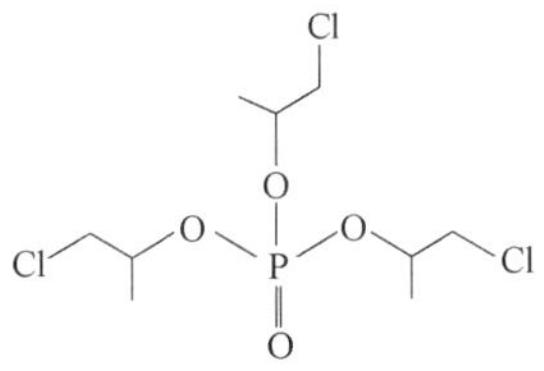

TCPP

TCPP 外观为无色透明液体，其沸点 358.5℃，磷含量 9.5%、氯含量 33%，密度 1.281g/cm$^3$；可溶于醇、苯、酯、四氯化碳等有机溶剂，不溶于水和脂肪族烃。

国内生产 TCPP 的厂家有张家港丰通化工有限公司、江苏维科特瑞化工有限公司、扬州晨化新材料股份有限公司、扬州宝康化工有限公司、辛集宏正化工有限公司、江苏维科特瑞化工有限公司。

## 4.10.2 磷酸三（1-氯-2-丙基）酯的合成方法

在装有搅拌器、温度计、球形冷凝管、滴液漏斗的四颈烧瓶中加入三氯氧磷和催化剂无水三氯化铝，加热。边搅拌边缓慢滴加环氧丙烷，由于该反应为放热反应，开始滴加环氧丙烷后温度立即上升，控制水浴温度和滴加速度将温度范围维持在 40～90℃，滴加时间在5h左右，环氧丙烷与三氯氧磷的物质的量比为3.1∶1，加完后继续反应1h。蒸馏回收过量的环氧丙烷，加溶剂洗涤，除去溶剂、催化剂等杂质干燥后得到几乎无色透明的液体为TCPP。合成路线如图4-23所示[89]：

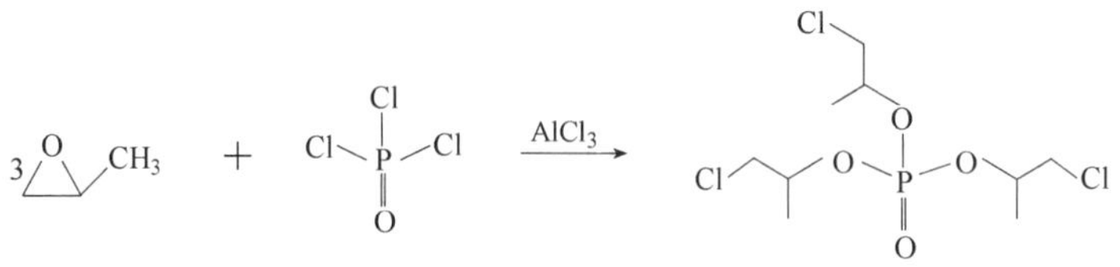

图4-23　TCPP的合成路线

## 4.10.3　磷酸三（1-氯-2-丙基）酯的表征

图4-24为TCPP的红外光谱图，其中2962～2986$cm^{-1}$为脂肪族C—H的振动吸收峰，1274$cm^{-1}$为P═O的振动吸收峰，1009$cm^{-1}$为P—O的振动吸收峰，745$cm^{-1}$为C—Cl的振动吸收峰。

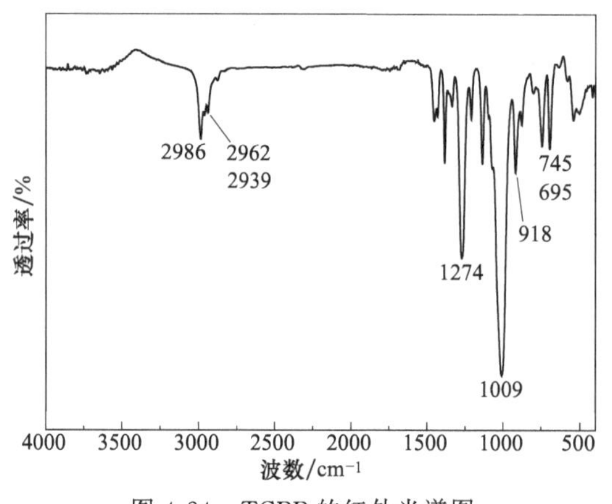

图4-24　TCPP的红外光谱图

图4-25为TCPP的[1]H NMR谱图，其特征峰为4.66（3H，—O—CH），3.72～3.79（6H，—Cl—$CH_2$），1.38～1.48（9H，—$CH_3$）。

TCPP在$N_2$气氛下的热失重曲线如图4-26所示，初始分解温度仅有145℃，表明该阻燃剂仅能适用于加工温度较低的材料。

## 4.10.4　磷酸三（1-氯-2-丙基）酯的主要应用领域

TCPP的物理性能和作为阻燃剂的应用范围与TCEP类似。由于该阻燃剂遇水和碱不发

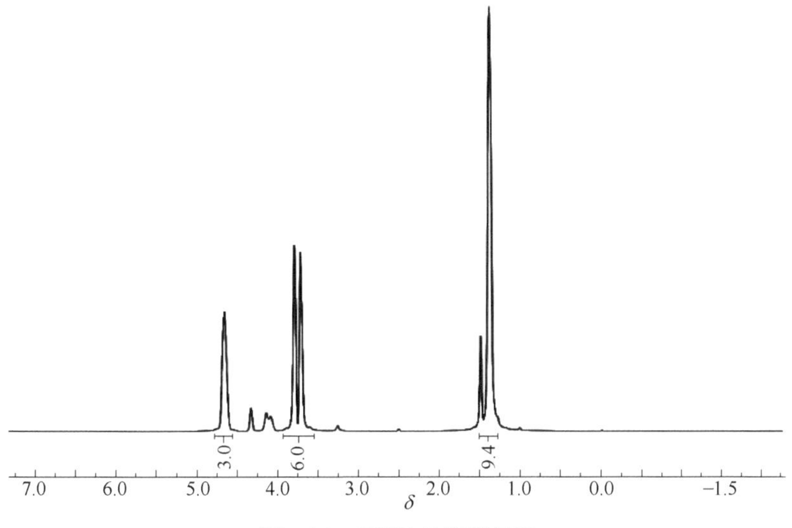

图 4-25 TCPP 的核磁氢谱

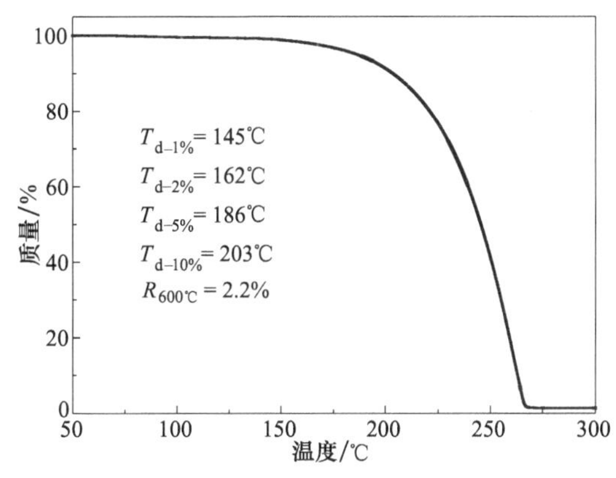

图 4-26 TCPP 的热失重曲线

生反应，因而很适用于聚氨酯泡沫塑料的阻燃，特别是硬质泡沫，它在异氰酸酯或聚醚中与催化剂混合物的稳定性很好，此阻燃剂也适用于低烟的泡沫塑料、软质模塑泡沫塑料。

# 4.11 磷酸三苯酯

## 4.11.1 概述

磷酸三苯酯（triphenyl phosphate，TPP），分子量为 326.29，熔点 50.52℃，不溶

于水，微溶于醇，溶于苯、氯仿、丙酮，易溶于乙醚。相对密度 1.21。外观为白色、无臭结晶粉末，微有潮解性。由其阻燃的产品具有优良的透明性、柔软性和韧性。TPP 的分子结构式如下：

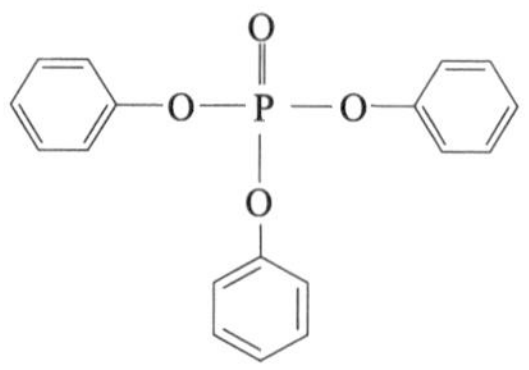

TPP

### 4.11.2 磷酸三苯酯的应用

TPP 主要用作乙烯基树脂、纤维素树脂的阻燃增塑剂及抗氧稳定剂，并能赋予聚合物良好的耐磨性、耐候性、耐辐射性及电绝缘性。通常情况下，TPP 与其他阻燃剂复配使用，以最大限度地提高阻燃效率并降低成本。

**（1）阻燃 PP**

用 TPP 与碱式硫酸镁晶须（WS-1）复配制备无卤阻燃 PP，TPP 与 WS-1 复配对 PP 具有较好的协同阻燃作用，在 TPP 与 WS-1 的质量比为 2∶3、总质量分数为 13% 时，可获得具有较好阻燃性能和力学性能的阻燃 PP，阻燃 PP 的 LOI 值为 26.0%[90]。

把 TPP 插入蒙脱土层间形成了 TPP 纳米复合材料，并将该复合阻燃剂添加到 PP 中，当 PP∶OMMT∶TPP 质量比为 100∶5∶7 时，体系的 LOI 值可达 24.5%[91]。

**（2）阻燃 PC/ABS**

在 PC/ABS 合金（质量比为 70∶30）体系中，单独添加 TPP、BDP 时，前者的阻燃效果比后者略差。但 TPP 和 BDP 按质量比 3∶2 复配时具有协同阻燃作用，加入 18 份复配阻燃剂后材料的 LOI 值提高了 6%，UL 94 阻燃等级也达到了 V-0 级，并保持了材料较好的力学性能[92]。

**（3）阻燃 ABS**

采用酚醛环氧树脂（NE）与 TPP 复配作为阻燃剂，制备无卤阻燃 ABS。当 NE 与 TPP 质量比为 1∶1、总用量为 20%时，可以制备 LOI 值高达 41.5%并具有较好力学性能的无卤阻燃 ABS[93]。Lee 小组采用 TPP 与酚醛环氧树脂复配阻燃 ABS，当 TPP∶EP 质量比为 4∶6、添加量为 25%时，体系的 LOI 值可达到 38%，环氧树脂能

够有效抑制 TPP 在阻燃作用过程中的挥发[94]。

(4) 阻燃 PC

采用 TPP 和热塑性酚醛树脂(PF-T)复配阻燃 PC,当 PC∶TPP∶PF-T 质量比为 80∶10∶10 时,体系的 LOI 值达到 46%,阻燃级别达到 UL 94 V-0 级[95]。将聚硼硅氧烷(PB)与 TPP 进行复配阻燃 PC,这种复配体系对阻燃 PC 在燃烧过程中热、烟以及 CO 的释放起到降低的效果[96]。

(5) 阻燃 EP

TPP、锡酸锌(ZS)阻燃环氧树脂酸酐固化物(EP)时,用量为 10 份,阻燃材料就具有自熄性;用量为 40 份时阻燃体系的 LOI 值可达 32.8%,TPP 和 ZS 复配使用时,具有一定的阻燃协同效应[97]。

(6) 阻燃 HIPS

酚醛环氧树脂 EP 和 TPP 对 HIPS 的阻燃具有协同作用。当 EP 和 TPP 用量各为 10 份时,HIPS 的阻燃效果最好,LOI 值可达到 35.6%[98]。

## 4.12 双环笼状磷酸酯及其衍生物

### 4.12.1 双环笼状磷酸酯简介

双环笼状磷酸酯是一种重要的中间体化合物,全称 1-氧-4-羟甲基-2,6,7-三氧杂-1-磷杂双环[2.2.2]辛烷,简称 PEPA,最早是由 Verkade 等[99] 合成出来的。

双环笼状磷酸酯由于其分子具有高度对称的刚性笼状结构,且集炭源、酸源和气源于一体,属于单组分膨胀型阻燃剂。此外,PEPA 的末端带有较高活性的羟基,可以与多种酸和酰氯发生酯化反应,生成相应的双环笼状磷酸酯衍生物,如[1-氧-4-羟甲基-2,6,7-三氧杂-1-磷杂双环(2,2,2)辛烷]磷酸酯双三聚氰胺盐[100](衍生物 1)、[1-氧-4-羟甲基-2,6,7-三氧杂-1-磷杂双环(2,2,2)辛烷]磷酸酯(Trimer,衍生物 2)、[1-氧-4-羟甲基-2,6,7-三氧杂-1-磷杂双环(2,2,2)辛烷]苯基硅烷[101](TPPSi,衍生物 3)等,其分子结构式如下:

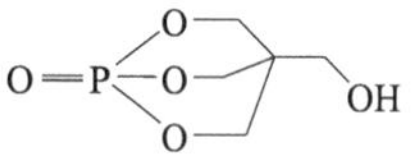

PEPA 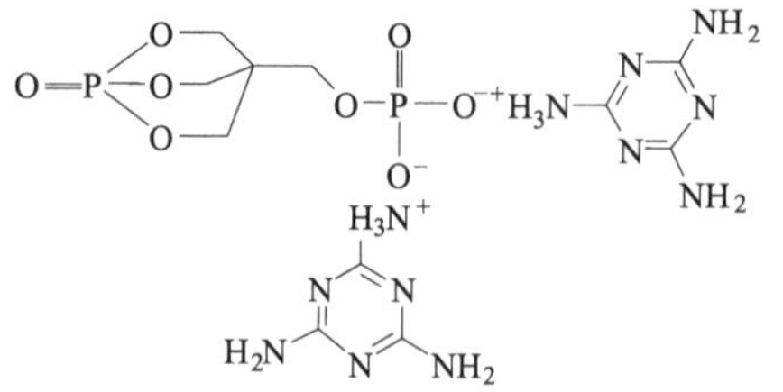 衍生物1

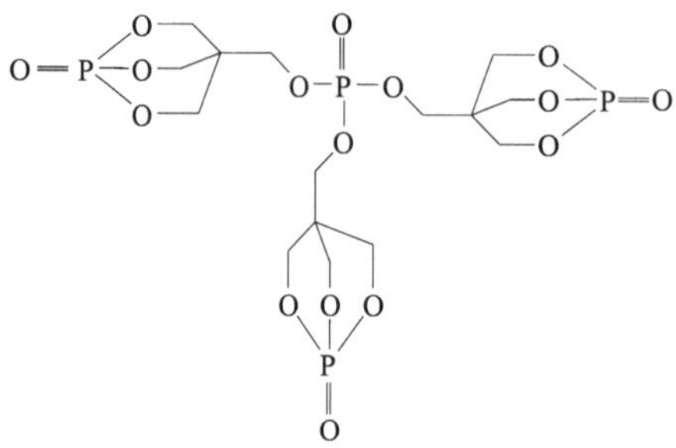

衍生物2 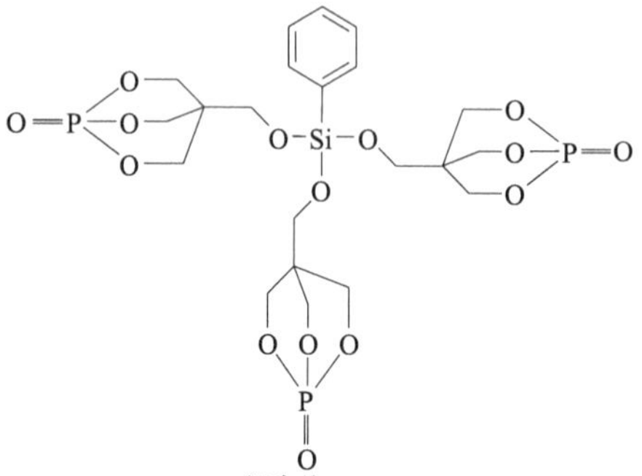 衍生物3

### 4.12.2 双环笼状磷酸酯及其衍生物的合成方法

在四口瓶中，加入季戊四醇和适量溶剂，在氮气保护下搅拌加热至一定温度，快速滴入计算量一半的三氯氧磷，另一半由加料漏斗缓慢滴加，体系由开始的浑浊态变为均相溶液，约 7h 后开始有固体析出。冷却至室温，过滤，用无水乙醇重结晶，真空干燥后得白色固体，熔点 205～209℃。合成路线如图 4-27 所示[102]：

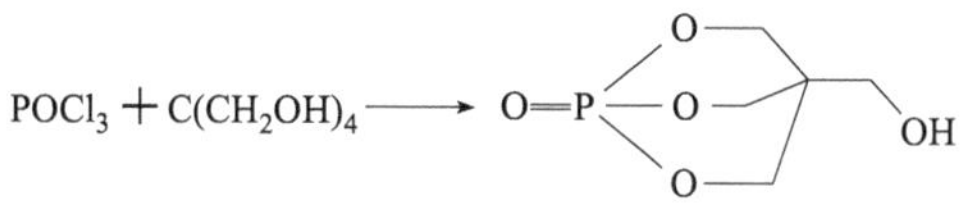

$POCl_3 + C(CH_2OH)_4 \longrightarrow$

图 4-27 PEPA 的合成路线

### 4.12.3 双环笼状磷酸酯及其衍生物的应用

添加 PEPA 的环氧树脂体系阻燃性能明显提高。当体系中 PEPA 含量为 8.2%时，LOI 值即可由纯 EP 的 23.3%提高到 33.0%，阻燃级别达到 UL 94 V-0 级，同时燃烧时的热释放速率、质量损失速率以及烟和有毒气体的释放量均减少[103,104]。将衍生物 1 阻燃剂添加到环氧树脂中制成阻燃 EP，当阻燃剂含量达到 30%时，LOI 值达到 36%，垂直燃烧性能达到 UL 94 V-0 级，该阻燃剂在气相和凝聚相均发挥了阻燃作用[100]。

欧育湘等将双环笼状磷酸酯（Trimer，衍生物 2）和 PEPA 分别添加到 PP 中，阻燃 PP 的 LOI 值随 PP 中 IFR 含量的增加而增大。当阻燃体系中 Trimer 质量分数为 30%，即磷含量为 5.18%时，其 LOI 值比纯 PP 增加 12.9%，达到 30.5%，UL 94 阻燃等级也达到 V-0 级，其 pk-HRR 仅为未阻燃体系的 30%左右[105]。将上述两种阻燃剂应用到 EVA 材料中，同样对 EVA 材料产生了良好的阻燃效果[106]。

将双环笼状磷酸酯（Trimer）用于膨胀型阻燃涂层，涂层厚度为 0.5mm、耐火时间为 11min 时，与 APP/PER/三聚氰胺传统膨胀阻燃涂层相比，改性双环笼状磷酸酯与 APP、三聚氰胺复配的膨胀阻燃涂层背温下降了 60℃，最大烟密度降低了 58%，热稳定性提高了 65℃，并且 Trimer 或改性 Trimer 可提高燃烧炭层表面 C 元素与 P、N、O 元素的交联密度，改善炭层的抗氧化性能[107]。

以磷酸、季戊四醇、三聚氰胺为原料合成了笼状磷酸酯三聚氰胺盐阻燃剂，并将该阻燃剂用于 PE，当阻燃剂与 PE 以 30∶70（质量比）混合，可使 PE 达到 UL 94 V-0 级[108]。

将 TPPSi（衍生物 3）添加到 PA6 中，TPPSi 质量分数为 25%时，阻燃 PA6 的 LOI 值可由 22.0%提高到 33.2%，且 UL 94 阻燃等级可达到 V-0 级，并且加入 TPPSi 对 PA6 的韧性几乎不产生影响[101]。

# 4.13 磷杂菲化合物 DOPO

## 4.13.1 概述

DOPO 是化合物 9,10-二氢-9-氧杂-10-磷杂菲-10-氧化物的英文名称缩写（9,10-dihydro-9-oxa-10-phosphaphenanthrene-10-oxide），其在 CA 命名体系中的名称为 6-oxo-(6h)-dibenz-(c,e)(1,2)-oxaphosphorines，简称 ODOPs，或 6H-dibenz-[c,e][1,2]-oxa-phosphorin-6-one。DOPO 是新型阻燃剂中间体，其结构中含有 P—H 键，对 C═C 双键、C═N 双键、环氧键和羰基极具活性，可反应生成许多衍生物[109]。其化学结构式如下：

O═P—O
|
H

DOPO

DOPO为白色粉末或块状固体，易吸潮，吸潮后可以在105℃干燥。熔点：117～119℃，元素组成为：C 66.67%，H 4.17%，P 14.35%，O 14.81%。

DOPO最早见于1972年德国的专利DE2034887，该专利介绍了该种物质及其衍生物和相近物质的合成方法。此后，陆续由许多国家的化学工作者对其合成方法不断加以改进和创新，从1972年至今不断有新的合成专利和研究文章出现[110]。

2000年以后，DOPO在无卤阻燃环氧树脂领域发展成为一种新型阻燃剂产品。国外的主要生产商为日本出光公司；国内的主要生产商为山东卫东化工有限公司和江苏涵丰实业有限公司，两家公司年产DOPO约1800t。

## 4.13.2 磷杂菲化合物的合成方法

分别将170g OPP和1.0g $ZnCl_2$加入500mL四口烧瓶内，搅拌升温至170℃，在6h内滴加完160g $PCl_3$，继续补加20g $PCl_3$并维持回流5h。然后降温至100℃，充入惰性气体，加入300g有机溶剂，并降至室温，采用硅藻土过滤器进行过滤。将滤液滴入80～90℃热水中进行水解，水解产物呈现为固体悬浮于水中，过滤后，再用热水洗涤2次。过滤得到白色产物HPPA，将HPPA加热融化，并于120～125℃减压脱除水分。放至90～100℃平台上进行加热恒温结晶。该产品在生产过程中需要注意三氯化磷反应过程中产生的黄磷，黄磷容易自燃引发事故。图4-28为DOPO的合成路线。

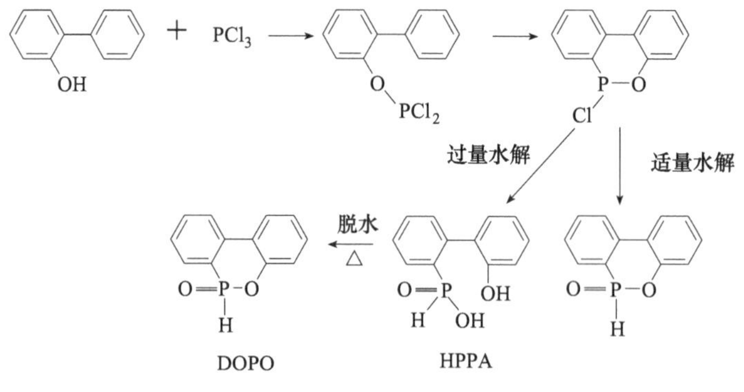


图4-28 DOPO的合成路线

## 4.13.3 磷杂菲化合物DOPO的表征

图4-29为DOPO的红外光谱图，3061cm$^{-1}$为苯环C—H的共振吸收峰，2437cm$^{-1}$为P—H的共振吸收峰，1594cm$^{-1}$为苯环骨架的共振吸收峰，1239cm$^{-1}$为P═O的共振吸收峰，903cm$^{-1}$为P—O—C的共振吸收峰。

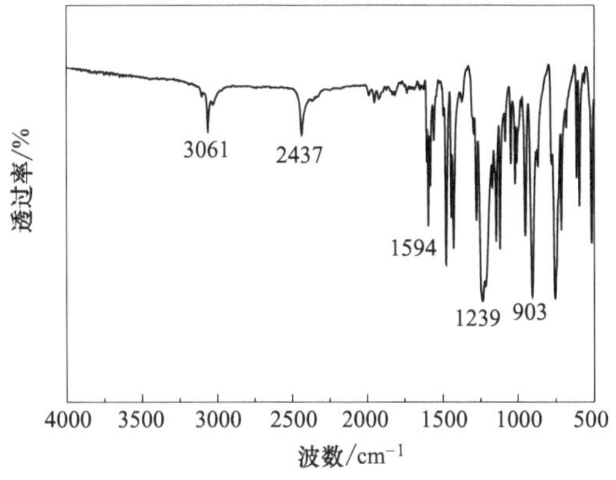


图 4-29　DOPO 的红外光谱图

图 4-30 为 DOPO 的 $^{1}H$ NMR 谱图，8.56 为 P—H 特征峰，7.36～8.25 为苯环结构 C—H 特征峰。

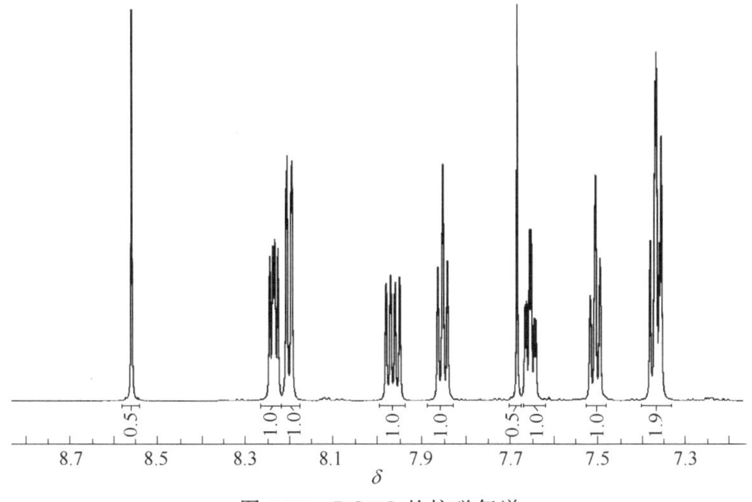


图 4-30　DOPO 的核磁氢谱

DOPO 在 $N_2$ 气氛下的热失重曲线如图 4-31 所示，其分解 1%的温度为 183℃，在

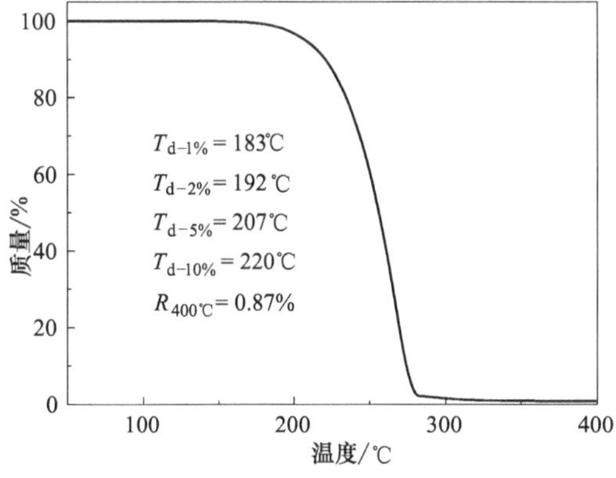


图 4-31　DOPO 的热失重曲线

300℃以上时基本完全升华气化。

DOPO的DSC曲线如图4-32所示，其熔点在119℃附近。

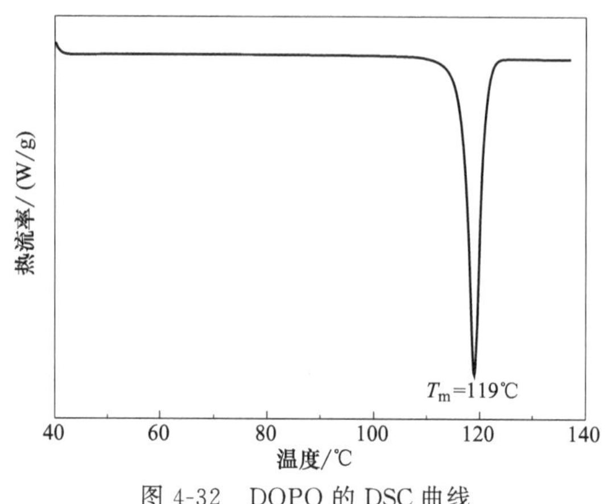


图4-32　DOPO的DSC曲线

### 4.13.4　磷杂菲化合物DOPO的主要应用领域

DOPO是新型阻燃剂中间体，因结构中含有P—H键，对烯烃、环氧键和羰基极具活性，可反应生成许多衍生物。DOPO及其衍生物由于分子结构中含有联苯环和菲环结构，特别是侧磷基团以环状O═P—O键的方式引入，比一般未成环的有机磷酸酯的热稳定性和化学稳定性高，阻燃性能更好。DOPO及其衍生物可作为反应型和添加型阻燃剂，具有无卤、无烟、无毒、不迁移特性，阻燃性能持久，可用于线型聚酯、聚酰胺、环氧树脂、聚氨酯等多种高分子材料的阻燃处理。目前已广泛用于电子设备用塑料、铜衬里压层、电路板等材料的阻燃[109]。

## 4.14　典型的磷杂菲化合物DOPO衍生物

### 4.14.1　10-(2，5-二羟基苯基)-10-氢-9-氧杂-10-磷酰杂菲-10-氧化物ODOPB[9]

#### 4.14.1.1　ODOPB的简介

在DOPO的衍生物中，目前研究应用最为广泛的是10-(2,5-二羟基苯基)-10-氢-9-

氧杂-10-磷酰杂菲-10-氧化物，简称 ODOPB 或者 DOPO-HQ，在物理化学性能方面，ODOPB 所含有的磷杂菲基团能够对聚集态结构、有机溶解性、阻燃性以及热性能产生明显影响；在应用范围方面，该化合物能够用来合成本质阻燃环氧树脂、聚酯以及其他酯类化合物。

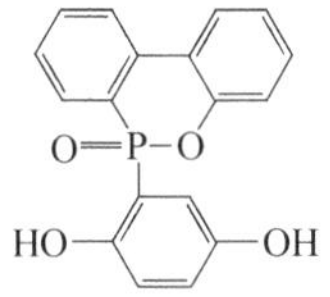

ODOPB

#### 4.14.1.2　ODOPB 的合成

由于 ODOPB 在多数的有机溶剂中溶解性较差，而其合成原料 DOPO 和对苯醌的有机溶解性都比较好，这十分有利于 ODOPB 的合成，即合成的 ODOPB 能够快速地从反应体系中析出。只是有机溶解性差，对于产物的提纯不利，因而有多个研究小组对该化合物的合成提纯进行研究。

ODOPB 是通过 DOPO 与对苯醌发生加成反应制得，合成路线如图 4-33 所示。将 100g DOPO（0.463mol）溶于 300mL 四氢呋喃中，搅拌升温至 58℃，待 DOPO 完全溶解后，在 20min 内将 49g（0.454mol）苯醌均匀加入，继续反应，溶液颜色逐渐由红色变为黄色，并有大量白色沉淀析出。反应 4h 后，采用冰浴条件，搅拌降温至 5℃，抽滤得到沉淀物，并用少量冰冻四氢呋喃冲洗沉淀物，得 145g 粗品 ODOPB，产率＞99％。然后将 50g 粗品 ODOPB 倒入 600mL 无水乙醇中，升温至 75℃使 ODOPB 完全溶解，过滤得清液，然后将清液在冰浴中搅拌降温，大量白色晶体析出，抽滤、烘干，得 48g 白色产物，产率 97.3％（熔点：251～253℃）。

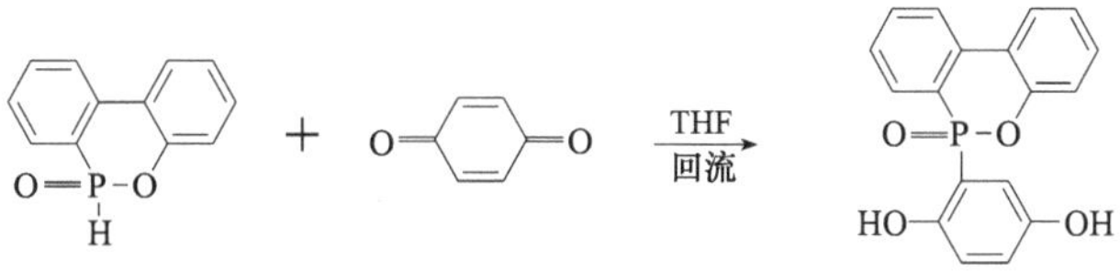

THF
回流

图 4-33　ODOPB 的合成路线

#### 4.14.1.3　ODOPB 的结构表征

图 4-34 为 ODOPB 的红外光谱图：3402$cm^{-1}$ 为酚羟基 OH 的共振吸收峰，1595$cm^{-1}$ 为苯环骨架的共振吸收峰，1196$cm^{-1}$ 为 P═O 的共振吸收峰，925$cm^{-1}$ 为 P—O—Ph 的共振吸收峰，752$cm^{-1}$ 为苯环邻二取代的特征峰。

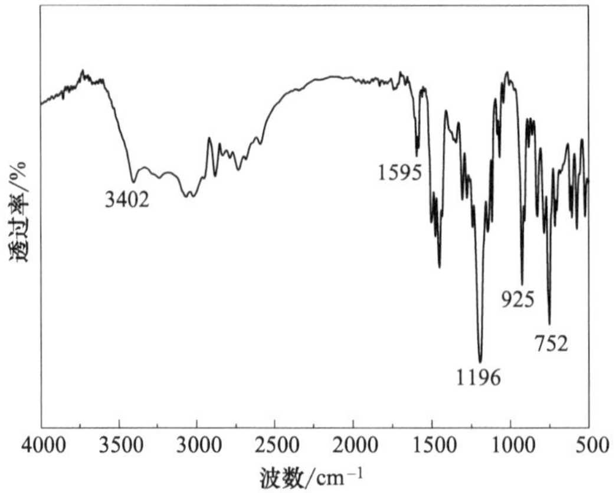


图 4-34　ODOPB 的红外光谱图

图 4-35 和图 4-36 标示了 ODOPB 核磁氢谱中的化学位移与化学结构中氢的对应关系。

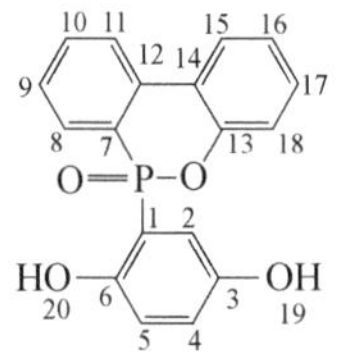

图 4-35　化学结构中氢的标注

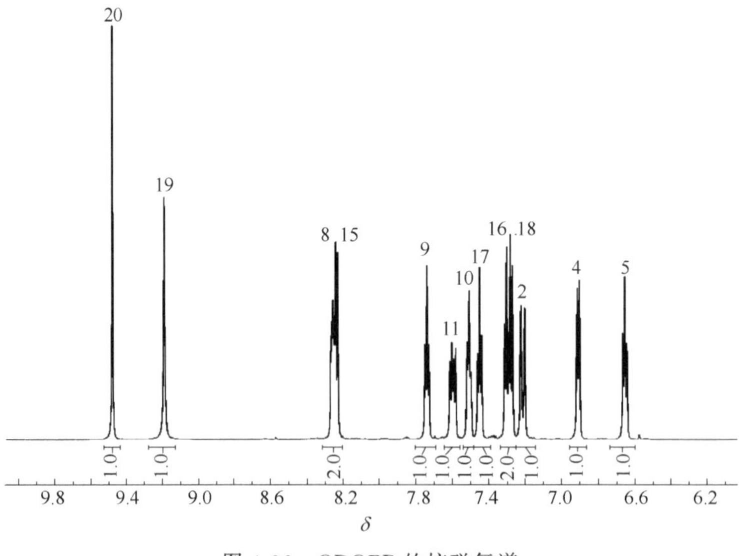


图 4-36　ODOPB 的核磁氢谱

如图 4-37 所示，ODOPB 熔点较高，为 249℃，但其被应用于环氧树脂或聚酯中时，随着反应的进行，ODOPB 反应并逐渐溶解。并且 ODOPB 不容易被氧化成醌导致变色，因此 ODOPB 的白度很高，且色泽稳定性好，可以在环氧树脂中单独作为阻燃剂替代四溴双酚 A。

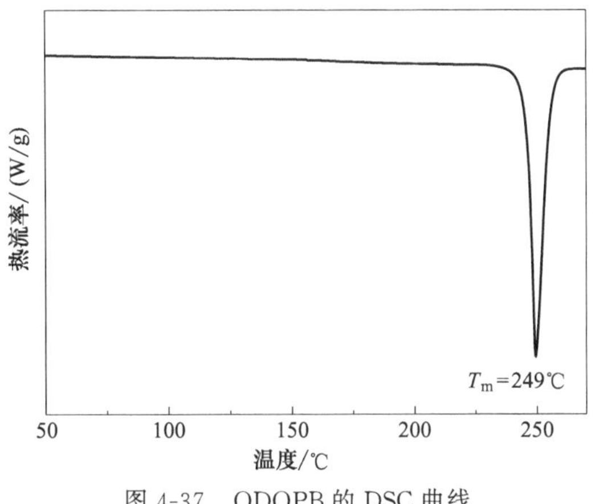

图 4-37 ODOPB 的 DSC 曲线

图 4-38 是 ODOPB 的热失重分析图，其初始分解温度约 288℃。

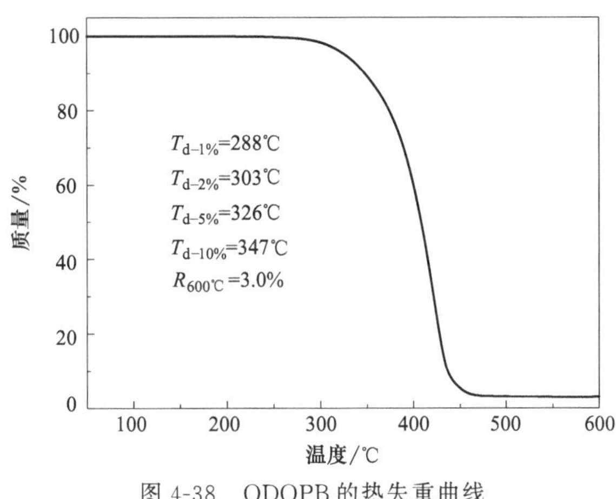

图 4-38 ODOPB 的热失重曲线

## 4.14.2 磷杂菲三嗪化合物 TAD

磷杂菲三嗪化合物 TAD，是由钱立军等开发并在国内实现工业化的新型磷杂菲阻燃剂产品。TAD 作为添加型阻燃剂具有优异的热稳定性，初始分解温度大于 360℃，在聚酯和环氧树脂等材料中应用具有优异的气相阻燃作用。

### 4.14.2.1 TAD 的合成过程

TAD 的合成路线如图 4-39 所示：将 64.8g（0.30mol）的 9,10-二氢-9-氧杂-10-磷杂菲-10-氧化物（DOPO）加入带有机械搅拌装置的 500mL 三口烧瓶中。再将三口烧瓶置于油浴锅中，将油温升至 145℃，缓慢搅拌至 DOPO 完全熔化，转速设为 200r/min。接着，向瓶中缓慢加入 24.9g（0.10mol）的三烯丙基三嗪三酮（TAIC）。随后将油温升至 155℃，反应 2h，搅拌速度升至 400r/min。反应结束后，将三口烧瓶倒置于 170℃ 的烘箱中，使粗产物流出至托盘内。向瓶中加入乙醇和水进行洗涤，直至上层清液变为中性。最后将产物在 180℃下抽真空，除去残余的乙醇和水，将所得产物冷却后粉碎即可获得最终白色产物。

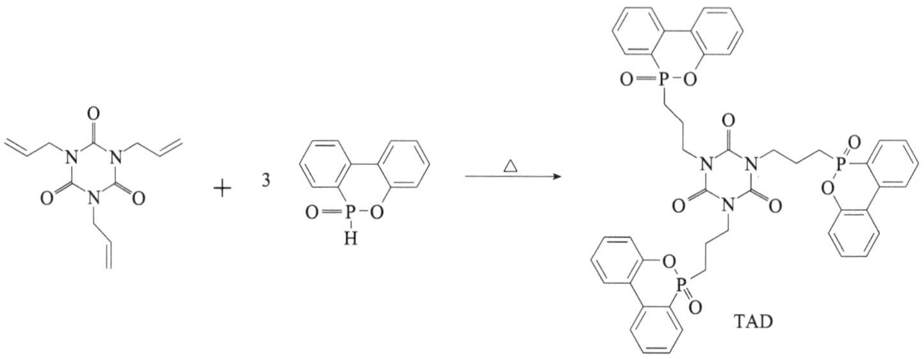

图 4-39　TAD 的合成路线

### 4.14.2.2　TAD 的表征

TAD 的红外光谱如图 4-40 所示，3062cm$^{-1}$ 是磷杂菲结构中苯环上 C—H 的吸收峰，2960cm$^{-1}$ 是亚甲基上 C—H 的吸收峰，1686cm$^{-1}$ 是三嗪三酮中 C═O 的吸收峰，1594cm$^{-1}$ 是苯环骨架振动的吸收峰，1466cm$^{-1}$ 是三嗪环中 C—N 的吸收峰，1231cm$^{-1}$ 是 P═O 的吸收峰，910cm$^{-1}$ 是 P—O—Ph 的吸收峰，757cm$^{-1}$ 是苯环邻二取代的特征峰。

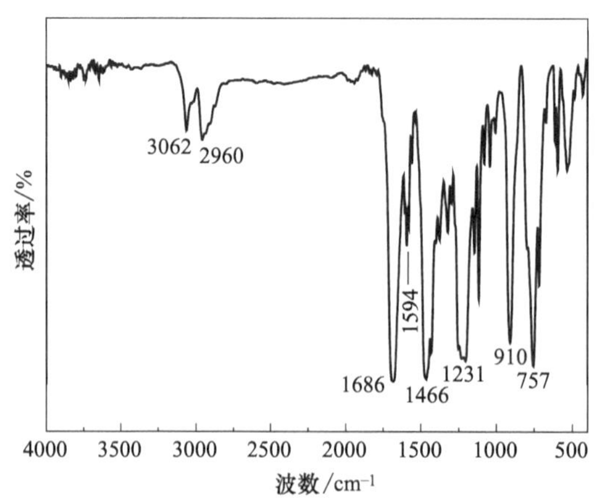


图 4-40　TAD 的红外光谱图

TAD的热失重曲线如图4-41所示。TAD在1%的分解温度$T_{d-1\%}$为291℃，在5%的分解温度$T_{d-5\%}$为383℃。由于TAD分子结构比较规整，不含有活泼的端基和侧基，因此TAD的热稳定性较好。TAD在600℃的残炭量为6.7%，说明TAD自身的成炭能力较差，分解的产物大都释放到气相中。

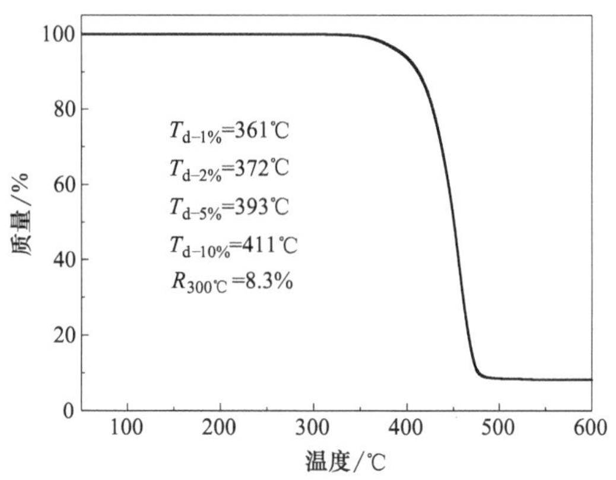


图4-41　TAD的热失重曲线

TAD的DSC曲线如图4-42所示。从图4-42中可以看出，TAD属于非晶态物质，在113℃附近有一个明显的玻璃化转变温度。

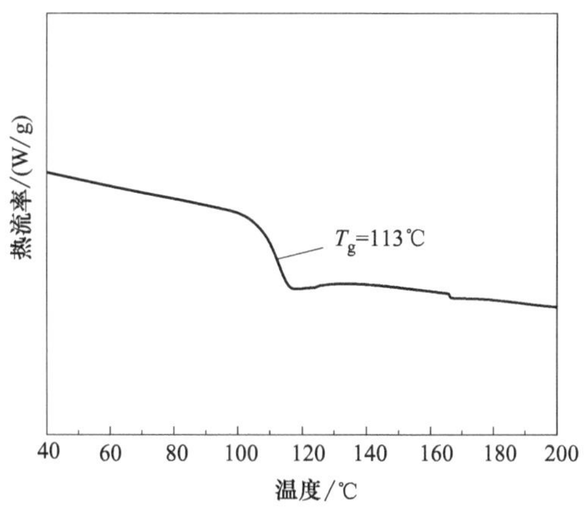


图4-42　TAD的DSC曲线

#### 4.14.2.3　TAD的主要应用领域

TAD可单独用于环氧树脂的阻燃改性，当添加量为12%时，可使阻燃环氧树脂（DDS体系）材料通过UL 94 V-0级别测试。此外TAD还可用于聚氨酯、尼龙、PET等材料的阻燃改性。

### 4.14.3 磷杂菲化合物与羰基的加成产物

**(1) 与苯基苯醌的加成**[111]

DOPO与苯基苯醌通过加成反应获得产物，在乙氧基乙醇中重结晶。熔点：117～118℃。图4-43为DOPO与苯基苯醌的合成路线。

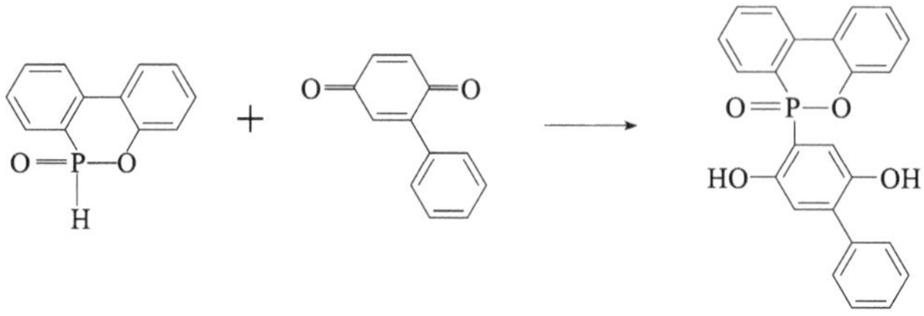

图4-43 DOPO与苯基苯醌的合成路线

**(2) 与萘醌的加成**[112]

DOPO与萘醌在四氢呋喃中进行加成反应，用乙氧基乙醇重结晶。熔点（DSC）：279～280℃。红外光谱FT-IR（KBr）：3432$cm^{-1}$（—OH）；1582$cm^{-1}$（P—Ph）；1192$cm^{-1}$（P ═O）；1165$cm^{-1}$，925$cm^{-1}$（P—O—Ph）。核磁$^1$H NMR（DMSO-$d_6$）：d：7.8（2H，m）；7.8（1H，m）；7.7（1H，m）；7.4（4H，m）；7.4（1H，m）；7.3（1H，m）；7.2（1H，t）；7.1（1H，t）；6.6（1H，d）。图4-44为DOPO与萘醌的合成路线。

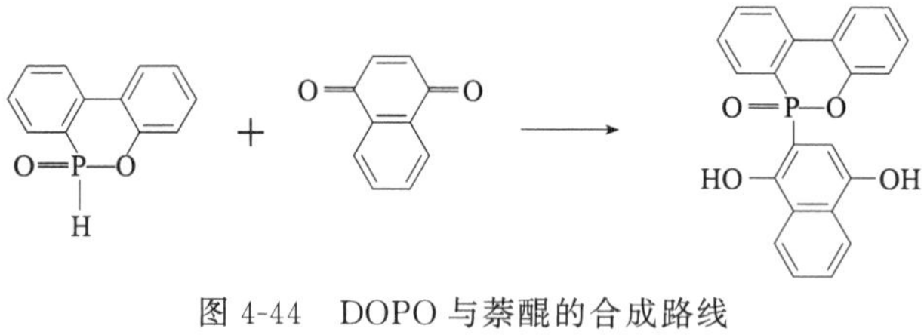

图4-44 DOPO与萘醌的合成路线

**(3) 与甲醛的加成**[113]

在氮气氛下，加入400mL二甲苯和216g DOPO，搅拌溶解后加入甲醛30g，在2h内加完，回流6h，加成反应完成后，产物沉淀出来，过滤，并用二甲苯洗涤，产率98%，熔点155～156℃。红外光谱FT-IR（KBr）：1186$cm^{-1}$，1293$cm^{-1}$（P ═O）；962$cm^{-1}$（P—O—Ph）；1464$cm^{-1}$（P—Ph）；1429$cm^{-1}$（P—C，脂肪碳）；3308$cm^{-1}$（C—OH）；核磁$^1$H NMR：4.12～4.38（m，2H），5.59（t，1H），7.25～7.31（m，2H），7.45（t，1H），7.61（t，1H），7.75（t，1H），8.01（t，1H），8.15～8.23（m，2H）。图4-45为DOPO与甲醛的合成路线。

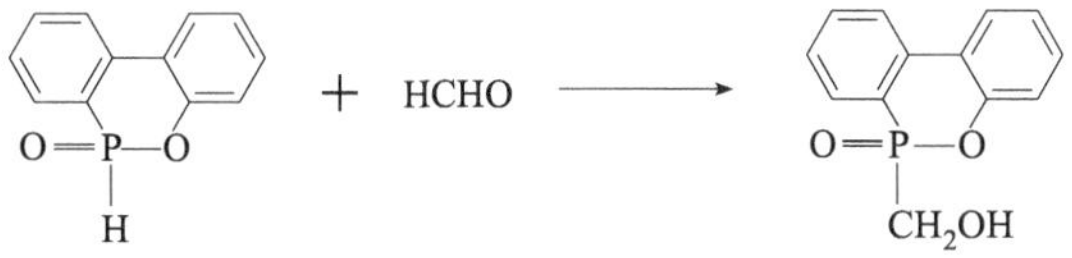

图 4-45 DOPO 与甲醛的合成路线

(4) 与对羟基苯甲醛的加成[114]

21.6g DOPO 与 13.4g 对羟基苯甲醛在干燥的甲苯中搅拌反应，加热回流 5h，反应物变得黏稠并有沉淀形成，冷却至室温过滤，并用甲苯洗涤产物，在甲苯与乙醇的混合溶液（体积比 2∶1）中重结晶，产物产率 95%。熔点 245～247℃。图 4-46 为 DOPO 与对羟基苯甲醛的合成路线。

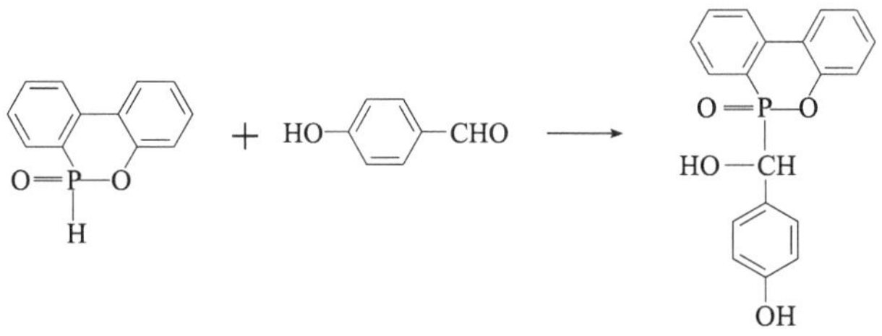

图 4-46 DOPO 与对羟基苯甲醛的合成路线

(5) 2DOPO-$2NH_2$ 的合成[115]

32g DOPO 与 5.35g 4,4′-二氨基二苯甲酮混合加热至180℃，反应 3h，然后冷却至 100℃，加入 150mL 甲苯，剩余的 DOPO 溶解于甲苯中，产物沉淀析出。四氢呋喃重结晶后得白色粉末，产率 75%。熔点 324～325℃。质谱 $m/z$（$M^+$）626。红外光谱 FT-IR（KBr）：1186$cm^{-1}$，930$cm^{-1}$（P—O—Ph）；1210$cm^{-1}$（P═O）；1583$cm^{-1}$（P—Ph）；3249$cm^{-1}$，3351$cm^{-1}$，3419$cm^{-1}$，3471$cm^{-1}$（—$NH_2$）。核磁$^1$H NMR（DMSO-$d_6$）：4.86（b，4H）；5.77（s，1H）；5.82～5.95（m，3H）；6.63～6.87（m，5H）；7.05～7.13（m，3H）；7.25～7.30（m，2H）；7.54（m，2H）；7.65～7.70（m，3H）；7.76～7.79（m，1H）；7.91～7.93（m，2H）；8.17（s，1H）；8.63（s，1H）。图 4-47 为 2DOPO-$2NH_2$ 的合成路线。

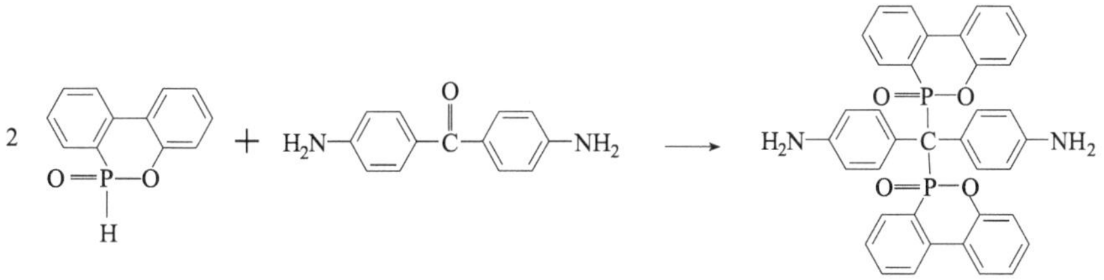

图 4-47 2DOPO-$2NH_2$ 的合成路线

(6) 2DOPO-2PhOH 的合成

将 0.3mol DOPO 升温至 160℃融化，再将 0.1mol 4，4'-二羟基二苯甲酮加入熔融的 DOPO 中,反应过程中有水生成，施加负压，减压蒸除生成的水，促进反应正向进行。反应 4h 后，降温至 100℃，加入 100mL 甲苯，过量的 DOPO 溶于甲苯，产物以白色粉末状沉淀析出，过滤得产物，再经四氢呋喃洗涤提纯。2DOPO-2PhOH 熔点 324～325℃。图 4-48 为 2DOPO-2PhOH 的合成路线。

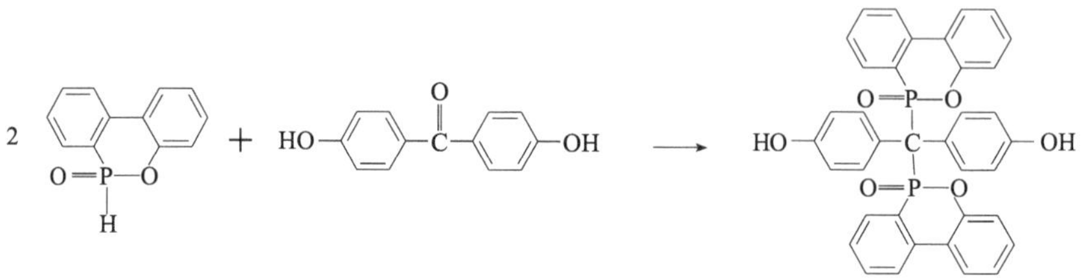

图 4-48　2DOPO-2PhOH 的合成路线

## 4.14.4　DOPO 与双键发生加成反应的产物

(1) DOPO-MA

图 4-49 为 DOPO-MA 的合成路线。

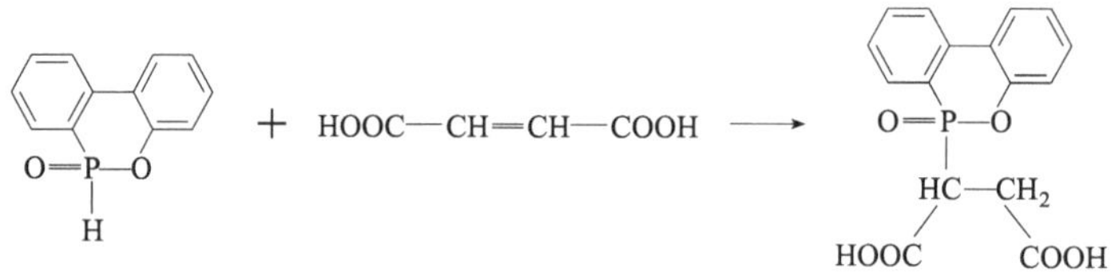

图 4-49　DOPO-MA 的合成路线

在 250mL 三口烧瓶中加入 70.2g DOPO，加热升温至 140℃，待全部融化后，在搅拌条件下加入 29g 顺丁烯二酸（物料摩尔比为 1.3：1），保持温度 140℃反应 1h。降温至 100℃，搅拌下加入 60mL 甲苯，未反应的 DOPO 溶解于甲苯中，而 DOPO-MA 呈白色固体粉末状。再将过滤所得产物，加入 100mL 四氢呋喃中进行提纯，搅拌回流抽滤，得白色固体粉末产物。

DOPO-MA 的红外光谱数据如下：3061$cm^{-1}$ 为苯环上 C—H 键伸缩振动的吸收峰；1731$cm^{-1}$ 和 1707$cm^{-1}$ 为羰基的特征吸收峰，1201$cm^{-1}$ 和 937$cm^{-1}$ 为 P—O—Ph 的吸收峰；1588$cm^{-1}$ 和 1477$cm^{-1}$ 为苯环骨架的振动吸收峰；1201$cm^{-1}$ 为 P═O 伸缩振动；755$cm^{-1}$ 为苯环邻二取代的 C—H 面外弯曲振动。

(2) DOPO-ITA[116]

图 4-50 为 DOPO-ITA 的合成路线。

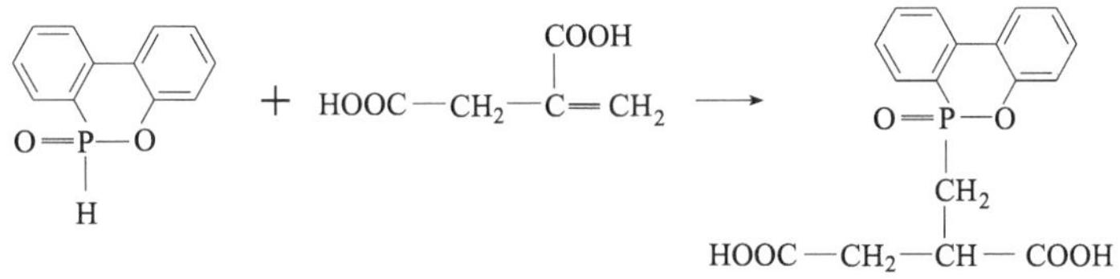

图 4-50 DOPO-ITA 的合成路线

在 250mL 三口烧瓶中加入 56.16g DOPO，待全部溶解后加入 26g 衣康酸（物料比为 1.3∶1），温度为 140℃反应 5h。降温至 100℃，加入 60mL 甲苯，抽滤得白色固体。再次降温至 50℃，加入 100mL 四氢呋喃，抽滤，得白色固体粉末产物。DOPO-ITA 的熔点为 195.4℃。

DOPO-ITA 红外光谱数据如下：2882$cm^{-1}$ 为亚甲基的不对称伸缩振动吸收峰，1708$cm^{-1}$ 为羧酸上 C═O 的吸收峰，1429$cm^{-1}$ 和 1478$cm^{-1}$ 为 P—C 键伸缩振动吸收峰，1115$cm^{-1}$、1175$cm^{-1}$、918$cm^{-1}$ 为 P—O—C 的伸缩振动吸收峰。

### 4.14.5 DOPO 与含碳氮三键的氰酸酯的加成产物

在四口瓶中加入 DOPO 与氰酸酯，并逐渐升温至 125℃，保温 4h，获得氰酸酯与 DOPO 不同程度的加成混合物。混合物的比例与 DOPO 和氰酸酯的摩尔比例有关[117]。图 4-51 为 DOPO 与含碳氮三键的氰酸酯的加成产物合成路线。

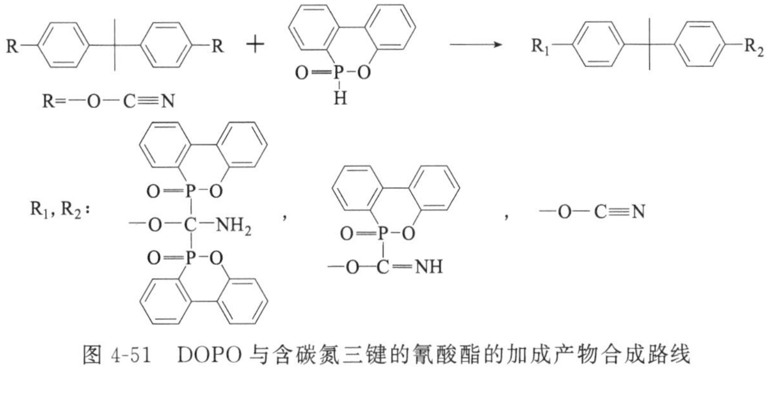

图 4-51 DOPO 与含碳氮三键的氰酸酯的加成产物合成路线

### 4.14.6 DOPO 与异氰酸的加成产物

Lin 等[118] 将 21.6g（0.1mol）DOPO 和 24.7g（0.1mol）异氰酸加入烧瓶中，再加入 100mL 二氯甲烷和 0.4g 三乙胺，在 25℃下反应 8h。经减压蒸馏除去二氯甲烷后，获得外观为白色粉末的 DOPO-icteos。图 4-52 为 DOPO 与异氰酸的加成产物合成路线。

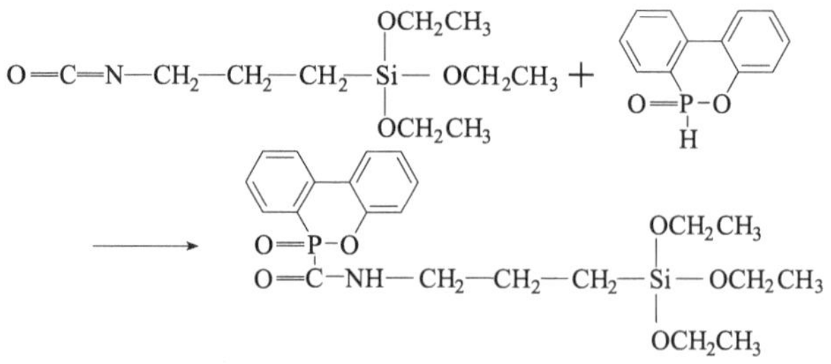

图 4-52　DOPO 与异氰酸的合成路线

## 4.14.7　DOPO-Ph 化合物的合成[119]

Spontón M 等[119] 将 22g（0.11mol）2-［(苯基亚胺）甲基］苯酚溶解于 50mL 四氢呋喃中，在搅拌条件下加入 24.1g DOPO 于四氢呋喃溶液中，氮气氛围下室温反应 1h。然后将混合物加热至 60℃，继续反应并搅拌 12h，获得白色沉淀，过滤后用四氢呋喃冲洗并真空干燥。得产物 41g DOPO-Ph-1，产率 90%。

将 16g（0.04mol）DOPO-Ph-1 与 1.8g（0.06mol）多聚甲醛加入 25mL 二噁烷中，在 100℃下搅拌反应 20h。将溶剂蒸除，残留物溶于二氯甲烷中，并用 2mol/L 的氢氧化钠溶液清洗，有机相用无水硫酸镁干燥，得产物 DOPO-Ph-2。

图 4-53 为 DOPO-Ph 化合物的合成路线。

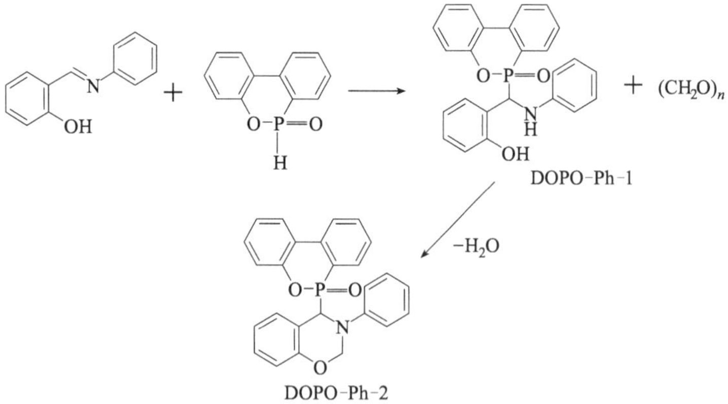

图 4-53　DOPO-Ph 化合物的合成路线

## 4.14.8　DOPO 的其他衍生物

Schartel B 等[120] 由 DOPO（1）与原甲酸三乙酯合成新型 DOPO 基二胺固化剂。

酸性条件下，加入大量乙醇，DOPO 与原甲酸三乙酯反应生成 10-乙氧基-10-氢-9 -氧杂-10-磷杂菲（3），产率为 80%。（3）和 1,4-丁二醇进行酯交换，然后以对甲苯磺酸甲酯为催化剂进行 Michaelis-Arbuzov 重排反应，得到（4），产率为 95%。利用硝化剂无水醋酸/发烟 $HNO_3$ 制备了二对二硝基化合物（5），产率为 45%，纯度为 85%左右。随后化合物（5）在 Pd/C 催化和氢气氛围下反应获得 DOPO 基二胺化合物（2），产率为 73%，纯度为 95%。

图 4-54 为 DOPO 基二胺化合物的合成路线。

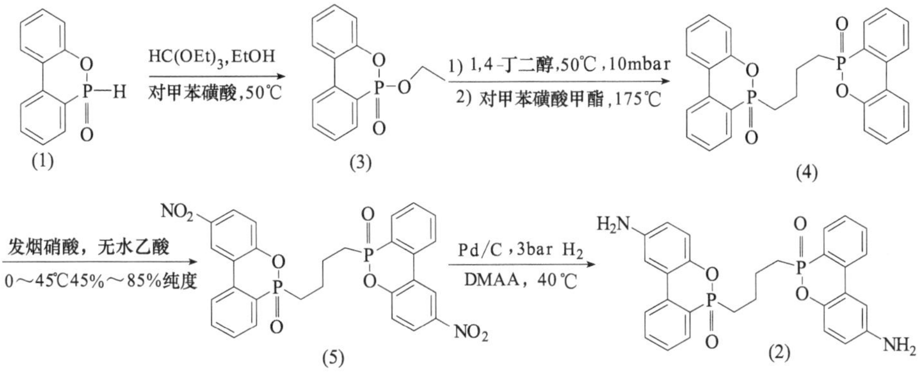

图 4-54　DOPO 基二胺化合物的合成路线（1bar=0.1MPa）

# 4.15　聚磷腈化合物

## 4.15.1　概述

① 六氯环三磷腈（hexachlorocyclotriphosphazene；phosphonitrilic chloridetrimer）

CAS 编号：940-71-6，分子式：$Cl_6N_3P_3$，分子量：347.66。其化学结构式如下所示：

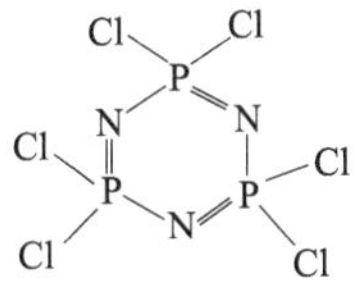

六氯环三磷腈外观为白色粉末状晶体，密度 1.98g/cm$^3$，熔点 112～115℃，沸点 127℃。六氯环三磷腈易于吸潮，并水解释放出氯化氢，所以需要干燥保存。它可溶解于大多数有机溶剂中，如丙酮、甲苯、苯、正庚烷、石油醚等。由于磷氯键非常活泼，可以使氯很容易被取代，所以很多磷腈类化合物都是通过氯代磷腈取代反应制备的。

② 六苯氧基环三磷腈（HPCTP） 是用苯酚完全取代六氯环三磷腈上的氯原子制备而成，是目前取代磷腈化合物中最为成熟的化合物，并已初步被确认能够在阻燃环氧树脂中应用的材料。CAS 编号：1184-10-7。其化学结构式如下所示：

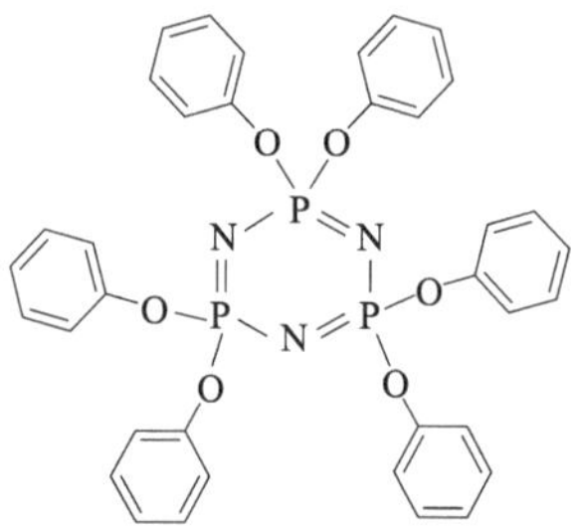

六苯氧基环三磷腈

六苯氧基环三磷腈外观为淡黄色或白色结晶粉末，无刺激性气味。熔点：112～115℃，沸点 280℃，热分解温度在 340℃以上。可溶于甲苯、氯苯和丙酮等溶剂，微溶于甲醇，不溶于水。

六氯环三磷腈和六苯氧基环三磷腈在国内外都已经实现了工业化，国际上日本为主要生产国。在国内规模生产的有浙江宁波博源新材料技术有限公司、山东泽世新材料科技有限公司、淄博蓝印化工有限公司、济南泰星精细化工有限公司等单位生产。由于军事和航空业的需求，欧盟以及印度等国家和地区增加了对六氯环三磷腈和六苯氧基环三磷腈的需求量，目前六氯环三磷腈和六苯氧基环三磷腈的生产处于供不应求的状态。

## 4.15.2 聚磷腈化合物的合成方法

### (1) 六氯环三磷腈的合成方法

六氯环三磷腈主要采用氯化铵和五氯化磷作为反应产物，以氯化锌、其他金属氯代物或氯化锌吡啶为催化剂，在氯苯或四氯乙烷中以 125～135℃反应，待反应物中氯化氢气体释放基本消失时，减压蒸出反应溶剂，并加入石油醚对聚磷腈化合物进行萃取，然后采用硫酸将六氯环三磷腈从石油醚中提取，使其与线型聚磷腈和其他环状多聚体分离。

氯化铵在使用前需要进行干燥，最好进行研细使用；反应过程中控制五氯化磷的滴加速度；也可以采用氨基甲酸胺代替氯化铵制备六氯环三磷腈。

图 4-55 为六氯环三磷腈的合成路线。

$$PCl_5 + NH_4Cl \longrightarrow$$ (六氯环三磷腈结构式)

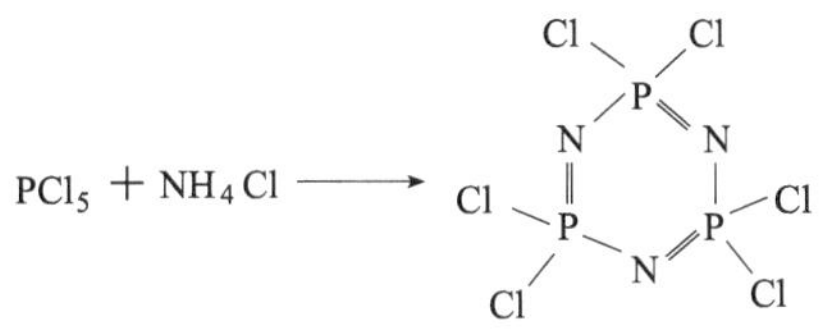

图 4-55　六氯环三磷腈的合成路线

聚磷腈化合物的聚合度 $n$，当 $n=3$ 时，为六元环结构，是反应所获得的主要成分；其次为 $n=4$ 的八元环结构，即四聚体；除此以外，还有其他高聚体，一些环状和短链结构。

**(2) 六苯氧基环三磷腈的合成方法**

制备六苯氧基环三磷腈可以通过先制备苯酚钠，然后再进行取代反应的方法，溶剂可以选择四氢呋喃、甲苯、二噁烷。该化合物制备过程中最重要的是提纯，由于反应过程中添加过量的苯酚，其残留容易引起产品出现较重的颜色，影响产品的品相，因此，去除残留苯酚或酚钠化合物是制备六苯氧基环三磷腈的一个关键环节。

将二噁烷脱水处理后，加入苯酚并在搅拌条件下逐渐加入氢氧化钠将苯酚制成酚钠，然后逐渐加入六氯环三磷腈，待温度不再上升后逐渐升温至回流状态，反应 10～12h，将溶剂脱除，洗涤产物中的钠盐，并对六苯氧基环三磷腈进行重结晶，制得产物。

图 4-56 为六苯氧基环三磷腈的合成路线。

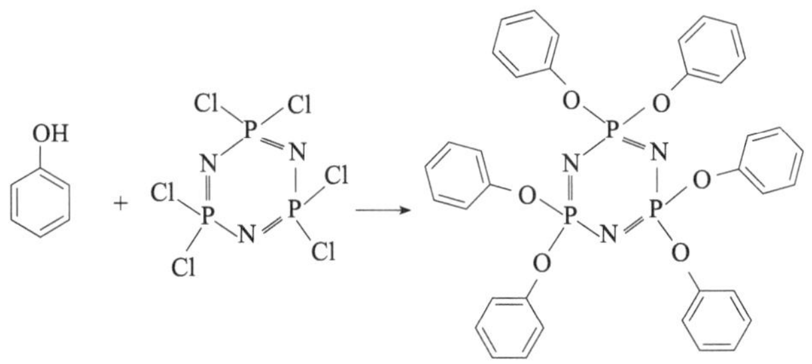

图 4-56　六苯氧基环三磷腈的合成路线

## 4.15.3 聚磷腈化合物的表征

**(1) 六氯环三磷腈**

特征基团为 P—Cl 和 P—N 键，在图 4-57 六氯环三磷腈的红外光谱图中，其中 525cm$^{-1}$、612cm$^{-1}$ 为 P—Cl 键的吸收峰，875cm$^{-1}$、1215cm$^{-1}$ 为 P—N 键吸收峰。

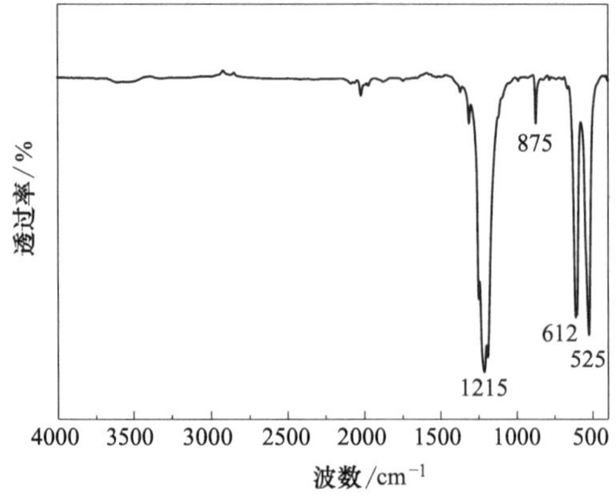


图 4-57　六氯环三磷腈的红外光谱图

六氯环三磷腈在 $N_2$ 气氛下的热失重曲线如图 4-58 所示，其在 200℃以上时基本完全分解。

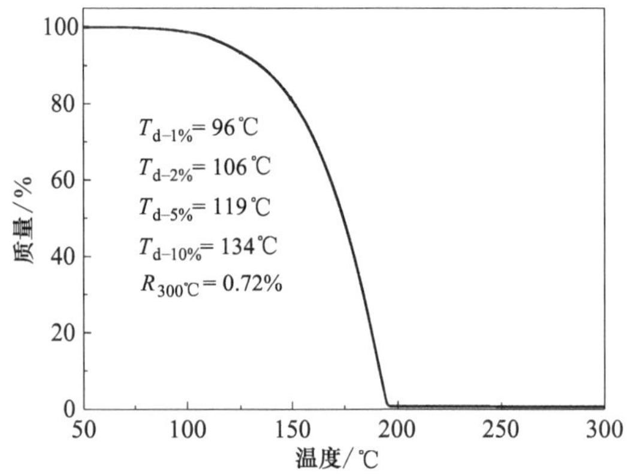


图 4-58　六氯环三磷腈的热失重曲线

图 4-59 中的 DSC 曲线显示，六氯环三磷腈的熔点在 114℃附近。

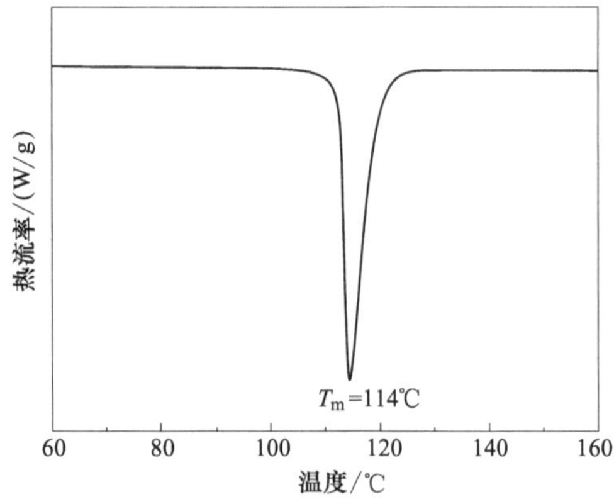


图 4-59　六氯环三磷腈的 DSC 曲线

(2) 六苯氧基环三磷腈

红外光谱图（图 4-60）中 $3060cm^{-1}$ 为苯环 C—H 吸收峰，$1487cm^{-1}$ 和 $1590cm^{-1}$ 是苯环的骨架变形振动吸收峰，$1267cm^{-1}$、$1179cm^{-1}$ 为环三磷腈的 P—N 键的伸缩振动吸收峰，$950\sim1100cm^{-1}$ 范围内出现的 $1071cm^{-1}$、$1024cm^{-1}$、$954cm^{-1}$ 峰为 P—O—C 的特征吸收峰。

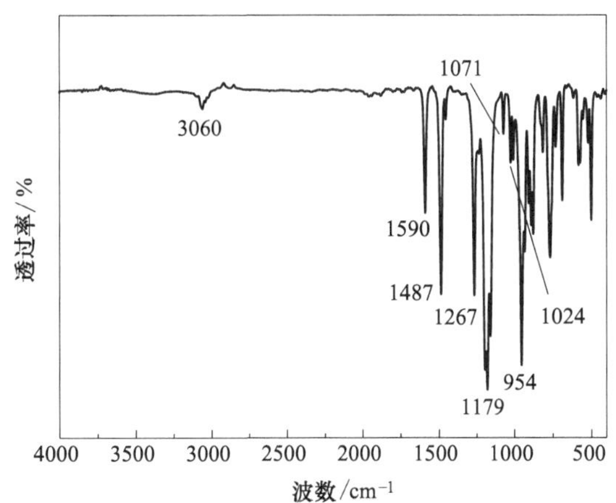


图 4-60 六苯氧基环三磷腈红外光谱图

图 4-61 为六苯氧基环三磷腈的$^1$H NMR 谱图，6.8～6.9 处双峰对应苯环上的间位质子峰，7.2～7.3 处的为邻、对位质子峰。

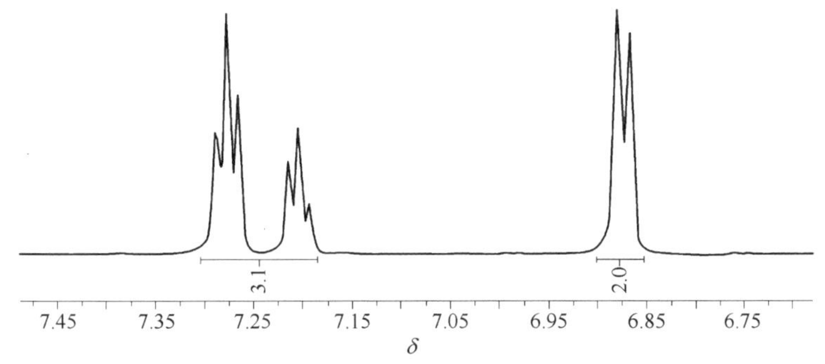


图 4-61 六苯氧基环三磷腈的核磁氢谱

从图 4-62 可以看出，六苯氧基环三磷腈初始分解温度大于 300℃，热稳定性良好，并表现出一定的成炭性能。

图 4-63 的 DSC 曲线显示，六苯氧基环三磷腈的熔点为 116℃。

## 4.15.4 聚磷腈化合物的应用

(1) 六氯环三磷腈

由于磷氯键的活泼性，可以使氯很容易被取代，从而生成一系列具有特殊性能的磷

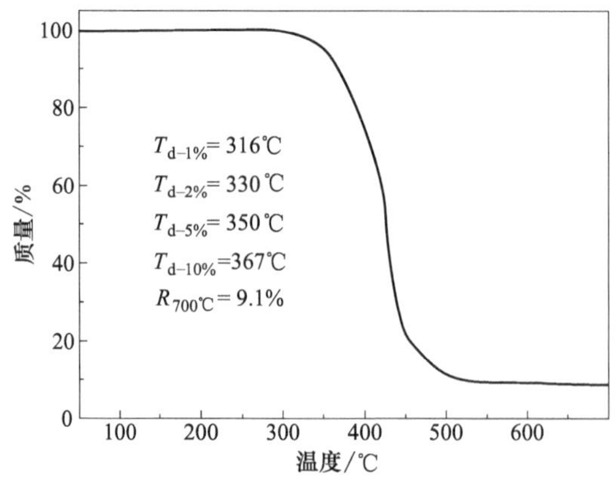


图 4-62 六苯氧基环三磷腈热失重曲线

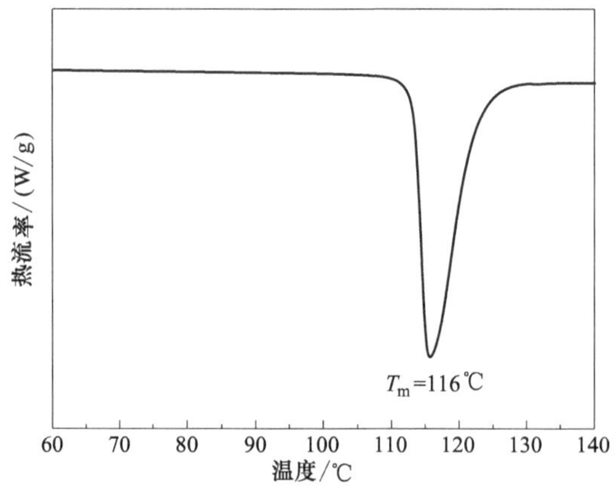


图 4-63 六苯氧基环三磷腈的 DSC 曲线

腈衍生物。六氯环三磷腈是合成各种无卤阻燃剂、耐高温材料的中间体原料，如制取苯氧基磷腈、对羧基苯氧基磷腈、聚氨基磷腈、烃氧基磷腈等阻燃剂，合成聚磷腈弹性体材料等。正是由于这个原因，通过六氯环三磷腈可以制得一系列的磷腈化合物[121]。

**(2) 六苯氧基环三磷腈**

① 将六苯氧基环三磷腈替代传统的溴化环氧树脂后，添加 5%到邻甲酚醛环氧树脂和线型酚醛树脂的混合物，并添加催化剂等辅料后，所制备的大规模集成电路封装用 EMC 可达到 UL 94 V-0 级阻燃级别，其极限氧指数达到 33.1%，阻燃性能大大优于传统含溴阻燃体系[122]。

② 将六苯氧基环三磷腈加入苯并噁嗪树脂体系溶液中，混合均匀后用无碱玻璃布浸渍，经挥发和烘焙，制得浸胶玻璃布，然后将叠合好的胶布放入 $1\times10^5$kg 压机，经预热后在 170～180 ℃/8～9MPa 下保温压制 2 h，冷却取出得到 3mm 厚层压板。测试表明，在六苯氧基环三磷腈的质量分数达到 10%时，燃烧等级即可达到 UL 94 V-0 级，层压板具有较好的电性能和力学性能。HPCTP 质量分数超过 10%后，介电损耗因子、

介电常数变化较小，但平行层向击穿电压、弯曲强度下降很快，不能满足要求[123]。

③ 采用六苯氧基环三磷腈添加到 PC/ABS 合金体系中，当六苯氧基环三磷腈添加量为 20 份时，阻燃 PC/ABS 合金的 LOI 值可达 25.7%，阻燃级别达到 UL 94 V-0 级，且提高了阻燃 PC/ABS 合金的拉伸强度，但其冲击强度明显降低[124]。

④ 将苯氧基磷腈与质量比为 1∶2 的 $Mg(OH)_2$ 与 Al $(OH)_3$ 混合物复配阻燃线型低密度聚乙烯（LLDPE）。当金属氢氧化物与磷腈化合物的总质量分数为 50%、磷腈的质量分数为 5%时，LLDPE/(MAH/APPZ) 共混物的极限氧指数、平均热释放速率、800℃残炭产率分别为 36.0%、130.1kW/$m^2$、40.0%，与未加磷腈时相比，LOI 和 800℃残炭产率分别增加了 33.3%和 18.9%，平均热释放速率下降了 17.5%[125]。

⑤ 将烷氧基磷腈应用于阻燃黏胶纤维，在添加量达到 8.2%时，黏胶纤维 LOI 值达到 28%以上[126]。

⑥ 六苯氧基环三磷腈与氢氧化镁复配用于聚烯烃弹性体的阻燃。当体系中氢氧化镁的质量分数为 48%，六苯氧基环三磷腈质量分数为 2%时，共混物的 LOI 值可达到 36%[127]。

## 4.16 烷基次膦酸盐

### 4.16.1 概述

烷基次膦酸盐是德国 Clariant（科莱恩）公司首先进行商品化的新型磷系阻燃剂，该助剂在很大程度上为 PA6 和 PA66 提供了一个新的无卤阻燃剂选择，部分替代了在该领域多年来被应用的 MPP 类产品。该阻燃剂能够在聚酰胺、聚酯以及热固性材料中应用，阻燃性能优异，热稳定性能良好，且在加工性能、力学性能、电气性能、色泽、生烟性能等方面同样表现良好，并且不降低 GRPA66 的漏电起痕指数 CTI 值。

烷基次膦酸盐与无机次磷酸盐不同，具有非常良好的疏水性能，在水中溶解性极低。能够与三聚氰胺衍生物协效阻燃尼龙材料。Clariant 公司推出了烷基次膦酸盐复配应用于 PA6、PA66、HT-PA 的阻燃剂产品 Exolit OP1311、Exolit OP1312、Exolit OP1230。上述产品能够使 PA6 在 1/32 英寸（in，1in＝2.54cm）以及 PA66、HT-PA 在 1/64 英寸达到 UL 94 V-0 级，OP1312 阻燃的加纤尼龙在灼热丝点火性能测试时能够达到 UL746A（IEC60 695-2-20）的最高等级 PLC0，达到 120s 的点火时间。

国内众多从事阻燃助剂阻燃材料研究的小组也对该化合物的制备技术进行了研究。并开发出长链烷基次膦酸盐，但由于其降低了助剂的磷含量，同时长链烷基也是易于燃烧的部分，因此，含有长链烷基的次膦酸盐阻燃效果往往达不到二乙基次膦酸铝的性能水平。

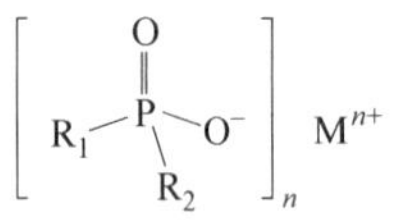

$$\left[ R_1-P(=O)(R_2)-O^- \right]_n M^{n+}$$

烷基次膦酸盐分子通式

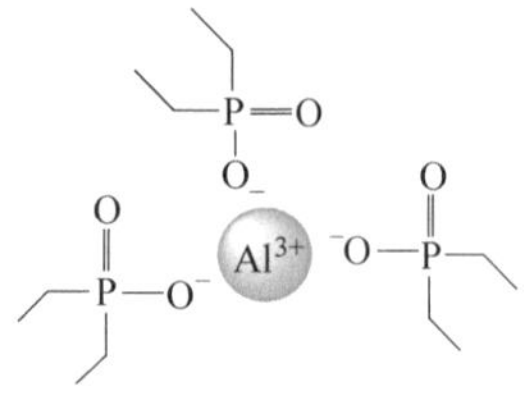

$$Al^{3+}\ \left[ ^-O-P(=O)(C_2H_5)_2 \right]_3$$

二乙基次膦酸铝

## 4.16.2 烷基次膦酸盐的制备

在德国 Clariant 公司申请的美国专利 7635785（2009）中描述了二乙基次膦酸铝的合成路线（图 4-64）：

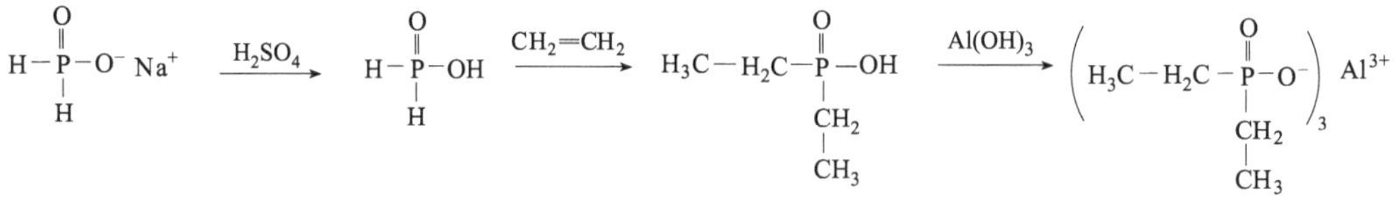

$$H-P(=O)(H)-O^-\ Na^+ \xrightarrow{H_2SO_4} H-P(=O)(H)-OH \xrightarrow{CH_2=CH_2} H_3C-H_2C-P(=O)(CH_2CH_3)-OH \xrightarrow{Al(OH)_3} \left( H_3C-H_2C-P(=O)(CH_2CH_3)-O^- \right)_3 Al^{3+}$$

图 4-64　二乙基次膦酸铝的合成路线

将 1500g 一水合次磷酸钠和 35g 浓硫酸溶解于 7.5kg 水中，加入 16L 夹套压力搪玻璃反应器中，当反应物被加热到 10℃时，将乙烯的减压阀压力设定为 6bar，并将乙烯通入反应釜中直至饱和。在 100～110℃搅拌条件下，保持乙烯 6bar 的压力，6h 内均匀地加入 9.4%（380g）的双氧水。然后继续反应 1h，将反应釜减压并降温到 90℃。将溶有 746g（4.67mol）乙酸铝的 3000g 水溶液在 1h 内加入反应体系中，不断有沉淀物生成，过滤后用 2L 水进行洗涤，在 130℃真空干燥。得产物 1721g，产率 93.5%。

在德国 Clariant 公司申请的美国专利 6534673（2003）、6355832（2002）中描述了甲基乙基次膦酸铝的制备方法：1000g（12.5mol）的甲基亚膦酸和 50g（0.18mol，1.5mol%）的 2，2′-偶氮二异丁基脒二盐酸盐混合加入压力锅中并在搅拌条件下加热到 60℃。随后，在 20bar 压力下将乙烯通入直到饱和，然后在最高 81℃下反应 17h，减压冷却后得甲基乙基次膦酸 1.35kg，纯度 92.4%，其他物质为甲基丁基次膦酸 6.2%和残留的甲基亚膦酸 0.9%及其他不明化合物 0.5%。随后将其溶解于 2800mL 的乙酸中，加入 270g 的氢氧化铝，混合物加热回流 5h，然后冷却、过滤、135℃干燥总共获得

1172g 产物，产率 97%，其中甲基乙基次膦酸盐 93.2%（摩尔分数），甲基丁基次膦酸盐 6.1%（摩尔分数）。

此外，德国 Clariant 公司也申请了其他美国专利［7420007（2008)］对烷基次膦酸盐的制备技术进行保护，其中方法与前述方法类似。

由于烷基次膦酸盐具有良好的应用前景，国内多个科研小组以及相关企业都开展了这一方面的研究。国内目前的制备方法基本上以采用次磷酸钠为主要原料，加入自由基引发剂作为催化剂，然后通入乙烯、丙烯或者丁烯、戊烯等，再加入氢氧化铝后沉淀析出目标产物。其他长链烯烃的加成反应相对容易进行。由于磷含量偏低，所以阻燃效率低于乙基次膦酸铝。

## 4.16.3 二乙基次膦酸铝的表征

图 4-65 为二乙基次膦酸铝的红外光谱图，其中 2880～2959$cm^{-1}$ 为脂肪族 C—H 的伸缩振动吸收峰，1460$cm^{-1}$ 和 1410$cm^{-1}$ 为 C—H 的弯曲振动吸收峰，1270$cm^{-1}$ 为 P═O 的特征吸收峰，1231$cm^{-1}$ 为 P—C 的振动吸收峰，1150$cm^{-1}$、1076$cm^{-1}$ 为 P—O 的伸缩振动吸收峰，779$cm^{-1}$ 为 P—O 的弯曲振动吸收峰。

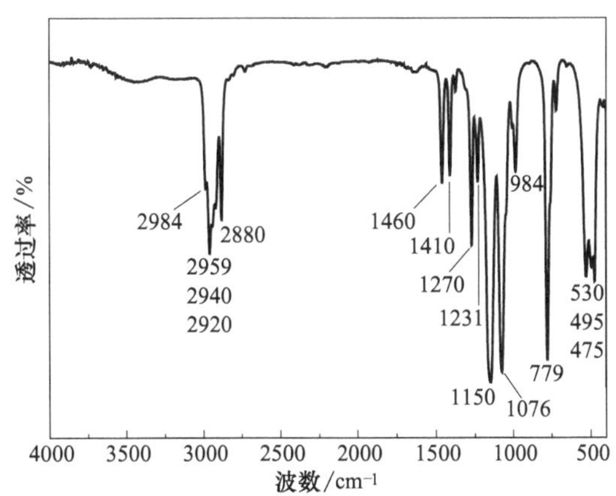


图 4-65 二乙基次膦酸铝的红外光谱图

二乙基次膦酸铝在 $N_2$ 气氛下的热失重曲线如图 4-66 所示，其 1%的分解温度超过 400℃，表现出优异的热稳定性能。

## 4.16.4 烷基次膦酸盐的应用技术

首先是专利领域所披露的应用技术：为了最大限度地保护自己的知识产权，包括德

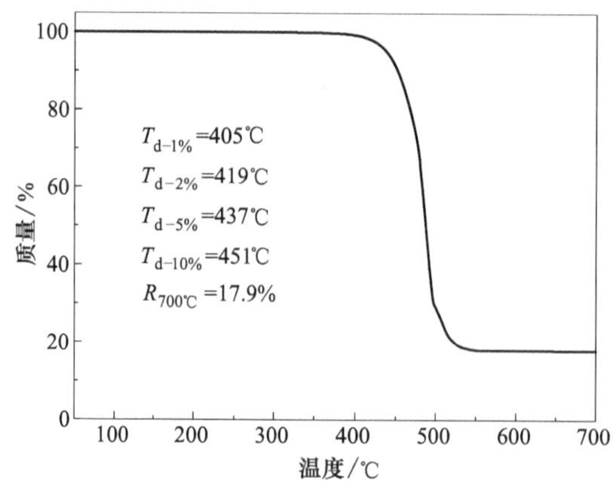


图 4-66 二乙基次膦酸铝的热失重曲线

国 Clariant 公司在内多个公司对烷基次膦酸盐的应用技术申请了大量的专利。

其中 Clariant 公司的美国专利 6255371（2001）中指出，将烷基次膦酸盐与三聚氰胺，或者三聚氰胺膦酸盐等复配，用于热塑性聚合物具有优异的阻燃效果。在此专利中，覆盖了从甲基到已基的直链以及含有支链的烷基次膦酸盐，同时也涵盖了含有 6～10 个碳的芳基烷基次膦酸盐，其盐中所含有的金属离子涵盖了钙、镁、铝、锌。

Clariant 公司的美国专利 6547992（2003）中又涵盖了上述烷基次膦酸盐与合成的有机化合物以及矿物产品复合配制用于阻燃热塑性聚合物产品。

Clariant 公司的美国专利 7144527（2006）中将烷基次膦酸盐与另外三种组分共混使用，包括聚磷酸三嗪盐、聚磷酸三聚氰胺盐、三聚氰胺聚偏磷酸盐。

在 Clariant 公司的美国专利 7449508（2008）中提到与含氮协效剂以及磷-氮阻燃剂协同使用，用于阻燃加纤的尼龙 66，其中复配阻燃剂包括 MCA、MP、MPP 以及硼酸锌等。

在 Clariant 公司的美国专利 7812063（2010）中将烷基次膦酸盐应用于阻焊层材料中，其中组分包括二乙基次膦酸铝、三聚氰胺、硼酸锌、聚二季戊四醇六丙烯酸酯、硫酸钡、微粉硅胶、双酚 A 型环氧树脂以及有机稀释剂。其中烷基次膦酸也可以是其他烷基次膦酸金属盐包括 Mg、Ca、Al、Sb、Sn、Ge、Ti、Zn、Fe、Zr、Ce、Bi、Sr、Mn、Li、Na、K 以及铵盐。

德国 E. I. du Pont de Nemours and Company 的美国专利 7294661（2007）报道了将 Clariant 公司的烷基次膦酸盐（Exolit OP1230，Exolit OP930）应用于阻燃加纤尼龙材料中，该材料可以应用于电子电器材料的绝缘部分中。

荷兰公司 Sabic Innovative Plastics IP B. V. 申请的美国专利 8080599（2011）报道了将烷基次膦酸盐应用于阻燃聚酯和共聚酯混合物，该材料具有 UL 94 V-0 级的阻燃

级别，同时具有良好的韧性、拉伸强度、硬度以及良好的加工性能。该方案中加入了抗滴落剂，还可以选择加入玻璃纤维、脱模剂、抗氧剂、热稳定剂以及紫外线稳定剂。

荷兰公司 Sabic Innovative Plastics IP B. V.（NL）在美国专利 8188172（2012）中提到将烷基次膦酸盐应用于阻燃聚酯中，并可以加入 MCA、MP、MPP、三聚氰胺次膦酸盐，还可以加入聚醚酰亚胺以及其他的添加剂。

其次，除了专利以外，在研究领域也将烷基次膦酸盐广泛应用于 PBT、PET、PA6、PA66、PLA 及其加纤材料领域。

Simone Sullalti 等[128] 报道将二乙基次膦酸铝与 MPP 共同阻燃 PBT 的研究。在 PBT 中添加 13.5%的二乙基次膦酸铝以及 0.5%的聚四氟乙烯作为抗滴落剂、0.15%的抗氧剂，可以使 PBT 在 0.8mm 厚的条件下达到 UL 94 V-0 级，二乙基次膦酸铝有助于材料表面形成连续的炭层；在此基础上添加 5%MPP 并且添加 5%热固性组分 Ultem1000，在获得 0.8mm 厚的样品达到 UL 94 V-0 级的同时，还会使材料的 CTI 表现更加优异。E. Gallo 等[129] 将 2%纳米三氧化二铝、8% Exolit OP 1240 和 1%纳米二氧化钛、9% Exolit OP 1240 用于阻燃 PBT，与单纯添加 10% Exolit OP 1240 的样品相比，前述的两种体系均达到了 UL 94 V-0 级的阻燃级别，优于单纯添加 Exolit OP 1240 的 UL 94 V-1 级阻燃效果，但 LOI 值从 31%下降到了 28%和 24%。两种金属纳米氧化物被认为烷基次膦酸铝在与 PBT 基体中对苯二甲酸结构进行成炭反应的过程中催化了这一过程。

Clariant 公司的产品 OP950 是烷基次膦酸锌盐，当其应用于阻燃 PET 中，在燃烧时将会在气相释放磷化氢，在凝聚相形成磷酸酯、磷酸盐、次磷酸盐和聚磷酸盐，从而发挥凝聚相阻燃作用。当其与笼状倍半硅氧烷（POSS）化合物共用时，虽然它们之间没有化学反应，但是二者能够形成加和效应共同成炭，使 PET/OP950/OMPOSS 形成更有效的膨胀型阻燃体系，提高阻燃效果[130]。当 PET/OP950 阻燃体系添加 POSS 纳米材料后，材料的烟雾释放明显减少，且有毒气体也明显受到抑制[131]。添加 Exolit OP1230 于 PET 中，在添加 10%的条件下，根据 IEC 60695-11-10 的标准测定材料的阻燃级别为 UL 94 V-0 级[132]。

将 Exolit OP 1240 用于阻燃 PLA，添加 15%的比例，能够获得 3.2mm 厚度条件下 UL 94 V-2 级的阻燃聚乳酸材料[133]。

Nihat Ali Isitman 等[134] 将 OP1312（由二乙基次膦酸铝、MPP、$ZnBO_3$ 复合组成）用于阻燃含 15%短玻璃纤维的 PA6，当添加量为 15%和 20%时，材料在 3.2mm 厚度下能够达到 UL 94 V-0 级，LOI 值分别为 29.3%和 30.2%。再添加 5%黏土 Cloisite 30B 复合使用时，添加 10%OP1312 阻燃剂，材料即可达到 3.2mm 厚度下的

UL 94 V-0 级，LOI 值为 30.9%，阻燃性能明显提高。

Ulrike Braun 等[135] 将二乙基次膦酸铝应用于阻燃含 30%玻璃纤维的尼龙 66 中，采用 MPP 与二乙基次膦酸铝复合或者采用二乙基次膦酸铝、MPP、硼酸锌三者复合使用阻燃 GF/PA66，当阻燃剂总添加量为 18%时，其阻燃级别能够达到 UL 94 V-0 级，LOI 前者可以达到 28.2%，而后者能够达到 33.3%。且次磷酸铝单独使用会在高温时形成磷铝有机挥发物而不能成炭，而与 MPP 复合使用可以形成磷酸铝盐成炭，由于铝盐是极强的 lewis 酸，因而抑制了 $\alpha$ 碳有机酸的形成，促进了材料的成炭，从而实现良好的阻燃效果。

图 4-67 为膦酸铝盐的合成路线。

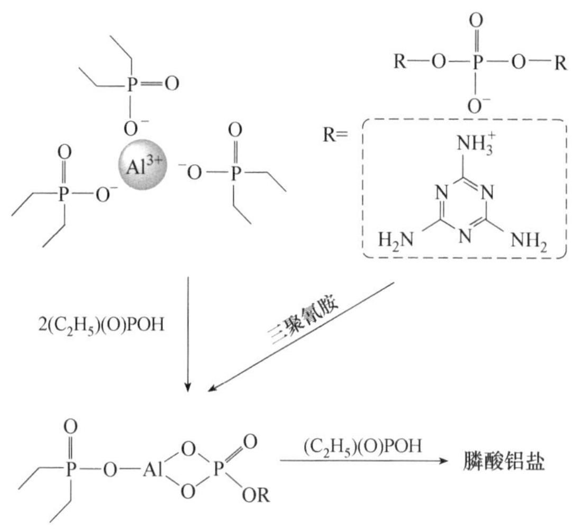


图 4-67 膦酸铝盐的合成路线

将丙基次膦酸铝和 MCA 按质量比 3∶1 制备成阻燃剂应用于尼龙 6 中，当该阻燃剂质量分数为 25%时，阻燃尼龙 6 的 LOI 达到 30.2%，阻燃级别达 FV-0[136]。

# 4.17 2-羧乙基苯基次膦酸

## 4.17.1 概述

2-羧乙基苯基次膦酸，也被称为 3-羟基苯膦酰丙酸，英文名称为 2-carboxyethyl

(phenyl) phosphinicacid，3-(hydroxyphenylphosphinyl)-propanoic acid。在应用领域通常简称 CEPPA。

CAS 号：14657-64-8，分子式：$C_9H_{11}O_4P$，分子量：214.16，外观：白色粉末或结晶，熔点：156～161℃，磷含量约 14%，酸值：约 522mg KOH/g。该化合物易溶于水、乙二醇等溶剂，常温下微弱吸水。

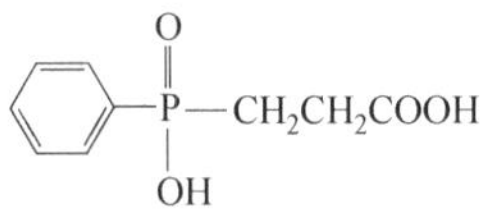

$C_6H_5-P(=O)(OH)-CH_2CH_2COOH$

CEPPA

## 4.17.2 2-羧乙基苯基次膦酸的制备

Monsanto 公司美国专利 4081463（1978）报道了 CEPPA 的制备方法：将苯基二氯化磷 716g（4.0mol）搅拌加热至 90℃，0.5h 滴加 288g（4.0mol）丙烯酸并保温在 105～110℃，由于反应过程中会明显放热，所以需要对装置适度冷却，在该温度下继续滴加 389g（5.4mol）丙烯酸保持其过量，随后将混合物在搅拌条件下 2.5h 内加入 2L 的冷水中，将温度控制在 55℃以下，有白色沉淀产生，获得 767.5g（89.6%）的 CEPPA（图 4-68）。

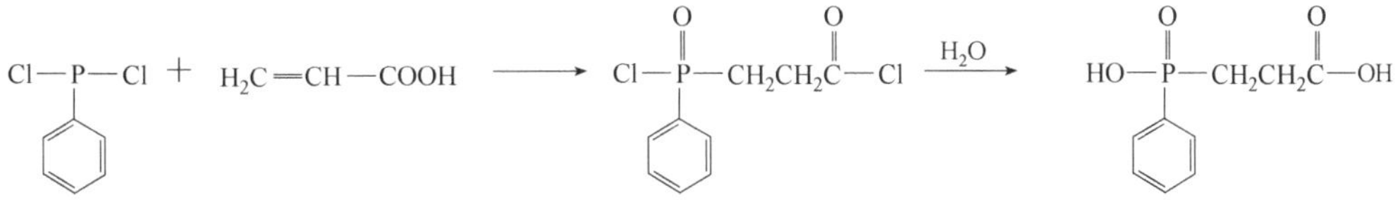

$$C_6H_5PCl_2 + H_2C{=}CH{-}COOH \longrightarrow Cl{-}P(=O)(C_6H_5){-}CH_2CH_2C(=O){-}Cl \xrightarrow{H_2O} HO{-}P(=O)(C_6H_5){-}CH_2CH_2C(=O){-}OH$$

图 4-68 CEPPA 的合成路线

Solutia 公司的美国专利 6320071（2001）、6399814（2002）进一步优化了水解的过程：在 70℃下加入 1808.4g（10.1mol）苯基二氯化磷，通入氮气并搅拌，滴加丙烯酸 837.3g（11.62mol）开始反应，并精确控制滴加过程的温度 80～85℃直至滴加完成，然后升温至 125～130℃保温 1h，再冷却至环境温度；在室温下，将 214g（11.89mol）去离子水在连续氮气吹扫下加入反应器中，添加量为水与中间产物的摩尔比例为 7.4∶1，每摩尔二氯化磷能够制备中间产物 419g，随着反应进行体系将升温至 85～95℃，再次加入 262g（14.56mol）去离子水，最后在 90～95℃下加入 4～6g 30%的双氧水清除源自苯基二氯化磷的白磷，降温至 76℃加入晶种，15min 后冷却至 5℃，搅拌结晶 30min，过滤沉淀并用 476g 去离子水清洗，获得 318.6g CEP-

PA，产率93%。

### 4.17.3 2-羧乙基苯基次膦酸的主要应用领域

CEPPA特别适用于聚酯的阻燃改性，改性后的阻燃PET与原PET可纺性能相当，且热稳定性优良，纺丝无异味。当其添加于PET中，阻燃PET磷含量为0.6%时，其LOI值为29.6%，并随着磷含量的增加其LOI值继续增加，在阻燃过程中能够有效增加材料的残炭产率[137]。

## 4.18 无机次磷酸盐

### 4.18.1 概述

无机次磷酸盐近年来得到了广泛的研究，其中包括钠盐、铝盐、稀土金属镧盐、铈盐等。次磷酸钠热稳定性较差，200℃以上会迅速分解，并释放出$PH_3$，而次磷酸铝的热稳定性明显改善，其初始分解温度在280～290℃，在该温度下开始发生第一阶段释放$PH_3$。

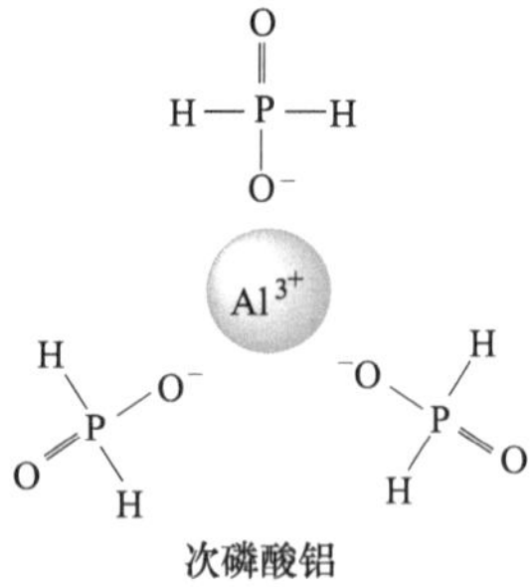

次磷酸铝

### 4.18.2 无机次磷酸盐的制备

次磷酸钠是其他次磷酸盐制备的基础原料，诸如次磷酸铝等其他无机次磷酸盐可通过沉淀法制备。

次磷酸铝的制备工艺如下：在80℃条件下，向$NaH_2PO_2 \cdot H_2O$水溶液滴加定量

的 $AlCl_3$ 溶液，反应 1h 后，将抽滤得到的白色沉淀，经水和乙醇洗涤烘干，即得到产物次磷酸铝。次磷酸镧、次磷酸铈等也可以采用类似的方法制备[138]。

## 4.18.3 次磷酸铝的表征

图 4-69 为次磷酸铝的红外光谱图，2408cm$^{-1}$、2384cm$^{-1}$ 为 P—H 键的吸收峰，1192cm$^{-1}$ 为 P═O 键的伸缩振动峰，1077cm$^{-1}$、831cm$^{-1}$ 为 P—O 的对称和非对称伸缩振动峰。

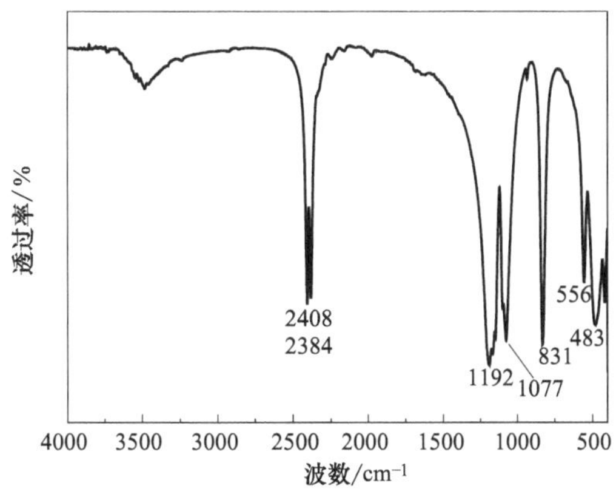


图 4-69 次磷酸铝红外光谱图

次磷酸铝的热失重曲线如图 4-70 所示，氮气氛下其失重 1%时的温度为 338℃。尽管如此，但次磷酸铝在生产和应用过程中，遇到明火或者在震动摩擦时，容易引发热量聚集，释放出 $PH_3$，甚至发生自燃和导致火灾发生，所以需要特别注意生产和使用过程的安全问题。

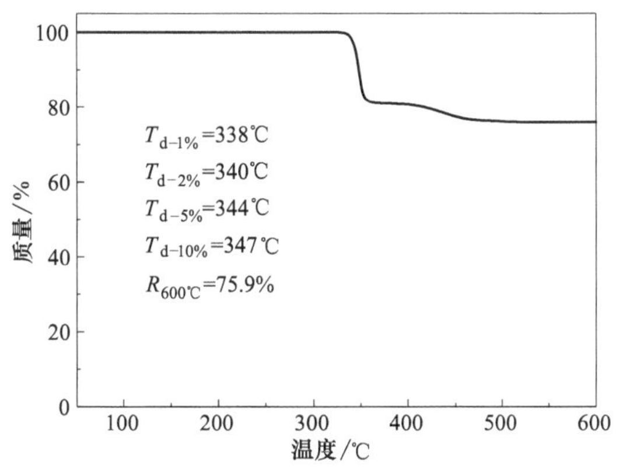


图 4-70 次磷酸铝的热失重曲线

### 4.18.4 无机次磷酸盐的应用技术

次磷酸镧和次磷酸铈与 MCA 复配阻燃加纤 PBT，单独添加 20 份上述次磷酸盐可以获得 UL 94 V-0 级（3.2mm）的阻燃 GRPBT，LOI 值为 28%～29%；而与 MCA 复配的次磷酸盐则有更好的阻燃表现，添加 10 份次磷酸盐，并添加 10 份 MCA，其氧指数可分别达到 29.5%和 30%，更重要的是次磷酸铈盐与 MCA 复配可以获得 UL 94 V-0 级（1.6mm）的阻燃 GRPBT，次磷酸镧与 MCA 复配可以获得 UL 94 V-1 级（1.6mm）的阻燃 GRPBT，这是单独使用次磷酸盐所不能实现的[138]。

次磷酸铝被应用于阻燃 GRPBT（30%玻璃纤维），添加量达到 15%时，其阻燃级别达到 UL 94 V-0 级（3.2mm）和 UL 94 V-2 级（1.6mm），LOI 值为 27%，当添加量达到 20%时，其阻燃级别达到 UL 94 V-0 级（1.6mm），LOI 值为 28.5%，并明显降低了热释放速率峰值[139]。

次磷酸铝也被应用于阻燃 GRPET（30%玻璃纤维），添加量为 10%，或者与 MCA 以 2∶1 的比例共混添加 10%于 GRPET 中，能够获得 UL 94 V-0 级的阻燃材料，氧指数分别达到 30%和 31%。同时阻燃剂的添加促进了炭层的形成，减少了热分解物质的释放，降低了材料的热释放速率[140]。

## 4.19 成炭剂

### 4.19.1 概述

成炭剂是膨胀阻燃体系（intumescent flame retardant，IFR）中的重要组成部分，一般是含碳量高的多羟基化合物或含氮化合物。IFR 主要由酸源（脱水剂）、炭源（成炭剂）、气源（发泡剂）三个部分组成，成炭剂能在燃烧过程中与脱水剂反应，进而释放水分子并被炭化，是形成膨胀炭层物质的基础。IFR 主要通过凝聚相成炭来发挥阻燃作用，实现材料燃烧时热量的缓慢释放，因此炭源的优劣直接决定了 IFR 阻燃效果的好坏。成炭剂的种类主要有季戊四醇（PER）、三嗪衍生物、酚醛树脂、热塑性聚氨酯、聚酰胺、丁四醇、环己六醇、淀粉、麦芽糖等物质。随着无卤化阻燃的进一步发展，成

炭剂与 APP、MPP 等物质复配所形成的 IFR 被广泛应用于聚烯烃、聚酰胺等聚合物的阻燃[141]。

20 世纪 80 年代中期，IFR 开始应用于阻燃聚合物，所使用的成炭剂为季戊四醇（PER）、甘露醇和山梨醇等物质，其中以 PER 的研究最为广泛。但是传统成炭剂 PER 等由于易迁移、热稳定性差、耐水性差、与基体相容性差等缺点使其应用受到限制。因此，后期开发了一些新型成炭剂，这其中以三嗪及其衍生物成炭剂的研究最为广泛。目前三嗪类成炭剂由于其众多的优势已经成为成炭剂产业最主要的品种。

目前已形成产业化的成炭剂公司有普塞呋（清远）磷化学有限公司、黑龙江省润特科技有限公司等。

### 4.19.2 成炭剂的分类

#### (1) 多元醇及衍生物

多元醇主要包括 PER、山梨醇、丁四醇、环己六醇等，其中以 PER 的研究及使用最广泛，典型应用体系为 APP/PER/MEL 体系。但是该类成炭剂羟基结构多，吸湿性大，热稳定性不够，限制了其应用。

PER　山梨醇　丁四醇　环己六醇

PER 的衍生物也是研究较多的一类成炭剂。PER 分子带有四个羟基，可与其他活性基团反应构建新成炭剂分子，如与三氯氧磷反应得到笼状磷酸酯成炭剂 PEPA[142]；而 PEPA 结构含有一个羟基，还可以继续与其他物质反应，如与苯基二氯氧磷反应生成成炭剂 BCPPO[143]，还可以与三氯氧磷、PER 反应生成成炭剂 SBCPO[144] 等。此类成炭剂大大改善了 PER 易吸水等缺点，且在一定程度上提高了其成炭性能。

PEPA　BCPPO

SBCPO

(2) 高分子聚合物成炭剂

主要包括酚醛树脂、热塑性聚氨酯、聚酰胺等物质。该类成炭剂的成炭能力一般，并且易出现添加量小时成炭效率不足，添加量大时与基体材料不相容等特点。因此，该类成炭剂一般可用于特殊品种的聚烯烃，如PA6/APP体系用于羧酸化PP的阻燃，以此提高成炭剂与PP基体的相容性[145]。

(3) 三嗪衍生物成炭剂

三嗪环是一种含3个氮原子的六元杂环化合物，分子式为$C_3N_3H_3$，包括三种同分异构体，其中在成炭剂分子的构建中，以1,3,5-三嗪结构的使用最为广泛。由于三嗪环结构具有优异的化学稳定性和热稳定性，同时三嗪环和高含氮结构具有良好的成炭作用，因此三嗪衍生物被广泛用来制备成炭剂。通常含有三嗪结构的化合物包括三聚氯氰、三聚氰胺、三聚氰酸等，其中以三聚氯氰为原料制备三嗪衍生物的研究最多，因为三聚氯氰带有三个活性C—Cl基团，能在不同的温度下发生取代反应。因此可以通过控制反应温度和反应物的比例，与其他基团构建一系列的三嗪衍生物成炭剂分子。

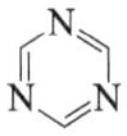

1,3,5-三嗪

根据三嗪衍生物的结构，可分为小分子三嗪成炭剂和大分子三嗪成炭剂，而大分子三嗪成炭剂又可分为线型大分子成炭剂、体型大分子成炭剂。

① 小分子三嗪成炭剂　传统的三嗪类小分子成炭剂有三(2-羟乙基)异氰酸酯，该成炭剂效率一般，并且水溶性大，和聚合物的相容性不理想。新型三嗪小分子成炭剂一般通过三聚氯氰和单反应官能团物质反应制备小分子三嗪成炭剂，如CC-Cy[146]；此外也可通过对反应物比例和温度的控制，利用三聚氯氰和多官能团物质制备小分子成炭剂，如成炭剂PT[147]。

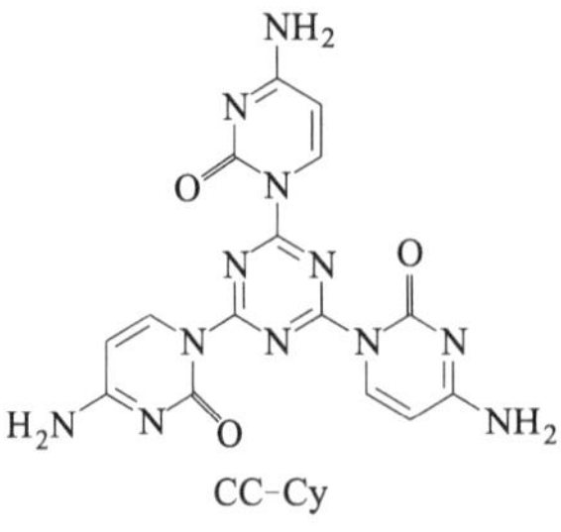

CC-Cy 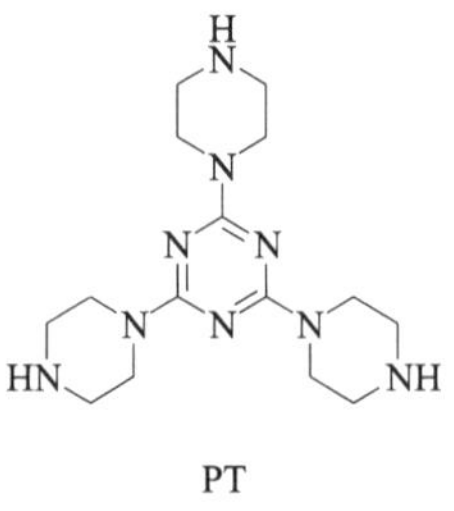　　PT

② 线型大分子三嗪成炭剂　在目前的线型大分子三嗪成炭剂研究中，所使用的三嗪化合物原料大多数都是三聚氯氰。通用的制备方法是，先用活性物质在低温下取代掉三聚氯氰上的第一个氯原子，由于三聚氯氰的第一个氯原子在0～5℃就能发生反应，

即先封端得到带有两个官能度的三嗪化合物，然后再用两官能度的化合物与该两官能度的三嗪结构物质进一步反应制备线型大分子三嗪成炭剂，如图 4-71 所示。其反应大多数是胺类化合物与 C—Cl 基团发生取代反应。目前市售成炭剂大多数是该类产品。

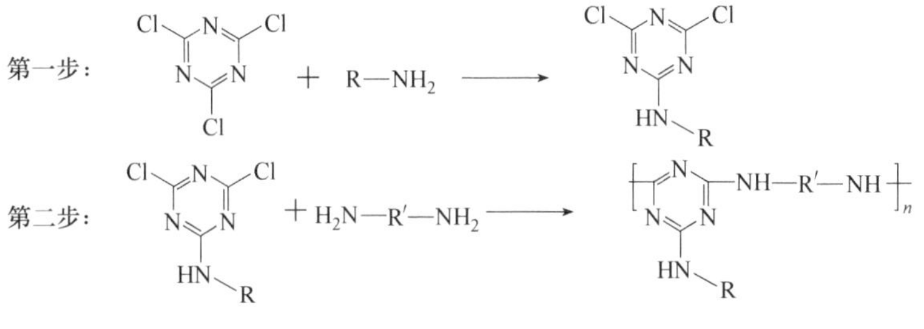

第一步：三聚氯氰 + R—$NH_2$ ⟶ 单取代二氯三嗪（HN—R）

第二步：单取代二氯三嗪 + $H_2N$—R′—$NH_2$ ⟶ $\left[\text{三嗪}—NH—R'—NH\right]_n$

图 4-71 线型大分子三嗪成炭剂的合成路线

具体制备原料有三聚氯氰、乙二胺、苯胺、丁胺、乙醇胺等，如成炭剂 CNCD-DA、CNCO-HA、CNCA-DA、PTCA、PETAT 等[148-152]。

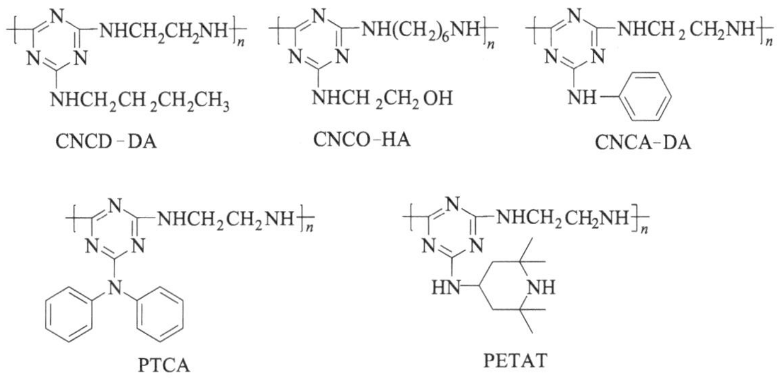

CNCD-DA CNCO-HA CNCA-DA

PTCA PETAT

此外，近年来研究发现哌嗪结构的引入可大大提高成炭剂的成炭效率以及与 APP 复配时 IFR 的阻燃性能。主链是哌嗪和三嗪环结构的成炭剂有 ETPC、PEPAPC 等[153,154]。

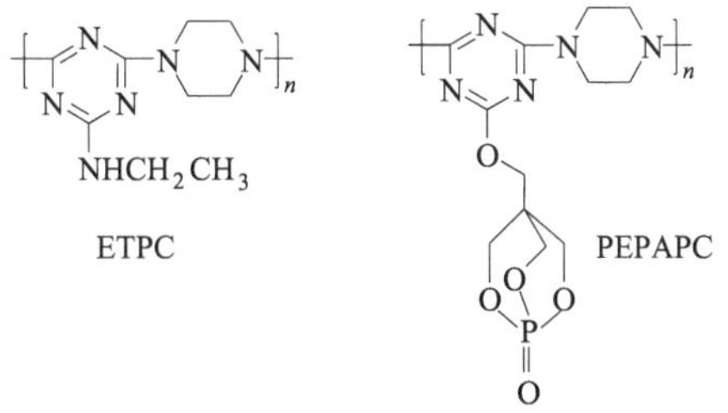

ETPC PEPAPC

③ 体型大分子三嗪成炭剂 体型大分子三嗪成炭剂是近年来成炭剂研究领域较多的一类成炭剂，其制备工艺简单、往往通过一锅煮法即可制备；此外还具有稳定性好、成炭率高等特点。

制备该类成炭剂的原料通常为三聚氯氰和二胺类物质。如以三嗪环和哌嗪环结构为基础的成炭剂 PT-Cluster[147]，以三嗪环和乙二胺结构为基础的成炭剂 EA[155]，以三嗪环和苯二胺结构为基础的超支化芳胺三嗪成炭剂[156]、HPCA[157,158]等，其中苯环的存在可以适度提高成炭剂的稳定性。

目前，实际生产体型大分子成炭剂的过程中，一般用多种二胺或亚胺类物质与三聚氯氰反应，是为了使生产成本与成炭剂效率达到最佳的平衡状态。

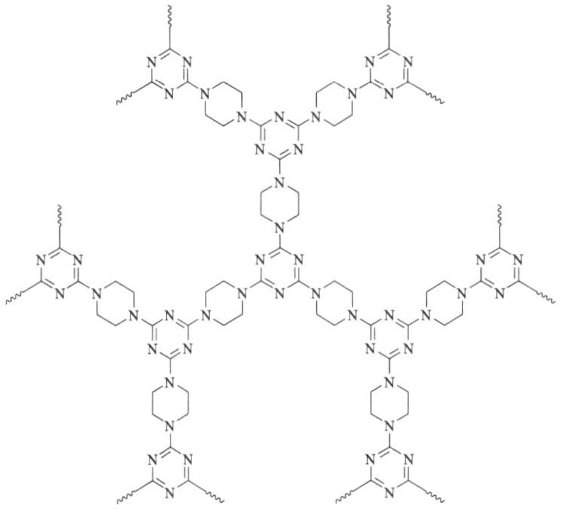

PT-Cluster

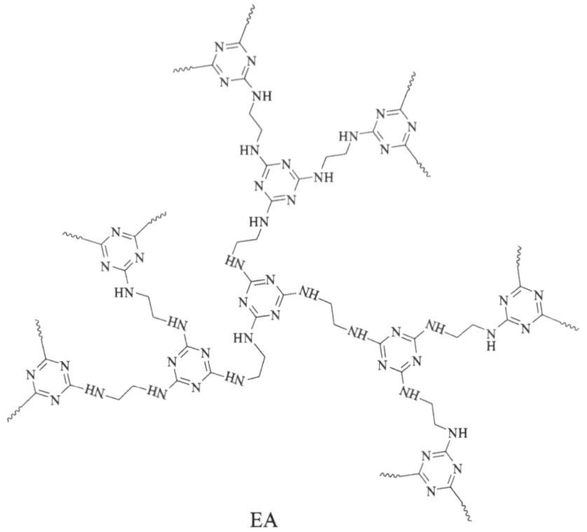

EA

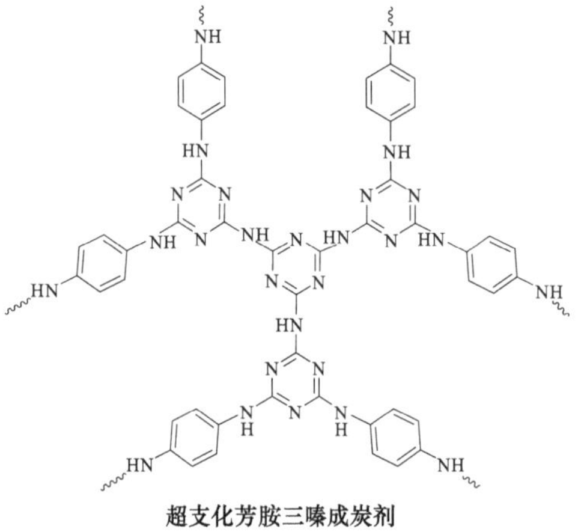

超支化芳胺三嗪成炭剂

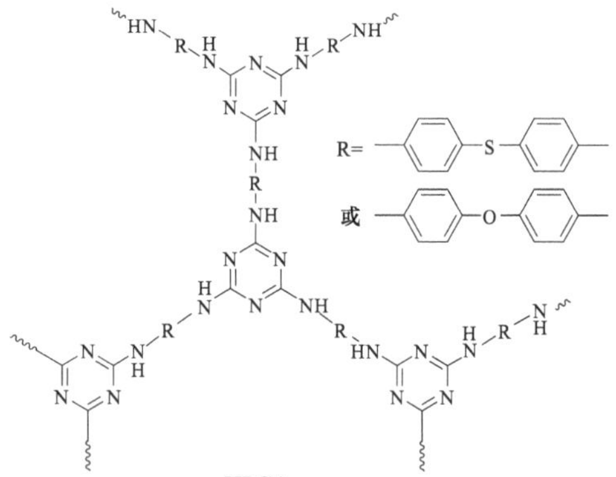

HPCA

④ 其他新型成炭剂　包括可膨胀石墨、氧化石墨烯等物质。

## 4.19.3 成炭剂的合成及表征

以三嗪成炭剂为例，小分子三嗪成炭剂 PT 及大分子体型成炭剂 PT-Cluster 的合成及表征结果如下[147]。

### (1) 合成

PT 的合成：为了避免交联生成大分子产物，哌嗪需要过量，且过量越多，产物越纯，哌嗪与三聚氯氰的投料比为 5∶1 到 6∶1（摩尔比）即可。首先在烧瓶中，加入哌嗪、二噁烷溶液、缚酸剂碳酸钠，缚酸剂作用是吸收反应过程产生的 HCl；并且使三聚氯氰同样溶于二噁烷备用；待哌嗪溶解之后，在低温条件下缓慢向体系中滴加三聚氯氰溶液；滴加完毕后，分别在 35℃反应 2h，65℃反应 2h，95℃反应 1h。最后经提纯可得到产物 PT。

PT-Cluster 的合成：与 PT 合成方法类似。只是原料投料比需要改变，并且不需要逐步升温。投料比决定了大分子成炭剂的分子量或支化程度，哌嗪与三聚氯氰的投料比可以从 1.6∶1 到 2.5∶1（摩尔比）或更高，比例越小，成炭剂分子尺度越大。以 1.7∶1 为例，得到产物 PT-Cluster。

图 4-72 为 PT 和 PT-Cluster 的合成路线。

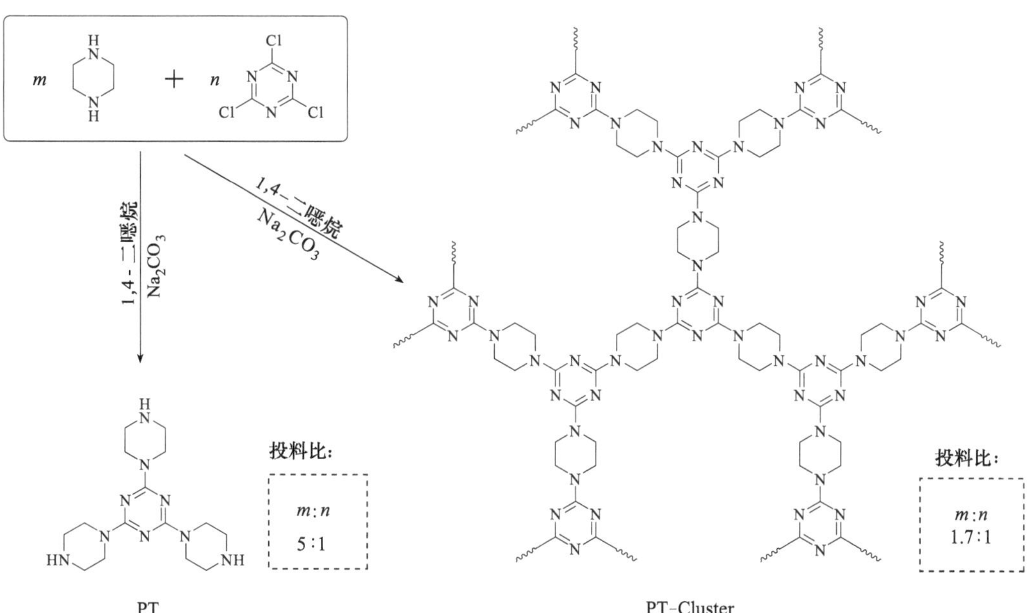


图 4-72　PT 和 PT-Cluster 的合成路线

### (2) 表征

图 4-73 为 PT 和 PT-Cluster 的红外光谱图。

PT：998cm$^{-1}$（三嗪与哌嗪环之间的 C—N 基团），1435cm$^{-1}$、1532cm$^{-1}$（三嗪环上的 C═N 基团），2846cm$^{-1}$、2904cm$^{-1}$（哌嗪环上的 $CH_2$ 基团），3430cm$^{-1}$（哌嗪环上未反应的 N—H 基团）。

PT-Cluster：995cm$^{-1}$（三嗪与哌嗪环之间的 C—N 基团），1436cm$^{-1}$、1558cm$^{-1}$（三嗪环上的 C═N 基团），2864cm$^{-1}$、2927cm$^{-1}$（哌嗪环上的 $CH_2$ 基团），由于大多数氨基已经被反应掉，因此 N—H 的吸收不明显。

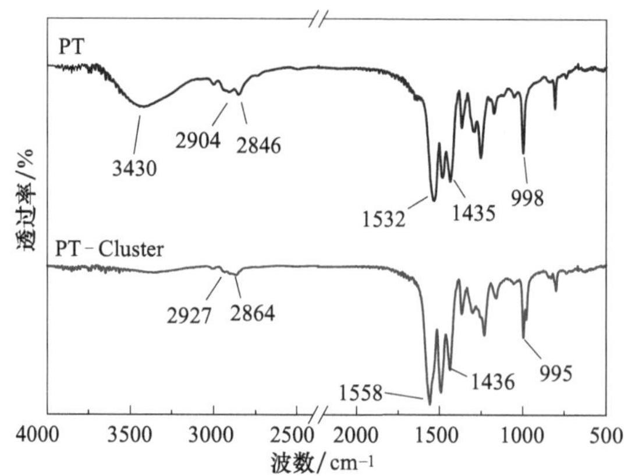


图 4-73　PT 和 PT-Cluster 的红外光谱图

图 4-74 为 PT 和 PT-Cluster 的 $^{13}C$ 固体核磁图。

PT：44.04ppm（哌嗪环上的 C），165.85ppm（三嗪环上的 C）。理论比值为 1∶2.267，实际为 1∶3.9。

PT-Cluster：44.39ppm（哌嗪环上的 C），165.09ppm（三嗪环上的 C）。理论比值为 1∶4，实际为 1∶2.2。

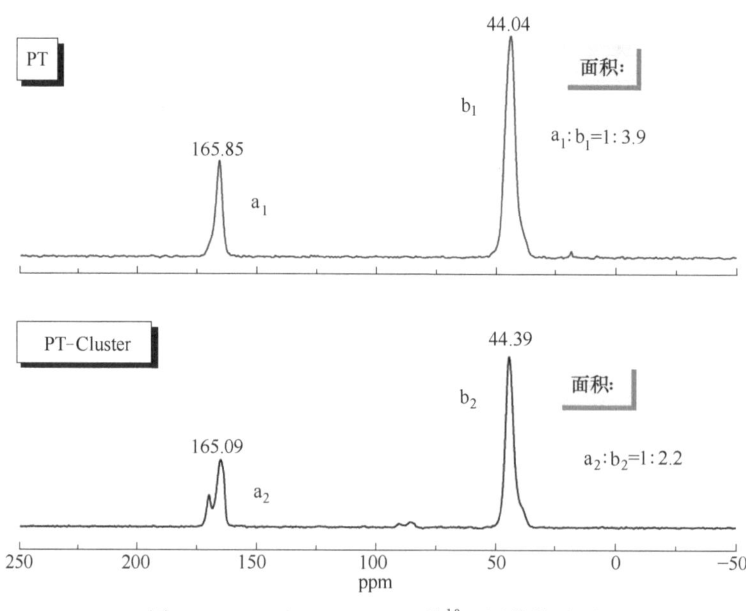


图 4-74　PT 和 PT-Cluster 的 $^{13}C$ 固体核磁图

### 4.19.4　成炭剂的主要应用领域

成炭剂主要用来与 APP、MPP 等物质复配，用于聚烯烃或者工程塑料的无卤膨胀阻燃。具体阻燃机理及应用将在 4.20“化学膨胀型阻燃剂”作详细介绍。此外成炭剂还可用于与其他阻燃剂复配，起到协效阻燃的作用。

# 4.20 化学膨胀型阻燃剂

## 4.20.1 膨胀型阻燃剂简介

膨胀型阻燃剂，简称 IFR（intumescent flame retardant），分为物理膨胀型阻燃剂和化学膨胀型阻燃剂，其中物理型膨胀阻燃剂以可膨胀石墨为主，通过加热造成石墨片层卷曲而迅速膨胀；而化学膨胀型阻燃剂通常要以酸源、炭源和气源三源共同作用，经热解化学反应生成泡沫炭层发挥阻燃作用。其中化学膨胀型阻燃剂（IFR）以 P、N、C 为主要核心，物理膨胀以可膨胀石墨为基础，正在受到越来越多的关注。IFR 具有高效、低烟、低毒、添加量少、无熔滴等优点，在某些材料中具有比其他阻燃剂更加优异的阻燃表现，因此膨胀型阻燃剂也就被越来越多地应用于各种复合材料当中。并且，膨胀阻燃技术已成为当前最活跃的阻燃研究领域之一，研究应用前景广阔[159-168]。

## 4.20.2 化学膨胀型阻燃剂的组成

膨胀阻燃体系一般由酸源（脱水剂）、炭源（成炭剂）和气源（发泡剂）三个部分组成。

酸源：以聚磷酸铵、三聚氰胺聚磷酸盐、硅酸盐、马来酸酐[169] 等为主，这些物质均可以受热分解产生酸，功能是与炭源发生酯化反应，使之脱水。

炭源：主要是一些含碳量较高的多羟基化合物或碳水化合物，如季戊四醇（PER）、酚醛树脂、聚酰胺、丁四醇、环己六醇、淀粉、麦芽糖、三嗪类化合物等[170,171]，这些物质是能被脱水剂夺走水分而被炭化的物质。功能是提供形成泡沫炭层主要的基础物质。

气源：主要有三聚氰胺、双氰胺、聚磷酸铵、尿素[170,172] 等，这些物质能够在受热分解时释放出大量无毒且不易燃气体，功能是发挥发泡作用使形成的炭膨胀。

### 4.20.3 化学膨胀型阻燃剂的阻燃机理

IFR 通过凝聚相和气相共同作用，实现阻燃效果。

凝聚相：凝聚相成炭是主要作用。当材料受热时，由酸源释放无机酸，无机酸与炭源发生酯化反应，炭源脱水成炭，气源可以产生不燃性气体，这些气体填充到炭层中，使熔融状态的炭层膨胀发泡，反应接近完成时，体系固化，形成多孔泡沫炭层，如图 4-75 所示。炭是极难燃烧的物质，炭层能隔热隔氧，有效地保护炭层下面的聚合物不被继续燃烧[173-176]。

图 4-75 膨胀型阻燃剂的泡沫炭层

气相作用：酸源裂解还可能产生一些自由基，如 APP、MPP 等裂解会产生 PO·和 $PO_2$·等自由基，起到气相猝灭作用，促进裂解物质的不完全燃烧，进一步降低燃烧强度。

因此，IFR 阻燃机理包括两部分：交联的炭层发挥凝聚相阻燃作用；产生的自由基发挥气相阻燃作用。

### 4.20.4 典型化学膨胀型阻燃体系——聚磷酸铵/三嗪成炭剂体系

#### (1) 聚磷酸铵/三嗪成炭剂体系组成及作用原理

磷氮膨胀型阻燃剂是以磷、氮为主要成分的阻燃剂，其发烟量、有毒气体的生成量很小，并显示出良好的阻燃性能，被认为是今后阻燃剂的重要发展方向之一[177]。其中被广泛应用且极具潜力的一种化学膨胀型阻燃体系为 APP/三嗪成炭剂体系。与传统的 APP/多元醇成炭剂体系相比，APP/三嗪成炭剂体系表现出更高的膨胀阻燃效率。在燃

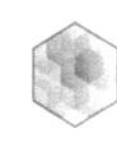



烧过程中 APP 与三嗪成炭剂之间发生反应，生成 P—O—C 交联结构，APP 所释放的氨气起到发泡作用，从而产生膨胀型炭层。此外，三嗪成炭剂的高含氮量进一步促进更多物质被保留在凝聚相中，减少材料的燃烧。APP 还能释放的磷氧自由基发挥猝灭效应，可抑制材料的燃烧强度。

图 4-76 为 APP/三嗪成炭剂阻燃机理。

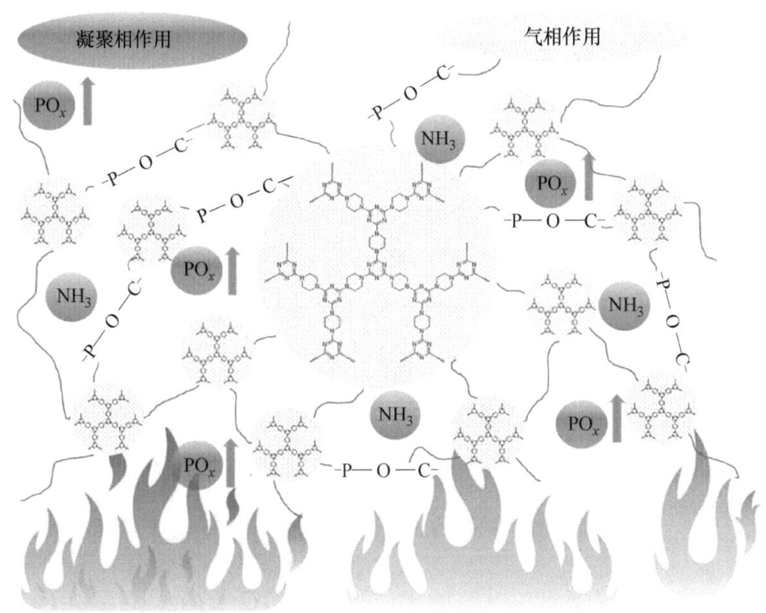


图 4-76　APP/三嗪成炭剂阻燃机理

(2) APP/三嗪成炭剂体系在聚合物中的应用

APP/三嗪成炭剂体系常用于聚烯烃的阻燃改性，以聚丙烯应用最多。三种线型三嗪成炭分子结构如下所示[178-180]，当 APP 与 CNCD-DA 的质量比为 3∶1、添加量为 30%时，IFR 阻燃 PP 的极限氧指数值达到 36.5%，能显著抑制火焰和烟的生成。CNCO-HA 具有良好的成炭性，在 600℃和 700℃时的成炭产率分别为 36.2%和 6.2%(空气氛)，当与 APP 复配时，相应的成炭产率提高到了 39.8%和 25.5%。此外，当 APP 与 CNCO-HA 的质量比为 4∶1、添加量为 30%时，IFR 阻燃 PP 样品通过 UL 94 V-0 测试，极限氧指数值达到 40.2%。CNCA-DA 分子的热稳定性是下列三中成炭剂分子中最高的，这得益于结构中的三嗪环和苯环结构。当 APP 与 CNCA-DA 的质量比为 2∶1、添加量为 30%时，阻燃 PP 样品通过 UL 94 V-0 测试，并且极限氧指数值达到 35.6%。对比三种线型大分子成炭剂，通过 APP 与不同结构三嗪成炭剂复合阻燃 PP 的效果可发现，成炭剂的结构组成及基团比例对 IFR 体系的阻燃效率有比较大的影响。

CNCD-DA　　CNCO-HA　　CNCA-DA

## 4.20.5 典型化学膨胀型阻燃体系——聚磷酸铵/季戊四醇/三聚氰胺体系

### (1) 聚磷酸铵/季戊四醇/三聚氰胺体系组成及作用原理

最典型并且最早被广泛应用的磷氮系膨胀型阻燃剂之一就是聚磷酸铵（APP)/季戊四醇（PER)/三聚氰胺（MEL）体系。其中三聚氰胺充当气源，季戊四醇是炭源，聚磷酸铵既可作酸源又可作为气源。该 IFR 阻燃体系的阻燃原理如图 4-77 所示：在较低温度下，先由 APP 释放出酸性物质，然后在稍高于释放酸的温度下，APP 和多元醇化合物发生酯化反应，在酯化过程中，酯化产物脱水成炭，形成炭层，体系开始熔融；酯化反应产生的水蒸气、氨气等气体和由气源产生的不燃性气体填充到炭层中去，使体系膨胀发泡，反应接近完成时，体系炭层固化，最后就形成了多孔泡沫炭层，从而达到阻燃的目的[181,182]。G Camino 等人[183] 研究了不同添加量的 APP/PER/MEL 的膨胀体系对聚丙烯材料的阻燃作用。证实了 APP 与 PER 发生酯化反应，脱水成炭，MEL 分解放出氨气，体系形成一层泡沫炭层，可以阻碍热传导并隔离氧气，抑制了聚丙烯材料燃烧。

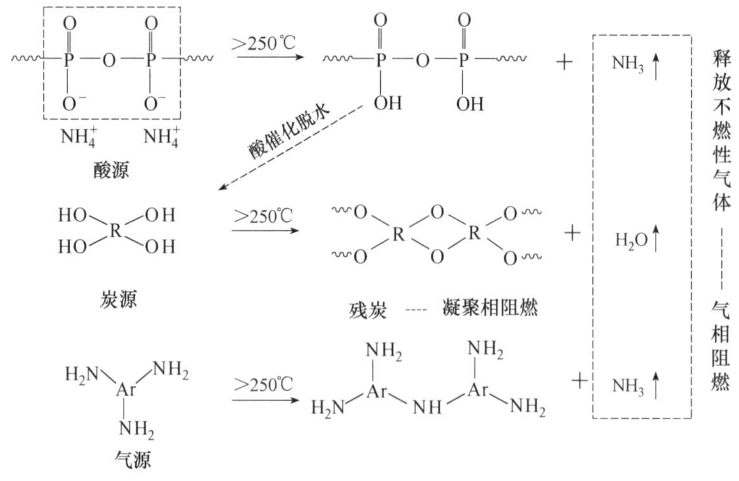


图 4-77　三元化学膨胀阻燃体系

### (2) 聚磷酸铵/季戊四醇/三聚氰胺阻燃体系在聚合物中的应用

用 APP、PER、MEL 为基本阻燃体系并配合有机蒙脱土（OMMT）阻燃聚丙烯，并以聚苯乙烯-丁二烯-苯乙烯（SBS）为增韧剂，马来酸酐接枝聚丙烯（PP-*g*-MAH）

为增容剂。加入了40%的IFR后，PP的极限氧指数由17%提升为28.5%，初始分解温度由纯PP的440.8℃升高到455.3℃，600℃的残炭产率提高了15.62%；IFR诱导PP形成一定量$\beta$晶型；添加少量OMMT后，起到协同阻燃和增容作用，使材料在保持拉伸强度基本不变的情况下，缺口冲击强度提高1.92倍[184]。

采用APP/PER/MCA膨胀阻燃体系阻燃EVA。当APP∶PER∶MCA的质量比为8∶4∶3，IFR的总添加量为40%时，阻燃EVA样品的阻燃和力学性能最好，其极限氧指数为26%，拉伸强度为6.62MPa[185]。

张胜等人[186] 研究了APP、MEL、PER阻燃尼龙纤维，该膨胀型阻燃系统提高了尼龙纤维的阻燃性能，并且减少了尼龙燃烧时的滴落倾向。添加阻燃剂后的尼龙纤维LOI最高可达27.9%，热失重速率降低，形成更多的残炭并释放更少的热量。然而添加阻燃剂的纤维拉伸强度和洗涤耐久性均有所降低，所以该膨胀型阻燃剂可以应用于制造那些对拉伸强度和洗涤耐久性要求不高的产品，比如地毯和窗帘等。

膨胀型阻燃剂APP、PER、MEL以及协效剂硼酸锌（ZB)、有机蒙脱土用于阻燃三元乙丙橡胶（EPDM）/PP。在EPDM/PP中加入APP、PER、MEL时，随着三者加入量的增加，体系的阻燃性能增强，三者的最佳用量为30份APP、10份PER、10份MEL，体系的pk-HRR从772.4kW/$m^2$降低至292.1kW/$m^2$，但拉伸强度明显降低[187]。

采用聚磷酸铵APP与PER协效阻燃PE复合材料。IFR中APP与PER的质量比为3∶1，IFR的最佳添加量为30.7%，材料极限氧指数为28.8%，UL 94垂直燃烧达到V-0级[188]。同样采用APP与PER协效阻燃ABS。在IFR含量为30%时阻燃效果最佳，ABS的氧指数可达27.4%，垂直燃烧达到FV-0级；IFR的加入使体系的残炭产率显著增加，650℃时ABS的残炭产率由1.9%增至21.32%[189]。

## 4.20.6 其他化学膨胀型阻燃体系

近年来，出现了许多集酸源、炭源、气源其中二者甚至三者功能于同一分子的膨胀型阻燃剂，如常见的三聚氰胺磷酸盐（MP)、季戊四醇磷酸盐（PEPA)，以及一些新型的分子如2,4,8,10-四氧代-3,9-二磷基[5,5]-十一烷-3,9-二氧代-乙酰胺-*N*,*N*-二甲基-*N*-十六烷-溴化铵(PDHAB)[190]、4-(5,5-二甲基-2-氧代-1,3,2-二噁磷烷-2-氧代甲基)-2,6,7-三氧代-1-磷代-二环-[2,2,2]-辛烷-1-氧化物（MOPO)[191] 等等，它们的结构如下所示，这些分子大多都含磷含氮，在受热时既能释放不燃性气体，又能产生酸性物质使体系脱水成炭，将这些新型的分子应用于IFR中可以消除混合型膨胀阻燃剂的一些缺点，改善材料的膨胀阻燃效果。

MP　　PEPA　　MOPO

PDHAB　　N-PBAAP

### 4.20.7 膨胀阻燃体系阻燃聚合物的研究

#### (1) 阻燃 PP 的研究

钱立军等[192] 将大、小分子的三嗪衍生物成炭剂 PT、PT-Cluster 与 APP 复配用于聚丙烯的阻燃研究。发现以三嗪/哌嗪结构为基础的成炭剂与 APP 的混合物在 PP 中表现出了优异的协同膨胀阻燃效应。成炭剂与 APP 的质量比为 1∶4、总添加量为 25%时，极限氧指数达到了 34%左右，并通过了 UL 94 V-0 级别。如图 4-78 所示，阻燃材料的热释放速率峰值较 PP 下降了 70%以上，并且极大地延缓了材料到达热释放峰值的时间。

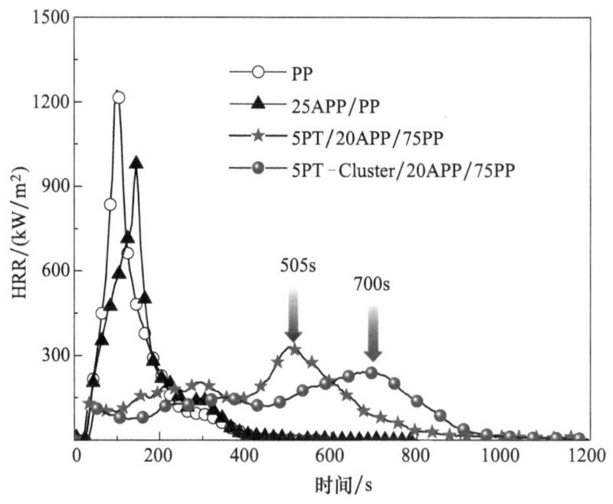

图 4-78　材料的热释放速率曲线

通过异氰尿酸三缩水甘油酯与 MEL 本体熔融聚合反应，合成了一种交联结构的三嗪类聚合物成炭剂 TCLP（结构如下）。该交联聚合物与聚磷酸铵按质量比为 1∶5 组成的 IFR 应用于聚丙烯阻燃。当膨胀阻燃剂用量为阻燃聚丙烯的 32%时，其阻燃氧指数达到 32%，垂直燃烧达到 FV-0 级，热释放速率峰值为 486kW/m$^2$，比纯 PP 降低了

47.5%，而有焰燃烧时间为714s，比纯聚丙烯增加了54.9%，燃烧所获得的炭层展现出连续致密的结构[193]。

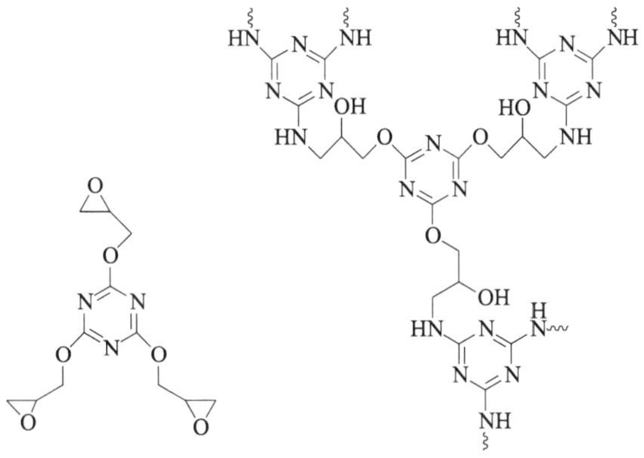

异氰尿酸三缩水甘油酯　　TCLP

欧育湘等[105] 合成两种双环笼状磷酸酯 Trimer 和 PEPA 为基础的 IFR 用来阻燃 PP。阻燃 PP 与纯 PP 相比，HRR、THR 及 MLR 分别降低约 70%、60%及 50%。当 IFR 的用量为 30%时，阻燃体系的 LOI 可达 30%左右，UL 94 垂直燃烧达到 V-0 级，燃烧中生成的残炭内外表面都分布有膨胀形成的均匀闭孔，孔径为 20～70μm，壁厚为 2～4μm，燃烧残炭呈片层结构[194]。

将三聚氯氰与甲醇进行取代反应、三聚氰胺与甲醛进行加成反应得到两种中间体，两种中间体在 90℃反应得到一种聚合物型含氮阻燃剂 IFR。合成的 IFR 为白色粉末，初始分解温度为 280℃，不溶于水及其他有机溶剂。将该 IFR 与 APP 和蒙脱土（MMT）共同作用于 PP 制成膨胀阻燃 PP 体系。当阻燃剂总添加量为 30%、其中的成炭剂和 APP 质量比为 1∶2 时，体系的 LOI 为 29%，UL 94 垂直燃烧达到 V-2 级；当添加 0.5%的 MMT 时，体系的 LOI 提高到 31%，UL 94 垂直燃烧通过 V-0 级，燃烧后的炭层表面光洁无空洞，炭层致密[195]。

方征平等人[196] 合成了一种低聚物聚（4，4-二氨基联苯甲烷-*O*-二环季戊四醇磷酸盐）（PDBPP），并将它分别与金属螯合物乙酰丙酮化锌、乙酰丙酮化铬协同阻燃 PP，PDBPP 的结构如下所示。发现金属螯合物中释放的金属阳离子可以与 PDBPP 分解产生的聚磷酸反应，通过盐桥形成了更加致密的网络结构，产生具有更高热稳定性的炭层，提高了 PP/PDBPP 系统的阻燃效果。杜宝宪等人[197] 探索了将碳纳米管（CNTs）与 P-N 膨胀型阻燃剂同时嵌入到 PP 中去，结果表明 CNTs 能够非常理想的均一分散在 PP 基材中。CNTs 的引入只增强了材料的热稳定性，却降低了材料的阻燃性能。方征平等人[170,174] 分别将有机黏土和十二烷基磺酸钠-夹层双氢氧化物（SDS-LDH）应用于 IFR/PP 中，热稳定性研究表明 SDS-LDH 对体系热稳定性的提升主要体现在热降解初期，而有机黏土作用主要体现在中后期，有机黏土对成炭效果的提升较SDS-LDH更加明显。

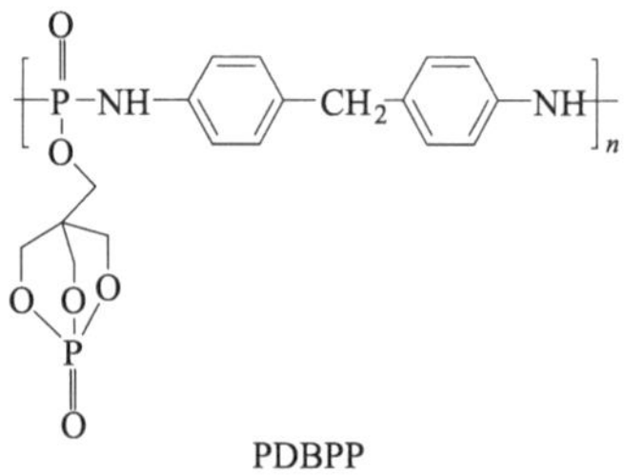

PDBPP

(2) 阻燃 PE 的研究

将一种新型大分子三嗪系成炭剂（CFA），其结构如下所示，与三聚氰胺甲醛树脂包裹聚磷酸铵（MCAPP）复配，制备无卤膨胀阻燃低密度聚乙烯复合材料。当阻燃剂的添加量为30%、CFA与MCAPP的质量比为1∶3时，此膨胀阻燃低密度PE复合材料具有优良的阻燃性能、热稳定性能以及耐水性能，LOI达到27%，UL 94垂直燃烧达到V-0级。复合材料在70℃的热水中处理168h后，仍能通过UL 94垂直燃烧V-0级[198]。

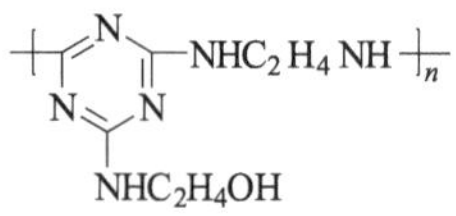

CFA

一种锌螯合物——锌-四乙基[1,2-亚苯基二（氮烷）]二（2-羟基苯甲基）二磷酸盐（Zn-TEPAPM），其结构如下所示，将其与APP复合用于阻燃LDPE中，添加少量的Zn-TEPAPM可以非常明显地提高LDPE的热稳定性和阻燃性能，发现添加1%的Zn-TEPAPM到LDPE/APP中时明显减少了材料的HRR并提高了LDPE成炭量，这是因为在Zn-TEPAPM的催化作用下体系形成了紧凑完整的表面炭层，因此更多的热降解产物会被封闭在多孔的炭层中[199]。

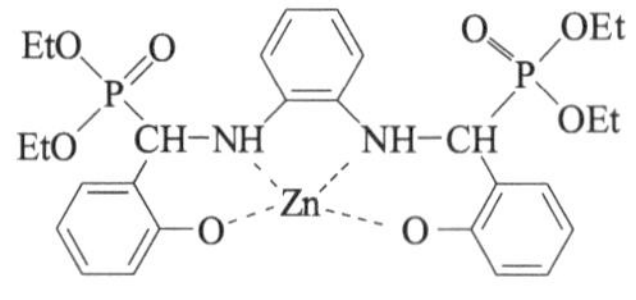

Zn-TEPAPM

采用APP、MEL、成炭剂和HDPE制备膨胀型阻燃复合材料，其中APP∶MEL∶成炭剂∶HDPE的质量比为21∶4∶5∶70，而四种成炭剂分别是季戊四醇、丙三醇、乙二醇、聚乙二醇。使用四种不同成炭剂均可使HDPE的阻燃效果有所提高，燃烧无滴落，表面形成稳定致密的炭层。其中乙二醇型膨胀阻燃复合材料阻燃效果最好，其氧指

数达到了 26.7%，UL 94 垂直燃烧达到 V-0 级，乙二醇成炭剂不仅提高阻燃剂的阻燃效率而且提高了复合材料的冲击性能[200]。

(3) 阻燃 ABS

对聚磷酸蜜胺盐（MP）进行了包覆改性，并将包覆后的 MP 与三聚氰胺共同应用于磷系复配膨胀阻燃体系。当 MP∶MEL 质量比为 3∶1、阻燃剂在 ABS 中总添加量为 25% 时，体系的综合性能最好，极限氧指数可达 26.1%，而力学性能下降约 37%[201]。

以 APP 为酸源，聚对苯二甲酰己二胺（PA6T）为炭源，制备膨胀型阻燃 ABS。当 APP∶PA6T 质量比为 5∶1、IFR 总添加量为 40%时，阻燃体系的氧指数可达到 33%，且通过 UL 94 垂直燃烧测试 V-0 级；当 2%次磷酸铝作为协效剂添加到阻燃体系中时，进一步提高了阻燃体系的燃烧性能。阻燃体系燃烧表面形成了膨胀、均匀、致密的炭层结构[202]。

用磷酸与三聚氰胺反应制备无卤阻燃剂磷酸蜜胺盐（MPP），并将其作为插层剂用以制备磷酸蜜胺盐-蒙脱土（MPM）。在 ABS/MPP 复合材料中，固定 $n$(N)∶$n$(P) 为 1∶6，$n$(MPP)∶$n$(PER) 为 2.5∶1 时，复合材料的阻燃级别达到 FV-0 级，拉伸强度为 24.6MPa，熔体流动速率为 6.72g/10min。加入 MPM 后，ABS/MPP 复合材料的力学性能进一步得到改善，拉伸强度上升到 32.5MPa，提高了 24%，综合性能更佳[203]。

由双酚 A 双（磷酸二苯酯）（BDP）、APP 及酚醛树脂（PR）组成的膨胀阻燃剂（IFR）对 ABS 树脂进行阻燃处理。BDP、APP、PR 质量配比为 4∶1∶1、IFR 阻燃剂添加量在 30%左右时，ABS 氧指数达到 29.9%，水平垂直燃烧通过 UL 94 的 V-0 级，平均热释放速率下降 50.9%，有效燃烧热平均值下降 21.7%。IFR 阻燃 ABS 样品燃烧后能够形成连续、致密、封闭、坚硬的焦化炭层，但阻燃 ABS 生烟量及 CO 产生量较纯 ABS 均有一定程度增加[204]。

将 APP、MEL、有机蒙脱土、纳米 ZnO 等按一定比例混合制成 IFR，并将其用于 PA66 纳米复合材料中。当添加适量的 ZnO 作为阻燃协效剂时，改变了膨胀炭化层的微观结构，避免了膨胀型阻燃剂在发泡过程中出现裂缝而降低隔氧隔热效果的缺陷。当 ZnO 含量为 2.0%时，材料的阻燃性能最好，LOI 达到 32.8%，UL 94 垂直燃烧达到 V-0 级，600℃时的残炭产率提升至 19.86%。但过量的 ZnO 会破坏炭化层结构，使得材料的阻燃性能恶化[205]。

(4) 阻燃 EVA

王玉忠等[191] 合成了一种新型含磷阻燃剂 MOPO 用于阻燃 EVA。发现当 APP∶MOPO 质量比为 2∶1 时体系的阻燃效果最好，EVA/APP 的 LOI 为 23.8%，在加入 MOPO 后升到 28.4%，并且材料燃烧等级达到 UL 94 的 V-0 级，pk-HRR 比纯的

EVA 降低了 87%，并形成了丰富的炭层。

采用 MPP/PER 膨胀阻燃体系与水滑石（LDH）并用阻燃改性 EVA 热塑性弹性体。当 EVA∶MPP∶PER∶LDH 质量比为 6∶2∶1∶1 时，复合材料阻燃效果最好，UL 94 垂直燃烧达到 V-0 级，极限氧指数达到 30.6%，体系的残炭产率提高到 14.9%，燃烧时形成了连续致密的炭层，提高了 EVA/MPP/PER/LDH 复合材料的阻燃性能[206]。

**(5) 阻燃尼龙**

采用膨胀型阻燃剂——聚磷酸三聚氰胺（MPP）对玻璃纤维增强的 PA66 进行阻燃。单一 MPP 对玻璃纤维增强的 PA66 有良好的阻燃效果，当 MPP 的添加量为 25%、玻璃纤维的添加量为 25%时，阻燃材料的氧指数为 38.0%，UL 94 垂直燃烧达到 V-0 级；这是由于 MPP 加速了玻璃纤维增强 PA66 的降解过程，在材料表面形成了致密的隔热、隔氧泡沫炭层[207]。

**(6) 阻燃橡胶**

以聚磷酸铵、季戊四醇为膨胀阻燃体系（IFR）、笼状八苯基倍半硅氧烷（OPS）用于阻燃三元乙丙橡胶（EPDM）。加入 30 份的 IFR 和 20 份的 OPS 后，EPDM 阻燃材料的综合性能得到了改善，拉伸强度为 2.47MPa，极限氧指数为 24.2%，热释放速率峰值由 576.7kW/$m^2$ 降低到 331.2kW/$m^2$，但生烟量增加到 1058$m^2$，并且该材料的燃烧残炭结构相对致密均匀[208]。

以脲醛改性酶解木质素配合微胶囊红磷（MRP）阻燃丁苯橡胶（SBR），当改性酶解木质素用量为 60 份、MRP 用量为 10 份时，或改性酶解木质素用量为 40 份、MRP 为 12 份时，SBR 的阻燃级别均可达到 FV-0 级；SBR/改性酶解木质素/MRP 共混物的燃烧残渣表面生成了连续而致密的炭层，孔洞很少且细小。当改性酶解木质素用量为 40 份时，SBR 硫化胶具有最佳的拉伸性能[209]。

采用三氯氧磷、季戊四醇、邻苯二胺为原料合成的磷氮类膨胀阻燃剂四邻苯二胺磷酸酯磷酰氯缩季戊四醇（PDP），PDP 分子结构如下所示，应用于阻燃 EPDM，其在 700℃氮气氛中具有 40.8%的残炭产率。当体系中的各组分的比例为 EPDM 50%、炭黑 10%、PDP 30%、其他助剂 10%时，复合材料的 LOI 达到 30%，UL 94 垂直燃烧达到 UL 94 的 V-0 级。但是其拉伸强度却从 10.7MPa 降到 8.7MPa[210]。

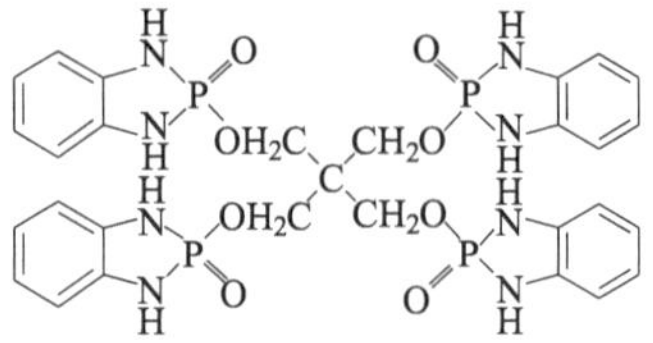

PDP

双环笼状含磷大分子氨基树脂型膨胀阻燃剂（MUF），分子结构如下所示，可应用于软质聚氨酯泡沫塑料（FPUF）。添加 30%的阻燃剂可使材料的氧指数达 26.5%，残炭产率增加到 11.2%，阻燃 FPUF 的热量释放、烟气排放都有所降低[211]。

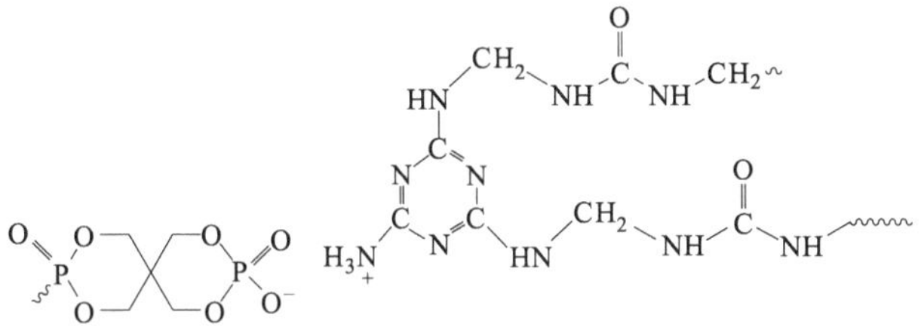

MUF

为克服 APP 吸湿性大的缺点，采用原位聚合法制备了三聚氰胺甲醛树脂微胶囊包覆的聚磷酸铵（MFAPP），并将 MFAPP 和双季戊四醇（DPER）按照 5∶3 的质量比组成 IFR 体系，应用在氢化苯乙烯-丁二烯-苯乙烯嵌段共聚物（SEBS）中。所制得的 MFAPP 表面包覆层完好致密，并且 250℃以下热失重率仅为 1.629%；当 IFR 总添加量为 30%时，垂直燃烧级别达到 FV-0 级，LOI 达到 30%以上。在阻燃 SEBS 制成电缆后硬度（邵尔 A）为 85、拉伸强度为 10MPa 左右[212]。

**(7) 阻燃 PLA**

李娟等人[163] 设计并合成了一种含磷腈的网状聚合物聚（三聚磷腈-共-季戊四醇）（PCPP），用于阻燃 PLA。当加入 20%PCPP 时体系热释放速率降低，残炭产率由 0 提升到 76%，LOI 由 21.0%提高到 28.2%，无熔滴，达到 UL 94 的 V-0 级。

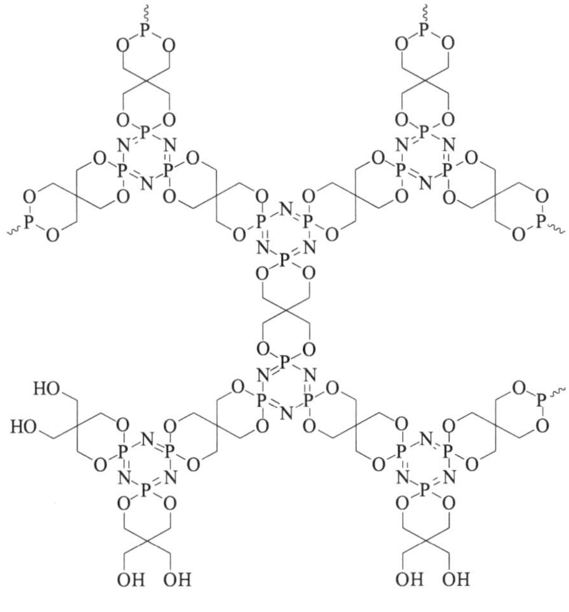

PCPP

## 4.20.8 膨胀型阻燃剂的新技术

传统的阻燃剂有很多自身的局限性，如 IFR 对潮湿十分敏感、与含卤阻燃剂相比所需求的添加量大、成炭不稳定等。这些因素都会导致材料的阻燃性能降低或者力学性能下降，限制 IFR 的应用。阻燃剂添加得越多，材料性能受影响就越严重。因此迫切需要进一步改善传统阻燃剂的应用性能。

**(1) 协同阻燃技术**

为了提高膨胀型阻燃材料的阻燃效果，我们首先会想到采用协同效应提升材料的阻燃性能，并对不同材料选取适当的协效剂，比如蒙脱土、沸石、金属氧化物、螯合物以及一些含硼的化合物等等。协效剂具有催化阻燃体系反应、增加产炭量、提高炭层质量等作用，因此添加高效的协效剂是今后改善膨胀阻燃体系的研究重点[213]。

方征平等人[214] 将蒙脱土与膨胀型阻燃剂共同应用于 ABS 中并考察了蒙脱土与 IFR 之间的协同效应。合成了一种新型的膨胀型阻燃剂——聚（4,4-二苯联氨螺环甲烷二磷酸季戊四醇）(PDSPB)，发现 PDSPB 与蒙脱土之间的协同作用提高了 ABS 的热稳定性和阻燃性。其协同作用产生的原因在于 PDSPB 受热产生的磷酸与蒙脱土反应生成了一种磷酸盐（SAPO)，该磷酸盐可以催化体系氧化脱水交联成炭的过程，增加了产炭量，提高了阻燃效果。

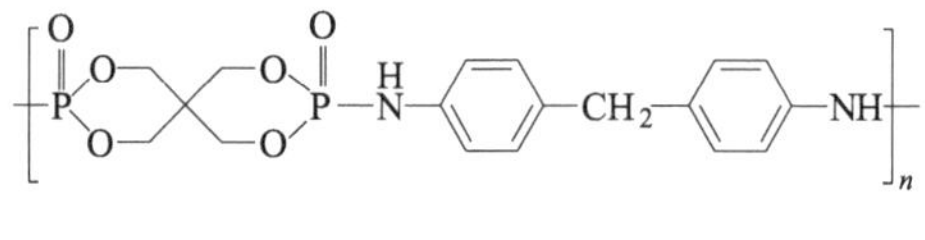

PDSPB

沸石被越来越多地应用到 IFR 当中，沸石有促进 IFR 成炭以及稳定炭层的作用。袁文辉等人[215] 通过微波加热合成了 NaA 沸石，并考察了含 NaA 沸石的膨胀型阻燃剂在氯丁橡胶（CR）中的作用。由于 NaA 的协同作用，橡胶的初始分解温度和残炭产率得到了明显的提高，并由此提高了氯丁二烯的热稳定性和阻燃性。Demir H 等人[216,217] 将 APP/PER 中添加沸石并应用到阻燃 PP 中，发现添加 IFR 后 PP 的 LOI 由 19%增到 31%，而添加沸石后 LOI 增加到 38%，而且沸石还使炭层的气泡空隙增大了 2～3 倍。

宋磊等人[218] 将纳米磷酸锰（NMP）和 IFR（MEL/APP/PER）共同应用于 PP 中，并考察该系统的阻燃效果。在燃烧过程中，NMP 氧化生成 $[Mn(PO_4)_x]^{n+}$、$MnO_y$ 和 $PO_4^{3-}$，生成的氧化物可以催化膨胀阻燃，磷酸根可以提高 APP 和 MA 的产氨量。同时，APP可以与 $[Mn(PO_4)_x]^{n+}$ 反应结合，提高APP的稳定性并且增大体系的黏度，这使得添加NMP后体系的pk-HRR降低以及失重量减少。王德义等人[219]合成了一种有机改性的α-磷酸锆，用APP作酸源、一种三嗪类化合物作炭源使用到阻燃PLA中，发现加入1%的磷酸锆以后体系的初始分解温度轻微降低，但LOI从30.5%提升到了35.5%，HRR和THR都降低并得到更多的残炭。李斌等人[220]将氧化镧加入膨胀阻燃PP中，发现氧化镧的加入使体系的成炭量显著增加，并且生成的炭层更加均一紧密。Mehmet Doğan等人[221]合成了四种含硼物质：硼酸锌、磷酸硼、硅化硼、硼化镧，并将其应用到膨胀阻燃PP中去。发现当20%IFR/PP体系中添加1%的含硼物质时体系的阻燃效果达到最佳，其中磷酸硼与体系的协同效果最明显，证实了含硼物质也可通过协同效应提高IFR的阻燃效果。

**(2) 表面改性**

有些IFR同聚合物材料相容性差、界面难以形成良好的结合和粘接。为改善与聚合物间的粘接力和界面亲和性，常采用偶联剂对其进行表面处理。常用的偶联剂有硅烷和钛酸酯类。

晏泓等人[222]研究用硅烷偶联剂KH-550改性的APP添加到PP基体中，并考察了该组分的阻燃效果。发现表面改性提高了APP在PP中的分散性和相容性，从而得到了很好的力学性能。当改性后的APP用量达到20%时，组分的残炭产率由9%提升到28%，LOI提升为30%，因此PP的热稳定性和阻燃效果均得到了提高。此外，添加剂还使PP的原始晶体结构从α-晶相转变为β-晶相。

**(3) 微胶囊技术**

微胶囊阻燃技术是近年来新发展起来的一项新技术。实质是将阻燃剂粉碎分散成微粒后，用有机物或无机物进行包囊，形成微胶囊阻燃剂，常用来改善一些阻燃剂与材料不相容的问题[223]。I Vroman等人[224]将磷酸氢二胺填入聚脲物质的微胶囊中，并应用于聚氨酯阻燃，发现磷酸氢二胺在材料中易迁移的现象得到了遏制，有效地降低了HRR，提高了阻燃效果。

## 4.20.9 结语

随着新型、高效、环保的新一代阻燃技术的发展，膨胀型阻燃剂的综合性能需要进一步改善和提高，不仅要求发烟量少、不释放有害性气体，还要在低添加量的情况下达到需要的阻燃级别，同时要具有良好的力学性能、热稳定性、光稳定性和耐老化性能等。但是当前膨胀型阻燃剂最急需解决的问题仍然是其吸水性过高，进而在日常使用过程中的影响产品的电性能、耐候性以及耐久性，阻碍了膨胀型阻燃剂的进一步发展。这可以通过对膨胀型阻燃剂进行高强度的表面包覆或者研发新一代低吸水性成炭剂及其复合体系来解决。一旦这一问题得到解决，膨胀型阻燃剂在未来研究应用的空间将会更加广阔。此外，各种改良阻燃剂的技术如协同阻燃技术、表面改性技术、微胶囊阻燃技术等也仍然是膨胀型阻燃剂在今后研究发展的重要手段。

## 参考文献

[1] 许博，钱立军. 阻燃 PBT 用磷系阻燃剂的研究进展［J］. 工程塑料应用，2016，44（1）：119-124.

[2] Saito T，Kobe H. Neue organophosphor-verbindungen und verfahren zu deren herstellung［P］. DE 2034887，1972.

[3] Wang C S，Shieh J Y. Synthesis and properties of epoxy resins containing 2-（6-oxid-6Hdibenz（c，e）（1，2）oxaphosphorin-6-yl）1,4-benzenediol［J］. Polymer，1998，39：5819-5826.

[4] Wang C S，Lee M C. Synthesis and properties of epoxy resins containing 2-（6-oxid-6*H*-dibenz（c，e）（1，2）oxaphosphorin-6-yl）1,4-benzenediol（II）［J］. Polymer，2000，41：3631-3638.

[5] Lin C H，Wang C S. Novel phosphorus-containing epoxy resins Part I. Synthesis and properties［J］. Polymer，2001，42：1869-1878.

[6] 疏引，韦平，闵峰，等. 阻燃 PC/ABS 的热降解动力学［J］. 高分子材料科学与工程，2009，25（5）：122-128.

[7] Wang C S，Hsuan L C. Synthesis and properties of phosphorus-containing PEN and PBN copolyesters［J］. Polymer，1999，40：747-757.

[8] Schartel B，Braun U，Balabanovich A I，et al. Pyrolysis and fire behaviour of epoxy systems containing a novel 9，10-dihydro-9-oxa-10-phosphaphenanthrene-10-oxide-（DOPO）-based diamino hardener［J］. European Polymer Journal.，2008，44：704-715.

[9] 钱立军. 新型阻燃剂制造与应用［M］. 北京：化学工业出版社，2013：1-315.

[10] 刘玲玲. 六（4-氨基苯氧基）环三磷腈的合成及其在纺织品上的阻燃应用［D］. 上海：东华大学，2016.

[11] 王君. 磷腈为核膨胀型阻燃剂的合成及阻燃聚丙烯的研究［D］. 保定：河北大学，2014.

[12] 周林涛，苏毅，查坐统. 聚磷腈的合成与应用研究［J］. 化工科技，2012，20（4）：68-72.

[13] 王靖宇，许博，邱勇，等. 阻燃剂次膦（磷）酸盐的研究进展［J］. 塑料工业，2014，42（9）：5-10.

[14] 于娜娜，陈东方，秦兵杰，等. 红磷阻燃剂微胶囊化研究进展［J］. 精细与专用化学品，2013，21（1）：51-54.

[15] 陈志，杜建新，李向梅，等. 红磷阻燃剂的进展及市场概况［J］. 石化技术，2019，26（1）：

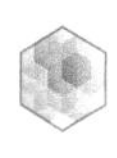



6-7+29.

[16] 张亨，张汉宇. 微胶囊红磷阻燃剂制备研究进展［J］. 上海化工，2013，38（2）：33-36.

[17] 张亨. 微胶囊红磷阻燃剂应用研究进展［J］. 橡塑技术与装备，2012，38（10）：21-28.

[18] 李蕾，杨荣杰，王雨钧. 聚磷酸铵（APP）的合成与改性研究进展［J］. 消防技术与产品信息，2003（6）：43-45.

[19] 崔小明. 阻燃剂聚磷酸铵的改性和应用进展［J］. 塑料制造，2009，（7）：82-85.

[20] 曹堃，王开立，姚臻. 聚磷酸铵的改性及其对聚丙烯阻燃特性的研究［J］. 高分子材料科学与工程，2007，23（4）：136-139.

[21] 丁著明. 高聚合度聚磷酸铵的改性和应用［J］. 塑料助剂，2004，（2）：31-34.

[22] 吴大雄，郭家伟. 超细聚磷酸铵的制备及有机包覆［J］. 化工新型材料，2008，36（9）：84-86.

[23] 刘琳，张亚楠，李琳，等. 环氧树脂包覆聚磷酸铵微胶囊的制备及表征［J］. 高分子材料科学与工程，2010，26（9）：136-138.

[24] 李云东，古思廉. 聚磷酸铵阻燃剂的应用［J］. 云南化工，2005，32（3）：51-54.

[25] Sun L S，Qu Y T，Li S X. Co-microencapsulate of ammonium polyphosphate and pentaerythritol and kinetics of its thermal degradation［J］. Polymer Degradation and Stability，2012，(97)：404-409.

[26] Xu M L，Chen Y J，Qian L J，et al. Component ratio effects of hyperbranched triazine compound and ammonium polyphosphate in flame retardant polypropylene composites［J］. Journal of Applied Polymer Science，2014；131：41006.

[27] 朱辉，段凯歌，倪佳，等. 膨胀型阻燃涂料的制备及性能研究［J］. 现代涂料与涂装，2020，23（1）：15-19.

[28] 洪晓东，秦昌强，赵爽，等. 纳米 MMT 对 APP/MCA 复合阻燃 EP 性能的影响［J］. 工程塑料应用，2014，42（6）：26-30.

[29] Chen X L，Jiang Y F，Liu J B，et al. Smoke suppression properties of fumed silica on flame-retardant thermoplastic polyurethane based on ammonium polyphosphate. Journal of Thermal Analysis and Calorimetry，2015，120（3）：1493-1501.

[30] 赵华，朱志华，于筛成，等. 三聚氰胺磷酸盐的合成及改性研究［J］. 塑料工业，2009，37（1）：60-62，81.

[31] Fu X M，Liu Y，Wang Q，et al. Novel Synthesis Method for Melamine Polyphosphate and Its Flame Retardancy on Glass Fiber Reinforced Polyamide 66［J］. Polymer-Plastics Technology and Engineering，2011，50：1527-1532.

[32] 李曙红，毛顺利. 无卤阻燃剂三聚氰胺多聚磷酸盐的性能及应用［J］. 塑料助剂，2004，27：25-27.

[33] Lv P, Wang Z Z, Hu K L, et al. Flammability and thermal degradation of flame retarded polypropylene composites containing melamine phosphate and pentaerythritol derivatives [J]. Polymer Degradation and Stability, 2005, 90: 523-534.

[34] 李小云，王正洲，梁好均. 三聚氰胺磷酸盐和季戊四醇在 EVA 中的阻燃研究 [J]. 高分子材料科学与工程，2007，23 (1): 145-148.

[35] 李兴建，王安营，张宜恒，等. MP 填充型膨胀阻燃硅橡胶复合材料的制备及其动态燃烧行为 [J]. 弹性体，2012，22 (2): 9-14.

[36] Wang X, Hu Y, Song L, et al. Comparative study on the synergistic effect of POSS and graphene with melamine phosphate on the flame retardance of poly (butylene succinate) [J]. Thermochimica Acta, 2012, 543: 156-164.

[37] 白晓军，耿光强，胡松霞，等. 阻燃剂三聚氰胺磷酸盐对阻尼聚氨酯性能的影响 [J]. 涂料工业，2012，42 (6): 64-66.

[38] 王云，王正洲，胡源. 三聚氰胺磷酸盐及季戊四醇阻燃环氧树脂研究 [J]. 火灾科学，2008，17 (2): 88-91.

[39] 王建荣，欧育湘，刘治国，等. 聚磷酸三聚氰胺对玻纤增强 PA6 的膨胀阻燃作用 [J]. 工程塑料应用，2004，32 (2): 52-54.

[40] 向宇姝，周颖，龙丽娟，等. MPP 与烷基次膦酸铝复配体系对尼龙 6 性能的影响 [J]. 塑料，2014，43 (6): 21-23，68.

[41] Tang W, Cao Y F, Qian L J, et al. Synergistic charring flame retardant behavior of polyimide and melamine polyphosphate in glass fiber reinforced polyamide 66 [J]. Polymers, 2019, 11 (11): 1851.

[42] 王建荣，刘治国，欧育湘，等. 聚磷酸三聚氰胺阻燃玻纤增强 PA66 和 PA6 的区别 [J]. 北京理工大学学报，2004，24 (10): 920-923.

[43] Jahromi S, Gabriëlse W, Braam A. Effect of melamine polyphosphate on thermal degradation of polyamides: a combined X-ray diffraction and solid-state NMR study [J]. Polymer, 2003, 44: 25-37.

[44] Tai Q L, Yuen R K K, Yang W, et al. Iron-montmorillonite and zinc borate as synergistic agents in flame-retardant glass fiber reinforced polyamide 6 composites in combination with melamine polyphosphate [J]. Composites Part A-Applied Science and & Mufacturing, 2012, 43: 415-422.

[45] Liu Y, Li J, Wang Q. The Investigation of melamine polyphosphate flame retardant polyamide-6/inorganic siliciferous filler with different geometrical form [J]. Journal of Applied Polymer Science, 2009, 113: 2046-2051.

[46] 高虎亮，胡珊，韩宏昌. 4A 分子筛对 MPP 阻燃 PA6 性能的影响 [J]. 化工新型材料，2011，

39 (1): 119-121.

[47] 高虎亮，胡珊，韩宏昌，等. Al $(OH)_3$ 对 APP /MPP /PER 体系阻燃 LDPE 性能的影响 [J]. 塑料工业，2011，39 (3): 103-106.

[48] 丁慧晶，黄国波，闫华，等. 聚磷酸三聚氰胺/有机蒙脱土阻燃改性 LDPE [J]. 现代塑料加工应用，2010，22 (5): 19-21.

[49] 王婷婷，黄国波，徐丹丹，等. 聚磷酸三聚氰胺/季戊四醇/水滑石阻燃体系改性 EVA 热塑性弹性体的研究 [J]. 特种橡胶制品，2011，32 (3): 5-8.

[50] 欧育湘，吕连营，吴俊浩. MPP/ PER/ APP 阻燃 PP 的阻燃及热裂解行为 [J]. 化工进展，2004，23 (8): 857-860.

[51] 李小荣，鲍秋如，李江. 改性三聚氰胺氰尿酸盐与不同无机氢氧化物复配阻燃含磷环氧树脂研究 [J]. 塑料工业，2019，47 (10): 61-64.

[52] 周建红. 新型无机阻燃剂纳米三聚氰胺氰尿酸盐（MCA）的制备及性能表征 [J]. 消防技术与产品信息，2016，(2): 32-36.

[53] 董妍妍，范少文，许小荣，等. 阻燃剂三聚氰胺氰尿酸盐的生产与应用研究进展 [J]. 化工进展，2011，30 (S1): 298-301.

[54] 范颖. 三聚氰胺氰尿酸盐生产与开发 [J]. 精细与专用化学品，1995，24: 13-14.

[55] 黄维光. 阻燃剂的应用现状及前景展望 [N]. 四川经济日报，2017-12-06.

[56] 廖洪书，何惠基. MCA 阻燃剂的现状及发展方向 [J]. 川化，2005，3: 5-6.

[57] 奚方立，魏俊超，陈保安，等. 三聚氰胺氰尿酸盐对玻纤增强尼龙 66 复合材料阻燃性能的影响 [J]. 功能高分子学报，2014，27 (4): 365-371.

[58] 刘宏伟，李昀，孙华平，等. 三聚氰胺氰尿酸盐阻燃剂在聚酯中的应用 [J]. 合成技术及应用，2019，34 (2): 45-49.

[59] 姜浩浩，王丽，刘新亮，等. 三聚氰胺氰尿酸盐阻燃聚氨酯硬泡 [J]. 塑料，2020，49 (2): 18-22.

[60] 刘晨曦，马航，胡波，等. 焦磷酸哌嗪膨胀阻燃体系阻燃聚丙烯应用研究 [J]. 塑料工业，2019，47 (11): 130-133.

[61] 刘川，许苗军. 焦磷酸哌嗪/三聚氰胺阻燃环氧树脂的应用研究 [J]. 塑料科技，2017，45 (4): 113-116.

[62] 杜玉莹. 焦磷酸哌嗪基膨胀型阻燃剂对聚烯烃的阻燃作用研究 [D]. 青岛：青岛科技大学，2019.

[63] 唐海珊. 哌嗪类磷酸盐的合成及其在阻燃聚丙烯中的应用研究 [D]. 东华大学，2015.

[64] Zhu P，Xu M，Li S，et al. Preparation and investigation of efficient fame retardant TPE composites with piperazine pyrophosphate/aluminum diethylphosphinate system [J]. Journal of Applied Polymer Science，2020，137 (1): 1-9.

[65] Xiao X, Zhai J, Chen T, et al. Flame retardant properties of polyamide 6 with piperazine pyrophosphate [J]. Plastics, Rubber and Composites, 46: 5, 193-199.

[66] 许肖丽，肖雄，胡爽. 焦磷酸哌嗪复配阻燃剂在PA6材料中的阻燃配方优化及性能研究 [J]. 上海塑料，2020，1：13-17.

[67] 曾倩，庄严，李金玉. 一种磷-氮系阻燃剂的制备及其性能 [J]. 工程塑料应用，2020，48 (2)：114-118.

[68] 姜丹蕾，张春宇，葛现才，等. 阻燃剂RDP的合成研究 [J]. 化工科技，2011，19 (5)：24-28.

[69] 黄东平，顾慧丹，张叶，等. 双酚A双（二苯基磷酸酯）阻燃剂的合成 [J]. 南京师范大学学报（工程技术版），2006，6 (4)：30-33.

[70] 应富友. 双酚A双（二苯基磷酸酯）的合成研究 [J]. 科技创新与应用，2014，27：5.

[71] 卢林刚，徐晓楠，殷全明，等. 新型磷系阻燃剂四苯基（双酚-A）二磷酸酯阻燃PC/ABS的研究 [J]. 塑料科技，2009，37 (3)：77-82.

[72] Feng J, Hao J W, Du J X, et al. Flame retardancy and thermal properties of solid bisphenol A bis (diphenyl phosphate) combined with montmorillonite in polycarbonate [J]. Polymer Degradation and Stability, 2010, 95: 2041-2048.

[73] Perret B, Schartel B. The effect of different impact modifiers in halogen-free flame retarded polycarbonate blends-II. Fire behavior [J]. Polymer Degradation and Stability, 2009, 94: 2204-2212.

[74] 刘琼宇，赖学军，张海丽，等. 不同芳基磷酸酯与膨胀型阻燃剂复配阻燃PP的研究 [J]. 塑料科技，2012，40 (6)：42-46.

[75] 周延辉，高觉渊. 芳基磷酸酯对PC/PBT合金阻燃性能和酯交换反应的影响 [J]. 化工新型材料，2012，40 (2)：117-120.

[76] 辛菲，欧育湘，李秉海. 芳香族双磷酸酯复配体系阻燃PPO/HIPS的制备与阻燃性能 [J]. 塑料，2007，36 (5)：49-53.

[77] 王尹杰，郭建鹏，孟成铭. 磷酸酯阻燃聚苯醚研究 [J]. 工程塑料应用，2011，39 (12)：14-16.

[78] 钟柳，欧育湘. 化学研究，双酚A双（二苯基）磷酸酯对环氧树脂的阻燃性能 [J]. 2006，17 (3)：56-59.

[79] 卢林刚，殷全明，徐晓楠，等. 双酚A双（磷酸二苯酯）/$SiO_2$对环氧树脂阻燃性能研究 [J]. 塑料，2008，37 (5)：83-86.

[80] 卢林刚，殷全明，徐晓楠，等. 双酚A双（磷酸二苯酯）/聚磷酸铵/酚醛树脂膨胀阻燃剂对ABS阻燃性能研究 [J]. 塑料，2008，37 (4)：24-26.

[81] 张海丽，赖学军，尹昌宇，等. 芳基磷酸酯/膨胀型阻燃剂协同阻燃PP的制备及性能研究

[J]. 塑料工业，2011，39（8）：30-33.

[82] 范全保，谢婷，杨二钘，等. 间苯二酚型磷酸酯齐聚物对聚碳酸酯阻燃性能的影响 [J]. 塑料工业，2009（12）：64-66，70.

[83] Vothi H，Nguyen C，Lee K，et al. Thermal stability and flame retardancy of novel phloroglucinol based organo phosphorus compound [J]. Polymer Degradation and Stability，2010，95：1092-1098.

[84] 兰浩，王保续，刘福平. 磷酸酯阻燃 PC/ABS 合金的研究及其应用 [J]. 中国塑料，2009，23（9）：27-29.

[85] 高觉渊，刘述梅，傅铁，等. 高性能间苯二酚双（二苯基磷酸酯）阻燃 PC/PBT 合金 [J]. 高分子材料科学与工程，2011，27（10）：97-101.

[86] 陈俊，刘述梅，赵建青，等. 氢氧化镁与磷酸酯齐聚物协同阻燃聚酰胺 6 [J]. 合成树脂及塑料，2009，26（1）：19-23.

[87] 王伟，赵杰，梁永明，等. GC-MS 法测定塑料及其制品中三（2-氯乙基）磷酸酯 [J]. 化学分析计量，2017，26（04）：65-67.

[88] 罗炜，张士磊，周浩，等. $TiSiW_{12}O_{40}/TiO_2$ 催化合成阻燃剂磷酸三（1-氯-2-丙基）酯 [J]. 南京师范大学学报（工程技术版），2010，10（1）：59-62.

[89] 杨锦飞，杨瑶. 阻燃剂磷酸三（1-氯-2-丙基）酯合成工艺选择 [J]. 南京师范大学学报（工程技术版），2002，04：16-17.

[90] 刘玲，赖学军，王岩，等. 磷酸三苯酯/碱式硫酸镁晶须阻燃 PP 的研究 [J]. 现代塑料加工应用. 2008，20（5）：29-32.

[91] 赵彦芝，黄承亚. 纳米磷酸酯与环氧树脂在聚丙烯中阻燃效果的研究 [J]. 合成材料老化与应用，2005，34（4）：14-17.

[92] 石建江，陈宪宏，邓凯桓. 复配磷酸酯阻燃 PC/ABS 合金的研究 [J]. 塑料工业，2009，37（2）：57-61.

[93] 徐忠英，李田，曾幸荣. 环氧树脂/磷酸三苯酯阻燃 ABS 的制备及其性能研究 [J]. 塑料工业，2006，34（1）：44-46.

[94] Lee K.，Kim J.，Bae J.，et al. Studies on the thermal stabilization enhancement of ABS; synergistic effect by triphenyl phosphate and epoxy resin mixtures [J]. Polymer，2002，43：2249-2253.

[95] 赵旭忠，杨昌跃，陈锬，等. 磷酸三苯酯/热塑性酚醛树脂在 PC 中协效阻燃作用的研究 [J]. 工程塑料应用，2007，35（12）：4-8.

[96] 宋健，周文君，陈友财，等. 聚硼硅氧烷与有机磷酸酯阻燃剂复配协同阻燃聚碳酸酯 [J]. 复合材料学报，2012，29（3）：65-72.

[97] 黄年华，王建祺. 磷酸三苯酯/锡酸锌对环氧树脂酸酐固化物的阻燃与抑烟性能研究 [J]. 北

京理工大学学报，2005，25（2）：176-180.

[98] 李慧勇，蔡长庚，贾德民. 磷酸酯和环氧树脂在阻燃 HIPS 中的协同作用 [J]. 塑料工业，2005，33（10）：53-56.

[99] Verkade J G，Reynoids L J. The synthesis of a novel ester of phorphous and of Arsenic [J]. Journal of OrganicChemistry，2003，25（4）：633-665.

[100] 李到，胡静平，秦艳，等. 磷酸酯双三聚氰胺盐阻燃环氧树脂的燃烧性能和阻燃机理 [J]. 功能高分子学报，2007，1：81-86.

[101] Chen J，Liu S M，Zhao J Q. Synthesis，application and flame retardancy mechanism of a novel flame retardant containing silicon and caged bicyclic phosphate for polyamide 6 [J]. Polymer Degradation and Stability，2011，96：1508-1515.

[102] 罗锐斌，欧育湘. 双环笼状磷酸酯阻燃剂的合成 [J]. 精细石油化工，1993，6：19-21.

[103] 李昕，欧育湘. 双环笼状磷酸酯阻燃环氧树脂的燃烧行为研究 [J]. 北京理工大学学报，2001，21（3）：388-391.

[104] Li X，Ou Y X，Shi Y S. Combustion behavior and thermal degradation properties of epoxy resins with a curing agent containing a caged bicyclic phosphate [J]. Polymer Degradation and Stability，2002，77：383-390.

[105] 欧育湘，李昕. 双环笼状磷酸酯类膨胀阻燃聚丙烯的研究 [J]. 高分子材料科学与工程，2003，19（6）：198-202.

[106] 李昕，欧育湘. 膨胀型双环笼状磷酸酯阻燃乙烯-醋酸乙烯酯共聚物的研究 [J]. 北京理工大学学报，2002，22（5）：650-654.

[107] 郝建薇，陈夙，杜建新，等. 双环笼状磷酸酯在膨胀阻燃涂层中的应用 [J]. 北京理工大学学报，2007，27（11）：1027-1031.

[108] 吴志平，舒万艮，熊联明，等. 笼状磷酸酯三聚氰铵盐阻燃剂的合成及阻燃性能研究 [J]. 化工技术与开发，2003，32（6）：1-3.

[109] 熊燕兵. 从国内最新专利申请看 DOPO 的阻燃研究进展 [J]. 塑料助剂，2015，4：15-19.

[110] 钱立军，罗云庆，谷玉胜，等. DOPO 及其衍生物的应用综述 [A]. 中国阻燃学会（China Flame Retardant Society）. 2005 年全国阻燃学术年会论文集 [C]. 中国阻燃学会（China Flame Retardant Society）：中国阻燃学会，2005：8.

[111] Sun Y M，Wang C S. Synthesis and luminescent characteristics of novel phosphorus containing light-emitting polymers [J]. Polymer，2001，42：1035-1045.

[112] Tachita V B，Corneliu H. Aliphatic-aromatic copolyesters containing phosphorous cyclic bulky groups [J]. Polymer，2009，50：2220-2227.

[113] Shieh J Y，Wang C S. Synthesis of novel flame retardant epoxy hardeners and properties of cured products [J]. Polymer，2001，42：7617-7625.

[114] Liu Y L. Flame-retardant epoxy resins from novel phosphorus-containing novolac [J]. Polymer, 2001, 42: 3445-3454.

[115] Liu Y L, Tsai S H. Synthesis and properties of new organosoluble aromatic polyamides with cyclic bulky groups containing phosphorus [J]. Polymer, 2002, 43: 5757-5762.

[116] 高琨. PET 回收料的改性研究 [D]. 北京：北京工商大学，2010.

[117] Lin C H. Synthesis of novel phosphorus-containing cyanate esters and their curing reaction with epoxy resin [J]. Polymer, 2004, 45: 7911-7926.

[118] Lin C H, Feng C C, Hwang T Y. Preparation, thermal properties, morphology and microstructure of phosphorus-containing epoxy/$SiO_2$ and polyimide/$SiO_2$ nanocomposites [J]. European Polymer Journal, 2007, 43: 725-742.

[119] Spontón M, Lligadas G, Ronda J C, et al. Development of a DOPO-containing benzoxazine and its high-performance flame retardant copolybenzoxazines [J]. Polymer Degradation. and Stability. 2009, 94: 1693-1699.

[120] Schartel B, Braun U, Balabanovich A I, et al. Pyrolysis and fire behaviour of epoxy systems containing a novel 9,10-dihydro-9-oxa-10-phosphaphenanthrene-10-oxide-(DOPO)-based diamino hardener [J]. European Polymer Journal, 2008, 44: 704-715.

[121] 张亨. 六氯环三磷腈的应用研究进展 [J]. 上海塑料，2011，5：42-47.

[122] 杨明山，刘阳，李林楷，等. 六苯氧基环三磷腈的合成及对 IC 封装用 EMC 的无卤阻燃 [J]. 中国塑料，2009，23 (8)：35-38.

[123] 唐安斌，黄杰，邵亚婷，等. 六苯氧基环三磷腈的合成及其在层压板中的阻燃应用 [J]. 应用化学，2010，27 (4)：404-408.

[124] 徐建中，杜卫义，王春征，等. 六苯氧基环三磷腈阻燃 PC/ABS 合金及其热解研究 [J]. 中国塑料，2011，25 (12)：21-25.

[125] 孔祥建，刘述梅，蒋智杰，等. 苯氧基磷腈与金属氢氧化物协同阻燃 LLDPE [J]. 工程塑料应用，2008，36 (5)：5-9.

[126] 陈胜，郑庆康，叶光斗，等. 烷氧基环三磷腈共混改性阻燃粘胶纤维阻燃机理研究 [J]. 四川大学学报，2006，38 (2)：109-113.

[127] 孔祥建，刘述梅，叶华，等. 酚氧基环三磷腈的合成及其在聚烯烃弹性体中的协同阻燃特性 [J]. 合成橡胶工业，2007，30 (6)：472.

[128] Sullalti S, Colonna M, Berti, C, et al. Effect of phosphorus based flame retardants on UL 94 and Comparative Tracking Index properties of poly (butylene terephthalate) [J]. Polymer Degradation and Stability, 2012, 97: 566-572.

[129] Gallo E, Braun U, Schartel B, et al. Halogen-free flame retarded poly (butylene terephthalate) (PBT) using metal oxides/PBT nanocomposites in combination with aluminium phos-

phinate [J]. Polymer Degradation and Stability, 2009, 94: 1245-1253.

[130] Vannier A, Duquesne S, Bourbigot S, et al. Investigation of the thermal degradation of PET, zinc phosphinate, OMPOSS and their blends—Identification of the formed species [J]. Thermochimica Acta, 2009, 495: 155-166.

[131] Didane N, Giraud S, Devaux E, et al. Thermal and fire resistance of fibrous materials made by PET containing flame retardant agents [J]. Polymer Degradation and Stability, 2012, 97 (12): 2545-2551.

[132] Didane N, Giraud S, Devaux E, et al. Development of fire resistant PET fibrous structures based on phosphinate-POSS blends [J]. Polymer Degradation and Stability, 2012, 97: 879-885.

[133] Isitman N A, Dogan M, Bayramli E, et al. The role of nanoparticle geometry in flame retardancy of polylactide nanocomposites containing aluminium phosphinate [J]. Polymer Degradation and Stability , 2012, 97: 1285-1296.

[134] Isitman N A, Gunduz H O, Kaynak C. Nanoclay synergy in flame retarded/glass fibre reinforced polyamide 6 [J]. Polymer Degradation and Stability, 2009, 94: 2241-2250.

[135] Braun U, Schartel B, Mario A. et al. Flame retardancy mechanisms of aluminium phosphinate in combination with melamine polyphosphate and zinc borate in glass-fibre reinforced polyamide 6, 6 [J]. Polymer Degradation and Stability, 2007, 92: 1528-1545.

[136] 唐林生，刘全美，李永强，等. 新型磷氮阻燃剂对尼龙 6 的阻燃作用 [J]. 塑料工业，2011，39 (8)：110-113.

[137] 刘海明，王锐，徐僖，等. 新型阻燃剂-2-羧乙基苯基次膦酸及其阻燃共聚酯的制备、表征及热性能研究（英文）[J]. 材料工程，2009，S2：420-425.

[138] Yang W, Tang G, Song L, et al. Effect of rare earth hypophosphite and melamine cyanurate on fire performance of glass-fiber reinforced poly (1, 4-butylene terephthalate) composites [J]. Thermochimica Acta, 2011, 526: 185-191.

[139] Chen L, Luo Y, Hu Z, et al. An efficient halogen-free flame retardant for glass-fibre-reinforced poly (butylene terephthalate) [J]. Polymer Degradation and Stability, 2012, 97: 158-165.

[140] Yang W, Song L, Hu Y, et al. Yuen. Enhancement of fire retardancy performance of glass-fibre reinforced poly (ethylene terephthalate) composites with the incorporation of aluminum hypophosphite and melamine cyanurate [J]. Composites Part B: Engineering, 2011, 42: 1057-1065.

[141] 刘鑫鑫，钱立军，王靖宇，等. 阻燃材料中成炭剂的研究进展 [J]. 中国塑料，2015，29 (11)：7-16.

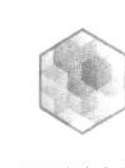



[142] Lai X J, Qiu J D, Li H Q, et al. Flame-retardant and thermal degradation mechanism of caged phosphate charring agent with melamine pyrophosphate for polypropylene [J]. International Journal of Polymer Science, 2015, 360274.

[143] Peng H Q, Zhou Q, Wang D Y, et al. A novel charring agent containing caged bicyclic phosphate and its application in intumescent flame retardant polypropylene systems [J]. Journal of Industrial & Engineering Chemistry, 2008, 14 (5): 589-595.

[144] Tian N N, Wen X, Jiang Z W, et al. Synergistic effect between a novel char forming agent and ammonium polyphosphate on flame retardancy and thermal properties of polypropylene [J]. Industrial & Engineering Chemistry Research, 2013, 52 (32): 10905-10915.

[145] Ma Z L, Zhang W Y, Liu X Y, et al. Using PA6 as charring agent in intumescent polypropylene formulations based on carboxylated polypropylene compatibilizer and nano-montmorillonite synergistic agent [J]. Journal of Applied Polymer Science, 2006, 101 (1): 739-746.

[146] Ma D, Li J. Synthesis of a bio-based triazine derivative and its effects on flame retardancy of polypropylene composites [J]. Journal of Applied Polymer Science, 2020, 137 (1): 47367.

[147] Tang W, Qian L J, Chen Y J, et al. Intumescent flame retardant behavior of charring agent with different aggregation of piperazine/triazine groups in polypropylene [J]. Polymer Degradation and Stability, 2019, 169: 108982.

[148] Feng C M, Liang M Y, Jiang J L, et al. Synergistic effect of a novel triazine charring agent and ammonium polyphosphate on the flame retardant properties of halogen-free flame retardant polypropylene composites [J]. Thermochimica Acta, 2016, 627: 83-90.

[149] Feng C M, Li Z W, Liang M Y, et al. Preparation and characterization of a novel oligomeric charring agent and its application in halogen-free flame retardant polypropylene [J]. Journal of Analytical and Applied Pyrolysis, 2015, 111: 238-246.

[150] Feng C M, Zhang Y, Liu S W, et al. Synthesis of novel triazine charring agent and its effect in intumescent flame-retardant polypropylene [J]. Journal of Applied Polymer Science, 2012, 123 (6): 3208-3216.

[151] Chen H D, Wang J H, Ni A Q, et al. The effects of a macromolecular charring agent with gas phase and condense phase synergistic flame retardant capability on the properties of PP/IFR compoosites [J]. Materials, 2018, 11 (1): 111.

[152] Su X Q, Yi Y W, Tao J, et al. Synergistic effect between a novel triazine charring agent and ammonium polyphosphate on flame retardancy and thermal behavior pf polypropylene [J]. Polymer Degradation and Stability, 2014, 105: 12-20.

[153] Yang K, Xu M J, Li B. Synthesis of N-ethyl triazine-piperazine copolymer and flame retardncy and water resistance of intumescent flame retardant polypropylene [J]. Polymer Degradation

and Stability，2013，98（7）：1397-1406.

[154] Wang W，Wen P Y，Zhan J，et al. Sythesis of a novel charring agent containing pentaerythritol and triazine structure and its intumescent flame retardant performance for polypropylene [J]. Polymer Degradation and Stability，2017，144：454-463.

[155] Xu M L，Chen Y J，Qian L J，et al. Component ratio effects of hyperbranched triazine compound and ammonium polyphosphate in flame-retardant polypropylene composites [J]. Journal of Applied Polymer Science，2014，131：41006.

[156] 靳玉娟，高鹏翔，钱立军，等. 超支化芳胺三嗪聚合物的合成及其对聚丙烯阻燃性能影响的研究 [J]. 中国塑料，2013，27（5）：77-81.

[157] Ke C H，Li J，Fang K Y，et al. Synergistic effect between a novel hyperbranched charring agent and ammonium polyphosphate on the flame retardant and anti-dripping properties of polylactide [J]. Polymer Degradation and Stability，2010，95（5）：763-770.

[158] Li J，Ke C H，et al. Synergistic effect between a hyperbranched charring agent and ammonium polyphosphate on the intumescent flame retardance of acrylonitrile-butadiene-styrene polymer [J]. Polymer Degradation and Stability，2012，97（7）：1107-1113.

[159] Huang Z G，Shi W F. Thermal degradation behavior of hyperbranched Polyphosphate Acrylate/Tri（acryloyloxyethyl）Phosphate as an Intumescent flame retardant system [J]. Polymer Degradation and Stability，2007，92（7）：1193-1198.

[160] Wang D L，Liu Y，Wang D Y，et al. A novel intumescent flame-retardant system containing metal chelates for polyvinyl alcohol [J]. Polymer Degradation and Stability，2007，92（8）：1555-1564.

[161] Horrocks A R，Kandola B K，Davies P J，et al. Developments in flame retardant textiles-a review [J]. Polymer Degradation and Stability，2005，88（1）：3-12.

[162] Peng H Q，Zhou Q，Wang D Y，et al. A novel charring agent containing caged bicyclic phosphate and its application in Intumescent flame retardant polypropylene systems [J]. Journal of Industrial and Engineering Chemistry，2008，14（5）：589-595.

[163] Tao K，Li J，Xu L，et al. A novel phosphazene cyclomatrix network polymer：design，synthesis and application in flame retardant polylactide [J]. Polymer Degradation and Stability，2011，96（7）：1248-1254.

[164] Yang D D，Hu Y，Song L，et al. Catalyzing carbonization function of α-ZrP based intumescent fire retardant polypropylene nanocomposites [J]. Polymer Degradation and Stability，2008，93（11）：2014-2018.

[165] Liang H B，Shi W F，Gong M. Expansion behaviour and thermal degradation of tri（acryloyloxyethyl）phosphate/methacrylated phenolic melamine intumescent flame retardant system

[J]. Polymer Degradation and Stability, 2005, 90 (1): 1-8.

[166] Chen Y H, Wang Q. Thermal oxidative degradation kinetics of flame-retarded polypropylene with intumescent flame-retardant master batches in situ prepared in twin-screw extruder [J]. Polymer Degradation and Stability, 2007, 92 (2): 280-291.

[167] Wei L L, Wang D Y, Chen H B, et al. Effect of a phosphorus-containing flame retardant on the thermal properties and ease of ignition of poly (lactic acid) [J]. Polymer Degradation and Stability, 2011, 96 (9): 1557-1561.

[168] Wu Q, Qu B J. Synergistic effects of silicotungistic acid on intumescent flame-retardant polypropylene [J]. Polymer Degradation and Stability, 2001, 74 (2): 255-261.

[169] 王宇旋，姜宏伟. 硅酸镁对膨胀型阻燃 PE/EVA 炭层的影响 [J]. 塑料科技，2008 (6): 38-42.

[170] 张帆，张翔. 膨胀型阻燃剂的研究进展 [J]. 广州化工，2010 (11): 311-315.

[171] Li B, Xu M J. Effect of a novel charring-foaming agent on flame retardancy and thermal degradation of intumescent flame retardant polypropylene [J]. Polymer Degradation and Stability, 2006, 91 (6): 1380-1386.

[172] 马志领，卢光玉. 膨胀型阻燃剂阻燃环氧树脂的阻燃性能及其影响因素 [J]. 中国塑料，2010, 24 (8): 45-48.

[173] Baljinder K K, Samuel H, A. Richard H. Evidence of interaction in flame-retardant fibre-intumescent combinations by thermal analytical techniques [J]. Thermochimica Acta, 1997, 294 (1): 113-125.

[174] Du B X, Guo Z H, Fang Z P. Effects of organo-clay and sodium dodecyl sulfonate intercalated layered double hydroxide on thermal and flame behaviour of intumescent flame retarded polypropylene [J]. Polymer Degradation and Stability, 2009, 94 (11): 1979-1985.

[175] Almeras X, Dabrowski F, Bras M L, et al. Using polyamide-6 as charring agent in intumescent polypropylene formulations [J]. Polymer Degradation and Stability, 2002, 77 (2): 305-313.

[176] Riva A, Camino G, Fomperie L, et al. Fire retardant mechanism in intumescent ethylene vinyl acetate compositions [J]. Polymer Degradation and Stability, 2003, 82 (2): 341-346.

[177] 王旭，齐明东，唐政剑. 膨胀阻燃聚丙烯的研究 [J]. 塑料科技，2000, 4 (138): 12-15.

[178] Feng C M, Liang M Y, Jiang J L, et al. Synergistic effect of a novel triazine charring agent and ammonium polyphosphate on the flame retardant properties of halogen-free flame retardant polypropylene composites [J]. Thermochimica Acta, 2016, 627: 83-90.

[179] Feng C M, Li Z W, Liang M Y, et al. Preparation and characterization of a novel oligomeric charring agent and its application in halogen-free flame retardant polypropylene [J]. Journal of

Analytical and Applied Pyrolysis，2015，111：238-246.

[180] Feng C M，Zhang Y，Liu S W，et al. Synthesis of novel triazine charring agent and its effect in intumescent flame-retardant polypropylene [J]. Journal of Applied Polymer Science，2012，123 (6)：3208-3216.

[181] 何小芳，张崇，代鑫，等. 聚磷酸铵膨胀型阻燃剂在聚合物中应用的研究进展 [J]. 塑料助剂，2011，(2)：14-17.

[182] Chen Y H，Liu Y，Wang Q，et al. Performance of intumescent flame retardant master batch synthesized through twin-screw reactively extruding technology：effect of component ratio [J]. Polymer Degradation and Stability，2003，81 (2)：215-224.

[183] Camino G，Costa L，Martinasso G. Intumescent fire-retardant systems [J]. Polymer Degradation and Stability，1989，23 (4)：359-376.

[184] 杨美珠，石光，张力，等. 新型无卤阻燃聚丙烯的制备以及性能研究 [J]. 华南师范大学学报（自然科学版），2009，3：79-83.

[185] 徐建中，时佳，谢吉星，等. 热重-质谱联用对膨胀型阻燃剂阻燃 EVA 的机理研究 [J]. 中国塑料，2010，24 (3)：101-104.

[186] Li L Y，Chen G H，Liu W，Li J F，Zhang S. The anti-dripping intumescent flame retardant finishing for nylon-6，6 fabric [J]. Polymer Degradation and Stability，2009，94 (6)：996-1000.

[187] 赵杏梅，伍社毛，田洪池，等. 膨胀阻燃三元乙丙橡胶/聚丙烯热塑性硫化胶的性能 [J]. 合成橡胶工业，2006，29 (6)：466-471.

[188] 何敏，徐定红，杨荣强，等. 无卤阻燃剂对聚乙烯复合材料性能影响的研究 [J]. 塑料工业，2011，39 (10)：83-86.

[189] 夏英，蹇锡高，刘俊龙，等. 聚磷酸铵/季戊四醇复合膨胀型阻燃剂阻燃 ABS 的研究 [J]. 中国塑料，2005，19 (5)：39-42.

[190] Huang G B，Li Y J，Han L，et al. A novel intumescent flame retardant-functionalized montmorillonite：preparation，characterization，and flammability properties [J]. Applied Clay Science，2011，51 (3)：360-365.

[191] Wang D Y，Cai X X，Qu M H，Liu Y，Wang J S，Wang Y Z. Preparation and flammability of a novel intumescent flame-retardant poly (ethylene-co-vinyl acetate) system [J] Polymer Degradation and Stability，2008，93 (12)：2186-2192.

[192] Tang W，Qian L J，Chen Y J，et al. Intumescent flame retardant behavior of charring agent with different aggregation of piperazine/triazine groups in polypropylene [J]. Polymer Degradation and Stability，2019，169，108982.

[193] 王宇旋，姜宏伟. 交联三嗪类聚合物的制备及其成炭性 [J]. 研究高分子学报，2009，(4)：

325-330.

[194] 李昕. 双环笼状磷酸酯阻燃剂的合成、应用及阻燃机理研究 [D] 北京：北京理工大学，2001.

[195] 韩俊峰，王德义，刘云，等. 一种膨胀阻燃 PP 体系及其燃烧性能 [J]. 高分子材料科学与工程，2009，25 (3)：138-140.

[196] Song P G，Fang Z P，Tong L F，et al. Effects of metal chelates on a novel oligomeric intumescent flame retardant system for polypropylene [J]. Journal of Analytical and Applied Pyrolysis，2008，82 (2)：286-291.

[197] Du B X，Fang Z P. Effects of carbon nanotubes on the thermal stability and flame retardancy of intumescent flame-retarded polypropylene [J]. Polymer Degradation and Stability 2011，96 (10)：1725-1731.

[198] 聂士斌，张明旭，胡源，等. 新型阻燃低密度聚乙烯材料的制备及性能研究 [J]. 中国科学技术大学学报，2011，41 (10)：902-906.

[199] Cao Z H，Zhang Y，Song P，et al. A novel zinc chelate complex containing both phosphorus and nitrogen for improving the flame retardancy of low density polyethylene [J]. Journal of Analytical and Applied Pyrolysis，2011，92 (2)：339-346.

[200] 赵杰，秦军，解田，等. 不同成炭剂对阻燃复合材料的性能影响研究 [J]. 塑料工业，2010，38 (11)：69-71.

[201] 李淑娟，刘吉平. ABS 的无卤含磷阻燃复配体系研究 [J]. 塑料，2005，34 (1)：48-51.

[202] 刘逸，易江松，蔡绪福. ABS 新型无卤膨胀阻燃体系的研究 [J]. 中国塑料，2011，25 (4)：77-82.

[203] 许岩焱，夏英，于玲. 磷酸蜜胺盐-蒙脱土无卤膨胀阻燃剂的合成及应用 [J]. 塑料工业，2006，34 (2)：55-59.

[204] 卢林刚，殷全明，徐晓楠，等. 双酚 A 双（磷酸二苯酯）/聚磷酸铵/酚醛树脂膨胀阻燃剂对 ABS 阻燃性能研究 [J]. 塑料，2008，37 (4)：24-26.

[205] 毛文英，李巧玲，周艳明. 纳米氧化锌对膨胀型阻燃尼龙 66 的阻燃协效作用研究 [J]. 绝缘材料，2007，40 (3)：32-34.

[206] 王婷婷，黄国波，徐丹丹，等. 聚磷酸三聚氰胺/季戊四醇/水滑石阻燃体系改性 EVA 热塑性弹性体的研究 [J]. 特种橡胶制品，2011，32 (3)：5-8.

[207] 王建荣，欧育湘，刘治国，等. 聚磷酸三聚氰胺对玻纤增强 PA66 的膨胀阻燃作用 [J]. 工程塑料应用，2004，32 (2)：52-54.

[208] 高钧驰，杨荣杰. 笼型八苯基硅倍半氧烷对阻燃三元乙丙橡胶性能的影响 [J]. 合成橡胶工业，2007，30 (6)：427-429.

[209] 刘小婧，程贤甦. 脲醛改性酶解木质素对丁苯橡胶阻燃性能的影响 [J]. 合成橡胶工业，

2010，33 (2)：154-157.

[210] 杜隆超，盛俭发，章于川，等. 一种新型膨胀阻燃剂的合成及其无卤阻燃乙丙橡胶安徽大学学报（自然科学版)，2012，36 (1)：88-93.

[211] 高明，杨荣杰. 氨基树脂型膨胀阻燃剂的合成及应用研究 [J]. 北京理工大学学报，2008，28 (5)：450-458.

[212] 冯申，徐军，郭宝华，等. 微胶囊化聚磷酸铵的制备及其在 SEBS 中的应用 [J]. 中国塑料，2011，25 (8)：82-84.

[213] Wu N，Ding C，Yang R J. Effects of zinc and nickel salts in intumescent flame-retardant polypropylene [J]. Polymer Degradation and Stability，2010，95 (12)：2589-2595.

[214] Ma H Y，Tong L F，Xu Z B，Fang Z P. Intumescent flame retardant-montmorillonite synergism in ABS nanocomposites [J]. Applied Clay Science，2008，42 (1，2)：238-245.

[215] Yuan W H，Chen H R ，Chang R R ，et al. Synthesis and characterization of NaA Zeolite particle as intumescent flame retardant in chloroprene rubber system [J]. Particuology，2011，9 (3)：248-252.

[216] 宋君荣，王久芬，张军科，等. 可膨胀石墨在有机硅改性丙烯酸树脂防火涂料中的应用 [J]. 绝缘材料. 2007，40 (1)：23-25.

[217] Demir H，Arkış E，Balköse D，et al. Synergistic effect of natural zeolites on flame retardant additives [j]. polymer Degradation and Stability，2005，89 (3)：478-483.

[218] Zhang P，Song L，Lu H D，et al. Synergistic effect of nanoflaky manganese phosphate on thermal degradation and flame retardant properties of intumescent flame retardant polypropylene system [J]. Polymer Degradation and Stability，2009，94 (2)：201-207.

[219] Liu X Q，Wang D Y，Wang X L，et al. Synthesis of organo-modified α-zirconium phosphate and its effect on the flame retardancy of IFR poly (lactic acid) systems [J]. Polymer Degradation and Stability，2011，96 (5)：771-777.

[220] Li Y T，Li B，Dai J F，et al Synergistic effects of lanthanum oxide on a novel intumescent flame retardant polypropylene system [J]. Polymer Degradation and Stability，2008，93 (1)：9-16.

[221] Doğan M，Yılmaz A，Bayramlı E. Synergistic effect of boron containing substances on flame retardancy and thermal stability of intumescent polypropylene composites [J]. Polymer Degradation and Stability，2010，95 (12)：2584-2588.

[222] Lin H J，Yan H，Liu B，et al. The influence of KH-550 on properties of ammonium polyphosphate and polypropylene flame retardant composites [J]. Polymer Degradation and Stability，2011，96 (7)：1382-1388.

[223] Salaün F，Lewandowski M，Vroman I，et al. Development and characterisation of flame-re-

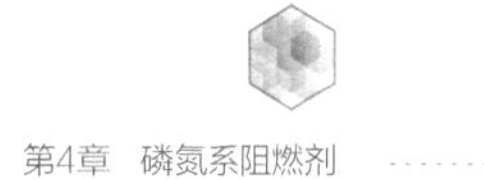



tardant fibres from isotactic polypropylene melt-compounded with melamine-formaldehyde microcapsules [J]. Polymer Degradation and Stability, 2011, 96 (1): 131-143.

[224] Vroman I, Giraud S, Salaün F, et al. Polypropylene fabrics padded with microencapsulated ammonium phosphate: effect of the shell structure on the thermal stability and fire performance [J]. Polymer Degradation and Stability, 2010, 95 (9): 1716-1720.

# 第5章 金属化合物阻燃剂

## 5.1 金属化合物简介

金属化合物从最初作为溴系协效剂的锑氧化物，到广泛应用的镁铝氢氧化物，以及具有优异抑烟性能的钼化合物，这些阻燃剂在整个阻燃助剂以及阻燃材料领域占有重要的地位。近年来，对于金属化合物阻燃剂的研究开发不断深入，设计新型结构的金属化合物阻燃助剂、优化和改进金属化合物阻燃剂的微观形态结构、对金属化合物阻燃剂的表面进行改性和修饰，这些工作都进一步推动了金属化合物类阻燃剂的应用发展。

## 5.2 氧化锑和锑酸钠

### 5.2.1 概述

锑系阻燃剂主要包括氧化锑（三氧化二锑、五氧化二锑）和锑酸钠，其中三氧化二锑的应用最为广泛。三氧化二锑是一种典型的添加型无机阻燃剂，单独使用时阻燃作用小，但是同卤系阻燃剂并用可大大提高卤系阻燃剂的阻燃效果，常作为卤系阻燃剂的协效剂使用。五氧化二锑是广泛用于各种纤维生产中的金属化合物阻燃剂，具有十分优良的阻燃性能，由于其渗透性强，黏附力大，能使被阻燃的纤维和织物耐洗耐用，阻燃性能持久[1]。三氧化二锑和五氧化二锑化学结构式如下所示：

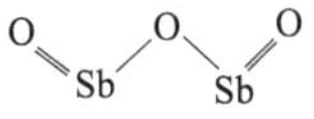

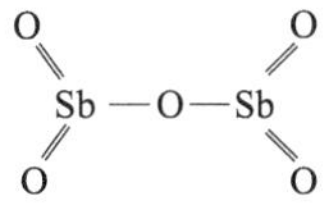

锑酸钠是含锑物料处理后的锑化工产品之一，而且我国有着丰富的锑资源，占世界锑资源的55%以上，所以锑酸钠也是一种很有发展前途的精细化工产品[2,3]。近年来，随着科学技术的发展，锑酸钠由于价格低一些，在某些阻燃剂和电子产品中部分地取代了三氧化二锑[4]。其化学结构式如下所示：

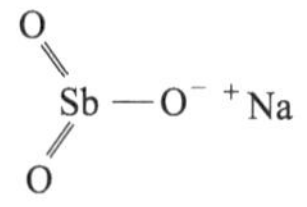

三氧化二锑（化学式：$Sb_2O_3$），别名氧化亚锑、锑华、锑白和亚锑酸酐，是一种白色结晶性粉末状的无机化合物。熔点655℃，沸点1550℃，无气味。在加热后变黄，冷却后又变白。可溶于氢氧化钠溶液、热酒石酸溶液、酒石酸氢盐溶液和硫化钠溶液中，微溶于水、稀硝酸和稀硫酸。

五氧化二锑（化学式：$Sb_2O_5$），别名锑酸酐，是一种淡黄色粉末。难溶于水，微溶于碱生成锑酸盐。有毒，是一种毒性分级为中毒的有毒物品。

锑酸钠（化学式：$NaSbO_3$），别名焦锑酸钠，是一种有粒状结晶与等轴结晶的白色粉末。溶于酒石酸、硫化锑酸钠溶液、浓硫酸，微溶于醇、铵盐，不溶于乙酸、稀碱和稀无机酸。冷水中不溶，热水中发生水解形成胶体。熔点630℃，沸点1635℃。是一种有毒物品。

我国有600多家锑的生产企业，20世纪80年代初年产量只有3万余吨，1995年达到12.95万吨，锑品产量11万吨以上[5]。国内厂家有中国五矿集团公司、深圳杰夫实业基团有限公司、河南金利金铅集团有限公司、益阳市华昌锑业有限公司、湖南安化华语锑业有限公司。国外厂家有美国规格化学公司、日本Nihon Seiko公司等。

锑酸钠是20世纪80年代从日本引进彩电显像管玻璃生产线以后才开始使用的，目前锑酸钠主要用作催化澄清剂[4]。1986年以后国内开始生产锑酸钠。生产厂家有益阳生力化工有限责任公司、伊比西欧洲有限公司、云南木利锑有限公司。

## 5.2.2 氧化锑和锑酸的制备方法

### (1) 三氧化二锑的制备方法

三氧化二锑的制备方法有干法和湿法两种。干法包括金属锑法和辉锑矿法；湿法包括酸浸法和锑盐分解法。

金属锑法：将金属锑（含硫）在石墨炉中加热至1200℃，以0.3$m^3$/min通入空气5min，直至排气中二氧化硫含量≤$5\times10^{-6}$，冷却至786℃，以2$m^3$/min速度鼓空气12h，得三氧化二锑收率为92.1%，合成路线如图5-1所示。

$$Sb + O_2 \longrightarrow Sb_2O_3$$

图5-1 三氧化二锑的合成路线

(2) 五氧化二锑的制备方法[6]

回流氧化法：将三氧化二锑和去离子水投入搅拌反应釜，搅拌成浆状物。加热回流，在搅拌下，缓缓滴加双氧水。滴加过程中，温度不得超过95℃。待双氧水加完后，继续在搅拌条件下，加热回流45min，制得白色稠厚浆状物。稍冷却后过滤，去掉团粒或块粒，于90℃下烘干即得黄色粉末状的五氧化二锑。

(3) 锑酸钠的制备方法[7]

过氧化氢法：以三氧化二锑或三硫化二锑为原料制备锑酸钠，合成路线如图5-2所示。

$$Sb_2O_3 + 2NaOH \longrightarrow 2NaSbO_2 + H_2O$$

$$NaSbO_2 + H_2O_2 \longrightarrow NaSbO_3 + H_2O$$

图5-2 锑酸钠的合成路线

将三氧化二锑悬浮于氢氧化钠溶液中，加热，在连续搅拌下加入质量分数为30%的过氧化氢进行氧化；反应完成后过滤、洗涤，用水洗涤至中性，然后再过滤，滤饼经200℃左右干燥，粉碎制得产品。

### 5.2.3 锑化合物的阻燃机理

锑化合物常与含卤化合物组成复合阻燃体系使用，该体系中的锑化合物本身不具有阻燃作用，但在燃烧过程中能与含卤阻燃剂生成的卤化氢气体反应生成三卤化锑或卤氧化锑，具体阻燃机理如下：

① 三卤化锑及其分解生成的锑能猝灭参与燃烧反应的自由基，从而抑制燃烧过程；

② 三卤化锑蒸气密度大，可覆于燃烧物表面起到稀释氧气和可燃性气体的作用；

③ 卤氧化锑的分解反应需要吸热，可起到降低燃烧物表面温度的作用。

### 5.2.4 氧化锑和锑酸的主要应用领域

三氧化二锑主要用于塑料制品、纺织物、橡胶以及木材的阻燃，与溴系阻燃剂协

效，也可用作化工行业的催化剂和生产原料，还能用作白色颜料以及遮盖剂。

五氧化二锑主要用于制造锑酸盐和其他各种锑化合物，也可用于制造化工生产中的催化剂。还能作为塑料、化纤织物、橡胶的高效阻燃增效剂。

锑酸钠可用于塑料、纺织品、橡胶的阻燃，也可用于制作电视机显像管玻壳，是高档玻璃生产的优质澄清剂[8]。特别在近年兴起的新能源光伏行业，具有潜在的应用前景，经济价值高。

李志军等[9] 将纳米氧化锑粉和聚氯乙烯（PVC）粉机械混合，制备出纳米氧化锑/PVC的复合材料，添加两份纳米氧化锑粉即可使PVC达到UL 94 V-0级。纳米氧化锑的加入可以提高PVC的阻燃性能，添加量为2～3份时可以达到最好的阻燃性能。颜干才[10] 发现氧化锑/锡酸锌复配阻燃剂具有明显的抑烟效果，但阻燃性受到一定抑制。

杜龙焰[11] 制备以八溴醚为主阻燃剂复配的阻燃母粒，对聚丙烯具有较好的阻燃效果。当八溴醚和三氧化二锑质量比为3∶1时，各物质质量分数为八溴醚27%、三氧化二锑9%、氢氧化镁34%和聚丙烯30%复配的阻燃母粒。当添加该阻燃母粒10%于聚丙烯中，聚丙烯阻燃级别达到了UL 94 V-0级，极限氧指数（LOI）提高到28.5%，聚丙烯的冲击强度降低了0.4kJ/$m^2$，拉伸强度提高了2MPa，对聚丙烯的力学性能影响较小。这说明溴-锑系阻燃母粒对聚丙烯力学性能影响较小，可以极大地提高聚丙烯的阻燃性。

## 5.3 硼酸锌

### 5.3.1 概述

硼酸锌，又称水合硼酸锌，通式为$x\mathrm{ZnO}\cdot y\mathrm{B_2O_3}\cdot z\mathrm{H_2O}$，按其结晶水的不同有十几个品种，最常用的品种是$\mathrm{2ZnO\cdot 3B_2O_3\cdot 3.5H_2O}$。硼酸锌是一种环保型的非卤素阻燃剂，具有无毒、低水溶性、高热稳定性、粒度小、密度低、分散性好等特点。它最早由美国硼砂和化学品公司开发成功，商品名为Fire Brake ZB，因此简称FB阻燃剂[12]，作为一种无机环保型的阻燃剂被广泛应用在塑料、橡胶、涂料等领域。

从目前情况看，硼化物作为阻燃剂，无机的硼酸盐和硼酸仍占主要地位，在与众多的其他品种的阻燃剂复合使用中发挥了优异的协同阻燃作用以及抑烟特性，且由于价格低廉，一直作为理想的阻燃复合组分而被关注。而有机硼阻燃剂则由于水解稳定性和技术应用性等问题而使用受限，但由于环境友好，因此仍然吸引着科研领域的目光。

$2ZnO \cdot 3B_2O_3 \cdot 3.5H_2O$是一种白色结晶粉末，熔点980℃，密度$2.8g/cm^3$，不溶于水和一般的有机溶剂，可溶于氨水生成络合盐，在300℃以上开始失去结晶水，平均粒度为2～10μm，毒性$LD_{50}>10g/kg$（白鼠口服），没有吸入性和接触性毒性，对皮肤不产生刺激，也没有腐蚀性，对眼睛也没有刺激性[13]。

无机硼酸及硼酸盐是两种最古老的阻燃剂之一，它们最早主要应用于棉和纸张的阻燃。早在17世纪，就出现了硼系阻燃应用专利技术，该专利用硼砂、明矾、硫酸铁等的水溶液作为纺织品阻燃整理剂，能大幅度降低织物的着火性能和燃烧性[14]。

硼酸锌在中国、美国、欧洲、日本等国家有生产。国内主要生产厂家有山东五维阻燃科技股份有限公司、济南泰星精细化工有限公司、淄博圣科有限公司、武汉兴众诚有限公司等。

## 5.3.2 硼酸锌的制备方法

硼酸锌的生产方法主要有硼砂法和硼酸法。

**(1) 硼砂法**

把硼砂和硫酸锌按一定配比溶于水中，一定温度下进行反应，反应结束后经漂洗去除硫酸钠，然后压滤、干燥、粉碎即得产品，反应方程式如图5-3所示。

$$3.5ZnSO_4+3.5Na_2B_4O_7+0.5ZnO \rightarrow 2(2ZnO \cdot 3B_2O_3 \cdot 3.5H_2O)+3.5Na_2SO_4+2H_3BO_3$$

图5-3 硼砂法制备硼酸锌的反应方程式

**(2) 硼酸法**

将硼酸、氧化锌按一定配比溶于水中，在一定温度下进行反应，反应结束后漂洗、压滤、干燥、粉碎即得产品[13]，反应方程式如图5-4所示。

$$2ZnO+6H_3BO_3 \rightarrow 2ZnO \cdot 3B_2O_3 \cdot 3.5H_2O+5.5H_2O$$

图5-4 硼酸法制备硼酸锌的反应方程式

## 5.3.3 硼酸锌的表征

图5-5为水合硼酸锌的红外光谱图，从图5-5中可以看出，$3462cm^{-1}$、$3206cm^{-1}$处吸收峰为—OH的伸缩振动；$950\sim1412cm^{-1}$处吸收峰为三配位硼氧键［$B_{(3)}$—O］的伸

缩振动；1297cm$^{-1}$ 处吸收峰为 B—O—H 键面内弯曲振动；796～1067cm$^{-1}$ 处吸收峰归属为四配位硼氧键［$B_{(4)}$—O］伸缩振动；658cm$^{-1}$、618cm$^{-1}$ 处吸收峰归属为 $B_{(3)}$—O 键的面外弯曲振动；521～573cm$^{-1}$ 处吸收峰可能是金属与氧的配位键所引起的吸收，归属于 $B_{(3)}$—O 键或 $B_{(4)}$—O 键的弯曲振动[14]。

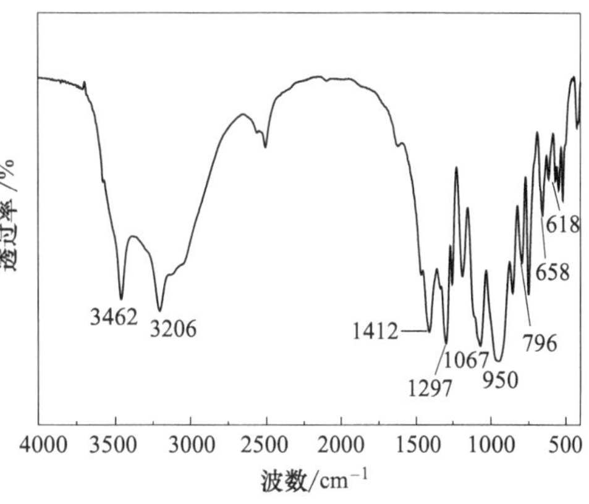

图 5-5 水合硼酸锌的红外光谱图

硼酸锌的初始分解温度大于 360℃，高温分解后残炭产率很高，在 600℃时仍保有约 87.4%的残余物，这一特性使其能够应用于众多热塑性工程塑料之中，见图 5-6。

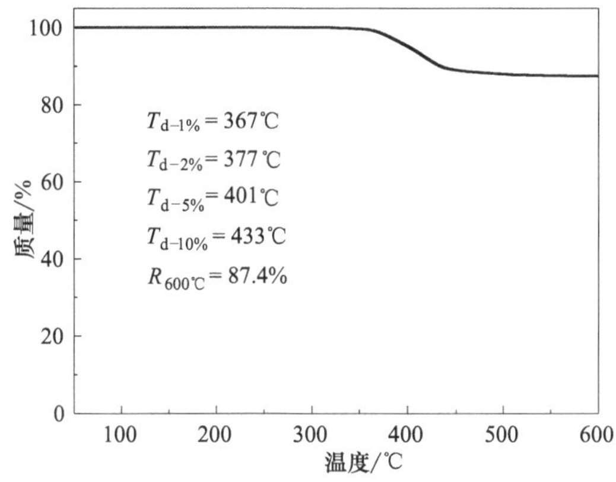

图 5-6 水合硼酸锌的热失重曲线

水合硼酸锌的微观形貌如图 5-7 所示。

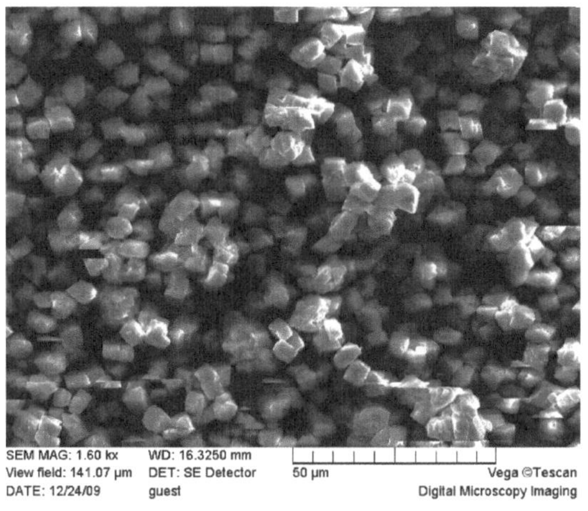

图 5-7 水合硼酸锌的扫描电镜图

从其扫描电镜图片（图 5-7）中可以看出，通常硼酸锌的颗粒呈现微米级的正六方颗粒，颗粒粒径均匀。有研究表明，通过调整硼酸锌成盐时的外部化学环境，可以获得针状、球状等多种形态的硼酸锌微粒。

## 5.3.4 水合硼酸锌的阻燃机理

水合硼酸锌的阻燃机理如下[15]：

① 在燃烧温度下放出结合水，起冷却、吸热作用；

② 硼酸盐熔化、封闭燃烧物表面，形成玻璃体覆盖层，或与其他阻燃成分共同作用，生成致密炭层，隔热隔氧；

③ 改变某些可燃物的热分解途径，抑制可燃性气体生成；

④ 能够与其他阻燃剂发生协同效应，如卤系阻燃剂，具有阻燃增效的作用；

⑤ 具有一定的抑烟能力，降低生烟量；

⑥ 减少高温熔滴生成，防止二次火灾；

⑦ 与氮、卤、硼等元素可能产生协同效应。

## 5.3.5 硼酸锌的主要应用领域

普通硼酸锌的粒径为 4～7μm，耐热温度大于 300℃，国内外公司和研究机构开发的方向是粒径变化——超细粒径、高耐温、脱水硼酸锌等产品。已经开发的超细粒径的产品包括粒径为 0.6～4μm 的产品，可用于工程塑料和纤维，改善材料的分散和加工性能；而 0.6μm 的硼酸锌可用于制造高透明的制品；还有高耐温的如耐温 209～413℃的产品，可以用在如聚酮、砜和聚醚亚胺等加工温度极高的工程塑料中[16,17]。将硼酸锌渗透到纤维素类纤维或化学纤维坯布中，可显著地提高纤维的着火点，并显著地延缓火焰的蔓延速度。

如果硼酸锌阻燃剂粉体的粒径过大会在基材中分散不理想，添加量高时会恶化材料的使用性能。硼酸锌可以部分替代氧化锑作为卤系阻燃剂的协效剂。

将超细硼酸锌 UZB（$2ZnO \cdot 3B_2O_3 \cdot 3.5H_2O$）引入低密度聚乙烯（LDPE）/膨胀型阻燃剂（IFR），IFR 为聚磷酸铵（APP）/季戊四醇（PER）（质量比 3∶2）体系，UZB 与 IFR 的质量比为 4.2∶25.8。阻燃剂的总添加量为 30%，复合材料的 LOI 值为 26.2%，阻燃级别达到 UL 94 V-0 级（3mm）；热释放速率峰值（pk-HRR）由纯 LDPE 的 466kW/$m^2$ 降至 131kW/$m^2$。体系在燃烧的过程中产生了磷酸硼和一些锌化

合物，这些物质能够起到稳定炭层的作用[18]。

将三聚氰胺磷酸盐、三聚氰胺硼酸盐和三聚氰胺磷酸硼酸盐（MPB）硼-磷-氮协效"三位一体"膨胀型阻燃剂（三聚氰胺/磷酸/硼酸的最佳摩尔比为10∶5∶1）用于阻燃环氧树脂，当MPB与环氧树脂的质量比为1.1∶4时材料的LOI值为29%，体系中硼-磷-氮三种元素协效作用明显[19]。

$NH_2$

N N

$H_2N$ N $NH_2$

$[H_3BO_3]_n$ $[H_3PO_4]_m$

MPB

用3份硼酸锌分别与10份多聚芳基磷酸酯PX220复配制备阻燃PC/ABS，其LOI值达到32%，阻燃级别达到UL 94 V-0级。复配阻燃剂阻燃PC/ABS复合材料的炭层残炭产率增加，能有效隔绝热量的传递[20]。

将二乙基次膦酸铝、三聚氰胺磷酸盐、硼酸锌组成的复合阻燃剂和纳米黏土一起用于阻燃玻璃纤维增强PA6。当玻璃纤维的添加量为15%，纳米黏土添加量为5%，阻燃剂的添加量为15%时，材料的阻燃效果最佳。体系的LOI值由24.9%提升至31.7%，阻燃级别达到UL 94 V-0级（3.2mm），残炭量增加。其中硼酸锌和磷酸铝在燃烧时能够形成一层玻璃化物质的屏障[21]。

当3%的硼酸锌FB415（美国BORAX公司）与57%的氢氧化镁复合阻燃乙烯-乙酸乙烯酯（EVA）时，在其燃烧的残炭中可以发现残留的聚合物碎片，而这种情况在添加60%氢氧化镁阻燃的EVA中却不曾出现，因此，硼酸锌具有减缓聚合物降解的作用，即形成玻璃态的残炭保护层阻止聚合物进一步分解[22]。

采用三聚氰胺磷酸盐（MP）与硼酸锌复配，制备阻燃中密度纤维板（MDF），当MP和硼酸锌等质量复配时，MDF的阻燃效果最优，复配阻燃剂可有效提高MDF的阻燃抑烟性能[23]。

# 5.4 氢氧化镁

## 5.4.1 金属氢氧化物简介

金属氢氧化物包括氢氧化镁和氢氧化铝，是阻燃剂应用中数量最大的一类，在阻燃

电线电缆、聚烯烃等产品中具有广泛的应用，但这一类材料的阻燃效率偏低，所以在应用中添加数量比较大，通常添加量会在 40%～60%的范围；也可以与其他类型的阻燃剂复合使用，发挥协同阻燃作用，其添加量可以适当降低[15]。

### 5.4.2 金属氢氧化物的阻燃机理

① 金属氢氧化物在受热以后，能够吸热分解释放水气，在这一过程中可以吸收大量的热量，从而使基材温度难以升高并维持在着火点以上，阻碍或者延缓火灾的发生；

② 大量水蒸气释放到基材外部环境中，可以稀释空气和可燃性气体，降低火灾发生的可能；

③ 金属氢氧化物分解后残留的金属氧化物，如氧化铝和氧化镁，非常稳定，作为阻隔层覆盖于基材表面，可以起到隔热、隔氧和抑烟的作用[15]。

### 5.4.3 氢氧化镁简介

氢氧化镁是一种典型的氢氧化物阻燃剂，具有阻燃、抑烟、填充等功能。但氢氧化镁的阻燃效率偏低，在使用中添加量较大，通常添加量会达到 40%～60%的范围，因此氢氧化镁常与其他类型的阻燃剂复合使用，发挥协同阻燃作用，降低添加量。

氢氧化镁（magnesium hydroxide，MH），化学式：$Mg(OH)_2$，其形状为无色六方柱晶体或白色无定形粉末。难溶于水和醇，溶于稀酸和铵盐溶液，当加热至 350℃时开始脱水分解生成氧化镁。氢氧化镁具有特殊的层状结构，有着优异的触变性、低表面能，并且无机械杂质[24]。

1936 年，H. H. Chesny 以贝壳为原料经煅烧制成的石灰乳作为碱剂，首次从海水中制得氢氧化镁。1941 年 Dow 化学公司建成世界上规模最大的海水提镁工厂，从此奠定了用合成法制取镁化合物的基础。截至 2009 年，国外以卤水、海水为原料生产氢氧化镁的总生产能力为 52 万吨/年。这些公司包括美国的 MartinMarietta、日本的 Ube-Materials、荷兰的 Nedmag 等[25]。国内氢氧化镁生产公司有青海西部镁业、济南泰星精细化工有限公司等企业。

### 5.4.4 氢氧化镁的制备方法

制备氢氧化镁的方法主要是氨水法。以水为介质，将氯化镁和氨水放入反应釜，发

生沉淀反应，然后取出物料抽滤、洗涤、烘干即可得到氢氧化镁。图 5-8 为氢氧化镁的合成路线。

$$MgCl_2 + 2NH_3 \cdot H_2O \longrightarrow 2NH_4Cl + Mg(OH)_2\downarrow$$

图 5-8　氢氧化镁的合成路线

## 5.4.5　氢氧化镁的表征

图 5-9 为氢氧化镁的红外光谱图，3696cm$^{-1}$ 和 3435cm$^{-1}$ 为氢氧化镁中—OH 的伸缩振动峰；457cm$^{-1}$ 和 1423cm$^{-1}$ 为氢氧化镁中 Mg—O 的振动吸收峰。

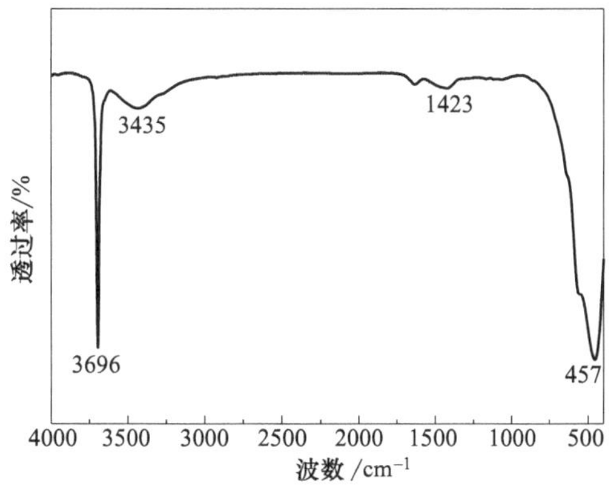


图 5-9　氢氧化镁的红外光谱图

氢氧化镁在受热分解时生成水和氧化镁，其在 $N_2$ 气氛下的热失重曲线如图 5-10 所示，分解 1%的温度为 338℃，600℃时的残炭产率为 70.0%。由于分解温度高，热稳定性好，使其可以应用于加工温度高的聚合物材料的阻燃。

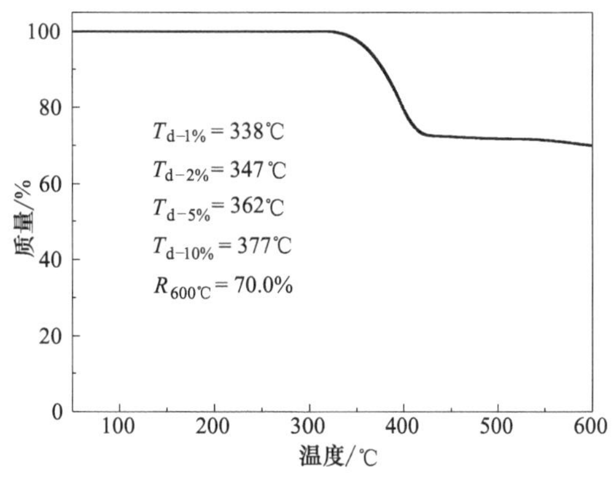


图 5-10　氢氧化镁的热失重曲线

氢氧化镁的扫描电镜照片如图 5-11 所示，化学法生产的氢氧化镁结构规整，为约

1μm 的正六边形片状晶体。结构越规整，氢氧化镁阻燃的聚合物力学性能越好，因此在化学法生产氢氧化镁时特别需要调控氢氧化镁粒子结构的规整性。

图 5-11 正六边形氢氧化镁微观结构图

## 5.4.6 氢氧化镁的主要应用领域

氢氧化镁可以用于聚烯烃、PVC、橡胶等领域。单独使用时，添加量较大。一般改性后与其他阻燃剂复配使用。近年来，随着镁矿石开采的限制，氢氧化镁生产逐渐转向采用其他丰富的资源。其中最典型的是以卤水为原料制备氢氧化镁。光卤石主要化学组分是氯化镁，还有少量氯化钾、硫酸根等物质。我国东部沿海地区，海水经晒盐、提溴、提钾后产生了大量的老卤溶液，其大部分老卤利用不起来而成为了所谓“镁害”[26]。通过与制盐相结合可以实现循环经济无污染制造氢氧化镁，但该方法制备的氢氧化镁产品成本价格高，市场竞争力不足。但随着中国对资源的保护和环保压力增加，通过化学合成的方法来制备氢氧化镁的工作正在逐渐启动。

陈一等[27] 通过湿法改性氢氧化镁将偶联剂附着在氢氧化镁颗粒上，改性后氢氧化镁的粒子尺寸略微增大。然后通过熔融共混制备了改性纳米氢氧化镁（MH）/微囊红磷（MRP）无卤阻燃高密度聚乙烯（HDPE）复合材料，表面改性有利于阻燃剂在树脂中的分散。MRP 和 MH 产生协同效应，有效地提高了体系的阻燃性。当 HDPE∶MH∶MRP 质量比为 100∶50∶7.5 时，复合材料 LOI 值为 28.7%，达到 FV-0 级。

刘立华等[28]研究了纳米氢氧化镁阻燃剂在软质 PVC 中的作用，通过采用不同改性剂对纳米氢氧化镁进行表面改性，并分析了改性前后的纳米氢氧化镁在软质 PVC 体系中的分散情况。研究发现，改性后的纳米氢氧化镁粉体在软质 PVC 体系中分散性较好；在不同改性剂中，以硬脂酸锌的改性效果较好；并且改性纳米级别的氢氧化镁的阻燃和力学性能要优于微米级别的氢氧化镁。

H Balakrishnan 等[29] 研究了不同含量的氢氧化镁（20%～50%）对 PA6/PP 复合材料的阻燃性能的影响。研究发现，随着氢氧化镁含量的增加，体系的 LOI 值和 UL 94 阻燃级别均得到提高，其中 LOI 值最高可达 40.8%。当氢氧化镁添加量为 40%时，体系的阻燃等级可达 UL 94 V-0 级。此外，PA6/PP 复合材料的 pk-HRR 为 845kW/$m^2$，而添加氢氧化镁后，其 pk-HRR 值最低可降至 188kW/$m^2$。

# 5.5 氢氧化铝

## 5.5.1 概述

氢氧化铝，化学式：$Al(OH)_3$，简称 ATH（aluminium hydroxide），分子量 78，别名三水铝矿、水铝石。

ATH 具有阻燃、消烟、填充功能，同时不挥发、无毒、对基体材料腐蚀较小、对环境不产生二次污染，且能与多种物质产生协同效应。其阻燃机理与 MH 类似。但由于与有机聚合物的亲和性差，界面结合力小，因此造成填充量大、相容性差、不利于聚合物的加工、降低制品的力学性能等问题。然而，超细 ATH 常温下物理和化学性质稳定，白度高，具有优良的色度指标，在树脂中分散性好，即使添加量较多也不易发生弯曲发白现象。

ATH 是一种碱，因其显一定的酸性，又可称之为铝酸（$H_3AlO_3$）。外观为白色粉末状固体，难溶于水、醇，能溶于酸和强碱溶液，分解温度在 235～350℃。主要有 325 目、800 目、1250 目、5000 目四个规格。

氢氧化铝是铝精炼的中间产物，是具有悠久历史的工业原料，但其被用作塑料、橡胶的阻燃剂，却是从 90 多年前才开始的。国外的主要生产厂家有 Almatis、Gramercy Alumina、Sherwin Alumina，国内的主要生产厂家有济南泰星精细化工有限公司、淄博亿盛嘉铝业有限公司、芜湖龙曼钛白科技有限公司等企业[30]。

## 5.5.2 氢氧化铝的制备方法

氢氧化铝传统的制备方法有拜耳法、烧结法以及二者的结合法等[31]。

**(1) 拜耳法**

拜耳法是拜耳于18世纪提出的一种制备氢氧化铝的方法。使用热氢氧化钠溶液溶出铝土矿中的氧化铝，得到铝酸钠溶液。溶液与残渣分离后，降温，并加入氢氧化铝晶种，经长时间搅拌可析出氢氧化铝，洗净即可[32]。

**(2) 烧结法**

烧结法是在1858年提出并被后人改进的方法。碱石灰烧结法生产氢氧化铝是将铝土矿与一定数量的苏打石（石灰石）配成炉料，在回转窑内进行高温烧结，炉料中的 $Al_2O_3$ 与 $Na_2CO_3$ 反应生成可溶性的固体铝酸钠。用稀碱溶液溶出，同时可以将熟料中的 $Al_2O_3$ 和 $Na_2O$ 溶出，得到铝酸钠溶液。溶出液（粗液）经过专门的脱硅净化过程得到铝酸钠纯溶液。再通入二氧化碳，就能得到氢氧化铝[33]。

对于化学液相沉淀法所制备的氢氧化铝，其中pH值对其晶相和微结构具有很大的影响。随着溶液pH值从5增加到11，氢氧化铝晶体结构依次为非晶态氢氧化铝、勃姆石［$\gamma$-AlOOH］、拜耳石［$\alpha$-Al（OH）$_3$］，相应粉体颗粒由分散的、超细的纳米絮粒到平均直径为50nm的絮球，再到150nm无规则的团聚体[34]。

## 5.5.3 氢氧化铝的表征

图5-12为氢氧化铝的红外光谱图，3620$cm^{-1}$、3526$cm^{-1}$、3450$cm^{-1}$、3377$cm^{-1}$处为—OH伸缩振动峰；1627$cm^{-1}$为—OH的弯曲振动峰；1022$cm^{-1}$、969$cm^{-1}$、594$cm^{-1}$对应Al—O键的伸缩振动吸收峰。

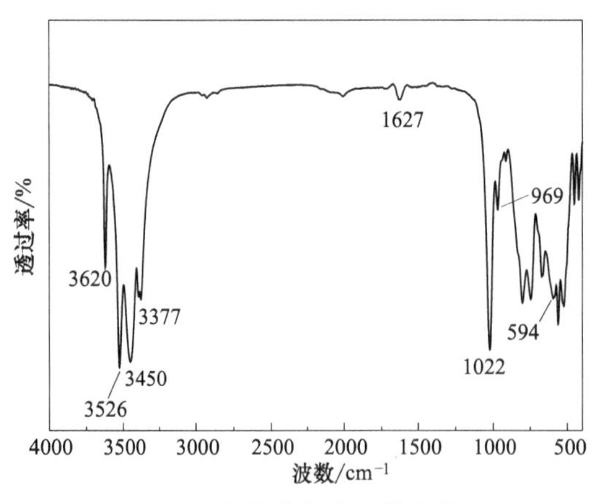


图5-12 氢氧化铝的红外光谱图

氢氧化铝在 $N_2$ 气氛下的热失重曲线如图5-13所示，氢氧化铝初始分解温度247℃，热稳定性低，且明显低于氢氧化镁，使其应用领域受限于其热稳定性。

## 5.5.4 氢氧化铝的主要应用领域

随着社会的发展，阻燃行业对氢氧化铝产品提出了更高的要求。为了改善氢氧化铝与基体树脂的相容性及其在树脂中的分散性，降低氢氧化铝颗粒的尺寸是一种行之有效

的手段。目前，采用新型技术来制备纳米级、多晶型（如六角片状）氢氧化铝成为国内外的研究热点。研制开发超细氢氧化铝阻燃剂新品种具有广阔的市场应用前景[35]。

尽管氢氧化铝存在一定的缺陷，但随着制备技术的革新，这些缺陷不断得到弥补，因而其应用范围变得越来越宽广，可添加到的基体树脂也是种类繁多，如 PP、PBT、PA66、LDPE 等。

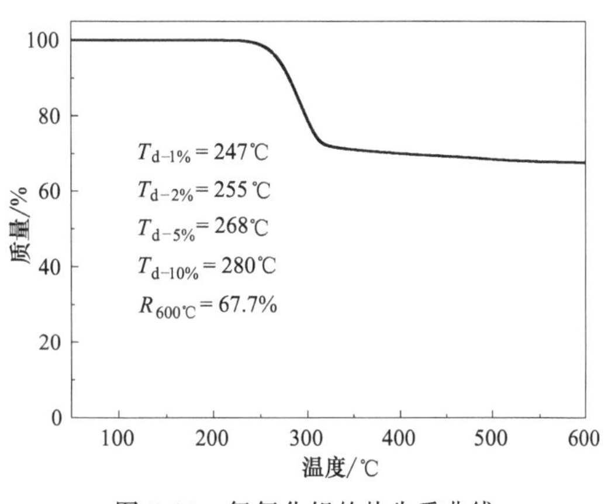

图 5-13　氢氧化铝的热失重曲线

采用不同偶联剂改性纳米氢氧化铝（ATH）及 ATH/红磷复合体系填充阻燃 PP，表面改性可有效提高 ATH/PP 体系的阻燃性，硅烷偶联剂较油酸钠和钛酸酯改性效果更好；在 PP 体系中，其最佳添加用量为 2%ATH，体系中 PP/ATH 质量比为 100∶50 时，改性可使体系 LOI 值提高 14%～30.3%，达到 FV-1 级。少量红磷加入可与纳米 ATH 形成协同阻燃效应，体系中 PP、ATH 与红磷质量配比为 100∶45∶5 时比单独使用 ATH 阻燃效果更好[36]。

纳米改性氢氧化铝（CG-ATH）与包覆红磷（RP）混合成为无卤阻燃剂，纳米 CG-ATH 和包覆红磷能够协效阻燃 PBT 复合体系，在包覆红磷添加量为 10 份、纳米 CG-ATH 为 20 份时，PBT 复合材料的 LOI 值从 21%提高到 30%，达到 UL 94 V-0 级[37]。类似地，将同样的阻燃体系添加到 PA66 中，也得到了较好的阻燃效果[38]。

## 5.6 氧化钼和钼酸铵

### 5.6.1 概述

钼系阻燃剂，像 α-三氧化钼、八钼酸铵和钼酸钙等不但能阻燃，而且能抑烟，是迄今为止人们发现的最好的、可同时用作许多高聚物的阻燃抑烟剂，其特点不是由于促进燃烧而消烟，而是在不损害材料阻燃性的同时达到低发烟目的。研究表明，向电缆皮或半导体包覆材料、橡胶或壁纸中添加少量钼化合物与其他阻燃剂可显示协同阻燃抑烟效果，因此，研发钼化合物阻燃抑烟剂已引起全球研发者的极大兴趣[39]。目前，钼系消烟阻燃剂的品种很多，主要有钼氧化物、钼酸盐以及它们的复配物。

氧化钼（$MoO_3$），由于它的氧化状态和配位数容易改变，使其拥有阻燃和抑烟的效果，特别是应用于聚氯乙烯中时[39]。钼酸铵是由阳离子铵与各类同多钼酸根阴离子组成的一种盐类，是最重要的钼酸盐，也是最重要的钼化合物之一。

氧化钼（化学式：$MoO_3$），是白色或浅绿色或浅黄色的结晶粉末，加热时变黄色，冷时即复原。熔点为 795℃，沸点为 1155℃。在空气中稳定，微溶于水，能溶于浓硝酸、浓盐酸，易溶于浓碱。氧化钼有毒性[40]。

钼酸铵（化学式：$H_8MoN_2O_4$），是无色或浅黄绿色单斜结晶。加热至 90℃时失去 1 个结晶水，达到 190℃时会分解成氨、水和三氧化钼。放置于空气中，会风化失去一部分氨。钼酸铵溶于水、酸和碱，不溶于醇，但溶于乙二醇。

钼化合物中像 $\alpha$-三氧化钼、八钼酸铵和钼酸钙等不但能阻燃，而且能抑烟。自从 1990 年克莱马克斯钼公司研制出 $\alpha$-三氧化钼阻燃抑烟剂后，全球许多公司又研制出钼酸盐阻燃抑烟剂。$\alpha$-$MoO_3$ 是一种性能十分优异的抑烟阻燃剂，主要用于 PVC 材料的抑烟。氧化钼的主要生产厂家有美国阿麦克斯（AMAX）、西尔韦尼亚公司、日本的无机化学公司、加拿大的普拉塞尔公司、德国的斯达克（Starck）公司[41]，以及国内的金堆城钼业集团有限公司、洛阳栾川钼业集团有限公司、江苏琨玉金属科技有限公司等。目前金堆城钼业集团有限公司生产二钼酸铵、四钼酸铵和七钼酸铵等，产能大约为 3 万吨/年，也是世界特大型钼酸铵生产厂家之一。

### 5.6.2 氧化钼和钼酸铵的合成方法

将辉钼精矿粉碎至 60～80 目，放入焙烧炉中于 500～550℃氧化焙烧，用氨水浸出，得钼酸铵溶液除去杂质后，加热至 40～45℃，在搅拌下加入硝酸中和至 pH＝1.5，生成八钼酸铵沉淀，经过滤，离心脱水后，溶于 70～80℃的氨水中，再蒸发浓缩，得到仲钼酸铵，然后在 550～600℃下进行热分解，得三氧化钼成品[42]。

### 5.6.3 氧化钼和钼酸铵的主要应用领域

当氧化钼作为添加型阻燃剂使用时，具有阻燃和抑烟双重功能，对于含氯胶黏剂有更好的效果。与其他阻燃剂复配时，可降低成本，提高阻燃性，减小发烟量。例如它与三水合氢氧化铝、氧化锑都起到了一定的协同作用，其效果比单一的氧化钼更佳。

采用钼酸铵、磷酸二氢钠、钨酸钠通过化学沉淀法合成磷钼钨杂多酸铵（AMTP）。在 $n$（磷酸二氢钠）∶$n$（钼酸铵）∶$n$（钨酸钠）=1∶6∶6、pH= 1.5、温度为 60℃的条件下反应 1h，所得磷钼钨杂多酸铵纯度高，结晶状态良好且无明显的团聚现象；将 5%AMTP 添加到不饱和聚酯树脂（UPR）中，UPR 的 LOI 值从纯树脂的 19.6%上升至 24.2%，阻燃等级达到 UL 94 V-2 级，烟密度等级（SDR）从 75.25 降至 70.27，最大烟密度（MSD）从 95.73 下降至 92.16，烟密度等级满足国家对 B1 级电器类热固性塑料的使用要求[43]。

# 5.7 水滑石

## 5.7.1 概述

层状双金属氢氧化物（layered double hydroxide，LDH）是水滑石（hydrotalcite，HT）和类水滑石化合物（hydrotalcite-like compounds，HTLCs）的统称，由这些化合物插层组装的一系列超分子材料称为水滑石类插层材料（LDHs）[44]。由于其填料的特殊结构，使其有别于常规的阻燃材料，具有多种独特的性能，目前已经广泛应用在聚甲基丙烯酸甲酯（PMMA）、聚酰亚胺（PI）、乙烯-乙酸乙烯酯（EVA）、环氧树脂（EP）、聚乳酸（PLA）等纳米复合材料中。

水滑石，分子式：$Mg_6Al_2(OH)_{16}CO_3 \cdot 4H_2O$，是由带正电荷的主体层板和层间阴离子通过非共价键的相互作用组装而成的化合物[45]，类似于水镁石 [$Mg(OH)_2$]，由 $MgO_6$ 八面体共用棱边而形成单元主体层板。有以下几个很突出的特点：①主体层板的化学组成可调；②层间客体阴离子的种类和数量可调；③插层组装体的粒径尺寸和分布可调[46]。

水滑石在受热时，水合层板羟基及层间离子以水和 $CO_2$ 的形式脱出，起到降低燃烧气体浓度、阻隔 $O_2$ 的阻燃作用；水滑石的结构水、层板羟基以及层间离子在不同的温度内脱离层板，从而可在较低的范围内（200～800℃）释放阻燃物质。在阻燃过程中吸热量大，有利于降低燃烧时产生的高温，可以作为无卤抑烟阻燃剂，广泛应用于塑料、橡胶、涂料等领域。

19 世纪 40 年代瑞典的 Circaf 首次发现了水滑石，在 1942 年 Feitknecht 等首次通

过金属盐溶液与碱金属氢氧化物反应人工合成水滑石，并提出了双层结构模型的设想，在 1969 年由 Allmann 等确认了水滑石的层状结构。国内外的生产厂家有日本协和化学工业株式会社、德国科莱恩公司、韩国信元公司、靖江市康高特塑料科技有限公司、上海纽唯丝化工有限公司、河南万山化工产品有限公司等。

### 5.7.2 水滑石的制备方法

水滑石的制备方法主要有：共沉淀法、水热合成法、焙烧还原法、离子交换法等[47]。其中水滑石制备最常用的方法是共沉淀法，工业上常采用盐碱共沉淀法制备水滑石。具体是通过金属盐的混合溶液与碱金属氧化物发生反应得到产物，金属盐主要包括硝酸盐、硫酸盐、氯化物、碳酸盐等，碱主要包括氢氧化钠、碳酸钠、氨水、氢氧化钾、尿素等。以最典型的镁铝型水滑石为例，该产品的一种生产工艺路线如图 5-14 所示。首先将反应物按一定的比例加入搪瓷反应釜中，并在蒸汽加热的条件下搅拌，然后加水溶解，反应釜的填充度约为 70%。在密封的环境下升温反应一定时间，反应结束后通冷却水降温，过滤洗涤数次至滤液的 pH 为 7.5 左右，干燥粉碎即得水滑石产品[48]。

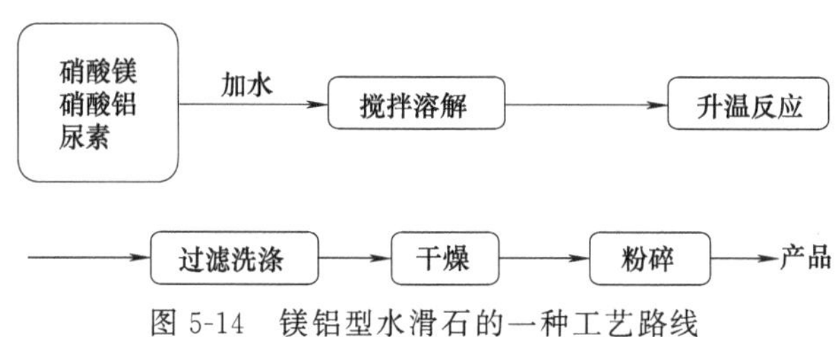


图 5-14　镁铝型水滑石的一种工艺路线

### 5.7.3 水滑石的主要应用领域

水滑石是一类具有层状结构的阴离子层状功能无机材料，具有可调的化学组成及独特的结构和性能。水滑石是聚集阻燃剂、绝缘剂、稳定剂、着色剂、滑爽剂、抗老化剂、抗紫外线剂等诸多功能于一身的填充和改性的原材料。可用于配制 PVC 稳定剂，适用各种软、硬质 PVC 制品，尤其是电线电缆。

水滑石受热分解后，其内部会形成高分散的大比表面积固体碱，对燃烧产生的酸性气体有较好的吸附作用，因此水滑石常被用作抑烟剂。例如，每 100 份软质 PVC 添加 20～40 份镁铝水滑石，即可使软质 PVC 的产烟速率及最大烟密度下降约 40%，其良好的抑烟效果与水滑石本身较大的比表面积有关。并且与 ATH/MH 体系相比，水滑石

阻燃软质 PVC 复合材料具有更好的自熄阻燃效果[49]。

此外，利用水滑石可插层组装的特性，将具有阻燃性能的有机和无机分子插入水滑石层板结构中可得到效率更高的阻燃剂。例如，可将 $P_3O_{10}^{5-}$ 对镁铝型水滑石进行插层，得到含 P 成分的水滑石（LDHs-P）。应用时，20 份 LDHs-P 即可使聚丙烯（PP）通过 UL 94 V-0 级别，而普通的 $CO_3^{2-}$ 插层型水滑石（LDHs-C）需要 30 份添加量才可使 100 份 PP 通过 UL 94 V-0 级别，并且 LDHs-P/PP 材料的极限氧指数要高于 LDHs-C/PP。这是因为 LDHs-P 水滑石中的含 P 结构在燃烧时可与 PP 链发生交联作用，增加了凝聚相炭的强度，从而提高了材料的阻燃性能[50]。有研究还将牛磺酸插入水滑石得到 T-LDHs，研究发现 T-LDHs 能进一步提高 EVA 基体的热稳定性能和阻燃性能，这与插层结构中 S 元素的存在有关[51]。水滑石层间还可以插入一些有机分子，如利用共沉淀法和原位聚合法可将三聚氰胺甲醛树脂插层至水滑石板间，得到 MF-LDHs，在阻燃环氧树脂的应用中发现，MF-LDHs 可同时提高环氧树脂的阻燃性能和机械力学强度[52]。利用插层的方法，将不同的阻燃成分与水滑石相结合，有利于发挥不同阻燃成分之间的协同效应，赋予材料更优异的阻燃性能。

## 5.8 水镁石

### 5.8.1 概述

水镁石是含镁最高的矿石之一。其结构为理想的八面体片，晶体结构为三方晶系矿物，呈 $Mg^{2+}$ 与 $OH^-$ 离子键组成的片层堆叠结构。单晶体常以片状、球状或纤维状的形式存在。纤维状水镁石长径比很大（超过 100），单纤维的直径可能在 40～50nm 范围内，绝热性能优良、介电常数高、膨胀系数低。含有结构水，分解温度在 400～500℃范围内，具有良好的热稳定性。此外，纤维状水镁石对高分子材料还有增强作用。

水镁石，分子式：$Mg(OH)_2$，外观为白色、灰白或浅绿色粉末，粉末含 MgO 69.1%、$H_2O$ 30.9%，密度 2.38～3.4g/cm³，折射指数 1.581，在 $N_2$ 气氛下分解 1% 时的温度为 294℃。常常有锰、铁、锌等杂质以类质同象存在。水镁石具有价格低廉、无毒、无二次污染、热稳定性好、不挥发、不析出、有持久的阻燃效果和发烟量低等优点[53]。

1814 年美国矿物学家 A. Bruce 首次在美国新泽西州发现水镁石，后来人们将其定名为 brucite（水镁石）。日本水泽公司于 1989 年首次利用产自中国的水镁石成功地开发出镁质阻燃剂，开创了利用天然矿物生产氢氧化镁阻燃剂的先河。

目前，我国辽宁作为水镁石全球储量最丰富的地区，储量丰富且品位高杂质含量少，通过开采水镁石矿并对其进行粉碎后可以生产水镁石阻燃剂。相关企业有辽宁帝尔实业有限公司、营口环球粉体工程有限公司、丹东金源水镁石加工有限公司、东港澳镁新型材料科技有限公司、华峰水镁矿业有限公司等。

### 5.8.2 水镁石的表面处理方法

水镁石表面极性大，阻燃聚合物时容易产生团聚现象，与聚合物相容性差，导致其阻燃效率相对较低。为达到阻燃效果，需要大量加入水镁石粉，当水镁石粉填充量超过 50%时会使体系性能（包括拉伸强度、断裂伸长率等）恶化。需要通过对其进行表面改性处理提高水镁石与基体材料之间的相容性。

水镁石的表面改性方法主要为干法和湿法。表面处理剂主要有偶联剂如硅烷类和钛酸酯类偶联剂、表面活性剂等[54]。

**(1) 干法处理**

干法处理即填料干燥的情况下，在高速混合机中使改性剂均匀地作用于粉体表面，形成一个较薄的表面处理层。干法处理工艺包括表面涂覆处理、表面反应处理和表面聚合处理三种。

工艺过程：首先将偶联剂用适量的溶剂稀释，喷涂于水镁石粉末上，然后在较低的转速和室温的情况下于高混机中搅拌混合，混合均匀后升高温度，最后在较高转速下进行表面改性。用溶剂稀释偶联剂是为了保证偶联剂可以均匀地分散在水镁石表面，一般偶联剂量与溶剂量的比例为 1∶(3～10)。

**(2) 湿法处理**

湿法处理即填料在改性剂的水溶液或水乳液中进行表面处理，通过填料表面的吸附作用或化学作用使改性剂分子附着到填料表面。湿法处理工艺包括吸附法、化学反应法、聚合法和复合偶联处理四种。

工艺过程为：首先将定量的水镁石、阴离子表面活性剂和去离子水依次加入反应器中，然后调节温度，在容器中充分搅拌，反应一段时间后，过滤、洗涤，最后将得到的样品在真空干燥箱中烘干，得到的产物便为改性水镁石。

## 5.8.3 水镁石的表征

图 5-15 为水镁石的红外光谱图，$3697cm^{-1}$ 和 $3444cm^{-1}$ 为水镁石成分中—OH 的伸缩振动峰；$452cm^{-1}$、$1425cm^{-1}$ 和 $1484cm^{-1}$ 为 Mg—O 的振动吸收峰。

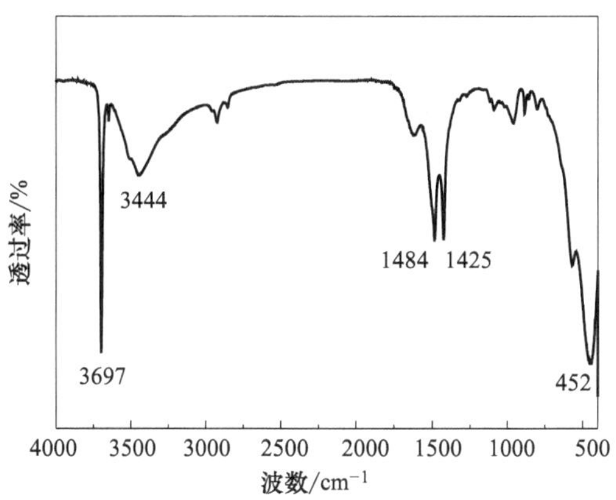


图 5-15 水镁石的红外光谱图

水镁石在 $N_2$ 气氛下的热失重曲线如图 5-16 所示，其失重 1%时的温度为 294℃，失重后的残炭产率达到 69.2%。热稳定性低于化学法氢氧化镁，但由于其初始分解温度接近 300℃，仍然可以满足大多数聚合物的加工温度要求。

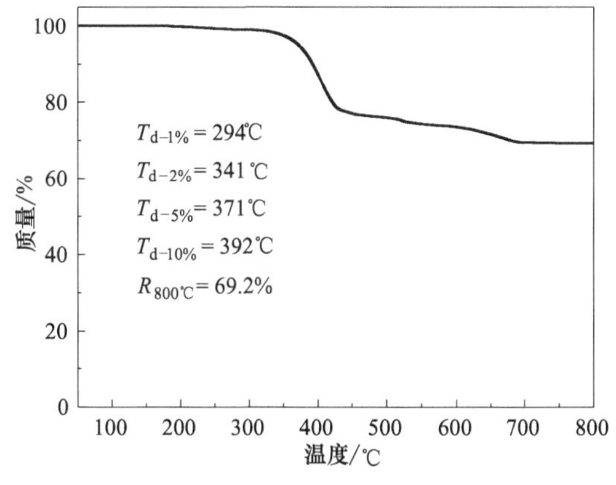


图 5-16 水镁石的热失重曲线

## 5.8.4 水镁石的主要应用领域

水镁石可广泛用于阻燃聚丙烯（PP）、聚乙烯（PE）、聚氯乙烯（PVC）、ABS 及

其共混物、乙烯-乙酸乙烯共聚物（EVA）、HIPS、PA、聚酰亚胺、含氟聚合物、环氧树脂、橡胶、涂料等。另外，水镁石也常与其他阻燃剂共同复合阻燃聚合物材料，从而获得更高的阻燃效率[55-57]。

## 参考文献


[1] 童孟良，周芝兰，许沅沅．无机阻燃剂的研究进展［J］．化工文摘，2008，2：45-48.

[2] 杜新玲．焦锑酸钠生产工艺研究［J］．湖南有色金属，2008，5：24-26，67.

[3] 周宇飞．用含锑物料制备粗制锑酸钠工艺研究［J］．铜业工程，2016，5：45-47.

[4] 曾振欧．锑酸钠的应用与制备方法［J］．湖南化工，1991，1：24-26.

[5] 任朝晖，卿仔轩，陈志宇．锑市场现状及发展趋势分析［J］．世界有色金属，2002，7：23-25.

[6] 大连理工大学无机化学教研室．无机化学第五版［M］．北京：高等教育出版社，2006.

[7] 张亨．无机锑系阻燃剂［J］．上海塑料，2012，1：6-10.

[8] 梁永棠，钟宁远．氯化法生产锑酸钠工艺［J］．有色冶炼，1991，6：44-47.

[9] 李志军．氧化锑-聚氯乙烯复合材料的制备和阻燃性能的研究［J］．中国金属通报，2019，2：248-249.

[10] 颜干才，梁小良，戴新，等．软质 PVC 的阻燃抑烟研究［J］．橡塑技术与装备，2017，43（4）：20-22.

[11] 杜龙焰．溴-锑系阻燃剂的协同作用及其在聚丙烯材料中的阻燃性能［D］．武汉：武汉工程大学，2018.

[12] 赵博，赵晓云，邹璐，等．我国硼系阻燃剂的研究现状及发展趋势［J］．塑料助剂，2010，3：6-8.

[13] 于永忠，吴启鸿，葛世成．阻燃材料手册（修订版）［M］．北京：群众出版社，1997.

[14] 何琼，温现明，邓小川，等．溶剂热改性法制备亚微米级低水硼酸锌［J］．无机盐工业，2006（4）：6-18.

[15] 钱立军．新型阻燃剂制造与应用［M］．北京：化学工业出版社，2013.

[16] 欧育湘，陈宇．无机阻燃剂的最新进展［J］．现代化工，1996，1：15-18.

[17] Wu Z P，Shu W J，Hu Y C．Synergist flame retarding effect of ultrafine zinc borate on LDPE/IFR system［J］．Journal of Applied Polymer Science，2007，103（6）：3667-3674.

[18] 吴志平，舒万艮，胡云楚．复合阻燃剂对 PE-LD 阻燃和力学性能影响的研究［J］．中国塑料，2006（7）：69-72.

[19] 董延茂，张祥，赵丹，等．硼-磷-氮协效膨胀型阻燃剂的合成与性能研究［J］．塑料科技，2010，38（1）：87-92.

[20] 胡婧，李锦春．磷酸酯与无机阻燃剂协同阻燃 PC/ABS 合金研究［J］．现代塑料加工应用，2011，23（1）：53-56.

[21] Isitman N A，Gunduz H O，Kaynak C．Nanoclay synergy in flame retarded/glass fibre rein-

forced polyamide 6 [J]. Polymer Degradation and Stability, 2009, 94: 2241-2250.

[22] Carpentier F, Bourbigot S, Bras M L, et al. Charring of fire retarded ethylene vinyl acetate copolymer-magnesium hydroxide/zinc borate formulations [J]. Polymer Degradation and Stability, 2000, 69: 83-92.

[23] 陈志林，纪磊，傅峰. 磷酸三聚氰胺复配硼酸锌阻燃中密度纤维板的燃烧性能 [J]. 木材工业，2011，25 (5)：5-8.

[24] 崔小明. 阻燃剂氢氧化镁改性技术研究进展 [J]. 塑料制造，2011，10：70-73.

[25] 郭如新. 合成法氧化镁、氢氧化镁生产现状与前景展望 [J]. 无机盐工业，2011，43 (11)：1-5，18.

[26] 闫岩，卢旭晨，王体壮，等. 利用老卤生产高纯氧化镁技术研究进 [J]. 化工进展，2016，35 (10)：3251-3257.

[27] 陈一，刘石刚，肖澄月，等. 改性纳米氢氧化镁/微囊红磷无卤阻燃 HDPE 的研究 [J]. 高分子通报，2011，6：69-73.

[28] 刘立华，陈建铭，宋云华，等. 纳米氢氧化镁阻燃剂在软质 PVC 中的应用研究 [J]. 高校化学工程学报，2004，18 (3)：339-343.

[29] Balakrishnan H, Hassan A, Isitman N A, et al. On the use of magnesium hydroxide towards halogen-free flame-retarded polyamide-6/polypropylene blends [J]. Polymer Degradation and Stability, 2012, 97: 1447-1457.

[30] 风间聪一，小田辛男，杨世铸. 氢氧化铝系阻燃剂的新应用 [J]. 塑料，1982，3：28-38.

[31] 郑宝贤，刘之舟. 氢氧化铝制备方法进展 [J]. 无机盐工业，1991，5：10-13.

[32] 马伟. 拜耳法生产工艺控制氢氧化铝粒度的措施 [J]. 中国金属通报，2019，5：106，108.

[33] 张玉胜，张伟. 利用高铝粉煤灰提取氧化铝的应用 [J]. 粉煤灰综合利用，2010，3：20-22.

[34] 杜雪莲，孙耀祖. pH 值对氢氧化铝晶相及微结构的影响 [J]. 郑州大学学报（工学版），2011，32 (5)：38-41，5.

[35] 王建立，和凤枝，陈启元. 阻燃剂用超细氢氧化铝的制备、应用及展望 [J]. 中国粉体技术，2007，1：38-42.

[36] 陈一. 表面改性纳米氢氧化铝及复合体系阻燃聚丙烯的研究 [J]. 包装工程，2010，31 (3)：18-21.

[37] 蔡挺松，郭奋，陈建峰. 纳米改性氢氧化铝与包覆红磷协效阻燃 PBT 的研究 [J]. 高分子材料科学与工程，2006，22 (6)：205-208.

[38] 陈妍，张鹏远，段国萍，等. 纳米改性氢氧化铝与包覆红磷协效阻燃尼龙 66 的研究 [J]. 北京化工大学学报（自然科学版），2004，31 (5)：18-21.

[39] 张文征. 钼酸盐阻燃抑烟剂研发现状 [J]. 中国钼业，2003，27 (1)：5-7.

[40] 张亨. 三氧化钼的性质、生产和阻燃抑烟应用研究进展 [J]. 中国钼业，2012，6：38-42.

[41] 董允杰. 国内外钼化学制品概况 [J]. 中国钼业，2003，1：8-11.

[42] 张文钲. 氧化钼生产技术发展现状 [J]. 中国钼业，2003，5：3-7.

[43] 汪关才，卢忠远，胡小平，等. 磷钼钨杂多酸铵的合成、表征及其阻燃、抑烟性能研究 [J]. 功能材料，2008，39 (2)：307-310.

[44] 周良芹，付大友，袁东. 水滑石类化合物的研究进展 [J]. 四川理工学院学报 (自然科学版)，2013，26 (5)：1-6.

[45] 宋雪雪，李丽娟，刘志启，等. 水滑石类化合物研究及其在聚丙烯阻燃剂中的应用进展 [J]. 盐湖研究，2016，24 (4)：66-72.

[46] 李俊燕. 类水滑石化合物的合成及应用研究进展 [J]. 化工科技，2015，23 (3)：77-80.

[47] 孙镇镇. 类水滑石的制备与应用 [J]. 中国粉体工业，2020 (4)：15-18.

[48] 朱大建，郭小川，张家仁，等. 均匀沉淀法制备镁铝水滑石的中试研究 [J]. 化学工程，2007，4：76-78.

[49] 黄宝晟，李峰，张慧，等. 纳米双羟基复合金属氧化物的阻燃性能 [J]. 应用化学，2002，1：71-75.

[50] Xu S，Li S Y，Zhang M，et al. Effect of P3O105- intercalated hydrotalcite on the flame retardant properties It and the degradation mechanism of a novel polypropylene/hydrotalcite system [J]. Applied Clay Science，2018，163：196-203.

[51] 卜祥星，谷晓昱，张胜，等. 牛磺酸插层水滑石的制备及其阻燃 EVA [J]. 塑料，2016，45 (4)：43-45，49.

[52] 董延茂，朱玉刚，杨小琴，等. 三聚氰胺甲醛树脂插层水滑石/环氧树脂复合材料的制备与性能研究 [J]. 化工新型材料，2013，41 (4)：47-49.

[53] 杨春光，王丰收. 非金属矿物在不饱和聚酯树脂中阻燃作用的研究 [J]. 山西化工，2006，1：36-38，43.

[54] 常婷. 水镁石阻燃复合材料的研究 [D]. 沈阳工业大学，2013.

[55] 张清辉，郑水林，张强，等. 水镁石基复合阻燃剂的制备及在 EVA 材料中的应用 [J]. 高分子材料科学与工程，2008，12：145-148.

[56] 薛海燕，焦婵媛，孙志鹏，等. 水镁石复合阻燃材料的研究进展 [J]. 广州化工，2018，46 (12)：34-36.

[57] 董发勤，张宝述，王维清，等. 天然纤维水镁石阻燃剂的复合性能研究 [J]. 非金属矿，2009，6：37-40.

# 第6章 碳系和硅系阻燃剂

## 6.1 可膨胀石墨

### 6.1.1 概述

可膨胀石墨（expandable graphite，简称 EG）是最近发展起来的物理无机膨胀型阻燃剂。可膨胀石墨是天然晶质石墨经特殊处理后，遇高温其石墨片层卷曲可瞬间膨胀成蠕虫状材料。EG 自身可以成炭、发泡，但一般需要一些酸来催化使用，常温下以稳定晶型存在，耐腐性和耐候性好。EG 的导热性良好，能够使热量均匀迅速地扩散。

EG 是用物理或化学的方法将其他异类粒子如原子、分子、离子甚至原子团插入鳞片石墨层间而生成的一种新的层状结构化合物。由于它的资源丰富，制备简单和成本低廉，因此，它成为一种广泛使用的阻燃剂，用来提高膨胀型阻燃体系的残炭产率[1]。

EG 在高温下体积迅速膨胀至几百倍，能形成大量彼此镶嵌的蠕虫状膨胀碳层，该蠕虫状碳层具有极好的微孔结构，能使膨胀碳层高度增加，膨胀后的碳层孔隙均匀且孔隙率大，能有效降低热导率，阻碍热量和空气的传导。

可膨胀石墨在受到 200℃以上高温时开始膨胀，在 1100℃时达到最大体积，其体积能够达到初始体积的约 300 倍。膨胀后的石墨形成了一个非常好的绝热层，能有效隔热，并且热释放率低，质量损失小，烟气产量也很少。可膨胀石墨还有极强的自润滑性、抗老化、抗低温、耐腐蚀等特性，而且无毒，对环境没有危害[2]。

从各国的企业标准看，膨胀石墨主要技术指标包括粒径、膨胀容积、含灰量、含碳量、含硫量五个指标。其中含灰量是衡量其质量优劣的关键指标，例如美国大多数企业采用 ASTM 标准，并将其分为 GTA（灰分含量<0.1%）、GTB（灰分含量<3%）、GTC（灰分含量<6%）三种类型。日本东洋碳（株）将膨胀石墨分成 PF（灰分含量<3%）、PF-H（灰分含量<0.5%）、PF-S（高纯脱硫制品）三类[3]。

图 6-1 为可膨胀石墨照片（未膨胀）。

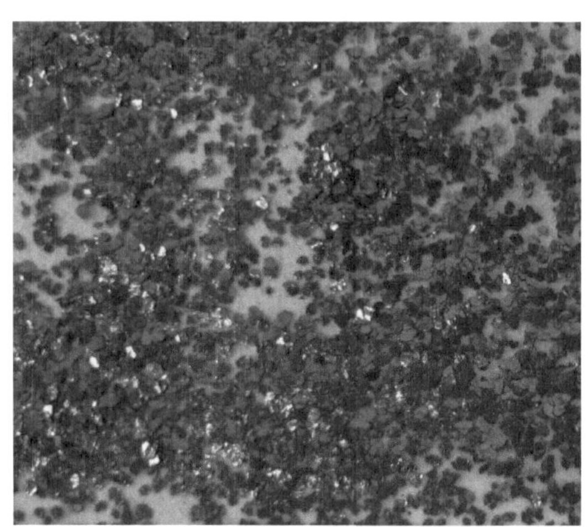

图 6-1　可膨胀石墨照片（未膨胀）

在 1841 年，德国科学家 Schaufautl 将天然石墨浸泡在浓硝酸和浓硫酸的混合液中，首次发现了可膨胀石墨。美国联合碳化物公司在 1963 年首先申请可膨胀石墨制造技术专利并于 1968 年进行工业化生产。国内的生产厂家有石家庄科鹏阻燃材料厂、青岛岩海碳材料有限公司、石家庄达坤矿产品有限公司、济南欧达铸造材料有限公司等。

### 6.1.2　可膨胀石墨的制备方法

膨胀石墨来源于天然鳞片石墨，制作工艺主要包括插层、水洗、干燥、高温膨胀处理等。其中插层和高温膨胀工艺最为关键，插层的目的是制备石墨层间化合物(GICs)，然后将其进一步膨胀处理即可制得可膨胀石墨。

可膨胀石墨最主要的制备方式主要有三种：一是酸浸氧化法，二是电解氧化法，三是超声法。上述方法都是通过插层将石墨片层间距增大，使之具有受热膨胀的性能。目前制备可膨胀石墨的插层剂主要有硫酸、硝酸、乙酸、甲酸、磷酸、高氯酸等，氧化剂有 $KMnO_4$、$K_2Cr_2O_7$、$(NH_4)_2S_2O_8$、$H_2O_2$ 等[4]。

酸浸氧化法是将石墨浸入强氧化酸和氧化剂的混合液，一般在常温、常压下将石墨浸泡 0.5～2h，反应生成可膨胀石墨（也称石墨酸，酸化石墨），然后经脱酸、水洗，在

50～60℃烘干。其制备原理为：晶质鳞片石墨在加有浓硫酸或其他氧化剂的混合液中处理时，将发生一种温和缓慢的电化学氧化作用。石墨层间因插入了阴离子 $HSO_4^-$ 而膨胀，使石墨层间距由原来 3.35Å 增至 6～11Å，形成了具有特异膨胀性能的可膨胀石墨[5]。

### 6.1.3 可膨胀石墨的应用领域

可膨胀石墨可以单独作为一种阻燃剂来使用，也可以与其他阻燃剂复合协同使用，目前已被广泛应用在发泡聚苯乙烯、聚乙烯、聚氨酯、聚乳酸、丙烯酸树脂等聚合物中。

王恩洪等[6] 以酚醛树脂（PF）为胶黏剂，EG 与 APP 为阻燃剂，采用包覆法，制备了兼具无卤阻燃性能好和力学性能较优的可发性聚苯乙烯（EPS）外墙保温材料。当添加 4%EG、8%APP 时，材料的 LOI 值达到 33.0%，阻燃级别达到 UL 94 V-0 级；同时 8%APP 的加入使 EPS/PF 复合材料的拉伸强度和压缩强度分别提高了 47%和56%，使得材料的力学性能进一步提高。

田春明等[7] 研究了在 HDPE 中 EG 和 APP 之间的协同效应。热分析及氧指数测试结果表明，EG 和 APP 复配于 HDPE 中具有优异的协同效应，改善了基体的热稳定性以及促进了残炭的形成。

瞿保钧等[8] 将 EG 分别和几种 IFR 混合，并应用于线型低密度聚乙烯（LLDPE）当中，发现 EG/IFR 二者之间存在协同效应。EG 与 APP、PER、MEL 协同阻燃 LLDPE。在阻燃剂用量为质量分数 25%时，可获得 LOI 值为 29.8%的阻燃材料。EG 和 IFR 的协同阻燃作用以物理协效阻燃为主，两种阻燃剂不发生化学作用[9]。

可膨胀石墨对聚氨酯泡沫（PUF）来说，是一种极好的阻燃剂[10,11]。钱立军等研究发现，当 EG 质量分数为 6%～8%时，并复合有 DMMP 等磷酸酯化合物，硬质聚氨酯泡沫的 LOI 值在 32%以上，热释放速率和质量损失速率明显降低，且硬质聚氨酯泡沫的热导率、压缩强度等指标符合外墙保温材料的要求。

李娟等[12] 研究了 EG 与 APP 协同阻燃作用于聚乳酸（PLA），当 EG/APP 总添加量为 15%，二者的组分比达到 3∶1 时阻燃效果最佳，LOI 值为 36.5%，阻燃级别达到 UL 94 V-0 级。800℃时添加阻燃剂的 PLA 残炭产率比纯的 PLA 高两倍，并且 APP/EG 结合物在高于 520℃时通过形成一种紧密炭化层来抑制聚合物材料的燃烧。因此，在阻燃 PLA 体系中 EG 和 APP 之间具有协同效应。

将 EG 和氧化铁（$Fe_2O_3$）复合 APP、PER、MEL 膨胀阻燃体系用于阻燃 BD801B 型丙烯酸树脂、582-2 型氨基树脂两种树脂基体。基体与 IFR 质量比为 2∶3，基料中丙烯酸树脂和氨基树脂的质量比为 3∶1，IFR 为 APP、PER 和 MEL 按质量比 2∶1∶1 混合而成。5% EG 与 3%～12% $Fe_2O_3$ 可使涂料的耐火极限达到 120min 以上[13]。

可膨胀石墨、APP/PER/MEL 与有机硅改性丙烯酸树脂组成防火涂料。EG 膨胀后成蠕虫状结构穿插于膨胀的炭质层中，起到类似纤维材料的增强作用，使炭层更致密，能够起到长时间的稳定隔热作用。当可膨胀石墨的目数为 80 目、膨胀倍率为 150～250L/kg 时，防火涂料综合性能比较好。可膨胀石墨的加入量为 0.60%时，防火涂料的耐火时间达到最大[14]。

# 6.2 季戊四醇

## 6.2.1 概述

季戊四醇（pentaerythritol）又名四羟甲基甲烷，化学名称为 2,2-双（羟甲基）-1,3-丙二醇，分子式 $C_5H_{12}O_4$，是由甲醛和乙醛缩合而成的一种典型的新戊基结构四元醇。季戊四醇及其衍生物（如双季戊四醇、三季戊四醇）的分子结构中含有多个羟基官能团，且结构对称、含碳量高，非常适合膨胀阻燃体系，因此在合成膨胀型阻燃剂中发挥着重要作用[15]。其化学结构式如下所示：

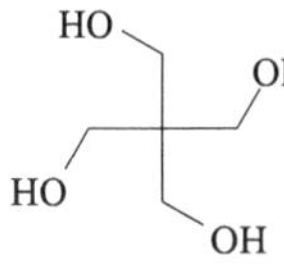

HO OH HO OH

季戊四醇

季戊四醇是一种在空气中稳定的白色结晶或粉末，熔点为 262℃，燃点为 370℃，沸点为 380.4℃。季戊四醇能缓慢溶于冷水，易溶于热水，不溶于四氯化碳、乙醚、苯、石油醚、乙醇、丙酮。

季戊四醇于 1882 年被 Tollens 首先发现。在 1938 年，美国人用甲醛与乙醛在碱性介质中缩合出了季戊四醇，从而实现了工业化生产。我国是世界第一大季戊四醇生产国，2018 年季戊四醇产能达到 65 万吨，其中湖北宜化、贵州开磷两家企业所占比例占全部总量的一半以上。而国外的生产厂商像 ErcrosSA、Metafrax、Chemanol 等也占据了季戊四醇市场很大的份额。

### 6.2.2 季戊四醇的制备方法

季戊四醇国内现有的生产技术以钠法与钙法为主，其中钠法是目前的主流生产技术[15,16]。

钠法：先让甲醛与乙醛反应生成中间物季戊四糖，再以氢氧化钠作为碱性缩合催化剂，通过甲醛自身的康尼扎罗（Cannizzaro）反应破坏过量甲醛，从而进一步反应得到季戊四醇，合成路线如图 6-2 所示：

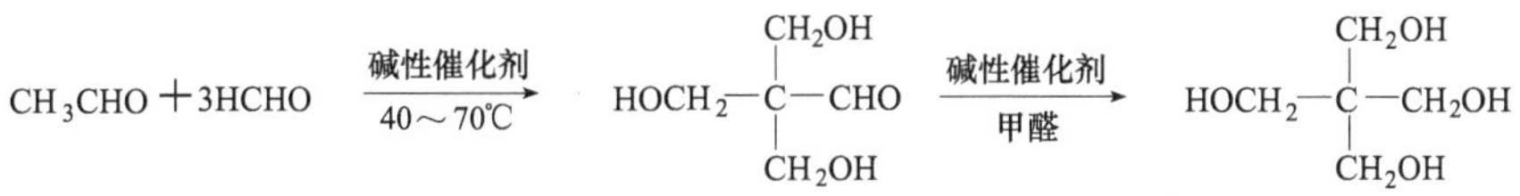

$$CH_3CHO + 3HCHO \xrightarrow[40\sim70℃]{\text{碱性催化剂}} HOCH_2-\underset{\underset{CH_2OH}{|}}{\overset{\overset{CH_2OH}{|}}{C}}-CHO \xrightarrow[\text{甲醛}]{\text{碱性催化剂}} HOCH_2-\underset{\underset{CH_2OH}{|}}{\overset{\overset{CH_2OH}{|}}{C}}-CH_2OH$$

图 6-2　季戊四醇钠法的合成路线

### 6.2.3 季戊四醇的主要应用领域

季戊四醇因其含碳量高（44.1%），在复配阻燃体系中常被用来作为成炭剂使用，而且季戊四醇含有四个活性羟基，这也导致了季戊四醇常被用来作为反应中间体来合成其他大分子阻燃剂。

夏英等[17] 以季戊四醇（PER）与 APP 复配制备 IFR，研究了其对 ABS 的阻燃作用。研究发现，与传统的含卤阻燃 ABS 相比，IFR 的加入使体系的残炭产率显著增加，650℃时 ABS 的残炭产率由不加 IFR 时的 1.9%增至 21.32%，且在 IFR 含量为 30%时，ABS 的 LOI 值可达 27.4%。扫描电子显微镜分析后发现，经 IFR 阻燃的 ABS 在燃烧时形成了由无数封闭孔洞构成的蓬松焦化炭层，表明 IFR 对 ABS 具有良好的膨胀阻燃效果。

李双等[18] 研究了 APP 和 PER 阻燃聚氨酯泡沫的阻燃性能和热分解性能。发现当 APP 用量为 24 份、PER 为 6 份，即 $n$(N)∶$n$(C)∶$n$(P)为 1.2∶1∶1.1（摩尔比）时，阻燃聚氨酯泡沫的 LOI 值为 32.8%，并且在高温下具有更好的热稳定性。

豆高雅[19] 以 PER 和三氯氧磷为原料合成了两种膨胀型阻燃剂中间体，分别为双环笼状磷酸酯 1-氧基磷杂-4-羟甲基-2,6,7-三氧杂双环［2,2,2］辛烷（化合物Ⅰ）和二(2,6,7-三氧杂-1-氧基磷杂双环［2,2,2］辛烷-4-亚甲基）磷酰氯（化合物Ⅱ）。热失重数据表明：化合物Ⅰ、Ⅱ具有良好的热稳定性和成炭性，其初始热分解温度分别为 270℃和 340℃，在 600℃时残炭产率分别为 58.9%、56.7%。

# 6.3 联枯

## 6.3.1 概述

联枯为2,3-二甲基-2,3-二苯基丁烷的简称，英文简称为DMDPB，其化学结构式如下所示。该化合物主要作为阻燃剂的阻燃协效剂，可以部分或者全部替代氧化锑的协效作用。

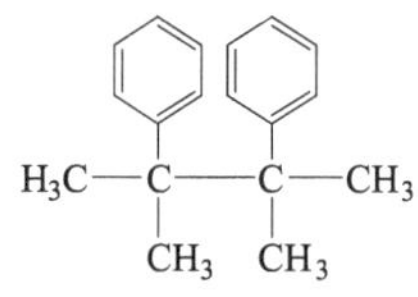

联枯

联枯作为一种无色或淡黄色粉末状晶体，其分子量为238。它是一种C—C键型的自由基引发剂，可以选择性地断裂聚合物主链来增强聚合物熔体流动性，易于自熄。联枯分解温度约为230℃，半衰期约为30min，它是一种活性强、稳定性好的碳系自由基引发剂[20]。

## 6.3.2 联枯衍生物

联枯衍生物为了满足市场的需求应运而生，其化学结构通式如下所示。

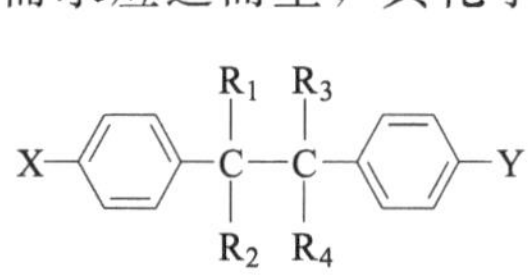

联枯衍生物

结构通式中 $R_1$～$R_4$ 一般为 $C_1$～$C_6$ 的烷基，X、Y可以为氢、烷基、卤素及卤代烃。在季碳原子上连接低碳烷基或在苯环上引入取代基，通过位阻效应或改变自由基的电荷分布，影响自由基的稳定性，改进反应活性，形成不同种类的衍生物[21]。

## 6.3.3 联枯的应用

联枯的应用始于国外20世纪50年代，美、德、日等国家申请了大量联枯及其衍生

物的专利，用于阻燃聚合物。卤系阻燃剂需要添加一定的量才能彰显高效的阻燃效果，但是，大量的引入可能会影响聚合物的机械强度、热稳定性、加工等性能，这时，采用联枯及其衍生物作为协效剂，不仅减少卤系物的添加量，还能在保持聚合物的其他性能下具有良好的阻燃特性。除此之外，它还能作为自由基引发剂，将已有的聚合物共聚、交联，以此形成化学键，提高材料的稳定性，进而使共聚物具有优异的综合性能[22]。但联枯作为自由基引发剂型阻燃协效剂，可能在热和光的作用下促进聚合物的老化分解，导致聚合物材料耐候性和耐热性能下降。

联枯协同溴系阻燃剂对 PP、PS 及 PE 等材料具有良好的阻燃效果。

杨明辉等[23] 研究了 DMDPB/次磷酸铝（ALHP)/三聚氰胺氢溴酸盐（MHB）复合物阻燃 PP，当这三者质量分数分别为 0.25%、1%及 1.5%时，阻燃均聚物的 LOI 为 25.8%，通过了 UL 94 V-2 级，并且热释放速率和热释放总量显著下降。

陈红兵等[24] 研究了 DMDPB/溴代三嗪/三氧化二锑复合物阻燃 PS，当添加 0.8%的联枯时，可以减少 3.5%溴代三嗪和 1%三氧化二锑的添加量，阻燃复合物同样通过 UL 94 V-0 级测试。

# 6.4 蒙脱土

硅系阻燃剂可分为无机及有机两大类，无机以蒙脱土为代表的硅酸盐为主，有机中发展最为迅速的是有机聚硅氧烷化合物[25-27]。聚合物/层状硅酸盐纳米复合材料实现了聚合物基体与无机粒子在纳米尺度上的结合，克服了传统填充聚合物的缺点，赋予了材料优异的力学性能、热性能及气体阻隔性能，有明显的抗熔滴作用和成炭作用，成为材料领域的一大研究热点。该技术已成功地广泛应用于聚合物中，包括 PP、EVA、PS、PMMA、PU 和 EP[28-36]。

## 6.4.1 概述

蒙脱土（montmorillonite，MMT）是一类由表面带负电的纳米硅酸盐片层依靠层间的静电作用而堆积在一起构成的土状矿物。其理论分子式为 $(1/2Ca, Na)_{0.66}(Al, Mg, Fe)_4[(Si, Al)_8O_{20}](OH)_4 \cdot nH_2O$。其晶体结构中的晶胞是由两层硅氧四面体中间夹一层铝氧八面体构成，属 2∶1 型层状硅酸盐[37]。特殊的晶体结构赋予 MMT

独特的性质，具有表面极性大、吸附能力强、阳离子交换能力强、层间表面含水等特点。不同阳离子基 MMT 经剥片分散、提纯改型、超细分级、特殊有机复合，平均晶片厚度小于 25nm，可做吸附剂、填充剂和阻燃剂，被称为“万能材料”[38]。

但是，MMT 层间有大量无机离子而表现出亲水疏油性，不利于其作为阻燃剂在聚合物基体中的分散。经改性的 MMT 具有很强的吸附能力，应用于聚合物中具有良好的分散性能，并能够使得高分子链或单体进入层间，从而制备出纳米复合材料。纳米复合材料中 MMT 的阻燃效率显著增强，还能提高抗冲击、抗疲劳、尺寸稳定性及气体阻隔性能等，同时增强聚合物阻燃、力学等综合性能，并能够改善物料加工性能。

MMT 不溶于水，微溶于苯、丙酮、乙醚等有机溶剂。天然蒙脱土根据层间可交换阳离子的种类，分为氢基、钠基、钙基、锂基 MMT 等成分变种，均有较大的表面活性，晶胞表面积达 700～800$m^2/g$。MMT 在很宽的温度范围内是稳定的，在 100～200℃，加热蒙脱土失去层间水；在 450～500℃，逐渐失去结构水；MMT 的结构能耐 800～900℃的高温，其分解产生的金属化合物，能够催化聚合物基体形成稳定和耐热的炭层结构，从而在凝聚相中发挥阻燃作用[39]。

## 6.4.2 蒙脱土的改性制备

天然蒙脱土主要产于火山凝灰岩的风化壳中，需要在改性处理后方能使用。MMT 无机改性和剥离后具有较大的层间距、较好的热稳定性和可调变的酸性，提高其吸附性和催化活性。进行有机改性旨在改变 MMT 表面的高极性，使 MMT 层间由亲水性转变为亲油性，降低其表面能，增大层间距，利于插层。

MMT 的无机改性包括酸化改性和无机盐改性等。无机酸化改性是指以硫酸、盐酸、磷酸及其混合酸，或 $AlCl_3$、$FeCl_3$、$ZnCl_2$ 等 Lewis 酸处理后，MMT 层间的 $K^+$、$Na^+$、$Ca^{2+}$、$Mg^{2+}$ 等阳离子转变为酸的可溶性盐而溶出，增强了 MMT 作为阻燃剂使用的热稳定性能。同时处理后的 MMT 层间距扩大，比表面积、孔径和吸附能力显著增加，其催化活性增强，阻燃效率得到提升。无机盐改性是通过加入一种或多种无机金属水合阳离子与 MMT 层间可交换的阳离子进行交换，在层间溶剂的作用下，可使 MMT 剥离分散成更薄的单晶片，有利于 MMT 作为阻燃剂在聚合物基体中的分散[40]。

蒙脱土的纳米有机改性可将层内亲水层转变为疏水层，使聚合物与蒙脱土有更好的界面相容性。可供选用的有机改性剂有季铵盐、咪唑盐、表面活性剂（阴离子型、阳离子型、非离子型）、偶联剂（钛酸酯类、硬脂酸、有机硅）、聚合物单体、茂金属等。季铵盐是最常用的阳离子型有机改性剂，一般采用十六或十八烷基三甲基铵盐。在改变蒙脱土微环境的同时，因其体积较大，进入蒙脱土层间使层间距增大，削弱了层间的作用力，有利于插层反应的进行[40]。

无机-有机复合改性是将蒙脱土酸化改性或钠化改性后，再进行有机改性制得无机-有机复合改性蒙脱土。超声波技术应用于无机-有机复合改性，制得亲油性和超分散性改性蒙脱土。

## 6.4.3 蒙脱土的应用领域

改性蒙脱土在聚合物中应用时可在聚合时添加，也可在熔融时共混添加（通常采用螺杆共混）。以蒙脱土阻燃改性的聚合物包括聚烯烃、聚酯、聚乳酸，热固性的环氧树脂、酚醛树脂、聚氨酯，还有天然橡胶、三元乙丙橡胶及其他合成橡胶等。

蒙脱土阻燃机理主要表现在促进材料燃烧时成炭并起到阻隔作用[41,42]。MMT 具有 Lewis 酸的特征，起到催化成炭作用。MMT 作为成炭促进剂，可以抑制熔滴、降低材料的热释放速率、降低聚合物的降解速率以及提供聚合物/MMT 纳米复合材料抗燃烧的保护屏障。MMT 层有优良的绝缘性，可作为传质屏障，位于燃烧表面的层状 MMT 不仅可阻隔聚合物分解产生的可燃气体向燃烧界面扩散，而且可延缓外界氧气进一步进入材料内部的速度[43]，从而起到延缓燃烧的作用。

在阻燃聚烯烃的应用中，胡源等[44] 将有机改性 MMT（OMMT）作为协效剂应用于聚磷酸铵/超支化三嗪的膨胀阻燃聚丙烯体系中，当 OMMT 为 2%、阻燃剂总量为 20%时，协同阻燃效果最佳。燃烧过程中 OMMT 的催化作用促进材料表面形成了致密的炭层，提高了 PP 体系的高温热稳定性，促进了残炭的形成。

在阻燃聚酯的应用中，三聚氰胺改性蒙脱土（MA-MMT）和三聚氰胺酯（MPP）复合形成的膨胀阻燃体系对于 PA6 的阻燃性能提升显著[45]。阻燃性能的提高主要源于三聚氰胺分子插入 MMT 层并扩大其间距，MMT 颗粒填充炭层缺陷，提高材料表面的传质和传热阻力。

在阻燃聚乳酸的应用中，徐建中等[46] 通过溶液浇铸法制备聚乳酸/蒙脱土/亚磷酸三苯酯（PLA/MMT/TPPi）复合膜。MMT 与 TPPi 对 PLA 具有协同阻燃作用。一方面是由于在 TPPi 燃烧时形成磷酸，磷酸缩合生成聚偏磷酸玻璃状覆盖物，充分发挥了磷元素的阻燃作用。另一方面，MMT 燃烧时形成炭化层，此炭化层既可以阻挡热量和氧气进入，又可以使聚偏磷酸有效、均匀地覆盖在复合体系中。

# 6.5 倍半硅氧烷化合物

## 6.5.1 概述

笼状倍半硅氧烷（polyhedral oligomeric silsesquioxane，POSS）作为一种有机-无机杂化材料，具有很好的耐热性能和良好的热氧稳定性[47]。POSS 化合物在使聚合物材料获得良好阻燃性能的同时，还可以使材料保持优异的物理性能，甚至获得更佳的物理性能。因此，在材料应用领域表现出了巨大的应用潜力[48-50]。它既可以作为独立的阻燃剂使用，也可以作为协同阻燃剂在重要的阻燃材料中或现有的阻燃剂体系中发挥作用[51-53]。目前，由于 POSS 化合物的价格明显高于其他商业无卤阻燃剂，使得 POSS 化合物作为阻燃剂并没有大规模的商业化应用，但是，POSS 化合物对聚合物阻燃性能、热稳定性和耐烧蚀性能等的显著改善作用为将来 POSS 化合物的商业化应用提供了巨大的市场潜力。

POSS 的分子结构是一杂化结构，可以分为以 Si—O 键构成的无机骨架和外部有机基团构成的有机部分。以多面体无机框架为核心，保证了 POSS 具有良好的耐热性能；当 POSS 分子所承受的温度超过其极限温度时，POSS 笼形结构向网状结构转变，分解成 $SiO_2$ 并形成致密的氧化膜，阻止氧的进入，保护内部的物质。POSS 外部有机基团可使 POSS 与聚合物有很好的相容性。与纳米 $SiO_2$ 相比，POSS 单体可溶于很多常见的有机溶剂中，如四氢呋喃、甲苯与氯仿，一般不溶于丙酮、己烷、环己烷、醚、四氯化碳、甲基异丁基甲酮及异丁醚中[54,55]。

在 20 世纪早期，Meads[56] 发现硅酸的缩合反应可以产生一种非常复杂的倍半硅氧烷混合物。直到 1946 年，POSS 才被 Scott 等[57] 在研究甲基三氯硅烷和二甲基二氯硅烷共聚物的热解产物时分离成功。1946 年 D. W. Scott 等人首次合成出了低聚倍半硅氧烷，后人根据资料确定为笼状八甲基八聚倍半硅氧烷。而 POSS 作为目的物合成的最早报道是在 1965 年。但 POSS 真正引起人们的注意是在 1993 年，美国空军研究实验室（AFRL）的 J. D. Lichtenhan 等人不但制备了一系列带官能基的 POSS，还用于高分子的改性。近年来，POSS 由于独特的结构和性能，在液晶、催化剂、介电材料、发光材料、耐热阻燃材料、生物医药材料、包装阻隔材料、高分子材料改性等领域的应用成为了研究的热点。1998 年，Lichtenhan 博士和他的团队将 POSS® 科技带出了美国空军研究实验室并成立 Hybrid Plastics®公司，从而开始了将 POSS 从小规模的研究开发向商品化转变的过程[58]。

## 6.5.2 倍半硅氧烷的合成方法

倍半硅氧烷一般是通过三卤基或三烷氧基的硅烷水解缩合反应制备而成的。如图 6-3 所示，它们可以是无规结构、梯形结构、完整的笼形结构或者缺角笼形结构[59,60]。近年来，在阻燃材料研究领域，POSS 是最受人关注的倍半硅氧烷类阻燃剂[61,62]。POSS 的分子通式是（$RSiO_{1.5}$）$_n$，如图 6-4 所示，其中 R 可以是氢原子，也可以是有机官能团。而且，这些有机官能团可以被设计成反应性有机官能团和非反应性有机官能团。POSS 本身具有纳米结构，笼形尺寸一般在 1～3nm，可以被认为是最小的硅氧粒子。但是，它又不像二氧化硅，因为 POSS 分子的外部含有有机取代基团，这些有机取代基团可以增加 POSS 分子与聚合物、生物系统或界面的相容性[63,64]。

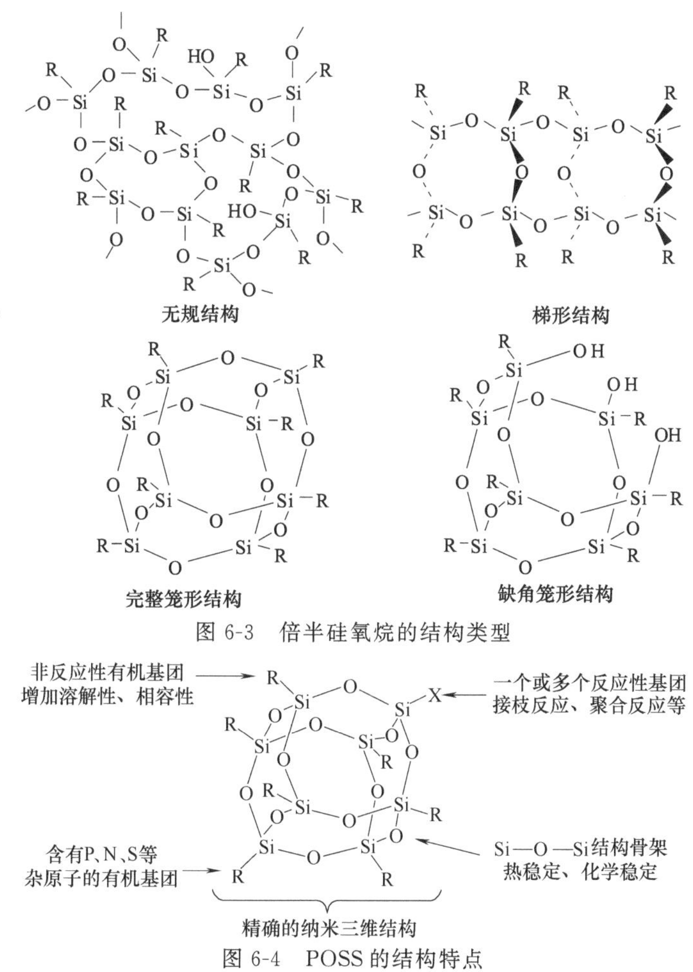


图 6-3　倍半硅氧烷的结构类型

图 6-4　POSS 的结构特点

经过了数十年的发展，POSS 分子的合成方法多种多样，但大致可以分为三大类型：

**(1) 直接缩合反应**

通过三烷氧基硅烷或三氯硅烷（$RSiX_3$）的直接缩合反应制备分子通式为 $(RSiO_{1.5})_n$ 的 POSS 分子，其中 $n$ 可以是 4、6、8、10 或 12 等[47]。如图 6-5 所示，R 基团一般为氢原子、甲基、乙基、异丙基、丁基、异戊基、己基、环己基、苯基以及其他取代苯基等[63-66]。用这种方法合成的 POSS 分子，其中 R 基团多为小的基团，因为大的或者刚性的有机基团空间位阻较大，使缩合反应很难进行完全。另外，通过水解缩合带有不同有机基团的硅烷分子，可以合成带有不同有机基团的 POSS 分子[64]。如果水解缩合反应进行得不完全，还可以制备缺角的笼形 POSS 分子。

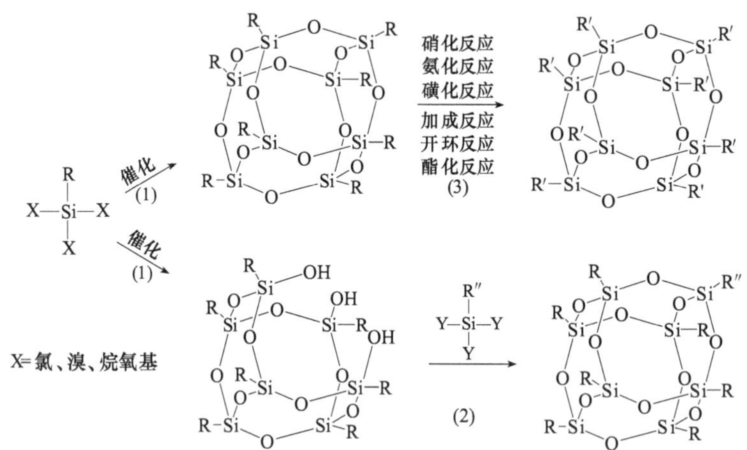


图 6-5 POSS 分子的合成路线

**(2) 缺角笼形 POSS 分子的封角反应**

通过调整合成条件，研究者可以得到缺角的笼形 POSS 分子。特别是缺一角的笼形三硅醇 POSS 分子，这种分子通常是由于有机基团的空间位阻太大而不能完成缩合所产生的，如环戊基和环己基[67-69]。这种笼形三硅醇 POSS 分子可以与功能化的硅烷继续发生反应，从而获得单官能团的完整的笼形 POSS 分子（图 6-5）。这种方法可以实现对 POSS 分子结构进行精确控制，也为将其他杂原子或金属原子引入笼形 POSS 分子中提供了一种途径[70-72]。

**(3) 对完整的笼形 POSS 分子进行改性**

如图 6-5 所示，这种改性可以是加成反应、硝化反应、氨化反应、磺化反应、开环聚合或酯化反应等。例如，八苯基倍半硅氧烷（OPS）分子本身不具有反应性，而且溶解性差，所以通常与聚合物的相容性较差。但是改性的 OPS 分子则具有很好的溶解性，

而且热稳定性并没有受到破坏。对 OPS 的改性通常包括硝化反应、氨化反应和磺化反应等。OPS 改性之后更加容易纯化和应用[73-75]。

## 6.5.3 八苯基倍半硅氧烷化合物的合成与表征

八苯基倍半硅氧烷（octaphenylsilsequioxane，简称 OPS）是 POSS 化合物的典型代表，结构式如下所示，可以由苯基三氯硅烷或苯基烷氧基硅烷通过水解缩合反应制备而成。表 6-1 汇总了部分 OPS 的制备方法，由表 6-1 可知，原料、催化剂和反应时间对 OPS 合成产率有较大影响。杨荣杰等采用苯基三甲氧基硅烷为原料，制备了高纯度 OPS 化合物，具体方法如下：

首先，在带有搅拌装置和恒压滴液漏斗的 500mL 三口烧瓶中加入 300mL 丙酮和 40g 苯基三甲氧基硅烷。然后体系升温至 40℃，加入氢氧化钾催化剂，反应 1h，体系升温至 60℃，持续搅拌 24h，反应停止，对体系进行抽滤，将滤饼用乙醇洗涤 3～5 次，干燥后得到高纯度的 OPS，产率为 95%左右。

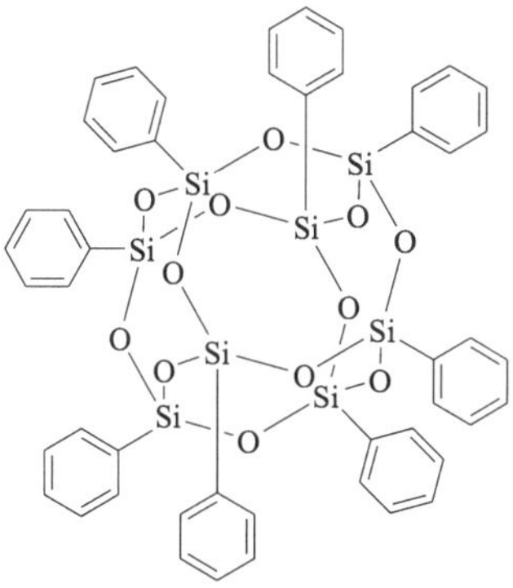

八苯基倍半硅氧烷

**表 6-1 典型合成 OPS 的方法**

| $RSiX_3$ | 产品 | 产率/% | 催化剂 | 时间/h | 参考文献 |
|---|---|---|---|---|---|
| $PhSiCl_3$ | OPS | 9 | HCl | 36.5 | [76] |
| $PhSiCl_3$ | OPS | 74 | KOH | 72 | [77] |
| $PhSiCl_3$ | OPS | 88 | 苄基三甲基氢氧化铵 | 124 | [78] |
| $PhSiCl_3$ | OPS | 93 | 苄基三甲基氢氧化铵 | 124 | [79] |
| $PhSiCl_3$ | OPS | 90 | 苄基三甲基氢氧化铵 | 96 | [80] |
| $PhSiCl_3$ | OPS | 62 | KOH | 72 | [81] |
| $PhSiCl_3$ | OPS | 90 | KOH | 48 | [82] |
| $PhSi(OC_2H_5)_3$ | OPS | 90 | KOH | 50.5 | [83] |

### (1) FTIR 分析

以苯基三甲氧基硅烷为原料合成的 OPS 的 FTIR 谱图如图 6-6 所示。其中，

1096cm$^{-1}$ 处为 Si—O—Si 的不对称伸缩振动吸收峰，1432cm$^{-1}$ 处的吸收峰为 Si—$C_6H_5$ 键的特征吸收峰，742cm$^{-1}$、697cm$^{-1}$ 处的吸收峰为单取代苯环上氢的面外弯曲振动（δ=CH）吸收峰。

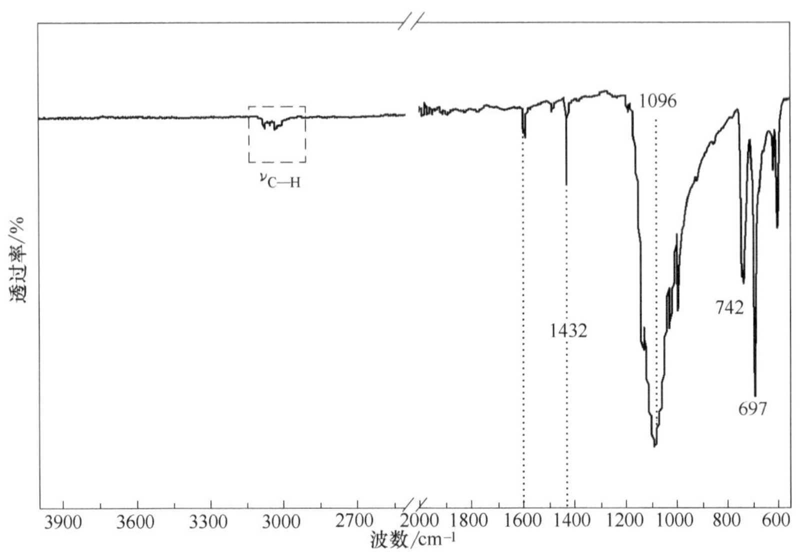


图 6-6 以苯基三甲氧基硅烷为原料合成的 OPS 的 FTIR 谱图

### (2) 核磁共振谱分析

图 6-7 分别是为以苯基三甲氧基硅烷为原料合成的笼形八苯基倍半硅氧烷的$^1$H NMR、$^{13}$C NMR 和$^{29}$Si NMR 谱。在图 6-7（a）中，位于 7.8～7.85 附近的吸收峰“a”是苯环上与硅氧笼的连接的碳的邻位碳上的氢共振吸收峰，位于 7.5～7.6 附近的吸收峰“b”是苯环上与硅氧笼的连接的碳的间位碳上的氢共振吸收峰，位于 7.4～7.55 附近的吸收峰“c”则是苯环上与硅氧笼的连接的碳的对位碳上的氢共振吸收峰，a∶b∶c 的积分面积之比为 2∶2∶1，与苯环上三个碳所连接的氢原子数之比吻合。

图 6-7（b）为$^{13}$C NMR 谱图，由于硅氧基团的吸电子诱导效应在 128～134 出现 4 个特征峰，其中 130 处的共振峰“a”为苯环上与 Si 相连的碳的化学位移，134、128 以及 131 的共振峰“b”“c”和“d”分别对应为苯环上与 Si 相邻碳的邻、间和对位碳的化学位移。a∶b∶c∶d 的积分面积之比为 1∶2∶2∶1，与苯环上的四种碳原子数之比吻合。

图 6-7（c）为$^{29}$Si NMR 谱图，可以看出，主要共振峰处于－78.27 一个尖锐的单峰，这说明体系中的 Si 处于一个单一的化学环境，所带的基团相同，排除了结构破坏 Si—OH 的可能性及二聚体等副产物的存在。综合$^1$H、$^{13}$C 及$^{29}$Si NMR 三类谱图可以证

明产物为封闭的笼形八苯基倍半硅氧烷（OPS）。

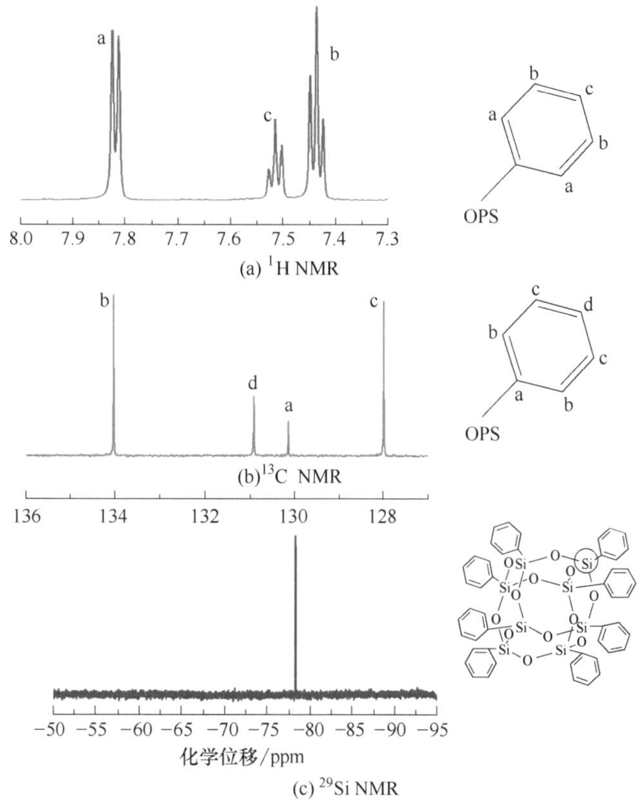


图 6-7　以苯基三甲氧基硅烷为原料合成 OPS 的 NMR 谱图

**(3) 质谱和元素分析**

利用基质辅助激光解吸电离飞行时间质谱仪（MALDI-TOFMS）测定了 OPS 样品的分子量。如图 6-8 所示，在测试过程中，为了促进分子离子的形成，向基质中加入了适量的钠盐，所以图中的分子离子峰是由加合离子 $[M+Na]^+$ 产生的，实际分子量为 1032.3，与理论值一致。

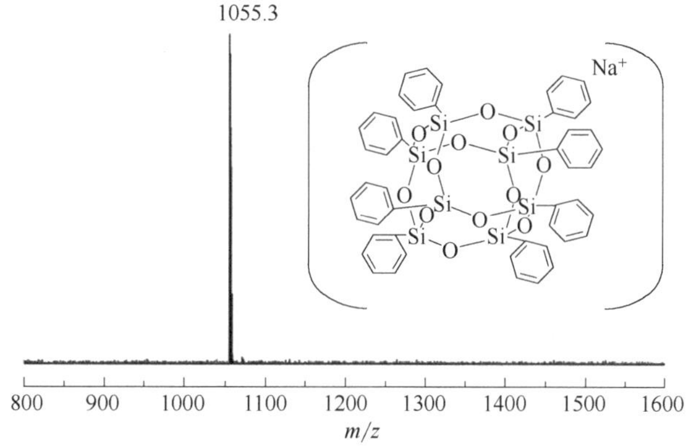


图 6-8　以苯基三甲氧基硅烷为原料合成的 OPS 的 MALDI-TOF 质谱

(4) **热稳定性**

图 6-9 为以苯基三甲氧基硅烷为原料合成 OPS 的热失重失曲线。从图 6-9 中可以看出，OPS 在 450℃以前都非常稳定，体系没有明显失重。初始分解（失重 5%）的温度为 478℃，在 450～600℃失重明显，547℃对应最大失重速率（3.06%/min）；600℃以后失重速度明显减缓，到 700℃时失重约为 30%，700～900℃时质量损失速率曲线几乎平行，表明在 700℃时主要分解过程基本完成，最终残余量为 67.23%。

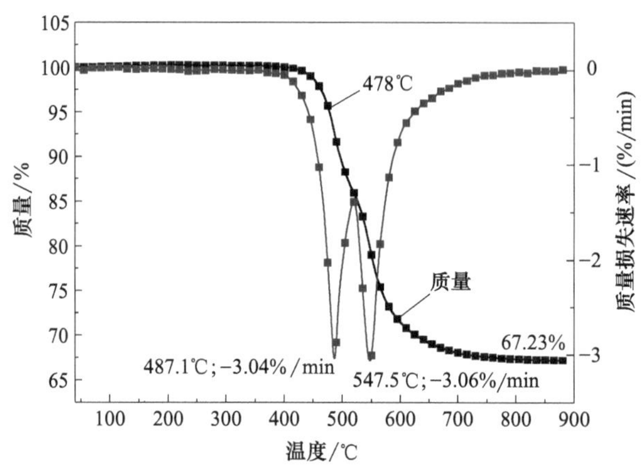


图 6-9　以苯基三甲氧基硅烷为原料合成 OPS 的热失重曲线（氮气气氛）

## 6.5.4　倍半硅氧烷的主要应用领域

POSS 兼具有机物和无机物的特性，在分子结构中既含有“有机基团”，又含有“无机硅骨架”，这种特殊的组成和分子水平的有机-无机杂化结构使其具有耐高低温、耐候、电气绝缘、疏水、难燃、无毒无腐蚀及生理惰性等许多优异性能，有的还具有耐油、耐溶剂、耐辐照等性能，具有良好的应用前景[84]。

POSS 结构材料受热分解后的残余物为不燃性二氧化硅。与通常的阻燃高分子材料相比，含有 POSS 的聚合物能延长点火时间并大大降低燃烧放热程度和导热性，阻燃效果非常好。并且，将各种含反应性有机基团的 POSS 通过接枝或共聚能够掺杂到任何已有的聚合物体系中，还能够极大地改善阻燃材料的其他性能，包括抗氧化性、表面硬化等，这是含 POSS 的阻燃材料与传统阻燃材料的根本差别。例如，在 POSS 中引入环氧基、氨基或羟基等活性基团，使其与环氧树脂的环氧基发生化学反应。由于 POSS 参与了固化反应且位于环氧树脂的主链上，限制了链段的活动性，树脂的热稳定性、阻燃性和力学性能均有所提高[59]。

苯基倍半硅氧烷（PPOSS）由于其端基为苯基，热稳定性十分优异。与带有支化和缺陷结构的 PPOSS 相比，梯形结构的 PPOSS 具有更高的热稳定性[85]。Shi 和 Zhang[86] 的研究表明，在非常慢的升温速率下，PPOSS 在空气中的起始分解温度为 505℃，分解反应主要是失去苯基。Yamamoto S 等[87] 发现 PPOSS 热稳定性比聚酰亚胺要高 50℃，硬度也可达到 5H，在涂层材料上有广泛的应用。

和 PPOSS 相比，聚甲基倍半硅氧烷（PMSQ）尽管分解温度较低，但高温失重率却比 PPOSS 失重率低[88]。热解时 PPOSS 的结构单元 $C_6H_5SiO_{1.5}$ 转化为 $SiO_2$ 理论失重率为 53.5%；而 PMSQ 的结构单元 $CH_3SiO_{1.5}$ 转化 $SiO_2$ 时理论失重率仅为 10.5%。

烧蚀材料可用来保护火箭发动机免受固体推进剂燃烧气体和固体颗粒的侵蚀。2000 年，美国空军研究实验室（AFRL）开始聚合物喷管的应用性研究，目的是减轻助推器重量、改善燃料的有效性同时提高火箭的空间载重能力[82]。由 Esker 领导的研究小组已经探索了非常薄的多面体低聚硅倍半氧烷或其衍生物转化为隔热涂层的适用性[89]，发现它能使隔热层重量减轻 44%，烧蚀程度减少 50%，增加运载能力 7.4%[90]。为了减少飞机和火箭的重量，研究者还用黏合剂代替连接带和螺丝。他们用不同有机基团调整多面体低聚硅倍半氧烷分子与黏合剂大分子的相容性及其他性质。他们认为能否得到均匀体系取决于有机基团，它同样也会影响材料的加工性和最终性能，如光学涂料的透明性、微电子涂料的导电性等。

### 6.5.5 倍半硅氧烷研究现状和展望

地球上富含硅元素，它是 POSS 的主要成分之一，所以 POSS 是一种有潜质的并且可能产业化的新型材料。但是，合成 POSS 的影响因素较多，较长的反应周期，相对较低的产率，并且具有复杂的分离、提纯等特点，合成工艺仍然是制约其深入研究和广泛应用的关键原因。目前，美国 Hybrid-plastics 以及美国空军实验室等拥有相对成熟的制备 POSS 化合物的合成技术，但是其价格昂贵，对于 POSS 的进一步研究与应用给予了较大的阻碍。近些年，国内多所高校及科研院所对 POSS 化合物的合成与应用展开研究。但在 POSS 化合物种类、制备量级和应用领域开发方面与美国还存在明显差距。

## 参考文献

[1] Chen L，Wang Y Z. A review on flame retardant technology in China. Part I：development of flame retardants [J]. Polymers for Advanced Technologies，2010，21 (1)：1-26.

[2] 刘定福，林晓珊. 可膨胀石墨阻燃塑料研究进展 [J]. 塑料科技，2010，38 (7)：99-106.

[3] 刘国钦，肖开淮，何琳玲，等. 膨胀石墨及其制备技术 [J]. 攀枝花大学学报，1995，12 (1)：

39-46.

[4] 吴会兰，张兴华. 低温可膨胀石墨的制备 [J]. 非金属矿，2011，34 (1)：26-28.

[5] 袁继祖. 可膨胀石墨及其制品 [J]. 矿产保护与利用，1992，6：24-30.

[6] 王恩洪，李迎春，张森. 无卤阻燃聚苯乙烯泡沫保温板 [J]. 工程塑料应用，2019，47 (9)：28-34.

[7] 田春明，谢吉星，王海雷，等. 膨胀石墨在聚乙烯中阻燃协效作用的研究 [J]. 中国塑料，2003，17 (12)：49-52.

[8] Xie R C，Qu B J. Synergistic effects of expandable graphite with some halogen-free flame retardants in polyolefin blends [J]. Polymer Degradation and Stability，2001，71 (3)：375-380.

[9] 闫爱华，韩志东，吴泽，等. 可膨胀石墨在膨胀阻燃体系中协同阻燃作用的研究 [J]. 哈尔滨理工大学学报，2006，11 (2)：35-38.

[10] Shi L，Li Z M，Xie B H，et al. Flame retardancy of different-sized expandable graphite particles for high-density rigid polyurethane foams [J]. Polymer International，2006，55 (8)：862-871.

[11] Bian X C，Tang J H，Li Z M，et al. Dependence of flame-retardant properties on density of expandable graphite filled rigid polyurethane foam [J]. Journal of Applied Polymer Science，2007，104 (5)：3347-3355.

[12] Zhu H F，Zhu Q L，Li J，et al. Synergistic effect between expandable graphite and ammonium polyphosphate on flame retarded polylactide [J]. Polymer Degradation and Stability，2011，96 (2)：183-189.

[13] 李国新，何廷树，梁国正. $Fe_2O_3$ 与可膨胀石墨对膨胀防火涂料热降解与防火性能的影响 [J]. 涂料工业，2010，40 (5)：37-41.

[14] 宋君荣，王久芬，张军科，等. 可膨胀石墨在有机硅改性丙烯酸树脂防火涂料中的应用 [J]. 绝缘材料，2007，40 (1)：23-25.

[15] 张栋博，张磊，弋强. 季戊四醇市场概况与技术进展 [J]. 化学工程与装备，2019，9：214-216.

[16] 滕冬成，谷同军，盛和滨. 一种单季戊四醇和双季戊四醇的制备方法 [P]. CN：101696158A，2010-04-21.

[17] 夏英，蹇锡高，刘俊龙，等. 聚磷酸铵/季戊四醇复合膨胀型阻燃剂阻燃 ABS 的研究 [J]. 中国塑料，2005，5：42-45.

[18] 李双，王荣兴，陈日清，等. 聚磷酸胺及季戊四醇膨胀型阻燃聚氨酯泡沫的阻燃性能研究 [J]. 化工新型材料，2017，45 (12)：107-110，113.

[19] 豆高雅. 膨胀型季戊四醇磷酸酯类阻燃剂合成研究 [J]. 塑料助剂，2017，(5)：28-32.

[20] 侯小敏. 联枯对磷溴复合阻燃聚丙烯的增效作用研究 [D]. 青岛：青岛科技大学，2019.

[21] 沈晓东，丁先锋，王建新. 新型的聚合物改性剂-2,3-二甲基-2,3-二苯基丁烷及其衍生物 [J].

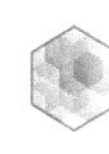



江南学院学报，1999，3：85-88.

[22] 丁先锋，沈晓东. 聚合物改性剂联枯及其衍生物的制备和应用 [J]. 塑料，1999，4：3-5.

[23] 杨明辉，侯小敏，王少娟，等. 联枯/次磷酸铝/MHB 对聚丙烯的阻燃作用 [J]. 现代塑料加工应用，2019，4：21-24.

[24] 陈红兵，张作宁，胡志刚，等. 联枯在阻燃改性高抗冲聚苯乙烯产品中的应用研究 [J]. 合成材料老化与应用，2019，48 (4)：19-21，115.

[25] 钱立军. 新型阻燃剂制造与应用 [M]. 北京：化学工业出版社，2013.

[26] Kashiwagi T，Gilman J W，Grand A F，et al. Fire retardancy of polymeric materials [M]. New York：Marcel Dekker Inc，2000：353-389.

[27] Lu S Y，Hamerton I. Recent developments in the chemistry of halogenfree flame retardant polymers [J]. Progress in Polymer Science，2002，27 (8)：661-712.

[28] Zanetti M，Camino G，Thomann R，et al. Synthesis and thermal behaviour of layered silicate-EVA nano-composites [J]. Polymer，2001，42 (10)：4501-4507.

[29] Andrea S，András S，Nikoletta T，et al. Role of montmorillonite in flame retardancy of ethyleneevinyl acetate copolymer [J]. Polymer Degradation and Stability，2006，91 (3)：593-599.

[30] Zanetti M，Camino G，Reichert P，et al. Thermal behaviour of poly (propylene) layered silicate nano-composites [J]. Macromolecular Rapid Communications，2001，22 (3)：176-180.

[31] Zanetti M，Camino G，Canavese D，et al. Fire retardant halogen-antimony-clay synergism in polypropylene layered silicate nanocomposites [J]. Chemistry of Materials，2002，14 (1)：189-193.

[32] Alexandre M，Dubois P. Polymer-layered silicate nanocomposites：preparation，properties and uses of a new class of materials [J]. Materials Science and Engineering R-Reports，2000，28 (1-2)：1-63.

[33] Duquesne S，Jama C，Le Bras M，et al. Elaboration of EVA nanoclay systems characterization，thermal behaviour and fire performance [J]. Composites Science and Technology，2003，63 (8)：1141-1148.

[34] Prafulla K S，Ramakanta S. Fire retardancy and biodegradability of poly (methylmethacrylate) /montmorillonite nanocomposite [J]. Polymer Degradation and Stability，2007，92 (9)：1700-1707.

[35] Song L，Hourston D J，Yao K J，et al. High performance nanocomposites of polyurethane elastomer and organically modified layered silicate [J]. Journal of Applied Polymer Science，2003，90 (12)：3239-3243.

[36] Yao K J，Song M，Hourston D J，et al. Polymer/layered clay nanocomposites：polyurethane nanocomposites [J]. Polymer，2002，43 (3)：1017-1020.

[37] 王迎雪，刘昆林，丁正，等. 有机化蒙脱土改性聚合物基纳米复合材料的研究进展 [J]. 塑料，2016，45 (6)：114-118.

[38] 杨吉，张永航，范娟娟，等. 聚磷酸酯阻燃剂复配蒙脱土及聚磷酸铵对环氧树脂阻燃性能的影响 [J]. 2020，50 (4)：489-497.

[39] 张亨. 蒙脱土的改性方法及阻燃应用的研究进展 [J]. 上海塑料，2013，(3)：15-20.

[40] 余倩谭，旭坤毕，明芳，等. 改性蒙脱土应用现状的研究 [J]. 2015，56 (6)：374-377.

[41] 欧育湘，赵毅，李向梅. 聚合物/蒙脱土纳米复合材料阻燃机理的研究进展 [J]. 高分子材料科学与工程，2009，25 (3)：166-169.

[42] Lewin M. Some comments on the modes of action of nanocomposites in the flame retardancy of polymers [J]. Fire Mater，2003，27 (1)：127.

[43] Mai Y，Yu Z . Polymer nanocomposites [M]. Shrewsburg：Woodhead Publishing Limited，2006：256-272.

[44] Wen P Y，Wang D，Liu J J，Zhan J，Hu Y，Richard K K Yuen. Organically modified montmorillonite as a synergist for intumescent flame retardant against the flammable polypropylene [J]. Polymer for Advanced Technologies，2017，28：679-685.

[45] Fang K，Li J，Ke C，et al. Intumescent flame retardation of melamine-modified montmorillonite on polyamide 6：Enhancement of condense phase and flame retardance [J]. Polymer Engineering & Science，2011，51 (2)：377-385.

[46] 徐建中，孙赟，谢吉星，等. 亚磷酸三苯酯/蒙脱土协效阻燃聚乳酸 [J]. 塑料，2010 (2)：120-123.

[47] Chris D. Polyhedral Oligomeric Silsesquioxanes in Plastics [M]. In：Hartmann-Thompson C，editor. Applications of polyhedral oligomeric silsesquioxanes. New York：Springer Netherlands，2011.

[48] Gnanasekaran D，Madhavan K，Reddy B. Developments of polyhedral oligomeric silsesquioxanes (POSS)，POSS nanocomposites and their applications：A review [J]. Journal of Scientific and Industrial Research，2009，68：437-464.

[49] Waddon A，Zheng L，Farris R，et al. Nanostructured polyethylene-POSS copolymers：control of crystallization and aggregation [J]. Nano Letters，2002，2 (10)：1149-1155.

[50] Wang X，Hu Y，Song L，et al. Thermal degradation behaviors of epoxy resin/POSS hybrids and phosphorus-silicon synergism of flame retardancy [J]. Journal of Polymer science Part B：Polymer Physics，2010，48 (6)：693-705.

[51] Zhang W C，Li X M，Yang R J. Novel flame retardancy effects of DOPO-POSS on epoxy resins [J]. Polymer Degradation and Stability，2011，96 (12)：2167-2173.

[52] Zeng J，Kumar S，Iyer S，et al. Reinforcement of poly (ethylene terephthalate) fibers with

polyhedral oligomeric silsesquioxanes (POSS) [J]. High Perform Polym, 2005, 17 (3): 403-424.

[53] He Q L, Song L, Hu Y, et al. Synergistic effects of polyhedral oligomeric silsesquioxane (POSS) and oligomeric bisphenyl A bis (diphenyl phosphate) (BDP) on thermal and flame retardant properties of polycarbonate [J]. Journal of Materials ence, 2009, 44 (5): 1308-1316.

[54] 吴寒振，孙宁，聂教荣，等. 多面体低聚硅倍半氧烷的研究进展 [J]. 有机硅材料，2007，6: 354-359，377.

[55] 刘长军，田丰，陈世谦，等. 有机-无机杂化纳米结构体-多面体低聚硅倍半氧烷研究进展 [J]. 中国塑料，2005，9: 13-19.

[56] Meads J A, Kipping F S. LIV. -Organic derivatives of silicon. Part XXIII. Further experiments on the so-called siliconic acids [J]. Journal of The Chemical Society, Transactions, 1914, 107: 459-68.

[57] Scott D W. Thermal rearrangement of branched-chain methylpolysiloxanes1 [J]. Journal of the American Chemical Society, 1946, 68 (3): 56-58.

[58] Company Background and History. http: //www. hybridplastics. com/about/hist-ory. htm: Hybrid Plastics®; 2014.

[59] Li G, Wang L, Ni H, et al. Polyhedral oligomeric silsesquioxane (POSS) polymers and copolymers: a review [J]. Journal of Inorganic and Organometallic Polymers and Materials, 2001, 11 (3): 123-154.

[60] Kuo S W, Chang F C. POSS related polymer nanocomposites [J]. Progress in Polymer Science, 2011, 36 (12): 1649-1696.

[61] Qian Y, Wei P, Zhao X, et al. Flame retardancy and thermal stability of polyhedral oligomeric silsesquioxane nanocomposites [J]. Fire and Materials, 2013, 37 (1): 1-16.

[62] Lu S Y, Hamerton I. Recent developments in the chemistry of halogen-free flame retardant polymers [J]. Progress in Polymer Science, 2002, 27 (8): 1661-1712.

[63] Li G, Wang L, Ni H, et al. Polyhedral oligomeric silsesquioxane (POSS) polymers and copolymers: a review [J]. Journal of Inorganic and Organometallic Polymers and Materials, 2001, 11 (3): 123-154.

[64] Laine R M, Roll M F. Polyhedral phenylsilsesquioxanes [J]. Macromolecules, 2011, 44 (5): 1073-1109.

[65] Kannan R Y, Salacinski H J, Butler P E, et al. Polyhedral oligomeric silsesquioxane nanocomposites: the next generation material for biomedical applications [J]. Accounts of Chemical Research, 2005, 38 (11): 879-884.

[66] Phillips S H, Haddad T S, Tomczak S J. Developments in nanoscience: polyhedral oligomeric

silsesquioxane (POSS) -polymers [J]. Current Opinion in Solid State and Materials Science, 2004, 8 (1): 21-29.

[67] Fina A, Monticelli O, Camino G. POSS-based hybrids by melt/reactive blending [J]. Journal of Materials Chemistry, 2010, 20 (42): 9297-9305.

[68] Haddad T S, Viers B D, Phillips S H. Polyhedral oligomeric silsesquioxane (POSS) -styrene macromers [J]. Journal of Inorganic and Organometallic Polymers and Materials, 2001, 11 (3): 155-164.

[69] Haddad T S, Lichtenhan J D. Hybrid organic-inorganic thermoplastics: styryl-based polyhedral oligomeric silsesquioxane polymers [J]. Macromolecules, 1996, 29 (22): 7302-7304.

[70] Carniato F, Boccaleri E, Marchese L. A versatile route to bifunctionalized silsesquioxane (POSS): synthesis and characterisation of Ti-containing aminopropylisobutyl-POSS [J]. Dalton Transactions, 2008, 1: 36-39.

[71] Wheeler P A, Fu B X, Lichtenhan J D, et al. Incorporation of metallic POSS, POSS copolymers, and new functionalized POSS compounds into commercial dental resins [J]. Journal of Applied Polymer Science, 2006, 102 (3): 2856-2862.

[72] Lickiss P D, Rataboul F. Fully condensed polyhedral oligosilsesquioxanes (POSS): from synthesis to application [J]. Advances in Organometallic Chemistry, 2008, 57 (21): 1-116.

[73] Fan H, Yang R. Flame-retardant polyimide cross-linked with polyhedral oligomeric octa (aminophenyl) silsesquioxane [J]. Industrial and Engineering Chemistry Research, 2013, 52 (7): 2493-2500.

[74] Li Z, Yang R. Synthesis, characterization, and properties of a polyhedral oligomeric octadiphenylsulfonylsilsesquioxane [J]. Journal of Applied Polymer Science, 2014, 131 (20): 1366-1373.

[75] Li Z, Li D, Yang R. Synthesis, characterization, and properties of a novel polyhedral oligomeric octamethyldiphenylsulfonylsilsesquioxane [J]. Journal of Materials Science, 2015, 50 (2): 697-703.

[76] Olsson K. An improved method to prepare octa- (alkylsilsesquioxanes) $(RSi)_8O_{12}$ [J]. Arkiv for Kemi, 1958, 13: 367-378.

[77] Olsson K, Gronwall C. On octa- (arylsilsesquioxanes), $(ArSi)_8O_{12}$ I. The phenyl, 4-tolyl and 1-naphthyl compounds [J]. Arkiv for Kemi, 1961, 17: 529-540.

[78] Brown J F, Vogt L H, Prescott P I. Preparation and Characterization of the Lower Equilibrated Phenylsilsesquioxanes. Journal of the American Chemical Society, 1964, 86 (6): 1120-1125.

[79] Huang J C, He C B, Xiao Y, et al. Polyimide/POSS nanocomposites: interfacial interaction, thermal properties and mechanical properties [J]. Polymer, 2003, 44 (16): 4491-4499.

[80] Ni Y，Zheng S，Nie K. Morphology and thermal properties of inorganic-organic hybrids involvingepoxy resin and polyhedral oligomeric silsesquioxanes [J]. Polymer，2004，45 (16)：5557-5568.

[81] Chen H J. An Explosive organic/inorganic hybrid：synthesis and thermal property of octa (2，4-dinitrophenyl) silsesquioxane [J]. Chemical Research in Chinese Universities，2004，20 (1)：42-45.

[82] 杜建科，杨荣杰. 笼形八苯基硅倍半氧烷的合成及表征 [J]. 精细化工，2005，6：409-411.

[83] Kim S G，Choi J，Tamaki R，et al. Synthesis of amino-containing oligophenylsilsesquioxanes [J]. Polymer，2005，46 (12)：4514-4524.

[84] 邢文涛，游波. 聚有机硅倍半氧烷的合成及其在涂层材料中的应用 [J]. 功能高分子学报，2007，19 (3)：335-340.

[85] Kitakohji T，Takeda S，Nakajima M，et al. Thermal Stability of Polyladder Organosiloxane [J]. Japanese Journal of Applied Physics，1983，22 (12)：1934.

[86] Zhang X，Shi L，Li S，et al. Thermal stability and kinetics of decomposition of polyphenylsilsesquioxanes and some related polymers [J]. Polymer Degradation and Stability，1988，20 (2)：157-172.

[87] Yamamoto S，Yasuda N，Ueyama A，et al. Mechanism for the Formation of Poly (phenylsilsesquioxane) [J]. Macromolecules，2004，37 (8)：2775-2778.

[88] Harreld J H，Su K，Katsoulis D E，et al. Surfactant and pH-mediated control over the molecular structure of poly (phenylsilsesquioxane) resins [J]. Chemistry of Materials，2002，14 (3)：1174-1182.

[89] Viers B，Phillips S，Haddad T，et al. Model polyhedral oligomeric silsesquioxane thin films for coating applications [C]. Long Beach，CA，47$^{th}$ International SAMPE Symposium and Exhibition，2002：1508-1516.

[90] Okoshi M，Nishizawa H. Flame retardancy of nanocomposites [J]. Fire and Materials，2004，28 (6)：423-429.

# 第7章 阻燃聚烯烃

## 7.1 聚乙烯和聚丙烯

### 7.1.1 聚乙烯和聚丙烯阻燃的必要性

聚乙烯（PE）和聚丙烯（PP）具有相似的化学组成及分子结构，其无毒、无臭、吸湿性小，并表现出优异的加工性能、耐低温性能和化学稳定性等，在我们日常生活中几乎无处不在。作为两种典型的高分子碳氢化合物，其阻燃性差，极限氧指数仅为18%左右，并且受热时容易产生大量熔滴，从而引发火灾，因此在很多应用场合需要对PE和PP进行阻燃处理，尤其是用于电子电器、通信器材、汽车以及建筑材料等领域的PE和PP材料。

### 7.1.2 阻燃聚乙烯和聚丙烯的应用领域

阻燃PE材料的具体应用产品有圣诞树、波纹穿线管、流延膜、发泡棉、珍珠棉、矿用管材、户外座椅、电线电缆、防水保温板等一系列产品（图7-1）。

阻燃PP材料的具体应用产品有电器控制盒、配电板、电磁进水阀、线圈骨架、洗衣机排水泵、暖风机壳体、LED灯罩、蓄电池外壳、油烟机套管、汽车保险杠、波纹管等一系列产品（图7-2）。

图 7-1 阻燃 PE 材料应用实例

图 7-2 阻燃 PP 材料应用实例

### 7.1.3 聚乙烯、聚丙烯阻燃机理概述

PE 和 PP 都属于聚烯烃材料，其结构组成相似，因此在其阻燃技术的开发中也体现出了相似的阻燃机理及方法。在目前为止的研究中，大致根据三种原理来实现 PE 及 PP 的阻燃。

① 终止自由基链反应 PE 和 PP 材料先降解再燃烧，其在高温下会发生脱氢反应，形成高活性自由基，因此可引入能猝灭自由基的阻燃剂来发挥作用，如溴系阻燃剂、磷系阻燃剂等。

② 形成保护层 向聚烯烃体系中加入可在燃烧过程中形成隔离层的阻燃剂，这种

隔离层可以隔绝热量和氧气的传递，阻止可燃气体的逸出，保护基体不受火焰和热量的进一步攻击，如膨胀型阻燃剂、可膨胀石墨等。

③ 冷却燃烧体系　向体系中加入具有高热容量的阻燃剂，该类型试剂可以在一定温度下发生脱水、相变等吸热反应，大大降低燃烧区域和基体的温度，抵消燃烧进一步进行所需要的热量，从而达到阻燃的目的，如氢氧化镁、氢氧化铝等。

一般来说，要得到高效率的阻燃体系，需要几种阻燃剂配合使用，以发挥其不同的功效，从几个方面共同发挥阻燃作用。

### 7.1.4　溴系阻燃剂阻燃聚乙烯和聚丙烯

溴系阻燃剂在 PP、PE 阻燃应用上具有重要地位，主要产品有八溴醚、三聚氰胺氢溴酸盐（MHB）、十溴二苯乙烷等，与三氧化二锑、硼酸锌或者联枯复配使用。目前主要应用的是八溴醚、三聚氰胺氢溴酸盐。这是由于这两种阻燃剂受热后在 200～300℃时很快分解释放溴化氢，此温度范围正好在 PE、PP 受热分解前和刚刚开始分解的阶段，溴系阻燃剂充分发挥阻燃作用，捕捉其降解反应生成的自由基，同时释放出的 $SbBr_3$ 及 HBr 这类难燃的高密度气体，覆盖在材料的表面，起到阻隔表面可燃气体的作用，抑制材料的燃烧[1]。

八溴醚是目前阻燃聚丙烯最常用的溴系阻燃剂之一，在低添加量的情况下就可以使聚丙烯达到 UL 94 V-2 级，满足圣诞树等多种制品的阻燃需求。将八溴醚与三氧化二锑以 3∶1 的质量比复配（BFR）用于阻燃 PP[2]，阻燃性能数据如表 7-1 所示。TTI 和 FPI 随着阻燃剂添加量的增加而增大，表明更多的八溴醚/三氧化二锑使 PP 的火灾危险性降低；当八溴醚添加量达到 14%时，阻燃 PP 材料通过 UL 94 V-0 级别，并且极限氧指数达到 29.3%；此外，相比于纯 PP，八溴醚/三氧化二锑体系最高可使 PP 的热释放速率峰值下降 50%以上，明显地抑制了材料的燃烧强度。

表 7-1　八溴醚/三氧化二锑体系阻燃 PP 应用数据

| 样品 | TTI /s | pk-HRR /($kW/m^2$) | FPI | LOI /% | UL 94 |
|---|---|---|---|---|---|
| PP | 29 | 1399 | 0.021 | 18.3 | 无级别 |
| PP+3%BFR | 37 | 776 | 0.048 | 23.8 | V-2 |
| PP+5%BFR | 38 | 748 | 0.051 | 26.5 | V-2 |
| PP+7%BFR | 39 | 606 | 0.064 | 28.2 | V-2 |
| PP+11%BFR | 47 | 589 | 0.079 | 28.5 | V-2 |
| PP+14%BFR | 49 | 628 | 0.078 | 29.3 | V-0 |
| PP+17%BFR | 55 | 672 | 0.082 | 29.1 | V-0 |

另外一种可用于聚丙烯且能低成本解决阻燃问题的阻燃剂是三聚氰胺氢溴酸盐，同样可以在低添加量的情况下赋予聚丙烯 UL 94 V-2 级的阻燃级别，具有成本低、添加量小等优点。虽然这种阻燃剂具有较高的水溶性，但对于某些阻燃制品来说，具有一定使用周期的特点，因此在一些领域也可接受这种阻燃剂的使用。该方案是在 20 世纪 80 年代由意大利都灵理工大学的 G. Camino 教授提出的[3,4]。

将三聚氰胺氢溴酸盐（MHB）、自由基引发剂（2,3-二甲基-2,3-二苯基丁烷，DM-DPB）、碱式碳酸铋（BC）复配应用于阻燃 PP，获得了一种低添加量的 V-2 级阻燃 PP 方案。图 7-3[3,4] 显示了添加剂总量为 2％的 MHB-DMDPB-BC 阻燃 PP 性能，其中 MHB 在 1.5％～2％之间变化，而 DMDPB 和 BC 在 0～0.5％之间变化。AB 段为 MHB-DMDPB 阻燃 PP，在 MHB＝1.8％和 DMDPB＝0.2％时，PP 极限氧指数（LOI）增至 24％；AC 段添加剂为 MHB-BC，体系 LOI 无明显变化；在 BC 段，将 0.5％的 DMDPB-BC 混合物以可变比例添加到含 1.5％MHB 的 PP 中，可以发现少量 DMDPB 或 BC 的加入会迅速增加原体系 LOI 值，最高可达 30％，且能通过 UL 94 V-2 级别，说明 PP-MHB-DMDPB-BC 体系产生了良好的协同阻燃作用。协同作用程度取决于 MHB 的量和 DMDPB/BC 之比，在 DMDPB/BC 重量比约为 1 时，发现相对最大 LOI（图 7-3 中的虚线）。图 7-4 反映了 LOI 对具有三种添加剂的四元体系 PP 的完全依赖性，其中 MHB 最大添加量为 4％，DMDPB、BC 最大添加量为 1％。从图 7-3 中可以看出，在总添加剂负载量为 1％～2％时，即可以获得最大的协同效应（LOI＝30％），体系总添加剂负载量恒定 4％时仍可保持。基于该 MHB 协同阻燃体系的机理是：燃烧

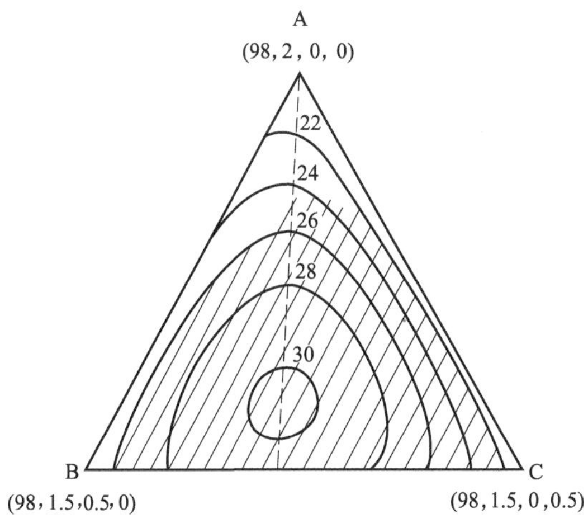


图 7-3　添加剂 2％时 PP-MHB-DMDPB-BC 体系等氧指数图

注：顶点上的数字按上述顺序（PP-MHB-DMDPB-BC）表示材料的重量百分比浓度，曲线上数字为氧指数值，阴影区域表示通过 UL 94 V-2 等级。

时诱导熔融聚合物大量滴落，通过滴落颗粒将热量从燃烧循环中带走，并且聚合物热解为易燃气体的速率可能会降低到维持火焰所需的极限以下，而滴落的“燃烧颗粒”仅会短暂燃烧[3,4]。

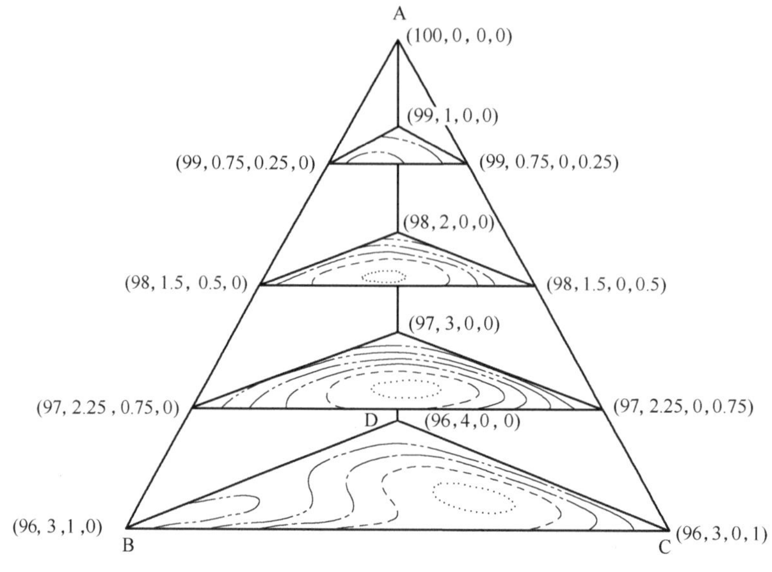


图 7-4 PP-MHB-DMDPB-BC 体系等氧指数图

注：氧指数值：20 (——)，22 (-····-)，24 (-··-)，26 (-·-)，28 (---)，30 (······)。

采用十溴二苯乙烷（DBDPE）/$Sb_2O_3$ 为主要阻燃剂，利用表面改性赤泥（Ti-MRM）为协效剂制备阻燃低密度聚乙烯（LDPE）复合材料[5]（表 7-2）。当 Ti-MRM 质量分数为 2%、DBDPE 为 10.50%、$Sb_2O_3$ 为 3.50%、LDPE 为 84%时，复合材料的氧指数达到了 30.4%，燃烧等级达 UL 94 V-0 级，材料阻燃性能明显提升。其原因是 Ti-MRM 具有较好的协效阻燃作用，少量添加时可促进凝聚相成炭，LDPE/ DBDPE/ $Sb_2O_3$/ Ti-MRM 复合材料在高温下形成了致密而连续的炭层，该炭层的存在可以起到结构的支撑作用，降低材料的受热流动性，从而提高材料阻燃性能（图 7-5）。

**表 7-2 阻燃 LDPE 配方及阻燃性能** 单位：质量份

| 样品编号 | LDPE | DBDPE | $Sb_2O_3$ | Ti-MRM | LOI/% | UL 94 等级 |
|---|---|---|---|---|---|---|
| 1 | 100 | 0 | 0 | 0 | 21.3 | 无级别 |
| 2 | 84 | 16.00 | 0 | 0 | 25.4 | V-2 |
| 3 | 84 | 12.00 | 4.00 | 0 | 28.2 | V-1 |
| 4 | 84 | 11.25 | 3.75 | 1 | 29.6 | V-0 |
| 5 | 84 | 10.50 | 3.50 | 2 | 30.4 | V-0 |
| 6 | 84 | 9.75 | 3.25 | 3 | 30.2 | V-1 |
| 7 | 84 | 9.00 | 3.00 | 4 | 29.5 | V-1 |

此外，一些研究开发了基于溴锑协同的新多元体系，即引入新协效剂来部分替代溴

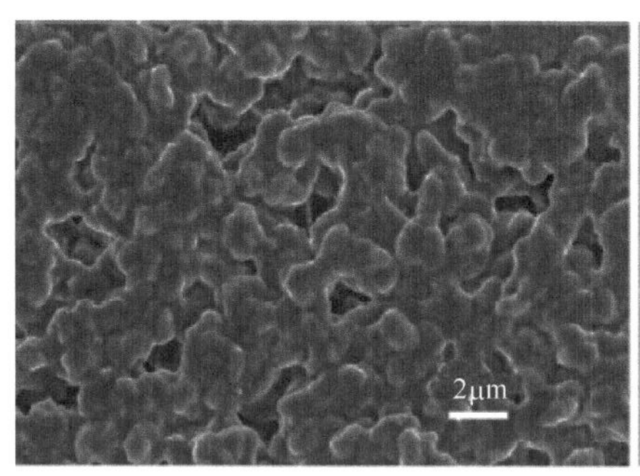


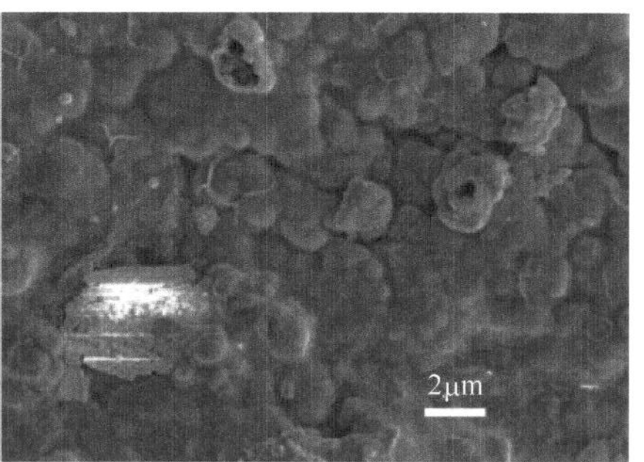


(a) LDPE/DBDPE/$Sb_2O_3$　　(b) LDPE/DBDPE/$Sb_2O_3$/Ti-MRM

图 7-5　LDPE 复合材料的残炭扫描电镜

锑阻燃体系中一种或多种成分。这是因为溴系阻燃剂存在发烟量大、产生腐蚀性气体等缺点，引入新协效剂可以减少发烟量。这些协效剂包括水滑石、蒙脱土、氢氧化物等，它们的引入还可以起到降低成本的作用。以氢溴酸三聚氰胺盐（MHB）、聚磷酸铵（APP）、阻燃增效协同剂 2,3-二甲基-2,3-二苯基丁烷（DMDPB）三种物质为原料复配成一种新型磷溴氮复合阻燃剂，将不同复配比例的复合阻燃剂添加到 PP 中[6]。当 MHB∶APP∶DMDPB 的质量配比为 10∶10∶1 时，阻燃效果和综合力学性能均较好，为最佳复配比；此配比下 PP 中磷氮溴复合阻燃剂的添加量为 2.0%时，其极限氧指数值为 30.8%，燃烧等级可达 UL 94 V-1 级别。

## 7.1.5　无卤阻燃剂阻燃聚乙烯和聚丙烯

目前，用于阻燃 PE、PP 材料的无卤阻燃剂主要包括膨胀型阻燃剂、金属氢氧化物、磷系阻燃剂等。膨胀型阻燃剂是近年来发展最快、最典型的一类聚烯烃用阻燃剂，其阻燃效率高，且具有无卤阻燃的特点，通过形成膨胀炭层发挥优异的阻燃效果，该类阻燃剂通常以磷、氮元素为主要的阻燃元素，最常用的是聚磷酸铵和成炭剂的复合体系；金属氧化物主要使用氢氧化镁（水镁石）、氢氧化铝，一般单独使用时添加量大，亦可充当填料，主要应用在对力学性能要求不高的 PE、PP 制品中，还可与磷系阻燃剂等复配使用以提高阻燃性能；磷系阻燃剂主要是红磷、磷酸酯、磷酸盐等物质，像红磷具有磷含量高、价格低的特点，虽然由于其具有颜色导致其应用的范围受到限制，但包覆红磷可以在一定程度上解决这一问题，这类磷系阻燃剂也被广泛使用于 PE、PP 的阻燃。

### 7.1.5.1　膨胀型阻燃剂在聚乙烯、聚丙烯上的应用

膨胀型阻燃剂（IFR）是近年来用于聚烯烃材料最多的一类阻燃剂，最典型的体系

为 APP/成炭剂体系，APP 既是酸源又是气源，可与成炭剂反应形成膨胀型炭层，从而发挥阻燃作用。目前，关于 IFR 的研究中，主要是新型成炭剂的研究，因为成炭剂决定了 IFR 成炭性能的优劣，这其中又以三嗪成炭剂综合性能更加优异。下面将列举 APP/三嗪成炭剂体系用于 PE、PP 实例。

Qian 等[7] 合成了一种超支化三嗪大分子成炭剂（EA），将其与 APP 复配组成了新型高效膨胀型阻燃体系（IFR）应用于 PP 中，制备了膨胀型阻燃聚丙烯复合材料。配方如表 7-3 所示。

**表 7-3 EA/APP/PP 复合物配方**

| 试样 | 比例成分(质量分数)/% | | | EA/APP(质量比) |
|---|---|---|---|---|
| | PP | EA | APP | |
| PP | 100.00 | 0.00 | 0.00 | — |
| EA/APP/PP(1.25/23.75/75.00) | 75.00 | 1.25 | 23.75 | 5/95 |
| EA/APP/PP(2.50/22.50/75.00) | 75.00 | 2.50 | 22.50 | 10/90 |
| EA/APP/PP(3.75/21.25/75.00) | 75.00 | 3.75 | 21.25 | 15/85 |
| EA/APP/PP(5.00/20.00/75.00) | 75.00 | 5.00 | 20.00 | 20/80 |
| EA/APP/PP(6.25/18.75/75.00) | 75.00 | 6.25 | 18.75 | 25/75 |
| EA/APP/PP(7.50/17.50/75.00) | 75.00 | 7.50 | 17.50 | 30/70 |
| EA/APP/PP(8.75/16.25/75.00) | 75.00 | 8.75 | 16.25 | 35/65 |

表 7-4 为表 7-3 中 PP 及各阻燃复合物的极限氧指数与垂直燃烧测试结果。从表中可以看出，随着阻燃复合材料中 EA 与 APP 比例的增加，EA/APP/PP 阻燃复合材料逐渐从无级别上升至 V-0 级别。在 EA 与 APP 比例较低时，膨胀型阻燃剂的阻燃效果不明显，试样表现为无级别。然而，当 EA/APP 质量比例在 3.75/21.25～8.75/16.25 之间时，阻燃级别均达到了 UL 94 V-0 级别。与典型的膨胀型阻燃剂相似，EA/APP 系统中的 2 种组分之间也显示了协同效应，且当 EA 与 APP 质量比例在合适的范围时，将会使阻燃复合物达到较好的阻燃性能。从图 7-6 阻燃复合物的 LOI 值拟合曲线和表 7-4 可以看出，随着 EA/APP 质量比例的增加，阻燃复合物的 LOI 值先升高然后下降，当 EA/APP 质量比例为 7.50/17.50 时，LOI 值达到最大。因此，EA 与 APP 之间的最佳质量比例为 7.50/17.50，当 EA/APP 的质量比例为 7.50/17.50 时，EA 与 APP 之间能达到最佳的协同阻燃效应。其阻燃机理将在下面的部分进行分析。

**表 7-4 PP 与 EA/APP/PP 阻燃复合物的 LOI 与 UL 94 测试结果**

| 试样 | UL 94 垂直燃烧测试 | | | | LOI/% |
|---|---|---|---|---|---|
| | $t_1$/s | $t_2$/s | 滴落 | UL 94 等级 | |
| PP | 燃烧 | — | 是 | 无级别 | 17.5 |
| EA/APP/PP(1.25/23.75/75.00) | 16.2 | 燃烧 | 是 | 无级别 | 21.0 |
| EA/APP/PP(2.50/22.50/75.00) | 0 | 燃烧 | 是 | 无级别 | 25.8 |
| EA/APP/PP(3.75/21.25/75.00) | 0 | 2.8 | 否 | V-0 | 29.3 |

续表

| 试样 | UL 94 垂直燃烧测试 | | | | LOI/% |
|---|---|---|---|---|---|
| | $t_1$/s | $t_2$/s | 滴落 | UL 94 等级 | |
| EA/APP/PP(5.00/20.00/75.00) | 0 | 4.1 | 否 | V-0 | 31.6 |
| EA/APP/PP(6.25/18.75/75.00) | 0 | 3.4 | 否 | V-0 | 32.0 |
| EA/APP/PP(7.50/17.50/75.00) | 0 | 0.0 | 否 | V-0 | 32.3 |
| EA/APP/PP(8.75/16.25/75.00) | 0 | 0.0 | 否 | V-0 | 30.2 |

注：$t_1$：5 根试样在第一次引燃 10s 之后持续燃烧的最大时间。
$t_2$：5 根试样在第二次引燃 10s 之后持续燃烧的最大时间。

热释放速率曲线（HRR）与质量损失率曲线（MLR）如图 7-7 和图 7-8 所示。表 7-5 显示了 EA/APP/PP 阻燃复合物的第 1 个热释放速率峰值（pk-HRR1），第 2 个热释放速率峰值（pk-HRR2）和热释放速率平均值（av-HRR）。随着 EA/APP 质量比例的增加，EA/APP/PP 阻燃复合物的 pk-HRR1 和 av-HRR 先降低后上升，与 LOI 值的变化趋势相对应。这一现象表明，燃烧被抑制的强度以及 EA 与 APP 之间的协同反应程度随着 EA/APP 比例达到最佳值 7.50/17.50 而达到最大值。然而，进一步增加 EA/APP 比例，则导致 pk-HRR1 下降，表明当 EA/APP 比例超过 7.50/17.50 时，EA 与 APP 之间的最佳协同反应的平衡将会被破坏。图 7-7 的热释放速率曲线表明，纯 PP 只显示 1 个热释放速率峰值，而 EA/APP/PP 阻燃复合物则呈现 2 个热释放速率曲线峰值，且随 EA/APP 膨胀型阻燃剂的加入，PP 的热释放速率峰值显著降低。pk-HRR1 的形成是由于膨胀型阻燃剂分解形成膨胀型炭层所释放的热量，而且当在热流量测试条件下，EA/APP/PP 复合物表面逐渐形成炭层，阻止热量传递至基体而使基体热解，此现象减弱了基体的热降解行为，从而降低了 HRR 峰值；然而，当进一步对阻燃复合物加热，基体被燃烧，释放可燃性气体冲破炭层，导致炭层表面破裂，同时燃烧强度增加，导致 pk-HRR2 的形成。随着 EA/APP 质量比例的增加，pk-HRR2 不仅降低了，且延迟了，表明随着 EA/APP 比例的增加，EA/APP/PP 复合物表面形成了更加稳定致密的炭层。

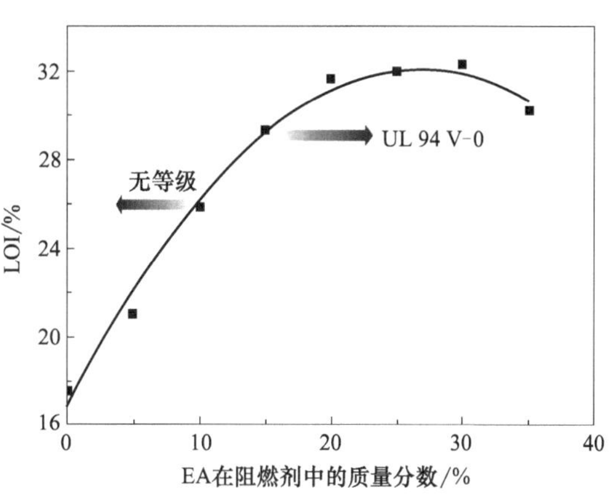

图 7-6 各阻燃复合物 LOI 值的拟合曲线

为了了解 EA/APP/PP 阻燃复合物的热解行为，对其 MLR 曲线进行了分析，如图 7-8 所示为阻燃复合物在锥形量热测试中所得到的归一化的 MLR 曲线。MLR 代表基体的气化降解速率。图 7-8（a）、（b）表明随着 EA/APP 比例从 1.25/23.75 增加至

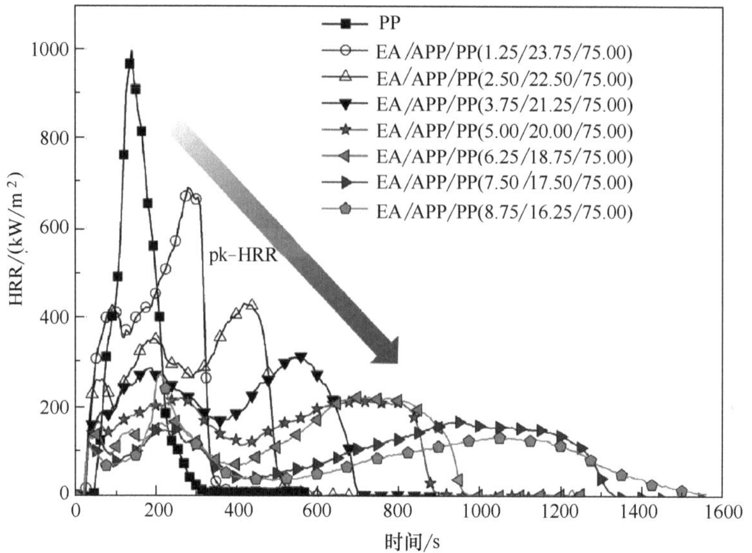


图 7-7 PP 与 EA/APP/PP 阻燃复合物的热释放速率曲线

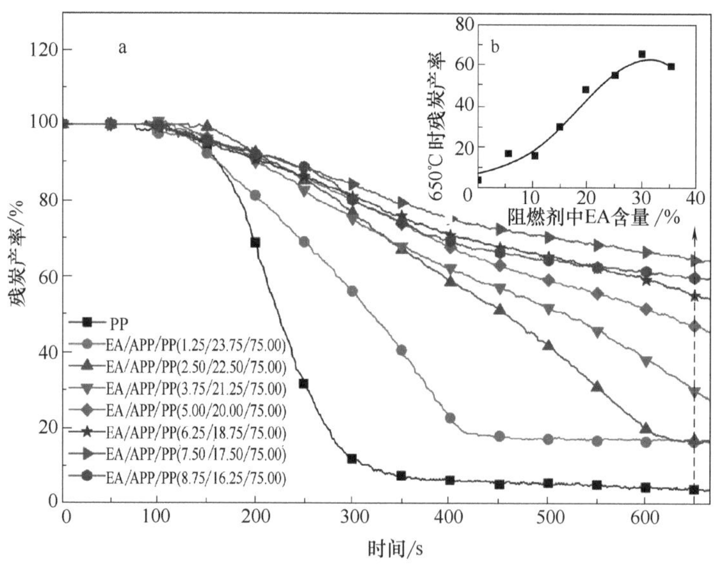


图 7-8 (a) PP 及 EA/APP/PP 质量损失速率(MLR)曲线

(b) PP 及 EA/APP/PP 残炭产率拟合曲线

7.50/17.50，阻燃复合物的 MLR 值逐渐降低，同时残炭产率逐渐增加，然而当进一步增加 EA/APP 比例至 8.75/16.25，MLR 与残炭产率则呈现相反的趋势。这个结果表明，将 EA/APP 比例从 1.25/23.75 增加至 7.50/17.50 促进了成炭，增加了残炭产率。然而，当 EA/APP 比例超过 7.50/17.50 后将不利于成炭。高的残炭产率能够有效阻止热量与基体接触，从而达到好的阻燃效果。当 MLR 最低、残炭产率最高时，阻燃复合物达到最好的阻燃效果，因此 7.50/17.50 为 EA/APP 的最佳比例。

**表 7-5 PP 及 EA/APP/PP 阻燃复合物的锥形量热仪数据**

| 试样 | pk-HRR1 /(kW/$m^2$) | pk-HRR2 /(kW/$m^2$) | av-HRR /(kW/$m^2$) | av-CO /(kg/kg) | av-$CO_2$ /(kg/kg) | TSR /($m^2$/$m^2$) | av-EHC /(MJ/kg) |
|---|---|---|---|---|---|---|---|
| PP | 996 | — | 293 | 0.05 | 2.92 | 1011 | 40 |
| EA/APP/PP (1.25/23.75/75.00) | 427 | 690 | 385 | 0.08 | 3.01 | 2553 | 47 |
| EA/APP/PP (2.50/22.50/75.00) | 352 | 431 | 284 | 0.07 | 2.90 | 2873 | 44 |
| EA/APP/PP (3.75/21.25/75.00) | 286 | 313 | 215 | 0.09 | 2.96 | 2784 | 44 |
| EA/APP/PP (5.00/20.00/75.00) | 220 | 217 | 174 | 0.08 | 2.92 | 2812 | 42 |
| EA/APP/PP (6.25/18.75/75.00) | 168 | 222 | 125 | 0.13 | 2.94 | 2480 | 39 |
| EA/APP/PP (7.50/17.50/75.00) | 150 | 167 | 106 | 0.12 | 2.95 | 2199 | 37 |
| EA/APP/PP (8.75/16.25/75.00) | 272 | 132 | 119 | 0.14 | 2.90 | 1762 | 38 |

平均有效燃烧热（av-EHC）为 av-HRR 与 av-MLR 的比值，是表征阻燃机理的一个参数。随着 EA/APP 比例从 1.25/23.75 增加至 8.75/16.25，av-EHC 先降低至最小值（当 EA/APP/PP 比例为 7.50/17.50/75.00 时）后逐渐上升。av-EHC 的变化趋势与 av-HRR 和 av-MLR 相同，但是 av-EHC 的降低表明 av-HRR 比 av-MLR 下降幅度更大，说明此时 EA/APP 阻燃剂以气相阻燃机理为主。在气相层，APP 大分子降解生成磷的自由基捕获空气中的氧及烷基自由基，从而阻止了燃烧的进一步发生。当 EA/APP 比例超过 7.50/17.50 后，av-HRR 和 av-MLR 值均增加，但是 av-HRR 增加更显著，相应地 av-EHC 值增加了，此时 EA/APP 阻燃剂表现了凝聚相阻燃机理。因此，EA/APP 阻燃剂有凝聚相和气相 2 种阻燃效应，而当 EA/APP 比例为 7.50/17.50 时，凝聚相与气相之间达到了最佳的协同效应，从而达到了最佳的阻燃性能。

总烟释放速率（TSR）是烟释放速率的标志性参数。表 7-5 显示与纯 PP 相比，阻燃复合物 EA/APP/PP 的 TSR 值显著增加，当 EA/APP 为 2.50/22.50 时达到最大值，但当 EA/APP 比例超过 2.50/22.50 后，阻燃复合物的 TSR 有所下降，但均比 PP 高，产生此现象的原因可能是由于 EA/APP 阻燃剂的加入导致阻燃复合物的不充分燃烧，因此形成未燃烧的炭层片段，且当成炭剂 EA 含量低时，这种现象更加明显。当 EA/APP 比例为 7.50/17.50 时大部分炭层片段被捕获成为膨胀型炭层的一部分，因此 TSR 下降明显。

为了探索具有更高阻燃效率的成炭剂的结构模式，钱立军和汤维等[8] 合成并表征了具有不同哌嗪/三嗪基团聚集结构的两种成炭剂（PT-Cluster 和 PT），并将其用于制备膨胀型阻燃聚丙烯（PP）与聚磷酸铵（APP）的复合材料。配方如表 7-6 所示。

表 7-6 PT-Cluster/APP/PP 配方表

| 样品 | 成分(质量分数)/% | | |
|---|---|---|---|
| | PP | 成炭剂 | APP |
| PP | 100.0 | 0.0 | 0.0 |
| 25APP/75PP | 75.0 | 0.0 | 25.0 |
| 1PT/24APP/75PP | 75.0 | 1.0 | 24.0 |
| 1PT-Cluster/24APP/75PP | 75.0 | 1.0 | 24.0 |
| 3PT/22APP/75PP | 75.0 | 3.0 | 22.0 |
| 3PT-Cluster/22APP/75PP | 75.0 | 3.0 | 22.0 |
| 5PT/20APP/75PP | 75.0 | 5.0 | 20.0 |
| 5PT-Cluster/20APP/75PP | 75.0 | 5.0 | 20.0 |

表 7-7 为 PP 和各复合体系 LOI 和 UL 94 测试结果。成炭剂/APP（3%/22%和5%/20%）体系赋予了 PP 更好的阻燃性能。对于 PT/APP 和 PT-Cluster/APP，随着 PT-Cluster 和 PT 质量比的增加，复合材料的 LOI 值逐渐达到 32%以上，当 IFR 总负载为 25%的 PP 复合材料中 PT-Cluster 或 PT 加入量超过 3%时，阻燃性能也上升到 UL 94 V-0 级别。如果不使用成炭剂 PT-Cluster 或 PT，则 25%APP/PP 的 LOI 值仅 21.7%，PP 复合材料无 UL 94 等级。而 25%的 APP/PER（3/1）仅使 PP 的 LOI 值达到 24.8%，且无 UL 94 等级。因此，PT-Cluster 和 PT 在 APP 的 PP 阻燃应用中均表现出优异的阻燃效果。但是，在测试中 PT/APP/PP 和 PT-Cluster/APP/PP 复合材料之间存在一些区别。在相同量的成炭剂的情况下，PT 可能导致 LOI 值略高于 PT-Cluster；尽管 PT-Cluster 和 PT 可以给 PP 复合材料带来相同的阻燃 UL 94 等级，但与 PP 复合材料中的 PT 膨胀系统相比，PT-Cluster 膨胀型阻燃系统更有效地降低了燃烧强度。结果表明，PT-Cluster /APP 系统在燃烧过程中对火焰的阻隔效果要好于 PT / APP 系统。推论出不同的聚集改变了炭化剂分子的大小和组成。

表 7-7 PT-Cluster/APP/PP 材料应用数据

| 样品 | LOI/% | UL 94 垂直燃烧测试 | | | |
|---|---|---|---|---|---|
| | | av-$t_1$/s | av-$t_2$/s | 滴落 | 等级 |
| PP | 18.6 | 烧夹 | — | 是 | 无级别 |
| 25APP/75PP | 21.7 | 烧夹 | — | 是 | 无级别 |
| 1PT/24APP/75PP | 27.8 | 0 | 烧夹 | 是 | 无级别 |
| 1PT-Cluster/24APP/75PP | 26.3 | 0 | 烧夹 | 是 | 无级别 |
| 3PT/22APP/75PP | 33.3 | 0 | 1.0 | 否 | V-0 |
| 3PT-Cluster/22APP/75PP | 32.7 | 0 | 0.8 | 否 | V-0 |
| 5PT/20APP/75PP | 34.1 | 0 | 1.1 | 否 | V-0 |
| 5PT-Cluster/20APP/75PP | 33.9 | 0 | 1.0 | 否 | V-0 |

表 7-8 为纯 PP 和典型 PP 复合体系锥形量热测试数据。在表 7-8 中，所有 PP 复合材料的 TTI（点燃时间）值都相近，这说明仅添加 PT-Cluster /APP、PT/APP 或 APP 对复合材料的热解启动和点燃几乎没有影响。这是因为成炭剂/APP 系统主要通过成炭剂和 APP 之间的相互作用产生阻燃效果，而不是通过成炭剂/APP 和 PP 基体之间的相互作用。因此，PP 基体的起始分解没有受到影响，PP 基质中易燃气体的开始释放也未受到影响。相似的易燃气体释放过程导致了相近的 TTI 结果。

**表 7-8 典型 PP 复合体系锥形量热测试数据**

| 样品 | TTI /s | pk-HRR /(kW/m$^2$) | THR /(MJ/m$^2$) | av-EHC /(MJ/kg$^2$) | TSR /(m$^2$/m$^2$) | av-COY /(kg/kg) | av-$CO_2$Y /(kg/kg) | 残炭产率 /% |
|---|---|---|---|---|---|---|---|---|
| PP | 21 | 1242 | 111 | 42.9 | 1540 | 0.05 | 3.13 | 3.6 |
| 25APP/75PP | 21 | 979 | 107 | 42.5 | 1752 | 0.06 | 3.20 | 19.6 |
| 5PT/20APP/75PP | 22 | 330 | 103 | 40.5 | 1980 | 0.09 | 3.06 | 20.1 |
| 5PT-Cluster/20APP/75PP | 21 | 242 | 96 | 38.3 | 1644 | 0.12 | 3.07 | 25.9 |

图 7-9 中典型样品的热释放曲线和表 7-8 中的 pk-HRR 反映了复合材料在燃烧过程中燃烧强度。如图 7-9 所示，与纯 PP 和 25APP/75PP 样品相比，5PT/20APP/75PP 和 5PT-Cluster/20APP/75PP 的 pk-HRR 都迅速下降，强度被抑制得非常低。这意味着成炭剂 PT-Cluster 和 PT 都与 APP 产生很好的相互作用，从而形成更高的阻燃效果。5PT-Cluster/20APP/75PP（242 kW/m$^2$）的 pk-HRR 比 5PT/20APP/75PP（330 kW/m$^2$）更低。而且，PT-Cluster/APP 和 PT/APP 在图 7-9 HRR 曲线中表现出一些不同的抑制细节。与 5PT/20APP/75PP 试样相比，5PT-Cluster/20APP/75PP 的 pk-HHR 在更长时间内表现更好，HRR 值在 500s 之前一直保持较低的强度。5PT-Cluster/20APP/75PP 的 pk-HRR 出现在 700s，而 5PT/20APP/75PP 出现在 505s。这些现象表明，燃烧时在 PP 基体中 PT-Cluster /APP 的膨胀炭层产生的阻隔和保护效果比 PT/APP 效果更好。此外，图 7-10 中的质量损失曲线也证明了这种效应。在燃烧过程中，PT-Cluster/APP 阻燃 PP 质量损失率低于 PT/APP 体系，会在凝聚相中保留更多的基质，而不是释放燃料。燃烧结束时，5PT-Cluster/20APP/75PP 的残炭产率为 25.9%，而 5PT/20APP/75PP 的残炭产率仅 20.1%。PT-Cluster/APP 体系显然比 PT/APP 体系保留的残留物更多。这些区别意味着 PT-Cluster/APP 表现出比 PT/APP 更优越的成炭能力。成炭剂/APP 体系主要通过成炭剂与磷酸的反应产生阻燃作用。因此，可以推断出 PT-Cluster 是一种大分子，通过与磷酸相互作用，很容易形成炭层，而 PT 是小分子，需要更多地与磷酸交联以产生稳定的炭层。因此，PT-Cluster 比 PT 更容易和更早地形成稳定和更紧凑炭层，从而给基质带来了更好的阻隔和保护作用，在燃烧过程中产生更多的残留物和更少的燃料。

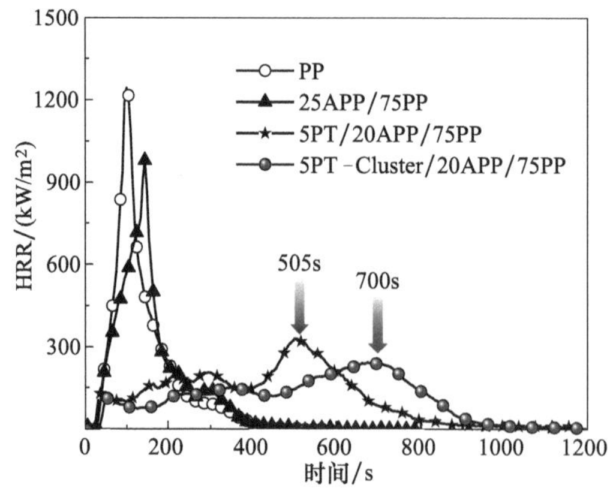

图 7-9 典型 PP 复合体系的 HRR 曲线

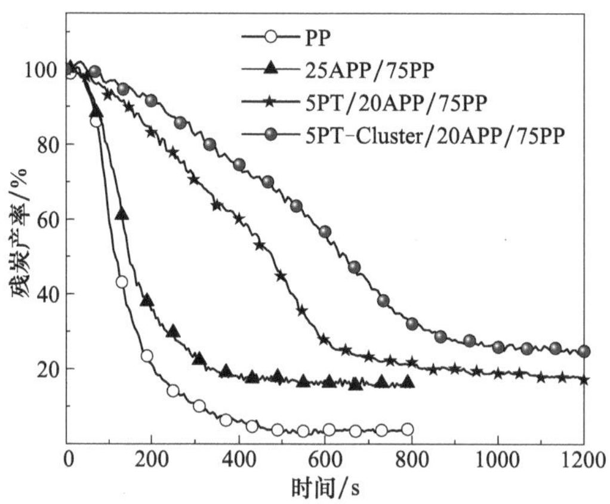

图 7-10 典型 PP 复合体系的 MLC 曲线

图 7-11 为 PP 和典型 PP 复合体系的 TSR 曲线。图 7-11 中，5PT-Cluster/20APP/75PP 释放的烟雾比 5PT/20APP/75PP 少，这有力地证明了 PT-Cluster 比 PT 更难被释

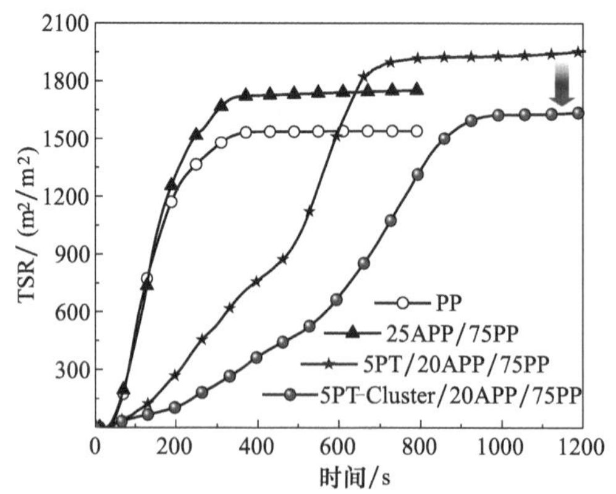

图 7-11 典型 PP 复合体系的 TSR 曲线

放，更容易与APP成炭。这是由PT-Cluster分子中三嗪和哌嗪的大规模聚集状态引起的。此外，HRR、TSR和质量损失曲线也证明PT-Cluster/APP体系更容易与PP基体相互作用。解释如下：在燃烧过程中，首先IFR分解受热膨胀炭层形成；然后，最初的膨胀炭层分解，残余材料（IFR和PP）也随之降解，形成具有保护作用的新膨胀炭层。

根据表7-8中的av-EHC值，成炭剂/APP/PP体系av-EHC值低于纯PP和APP/PP体系。此外，与5PT/20APP/75PP复合材料相比，5PT-Cluster/20APP/75PP复合材料的av-EHC值下降了5.4%，表明PT-Cluster/APP在气相中的猝灭效果比PT/APP强。其结果可能由两个原因引起：①PT-Cluster/APP体系释放的具有终止自由基链反应的物质更多；②由于残炭产率更高，PT-Cluster/APP易燃气体的释放减少，导致IFR生成的惰性自由基的猝灭效果更好。

通过av-COY和av-$CO_2$Y结果，也证明了在气相中PT-Cluster/APP和PT/APP具有更好的抑制效果。av-COY值意味着不完全燃烧产物，与纯PP和APP/PP体系相比，PT-Cluster/APP/PP和PT/APP/PP体系的av-COY值明显增加。而且，PT-Cluster/APP/PP产生的CO比PT/APP/PP多，与更低的av-EHC值相对应。与纯PP和AP/PP相比，PT-Cluster/APP/PP和PT/APP/PP的av-$CO_2$Y值也有所减少。因此，av-COY和av-$CO_2$Y的结果进一步证明了PT-Cluster的气相阻燃作用。

#### 7.1.5.2 金属氢氧化物在聚乙烯、聚丙烯上的应用

主要是氢氧化镁（MH）和氢氧化铝（ATH），单独使用时添加量一般在50%以上，如当PE中添加60%氢氧化镁时，其氧指数仅能达到25%左右[9]，阻燃效率低，并对材料的力学性能损害较大，因此大多数研究对氢氧化物采取表面处理技术，并进行粒径形貌控制，以尽量减少对材料力学性能的影响。氢氧化物复配使用时常用的协同增效剂有红磷及磷化物、有机硅化合物、硼酸锌、膨润土、石墨等[10]。

以MH为主阻燃剂、红磷为辅助阻燃剂对LLDPE进行阻燃性能研究，发现在总阻燃剂含量为50%不变的情况下，增加红磷用量可使得LLDPE的阻燃性能和拉伸强度明显提高，当红磷质量分数增至10%时，材料的LOI达29.2%[11]。

此外，氢氧化镁和氢氧化铝复配使用比单独使用效果要好，阻燃剂在HDPE/MH/ATH复合体系[12]的添加为54%条件下，MH与ATH以1∶1的比例复配时，HDPE/MH/ATH体系阻燃极限氧指数达到27.1%，阻燃级别达到FV-2级，并且比单独使用一种氢氧化物时的添加量要少。这是因为ATH的吸热量比MH大，分解温度比MH低140℃左右，因此两者并用后，在235～455℃范围内均存在脱水吸热反应，

可以在较宽的范围内抑制高分子材料的燃烧[13]。因此，一些体系同时基于 MH 和 ATH 以便能够在更宽的温度范围内发挥阻燃作用，如 MH/ATH/红磷/硼酸锌体系[14]。

#### 7.1.5.3 磷系阻燃剂在聚乙烯、聚丙烯上的应用

用于 PE、PP 的磷系阻燃剂主要包括红磷、磷酸盐、磷酸酯等。主要阻燃机理是通过利用其裂解产物促使聚合物脱水而炭化，生成不挥发的玻璃状物质，进而起到隔离阻燃作用。此外，还可以分解释放含磷自由基在气相中发挥作用。

红磷可单独使用，当 $m$（红磷）∶$m$（HDPE）＝2∶25 时，阻燃 HDPE 材料的阻燃级别可达到 UL 94 V-0 级别[15]。但红磷易被氧化、吸湿，大部分基于红磷的阻燃配方都对红磷进行了微胶囊化处理，并与其他物质复配使用。将含磷量为 80％的包覆红磷与膨胀型阻燃剂（APP/PER/MEL）以 1∶4 的质量比复合用于阻燃 PP[16]，当总添加量为 25％时，极限氧指数可达到 31.5％，通过 UL 94 V-1 级别。而单独添加 25％膨胀型阻燃剂的 PP 材料只能通过 UL 94 V-2 级别，氧指数只有 27.8％。

用于 PE、PP 的磷酸盐主要包括聚磷酸铵（APP）、三聚氰胺磷酸盐（MP）、三聚氰胺聚磷酸盐（MPP）。将可 APP 与膨胀石墨以 1∶3 的比例复配[17]，在 HDPE 中添加量为 30％时，材料氧指数达到 32％，这是因为 APP 分解成的黏稠状物质与膨胀后的石墨形成了连续的炭层。利用 MPP 与金属氧化物协同阻燃 PP 材料[18]，当 MPP 添加量为 26％时，由 $MnO_2$、NiO、$La_2O_3$ 以 1∶1∶1 组成的协效剂添加量为 2％时，阻燃 PP 材料的极限氧指数可达 31％，并通过 UL 94 V-0 级别，因为金属氧化物的加入可能延缓了 PP 的分解。磷酸盐更多的还是和成炭剂复配用于 PE 和 PP 的膨胀阻燃体系。

传统的磷酸酯，如磷酸三苯酯（TPP）可以应用到 PE 中以降低聚合物的燃烧性能[19]。利用季戊四醇与三氯氧磷合成的笼状磷酸酯 PEPA 分子[20]，结构式如下所示，与 MPP 复配用于 PP 的阻燃，当 PEPA 的添加量为 13.3％、MPP 的添加量为 6.7％的时候效果最佳，LOI 达到 33.0％，并且通过 UL 94 V-0 级的测试（表 7-9）。13.3％PEPA/6.7％MPP/PP 体系的 pk-HRR 和 av-HRR 分别为 244.4 $kW/m^2$ 和 156.5 $kW/m^2$，较之纯 PP 分别降低了 78.3％和 54.5％，残炭产率也大幅度提升，PP 阻燃性能明显提高（表 7-10）。其机理为：在气相，燃烧时 MPP/PEPA 生成三嗪结构低聚物以及含磷自由基，可捕获 PP 燃烧时链式反应的自由基，从而抑制聚合物的降解和燃烧；凝聚相，C═C 结构、含磷基团和三嗪结构低聚物间相互反应，先产生含 P—O—C、P—N、C═N 基团的交联前驱体炭层，最终形成紧凑、连续、热稳定的致密炭层，可有效地隔离热、氧和可燃气体的释放，减少了基材的降解和燃烧。

表 7-9 MPP/PEPA/PP 材料 LOI 和 UL 94 测试结果

| 样品 | LOI/% | UL 94 等级 |
|---|---|---|
| PP | 17.5 | 无级别 |
| 20%MPP/PP | 23.0 | 无级别 |
| 20%PEPA/PP | 24.0 | 无级别 |
| 13.3%PEPA/6.7%MPP/PP | 33.0 | V-0 |

表 7-10 MPP/PEPA/PP 材料锥形量热仪测试数据

| 样品 | pk-HRR /($kW/m^2$) | av-HRR /($kW/m^2$) | THR /($MJ/m^2$) | 700s 残炭产率(质量分数)/% |
|---|---|---|---|---|
| PP | 1128.7 | 343.8 | 149.5 | 0 |
| 20%MPP/PP | 446.5 | 229.3 | 144.5 | 8.3 |
| 20%PEPA/PP | 775.0 | 208.9 | 130.9 | 9.8 |
| 13.3%PEPA/6.7%MPP/PP | 244.4 | 156.5 | 133.6 | 23.8 |

# 7.2 聚苯乙烯

## 7.2.1 聚苯乙烯阻燃的必要性

聚苯乙烯经常被用来制作泡沫塑料制品，但是 PS 本身的极限氧指数只有 18%，在高温情况会释放出乙烯单体、二聚物、苯以及低分子量烷基苯等可燃物质。同时，PS 泡沫塑料燃烧时易产生带明火的熔融滴落，能够引燃其他易燃物，即使移走火源仍能持续燃烧，因此在堆放及建筑施工过程中易发生火灾，属于极易燃烧材料，严重限制了其使用范围和应用安全性。因此在诸如建筑保温领域应用时需要对其进行阻燃处理。

## 7.2.2 阻燃聚苯乙烯的主要应用领域

阻燃聚苯乙烯泡沫具有质量轻、隔声、隔热、保温和阻燃等特性，主要应用于建筑保温材料、电器绝热材料。2011 年，我国颁布的《民用建筑外保温系统及外墙装饰防火暂行规定》对民用建筑外保温材料提出了明确的阻燃等级要求。

图 7-12 为聚苯乙烯泡沫保温板。

图 7-12 聚苯乙烯泡沫保温板

### 7.2.3 溴系阻燃剂阻燃聚苯乙烯

PS 泡沫塑料根据成型方式不同有可发性聚苯乙烯泡沫（EPS）和挤出发泡聚苯乙烯泡沫（XPS），常用阻燃剂为脂肪族溴化物，因脂肪族溴化物在 PS 泡沫塑料的加工温度下足够稳定，且燃烧时释放氢溴酸（HBr）作为气相阻燃剂，HBr 的释放速度较快，通常不需要添加协效剂（如三氧化二锑）。

六溴环十二烷（HBCD）是典型的 PS 泡沫塑料阻燃剂。在所有应用于 PS 泡沫塑料的溴系阻燃剂中，HBCD 与 PS 树脂的相容性较好，且在较低的添加量下可以使 PS 泡沫塑料具有较好的阻燃性能，从而最大限度地保持 PS 泡沫塑料的绝热性能和其他物理性能。其主要的阻燃机理是：卤族元素中的溴元素在燃烧循环中可通过捕捉自由基以终止基材继续分解，而且生成 HBr 气体属于难燃气体，可以稀释气相中可燃气体浓度，降低热释放量，达到阻燃的目的。

EPS 中 HBCD 的添加量应达到其质量分数的 0.8%～2%，使发泡聚苯乙烯的氧指数达到 30%以上，满足 B1 级防火要求；而 XPS 达到 B1 级防火要求则需要添加 3.5%～4.0%的 HBCD 才能满足 B1 级的防火阻燃要求。表 7-11～表 7-14 是市售发泡聚苯乙烯泡沫板材的性能参数举例。

表 7-11 EPS 聚苯板阻燃性能（密度 $20kg/m^3$）

| 测试项目 | | 实测值 |
|---|---|---|
| 单体燃烧 | 燃烧增长速率指数/(W/s) | 155 |
| | 火焰横向蔓延长度 | 未到达试样长翼边缘 |
| | 600s 的总放热量/MJ | 9 |
| 可燃性（点火时间 30s） | 燃烧长度/mm | 60s 内焰尖高度＜150 |
| | 燃烧现象 | 60s 内无滴落引燃现象 |
| 氧指数/% | | 30.1 |

表 7-12 EPS 聚苯板物理性能（密度 20kg/m$^3$）

| 性能 | 实测值 |
|---|---|
| 尺寸稳定性/% | 0.3 |
| 压缩强度/kPa | 137 |
| 热导率/[W/(m·K)] | 0.035 |
| 水蒸气透过系数/[g/(Pa·m·s)] | 2.6 |
| 吸水率(体积分数)/% | 2.4 |
| 熔结性(断裂弯曲负荷)/N | 32 |
| 垂直于板面方向的拉伸强度/MPa | 0.12 |

表 7-13 XPS 挤塑聚苯板阻燃性能

| 性能 | 实测值 |
|---|---|
| $FIGRA_{0.2MJ}$(燃烧增长速率指数)/(W/s) | 68 |
| $THR_{600s}$(600s 的总放热量)/MJ | 4.9 |
| LFS(火焰横向蔓延长度)/m | <试样边缘 |
| 燃烧长度(60s 内 Fs)/mm | 60 |
| 60s 内燃烧滴落物引燃滤纸现象 | 无引燃滤纸现象 |
| 氧指数/% | 32.0 |

表 7-14 XPS 挤塑聚苯板物理性能

| 性能 | 实测值 |
|---|---|
| 压缩强度/kPa | 443 |
| 吸水率(体积分数)/% | 0.6 |
| 水蒸气透过系数(23℃±1℃,RH50%±5%)/[g/(Pa·s·m)] | 1.6 |
| 热导率(平均温度:25℃)/[W/(m·K)] | 0.028(平均温度:24.9℃) |
| 热阻(厚度 25mm,平均温度:25℃)/[(m$^2$·K)/W] | 0.89(平均温度:24.9℃) |
| 尺寸稳定性(70℃±2℃,48h)/% | 0.9 |

由于 HBCD 已经被斯德哥尔摩公约所禁用，国内也将于 2021 年年底履行该公约，所以在产业界推出了两种 HBCD 的替代品，分别是甲基八溴醚和溴化 SBS。由于这两种阻燃剂的溴含量比 HBCD 低，熔融温度也比 HBCD 低，因此在发泡聚苯乙烯中使用时，需要提高上述替代品阻燃剂的添加量，并注意控制加工温度，确保生产的连续进行。

## 7.2.4 膨胀石墨阻燃发泡聚苯乙烯

膨胀石墨与磷、氮系阻燃剂复配使用可达到较好的阻燃效果。例如，德国巴斯夫公司在专利 US 6130265 和 US 6340713 中首先提出制备含有石墨颗粒的 EPS 的方法。

此方法得到的 EPS 密度小于 $35kg/m^3$，具有自熄性，可通过 DIN 4102 燃烧试验的 B2 级。图 7-13 为膨胀石墨阻燃聚苯板。表 7-15、表 7-16 为市售石墨阻燃聚苯板性能参数实例。

图 7-13 膨胀石墨阻燃聚苯板

**表 7-15 石墨阻燃聚苯板物理性能**

| 性能 | | 实测值 |
|---|---|---|
| 表观密度/($kg/m^3$) | | 20.2 |
| 压缩强度/kPa | | 105 |
| 剪切强度/kPa | | 118 |
| 熔结性能 | 弯曲变形/mm | 22 |
| | 断裂弯曲荷载/N | 35 |
| 尺寸稳定性(70℃±2℃,48h)/% | | 0.3 |
| 热导率(平均温度 25℃±2℃)/[W/(m·K)] | | 0.032 |
| 体积吸水率/% | | 3 |

**表 7-16 石墨阻燃聚苯板阻燃性能**

| 测试项目 | | 实测值 |
|---|---|---|
| 单体燃烧 | 燃烧增长速率指数/(W/s) | 247 |
| | 火焰横向蔓延长度 | 未到达试样长翼边缘 |
| | 600s 的总放热量/MJ | 13 |
| 可燃性<br>(点火 30s) | 燃烧长度/mm | 60s 内焰尖高度<150 |
| | 燃烧现象 | 无燃烧滴落物引燃滤纸现象 |
| 氧指数/% | | 30.1 |

### 7.2.5 阻燃真金板

真金板又名热固性聚苯板，运用高分子隔离分仓颗粒技术，使有机高分子在受热膨胀过程中带动无机分子向边缘运动，最终形成蜂窝状隔离仓，使每一个有机大分子的颗粒形成相对独立的防火个体，从而有效地切断了热量的传导和火焰的传播，并且在高温的环境中自身的材料结构不会发生任何的损伤[21]。

专利 CN104893239A[22] 利用溴系阻燃剂和改性含氮酚醛树脂制备了一种真金板专用阻燃组合物，其提供的阻燃组合物在具有高阻燃性的同时，还具有快干、无味、稳定性好、容易保存等特点，使真金板在生产过程中不堵气孔，板材不收缩。

图 7-14 为阻燃真金板样品。

图 7-14 阻燃真金板样品

## 7.3 丙烯腈-丁二烯-苯乙烯三元共聚物

### 7.3.1 丙烯腈-丁二烯-苯乙烯三元共聚物阻燃的必要性

丙烯腈-丁二烯-苯乙烯三元共聚物（ABS）最初于 1947 年由美国橡胶公司（USR）

研发成功，其不仅具有刚性、硬度、韧性相均衡的优良力学性能，且其着色性能、表面光泽度、加工流动性、尺寸稳定性、耐低温特性和耐化学品等性能也非常优异。由于ABS树脂广泛应用于家电、居民住宅、管道等方面，因而其阻燃性能倍受人们的关注[23]。ABS树脂的LOI只有18%，很容易燃烧，在用于各种电子电器产品时，需对其进行阻燃改性以满足安全防火的使用要求。由于ABS具有三种结构单体，溴系阻燃剂对其进行阻燃处理时，可以获得很好的阻燃效果，但对于需要多组分协同阻燃的无卤阻燃剂，至今仍未能找到完全符合工业需要的无卤阻燃体系。

### 7.3.2 阻燃丙烯腈-丁二烯-苯乙烯三元共聚物的主要应用领域

阻燃ABS广泛应用于汽车工业、电器仪表工业和机械工业中。

① 汽车工业领域　汽车仪表板、车身外板、内装饰板、方向盘、隔声板、门锁、保险杠、挡泥板、通风管等；

② 在电器仪表工业领域　电冰箱、电视机、洗衣机、空调机、计算机、复印机等电子电器外壳，仪表壳、仪表板；

③ 机械工业领域　齿轮、叶片、轴承、把手、管道、接头。

图7-15为阻燃ABS产品。

图7-15　阻燃ABS产品

### 7.3.3 溴系阻燃剂阻燃丙烯腈-丁二烯-苯乙烯三元共聚物

用于 ABS 的溴系阻燃剂主要有十溴二苯乙烷（DBDPE）、溴代三嗪、溴化环氧树脂，其中应用效果最好的是溴代三嗪。

DBDPE 阻燃 ABS 配方实例：ABS 81.3 份，DBDPE 12.5 份，$Sb_2O_3$ 4.2 份，抗氧化剂和偶联剂各 1 份，将上述材料通过螺杆熔融共混挤出造粒，并注射成样条。测试结果如表 7-17 所示，结果表明，DBDPE 与 $Sb_2O_3$ 在质量比 3∶1 时，添加 12.5%的 DBDPE 与 $Sb_2O_3$，可以使 ABS 的 LOI 达到 27.2%，并通过 UL 94 V-0 级别。

表 7-17 DBDPE 阻燃 ABS 的性能测试结果

| 性能 | 实测值 |
|---|---|
| 悬臂梁式带 V 形缺口冲击强度/(J/m) | 35.3 |
| 拉伸强度/MPa | 52.6 |
| 断裂伸长率/% | 4.8 |
| 弯曲强度/MPa | 70.7 |
| 弯曲模量/MPa | 2434 |
| LOI/% | 27.2 |
| UL 94(3.2mm) | V-0 |

溴代三嗪阻燃 ABS 配方实例[24]：ABS 1977.5g，抗滴落剂 7.5g，溴代三嗪 375g，$Sb_2O_3$ 125g，润滑剂 15g，将上述材料熔融共混挤出造粒，并注射成样条。所测性能指标见表 7-18[24]。结果表明，溴代三嗪与 $Sb_2O_3$ 在质量比 3∶1 时，添加 20%的溴代三嗪与 $Sb_2O_3$，可以使 1.5mm 厚度的 ABS 达到 UL 94 V-0 级。

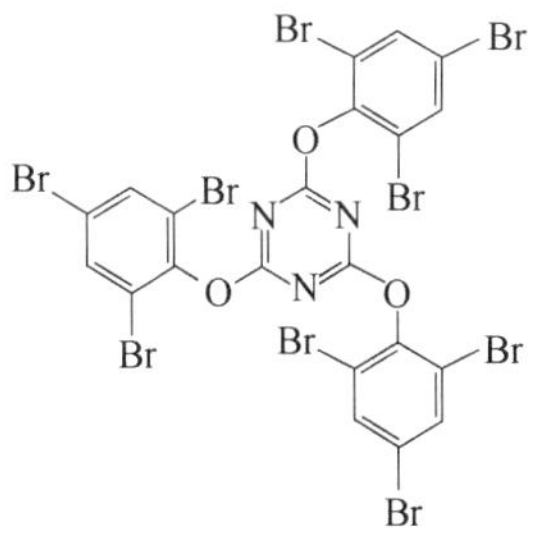

溴代三嗪

表 7-18 溴代三嗪阻燃 ABS 的性能测试结果

| 特性 | 测试方法 | 单位 | 实测值 |
|---|---|---|---|
| 拉伸强度 | ASTM D-638 | MPa | 42 |
| 拉伸屈服强度 | ASTM D-638 | MPa | 42 |
| 断裂伸长率 | ASTM D-638 | % | 4.6 |
| 弯曲强度 | ASTM D-790 | MPa | 70.8 |

续表

| 特性 | 测试方法 | | 单位 | 实测值 |
|---|---|---|---|---|
| 弯曲模量 | ASTM D-790 | | MPa | 2309.2 |
| 洛氏硬度 | ASTM D-785 | | | 107.7 |
| 熔体流动速率 | ASTM D-1238 | | g/10min(230℃/3.8kg) | 10.2 |
| 缺口冲击强度 | ASTM D-256 | | $kJ/m^2$ | 14.4 |
| 热变形温度 | ASTM D-648 | | ℃(HDT/B,0.45MPa) | 89.5 |
| 燃烧性能 | UL 94 | 1.5mm | | V-0 |
| | | 3mm | | V-0 |

## 7.3.4 无卤阻燃剂阻燃丙烯腈-丁二烯-苯乙烯三元共聚物

目前，尚没有特别适合的无卤阻燃剂或者无卤阻燃体系能够满足 ABS 的无卤阻燃需求。国内外科研人员开展了很多探索，工程技术人员也开展了大量工作，但总体来说，没有符合工业领域需要的无卤阻燃产品出现。在无卤阻燃领域，红磷阻燃剂作为一个阻燃效率很高的无卤阻燃解决方案，它满足了阻燃性能和力学性能这两个要求，但其做成的 ABS 阻燃材料由于颜色很深，不能满足着色性能要求，只能用于黑色或深色场合。而以氢氧化铝或氢氧化镁为基础的脱水降温阻燃体系、以聚磷酸胺为基础的膨胀阻燃体系、以烷基或芳基磷酸酯（或膦酸酯）类阻燃型增塑剂为基础的阻燃体系等，添加量一般都要在 35%以上，往往填充量过大，或者增塑效果过大，对材料的性能，尤其是缺口冲击强度影响很大。

以下介绍研究人员对于无卤阻燃 ABS 在无机阻燃体系、膨胀型阻燃体系、磷系阻燃体系等方面进行的探索。

### 7.3.4.1 丙烯腈-丁二烯-苯乙烯三元共聚物无机阻燃体系

氢氧化铝和氢氧化镁是两种常见的无机填料型阻燃剂。其特点是稳定性好、无腐蚀性、无卤、无毒、抑烟、价廉。其阻燃机理基本相同，都是凝聚相阻燃机理和冷却机理兼有。但单独添加用量大，对 ABS 树脂的力学性能改变较大，并且无机阻燃剂与聚合物的相容性较差，会严重影响产品的加工性能和力学性能。故一般不用这两种阻燃剂作为主阻燃剂使用。

### 7.3.4.2 丙烯腈-丁二烯-苯乙烯三元共聚物膨胀型阻燃体系

采用间苯二酚-双（磷酸二苯酯）缩聚物（SOL-DP）和 MCA 共混制出磷-氮复合阻燃体系，与 ABS 基体树脂共混制备新型无卤阻燃 ABS。研究发现当 SOL-DP 和

MCA 在 ABS 树脂中的质量分数分别为 8%和 4%时，材料的力学性能保持在 90%以上，LOI 值高达 27.5%，同时达到 UL 94 V-0 级。SOL-DP 在提高 MCA 成炭的同时能有效阻止了 ABS 的燃烧行为，其和 MCA 复配物的总质量分数为 15%时，制备的阻燃 ABS 的热释放速率和热释放总量均大幅下降，最大热释放速率的下降幅度达 70%[25]。

#### 7.3.4.3 丙烯腈-丁二烯-苯乙烯三元共聚物磷系阻燃体系

由于 ABS 树脂燃烧时无法形成炭层，而炭层可抑制 ABS 树脂的热降解从而提高其阻燃性能。因此当单独选用磷系阻燃剂时，其阻燃效果较差，不能达到理想的阻燃效果。因此需要在磷系阻燃剂中加入成炭协效剂，促进 ABS 在燃烧过程中形成炭层，从而提高体系的阻燃性能[26]。

有机磷系阻燃剂与线型酚醛树脂复配使用可明显提高 ABS 的阻燃性能，其中具有代表性的是磷酸酯和磷酸三苯酯与线型酚醛树脂的复配。采用酚醛环氧树脂（NE）与磷酸三苯酯（TPP）复配作为阻燃剂，制备无卤阻燃 ABS[27]。当 NE 与 TPP 质量比为 1∶1，总用量为 20%时，可以制备 LOI 值高达 41.5%并具有较好力学性能的无卤阻燃 ABS。采用 TPP 与酚醛环氧树脂复配阻燃 ABS[28]，当添加量为 25%、TPP/EP 质量比为 4∶6 时，体系的 LOI 值可达到 38%，环氧树脂能够有效抑制 TPP 在阻燃作用过程中挥发。

无机磷系阻燃剂中红磷是一种效率极高的阻燃剂，具有低烟、低毒、高效等优点，并可以单独使用，因此其作为无卤阻燃剂越来越受到人们重视。目前微胶囊化红磷是无卤阻燃 ABS 研发的一个方向。通过微胶囊红磷（MRP）与线型酚醛（Novolac）协效制备 ABS 复合材料，Novolac 和 MRP 复配加入 ABS 中后，复合材料 LOI 值和热稳定性均会增加；当 Novolac/MRP 以 7∶3 复配时（总用量 20%），阻燃 ABS 的 LOI 值达 28.3%，UL 94 为 V-0 级别。ABS/Novolac/MRP 阻燃材料燃烧后可得到更加致密和平整的炭层，且残炭产率比相同条件下纯 ABS 高得多，这说明 Novolac/MRP 有利于促进成炭，从而有效抑制了 ABS 的分解[29]。

## 7.4 乙烯-乙酸乙烯酯共聚物

### 7.4.1 乙烯-乙酸乙烯酯共聚物阻燃的必要性

乙烯-乙酸乙烯酯共聚物（EVA），是由乙烯（E）和乙酸乙烯酯（VA）共聚而制得。相比于聚乙烯，EVA在分子链中引入了VA单体，从而降低了结晶度，提高了柔韧性、抗冲击性、热密封性能和填料相容性[30]。然而EVA属于非成炭聚合物，LOI值仅为18%，在燃烧过程中会产生大量热量、有毒气体和烟雾，危害了人们的健康及财产安全，限制了其在绝缘电缆和电力通信等领域的应用[31,32]。因此，根据EVA树脂的结构特性和理化性质，针对性提升其阻燃性，成为亟须解决的问题。

### 7.4.2 乙烯-乙酸乙烯酯共聚物的主要应用领域

EVA的分类通常按照VA的含量进行划分：当VA含量为5%～40%时为热塑性弹性体，称之为EVA塑料或EVA树脂；当VA含量为40%～70%时为弹性体，称之为EVM橡胶；当VA含量为70%～95%时为乳液态，称之为EVA乳液[33]。EVA中不同VA含量会造成较大的性能差异，故而可满足不同领域的应用需求。其中EVA树脂以其优异的力学性能、高相容性能、易加工性能和耐化学品性能，在家电、建筑、建材、热熔黏合剂和电缆绝缘等方面具有广泛的应用。而从长期使用和安全的角度考虑，作为建筑用品、电线电缆（图7-16）的材料必须具有一定的阻燃性能。

图7-16　EVA电缆制品

### 7.4.3 溴系阻燃剂阻燃乙烯-乙酸乙烯酯共聚物

对于EVA树脂，由于其高相容性和易加工性，添加型阻燃是最简单、低成本的方法。溴系阻燃剂由于在聚合物的燃烧过程产生的大量烟雾和腐蚀性气体，并不适用于电线电缆用EVA材料。此外由于EVA树脂优异的相容性和热加工性能，能够在一定程度上接受由于阻燃剂大量添加对力学性能的负面影响。因此在EVA树脂中，无卤阻燃体系得到了更广泛的应用。

### 7.4.4 无卤阻燃剂阻燃乙烯-乙酸乙烯酯共聚物

在无卤阻燃 EVA 应用中，最成熟的添加型阻燃剂主要是金属氢氧化物阻燃剂和膨胀型阻燃体系。

#### 7.4.4.1 金属氢氧化物阻燃乙烯-乙酸乙烯酯共聚物

金属氢氧化物阻燃剂主要有氢氧化铝（ATH）和氢氧化镁（MH），由于其资源丰富、价格低廉，是现阶段无卤阻燃 EVA 中应用最多的阻燃剂。相比于 ATH，MH 的分解温度与 EVA 树脂的第一阶段乙酸乙烯酯侧链的脱除温度更为匹配（>320℃）。

工业用的 ATH 、MH 和水镁石阻燃剂一般是微纳米级粉体，表面极性强，在使用时容易发生团聚、形成界面缺陷，影响聚合物材料的力学性能和加工性能[34]；其阻燃机理以吸收热量、降低燃烧温度为主，故阻燃效率较低。这导致在 EVA 的阻燃应用中，ATH 、MH 和水镁石阻燃剂通常要达到 60%的填充量才能满足阻燃标准要求[35]。基于以上问题，针对 ATH、MH 和水镁石阻燃剂的应用改性主要有两方面[36]：①对 ATH、MH 和水镁石粉体进行表面改性处理，提高其疏水性和分散性，缓解颗粒二次团聚，提高与聚合物之间的相容性，从而降低大量填充对材料力学性能和加工性能等的不利影响；②通过对 ATH、MH 和水镁石的功能包覆或者与其他阻燃剂复配协效，赋予其多功能及提高阻燃效率，进而实现其在低填充量下满足应用需求。

经过表面活性剂和偶联剂处理后的金属氢氧化物阻燃剂，其亲水性转变为疏水性，在 EVA 树脂中的分散性和相容性提高，同时增加相应 EVA 复合材料的阻燃性能和力学性能[37,38]。蔡荷菲等[39] 探讨了硅烷偶联剂、聚合物和硬脂酸表面改性的 MH 对 EVA 基电缆料体系的微观结构和各项性能的影响。研究表明，三个体系中，氨基硅烷改性的 MH 与 EVA 基体的内部结合作用力更高，在阻燃剂为 57%的添加量下，相应的阻燃 EVA 复合材料的拉伸强度增加 10.9%，阻燃性和耐油性能均有明显提升。徐亚新等[40] 采用气相二氧化硅（$SiO_2$）协效硅烷偶联剂 KH550 改性氢氧化镁（KH550-MH）制备无卤阻燃 EVA 复合材料。研究发现，当 KH550-MH 占体系的 47%、$SiO_2$ 占体系的 8%时，体系的阻燃等级为 UL 94 V-0 级，断裂伸长率达到 168%。但是简单表面改性对阻燃效率的提升十分有限，并不能有效降低阻燃剂的添加量。现阶段提高 ATH 和 MH 阻燃剂阻燃效率的方法主要是：①复配协效剂；②组装包覆协效功能组分。

常用的阻燃协效剂包括有机蒙脱土（OMMT）、硼酸锌、稀土氧化物、炭黑、纳米

二氧化硅和可膨胀石墨等无机填料，它们可以提高炭层的阻隔效率，且满足环保和低成本应用需求。其中，OMMT 协同 MH 及 ATH 阻燃 EVA 复合材料，均取得了比较好的阻燃应用效果。OMMT 对提高复合材料的 LOI、抗熔滴能力和降低热释放及烟释放有协同作用。OMMT 热解时形成的硅酸盐片层提高了 MgO 或 $Al_2O_3$ 残炭保护层的稳定性和阻隔作用。并且 OMMT 与聚合物形成的插层结构，使得界面作用增强，也能小幅度提升复合材料的拉伸强度和断裂伸长率[41,42]。

在 MH 和水镁石与协效剂的包覆与组装研究中，郝建薇等人以水镁石、硅烷偶联剂（KH550）、海藻酸钠（SA）及水溶性镍、铜和锌盐为原料，组装制备了多种新型水镁石阻燃剂 Ni-FR、Cu-FR 和 Zn-FR[43]。通过喷雾干燥技术的辅助，在水镁石表面依次组装增容组分（KH550）、增韧组分（SA）和催化成炭组分（过渡金属），制备了粒径分布均匀的多功能盐阻燃剂。在阻燃 EVA 的应用中，相比于添加未改性的水镁石/EVA 复合材料，Ni-FR 表现出良好阻燃效果，当添加量为 56.5%时，LOI 值高达 32.3%，UL 94 V-0 级，大幅度降低热释放和烟释放。水镁石的组装改性改善了材料的力学性能，优于单纯偶联剂改性的传统方法，进一步增加了拉伸强度和断裂伸长率[44]。

Wang 等人制备了多种核-壳结构水镁石复合阻燃剂（如图 7-17 所示）：以水镁石（Brucite）、多聚磷酸（PPA）和月桂胺（Amine）为原料，制备了 Brucite@PPA@Amine（水镁石为核，多聚磷酸、月桂胺为壳）[45]；以水镁石、硫酸锌和硼砂为原料，制备了 Brucite@$Zn_6O(OH)(BO_3)_3$（水镁石为核，硼酸锌为壳）[46]。其中阻燃剂 Brucite@PPA@Amine 呈疏水性，当添加量为 40%时，相应的 EVA 复合材料的 LOI 为 32.0%，并通过 UL 94 V-0 级。而 Brucite@$Zn_6O(OH)(BO_3)_3$ 添加量为 45%时，相应的 EVA 复合材料的 LOI 值为 33.0%，并通过 UL 94 V-0 级。其热释放速率峰值

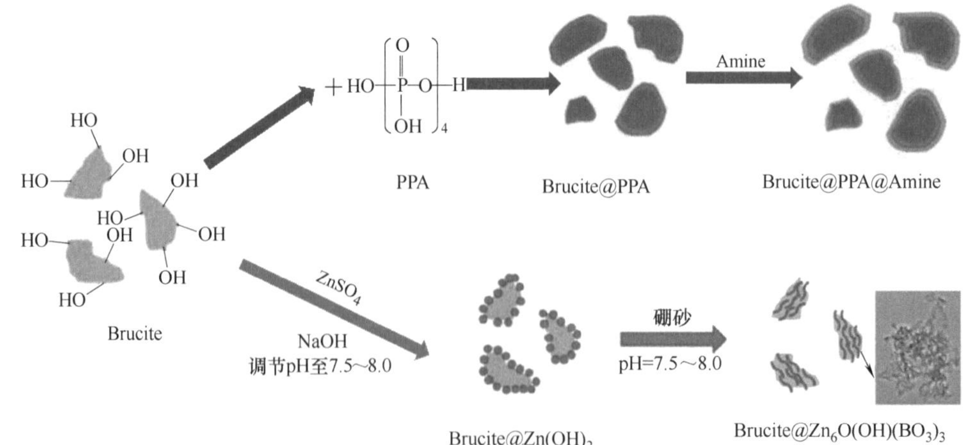


图 7-17 水镁石/多聚磷酸月桂胺和水镁石/硼酸锌核壳结构复合阻燃剂示意图

(pk-HRR) 降低了 32%，核壳结构复合阻燃剂能够构筑更稳定、保护作用更强的炭层结构，从而明显降低热和烟的释放速率。此外由于核壳结构复合阻燃剂比表面积远高于未改性的水镁石，导致其与 EVA 基体的界面作用增强，相应复合材料的拉伸强度提高了 30%，断裂伸长率增加超过 100%。

#### 7.4.4.2 膨胀型阻燃乙烯-乙酸乙烯酯共聚物

膨胀型阻燃剂 (IFR) 具有阻燃性好、低烟、低毒和环保等优点，人们也研究了其在 EVA 中的应用。但是由于通常膨胀型阻燃剂以 APP 和成炭剂为基础进行复合，以 APP 为主的磷氮膨胀阻燃体系虽然阻燃效率较高，但是 APP 具有吸湿性较强、抗水解性差和与聚合物相容性差等缺点，易从高分子材料中析出，尤其限制了其作为电线电缆材料在极端环境下的应用。为此相关研究主要集中在对 APP 粉体进行表面改性或微胶囊化和复配高效协效剂[47]。APP 表面改性办法主要包括：偶联剂处理、微胶囊化和溶胶凝胶法。通过在 APP 表面引入疏水结构，降低其在水中的溶解度，从而提高其抗迁出性能。

由 APP 和三嗪类低聚物炭源 (CA) 以质量比为 3∶1 组成的 IFR 阻燃剂对 EVA 有着良好的阻燃效果。当 IFR 总添加量为 40%时，材料 LOI 值为 43%，并通过 UL 94 V-0 级别，pk-HRR 由纯 EVA 的 517 $kW/m^2$ 降低至 83 $kW/m^2$，烟释生成速率值 (PSPR) 由纯 EVA 的 0.059 $m^2/s$ 降低为 0.013$m^2/s$[48]。CA 和 APP 在燃烧过程中相互反应生成了更加耐高温的结构，该结构在 $NH_3$ 的吹胀作用下形成膨胀炭层，膨胀炭层具有良好的隔热隔氧效果，从而使材料具有优良的阻燃性能。将三聚氰胺磷酸盐 (MP) 和 PER 应用于阻燃 EVA 材料，MP 和 PER 的总添加量为 50%，MP/PER 的质量比为 2∶1 时，阻燃 EVA 体系的综合阻燃效果最好，其氧指数最高，垂直燃烧级别达到 UL 94 V-0 级[49]。

蒙脱土-三聚氰胺-甲醛树脂微胶囊化的 APP (MMT-MF-APP)，使改性 APP 的溶解度 (25℃) 从 0.50g/100mL $H_2O$ 降低为 0.20g/100mL $H_2O$。与 DPER 共同应用于 EVA 时，通过 UL 94 V-0 级测试，使材料的阻燃性能、热稳定性和力学性能均有提高[50]。王靖宇等[51] 采用类沸石咪唑骨架材料功能组装 APP，制备了含过渡金属钴的大比表面积的 APP-ZIFs 阻燃剂。由 APP 和 DPER 以质量比为 3∶1 组成的膨胀阻燃体系阻燃的 EVA 材料，LOI 值为 28.7%，并通过 UL 94 V-0 级别。相比于添加未改性的 APP/DPER 体系，当 APP-ZIFs/DPER 体系添加量仅为 25%时，相应的 LOI 值由 26.2%增至 29.4%，UL 94 由 V-2 提高到 V-0 级，pk-HRR、总热释放量 (THR) 和总烟生成量 (TSP) 分别降低 34.7%、11.4%和 39.0%，残炭产率增加了 91.7%。

APP-ZIFs/DPER 体系高效的阻燃效率的原因在于其纳米尺度的过渡金属 Co 的催化石墨化作用，促进了隔热隔质屏障炭层的形成。并且 APP-ZIFs 大的比表面增强了与 EVA 基体间的界面作用，大幅度提高了力学性能和热水浸泡下的抗迁出性能。

#### 7.4.4.3 有机磷系阻燃乙烯-乙酸乙烯酯共聚物

烷基次膦酸盐阻燃剂也应用在 EVA 阻燃研究中，除了单独用作高分子材料阻燃剂之外，通常多与其他无机阻燃剂复配使用。不同配比二乙基次膦酸铝（ADP）和 MPP 的膨胀阻燃剂（IFR）对 EVA 阻燃性影响很大，当 IFR 质量分数达到 40%、ADP 与 MPP 质量比 2∶1 时，阻燃 EVA 体系阻燃效果最好，极限氧指数达 30%，UL 94 达到 V-0 级，残炭产率达 18%，形成的炭层具有好的隔热、隔氧效果[52]。

以环氧树脂包覆的三聚氰胺聚磷酸盐（EPMPP）与二乙基次膦酸铝（ADP）复配后制备的阻燃 EVA 复合材料，当 ADP 与 EPMPP 质量比为 2∶1、添加量为 40%时，阻燃复合材料的极限氧指数达到最高值 31%，UL 94 达 V-0 级；包覆后的 EMPP 能够更好地促进 EVA 的成炭，从而使阻燃性能提高[53]。

#### 7.4.4.4 协同阻燃乙烯-乙酸乙烯酯共聚物

在 EVA 阻燃改性中，硅系阻燃剂和无机金属化合物等常作为阻燃协效剂使用。常用的无机硅阻燃剂 $SiO_2$ 可以提高材料的刚性、硬度和尺寸稳定性。将 APP/PER 与纳米 $SiO_2$ 复配应用于 EVA 中[54]，当纳米 $SiO_2$ 及 APP/PER 的总添加质量分数为 25%，且纳米 $SiO_2$ 添加质量分数为 6%时，复合材料的拉伸及阻燃综合性能最优，拉伸强度可达到 10.4MPa，LOI 值达到 27.7%，垂直燃烧等级可以达到 V-1 级别。金属氢氧化物作为阻燃剂时，通常与协效阻燃剂如纳米 OMMT 与硼酸锌[55] 等复配使用。添加质量分数为 47% ATH 和 3% OMMT 的阻燃 EVA 材料的 LOI 值可以达到 28.0%，满足 UL 94 V-0 级，并具备良好的加工性能和力学性能，其拉伸强度为 12.6 MPa，断裂伸长率为 420%[56]。

## 参 考 文 献

[1] 许普，李志强，刘慧杰．聚丙烯阻燃化研究进展［J］．当代化工，2004，6：329-333.

[2] 查辉，王勇．不同溴阻燃剂对聚丙烯阻燃性能的影响［J］．消防科学与技术，2012，31（9）：981-984.

[3] Bertelli G，Camino G，Costa L，et al．Fire retardant systems based on melamine hydrobromide：Part I-Fire retardant behaviour［J］．Polymer Degradation and Stability，1987，18（3）：

225-236.

［4］ Bertelli G，Busi P，Costa L，et al. Fire retardant systems based on melamine hydrobromide：Part 2-Overall thermal degradation ［J］. Polymer Degradation and Stability，1987，18（4）：307-319.

［5］ 李曼，宋剑峰，林幸业，等. 改性赤泥协同卤锑系阻燃剂阻燃 LDPE 研究 ［J］. 现代塑料加工应用，2019，31（3）：9-11.

［6］ 王小芬，高山俊，王柱，等. 新型磷氮溴复合阻燃剂的制备及其阻燃聚丙烯的研究 ［J］. 中国塑料，2014，28（3）：93-96.

［7］ Qian L J，Xu M L. Component ratio effects of hyperbranched triazine compound and ammonium polyphosphate in flame-retardant polypropylene composites ［J］. Journal of Applied Polymer Science，2014，131（21）：41006.

［8］ Tang W，Qian L J，Chen Y J，et al. Intumescent flame retardant behavior of charring agents with different aggregation of piperazine/triazine groups in polypropylene ［J］. Polymer Degradation and Stability，2019，169：108982.

［9］ 王正洲，瞿保钧，范维澄，等. 表面处理剂在氢氧化镁阻燃聚乙烯体系中的应用 ［J］. 功能高分子学报，2001，01：45-48.

［10］ 霍蛟龙，虞鑫海，李四新. 环境友好型阻燃剂-氢氧化镁 ［J］. 粘接，2010，31（11）：72-76.

［11］ 杨婷，王伟铃，孟正伟，等. 氢氧化镁/红磷填充 LLDPE 的阻燃性及力学性能研究 ［J］. 塑料科技，2015，43（1）：90-93.

［12］ 高岩，张燕芬，彭小红. 氢氧化铝在聚乙烯中阻燃性能的研究 ［J］. 材料研究与应用，2008，02：129-132.

［13］ 王娟，李志伟，李小红，等. 氢氧化镁协同阻燃剂研究进展 ［J］. 中国塑料，2010，24（9）：11-16.

［14］ 郭学本，王英建. 聚乙烯无卤无机阻燃复配体系的研究 ［J］. 上海化工，2014，39（9）：9-13.

［15］ Peter E N. Flame-retardant thermoplastics. I. Polyethylene-red phosphorus ［J］. Journal of Applied Polymer Science，1979，24（6）：1457-1464.

［16］ 葛乘源. 包覆红磷协同氮磷阻燃聚丙烯的制备与性能研究 ［J］. 山东化工，2018，47（23）：26-28.

［17］ 田春明，谢吉星，王海雷，等. 膨胀石墨在聚乙烯中阻燃协效作用的研究 ［J］. 中国塑料，2003，12：51-54.

［18］ 黄俊，彭红梅，胡斌，等. 三聚氰胺聚磷酸盐与金属氧化物协效阻燃聚丙烯研究 ［J］. 塑料工业，2018，46（9）：93-96.

［19］ Gonchikzhapov M B，Paletsky A A，Kuibida L V，et al. Reducing the flammability of ultra-high-molecular-weight polyethylene by triphenyl phosphate additives ［J］. Combustion Explosion and Shock Waves，2012，48（5）：579-589.

［20］ Lai X J，Qiu J D，Li H Q，et al. Flame-retardant and thermal degradation mechanism of caged phosphate charring agent with melamine pyrophosphate for polypropylene［J］. International Journal of Polymer Science，2015：360274.

［21］ 王勇，崔正，董明哲，等. 聚苯乙烯泡沫塑料阻燃技术研究进展［J］. 中国塑料，2011，25（9）：6-10.

［22］ 许明丰. 一种真金板专用阻燃组合物及其制备方法［P］. 中国：104893239，2015-09-09.

［23］ 杨金兴，王华伟，王宁. 无卤阻燃 ABS 树脂的开发［J］. 天津科技，2017，44（10）：29-32.

［24］ 唐安斌，黄杰，王倩，等. 阻燃剂 2，4，6-三（2，4，6-三溴苯氧基）-1，3，5-三嗪的合成及工业试验研究［J］. 精细化工，2007，24（10）：1011-1014.

［25］ 汪炉林，程庆，宋翠翠，等. 磷-氮复合阻燃剂制备新型无卤阻燃 ABS 性能研究［J］. 塑料工业，2013，2：113-116.

［26］ 杨金兴，王华伟，王宁. 无卤阻燃 ABS 的研究进展［J］. 天津化工，2016，30（03）：1-3.

［27］ 徐忠英，李田，曾幸荣. 环氧树脂/磷酸三苯酯阻燃 ABS 的制备及其性能研究［J］. 塑料工业，2006，34（1）：44-46.

［28］ Lee K，Kim J，Bae J，et al. Studies on the thermal stabilization enhancement of ABS；synergistic effect by triphenyl phosphate and epoxy resin mixtures［J］. Polymer，2002，43：2249-2253.

［29］ 杨兵，林晓丹，刘典典，等. 线型酚醛与微胶囊红磷阻燃 ABS 的研究［J］. 塑料工业，2012，6：106-109.

［30］ Carvalho-de-Oliveira M C，Alves-Cardoso-Diniz A S，Viana M M，et al. The causes and effects of degradation of encapsulant ethylene vinyl acetate copolymer（EVA）in crystalline silicon photovoltaic modules：a review［J］. Renewable and Sustainable Energy Reviews，2018，81：2299-2317.

［31］ Alberto F，Matteo L，Daniele B. Reactive extrusion of sol-gel silica as fire retardant synergistic additive in ethylene-vinyl acetate copolymer（EVA）composites［J］. Polymer Degradation and Stability，2019，167：259-268.

［32］ Tian W X，Zhang Y，Liu J J，et al. Rapid electrothermal response and excellent flame retardancy of ethylene-vinyl acetate electrothermal film［J］. Polymers for Advanced Technologies，2020，31（5）：1088-1098.

［33］ Cassagnau P，Bounor-Legare V，Fenouillot F. Reactive processing of thermoplastic polymers：a review of the fundamental aspects［J］. International Polymer Processing，2007，22（3）：218-258.

［34］ Liu J C，Guo J B，Zhang Y B，et al. Thermal conduction and fire property of glass fiber-reinforced high impact polystyrene/magnesium hydroxide/microencapsulated red phosphorus composite [J]. Polymer Degradation and Stability, 2016, 129: 180-191.

[35] Beltran-Ramirez F I, Ramos-deValle L F, Ramirez-Vargas E, et al. Study of the addition of a thermoplastic vulcanizate to a HDPE composite highly filled with magnesium hydroxide and its effect on the tensile and flame retardant properties [J]. Journal of Nanomaterials, 2019, 2019: 4350870.

[36] 王义亮. 层层组装水镁石阻燃剂的制备及其阻燃 EVA 应用研究 [D]. 北京: 北京理工大学, 2017.

[37] Nordendorf G, Schafforz S L, Kaekel E B, et al. Surface grafted agents with various molecular lengths and photochemically active benzophenone moieties [J]. Physical Chemistry Chemical Physics, 2020, 22 (3): 1774-1783.

[38] 房友友, 王靖宇, 杨谱, 等. 硅烷偶联剂改性水镁石及其在 EVM 中的应用 [J]. 塑料工业, 2015, 43 (11): 111-114.

[39] 蔡荷菲, 宋刚, 翁文彪, 等. 氢氧化镁的不同改性方式对 EVA 基电缆料性能影响 [J]. 电线电缆, 2016, (6): 18-23.

[40] 徐亚新, 虞鑫海, 李四新, 等. 气相二氧化硅协效氢氧化镁阻燃乙烯-醋酸乙烯酯共聚物的性能研究 [J]. 绝缘材料, 2012, 45 (1): 45-48.

[41] Witkowski A, Stec A A, Hull T R. The influence of metal hydroxide fire retardants and nanoclay on the thermal decomposition of EVA28 [J]. Polymer Degradation and Stability, 2012, 97: 2231-2240.

[42] Haurie L, Fernández A I, Velasco J I, et al. Thermal stability and flame retardancy of LDPE/EVA28 blends filled with synthetic hydromagnesite/aluminium hydroxide/montmorillonite and magnesium hydroxide/aluminium hydroxide/ montmorillonite mixtures [J]. Polymer Degradation and Stability, 2007, 92: 1082-1087.

[43] Wang Y L, Yang X M, Peng H, et al. Layer-by-Layer assembly of multifunctional flame retardant based on brucite, 3-aminopropyltriethoxysilane, and alginate and its applications in ethylene-vinyl acetate resin [J]. ACS Applied Materials and Interface, 2016, 8 (15): 9925-9935.

[44] Wang Y L, Li Z P, Li Y Y, et al. Spray-drying-assisted layer-by-layer assembly of alginate, 3aminopropyltriethoxysilane, and magnesium hydroxide flame retardant and its catalytic graphitization in ethylene-vinyl acetate resin [J]. ACS Applied Materials and Interface, 2018, 10 (12): 10490-10500.

[45] Wang X S, Pang H C, Chen W D, et al. Nanoengineering core/shell structured brucite@polyphosphate@amine hybrid system for enhanced flame retardant properties [J]. Polymer Degradation and Stability, 2013, 98: 2609-2616.

[46] Wang X S, Pang H C, Chen W D, et al. Controllable fabrication of zinc borate hierarchical

nanostructure on brucite surface for enhanced mechanical properties and flame retardant behaviors [J]. ACS Applied Materials and Interfaces，2014，6：7223-7235.

[47] Gao W Y，Qian X D，Wang S J. Preparation of hybrid silicon materials microcapsulated ammonium polyphosphate and its application in thermoplastic polyurethane [J]. Journal of Applied Polymer Science，2018，135 (4)：45742.

[48] 罗丹，颜渊巍，杨军. 膨胀阻燃 EVA 的阻燃性能及机理研究 [J]. 塑料工业，2016，44 (5)：75-79.

[49] 李小云，王正洲，梁好均. 三聚氰胺磷酸盐和季戊四醇在 EVA 中的阻燃研究 [J]. 高分子材料科学与工程，2007，23 (1)：145-148.

[50] Zhang Y，Lu Y，Guo F，et al. Preparation of microencapsulated ammonium polyphosphate with montmorillonite-melamine formaldehyde resin and its flame retardancy in EVM [J]. Polymers for Advanced Technologies，2012，23：166-170.

[51] Wang J Y，Shi H，Zhu P L，et al. Ammonium polyphosphate with high specific surface area by assembling zeolite imidazole framework in EVA resin：significant mechanical properties，migration resistance，and flame retardancy [J]. Polymers，2020，12 (3)：534.

[52] 陶国良，帅骥，夏艳平，等. ADP/MPP 对 EVA 阻燃性的影响 [J]. 现代塑料加工应用，2016，28 (4)：38-41.

[53] 姚培，李树白，刘洋. 环氧树脂包覆 MPP 阻燃 EVA 的研究 [J]. 中国塑料，2017，31 (01)：55-59.

[54] 岳小鹏，蔺奕存. EVA/纳米 $SiO_2$ 阻燃复合材料的性能研究 [J]. 陕西科技大学学报，2017，35 (2)：50-55.

[55] 徐淳，何风. EVA 无卤阻燃研究进展 [J]. 安徽化工，2015，41 (3)：12-14.

[56] Chang M K，Hwang S S，Liu S P. Flame retardancy and thermal stability of ethylene- vinyl acetate copolymer nanocomposites with alumina trihydrate and montmorillonite [J]. Journal of Industrial and Engineering Chemistry，2014，20 (4)：1596-1601.

# 第8章 阻燃工程塑料

## 8.1 聚对苯二甲酸乙二醇酯

### 8.1.1 聚对苯二甲酸乙二醇酯阻燃的必要性

聚对苯二甲酸乙二醇酯（PET）是一种线型热塑性芳香族聚合物。PET在较宽的温度范围内能够保持优良的物理性能和力学性能，它的耐疲劳性、耐摩擦性优良，耐老化性优异，电绝缘性突出，对大多数有机溶剂和无机酸稳定，而且生产能耗低，加工性良好，因而一直被广泛用于塑料包装瓶、薄膜、合成纤维及工程塑料。但PET易燃，极限氧指数（LOI）值仅为20%～23%，且其软化点与着火点之间温差较大，在燃烧前会软化、收缩、熔融，燃烧时伴随大量熔滴，造成火势蔓延，极大地限制了它的应用，因此在工程塑料和合成纤维等领域应用时需要对其进行阻燃处理。

### 8.1.2 阻燃聚对苯二甲酸乙二醇酯的主要应用领域

阻燃PET主要用于工程塑料、合成纤维领域。

PET工程塑料的应用基本上集中在电子电气、汽车及仪器仪表等领域，如在电子工业中用于制造要求耐热、电绝缘、力学强度高的零件；在汽车工业中用于制造质轻、耐冲击、耐摩擦的零件；在仪表工业中用于制造照相机外壳、仪表外壳、各种配件等。上述PET的应用领域中，大多数制品需要进行阻燃处理。

PET 纤维主要用于纺织工业，已经被广泛地应用在生活很多方面，如服装、家纺、帐篷、地毯等。在军用帐篷、公共场所使用的纺织品等领域，PET 制作的纤维制品均需进行阻燃处理。

图 8-1 为阻燃 PET 制品。

图 8-1　阻燃 PET 制品

### 8.1.3 溴系阻燃剂阻燃聚对苯二甲酸乙二醇酯

与大多数聚合物一样，常用的 PET 阻燃剂主要包括添加型阻燃剂和反应型（结构型）阻燃剂。添加型阻燃剂主要以物理方式分散于 PET 中，从而赋予 PET 材料阻燃性，这一过程主要通过将阻燃剂与聚合物按照一定的配制方式混合在一起来实现。反应型阻燃剂作为化学反应的一种反应物参与聚合物的合成，作为聚合物分子链上的一个结构而存在，表现出很高的阻燃性能[1]。

溴系阻燃剂作为一种添加型阻燃剂，因其阻燃效率高、添加量相对较少、加工性能好、对基材力学性能及电气性能影响小、性价比高等优势在 PET 阻燃剂中占据主导地位，PET 常用的溴系阻燃剂有十溴二苯乙烷（DBDPE）、溴化聚苯乙烯（BPS）、溴化环氧树脂（BER）等。为提高阻燃效率，上述溴系阻燃剂需要与三氧化二锑（$Sb_2O_3$）复配使用。

当 PET：聚四氟乙烯（抗滴落剂）：BER：$Sb_2O_3$（0.4μm 粒径）=100：0.8：16：5（含阻燃剂试样，质量比）时，较之不加阻燃剂的试样，PET 的平均热释放速率(av-HRR)、热释放速率峰值（pk-HRR)、总热释放量（THR)、有效燃烧热（EHC）分别下降了 53.79%、70.28%、57.58%、56.20%，垂直燃烧测试（UL 94）由无等级提高到 V-0 级，阻燃效果明显[1]，具体数据见表 8-1[1]。

表 8-1 PET 的锥形量热和 UL 94 测试结果

| 试样 | av-HRR /$(kJ/m^2)$ | pk-HRR /$(kJ/m^2)$ | THR /$(J/m^2)$ | EHC /(MJ/kg) | UL 94 (3.0mm) |
|---|---|---|---|---|---|
| PET | 222.52 | 558.29 | 69.19 | 101.73 | HB |
| 阻燃 PET | 102.82 | 165.89 | 29.35 | 44.56 | V-0 |

从表 8-2 可以看出，加入阻燃剂 BER 与协效剂 $Sb_2O_3$ 后，试样拉伸强度、悬臂梁缺口冲击强度分别降低了 49.45%、26.95%，PET 实现阻燃功能化的同时存在拉伸性能、冲击性能下降的现象；试样的弯曲强度、弯曲模量分别上升 5.24%、24.6%，维卡软化点、热变形温度分别上升了 103.92%、14.58%，抵抗弯曲变形能力和热稳定性增加。

表 8-2 阻燃 PET 的物理性能和力学性能

| 试样 | 维卡软化点 /℃ | 热变形温度/℃ | 拉伸强度 /MPa | 悬臂梁缺口冲击强度/$(kJ/m^2)$ | 弯曲强度 /MPa | 弯曲模量 /MPa |
|---|---|---|---|---|---|---|
| PET | 81.7 | 76.80 | 54.76 | 2.56 | 65.56 | 2382.7 |
| 阻燃 PET | 164.0 | 88.00 | 27.68 | 1.87 | 68.87 | 2969.8 |

## 8.1.4 无卤阻燃剂阻燃聚对苯二甲酸乙二醇酯

目前无卤阻燃 PET 主要分为两种[2-4]：①添加型阻燃剂阻燃 PET：在 PET 中直接添加阻燃剂，所用的阻燃剂与 PET 基本不发生化学反应，主要以物理方式分散于 PET 中，从而赋予 PET 阻燃性。这种阻燃 PET 的制备工艺简单，满足使用要求的阻燃剂品种多，但需要解决其分散性、相容性、界面性、持久性等问题。代表性的阻燃剂包括二乙基次膦酸铝、添加型的 DOPO 衍生物和六苯氧基环三磷腈等。②反应型阻燃剂阻燃 PET：将含有一种或者多种阻燃元素的化合物作为共聚单体，引入聚合物链中，在聚酯燃烧时能抑制熔滴的产生，以提高聚酯的阻燃性能。要求这类阻燃改性单体，能够在高温条件下不发生分解、无副反应发生，对聚酯性能没有严重影响，具有持久的阻燃性。该类阻燃剂代表性的品种为 2-羧乙基苯基次膦酸（CEPPA）。

### 8.1.4.1 添加型阻燃剂

添加型阻燃剂分为无机添加型阻燃剂和有机添加型阻燃剂。其中有机添加型阻燃剂是目前商用阻燃 PET 中更为常用的选择。

#### (1) 无机添加型阻燃剂

有机蒙脱土在聚酯基体中通过物理交联，一方面起到增强的作用，另一方面限制了分子链的运动，使聚酯的热稳定性得以提高。热分解残余物的增加，说明有机蒙脱土的加入促进形成更多的残炭，起到了阻燃的作用。有机蒙脱土的层状结构阻止了外部热量向材料内部的传递，材料受热时，表面层温度迅速升高，从而导致表面层较早地进行热降解，增强了聚酯的热稳定性[5]。

Liu 等[6] 通过原位聚合的方法将纳米氢氧化镁引入 PET 中，引入纳米氢氧化镁对 PET 的热性能影响很小，并且可以大幅度提高其热稳定性；添加 1%的 MH 便可以达到 UL 94 V-0 级，极限氧指数（LOI）值达到 25%，并且纳米氢氧化镁的加入可以有效防止熔滴现象。同时，燃烧时氢氧化镁分解形成的氧化镁会覆盖在基体上，可以有效隔热、隔氧，保护基体材料。

在氧化锌和硼酸的反应过程中添加不同浓度的水溶性表面活性剂聚（苯乙烯-*co*-顺丁烯二酸酐）(PMSA)，制得不同颗粒尺寸的硼酸锌[7]，然后将这种表面活性剂改性的硼酸锌用于 PET 的共混阻燃改性，制得阻燃 PET 复合材料。改性后的硼酸锌脱去第一个化合水的温度提高到 300℃，并能提高 PET 的阻燃性能，其 LOI 值从 22.5%提高到 26%。因为改性后的硼酸锌不易团聚，与 PET 基体的相容性增强，因此在 PET 燃烧过程中能更有效地促进炭层的产生，阻碍火焰的蔓延。

笼状倍半硅氧烷（POSS）在燃烧时能形成硅氧化合物并迁移到聚合物熔体表面，形成有较高热稳定性的保护层，具有一定的阻燃作用。POSS 与次磷酸锌共同作用时，当次磷酸锌为 9%时，仅添加 1%的 POSS 就能够使 PET 阻燃材料燃烧时的热释放速率明显下降，并且次磷酸锌能抑制 CO 的产生，极大地降低了 PET 材料的火灾危害[8]。

**(2) 有机添加型阻燃剂**

烷基次膦酸盐是一种成炭有机磷系阻燃剂，其结构中缺少 P—O—C 键有助于提高水解稳定性，并且由于烷基金属盐中金属阳离子的存在可以防止阻燃剂挥发损失和污染环境。烷基次膦酸盐类阻燃产品阻燃效率高，环境友好，是目前较为理想的无卤阻燃剂，但该阻燃剂对聚合物的力学性能会产生一定影响并降低回收使用效果，并且不能用于制备透明制品，从而限制了其更广泛的应用。二乙基次膦酸铝（AlPi）是最典型的有机次膦酸盐类产品。如表 8-3 所示，AlPi 可单独阻燃 PET 材料，当其在 PET 中的添加量为 12%时，阻燃 PET 材料的 LOI 值为 33.8%，并且达到 UL 94 V-0 级。同时，AlPi 还可与其他阻燃剂复配来对 PET 进行阻燃改性，目的是降低阻燃剂的添加量，提高复合材料的综合性能。AlPi 与纳米三氧化二锑复配时，总添加量最低在 8%时即可使 PET 材料的阻燃级别达到 UL 94 V-0 级。这是由于 AlPi 与纳米 $Sb_2O_3$ 之间的协同作用保留了更多组分在凝聚相中，如磷酸铝、磷酸锑等，从而提高了复合材料的成炭能力[9]。

表 8-3 二乙基次膦酸铝体系阻燃 PET 材料配方及效果

| 样品(质量分数,%) | LOI/% | UL 94(3.2mm) | | | |
|---|---|---|---|---|---|
| | | $t_1$/s | $t_2$/s | 滴落 | 等级 |
| PET (100) | 21.0 | - | - | 是 | 无级别 |
| PET/AlPi (88/12) | 33.8 | 8.1 | 7.8 | 否 | V-0 |
| PET/AlPi/纳米-$Sb_2O_3$(92/6/2) | 31.4 | 8.5 | 9.9 | 否 | V-0 |

在纺织应用领域，PET 纤维所制成的一些织物在用作军用帐篷的材料时对阻燃性能也有一定要求。通常，其阻燃改性方式是在 PET 织物表面涂覆阻燃涂层，阻燃涂层成分主要包括阻燃剂和涂料基体。将磷杂菲/三嗪三酮阻燃剂（TAD）和含磷阻燃剂 2-羧乙基苯基次膦酸（CPA）分别单独或复配加入聚氨酯（PU）胶中制备阻燃涂层[10]，并涂覆在 PET 织物的背面，涂层配方如表 8-4 所示。研究发现当 TAD、CPA 复配比例为 1∶3 时，25%TAD/75%CPA/PU/PET 织物样品的 LOI 值达到 25%，持续燃时间明显减短，样品的热释放速率峰值、有效燃烧热在所有样品中最低，并且释放更多的 CO，表明 TAD 和 CPA 复配在气相中发挥协同阻燃作用，这是由于 TAD 和 CPA 会在燃烧过程中裂解生成具有猝灭效果的含磷碎片（表 8-5）。

TAD

表 8-4 TAD 复合 CPA 阻燃涤纶织物样品配方

| 样品 | PU/g | 甲苯/g | TAD | | CPA | |
|---|---|---|---|---|---|---|
| | | | g | %(质量分数) | g | %(质量分数) |
| 25%TAD/75%CPA/PU/PET | 60 | 9 | 4.5 | 2 | 13.5 | 6 |
| TAD/PU/PET | 60 | 9 | 18 | 8 | — | — |
| CPA/PU/PET | 60 | 9 | — | — | 18 | 8 |
| PU/PET | 60 | 9 | — | — | — | — |

表 8-5 TAD 复合 CPA 阻燃涤纶织物的测试数据

| 样品 | pk-HRR /($kW/m^2$) | TSR /($m^2/m^2$) | av-EHC /(MJ/kg) | av-COY /(kg/kg) | LOI /% | 续燃时间 /s |
|---|---|---|---|---|---|---|
| 25%TAD/75%CPA/PU/PET | 468 | 3138 | 17.8 | 0.19 | 25.0 | 2.2 |
| TAD/PU/PET | 523 | 1880 | 23.0 | 0.16 | 23.3 | 5.7 |
| CPA/PU/PET | 432 | 1964 | 19.0 | 0.15 | 25.1 | 2.7 |
| PU/PET | 930 | 989 | 25.5 | 0.07 | 20.0 | 32.5 |

环三磷腈是一种新型有机磷系阻燃剂骨架材料，其具有稳定的六元环共轭结构，因此具有良好的热稳定性。同时其侧基活性较高，易于通过侧基的反应制备其衍生物，有针对性地改善其性能。当磷腈类阻燃剂 HCCP-Si-B 的添加量仅为 1%时，就能使 PET 的 LOI 值达到 30%以上，同时阻燃级别达到 UL 94 V-0 级，HCCP-Si-B 的添加能促进 PET 基材脱水炭化，同时生成的氨气不但可以稀释可燃性气体的浓度，还能将炭层吹胀，形成多孔膨胀炭层，提高炭层的隔热性，进而提高复合材料的阻燃性能[11]。

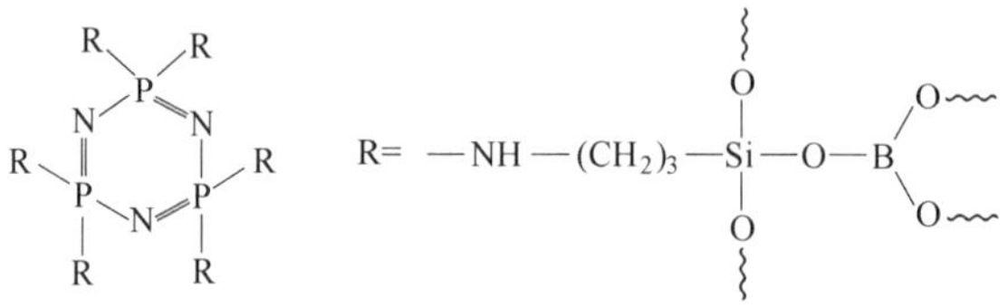

R= —NH—$(CH_2)_3$—Si—O—B

HCCP-Si-B

### 8.1.4.2 反应型阻燃剂

用于 PET 的反应型阻燃剂一般含有 P、N 等阻燃元素，这些元素的存在能通过改变聚合物基体的热降解过程等方式来提高聚合物的阻燃性能。同时，反应型阻燃剂本身是基体材料的结构组成部分，因此对 PET 材料的力学性能影响较小，是制备具有优异综合性能复合材料的有效方案。

2-羧乙基苯基次膦酸（CEPPA）作为一款商业化的阻燃产品，是典型的反应型阻燃剂，其结构中含有羟基和羧基，因此可被用作共聚单体制备阻燃 PET 材料。通常的制备方式为：先将 CEPPA 与乙二醇（EG）进行缩聚，得到 CEPPA-EG 酯化液，再将该酯化液与对苯二甲酸、乙二醇单体（或直接与对苯二甲酸乙二酯单体）在催化条件下进行缩聚反应，最后得到阻燃 PET 材料。由 CEPPA 制备的阻燃 PET 材料相关性能参数见表 8-6，CEPPA 单独应用且当阻燃材料 CEPPA-PET 中的磷（P）元素的含量仅为 0.6%时，CEPPA-PET 材料即可达到 UL 94 V-0 级，并且 LOI 值也由未阻燃 PET 的 23%提高至 29%，表现出优异的阻燃性能[12]。同时，CEPPA-PET 材料的力学性能并未发生明显下降，反而材料的断裂强度和模量参数有所上升，这是因为 CEPPA 含有苯环刚性结构造成的。同时，CEPPA 还可与一些金属化合物配合使用，当在上述 CEPPA-PET 材料制备过程中加入 1%（质量分数）纳米碳酸锌，可将 LOI 值提高 3%，表现出一定的协同效应，并且纳米碳酸锌粒子具有刚性，可提高材料的屈服强度[12]。此外，CEPPA-PET 材料中引入 0.05%～0.2%的硼酸锌还能改善 CEPPA-PET 材料熔滴较严重的问题[13]。

表 8-6 CEPPA 体系阻燃 PET 材料性能测试结果

| 样品 | LOI /% | UL 94 (3mm) | 屈服强度 /MPa | 断裂强度 /MPa | 模量 /MPa | 断裂伸长率 /% |
|---|---|---|---|---|---|---|
| PET | 23 | V-2 | 48.6 | 24.0 | 1760 | 205 |
| CEPPA-PET(P 质量分数为 0.6%) | 29 | V-0 | 48.0 | 26.7 | 1900 | 170 |
| CEPPA-PET/1%$ZnCO_3$ | 32 | V-0 | 53.9 | 21.6 | 1960 | 171 |

双（对-羧苯基）苯基氧化膦（BCPPO）分子结构中含有两个羧基，因此也可用作共聚单体制备阻燃 PET 材料。将 BCPPO 分子与对苯二甲酸乙二酯、乙二醇单体进行缩聚反应即可得到阻燃 PET 材料。BCPPO 结构的引入改善了 PET 的热氧稳定性、成炭率等性能，并且阻燃材料的 LOI 值也提高到 30%以上[14]。该阻燃体系的阻燃机理同大多数磷系阻燃剂阻燃机理类似，主要是高温下生成的含磷玻璃态物质发挥凝聚相阻燃效应，生成的含磷自由基发挥气相猝灭效应。

[(6-氧代-6H-二苯并[c,e][1,2]氧磷杂己环-6-基)甲基] 丁二酸（DDP）分子结构中的磷酸酯与磷杂菲基团形成稳定的结构，具有良好的热稳定性和抗水解性，将其引入 PET 大分子链中，不仅能提高 PET 的阻燃性能，还能在一定程度上抑制 PET 的水解。当添加 5%DDP 时，LOI 值达到 30.2%；加入 8%的 $SiO_2$ 后，含磷硅阻燃 PET 的 LOI 值为 31.5%，阻燃级别达 UL 94 V-0 级。$SiO_2$ 的加入能提高含磷硅阻燃 PET 的抗熔滴效果，使阻燃后的炭层石墨化程度提高[15]。

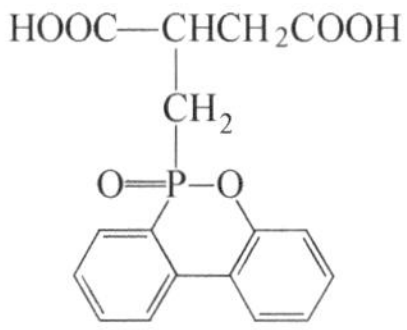

HOOC—CHCH$_2$COOH
CH$_2$
O=P—O

DDP

# 8.2 聚对苯二甲酸丁二醇酯

## 8.2.1 聚对苯二甲酸丁二醇酯阻燃的必要性

聚对苯二甲酸丁二醇酯（PBT）是重要的热塑性聚酯，是一种机械强度高、耐疲劳性和尺寸稳定性好、抗老化性能优异、耐有机溶剂性好、流动性好、易加工的线型饱和聚酯树脂。PBT 由于拥有极其优异的熔体流动速率，可以用于制备特别精巧的装备零件，在电子电器、汽车零部件、家用器具、精密仪器部件、建筑材料、纺织等领域得到广泛的应用。但 PBT 的易燃性导致了应用缺陷，其极限氧指数（LOI）较低，只有 20％～22％，垂直燃烧测试更是只能达到 HB 级，离火不能自熄，在燃烧过程中热释放量大、滴落严重。因此，在上述应用领域中对 PBT 进行高效率的阻燃改性具有重要意义。

具有优良的耐热性、电绝缘性、阻燃性及成型加工性的 PBT 主要用于制造电子电器、汽车和仪器零部件。通常采用玻璃纤维增强的阻燃 PBT 材料，所制备的 PBT 阻燃制品耐热性高，长期使用温度可达 135℃，具有优良的阻燃性、耐锡焊性和高温尺寸稳定性。

## 8.2.2 溴系阻燃剂阻燃聚对苯二甲酸丁二醇酯

阻燃 PBT 最常用的溴系阻燃剂是溴化环氧树脂（BER），由于 BER 同样具有良好的熔融流动性、热稳定性及高阻燃效率，特别适用于对材料熔体流动速率要求很高的 PBT 材料的阻燃应用。当然，PBT 也可以采用广谱型的十溴二苯乙烷（DBDPE）作为阻燃剂。

BER 是国内、国际市场常见的商品化溴系阻燃剂产品，与 $Sb_2O_3$ 协同阻燃改性 PBT，同时在阻燃配方中还要加入抗滴落剂聚四氟乙烯（PTFE）来改善 PBT 的熔滴问题。BER 阻燃 PBT 的一种典型配方为 PBT/BER/$Sb_2O_3$/PTFE 四元组分材料体系，四种组分的质量比为 100∶16∶5∶0.8[16]。此外，对比样品（未阻燃样品）为仅加抗滴落剂的 PBT 材料，其中 PBT/PTFE 二者的质量比为 100∶0.8。两种 PBT 材料的阻燃性能测试结果如表 8-7 所示，仅加抗滴落剂可以实现 PBT 材料阻燃级别由 HB 级提高到 V-0 级，但对抑制 PBT 材料在大火焰模式条件下的热量释放影响甚微，BER/$Sb_2O_3$ 体系的引入可较大程度抑制材料燃烧时的热释放速率峰值和总热释放量，有效降低了燃烧强度，这是典型溴-锑协同作用实现的阻燃效果。

表 8-7　PBT 材料阻燃性能测试结果

| 试样 | pk-HRR/(kJ/$m^2$) | THR/(J/$m^2$) | av-SEA/(kg/kg) | TSR/($m^2$/$m^2$) | UL 94 |
|---|---|---|---|---|---|
| PBT | 658.38 | 71.25 | 413.13 | 1502.14 | V-0 |
| 阻燃 PBT | 217.37 | 23.67 | 1009.89 | 2996.89 | V-0 |

该阻燃方案对材料的力学性能也产生了一定的影响，如表 8-8 所示，加入 BER/$Sb_2O_3$ 体系后，阻燃 PBT 的弯曲强度和弯曲模量增大，同时热变形温度也上升至 88℃，这是因为阻燃剂在一定程度起到刚性填料作用。而阻燃 PBT 的冲击强度有较大程度的降低。BER/$Sb_2O_3$ 体系会对 PBT 材料的力学性能造成一定的影响，在使用时可以加入玻璃纤维等增强材料提高 PBT 的力学性能。

**表 8-8　PBT 材料的力学性能测试结果**

| 试样 | 维卡软化点/℃ | 热变形温度/℃ | 拉伸强度/MPa | 悬臂梁缺口冲击强度/($kJ/m^2$) | 弯曲强度/MPa | 弯曲模量/MPa |
|---|---|---|---|---|---|---|
| PBT | 217.6 | 71.00 | 53.65 | 3.18 | 71.69 | 2253.3 |
| 阻燃 PBT | 212.7 | 87.80 | 52.24 | 1.75 | 84.21 | 2808.5 |

作为通用型的溴系阻燃剂，采用 DBDPE 和 $Sb_2O_3$ 作为阻燃剂、AX8900 作为增韧剂制备阻燃玻璃纤维增强 PBT，当十溴二苯乙烷和 $Sb_2O_3$ 配比为 2.25∶1，阻燃剂总用量为 13 份时，试样垂直燃烧测试能达到 UL 94 V-0 级，拉伸强度达 112MPa，弯曲强度达 176MPa，缺口冲击强度为 7.5$kJ/m^2$，PBT 兼具良好的阻燃性能和力学性能[17]。以 DBDPE 和 $Sb_2O_3$ 作为复合阻燃剂，对 PBT 进行阻燃改性，$m$(DBDPE)∶$m$($Sb_2O_3$) 为 3∶1，复合阻燃剂质量分数为 20%时，氧指数达 30%[18]。

## 8.2.3　无卤阻燃剂阻燃聚对苯二甲酸丁二醇酯

### 8.2.3.1　磷系阻燃剂

磷系阻燃剂是现今应用前景最广的一种环境友好型无卤阻燃剂之一，其对含氧聚合物有很好的阻燃效果。在阻燃聚酯时，磷系阻燃剂类似于膨胀型阻燃剂，发挥着凝聚相成炭和部分的气相阻燃作用，降低了热释放速率和有毒、腐蚀性和可燃气体的产生[19,20]。

用于 PBT 材料阻燃改性的磷系阻燃剂根据组成和结构的不同可分为无机和有机磷系阻燃剂，其中无机磷系阻燃剂主要包括红磷、无机磷酸盐和次磷酸盐等；有机磷系阻燃剂主要包括磷酸酯、次膦酸盐、氧化膦、膦酸酯、磷腈等。

**(1) 红磷**

红磷是一种高效、抑烟和低毒的无卤阻燃剂，既能单独使用，又能与其他阻燃剂协同使用。但红磷在使用时自身的易燃、有颜色、易吸水以及与聚合物相容性差等缺点在一定程度上限制了它的应用。为了解决上述弊端，微胶囊化是有效的方法之一。蔡挺松等[21]运用包覆红磷（RP）复配纳米改性氢氧化铝（CG-ATH）阻燃PBT，发现CG-ATH和RP具有协效阻燃作用，在RP添加量为10份，CG-ATH为20份时，PBT复合材料的LOI值从21%提高到30%，通过UL 94 V-0级；复合材料的拉伸强度为57.0MPa，冲击强度为3.03kJ/$m^2$，断裂伸长率为5.79%，表明该PBT复合材料具有优良的阻燃性能和力学性能。

(2) 无机磷酸盐

在阻燃PBT时，无机磷酸盐类阻燃剂主要与其他阻燃剂复合使用，个别情况也可单独使用。

MPP作为阻燃剂，具有无卤、低烟、低毒、与基材相容性好、阻燃性能优异等特点。MPP和二乙基次膦酸铝（AlPi）复配阻燃PBT，当二者质量比为2∶1时，添加15%的复配阻燃剂体系时，阻燃PBT的效果最好，LOI值达到31%，阻燃级别达到UL 94 V-0级，且复配阻燃体系的加入促进了PBT的提前分解[22]。在此基础上，添加5%的聚醚酰亚胺，效果更好[23]。

(3) 无机次磷酸盐

次磷酸盐作为阻燃剂，由于其原料易得、价格便宜、合成方法简单等优点，故在PBT阻燃工业上的应用日渐广泛，但是使用时需要注意其热稳定性低，易于分解释放$PH_3$。徐建中等[24]利用共沉淀法合成了次磷酸铝［$Al(H_2PO_2)_3$］、次磷酸镧［$La(H_2PO_2)_3$］和次磷酸铈［$Ce(H_2PO_2)_3$］，并将这些次磷酸盐应用于PBT阻燃中，25%次磷酸盐加入PBT中，LOI值明显提高，PBT/$La(H_2PO_2)_3$和PBT/$Al(H_2PO_2)_3$的阻燃级别达到UL 94 V-0级和V-1级；分析得出其阻燃机理是次磷酸盐的加入导致PBT提前降解，PBT的热稳定性降低，使PBT基体表面易形成难燃的炭层从而起到较好的阻燃作用，如$Al(H_2PO_2)_3$提高了基体的成炭率并且CO的释放量减少，这是由于其分解产生的焦磷酸铝在PBT表面形成一层液态保护膜，起到了隔氧、隔热的作用，同时也抑制了可燃性气体的逸出。

(4) 磷酸酯

磷酸酯类阻燃剂是有机磷系阻燃剂的主要系列，其来源丰富，成本较低，相容性较好，可用于PBT的阻燃。该类阻燃剂主要形态为黏稠的液体，部分为低熔点固体，普遍具有一定的水溶性。

磷酸酯的传统品种有磷酸三苯酯（TPP）、磷酸三甲苯酯（TCP）、磷酸三乙酯等单磷酸酯。胡源等[25]在三苯基磷酸酯（TPP）与三聚氰胺（MA）协同阻燃PBT的研究中指出添加10%MA和20%TPP阻燃PBT时，LOI值从20.9%增加到26.6%，并且达到UL 94 V-0级。同时，该阻燃体系与PBT材料基体表现出较好的相容性。

为了提高 PBT 的成炭率，双环笼状磷酸酯及其衍生物被广泛采用。三（1-氧代-1-磷杂-2,6,7-三氧杂双环-[2,2,2]辛烷-4-亚甲基）磷酸酯（Trimer）为一种笼状磷酸酯，其磷含量高、耐热性高，并具有良好的成炭作用。徐建中等[26] 将 $Al(H_2PO_2)_3$（AHP）和 Trimer 添加到 PET 中，发现当阻燃剂的添加量为 25%、AHP 与 Trimer 混合使用质量比为 7∶1 时，试样 LOI 值为 25.9%，阻燃级别达到 V-0 级，具有良好的阻燃作用；其阻燃机理为：气相中，AHP 热解生成 $PH_3$·，在燃烧过程中，$PH_3$·及其衍生物捕捉自由基生成磷氧自由基，磷氧自由基可进一步捕捉 H·、HO·，进而导致可燃物质的减少；凝聚相中，一方面 AHP 在降解过程中生成的焦磷酸铝在基材外表面形成一层液态保护膜，使基体与热和氧隔绝开来，起到隔热阻燃作用；另一方面 AHP 和 Trimer 复配后产生协同作用，促进 PBT 残炭的生成，并在基材内表面形成了一层炭质泡沫层，该泡沫层隔热、隔氧，抑制可燃性气体逸出，并能防止产生熔滴，进而提高了阻燃级别。

还有两种磷酸酯产品是来自 Albright&Wilson 公司（现 Rhodia 公司）的 Antiblaze 19 和 Antiblaze 1045。如 10%的 Antiblaze1045 配合 10%的云母、$Mg(OH)_2$ 或碱式碳酸镁，能使 25%玻璃纤维增强 PBT 达 UL 94 V-0 级；10%的 Antiblaze1045 与 15%的碳酸镁组合或 12%的 Antiblaze1045 与 8%的蜜白胺组合能使 30%玻璃纤维增强 PBT 达 UL 94 V-0 级[27]。

**(5) 有机次膦酸盐**

由于 PBT 较高的加工温度及结构特性，烷基次膦酸盐阻燃剂凭借其热稳定性好（分解温度 350℃）、对基体树脂的电性能影响较小、漏电起痕指数（CTI）较高（可达 600V，尤其适用于电子电器元器件）的特点，非常适用于阻燃 PBT 材料。

在众多二烷基次膦酸盐中，二乙基次膦酸铝（AlPi）和乙基甲基次膦酸铝（AEMP）由于磷含量高而成为 PBT 阻燃工业进一步发展的较好选择。在 PBT 中，添加 15%～20%的 AlPi，可以使阻燃玻璃纤维增强 PBT 复合材料达到 UL 94 V-0 级。二烷基次膦酸盐阻燃 PBT 时，具有磷系阻燃剂的阻燃特征，可以同时在凝聚相和气相发挥阻燃作用。以 AlPi 为例，在气相阻燃方面，AlPi 脱掉烷基之后，通过缩合反应形成次膦酸的二聚体，进而产生 PO·和 P·，这两种自由基在气相中可猝灭较为活泼的 H·和 HO·，使燃烧的链式反应终止。在凝聚相中，由于高温的作用，一部分二烷基次膦酸铝受热分解成固体磷酸盐［$AlPO_4$ 和 $Al_4(P_2O_7)_3$］，$AlPO_4$ 和 $Al_4(P_2O_7)_3$ 包覆于燃烧物表面，可隔绝空气起到阻燃作用；另一部分二烷基次膦酸铝受热生成二乙基次膦酸，而该烷基次膦酸可进一步分解形成磷自由基（P·和 P∶），可与基体中的羟基

（—OH）与氨基（$—NH_2$）结合，形成不燃物，金属铝离子（$Al^{3+}$）在阻燃中可起到抑烟作用，同时可与磷酸酯基发生反应，促进基体脱水、炭化产生炭层，进而在凝聚相中阻隔氧气和热量传递，达到阻燃效果[28]。

当烷基次膦酸铝与 MCA、MPP 等复配使用时，不仅可以降低烷基次膦酸铝的添加量，往往还能发挥优异阻燃效果。Sullalti 等[29] 将 AlPi 与 MPP 共同阻燃 PBT，在 PBT 中添加 13.5%的 AlPi、0.5%的抗滴落剂 PTFE、0.15%的抗氧剂，可以使 PBT（0.8mm）达到 UL 94 V-0 级，A1Pi 有助于材料表面形成连续的炭层；在此基础上添加 5%的 MPP 和 5%的热固性组分，在获得良好阻燃效果的同时，材料的 CTI 表现更为优异。

**（6）聚磷腈化合物**

磷腈类阻燃剂中研究最广泛的是聚磷腈化合物，聚磷腈是一种全磷氮杂环非共轭化合物，具有优异的光、热稳定性，良好的耐高低温性，高 LOI 值，低烟气释放等优点，但在 PBT 中的应用研究还未十分深入。对于聚磷腈化合物，磷原子上的两个取代侧基的种类、性质和数量决定了其热稳定性、阻燃行为和阻燃效果。

Levchik 等[30] 制备了三种芳香胺取代的环三磷腈衍生物，结构式如下，将其应用到 PBT 中，发现 $[PN(NH)_2Ph]_3$ 的阻燃效果最好，当添加 20%的 $[PN(NH)_2Ph]_3$ 时，阻燃复合物的 LOI 值可达 29.2%。同时，$[PN(NH)_2Ph]_3$ 热稳定性好，在燃烧过程中能够促进残炭的生成，残炭产率可达 80%（600℃）。

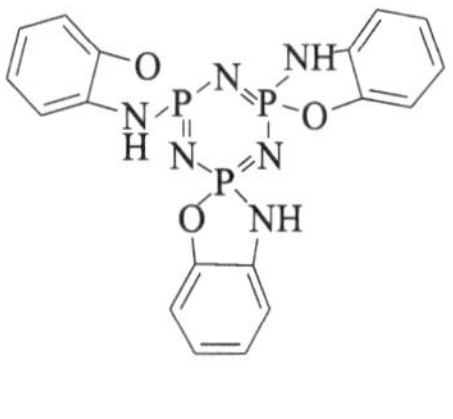

$[PN(O)(NH)Ph]_3$ 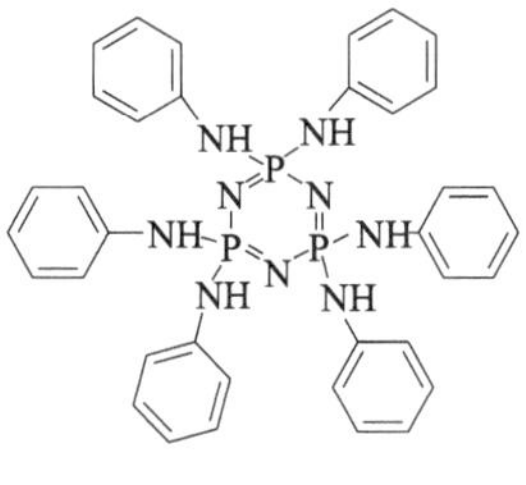　　$[PN(NH)_2Ph_2]_3$ 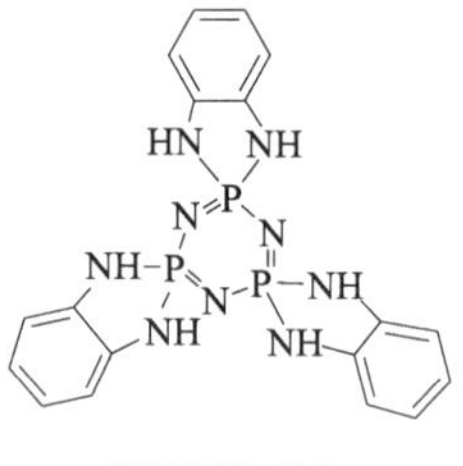　　$[PN(NH)_2Ph]_3$

**（7）DOPO 衍生物**

Brehme 等[31] 将 DOPO 与聚对苯二甲酸乙二酯（PET）共聚得到了一种新型阻燃剂 PET-DOPO，将其应用到 PBT 中，当添加量为 20%（P 含量为 5.6%）时，LOI 值高达 39.3%，通过 UL 94 V-0 级，热速率峰值降低 83%。PET-DOPO 阻燃 PBT 的阻燃机制为火焰抑制、成炭和膨胀炭层隔离效应，二者协同作用使材料呈现良好的阻燃效果。

### 8.2.3.2 磷硫阻燃剂

聚磺酰（双-4-苯基）苯基磷酸酯作为聚酯的阻燃剂已实现商品化，较具代表性的是用于 PET 纤维（东洋纺织公司的 HEIM 纤维）的阻燃。熔融的含 HEIM 的纤维流动性好，且滴落不会燃烧。含 7％这种阻燃剂的注射成型 PBT 的 LOI 值从 23％提高到 29％[32]。

#### 8.2.3.3 硅系阻燃剂

目前硅系阻燃剂受到了极大关注。硅系阻燃剂可分为有机及无机两大类，前者主要是聚硅氧烷，包括硅油、硅树脂、硅橡胶及多种硅氧烷共聚物，而发展最为迅速的是有机聚硅氧烷；后者主要有硅酸盐（如蒙脱土）、硅胶、滑石粉等。目前，硅系阻燃剂已经广泛用于聚合物，如聚烯烃、聚酰胺、聚酯和聚氨酯等[33]。

阻燃作用机理：单纯从元素角度来讲，硅系阻燃剂最重要的阻燃途径就是通过增强炭层的阻隔性能来实现的，即通过形成覆盖于表面的炭层，或增加炭层厚度，或增加炭层数量，或增加炭层强度，使燃烧过程中的热量反馈受到抑制，增加可燃性气体溢出的难度，同时利用炭层减少烟气浓度[34]。

Verhoogt 等[35] 将 3％的支化型硅油、3％的磷酸硼和 0.5％的黏土复配使用，可使未填充的质量比为 1∶1 的 PC/PBT 混合物达到 UL 94 V-0 级。Gareiss 等[36] 将 25％～30％的聚醚胺与甲基硅氧烷的共聚物复配 3％的聚苯硫醚后，可使玻璃纤维增强 PBT 达到 UL 94 V-0 级，且发现少量聚甲基硅氧烷有助于抑制 PBT 熔滴。

#### 8.2.3.4 铝-镁氢氧化物阻燃剂

氢氧化镁在高添加量（45％～50％）下可使 PBT 的阻燃性能达到 UL 94 V-0 级，除了降低可燃性，它还有利于消烟。氢氧化镁与有机磷酸酯类常具协效作用，例如 10％的 $Mg(OH)_2$ 和 10％的环状磷酸酯配合，能使玻璃纤维填充 PBT 达到 UL 94 V-0 级。钙镁碳酸盐 $Mg_3Ca(CO_3)_4$ 和碱式碳酸镁 $Mg_5(CO_3)_4(OH)_2 \cdot 4H_2O$ 的混合物在添加量为 45％时与 $Mg(OH)_2$ 一样对 PBT 有阻燃效果[37]。

## 8.3 聚酰胺

### 8.3.1 聚酰胺阻燃的必要性

聚酰胺材料（PA）是一类性能良好的通用工程塑料，具有良好的韧性、自润滑性、耐热性及低摩擦系数等综合性优点，被广泛应用于电子电器、汽车制造、高速铁路、飞机及家居制品等领域。玻璃纤维（GF）增强后的PA材料的耐热性及拉伸强度等均显著提高，应用范围更广。目前聚酰胺品种多达几十种，其中聚酰胺66（PA66）与聚酰胺6（PA6）是产量最大、用途最广的两个品种。但脂肪族聚酰胺材料由于含有大量的亚甲基结构，未经阻燃情况下易于燃烧，特别是玻璃纤维增强的PA材料，存在“烛芯效应”，阻燃性能更差。研究表明，30%玻璃纤维增强的纯PA66极限氧指数（LOI）值仅23%左右，垂直燃烧等级为无级别，燃烧过程中不自熄，燃烧时放热量大，使得树脂材料迅速分解产生熔滴，导致火势的迅速传播和蔓延，且伴随产生的大量浓烟也是火灾的主要危害之一，不利于火灾中的逃生和施救，严重危害人们生命财产安全和社会公共安全。因此赋予聚酰胺材料优异的阻燃性能就成为了当前研究的重点[38]。

## 8.3.2 阻燃聚酰胺的主要应用领域

聚酰胺材料是高端制造领域中应用最为广泛的工程塑料之一，其总产量居所有工程塑料之首。由于聚酰胺材料具有耐磨、耐热、耐溶剂、高强度等特征，在电子电器、汽车、高铁和飞机等制造业领域中占有极其重要的地位，而具有优异综合性能的无卤阻燃聚酰胺工程材料更是目前上述领域急需的关键基础材料。具体应用包括：聚酰胺织物、防火服、网纹套管、齿轮、电子元器件及其外壳、蓄电池外壳、汽车保险杠等一系列产品，如图8-2所示。

图8-2 阻燃PA材料应用实例

### 8.3.3 溴系阻燃剂阻燃聚酰胺

溴化聚苯乙烯（BPS）是用于阻燃聚酰胺材料最典型的溴系阻燃剂，是目前最主要的玻璃纤维增强 PA6、PA66 的商用阻燃剂品种。市面上销售的主流 BPS 产品的溴含量在 64%～67%，在阻燃体系中 Br 与 Sb 的原子质量比为 3∶1，典型配方见表 8-9。在该配方下所制备的阻燃 PA 材料的相关性能参数如表 8-10 所示。30%玻璃纤维增强 PA6 的 LOI 仅为 23.0%，而该阻燃配方下阻燃 PA6 的 LOI 达到 30.0%，并且通过 UL 94 V-0 级别测试（3.2mm），余焰时间极短，表现出优异的阻燃性能。阻燃 PA66 材料的 LOI 更高，达到 46.5%，并且 1.6mm 和 3.2mm 的样条都可通过 UL 94 V-0 级别测试，并无熔滴产生。同时，该两种阻燃聚酰胺材料的力学性能表现优异，说明高分子溴系阻燃剂对聚合物材料的力学性能影响很小。

**表 8-9　BPS 阻燃聚酰胺材料配方**　　单位：质量份

| 样品 | PA6/PA66 | 玻璃纤维 | $Sb_2O_3$ | BPS | 1010 |
|---|---|---|---|---|---|
| 阻燃 PA | 42.5 | 30 | 7.5 | 18 | 1 |

**表 8-10　BPS 体系阻燃 PA6、66 材料性能参数**

| 样品 | LOI /% | UL 94 | | | | | 拉伸强度 /MPa | 冲击强度 /(kJ·m$^2$) |
|---|---|---|---|---|---|---|---|---|
| | | 厚度/mm | $t_1$/s | $t_2$/s | 等级 | 融滴 | | |
| 阻燃 PA6 | 30.0 | 3.2 | 0.9 | 0.8 | V-0 | 否 | 96.7 | 42.6 |
| 阻燃 PA66 | 46.5 | 3.2 | 0.8 | 0.9 | V-0 | 否 | 107 | 42.6 |
| | | 1.6 | 0.8 | 2.2 | V-0 | 否 | — | — |

其他种类溴系阻燃剂同样可用来阻燃聚酰胺材料，具有 3 万以上分子量的高热稳定性溴化环氧树脂（BER）与三氧化二锑（$Sb_2O_3$）复合可用于阻燃聚酰胺。当阻燃剂总添加质量为 12%时，LOI 值达到 24.8%并通过 UL 94 V-0 级[39]。与低分子量的溴系阻燃剂相比，溴代高聚物具有阻燃效率高、挥发性低及不易迁移等优点，成为研究的重点，法斯特公司研发了分子量 30000～80000 的聚五溴苯酚基丙烯酸酯，溴含量达 70.5%，将其用于 PA66 中，具有高的热稳定性、相容性和优异阻燃性能的特点[40]。

也有人探索了无机金属化合物与有机溴系阻燃剂的复合阻燃效果。Horrocks A R[41] 将锡酸锌复合多种有机溴系阻燃剂（BrFR）阻燃 PA6，阻燃剂添加量为 15%时，溴化聚苯乙烯与 ZS 的 Br∶Sn 质量比为 2∶1 时，阻燃 PA6 的 LOI 值达到 27.4%，均大于锡酸锌复合溴化环氧树脂或聚（五溴苄基丙烯酸酯）阻燃 PA6 的结果；同时，相对于单独添加 BrFR 的阻燃 PA6，复合阻燃体系能够更有效地降低 THR 和 TSR。并且

在特定的阻燃剂添加量和添加比例下，锡酸锌/BrFR 对 PA6 可以发挥更好阻燃作用。

## 8.3.4 无卤阻燃剂阻燃聚酰胺

### 8.3.4.1 氮系阻燃剂阻燃聚酰胺

氮系阻燃剂在制备与使用过程中均不会导致持久的有机污染，是一类备受推崇的环境友好阻燃剂，该类阻燃剂以三聚氰胺氰尿酸盐（MCA）为代表。MCA 受热分解时，易放出氨气、水蒸气等不燃性气体，不仅稀释了空气中的氧气和可燃性气体的浓度，还能带走部分热量，达到阻燃的目的。更重要的是，MCA 价格低，颜色洁白，虽然阻燃聚酰胺的效率不高，但是增加其添加量不仅可以提高阻燃效果，还能降低阻燃聚酰胺的成本，因此在阻燃聚酰胺领域具有传统的市场空间[38]。

影响 MCA 的阻燃效果的因素除了添加量以外，还有就是阻燃剂的颗粒形态。改变阻燃剂的形貌或粒径大小，可以改变其在树脂中的分散状态，是提高阻燃剂阻燃性能的一种有效方法。钱立军等[42] 通过控制反应条件，可制备微米级近球粒状（MCA-A）、微米级长棒状（MCA-B）以及纳米级片状（MCA-C）三种不同微观粒子形态的三聚氰胺氰脲酸盐（MCA），然后将三种 MCA 分别添加到 PA6 树脂中制备阻燃 PA6 复合材料。当不同形态的 MCA 在 PA6 中的添加量都为 8%时，纳米片状粒子对复合材料阻燃性能、力学性能的提升最为明显，其 MCA/PA6 复合材料的 LOI 值达到 29.5%，阻燃级别通过 UL 94 V-0 级测试；其拉伸强度较纯样品提高了 8%，拉伸断裂应力提高了 29%，冲击强度提升了 23%。此外，与纯 PA6 相比，纳米片状 MCA 复合 PA6 样品的熔体流动速率降低了 39%，而异相成核作用使得复合材料的结晶温度由 169℃升高至 192℃，具体结果见表 8-11。

**表 8-11 阻燃 PA6 部分测试结果**

| 样品 | LOI /% | UL 94 | 拉伸强度 /MPa | 拉伸断裂应力 /MPa | 冲击强度 /(kJ/m$^2$) | 熔体流动速率 /(g/10min) |
|---|---|---|---|---|---|---|
| PA6 | 24.5 | V-2 | 64.6 | 40.5 | 8.3 | 13.6 |
| MCA-A/PA6 | 26.7 | V-2 | 69.1 | 50.1 | 8.8 | 9.6 |
| MCA-B/PA6 | 28.9 | V-0 | 68.3 | 52.1 | 8.7 | 8.8 |
| MCA-C/PA6 | 29.5 | V-0 | 69.8 | 52.2 | 10.3 | 8.3 |

将其他不同类型的阻燃剂与 MCA 复合，其他不同类型的阻燃剂包括磷杂菲化合物 TGIC-DOPO、二乙基次膦酸铝（AlPi）、无水硼酸锌、五水硼酸锌、三氧化二锑、三

氧化二镧、三聚氰胺聚磷酸盐（MPP）和蒙脱土。研究发现TGIC-DOPO、二乙基次膦酸铝（AlPi）、三氧化二镧能够提升MCA/PA6体系的阻燃性能，无水硼酸锌、蒙脱土则对MCA/PA6体系的阻燃性能没有太大影响，而MPP和五水硼酸锌则会对材料的阻燃性造成负面影响[42]。

Li等[43] 将MCA在高压釜中与PA66盐原位聚合制备阻燃PA66（FRPA66）。研究发现，MCA粒子具有非均相成核效应，在较高温度下有助于PA66链的结晶，且结晶度较高。FRPA66的热稳定性和力学性能与纯PA66相比虽有所下降，但仍优于直接熔融添加MCA的阻燃PA66的性能。FRPA66的阻燃性能随着MCA的加入而提高，当该阻燃剂添加量为6%时，FRPA66达到UL 94 V-0级，LOI值达31.5%。说明原位聚合制备的FRPA66的力学性能和阻燃性均优于相同剂量MCA与聚酰胺熔融共混制备的FRPA66。

### 8.3.4.2 磷系阻燃聚酰胺

磷系阻燃剂在阻燃聚酰胺材料研究中占据主要地位，根据阻燃剂的结构和组成不同分为无机磷系阻燃剂与有机磷系阻燃剂。

(1) 无机磷系阻燃剂

聚酰胺材料的加工温度一般较高，所以目前常用的无机磷系阻燃剂为三聚氰胺聚磷酸盐（MPP）、红磷（RP）和次磷酸铝（AHP）。MPP是在聚酰胺中最常用的无机磷系阻燃剂，颜色洁白，热稳定性高。红磷和次磷酸铝这两种阻燃剂优点是价格低，缺点有以下方面：红磷虽然含磷量高，但是易于染色，生产储存过程中存在被引燃导致火灾的风险；而AHP在加工或受热过程中能够释放易燃的磷化氢气体，可以与空气形成爆炸性混合物。

王章郁等[44] 将MPP与固体酸协同阻燃玻璃纤维增强的PA6复合材料，增强了材料的凝聚相阻燃作用，形成更加连续、致密的炭层。添加30%MPP、3%固体酸可使30%玻璃纤维增强的PA6达到UL 94 V-0级，并提高材料的力学性能。相比于PA6，MPP对尼龙66的阻燃效果更加明显[45]。钱立军等[46] 将11.9%MPP与5.1%聚酰亚胺复配用于阻燃玻璃纤维增强PA66材料中，阻燃材料的LOI值达到了33.9%，并且达到UL 94 V-0级，在锥形量热测试中显示出了更加优异的成炭效果。

红磷的磷含量高，但是它表面吸湿性强，与聚酰胺材料的相容性较差，制得的阻燃样品颜色较深，所以一般需要使用包覆红磷，以改善其使用过程中的缺陷。传统的微胶囊化的红磷母粒（MRP）单独阻燃聚酰胺材料时，阻燃效果不突出，研究人员常将其复合其他阻燃剂使用，以提高复合材料的阻燃性能，减少对力学性能的

影响。

刘典典等[47] 将聚苯醚（PPE）与 MRP（FRP-52）共同添加到 30%玻璃纤维增强聚酰胺 46（PA46/GF）复合材料中，当 PPE/MRP 总添加量为 12%且质量配比为 1∶1 时，阻燃体系具有优异的协效阻燃作用，试样通过了 UL 94 V-0 级（1.6mm），同时提高了阻燃材料的力学性能和热变形温度。

Liu 等[48] 通过三聚氰胺氰尿酸盐（MCA）与红磷分子自组装的方法制备了一种新型微胶囊化红磷阻燃剂（MERP）。将 MERP 分别用于无玻璃纤维增强 PA66 与 20%玻璃纤维增强 PA66（PA66/GF）的阻燃研究中。研究发现，当 MERP 添加量为 10%时（MCA∶RP 质量配比为 35∶65），阻燃 PA66 的 LOI 值达 31.8%，达到 UL 94 V-0 级别；与纯 PA66 相比，阻燃 PA66 的拉伸强度与冲击强度仅下降了 0.5%、5.1%，说明 MERP 基本不影响 PA66 材料的力学性能。当 MERP 添加量为 25%时（MCA∶RP 质量配比为 25∶75），阻燃 PA66/GF 的 LOI 值达 31.1%，阻燃级别达到 UL 94 V-0 级；与纯 PA66/GF 相比，阻燃 PA66/GF 材料的拉伸强度与抗冲击强度虽大幅下降了 12.6%、42.9%，但仍优于添加传统 MRP 的组分。该研究表明 MERP 改善了与 PA66 的相容性，且 MCA 与 RP 发挥了磷氮协效阻燃作用。

Ge 等[49] 利用三聚氰胺氰尿酸盐（MCA）微胶囊化次磷酸铝（MCAHP），并用其阻燃 PA6 材料。研究发现，燃烧过程中，MCAHP 延缓了磷化氢生成；此外，MCA 的惰性分解产物有效地稀释了磷化氢浓度。MCA 与 AHP 形成了磷氮协同作用，赋予了 PA6 复合材料优异的阻燃性能。

对于易燃的无芳香结构的脂肪族聚酰胺来说，特别是对于存在烛芯效应的玻璃纤维增强聚酰胺材料来说，无卤阻燃体系在聚酰胺材料中仍然存在着燃烧成炭效率低、阻燃效应未充分发挥的问题。因此研究聚酰胺材料的成炭阻燃方案对于解决 PA 无卤阻燃问题具有重要意义。其中成炭剂可用来提高聚酰胺材料的成炭性能。如一些具有特定结构的聚酰亚胺（PI）化合物与酸源阻燃剂复合使用时，能够有效提高玻璃纤维增强聚酰胺材料的成炭率、改善炭层质量。MPP/PI/PA66 阻燃体系结果如表 8-12 所示。含有 11.9%MPP 和 5.1% PI 的 PA66 复合材料的 LOI 值达到 33.9%，通过 UL 94 V-0 级，减少了 THR 并增加了残炭产率，阻燃性能优于单独添加 17%MPP、5.1%PI 的组分。MPP/PI 体系阻燃性能的提高是由于 MPP/PI 与基体发生相互作用，从而提高了体系的协同成炭作用。PA66 复合材料中的 MPP/PI 体系在燃烧过程中锁定了更多的炭质成分，形成更紧凑和更多的残炭，从而降低了燃烧强度，减少了燃料的释放。因此，MPP/PI 体系赋予了 PA66 复合材料更好的凝聚相阻燃作用[50]。

表 8-12 阻燃 MPP /PI /PA66 部分测试结果

| 样品 | LOI /% | pk-HRR /(kW/m$^2$) | THR /(MJ/m$^2$) | av-EHC /(MJ/kg$^2$) | 残炭产率 /% |
|---|---|---|---|---|---|
| 11.9%MPP/5.1%PI/PA66 | 33.9 | 190±10 | 54.1±1.0 | 24.9±0.3 | 51.0±0.9 |
| 17.0%MPP/PA66 | 31.7 | 201±35 | 60.3±0.2 | 24.4±1.3 | 48.6±0.7 |
| 5.1%PI/PA66 | 25.3 | 559±33 | 92.8±0.6 | 30.3±0.2 | 29.1±0.5 |
| PA66 | 23.6 | 834±42 | 124.4±3.7 | 43.5±1.7 | 30.1±1.0 |

**(2) 有机磷系阻燃剂**[38]

与无机磷系阻燃剂相比，有机磷系阻燃剂与聚酰胺材料具有更好的相容性、加工性和阻燃性能，所以应用也更广，主要品种包括有机磷酸盐类、磷杂菲类阻燃剂以及新合成的含磷阻燃剂等。德国科莱恩（Clariant）产品二乙基次膦酸铝（AlPi）常用来阻燃PA材料，基于AlPi的复合体系的研究取得了许多成果。

程宝发等[51]研究了二乙基次膦酸铝（AlPi）对PA6的阻燃效果，研究发现，质量分数22%的AlPi可使PA6的LOI值从26.7%提高到33.5%，阻燃级别达到UL 94 V-0级（1.6mm），并且没有熔融滴落现象；锥形量热测试中，AlPi可以显著降低燃烧过程中的热释放速率峰值，并且形成致密炭层，起到良好的阻隔效果。

钱立军等[52]将合成的芳香族高分子聚酰亚胺（API），与AlPi共同应用于玻璃纤维（GF）增强的PA6中。研究发现，5%API/7%AlPi/GF/PA6有最低的热释放速率峰值和最高的成炭量，LOI值为34.2%，并且通过了UL 94 V-0级。API与AlPi的协同作用，使基体形成了更加致密的炭层，对火焰有更加良好的阻隔作用，对复合材料的力学性能影响不大。将AlPi与三种形态的MCA分别复配应用到PA6中，来研究AlPi对MCA/PA6复合体系阻燃性能的影响[37]，在控制总添加量15%以上，AlPi与MCA的质量比为2∶1的条件下，所有复合材料都达到了较高的LOI值，并达到UL 94 V-0级。

钱立军等[53]通过研究基于含磷化合物1,1-双（4-羟基苯基)-甲基-2-DOPO（DPOH）、三-(3-DOPO-1-丙基)-三嗪三酮（TAD）、二乙基次膦酸铝（AlPi）和三聚氰胺聚磷酸盐（MPP）的复合协同体系对玻璃纤维增强聚酰胺材料（PA）的阻燃行为规律，获得了DPOH/AlPi/PA66、TAD/AlPi/PA66、TAD/AlPi /氧化锌（ZnO)/三氧化二硼（$B_2O_3$)/PA66、DPOH/MPP/PA66、MPP/聚酰亚胺（PI)/PA66五个无卤阻燃高效体系，解析了多种阻燃成分间协同提效阻燃聚酰胺材料的作用机理。

DPOH/AlPi/PA66体系结果如表8-13所示，8%DPOH/8%AlPi/PA66组分LOI值达到了33.6%且达到UL 94 V-0级。与单独添加DPOH或AlPi的组分相比，DPOH/AlPi体系阻燃PA66的HRR、pk-HRR、EHC等均降低，而残炭产率升高，且炭层也更加致密完整。该体系具有高效阻燃性能的原因是复合体系保留了DPOH的气相猝灭作用，又增强了 AlPi 的成炭作用。因此阻燃体系赋予了 PA66 优异的气相阻燃作用和增强的凝聚相阻燃作用，使得 DPOH 复合 AlPi 对 PA66 材料发挥了协同阻燃作用。

**表 8-13　阻燃 DPOH/AlPi/PA66 部分测试结果**

| 样品 | LOI /% | pk-HRR /(kW/$m^2$) | THR /(MJ/$m^2$) | av-EHC /(MJ/$kg^2$) | 残炭产率 /% |
|---|---|---|---|---|---|
| PA66 | 23.6±0.4 | 832±41 | 124.4±3.7 | 34.8±2.3 | 30.1±1.0 |
| 16%AlPi/PA66 | 34.2±0.3 | 571±40 | 96.9±0.5 | 28.9±0.7 | 34.0±0.2 |
| 16%DPOH/PA66 | 28.5±0.2 | 588±18 | 85.2±2.2 | 23.8±1.1 | 29.3±0.2 |
| 8%DPOH/8%AlPi/PA66 | 33.9±0.3 | 554±12 | 87.4±2.2 | 23.9±0.5 | 34.8±0.3 |

TAD 也具有优异的气相阻燃作用，因此用 TAD 替代 DPOH，将 TAD 与二乙基次膦酸铝（AlPi）复合阻燃 PA66 材料，以期得到另外一种高效的阻燃体系。在 TAD/AlPi/PA66 体系中，当阻燃剂总添加量为 16%时，TAD 能够降低阻燃 PA66 的 THR、HRR、pk-HRR，明显抑制材料燃烧的强度，表明 TAD 具有优异的气相阻燃作用。当 TAD 与 AlPi 以 4∶6 复合比例添加时，阻燃 PA66 材料的垂直燃烧达到了 UL 94 V-0 级，LOI 值也保持在 34.9%。ZnO 与 $B_2O_3$ 用作协效剂替换了 1%的 TAD/AlPi 复合体系。结果如表 8-14、表 8-15 所示，相对于单独使用 ZnO 或 $B_2O_3$，ZnO/$B_2O_3$/TAD/AlPi 四元体系对 PA66 的协同提效作用更优异。4.8% T/7.2% A/0.5% ZnO/0.5% $B_2O_3$/PA66 样品的 LOI 为 33.1%，且通过了 UL 94 V-0 级，相对于纯 PA66 材料，pk-HRR 与总热释放量（THR）分别降低了 45.1% 和 26.1%，残炭产率增加了 53.2%，阻燃性能明显高于二元及三元体系。这种提效阻燃作用机理一方面归因于 TAD/AlPi/ZnO/$B_2O_3$/PA66 复合材料保留了磷系阻燃剂的气相猝灭作用，另一方面是四元体系 ZnO/$B_2O_3$/TAD/AlPi 在燃烧过程中通过相互反应，使得更多树脂碎片保留在残炭中，从而形成完整致密的炭层，产生增强的凝聚相屏障保护效应。

**表 8-14　阻燃 PA66 的 LOI 与 UL 94 测试结果**

| 样品 | LOI/% | UL 94 | | | |
|---|---|---|---|---|---|
| | | $t_1$/s | $t_2$/s | 滴落 | 等级 |
| 4.8%TAD/7.2%AlPi/0.5%ZnO/0.5%$B_2O_3$/PA66 | 33.1±0.1 | 1.0 | 2.4 | 否 | V-0 |
| 4.8%TAD/7.2%AlPi/1%ZnO/PA66 | 36.8±0.3 | 5.4 | 10.1 | 否 | V-1 |
| 4.8%TAD/7.2%AlPi/1%$B_2O_3$/PA66 | 32.8±0.2 | 0.8 | 5.8 | 否 | V-1 |
| 5.2%TAD/7.8%AlPi/PA66 | 31.6±0.6 | 11.7 | 18.5 | 否 | — |
| PA66 | 23.6±0.4 | 185.0 | — | 是 | — |

表 8-15 阻燃 TAD/AlPi/ZnO/$B_2O_3$/PA66 锥形量热仪测试结果

| 样品 | pk-HRR /($kW/m^2$) | THR /($MJ/m^2$) | av-EHC /($MJ/kg^2$) | 残炭产率 /% |
|---|---|---|---|---|
| 4.8%TAD/7.2%AlPi/0.5%ZnO/0.5%$B_2O_3$/PA66 | 458±27 | 91.9±1.4 | 36.4±0.2 | 40.7±0.7 |
| 4.8%TAD/7.2%AlPi/1%ZnO/PA66 | 857±23 | 107.3±0.3 | 38.7±0.3 | 34.8±0.4 |
| 4.8%TAD/7.2%AlPi/1%$B_2O_3$/PA66 | 651±49 | 99.4±0.5 | 35.6±0.5 | 33.6±0.1 |
| 5.2%TAD/7.8%AlPi/PA66 | 706±4 | 98.6±1.0 | 35.8±0.7 | 31.3±0.8 |
| PA66 | 843±42 | 124.4±3.7 | 43.5±1.7 | 30.1±1.0 |

为了解决 PA 中玻璃纤维的“烛芯效应”，Zhu 等[54] 将玻璃纤维用氧化石墨烯（GO）进行改性与 AlPi 共同应用于 PA6 中进行研究。研究发现 30%改性后玻璃纤维（GF-GO）与 15%AlPi 可使 LOI 值增至 31.2%，并通过 UL 94 V-0 级，热释放速率峰值降低 18%。在基体燃烧时，GF 表面上 GO 的片状结构可以阻止熔体沿着 GF 流动与可燃气体的溢出，从而显著减弱“烛芯效应”并提高复合材料的阻燃性。

### 8.3.4.3 膨胀型阻燃剂阻燃聚酰胺

目前用于 PA 的 IFR 一般是集酸源、炭源和气源于一体的高热稳定性单分子阻燃剂。这类阻燃剂目前主要出于研究阶段，尚未有良好的工业化商用品种出现。

李娟等[55] 制备了膨胀型阻燃剂环状磷酸酯接枝酚醛树脂（PFCP），并将其应用于 PA6 中。研究发现，当阻燃剂添加量为 25%时，PFCP 赋予了 PA6 很好的膨胀阻燃作用，该组分的 LOI 值达 33%，达到 UL 94 V-0 级。

张胜等[56] 制备了一种新型大分子膨胀型阻燃剂（AM-APP），将 22%AM-APP 复合 3%三氧化钛（$TiO_3$）添加到聚酰胺 11（PA11）中，燃烧过程中，该体系促进 PA11 膨胀成炭，使 LOI 值提高到 29.2%，达到 UL 94 V-0 级，且 pk-HRR 降低到 177.5$kW/m^2$。

吕文晏等[57] 将双-（对氨基苯甲酸）-苯基氧化膦（BCNPO）与己二胺、PA66 盐聚合制备了含 P-N 结构的 PA66 树脂。阻燃 PA66 具有更高的热稳定性。燃烧过程中，BCNPO/PA66 形成膨胀炭层。当 BCNPO 的添加量为 3%时，阻燃 PA66 的 LOI 值达 28.0%，达到 UL 94 V-0 级。与纯 PA66 相比，拉伸强度、弯曲强度、弯曲模量分别下降了 2.64%、0.79%、5.41%，冲击强度提高了 4.29%。说明阻燃 PA66 依然保持了优异的力学性能。进一步通过添加协效剂可以减小阻燃剂 BCNPO 添加量，或添加增韧剂改善阻燃 PA66 的综合性能[58]。

Yin 等[59] 将 PA6 与 IFR，多壁碳纳米管（MWNT）和纳米黏土颗粒熔融共混制备了多组分 FR-PA6 纳米复合材料。相对于纯 PA6，阻燃 PA6 表现出改善的阻燃性能，

HRR 和 THR 均降低。在特定的 IFR 添加比例下，可以观察到 MWNT 与纳米黏土之间的协同提效作用。

#### 8.3.4.4 纳米阻燃剂阻燃聚酰胺

纳米阻燃助剂具有价廉、不挥发、热稳定性好、无害且抑烟效果好的优点，有研究发现，助剂的粒径越小越有可能改善与聚合物基体的相容性，进而提高阻燃性能并减少添加量。研究表明，适用于聚酰胺材料的纳米阻燃助剂主要有金属氢氧化物、有机黏土、硼酸锌等。用于阻燃聚酰胺材料的金属氢氧化物中，氢氧化镁（MH）的热稳定性较高，应用也更广泛。但其单独使用时阻燃性能很低，添加量大，严重影响材料的加工性能和力学性能，所以该类阻燃剂常被改性处理，或者作为协效剂使用。该类阻燃剂燃烧过程中主要起到凝聚相阻燃作用，受热时起到蓄热和导热的作用，使树脂延迟到达分解温度，或者在树脂表面形成不燃烧炭层，起到阻隔作用。同时，该类阻燃剂受热分解产生水等小分子吸收热量，延缓树脂升温速度，且小分子可以起稀释作用。

Casetta 等[60] 采用乙烯基硅烷对 MH 进行表面处理（H5A），与未处理的 MH（HA）对比，相同的阻燃剂添加量（40%）下，H5A/PA6/GF 具有更高的阻燃级别 UL 94 V-0 级、更高的灼热丝引燃温度（GWIT）和更长的点燃时间（TTI）。

张军等[61] 采用熔融插层法制备了 PA6/OMMT 复合材料，研究发现，燃烧过程中，OMMT 明显降低了 PA6/OMMT 复合材料的 HRR 和质量损失速率，且纳米复合材料的残炭具有特殊的表层-蜂窝层复合的亚微观结构，并在微观上具有网络结构，二者共同作用构成了有效的阻隔层，减缓了材料的燃烧过程。

## 8.4 聚碳酸酯

### 8.4.1 聚碳酸酯阻燃的必要性

聚碳酸酯（PC）是一种具有优异综合性能的非晶态热塑性工程塑料，具有优异的抗冲击强度和耐蠕变性能、优良的透明性（可见光的透过率可达 90%以上）、优良的电绝缘性能、高的玻璃化转变温度和热变形温度（135～145℃）、良好的尺寸稳定性、优

异的耐热性和一定的阻燃性能（PC极限氧指数可达21％～26％，垂直燃烧UL 94可达V-2级别，能够自熄）。由于其优异的综合性能，在电子电气、家电、器材等各种领域应用广泛。然而，随着时代的发展，对PC产品的阻燃性能也有了越来越严格的要求，特别是在电子电气行业，PC自身UL 94 V-2级别在很多情况下难以满足产品阻燃的要求，因此需要对PC进一步进行阻燃改性[62]。

### 8.4.2 阻燃聚碳酸酯的主要应用领域

阻燃PC材料的具体应用产品有透光建材、绝缘套管、电动工具壳体、吸尘器零部件、防火透明面罩、汽车前车灯罩、LED灯罩、蓄电池外壳、汽车保险杠等一系列产品，如图8-3所示。

图8-3 阻燃PC材料应用实例

### 8.4.3 卤系阻燃剂阻燃聚碳酸酯

用于PC阻燃的磺酸盐类阻燃剂主要是指有机芳香族磺酸盐化合物，阻燃效率非常高，只需要极少的添加量就能使PC的LOI值达到35％～41％，阻燃级别达到UL 94 V-0级，并且磺酸盐类阻燃剂对PC的透明性及热性能等影响都较小。目前常用的工业化磺酸盐阻燃剂主要是以下三种：全氟丁基磺酸钾（PPFBS）、苯磺酰基苯磺酸钾（KSS）、2,4,5-三氯苯磺酸钠（STB）[62]。

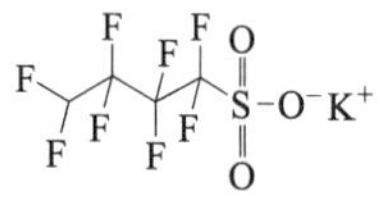

PPFBS 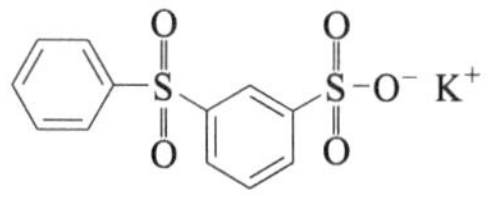　KSS 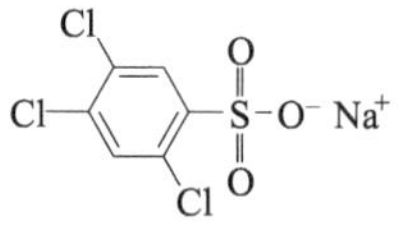　STB

磺酸盐阻燃剂的阻燃方式是在 300～500℃下，降解产生 $SO_2$ 气体促使 PC 聚合物交联成炭，这主要是通过 Fries 重排反应和 PC 的异构化反应来实现的。其阻燃机理不同于一般的阻燃剂，目前比较公认的机理是：磺酸盐的加入能够加速 PC 分解，促进其交联成炭从而阻隔氧气和热量的传递。其优点是添加量小，阻燃性能好；缺点是相容性不好，易饱和，影响 PC 的力学性能。

Dang 等[63] 对 PPFBS 阻燃 PC 材料的性能进行了研究。研究发现：加入 0.1%的 PPFBS 就能使 PC 体系 LOI 值达到 28.5%，阻燃级别达到 UL 94 V-0 级。

王玉忠等[64] 研究了对二苯砜磺酸钾（KKS）阻燃 PC 材料的阻燃性能。研究发现，当 KKS 的添加量为 1%时，PC 阻燃材料的 LOI 值为 34.8%，阻燃级别达到 UL 94 V-0 级；且当 KKS 与聚苯基磷酸二苯砜酯（PSPPP）共同使用时，0.5%的 KKS 与 4.5%PSPPP 能使 LOI 值达到 36.8%，通过 UL 94 V-0 级。并且 PC 的 LOI 值随着 KSS 含量的增加而呈现先升高后下降的趋势，当 0.7%KSS 添加进 PC 时，阻燃 PC 材料的 LOI 值达到 34.4%，具有优异的阻燃性能。

PC 分子结构中含有双酚 A，因此可利用四溴双酚 A 作为结构型阻燃剂制备阻燃 PC 材料。通常添加 6%～9%的四溴双酚 A 即可使 PC 材料达到 UL 94 V-0 级，同时对力学性能影响不大，但此配方只能使厚度 0.4mm 以上的产品达到 V-0 级；若要使 0.4mm 及以下的片材或制品达到 V-0 级，则需要将添加量提高至 20%左右。而如此高的添加量会使 PC 产品发脆，且有表面析出，不适于薄膜制造，放置一段时间后析出加剧会导致阻燃性能下降，同时影响产品后续使用（如复合、涂胶等），绝缘性能下降[65]。

## 8.4.4 无卤阻燃剂阻燃聚碳酸酯

卤系阻燃剂通常需要与含锑化合物复配使用才能达到很好的阻燃效果，但是这样会使得 PC 材料变得完全不透明。且卤系阻燃剂在燃烧过程中有产生大量的有毒气体，更有甚者会产生一定的致癌物质二噁英，所以用于 PC 阻燃的无卤阻燃剂将逐渐取代卤系阻燃剂，这也是当前阻燃行业的必然趋势。PC 的无卤阻燃剂一般可分为以下几类：磷系阻燃剂、膨胀型阻燃剂、硅系阻燃剂、无机阻燃剂、协效阻燃剂等。

#### 8.4.4.1 磷系阻燃剂

**(1) 磷酸酯类**

磷酸酯类阻燃剂是对 PC 非常有效的一类阻燃剂，其毒性低、阻燃性能持久、价格低廉，热稳定性好。常见的 PC 用磷酸酯类阻燃剂多为芳基磷酸酯，其阻燃 PC 的机理为：有机磷酸酯在燃烧时与 PC 基体反应，体系中会生成大量的 PO· 和 HPO· 等自由基，它们会捕捉燃烧过程中释放的 H· 和 HO· 自由基，从而终止燃烧链式反应；另一方面，它们会与聚合物基体或分解产物反应生成 P—O—C 键，形成保护的炭层隔绝氧气，或发生交联形成网状结构从而达阻燃的目的。如今工业生产中以磷酸三苯酯（TPP）、双酚 A 双（磷酸二苯酯）（BDP）和间苯二酚（磷酸二苯酯）（RDP）为主[62]。

TPP 为白色粉末状固体或片状晶体，不溶于水，TPP 的磷含量达到了 30%，对 PC/ABS 的阻燃非常有效，添加量为 12%～18%时就有较好的阻燃效果。但 TPP 熔点较低，仅为 50℃，且在 270℃时就开始分解，因此其在阻燃 PC 中应用也受到一定的限制。BDP 为黏度较大的无色或浅黄色液体，它的磷含量为 8.9%，较 TPP 而言磷含量较小，但是它与 PC 的相容性较好，通常添加 10%的 BDP 就能使 PC 材料达到 UL 94 V-0 级，但是 BDP 会使 PC 材料的热变形温度降低，高添加量的 BDP 会使 PC 材料的冲击性能降低。RDP 是与 BDP 结构相近的磷酸酯，磷含量 10.8%，略高于 BDP，然而这三种物质在阻燃 PC 时均存在一些缺点，如降低水解稳定性、降低 PC 透明度等，且 BDP、RDP 均为液态不易于加工处理，故应用受到了较大限制[66-71]。

严敏仪等[72] 以将 RDP 与滑石粉（Talc）复配应用于 PC/ABS 复合材料当中。研究发现，添加 13.0%Talc 和 7.0%RDP 后，材料的 LOI 值达到 31.8%并可通过 UL 94 V-0 级，相比于单独添加 16%RDP，材料的热变形温度提高 10℃，并且残炭产率提高 11.2%，证明二者具有一定的协同阻燃作用。Liu 等[73] 研究发现 RDP 和聚苯醚（PPO）可以改善 PC/PBT 的阻燃性能。PC/PBT（70/30）复合材料通过添加 10% RDP 和 10%PPO 即可达到 UL 94 V-0 级。5%的甲基丙烯酸甲酯-丁二烯-苯乙烯三元共聚物（MBS）与 3%的乙烯-丙烯酸丁酯-甲基丙烯酸缩水甘油酯三元共聚物（PTW）的组合可显著提高 PC/PBT/RDP 共混物的韧性，同时保持较高刚性。

荆洁等[74] 将 BDP 与芳磺酸盐（KTS）复配，制备了阻燃 PC 复合材料。结果表明，当 KTS、BDP 用量分别为 0.1%和 12.5%时，体系的 LOI 达到最大值 37.5%，阻燃等级达到 UL 94 V-0 级，两种阻燃剂的协同效应，使材料的热稳定性和成炭能力得到提升。Kristin 等[75] 研究了 RDP 与硼酸锌（ZnB）对 PC/ABS 复合材料阻燃性能。

研究发现，12.5%RDP可使PC的LOI值达到28.1%，并使UL 94（3mm、1.5mm）均通过V-0级；在上述基础上，再添加5%ZnB后，材料的LOI值达到32.7%，但仅UL 94（3mm）达到V-0级。从锥形量热测试可以看出5%ZnB添加后，材料的热释放速率峰值进一步降低，提供了更为有效的隔离炭层。

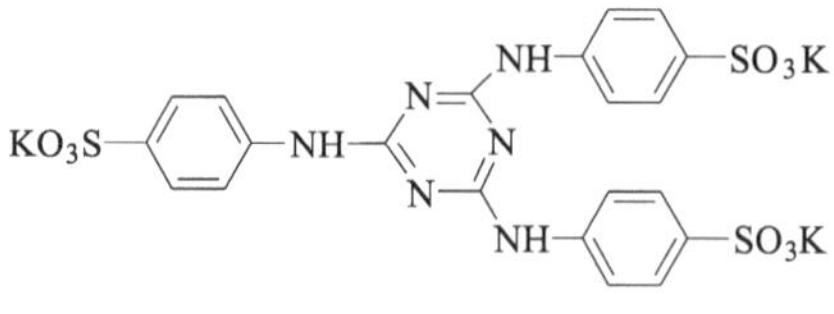

KTS

Zhao等[76] 通过有机反应合成了两种新型含磷阻燃剂BDMPP和PBSPP，并将它们用于阻燃PC材料。研究发现，当BDMPP的添加量为7%时，LOI值达到了32.7%，通过UL 94 V-0级，且基材无滴落现象。同时，5%的PBSPP加入到PC中，LOI值达到33.6%，阻燃级别达到UL 94 V-0级别，且无滴落现象。TGA测试表明，这两种物质能够诱导PC提前分解，并且产生更多的残炭以达到更好的阻燃效果。另外，它们对PC的力学性能影响较小，是综合性能较好的新型阻燃剂。

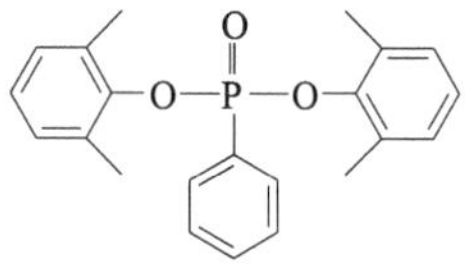

BDMPP 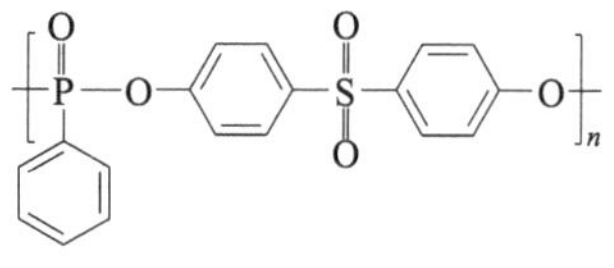　　PBSPP

Huang等[77] 合成了两种对称结构的新型磷酸酯PDMPDP和PDBPDP。研究发现，相比于RDP阻燃PC，PDMPDP和PDBPDP诱导了PC基材的提前分解；TGA结果表明，这两种物质的最大分解温度与PC相近，初始分解温度提前了约60℃；燃烧测试表明，当5%的PDBPDP加入PC时，材料UL 94依旧是V-2级别，但是$t_1$、$t_2$时间有所减短。当5%的PDMPDP加入PC材料中，材料能通过UL 94 V-0级，且燃烧过程中无滴落现象。较之RDP，PDMPDP/PC材料燃烧时形成了较为致密的炭层。其阻燃机理为阻燃剂分解出磷酸诱导PC在更低的温度就开始分解，同时在凝聚相形成更多致密的炭层从而达到阻燃PC的作用。

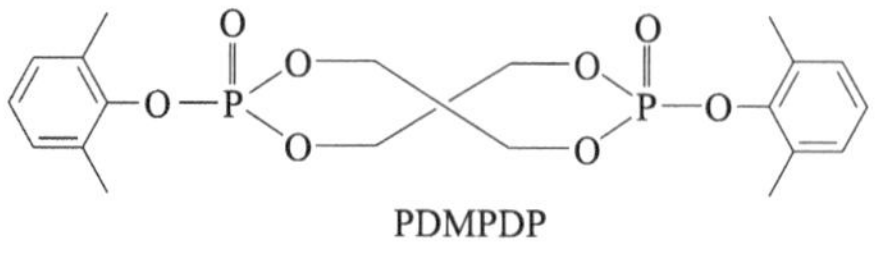

PDMPDP 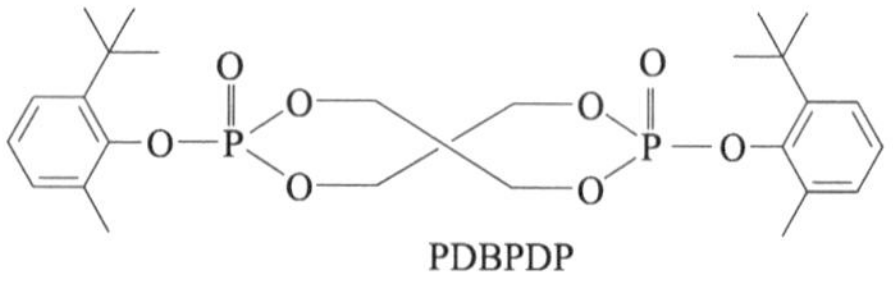　　PDBPDP

(2) DOPO类

钱立军等[78] 合成了一种新型多磷杂菲阻燃剂TDBA，将其掺入PC中，研究其阻燃性能。研究发现，TDBA 的掺入可有效提高 PC 复合材料的阻燃性。包含 10%TDBA 的 PC 复合材料 LOI 值为 33.7%，UL 94 测试达到 V-0 级。这是因为在燃烧过程中，TDBA 不仅减少了极易燃烧的 $CH_4$ 和含羰基物质的产生，而且抑制了可燃热解产物的氧化过程，并且仍促进了 PC 基体更早、更快的分解，形成大量烟雾颗粒。此外，从燃烧的 TDBA/PC 复合材料中释放出的磷杂菲片段中，PO· 和苯氧基自由基可以猝灭燃烧链式反应的活性自由基，然后抑制甚至终止燃烧的链式反应。

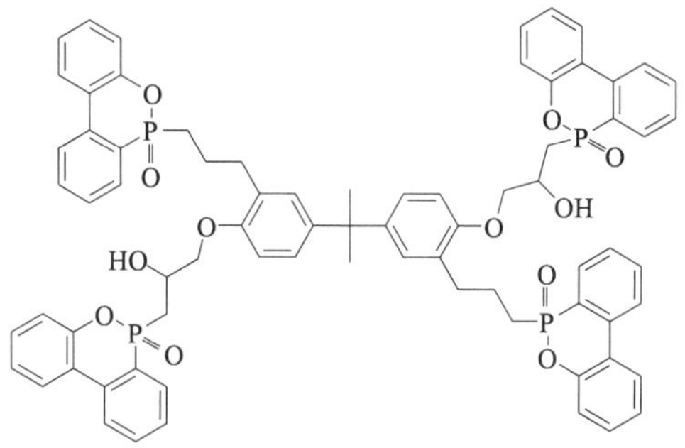

TBDA

利用 DOPO 和 2,4,6,8-四甲基-2,4,6,8-四乙烯基环四硅氧烷（MVC）可合成磷杂菲硅氧烷阻燃剂 MVC-DOPO，将不同比例的 MVC-DOPO 加入 PC 中制备了阻燃 PC 材料。表 8-16 表明，MVC-DOPO 有效地提升了阻燃 PC 的 LOI 和 UL 94 级别，6% MVC-DOPO/PC 体系的 LOI 值达到 29.6%且通过 UL 94 V-1 级，10%MVC-DOPO/PC 体系的 LOI 值达到 33.5%且通过 UL 94 V-0 级。此外，随着 PC 中 MVC-DOPO 的添加量的增加，PC 热释放速率峰值、总热释放量逐渐降低，残炭量逐渐增多。其机理是 MVC-DOPO 是通过在气相和凝聚相中共同起作用来实现对 PC 的阻燃，在气相中，磷杂菲基团释放磷氧自由基和酚类物质能够有效地猝灭自由基链式反应；而在凝聚相中，MVC-DOPO 能够促进形成黏稠的、高交联密度及数量更多的残炭，从而减少燃料的释放，提高阻隔效应。MVC-DOPO 在气相和凝聚相的共同作用下，赋予了 PC 材料优异的阻燃性能[62]。

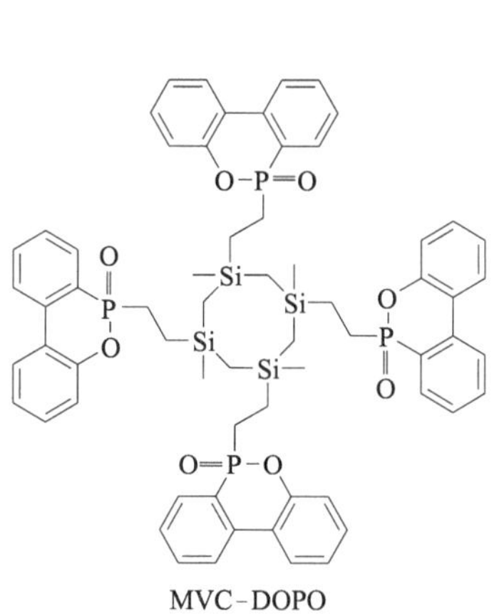

MVC-DOPO

表 8-16 MVC-DOPO/PC 材料部分测试数据

| 样品 | LOI /% | UL 94 等级 | pk-HRR /(kW/m$^2$) | THR /(MJ/m$^2$) | av-EHC /(MJ/kg$^2$) | 残炭产率 /% |
|---|---|---|---|---|---|---|
| 纯 PC | 26.4 | V-2 | 800±60 | 113±1 | 32±2 | 17±1 |
| 6%MVC-DOPO/PC | 29.2 | V-1 | 624±16 | 92±2 | 29±1 | 21±1 |
| 10%MVC-DOPO/PC | 33.5 | V-0 | 568±65 | 85±1 | 26±1 | 24±1 |

在 MVC-DOPO（后简称 MVCD）阻燃 PC 体系中引入了八苯基环四硅氧烷 OPC 作为协效剂，可进一步提高阻燃效率。结果如表 8-17 所示，添加 1%的 OPC 就能使 6%MVCD/PC 体系的 UL 94 等级从 V-1 级提升至 V-0 级，LOI 值从 29.6%提升到 30.4%。并且 1% OPC 的加入使 10%MVCD/PC 在保持 UL 94 V-0 级的同时使 LOI 从 33.5%上升到 36.2%。锥形量热仪结果表明，OPC 的加入降低了热释放速率，这是由于 OPC 与 MVCD 在凝聚相中形成了具有更好阻隔效应的炭层。

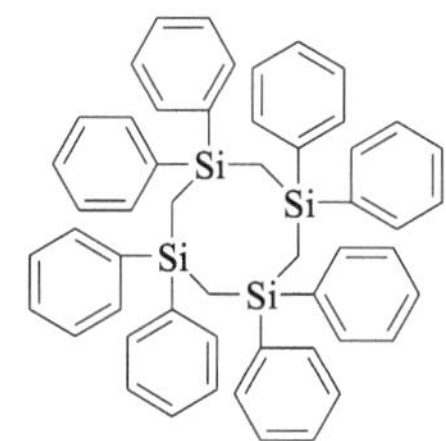


八苯基环四硅氧烷(OPC)

表 8-17 MVCD/ OPC/PC 材料部分测试数据

| 样品 | LOI /% | UL 94 等级 | pk-HRR /(kW/m$^2$) | THR /(MJ/m$^2$) | av-EHC /(MJ/kg$^2$) | 残炭产率 /% |
|---|---|---|---|---|---|---|
| PC | 26.4 | V-2 | 700±22 | 101±1 | 27±1 | 16±1 |
| 6%MVCD/PC | 29.6 | V-1 | 593±15 | 78±1 | 23±1 | 17±1 |
| 6%MVCD/1%OPC/PC | 30.4 | V-0 | 493±1 | 75±2 | 22±1 | 17±1 |
| 10%MVCD/PC | 33.5 | V-0 | 510±10 | 72±2 | 21±1 | 19±1 |
| 10%MVCD/1%OPC/PC | 36.2 | V-0 | 480±10 | 71±1 | 21±1 | 20±1 |

**(3) 磷腈类**

陈雅君等[79] 对六苯氧基环三磷腈（HPCTP）和相容剂-马来酸酐接枝聚乙烯共聚物（PE-*g*-MAH）在（PC/ABS）复合材料的热稳定性、阻燃性能和力学性能进行研究。研究发现，15%的 HPCTP 使 PC/ABS 的综合性能最好，热释放速率峰值及热释放总量均达到最小值；LOI 值为 26.4%，阻燃级别达到 UL 94 V-0 级；同时，材料的拉伸强度和缺口冲击强度分别达到55MPa和32.9kJ/m$^2$。

徐路等[80]将HPCTP与PPFBS复配应用到PC中研究其阻燃协同作用。结果表明，与单独使用HPCTP或PPFBS相比，添加极少量（0.05%）PPFBS，就能提高HPCTP的阻燃效果，使PC通过UL 94 V-0级。同时，二者的阻燃协同作用使阻燃剂的总添加量降至5%，HPCTP的添加量减少一半；添加PPFBS后，PC的成炭量显著增加，提高了HPCTP的阻燃效果。

Jiang等[81]结合环三磷腈和硅油的优点，合成了新型阻燃剂（HSPCTP），添加3%的HSPCTP，即可将材料的LOI值从25.0%增加到28.4%，并达到UL 94 V-0级。锥形量热测试的结果表明，HSPCTP在基体受热时能够较早分解从而促进PC的降解和炭化；在残炭的微观结构下，观察到了与纯PC分解时产生的多孔结构炭层不同的微球，微球的存在，促进了致密炭层的形成，与二氧化硅同PC链生成的交联结构共同提高了PC的阻燃效果。

#### 8.4.4.2 膨胀型阻燃剂

Yang等[82]将HNTP与BDP复配成膨胀阻燃体系加入PC中。研究结果表明，单独添加2%HNTP和单独添加12.5%BDP，PC材料均通过了UL 94 V-1级，LOI值分别为31%和34%。但当两种物质以该比例复配加入PC中时，通过了UL 94 V-0级，燃烧过程中无滴落现象，LOI值达到了42%。膨胀体系的热释放速率相对于单独添加这两种物质均有降低，总热释放量也相对降低。

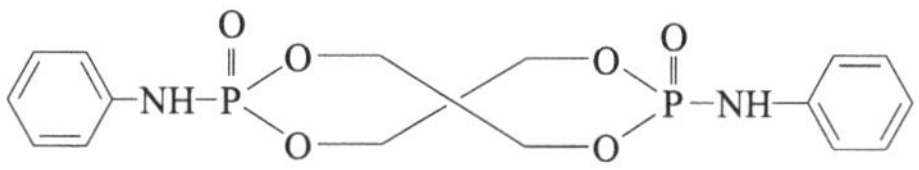

HNTP

Zhao等[83]合成了两种新型的膨胀阻燃剂BASPB和ABDPP，将其加入PC中。当1%～3%BASPB加入PC时，LOI值略有提高，UL 94依旧是V-2级；当5%BASPB加入PC时，LOI值达到了35.5%，且通过了UL 94 V-0级，燃烧过程中也无滴落现象。另一方面，ABDPP同样具有优异的阻燃效果，当5%ABDPP加入PC时，LOI值达到了34.7%且通过了UL 94 V-0级，且同样没有滴落现象。此外，二者均能有效降低热释放速率峰值和总热释放量，其阻燃机理是阻燃剂在分解过程中释放含磷物质以及磷酸，脱去体系中的水从而有效地促进体系碳化形成炭层进而起到阻燃的作用。

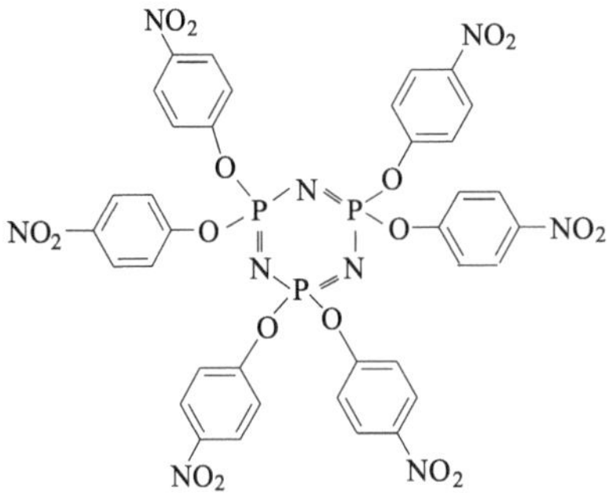

BASPB 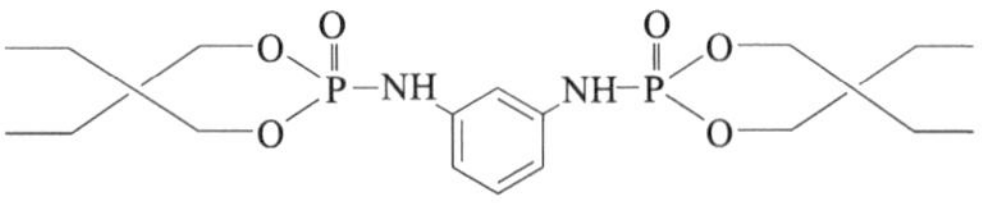　　　　ABDPP

#### 8.4.4.3 硅系阻燃剂

阻燃 PC 的新型阻燃剂的另一个种类是有机硅氧烷类，具有优异的阻燃性能、良好的加工性能、优良的力学性能以及环境友好性，具有较广阔的发展前景。一般认为硅氧基阻燃 PC 的机理是阻燃剂在高温下形成 Si—O 和 Si—C 的多孔结构附着在表面，从而起到隔绝热量的作用，多孔结构可以吸附燃烧产生的烟和有毒气体。同时，阻燃剂在凝聚相中裂解生成的炭层，达到很好的凝聚相阻燃效果。

硅系阻燃剂按照种类可分为有机硅和无机硅阻燃剂。其中，无机硅阻燃剂主要是 $SiO_2$ 及硅酸盐，如滑石粉、蒙脱土等，大多是作为无机填料加入复合材料中作为阻燃协效剂，同时在一定程度上提高复合材料的刚度。而有机硅阻燃剂主要是硅氧烷及聚硅氧烷这两类，例如近些年研究较多的笼状倍半硅氧烷（POSS），其取代基的不同可以赋予不同的反应活性。同时，还有一些带有端羟基或端羧基等特殊官能团的硅氧烷，可以与 PC 树脂的端羟基或端羧基反应，提高阻燃性能。

Zhang 等[84] 通过一步法合成了一种新型的硅氧烷 DOPO-POSS，即将 POSS 上的 R 基团替换为 DOPO 基团，将其加入 PC 中，研究其阻燃性能。研究发现，当 6%DOPO-POSS 加入 PC 基体中，热释放速率峰值大幅度降低，总热释放量、平均有效燃烧热均有了明显的下降。DOPO-POSS 的加入使 PC 提前分解，产生更多的残炭，表现出优良的成炭性能。加入 DOPO-POSS 的 PC 材料的残炭内部从许多泡状结构变成有许多孔洞结构，这有利于材料吸收有毒气体，阻隔氧气进入，提高阻燃性能。DOPO-POSS 在燃烧过程中会产生 Si—O—Ar 和 P—O—Ar 的交联结构，能够极其有效地加强炭的热氧化稳定性，起到优秀的阻燃作用。

Yang 等[85] 研究了聚硅氧烷 PSI 和硼酸锌 ZnB 协同阻燃 PC。单独添加 14%PSI，PC 材料依旧是 V-2 级别，燃烧过程中有滴落现象；单独添加 14%ZnB，PC 材料仅为 UL 94 无级别。然而，当 4%的 PSI 与 10%的 ZnB 共同加入 PC 时，材料通过 UL 94

V-0 级，且燃烧过程中无滴落现象，展现了良好的阻燃性能。二者的协同作用可有效降低热释放速率峰值、总热释放量，使 PC 的残炭表面更加致密、膨胀。其阻燃机理为路易斯酸碱反应形成 B—O—Si 键，B 元素转移到表面的炭上，Si 和 B 元素的存在构建了更好的炭层，使材料具备良好的阻燃性能。

#### 8.4.4.4 无机阻燃剂

Karrasch A 等[86] 研究金属氢氧化物阻燃 PC/ABS 材料，研究发现，当金属氢氧化物添加量大于 60%时，PC/ABS 材料才能通过 UL 94 V-0 级，且添加金属氢氧化物后，复合材料与金属氢氧化物相容性差而导致力学性能降低。在加工过程中，由于相容性不佳，PC/ABS 材料的持续加工有一定影响，且加工过程中氢氧化物容易脱水，使复合材料表面有许多气泡产生，不利于进一步的测试研究。所以尽管金属氢氧化物或氧化物的价格低廉、环境友好，但是其阻燃效率低，与基体树脂相容性差，往往需要与其他阻燃剂进行复配提效使用。

## 参考文献

[1] 徐晓楠，杨海潮，王芳. 溴化环氧树脂协同三氧化二锑阻燃 PET 的燃烧性能及阻燃机理研究 [J]. 中国塑料，2010，04：102-106.

[2] 张杰，乔辉，丁筠，等. PET 阻燃复合材料的研究进展 [J]. 工程塑料应用，2017，45 (05)：140-144.

[3] 闫梦祥，张思源，王总帅，等. 磷系阻燃剂阻燃 PET 的研究进展 [J]. 中国塑料，2017，31 (10)：1-5.

[4] 李人杰，吕春祥. 环境友好 PET 阻燃技术的研究进展 [J]. 材料导报，2014，28 (01)：119-122.

[5] Wang J，Su X，Mao Z. The flame retardancy and thermal property of poly (ethylene terephthalate) /cyclotriphosphazene modified by montmorillonite system [J]. Polymer Degradation and Stability，2014，109 (SI)：154-161.

[6] Liu H M，Wang R，Xu X. Thermal stability and flame retardancy of PET/magnesium salt composites [J]. Polymer Degradation and Stability，2010，95 (9)：1466-1470.

[7] Baltaci B，Cakal GO，Bayram G. Surfactant modified zinc borate synthesis and its effect on the properties of PET [J]. Powder Technology，2013，244：38-44.

[8] Didane N，Giraud S，Devaux E，et al. A comparative study of POSS as synergists with zinc phosphinates for PET fire retardancy [J]. Polymer Degradation and Stability，2012，97 (3)：383-391.

[9] Si M M, Feng J, Hao J W, et al. Synergistic flame retardant effects and mechanisms of nano-$Sb_2O_3$ in combination with aluminum phosphinate in poly (ethylene terephthalate) [J]. Polymer Degradation and Stability, 2014, 100: 70-78.

[10] 刘鑫鑫，钱立军，汤朔. 磷杂菲化合物复合烷基次磷酸阻燃涤纶织物的研究 [J]. 塑料工业，2017，45 (06)：116-121.

[11] 汪娇宁，苏兴勇，雅兰，等. 环三磷腈衍生物的合成及其在 PET 阻燃中的应用 [J]. 中国塑料，2014，28 (11)：65-69.

[12] Liu H M, Wang R, Xu X. Static and dynamic mechanical properties of flame-retardant copolyester/nano-$ZnCO_3$ composites [J]. Journal of Applied Polymer Science, 2011, 121 (6): 3131-3136.

[13] 马萌，朱志国，魏丽菲，等. 磷系阻燃剂/硼酸锌复合阻燃 PET 的制备及性能研究 [J]. 合成纤维工业，2016，39 (03)：21-25.

[14] 黄金印. 双苯基氧化膦阻燃 PET 纤维的可行性研究 [J]. 武警学院学报，1999，2：25-27.

[15] 黄璐，王朝生，王春雨，等. 含磷硅阻燃 PET 的制备及其结构与性能研究 [J]. 合成纤维工业，2016，37 (7)：33-36.

[16] 徐晓楠. 溴化环氧树脂协同三氧化二锑阻燃 PBT 的性能研究 [J]. 塑料科技，2009，38 (2)：39-43.

[17] 王少君，李淑杰，郭运华，等. 环保阻燃增强 PBT 的研制及应用 [J]. 工程塑料应用，2006，34 (12)：42-46.

[18] 李荣勋，李超勤，李少香，等. 十溴二苯乙烷协同三氧化二锑阻燃聚对苯二甲酸丁二醇酯 [J]. 塑料工业，2004，32 (5)：5-7.

[19] 许博，钱立军. 阻燃 PBT 用磷系阻燃剂的研究进展 [J]. 工程塑料应用，2016，44 (1)：119-124.

[20] 赵婉，何敏，张道海，等. 磷系阻燃剂阻燃 PBT 复合材料的研究进展 [J]. 现代塑料加工应用，2016，28 (05)：48-51.

[21] 蔡挺松，郭奋，陈建峰. 纳米改性氢氧化铝与包覆红磷协效阻燃 PBT 的研究 [J]. 高分子材料科学与工程，2006，06：205-208.

[22] 陶国良，张发新，夏艳平，等. AlPi 和 MPP 协同阻燃 PBT 的研究 [J]. 现代塑料加工应用，2014，26 (01)：52-55.

[23] 徐应林. 磷基阻燃剂对 PBT 阻燃性的影响 [J]. 塑料，2013，05：65-68.

[24] 徐建中，刘欣，屈红强，等. 次磷酸盐阻燃剂的合成及其在 PBT 中的应用 [J]. 塑料科技，2013，41 (11)：90-95.

[25] Xiao J, Hu Y, Yang L, et al. Fire retardant syner-gism between melamine and triphenyl phosphate in poly (butylene terephthalate) [J]. Polymer Degradation and Stability, 2006, 91 (9):

2093-2100.

[26] 徐建中，刘欣，屈红强．次磷酸铝与 Trimer 协效阻燃 PBT 的研究［C］．2013 年全国阻燃学术年会会议论文集，2013：66-70.

[27] Klatt M，Heitz T，Gareiss B. Flame-proof thermoplastic moulding materials［P］. US：6306941，2001-10-23.

[28] 李琳珊，陈雅君，鞠蕊，等．含磷阻燃剂阻燃聚氨酯的研究进展［J］．塑料，2018，47（03）：103-109.

[29] Sullalti S，Colonna M，Berti C，et al. Effect of phosphorus based flame retardants on UL 94 and comparative tracking index properties of poly（butylene terephthalate）［J］. Polymer Degradation and Stability，2012，97（4）：566-572.

[30] Levchik GF，Grigoriev YV，Balabanovich AI，et al. Phosphorus-nitrogen containing fire retardants for poly（butylene terephthalate）［C］. Polymer International，2000，49：1905.

[31] Brehme S，Schartel B，Bykov Y，et al. Flame retardancy mechanisms and performance of a halogen-free phosphorus polyester in PBT［J］. Polymer Degradation and Stability，2011，96：875-884.

[32] 郑成，肖荔人，钱庆荣，等．聚酯树脂阻燃剂的研究进展［J］．精细石油化工进展，2013，14（02）：50-55.

[33] 叶龙健，钱立军，王澜，等．硅系阻燃剂研究进展［J］．中国塑料，2009，23（11）：7-14.

[34] 董信．多硅酸酯阻燃剂的合成与应用研究［D］．苏州：苏州科技学院，2014.

[35] Verhoogt H，de Moor J J，Khourt F F，et al. Flame retardantpolyester composition［P］. EP：0899301，1999-03-03.

[36] Gareiss B，Schlichting K. Flameproof thermoplastic molding materials［P］. US：5298547，1994-03-29.

[37] Brink T，De Graaf S A G. Polyethylene terephthalate molding composition having reduced flammability，and molded products made therefrom［P］. US：4356281，1982-10-26.

[38] 曹艳芳．含磷阻燃剂复合体系阻燃聚酰胺材料的研究［D］．北京：北京工商大学，2018.

[39] Zhou D F，Qi F，Chen X L，et al. Effect of brominated epoxy resins on the thermal stability and flame retardancy of long-glass-fiber reinforced polyamide 6［J］. International Polymer Processing，2016，31（4）：482-490.

[40] 吕文晏．本质阻燃 PA66 及其复合材料的研究［D］．南京航空航天大学，2016.

[41] Horrocks A R，Smart G，Kandola B，et al. Zinc stannate interactions with flame retardants in polyamides；Part1：Synergieswith organobromine-containing flame retardants inpolyamides6（PA6）and 6. 6（PA6. 6）［J］. Polymer Degradation and Stability，2012，97（12）：2503-2510.

[42] Tang S，Qian L J，Qiu Y，et al. The effect of morphology on the flame-retardant behaviors of

melamine cyanurate in PA6 composites [J]. Journal of Applied Polymer Science, 2014, 131 (15): 40558.

[43] Li Y Y, Liu K, Xiao R. Preparation and characterization of flame-retarded polyamide 66 with melamine cyanurate by in situ, polymerization [J]. Macromolecular Research, 2017, 25 (8): 779-785.

[44] 王章郁，刘渊，王琪. 固体酸协同 MPP 对 GF 增强 PA6 的阻燃性研究 [J]. 现代塑料加工应用，2007，04：31-34.

[45] 王建荣，刘治国，欧育湘，等. 聚磷酸三聚氰胺阻燃玻纤增强 PA66 和 PA6 的区别 [J]. 北京理工大学学报，2004，24 (10)：920-923.

[46] Tang W, Cao Y F, Qian L J, et al. Synergistic charring flame retardant behavior of polyimide and melamine polyphosphate in glass fiber reinforced polyamide 66 [J]. Polymers, 2019, 11 (11): 1851.

[47] 刘典典，冉进成，赖学军，等. 聚苯醚与红磷母粒无卤阻燃玻纤增强 PA46 的研究 [J]. 塑料工业，2013，41 (7)：91-94.

[48] Liu Y, Wang Q. Melamine cyanurate-microencapsulated red phosphorus flame retardant unreinforced and glass fiber reinforced polyamide 66 [J]. Polymer Degradation and Stability, 2006, 91 (12): 3103-3109.

[49] Ge H, Tang G, Hu W Z, et al. Aluminum hypophosphite microencapsulated to improve its safety and application to flame retardant polyamide 6 [J]. Journal of Hazardous Materials, 2015, 294: 186-194.

[50] Tang W, Cao Y F, Qian L J, et al. Synergistic charring flame-retardant behavior of polyimide and melamine polyphosphate in glass fiber-reinforced polyamide 66 [J]. Polymers, 2019, 11 (11): 1851.

[51] 程宝发，马腾昊，李向梅，等. 聚酰胺 6/二乙基次磷酸铝复合材料的阻燃性能 [J]. 合成树脂及塑料，2016，33 (04)：24-28.

[52] Feng H S, Qiu Y, Qian L J, et al. Flame inhibition and charring effect of aromatic polyimide and aluminum diethylphosphinate in polyamide 6 [J]. Polymers, 2019, 11 (1): 74.

[53] Cao Y F, Qian L J, Chen Y J, et al. Synergistic flame-retardant effect of phosphaphenanthrene derivative and aluminum diethylphosphinate in glass fiber reinforced polyamide 66 [J]. Journal of Applied Polymer Science, 2017, 134 (30): 45126.

[54] Zhu J W, Shentu X Y, Xu X, et al. Preparation of graphene oxide modified glass fibers and their application in flame retardant polyamide 6 [J]. Polymers for Advanced Technologies, 2020, 31 (8): 1709-1718.

[55] Guo Z, Wang C, Li J, et al. Microintumescent flame retardant polyamide 6 based on cyclic

phosphate grafting phenol formaldehyde [J]. Polymers for Advanced Technologies, 2016, 27 (7): 955-963.

[56] Jin X D, Sun J, Zhang J S Q, Gu X Y, Serge Bourbigot, Li H F, Tang W F, Zhang S. Preparation of a novel intumescent flame retardant based on supramolecular interactions and its application in polyamide 11 [J]. ACS Applied Materials and Interfaces, 2017, 9 (29): 24964-24975.

[57] 吕文晏, 崔益华, 张绪杰, 等. P-N 膨胀阻燃剂化学阻燃尼龙 66 树脂 [J]. 塑料, 2016, 45 (1): 60-63.

[58] 吕文晏, 崔益华, 张绪杰, 等. 反应性 P-N 膨胀阻燃剂化学阻燃尼龙 66 的研究 [J]. 工程塑料应用, 2015 (7): 20-24.

[59] Yin X, Krifa M, Koo J H. Flame-retardant polyamide 6/carbon nanotube nanofibers: Processing and characterization [J]. Journal of Engineered Fibers and Fabrics, 2015, 10 (3): 1-11.

[60] Casetta M, Michaux G, Ohl B, et al. Key role of magnesium hydroxide surface treatment in the flame retardancy of glass fiber reinforced polyamide 6 [J]. Polymer Degradation and Stability, 2018, 148: 95-103.

[61] 刘岩, 张军. PA6/蒙脱土复合材料的炭层结构对阻燃性能的影响 [J]. 现代塑料加工应用, 2012, 24 (2): 12-15.

[62] 倪沛. 磷杂菲/硅氧烷双基协同阻燃聚碳酸酯的研究 [D]. 北京: 北京工商大学, 2018.

[63] Dang X, Bai X, Zhang Y. Thermal degradation behavior of low-halogen flame retardant PC/PPFBS/PDMS [J]. Journal of Applied Polymer Science, 2011, 119 (5): 2730-2736.

[64] Wang Y Z, Yi B, Wu B, et al. Thermal behaviors of flame-retardant polycarbonates containing diphenyl sulfonate and poly (sulfonyl phenylene phosphonate) [J]. Journal of Applied Polymer Science, 2003, 89 (4): 882-889.

[65] 唐荣芝, 何航, 马雅琳, 等. 聚碳酸酯用阻燃剂研究进展 [J]. 四川化工, 2019, 22 (04): 14-17.

[66] Pawlowski K H, Schartel B. Flame retardancy mechanisms of aryl phosphates in combination with boehmite in bisphenol A polycarbonate/acrylonitrile - butadiene - styrene blends [J]. Polymer Degradation and Stability, 2008, 93 (3): 657-667.

[67] Liu S M, Jiang L, Jiang Z J, et al. The impact of resorcinol bis (diphenyl phosphate) and poly (phenylene ether) on flame retardancy of PC/PBT blends [J]. Polymers for Advanced Technologies, 2011, 22 (12): 2392-2402.

[68] Tang Z L, Li Y N, Zhang Y J, et al. Oligomeric siloxane containing triphenylphosphonium phosphate as a novel flame retardant for polycarbonate [J]. Polymer Degradation and Stability, 2012, 97 (4): 638-644.

[69] Vothi H, Nguyen C, Lee K, et al. Thermal stability and flame retardancy of novel phlorogluci-

nol based organo phosphorus compound [J]. Polymer Degradation and Stability, 2010, 95 (6): 1092-1098.

[70] Perret B, Pawlowski K H, Schartel B. Fire retardancy mechanisms of arylphosphates in polycarbonate (PC) and PC/acrylonitrile-butadiene-styrene [J]. Journal of Thermal Analysis and Calorimetry, 2009, 97 (3): 949-958.

[71] Pawlowski K H, Schartel B. Flame retardancy mechanisms of triphenyl phosphate, resorcinol bis (diphenyl phosphate) and bisphenol A bis (diphenyl phosphate) in polycarbonate/acrylonitrile - butadiene - styrene blends [J]. Polymer International, 2007, 56 (11): 1404-1414.

[72] 严敏仪，刘述梅，赵建青. 滑石粉和间苯二酚双（二苯基磷酸酯）协效阻燃 PC/ABS 合金的研究 [J]. 广东化工，2020，47 (08)：1-4.

[73] Liu S M, Jiang L, Jiang Z L, et al. The impact of resorcinol bis (diphenyl phosphate) and poly (phenylene ether) on flame retardancy of PC/PBT blends [J]. Polymers for Advanced Technologies, 2011, 22 (12): 2392-2402.

[74] 荆洁，刘书艳，孙来来，等. 芳磺酸盐与 BDP 协同阻燃聚碳酸酯的性能研究 [J]. 塑料科技，2015，43 (08)：38-42.

[75] Pawlowski K H, Schartel B, Fichera M A, et al. Flame retardancy mechanisms of bisphenol A bis (diphenyl phosphate) in combination with zinc borate in bisphenol A polycarbonate/acrylonitrile - butadiene - styrene blends [J]. Thermochimica Acta, 2010, 498 (1-2): 92-99.

[76] Zhao W, Li B, Xu M J. Effect of phosphorus compounds on flame retardancy and thermal degradation of polycarbonate and acrylonitrile - butadiene - styrene [J]. Journal of Macromolecular Science Part B, 2012, 51 (11): 2141-2156.

[77] Huang K, Yao Q. Rigid and steric hindering bisphosphate flame retardants for polycarbonate [J]. Polymer Degradation and Stability, 2015, 113: 86-94.

[78] Qiu Y, Liu Z, Qian L J, et al. Pyrolysis and flame retardant behavior of a novel compound with multiple phosphaphenanthrene groups in epoxy thermosets [J]. Journal of Analytical and Applied Pyrolysis, 2017, 127: 23-30.

[79] 李琳珊，陈雅君，李琢，等. 六苯氧基环三磷腈阻燃 PC/ABS 合金及其高性能化研究 [J]. 中国塑料，2018，32 (12)：49-55.

[80] 徐路，王玉冲，刘雨佳，等. 六苯氧基环三磷腈/全氟丁基磺酸钾协同阻燃 PC [J]. 塑料工业，2014，42 (04)：101-105+123.

[81] Jiang J C, Wang Y B, Luo Z L, et al. Design and application of highly ecient flame retardants for polycarbonate combining the advantages of cyclotriphosphazene and silicone oil [J]. Polymers, 2019, 11 (7): 1155.

[82] Yang Y, Kong W, Cai X. Two phosphorous-containing flame retardant form a novel intumes-

cent flame-retardant system with polycarbonate [J]. Polymer Degradation and Stability, 2016, 134: 136-143.

[83] Zhao W, Li B, Xu M J, et al. Novel intumescent flame retardants: synthesis and application in polycarbonate [J]. Fire and Materials, 2012, 37 (7): 530-546.

[84] Zhang W C, Li X M, Yang R J. Flame retardant mechanisms of phosphorus-containing polyhedral oligomeric silsesquioxane (DOPO-POSS) in polycarbonate composites [J]. Journal of Applied Polymer Science. 2012, 124 (3): 1848-1857.

[85] Yang S, Lv G, Liu Y, et al. Synergism of polysiloxane and zinc borate flame retardant polycarbonate [J]. Polymer Degradation and Stability, 2013, 98 (12): 2795-2800.

[86] Karrasch A, Wawrzyn E, Schartel B, et al. Solid-state NMR on thermal and fire residues of bisphenol a polycarbonate/silicone acrylate rubber/bisphenol a bis (diphenyl-phosphate)/(PC/Si R/BDP) and PC/Si R/BDP/Zinc borate (PC/Si R/BDP/Zn B)—part I: PC charring and the impact of BDP and ZnB [J]. Polymer Degradation and Stability, 2010, 95: 2525-2533.

# 第9章 阻燃热固性树脂

## 9.1 环氧树脂

### 9.1.1 环氧树脂阻燃的必要性

环氧树脂具有良好的黏结性、耐热性、密封性、电绝缘性以及耐化学腐蚀性等优良特性，被广泛地应用于电子电器、机械制造、建筑建材、航空航天等重要的国民经济领域[1-3]。由于环氧树脂的极限氧指数（LOI）值仅为19%左右，阻燃性较差，易于燃烧，并且难以自熄，这些缺点使其在很多领域的使用过程中都受到了限制。比如，环氧树脂一个重要用途是胶黏剂，可以用来制作灌封绝缘材料、电子电器覆铜板原料、环氧树脂玻璃钢材料等。由于大多数环氧树脂具有易燃性，极大地限制了其在电子电器等对阻燃性能要求较高领域的应用[4-6]，因此在电子电器领域中的覆铜箔层压板、封装晶体管和集成电路等半导体器件的封装材料和黏结剂中使用的环氧树脂都需要添加阻燃剂或制备成本质阻燃的环氧树脂材料。

### 9.1.2 环氧树脂的阻燃方法

不同种类的环氧树脂具有不同的化学结构，导致阻燃要求不同；环氧树脂在固化过程中加入不同的固化剂会影响阻燃效果；在加工过程中加入不同的填料（玻璃纤维、蒙脱土、$SiO_2$ 等）也会影响材料的阻燃效果。

目前，主要在三个方面对环氧树脂进行阻燃改性：制备本质阻燃环氧树脂；制备环氧树脂用阻燃固化剂；制备环氧树脂用添加型阻燃剂。

根据提高环氧树脂阻燃性的阻燃添加剂、本质阻燃环氧树脂或阻燃性固化剂的结构特征，大体可以将阻燃环氧树脂归纳为以下几类：卤系、磷系、磷-氮系、硅系、磷-硅系、硼系、金属化合物以及纳米材料阻燃环氧树脂。其中，卤系阻燃环氧树脂的应用最为广泛，而由于磷/氮阻燃剂结构的多样性以及无卤阻燃剂需求量的增加，磷/氮系阻燃环氧树脂目前发展十分迅速[7]。

## 9.1.3 卤系阻燃剂阻燃环氧树脂

卤系阻燃剂是最早使用的一类有机阻燃剂，有着价格低、添加量少、与基材相容性好且阻燃效率高，并能保持材料固有的理化性能等优势，是当前世界上产量和使用量最大的有机阻燃剂，卤系阻燃剂在环氧树脂的阻燃应用中占有重要的地位[8-10]。

卤系阻燃环氧树脂应用十分普遍，其阻燃效率较高，成本低，特别是在国内，卤系阻燃环氧树脂被广泛应用于电子电器等领域。通常在环氧树脂中添加使用的卤系阻燃剂有四溴双酚 A、十溴二苯乙烷、四溴邻苯二甲酸酐、二溴新戊二醇等[10]。

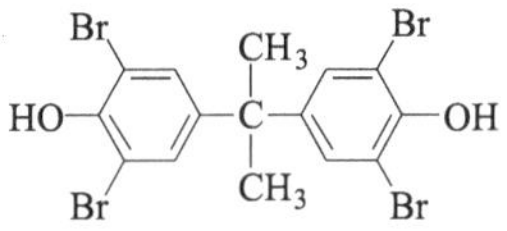

四溴双酚A 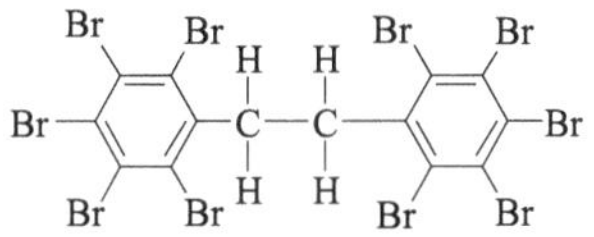　　十溴二苯乙烷

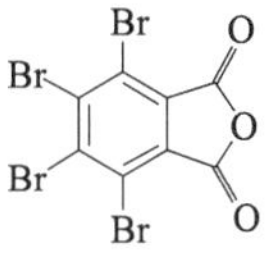

四溴邻苯二甲酸酐 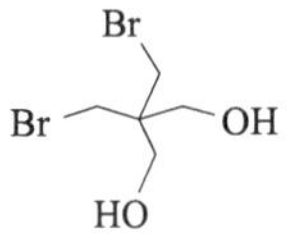　　二溴新戊二醇

从 20 世纪 70 年代开始，低分子量溴化环氧树脂作为一种性能优异的热固性阻燃材料开始被广泛生产和应用。起初其主要应用于电子线路板上，产品分子量在 800～900，溴含量在 18%～20%。低分子量溴化环氧树脂不仅具有优良的电气绝缘性能和粘接性能，还具有优异的自阻燃性能[11,12]。

比如溴化环氧树脂 DER530 的溴含量在 19%左右，用于覆铜板的溴化环氧树脂组合物，表 9-1 就是环氧树脂组合物配方之一和具体的性能参数[13]：

溴化环氧覆铜板的特性数据为：玻璃化转变温度 $T_g$ 为 140℃，剥离强度为 1.95N/mm，垂直燃烧等级达到了 UL 94 V-0 级别，热分层时间为 16min，热分解温度为 314℃。

表 9-1 环氧树脂组合物配方 单位：质量份

| 组分 | 实施例 |
| --- | --- |
| 含溴环氧树脂 DER530 | 100 |
| DICY | 3.0 |
| 2-甲基咪唑 | 0.10 |
| 水滑石颗粒 | 1 |
| 二甲基甲酰胺 | 适量 |
| 固体含量/% | 65 |

### 9.1.4 磷杂菲化合物阻燃环氧树脂

目前有关新型阻燃环氧树脂的制备研究工作则越来越多地偏向于含磷阻燃环氧树脂。含磷环氧树脂的制备大多数情况下是通过引入磷系阻燃剂或者阻燃基团完成的。磷系阻燃剂在环氧树脂的应用主要有磷杂菲化合物、磷腈化合物、磷酸酯、磷酸盐和次磷酸盐等，其中，磷杂菲类和磷腈类阻燃剂的应用最为广泛。

9,10-二氢-9-氧杂-10-磷杂菲-10-氧化物（DOPO）是一种含磷菲杂环的化合物，是阻燃环氧树脂常用的一类阻燃剂。DOPO 的结构特性赋予了磷杂菲化合物阻燃剂丰富的结构形式，使其可广泛地参与添加型阻燃剂、反应型阻燃剂、阻燃固化剂的结构构建。该类阻燃剂通常能够发挥高效的气相阻燃作用，通过在气相释放磷氧或者苯氧自由基来达到猝灭活性自由基并终止燃烧链式反应的作用[14,15]。目前，磷杂菲衍生物的制备种类繁多，已经实现工业化生产的有 DOPO-HQ、TAD 和 DOPO-HQ 酯类化合物等，该类阻燃剂通常都与环氧树脂有着良好的相容性，并且能够赋予环氧树脂优异的阻燃性能，因此磷杂菲及其衍生物在环氧树脂中的应用前景十分广阔[7,16]。

DOPO　　DOPO-HQ　　DOPO-MA

DOPO 在阻燃环氧树脂中的应用最早由王春山提出。Wang 等[17] 通过 DOPO 与环氧树脂上的环氧基团发生开环加成反应，将磷杂菲结构键接到环氧树脂上，形成含磷阻燃环氧树脂（DOPO-DGEBA），反应方程式如图 9-1 所示，4,4-二氨基二苯砜（DDS）固化的 DOPO-DGEBA/DDS 体系磷含量达到 1.6%时，阻燃级别达到 UL 94 V-0 级，极限氧指数由 22%提高至 28%，体系的玻璃化转变温度 $T_g$ 由阻燃前的 190℃降至 155℃，而采用酚醛树脂（PN）固化的 DOPO-DGEBA/PN 体系磷含量达到

2.23%时，也可以达到 UL 94 V-0，且体系的 $T_g$ 由燃烧前的151℃降到了117℃。由此可知，DOPO 能够有效地提高环氧树脂的阻燃性能，但由于 DOPO 与环氧树脂反应后，减少了环氧基团的数量，使得环氧固化物的交联度降低，热变形温度下降。热失重（TGA）测试结果显示固化环氧树脂的热稳定性随着磷含量的增加而降低，而成炭率随着磷含量的增加而增加。尽管固化物的热稳定性随着磷含量的增加而降低，相比于其他含磷聚合物，阻燃环氧树脂固化物仍然具有很高的热稳定性。

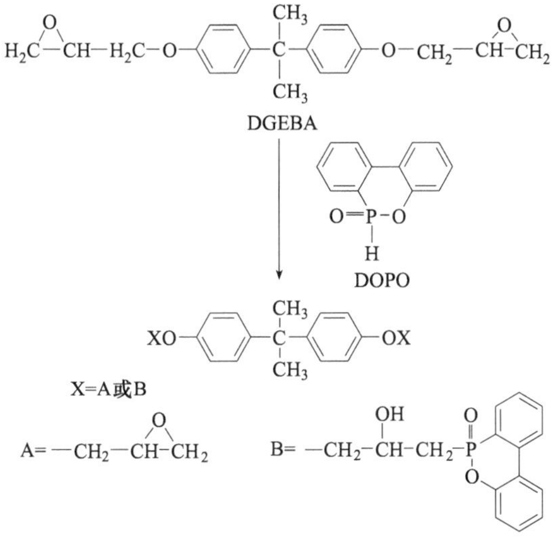

图 9-1　含磷环氧树脂的化学结构

钱立军等[18] 通过熔融法利用 DOPO 和三烯丙基异氰酸酯（TAIC）之间的加成反应成功制备了磷杂菲/三嗪双基化合物 TAD，反应方程式如图 9-2 所示。以 DDS 为固化剂，将 TAD 加入环氧树脂中制备阻燃复合材料，表 9-2 是 TAD 阻燃环氧树脂的制备配方。

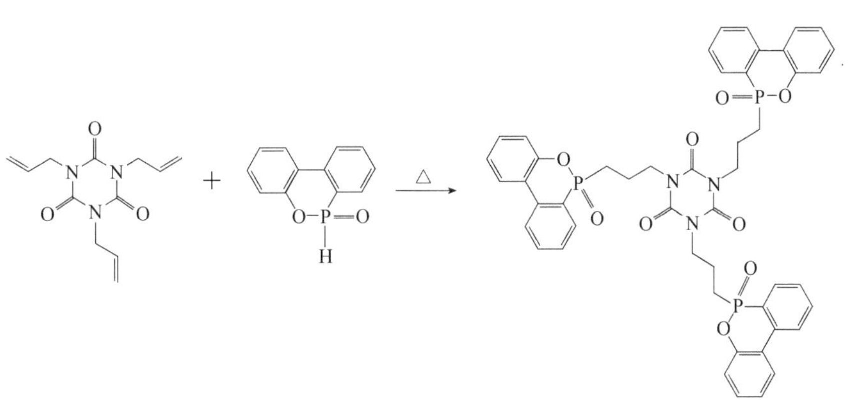

图 9-2　TAD 的合成路线图

表 9-2 TAD 阻燃环氧树脂的制备配方

| 样品 | DGEBA/g | DDS/g | TAD/g | 磷含量/% |
|---|---|---|---|---|
| EP | 100 | 31.6 | — | — |
| 6%TAD/EP | 100 | 31.6 | 8.4 | 0.62 |
| 8%TAD/EP | 100 | 31.6 | 11.4 | 0.83 |
| 10%TAD/EP | 100 | 31.6 | 14.6 | 1.03 |
| 12%TAD/EP | 100 | 31.6 | 17.9 | 1.24 |

对 TAD 阻燃环氧树脂的阻燃性能进行测试，阻燃环氧树脂的 LOI 结果和 UL 94 等级如表 9-3 所示，锥形量热仪测试结果如表 9-4 所示，图 9-3 为添加不同比例 TAD 的阻燃环氧树脂的热释放速率曲线。当 TAD 在环氧树脂中的添加量达到 10%时，复合材料的 LOI 达到 34.2%，UL 94 垂直燃烧通过 V-1 级别，体系的热释放速率峰值（pk-HRR）下降了 53.2%；当添加量达到 12%时，复合材料的 LOI 达到 33.5%，UL 94 垂直燃烧达到 V-0 级别，TAD 的添加还显著地降低了材料的平均有效燃烧热（av-EHC）、总热释放速率（THR）、平均二氧化碳产量（av-$CO_2$Y）、总质量损失（TML）等参数，且能够提升体系的残炭产率和平均一氧化碳产量（av-COY）。

进一步研究发现，当 1%OMMT 与 4%TAD 复配添加到环氧树脂中时，体系的 LOI 提升至 36.9%，UL 94 达到 V-0 级别。这是因为 TAD 的阻燃作用一部分是来自磷杂菲基团的自由基猝灭作用，另一部分是来自三嗪三酮基团的气体稀释作用，两个基团之间会产生基团协同作用；而 OMMT 可促进基体在边缘形成致密残炭，提升材料的屏障阻隔作用。两种阻燃剂复配后分别在气相和凝聚相的阻燃作用相互结合、相互促进，产生了高效的协同作用，这种两相之间的协同作用最终赋予了环氧树脂高效的阻燃性能，图 9-4 为 TAD 的阻燃机理图。

表 9-3 TAD 阻燃环氧树脂的 LOI 值和 UL 94 燃烧等级

| 样品 | UL 94 | | | LOI/%（误差范围） |
|---|---|---|---|---|
| | 等级 | av-$t_1$/s | av-$t_2$/s | |
| EP | 无级别 | 121.4 | — | 22.5(±0.3) |
| 6%TAD/EP | 无级别 | 14.1 | 16.3 | 32.4(±0.2) |
| 8%TAD/EP | V-0 | 4.2 | 9.3 | 32.6(±0.3) |
| 10%TAD/EP | V-0 | 8.3 | 7.4 | 34.2(±0.2) |
| 12%TAD/EP | V-0 | 3.9 | 3.2 | 33.5(±0.3) |

表 9-4 TAD 阻燃环氧树脂在锥形量热仪测试中的数据

| 样品 | pk-HRR /(kW/$m^2$) | THR /(MJ/$m^2$) | av-EHC /(MJ/kg) | av-COY /(kg/kg) | av-$CO_2$Y /(kg/kg) | TSR /($m^2$/$m^2$) | TML /% |
|---|---|---|---|---|---|---|---|
| EP(75～360s) | 966 | 93.9 | 25.9 | 0.08 | 2.25 | 4022 | 86.5 |
| 6%TAD/EP (55～345s) | 691 | 60.8 | 18.5 | 0.15 | 2.23 | 4445 | 81.6 |

续表

| 样品 | pk-HRR /(kW/m²) | THR /(MJ/m²) | av-EHC /(MJ/kg) | av-COY /(kg/kg) | av-$CO_2$Y /(kg/kg) | TSR /(m²/m²) | TML /% |
|---|---|---|---|---|---|---|---|
| 8%TAD/EP (60～375s) | 590 | 53.7 | 18.6 | 0.11 | 1.82 | 4495 | 80.5 |
| 10%TAD/EP (55～430s) | 452 | 57.7 | 19.3 | 0.16 | 2.13 | 4888 | 81.0 |
| 12%TAD/EP (50～275s) | 641 | 55.7 | 16.0 | 0.14 | 1.86 | 4453 | 81.5 |
| 10%TAIC/EP (55～280s) | 1306 | 122.7 | 27.0 | 0.08 | 2.26 | 4920 | 91.7 |
| 10%DOPO/EP (55～275s) | 463 | 64.8 | 20.2 | 0.14 | 1.58 | 4697 | 78.9 |
| 误差范围 | ±4.3% | ±3.4% | ±2.9% | ±4.1% | ±3.7% | ±4.7% | ±2.3% |

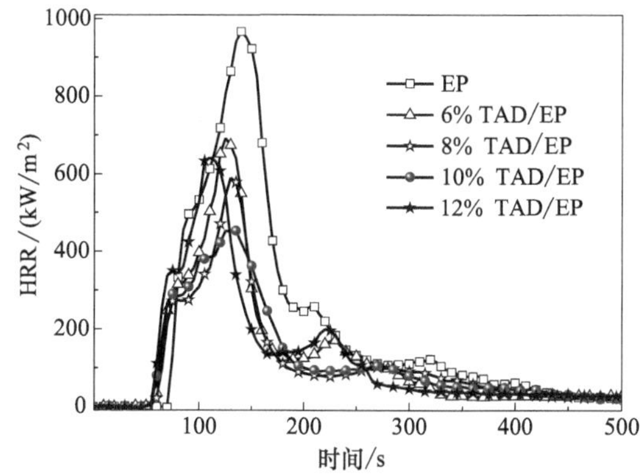


图 9-3 添加不同比例 TAD 的阻燃环氧树脂的热释放速率曲线

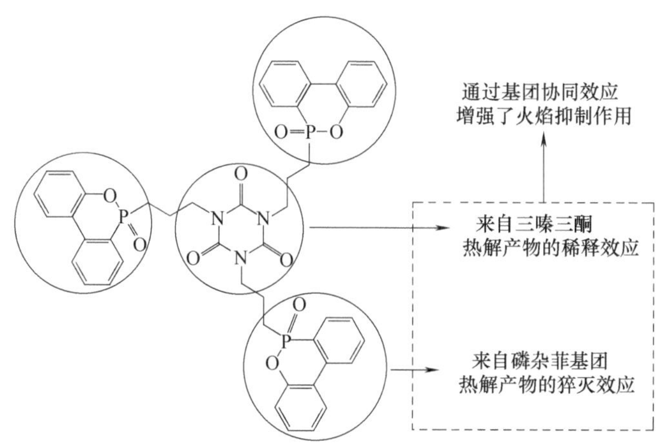


图 9-4 TAD 的阻燃机理示意图

锥形量热仪测试后，TAD 阻燃环氧树脂的残炭宏观照片如图 9-5 所示，微观电镜图片如图 9-6 所示。从图 9-5（d）中可以看出，纯环氧树脂在燃烧后形成的残炭十分少量，并且呈现出支离破碎的状态，这说明环氧树脂自身在燃烧过程中的成炭能力很弱。当 TAD 添加到环氧树脂中后，如图 9-5（a）、（b）、（c）所示，复合材料在燃烧之后能够产生更多、更厚的残炭。这意味着在环氧树脂燃烧的过程中，TAD 能够促进体系成炭。然而，所形成的炭层结构较为蓬松，内部空隙较大。这种疏松多孔的结构有助于 TAD 分解所生成的自由基的释放，进一步释放的自由基能够捕捉活泼的 OH·和 H·自由基，终止燃烧的链式反应。但是，这种疏松的结构却不能够有效地阻隔火焰、氧气以及可燃物，在凝聚相所发挥的阻隔保护环氧树脂基体的能力较差。这与锥形量热仪的测试结果是一致的，即 TAD 在气相的作用效率较高，而在凝聚相的作用效率相对较低。

(a) 6%TAD/EP (b) 10%TAD/EP (c) 12%TAD/EP (d) EP

图 9-5 TAD 阻燃环氧树脂燃烧后残炭的宏观照片

从扫描电镜的图片中可以更加清晰地观察到炭层的膨胀结构。从图 9-6 中可以看出，所有样品的残炭表面都显露着大小不一、数量不等的孔洞。这种孔洞有利于自由基的释放和扩散，但不利于对火焰的阻隔和对基体的保护。此外，除了 12%TAD/EP 样品之外，其他阻燃样品残炭的表面都有一些附着薄膜的孔洞，这些孔洞是气体冲击柔韧的炭层而形成的。显而易见，柔韧且封闭的炭层能够有效地起到保护基材、隔绝火焰的作用。而 12%TAD/EP 样品的残炭表面则全都显露出破碎的孔洞，很显然，表面破碎的炭层不能有效地隔绝火焰和氧气。这说明了当 TAD 的添加量为 12%时，体系的凝聚相阻隔作用反而减弱。这也从微观层面解释了为什么 12%TAD/EP 样品的 pk-HRR 值

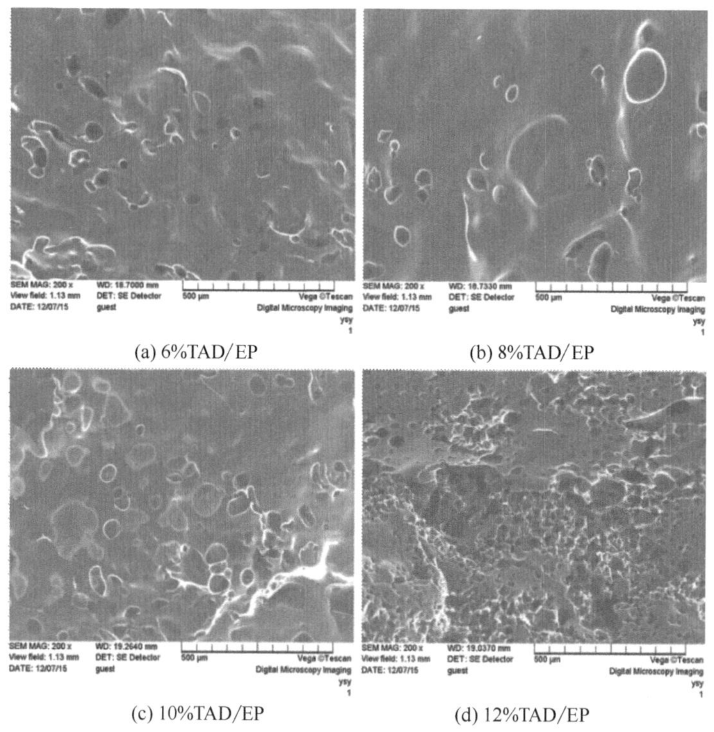

(a) 6%TAD/EP (b) 8%TAD/EP

(c) 10%TAD/EP (d) 12%TAD/EP

图 9-6 TAD阻燃环氧树脂燃烧后残炭的电镜图片

要高于 10%TAD/EP，也进一步说明了只有适量的 TAD 添加到环氧树脂中时，材料才能表现出优异的阻燃性能。

环氧树脂的透明性对其在涂料和胶黏方面的应用十分重要。制备的 TAD/EP 复合材料照片如图 9-7 所示。从图 9-7 中可以清楚地看出，当 TAD 添加到环氧树脂中后，对于环氧树脂的透明性几乎没有任何影响，这是由 TAD 自身的物理性能决定的。TAD 属于非晶物质，在高温下能够熔化，且在低温下呈现出透明的状态，当 TAD 添加到环

(a) 纯 EP

(b)10%TAD/EP

图 9-7 环氧树脂复合材料的照片

氧树脂中后，与环氧树脂的相容性很好，对于环氧树脂的透明性没有影响。

除了作为阻燃剂，DOPO还能够参与环氧树脂阻燃固化剂的构建，DOPO分子结构上的P—H能够与环氧基团、醌、酮、醛基、碳-碳双键、碳-氮双键以及碳-氮三键等不饱和基团发生加成反应，从而形成丰富多样的阻燃固化剂[19-22]，所形成的固化剂往往与环氧树脂的相容性较好，其优势就是能够不引入第三种成分做到节省成本的同时提升材料的阻燃性能。

除了添加型磷杂菲阻燃剂，制备含有氨基结构的磷杂菲化合物同时也可以作为阻燃固化剂使用。例如含有双磷杂菲基团的生物基阻燃剂（FPD）[23]，结构式如图9-8所示，以DDM为固化剂，FPD为共固化剂一同固化双酚A二缩水甘油醚型环氧树脂，获得了具有优异的阻燃性能和力学性能的阻燃环氧树脂体系，阻燃环氧树脂配方如表9-5所示。当添加5%的阻燃剂时（磷含量仅为0.45%），就可以获得35.7%的LOI值并且达到UL 94 V-0级别，相比于纯环氧树脂，5%FPD/EP展现出显著的吹熄效应，能够有效地加强环氧树脂基体离火自熄性能，如图9-9所示。从图9-10环氧树脂固化物的冲击强度测试结果中可见，FPD中的亚氨基与环氧基团发生交联反应，提高了阻燃体系的交联程度，因而明显提高了EP的冲击强度，3% FPD/EP冲击强度相比于纯EP增加了89.1%。

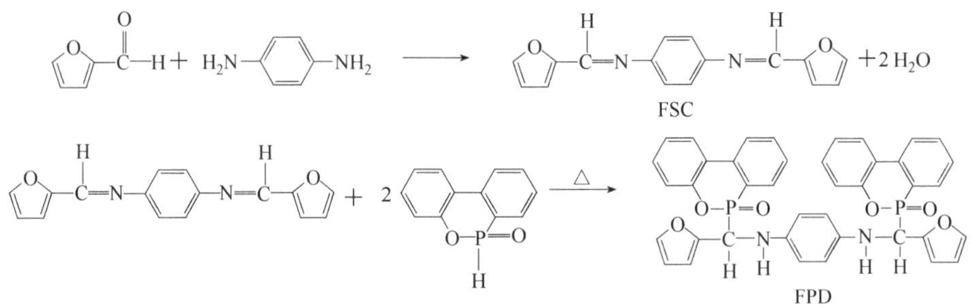

图9-8　FPD合成反应方程式

**表9-5　FPD阻燃环氧树脂固化物的制备配方**

| 样品 | DGEBA /g | DDM /g | FPD /g | P /% | N /% |
|---|---|---|---|---|---|
| EP | 100 | 25.30 | — | — | — |
| 2% FPD/EP | 100 | 24.94 | 2.55 | 0.18 | 0.08 |
| 3% FPD/EP | 100 | 24.75 | 3.86 | 0.27 | 0.12 |
| 4% FPD/EP | 100 | 24.56 | 5.18 | 0.36 | 0.16 |
| 5% FPD/EP | 100 | 24.37 | 6.53 | 0.45 | 0.20 |
| 6% FPD/EP | 100 | 24.17 | 7.93 | 0.53 | 0.24 |

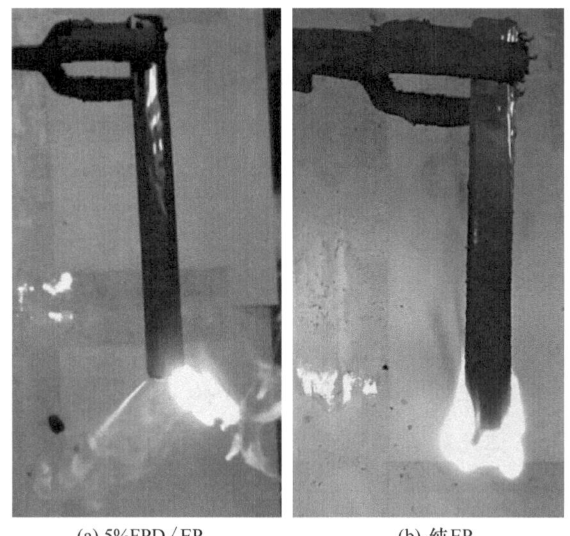

(a) 5%FPD/EP (b) 纯EP

图 9-9 FPD 阻燃环氧树脂垂直燃烧测试时照片

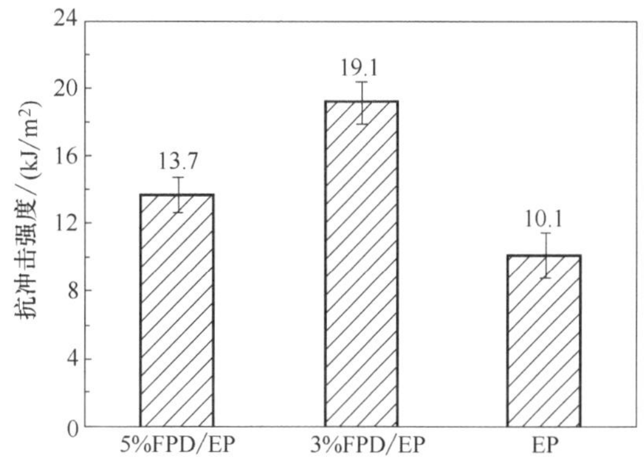


图 9-10 FPD 阻燃环氧树脂的冲击强度

制备含磷杂菲基团固化剂，除了引入可反应的氨基基团，还可以引入例如碳碳双键等可反应结构，有助于提高环氧树脂的综合力学性能。含碳碳双键的生物基含氮磷杂菲衍生物阻燃固化剂 DCAD[24]，如图 9-11 所示。当 DCAD 在环氧树脂中添加量为 4%

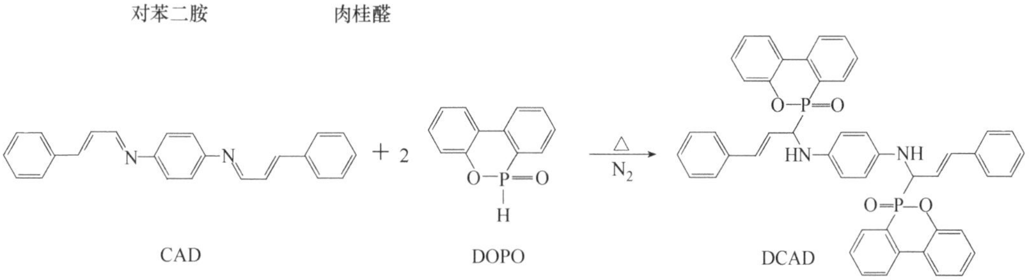

$H_2N$—C₆H₄—$NH_2$ + 2 肉桂醛（CHO） ⟶ CAD

对苯二胺 肉桂醛

CAD + 2 DOPO $\xrightarrow[N_2]{\triangle}$ DCAD

CAD DOPO DCAD

图 9-11 DCAD 合成反应方程式

时，环氧树脂 LOI 值为 35.6%，且通过 UL 94 V-0 级别，同时环氧树脂的冲击强度由 14.59kJ/m$^2$ 提升到了 25.74kJ/m$^2$。这是因为 DCAD/EP 具有气相猝灭作用和凝聚相即时成炭效应，从而提升环氧树脂阻燃能力；而碳碳双键结构能够提升交联密度，是 DCAD 改善环氧树脂力学性能的关键因素。

## 9.1.5 磷腈阻燃环氧树脂

磷腈基团受热分解能够生成磷酸、偏磷酸等强酸，可发挥促进聚合物体系成炭的作用，同时其释放的惰性气体还能够起到气相稀释作用。目前工业上最成熟的磷腈阻燃剂为六苯氧基环三磷腈。

孙楠等[25] 将环氧树脂加热至 185℃，然后与 DDS、六苯氧基环三磷腈（HPCP）混合并迅速搅拌均匀，在 0.09MPa 负压下对混合物进行除气后，将混合物浇入模具中，150℃下固化 3h，再在 180℃下固化 5h，制得样品 HPCP/EP。样品组分比例为：E-51 树脂 100.0g，DDS 30.0g，HPCP 12.8g；环氧树脂磷含量 1.20%。

通过对比 HPCP 阻燃的环氧树脂和纯环氧树脂固化物的 LOI 值发现（图 9-12），HPCP 阻燃环氧树脂的 LOI 值明显提高，从 22.5%提升至 29.4%；进一步对比阻燃环氧树脂和纯环氧树脂固化物的锥形量热仪数据，其热释放速率的峰值降低幅度达 47.8%，总热释放量从纯环氧树脂的 98.9MJ/m$^2$ 下降到阻燃 HPCP/EP 的 60.0 MJ/m$^2$，点燃时间从纯环氧树脂的 70s 提前到 HPCP/EP 样品的 51s。综上研究，确定 HPCP 具有以下作用：点燃时间提前证实 HPCP 促进了环氧树脂固化物的提前分解；LOI 值、热释放速率峰值和总热释放量的减少证实 HPCP 提高了环氧树脂的阻燃性能，并有效地降低了环氧树脂燃烧分解的强度。

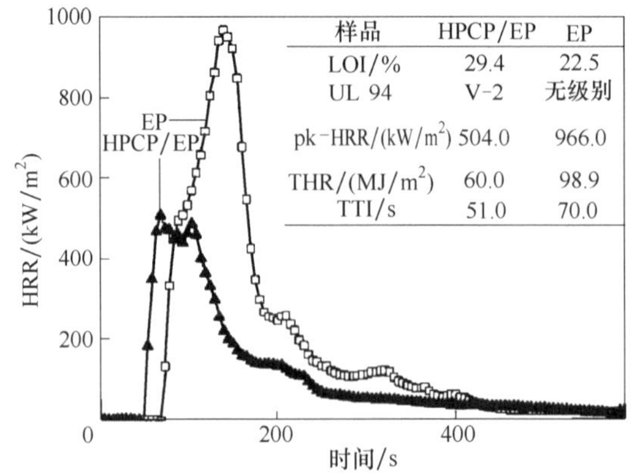


| 样品 | HPCP/EP | EP |
|---|---|---|
| LOI/% | 29.4 | 22.5 |
| UL 94 | V-2 | 无级别 |
| pk-HRR/(kW/m$^2$) | 504.0 | 966.0 |
| THR/(MJ/m$^2$) | 60.0 | 98.9 |
| TTI/s | 51.0 | 70.0 |

图 9-12 HPCP 阻燃环氧树脂的热释放速率曲线及相关测试数据

HPCP可以明显提高环氧树脂的LOI值、降低热释放速率峰值、总热释放量并提高残炭产率。这是由于HPCP在受热后首先开始分解，产生苯氧基自由基和其他含磷分子碎片，从而诱导环氧树脂基体加速分解释放以双酚A结构为主体的大分子碎片，并导致其基体分解温度和点燃时间明显提前；HPCP通过苯氧基自由基和其他含磷分子碎片猝灭和结合基体释放的大分子碎片，能够减少环氧树脂基体向气相分解释放可燃性物质的数量，更多地形成富含芳基的残炭，从而降低整个热分解过程的热释放强度和数量。而HPCP产生的一部分苯氧基及其歧化产物仍将被释放到气相中，发挥其猝灭和抑制可燃性自由基燃烧反应的作用，降低燃烧的强度和减少热量的释放。如图9-13 HPCP的热解路径所示，可以看出HPCP分别从气相和凝聚相两个方面共同来发挥阻燃作用。

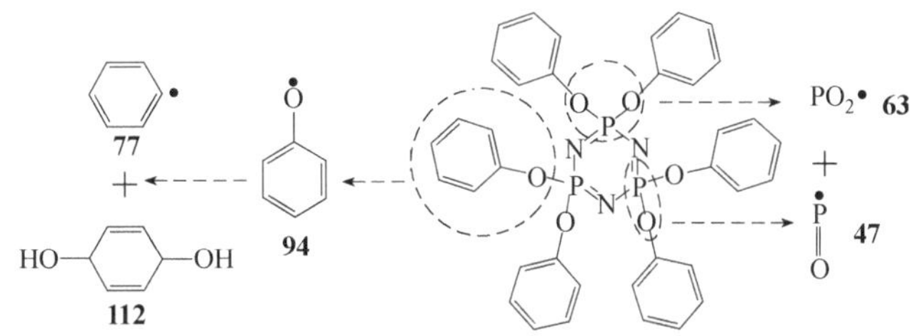


图9-13 HPCP的热解路径

## 9.1.6 磷/硅系阻燃环氧树脂

目前，磷/硅系阻燃环氧树脂的研究工作主要是采用硅氧烷、倍半硅氧烷等含硅结构化合物和磷杂菲、磷酸酯等含磷结构化合物构建的新型磷/硅阻燃剂或阻燃剂复配体系。该类体系目前处于研究阶段，尚无成熟的工业化产品出现。

邱勇等[26] 制备了三种不同聚合度的二反应官能度磷杂菲/硅氧烷双基低聚物DDSi-$n$，图9-14为DDSi-$n$的制备方程，并将DDSi-$n$键接到环氧树脂固化物交联网络中，探索了DDSi-$n$阻燃和增韧环氧树脂的行为与机理。研究发现，DDSi-$n$同时提高了环氧树脂固化物的阻燃性能和抗冲击性能；8%DDSi-1/EP的LOI达到35.9%，并通过UL 94 V-1级，而8%DDSi-2/EP和8%DDSi-5/EP的LOI分别达到34.8%和33.0%，且都通过了UL 94 V-0级；表9-6为DDSi-$n$阻燃环氧树脂固化物的锥形量热仪燃烧试验参数，与纯EP相比，8%DDSi-1/EP的pk-HRR、av-EHC以及THR分别下降了47.7%、27.1%以及34.0%，冲击强度提高了140%。其阻燃增韧机理如图9-15：在提升阻燃性能方面，DDSi-$n$中磷杂菲基团的裂解产物在猝灭树脂基体裂解、燃烧过程的

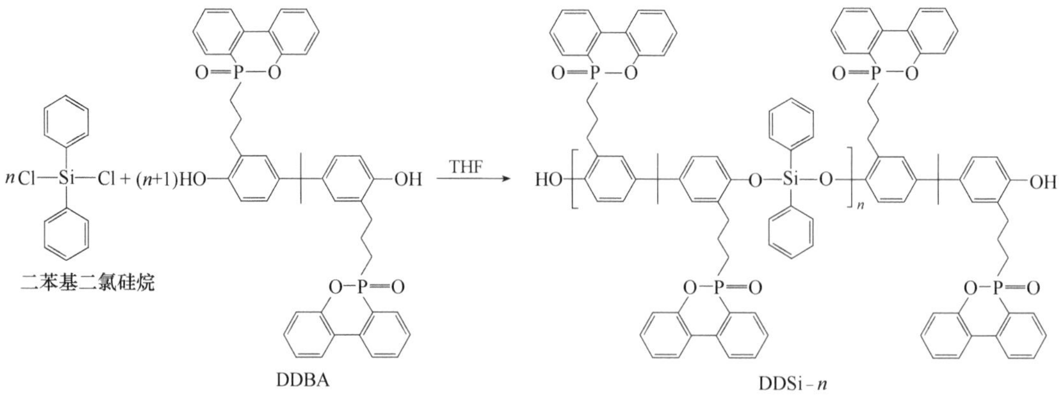

图 9-14　DDSi-$n$ 的制备方程

**表 9-6　DDSi-$n$ 阻燃环氧树脂固化物的锥形量热仪燃烧试验参数**

| 样品 | TTI /s | pk-HRR /(kW/m²) | av-EHC /(MJ/kg) | THR /(MJ/m²) | TSP /m² | av-COY /(kg/kg) | $R_{600s}$ /% |
|---|---|---|---|---|---|---|---|
| EP | 56 | 1420 | 29.9 | 144 | 52.2 | 0.13 | 7.7 |
| 4%DDSi-1/EP | 61 | 1115 | 23.4 | 105 | 48.1 | 0.12 | 12.0 |
| 6%DDSi-1/EP | 55 | 907 | 22.6 | 101 | 48.8 | 0.13 | 14.1 |
| 8%DDSi-1/EP | 58 | 743 | 21.8 | 95 | 48.7 | 0.14 | 16.1 |
| 8%DDSi-2/EP | 62 | 779 | 22.2 | 98 | 52.0 | 0.15 | 15.6 |
| 8%DDSi-5/EP | 54 | 892 | 21.8 | 95 | 49.5 | 0.14 | 13.7 |
| 7.2%DDBA/EP | 56 | 1097 | 22.7 | 99 | 54.4 | 0.16 | 13.6 |
| 4.8%DBAS/EP | 53 | 1220 | 25.9 | 124 | 53.4 | 0.11 | 5.7 |

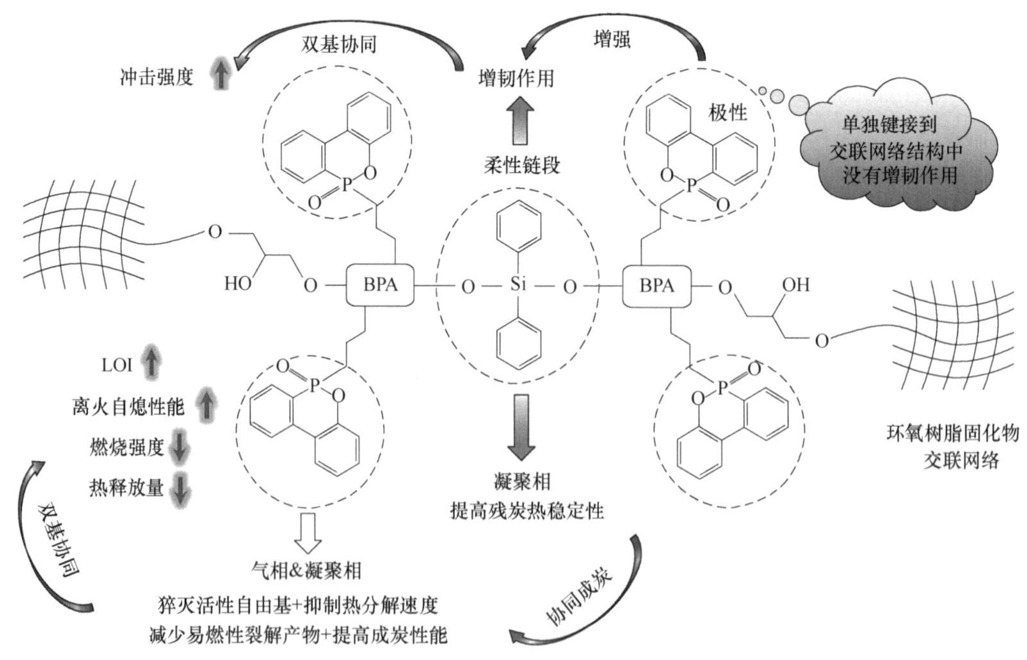


图 9-15　DDSi-$n$ 在环氧树脂固化物中的阻燃增韧机理示意图

活性自由基，降低树脂基体的热分解速率，减少树脂基体裂解生成易燃性含羰基碎片的同时，DDSi-*n* 中硅氧烷基团裂解生成的耐热氧化硅氧化物与磷杂菲基团作用生成的含磷残炭相结合，促进树脂基体生成了热稳定性更高的致密残炭，提高了树脂基体的成炭量和炭层阻隔作用。在提升抗冲击性能方面，DDSi-*n* 中的柔性硅氧烷链段在环氧树脂固化物中发挥了主要的增韧作用，而极性磷杂菲基团的共同作用进一步提高了硅氧烷链段的增韧效率，赋予了 DDSi-*n* 在环氧树脂固化物中优异的增韧作用。

邱勇等[27] 还制备了两种多反应官能度磷杂菲/硅氧烷双基大分子 TriDSi 和 TetraDSi（图 9-16 和图 9-17），并将 TriDSi 和 TetraDSi 结构分别键接到环氧树脂固化物的

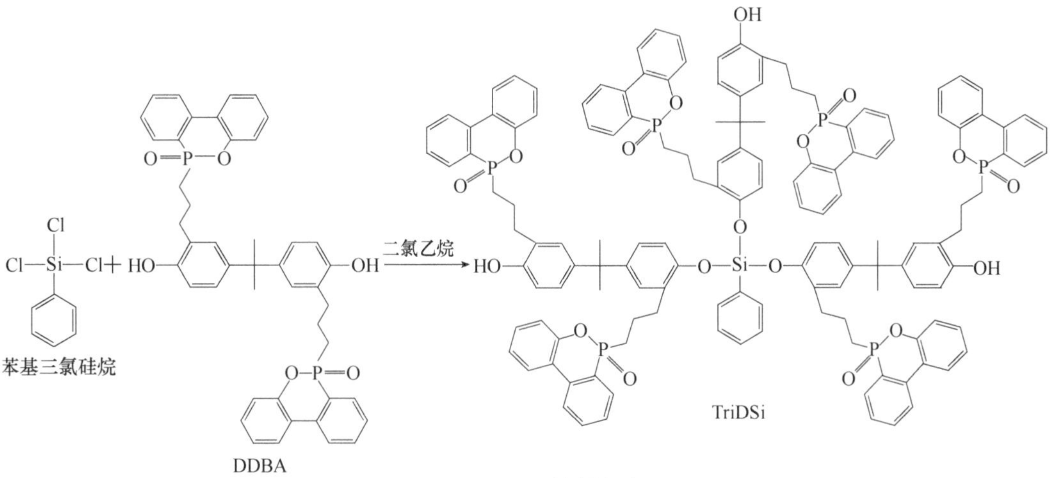

图 9-16 TriDSi 的制备方程

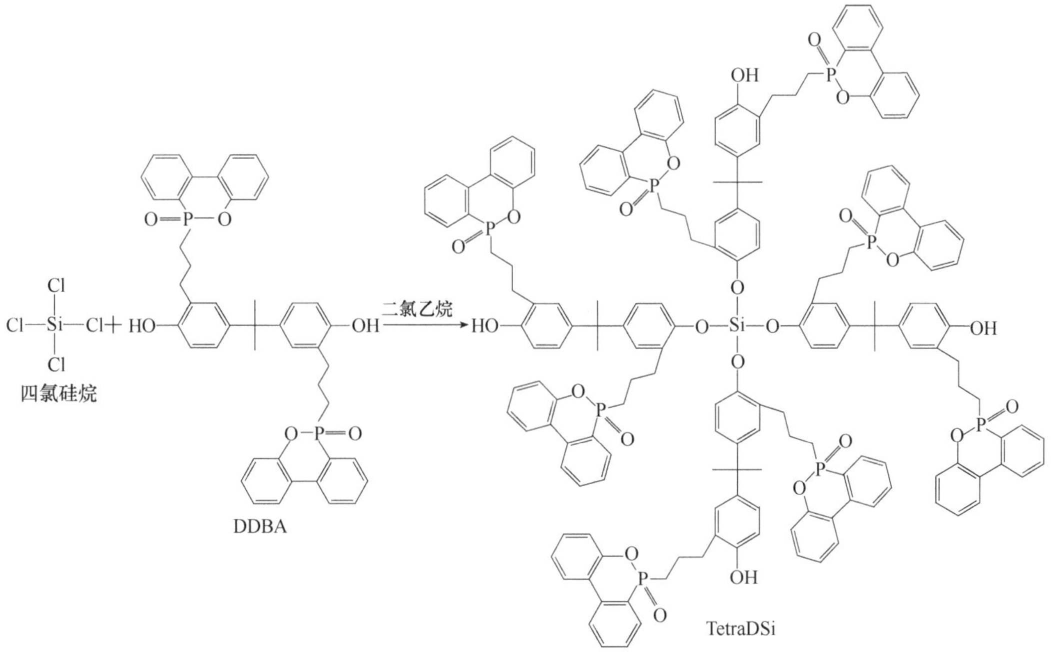

图 9-17 TetraDSi 的制备方程

交联网络中。研究发现，TriDSi 和 TetraDSi 都有效地提高了环氧树脂固化物阻燃性能和抗冲击性能，6%TriDSi/EP 和 6%TetraDSi/EP 的 LOI 分别达到 35.2%和 36.0%，且都通过了 UL 94 V-0 级。与纯 EP 相比，6%TriDSi/EP 和 6%TetraDSi/EP 的冲击强度分别提高了 133%和 123%。此外，TriDSi 和 TetraDSi 对环氧树脂固化物燃烧行为的抑制，有效地降低了固化物基体燃烧过程的热释放量、烟释放量以及 CO 和 $CO_2$ 产量，明显提高了树脂基体的成炭量，促进树脂基体生成了整体致密性更好的炭层结构，获得了更有效的炭层阻隔和保护作用；与纯 EP 相比，6%TetraDSi/EP 的 pk-HRR、av-EHC 以及 THR 分别下降了 45.4%、33.4%以及 42.4%。

笼状倍半硅氧烷（POSS）化合物主要由无机骨架（Si—O）和有机取代基团（R）两部分组成。Si—O 骨架赋予了 POSS 化合物硅系阻燃剂的凝聚相阻燃作用，而有机取代基团则决定了不同 POSS 化合物阻燃机理和阻燃效率的差异。目前，杨荣杰、胡源以及 Bourbigot 等研究人员已经对甲基取代（OMPOSS）、乙烯基取代（OVPOS）、苯基取代（OPS）、胺苯基取代（OAPS）、二苯砜取代（OPDSS）以及磷杂菲取代（POSS-DOPO）等一系列 POSS 化合物在环氧树脂中的应用效果进行了研究。其中，除了 POSS-DOPO 可单独用于阻燃环氧树脂以外，其他四种 POSS 化合物都需要与含磷环氧树脂或 APP 等化合物复配使用[7]。

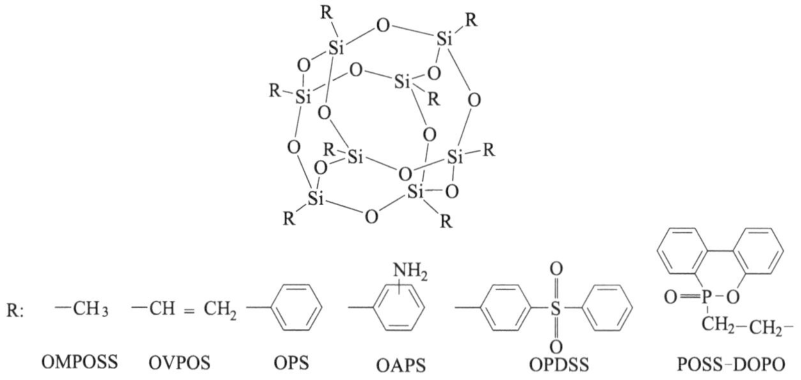

R: $—CH_3$ $—CH=CH_2$

OMPOSS OVPOS OPS OAPS OPDSS POSS-DOPO

张文超等[28]将磷杂菲基团与倍半硅氧烷基团键接，构建了磷杂菲/倍半硅氧烷双基分子 DOPO-POSS。在间苯二胺（mPDA）固化的 DGEBA（E-44）中，当 DOPO-POSS 的添加量为 1.5%时，DOPO-POSS/DGEBA/mPDA 通过 UL 94 V-1 级，LOI 由改性前的 25.0%提高至 29.0%；添加 2.5%的 DOPO-POSS 时，体系 LOI 达到最高的 30.2%；继续提高 DOPO-POSS 的添加量，体系 LOI 逐渐下降；当 DOPO-POSS 的添加量提高至 5%及以上时，DOPO-POSS/DGEBA/mPDA 又重新降为 UL 94 无级别。尽管如此，DOPO-POSS 还是显著地降低了树脂基体燃烧过程的 pk-HRR。与 DGEBA/mPDA 相比，10%DOPO-POSS/DGEBA/mPDA 的 pk-HRR 下降了 43.5%，DO-

PO-POSS 的添加显著地抑制了 DGEBA/mPDA 材料的燃烧强度。

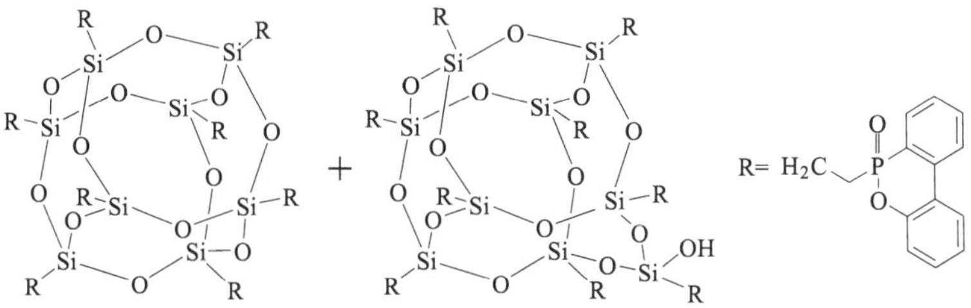

DOPO-POSS

Hu 等[29] 将设计的一种功能性多面体低聚倍半硅氧烷（NPOSS）引入环氧树脂网络中，以提高其阻燃性和高温热稳定性。在热降解过程中，环氧树脂很容易破裂并释放出 CO 和 $CO_2$ 等小分子的化合物，与纯 EP 相比，EP/NPOSS 体系主要释放分子量较大的甲基取代物、羰基化合物和芳环化合物。笼形结构 NPOSS 的加入可以延缓环氧树脂主链在热降解过程中的运动和断裂。此外，动态 FTIR、XPS 和 SEM 结果表明，NPOSS 可以捕获氢和羟基自由基，并在凝聚相形成稳定的炭化层，防止底层材料在燃烧过程中的进一步破坏。

## 9.1.7 磷/硼阻燃环氧树脂

对于新型有机含硼阻燃化合物的制备研究工作在国内外都报道不多。杨爽[30]成功合成了一种新型的含磷、氮和硼的无卤阻燃剂（DTB），然后将 DTB 与双酚 A 型缩水甘油醚（DGEBA）共混以制备阻燃环氧树脂。当 DTB 在环氧树脂中的添加量为 15% 时，阻燃环氧树脂的 LOI 值为 35.6%，UL 94 达 V-0 级。DTB 有助于形成膨胀玻璃化炭层，并分解生成具有猝灭作用的自由基，同时在气相和凝聚相中发挥阻燃作用。

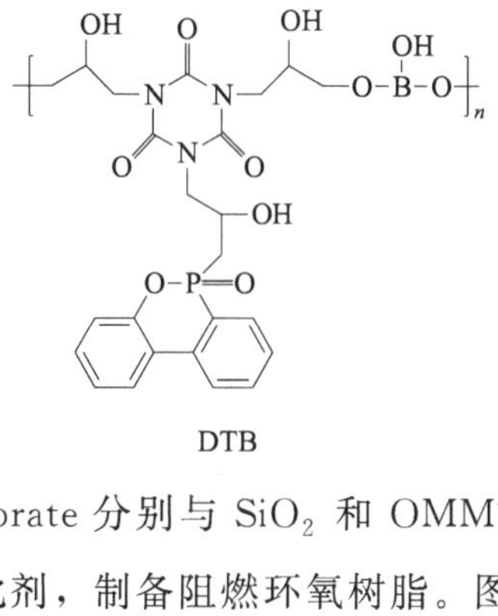

DTB

汤朔等[31] 将 ODOPB-Borate 分别与 $SiO_2$ 和 OMMT 复配并添加到环氧树脂中，分别以 DDM 和 DDS 作为固化剂，制备阻燃环氧树脂。图 9-18 为 ODOPB-Borate 的合成路线，无论是在 DDM 还是 DDS 的固化体系中，含硅阻燃剂的添加都能够显著提升

ODOPB-Borate/EP 体系的 LOI 值；在 DDM 为固化剂的体系中，$SiO_2$ 和 OMMT 都能够同时提升体系的 UL 94 燃烧等级和 LOI。此外，在适当的添加量下，两种含硅阻燃剂的添加都能够降低 ODOPB-Borate/EP 体系的 pk-HRR，提高阻燃体系的屏障保护作用。

ODOPB-Borate 阻燃机理示意图如图 9-19 所示：ODOPB-Borate 的主要裂解产物分为两大部分，首先是 ODOPB 基团从分子中脱落，形成的由硼酸酯连接苯环的体型大分子（三苯基硼酸酯碎片），其次是 ODOPB 分子断裂形成的裂解产物。ODOPB 所形成的裂解产物逐步分解成磷氧自由基、苯氧自由基等，能够发挥有效的气相猝灭作用。而三苯基硼酸酯碎片的产生也揭示了硼酸酯基团能够倾向于捕捉燃烧产生的芳香结构碎片，使更多的富炭组分保留在了凝聚相中，且降低了环氧树脂的烟释放量。在燃烧过程中，硼酸酯基团还能够转化为硼酸，发生催化成炭的反应，促进环氧树脂体系生成更多的残炭。此外，ODOPB-Borate 分子还能够与环氧树脂发生交联，提升环氧树脂的交联程度，这样有利于提升材料在燃烧过后所产生炭层的致密程度，提升阻隔保护效应。

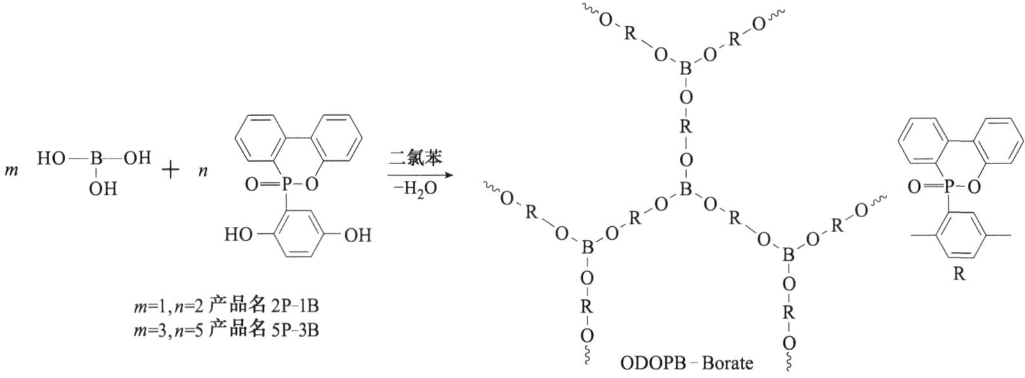


图 9-18　ODOPB-Borate 的合成路线

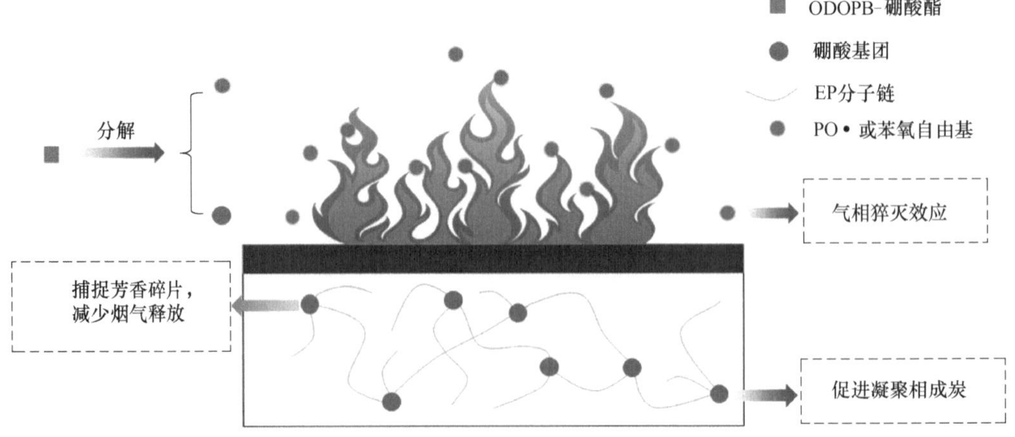


图 9-19　ODOPB-Borate 在环氧树脂中的阻燃机理示意图

ODOPB-Borate 的磷杂菲与硼酸酯基团分别在两相中协同作用，赋予了环氧树脂材料优异的阻燃性能。当 ODOPB-Borate 与 $SiO_2$ 和 OMMT 复配使用时，燃烧后 $SiO_2$ 主要附着于炭层的表面，而 OMMT 则主要被包裹于炭层的内部。但无论是在炭层表面还是炭层内部，这些不燃且导热速率慢的颗粒都能提升炭层的阻隔保护作用，表现出协同效应。

### 9.1.8 结语

目前，以溴化环氧树脂为代表的溴系阻燃环氧树脂在工业领域以其稳定的阻燃性和优异的综合性能仍然居于主导地位；而在研究领域，由于无卤阻燃体系结构的多样性和性能的可调节性，阻燃环氧树脂材料已经向无卤化、高性能化和环境友好化方向发展。对于含磷杂菲基团的添加型阻燃剂需要注意其热稳定性、阻燃效率和阻燃环氧树脂的综合性能；反应型阻燃固化剂则需要使得制备方法更加简单易行；同时，进一步探索开发新型协同阻燃体系，不断对磷-氮、氮-硅、磷-硅等阻燃体系进行优化研究。总而言之，发展具有综合性能优异、阻燃效率高、价格低廉、绿色环保的新型阻燃环氧树脂已经成为未来阻燃环氧树脂材料研究的主要趋势。

## 9.2 硬质聚氨酯泡沫

### 9.2.1 聚氨酯阻燃的必要性

聚氨酯是一种有机高分子材料，被广泛作为泡沫塑料、橡胶、弹性体、纤维、涂料和胶黏剂的生产原料，但是聚氨酯特别是聚氨酯泡沫易燃烧，其氧指数仅为 17% ～ 18%，这是由于聚氨酯泡沫含有大量的易燃分子链段以及高比表面积，使得未经阻燃处理的聚氨酯泡沫极易燃烧，并且在燃烧过程中释放大量 HCN 和 CO 等有毒有害气体，带来了极大的火灾隐患。因此，对聚氨酯材料进行阻燃改性是十分必要的。

### 9.2.2 阻燃聚氨酯的主要应用领域

聚氨酯泡沫塑料可分为软质聚氨酯泡沫和硬质聚氨酯泡沫两种，由于其具有良好的力学性能、优异的耐候性、弹性及软硬段随温度变化不大等优点，可制成泡沫塑料、橡胶、涂料、黏合剂、纤维、合成皮革及防水材料等一系列产品，其中泡沫塑料所占比重最大，约占全部制品的80%，是较为普及的建筑材料、工业成品包装材料、家具坐垫材料和冷藏设备材料。

软质聚氨酯泡沫塑料简称为聚氨酯软泡（FPUF），它是聚氨酯制品中用量最大的一种产品。聚氨酯软泡多为开孔结构，具有质轻柔软、回弹性好、相对密度小、比强度高、吸声、透气、保温等特点，主要用作家具垫材、床垫、交通工具座椅坐垫等垫材（图9-20）；工业和民用上也把聚氨酯软泡用作过滤材料、隔声材料、防震材料、装饰材料、包装材料及隔热材料等[32]。

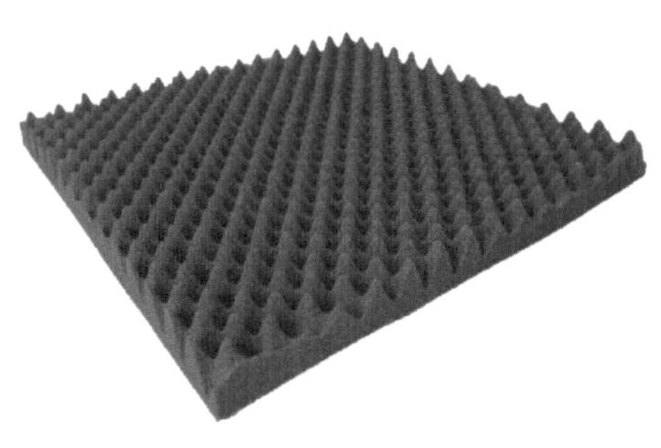

图9-20　阻燃FPUF应用实例

硬质聚氨酯泡沫简称为聚氨酯硬泡（RPUF），由于具有密度低、强度高、热导率低、粘接性能强、吸水率低、吸声及缓冲抗震性优良、施工方便等一系列优点，因此作为隔热保温、结构或装饰材料而被广泛应用于国民经济的各个领域，如建筑节能、交通运输、石油化工管道、冰箱冰柜、航空军用、家具等行业（图9-21）[33]。

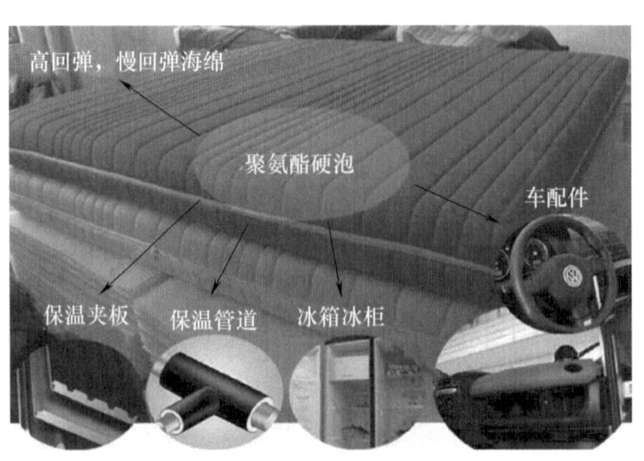


图9-21　聚氨酯硬泡的部分应用领域

### 9.2.3 聚氨酯泡沫材料的阻燃机理

聚氨酯泡沫材料的阻燃实质，是通过添加阻燃剂提高泡沫材料热稳定性能的同时，降低燃烧热释放速率和烟气释放，抑制火焰传播，使材料燃烧速度下降或自熄，延缓火灾蔓延。

### 9.2.4 聚氨酯的阻燃方法

聚氨酯的阻燃方法大体上可以分为添加非反应型阻燃剂法、添加反应型阻燃剂法、表面涂覆法[34] 等。

(1) 添加非反应型阻燃剂法

添加型阻燃剂主要是通过物理共混的方法加入聚氨酯基体中，其价格低廉，种类繁多，使用方便，是目前阻燃改性聚氨酯硬泡材料最常用的一类阻燃剂。但是添加型阻燃剂同时存在与基体的相容性不好、耐久性不高，而且随着添加量的增加会影响材料的物理性能等问题[35,36]。

添加非反应型阻燃剂法是指在 FPUF 发泡反应前将含 P、N、Si 等阻燃元素的阻燃剂通过机械搅拌均匀分散在体系中得到阻燃制品的方法。此方法中可添加的阻燃剂种类繁多，生产操作简单，能够显著提高阻燃性能[37]。缺点是阻燃剂本身不与基材发生化学反应，也不存在共价键的连接，因此可能会出现相容性不好或阻燃剂迁出的问题；为提高阻燃性能，使用过量阻燃剂容易在发泡过程中出现泡沫坍塌、收缩等现象，制品的压缩性能、表观密度等性能会受到很大影响[38]。

(2) 添加反应型阻燃剂法

反应型阻燃剂通常分子中含有阻燃元素和活泼羟基，能够与基体发生化学反应，将阻燃元素接枝到聚合物基体上。这种阻燃剂阻燃效率高，与基体相容性好，添加量少，阻燃效果持久。含磷氮元素的醇是目前常见的聚氨酯用反应型阻燃剂。

添加反应型阻燃剂法是将分子结构中含 P、N 等阻燃元素的多元醇或异氰酸酯作为部分反应物通过化学反应键接到 FPUF 分子结构中，制得本质阻燃 FPUF 制品。此方法中阻燃剂与聚合物基体之间通过共价键连接，因而在阻止阻燃剂从基体中迁出、维持制品力学性能方面具有独到的优势。制品的热稳定性相对于添加非反应型阻燃剂更好[39]。这种方法的发展瓶颈在于反应型无卤阻燃剂生产成本高，制备工艺复杂，因此研发阻燃效率高、成本低廉、绿色清洁的反应型阻燃剂是发展此技术的关键。

**(3) 表面涂覆法[38]**

表面涂覆法是通过简单浸渍或者层层自组装（LBL）[40-44] 在聚氨酯泡沫表面形成阻燃涂层来延缓或阻止 FPUF 被引燃的方法。此技术是利用静电力、共价键和氢键等作用力将带有相反电荷的纳米粒子或聚合物在极性基材表面上交替沉积出性能稳定的多层膜，以赋予 FPUF 阻燃性能。基于此技术制备的阻燃涂层结构规整，可以明显降低泡沫燃烧的热释放速率（HRR）并表现出显著的阻隔效应，同时对物理性能的影响较小。但阻燃泡沫制品在耐候、耐洗涤、耐物理磨损和耐化学腐蚀等方面存在问题，所以其使用范围限定在特定的应用领域，在工业生产上推行此方法尚需要一定条件和时间。

## 9.2.5 硬质聚氨酯泡沫的阻燃剂体系

硬质聚氨酯泡沫所用阻燃剂通常分为无机阻燃剂、卤素类、有机磷阻燃剂以及膨胀型阻燃剂。其中，含卤素的阻燃剂有二溴新戊二醇、四溴苯酐二醇。而有机磷阻燃剂主要以各种磷酸酯为主，具有阻燃效率高、黏度低、相容性好、热稳定性适中等优点。为了进一步得到高效阻燃的硬质聚氨酯泡沫材料，将不同阻燃剂协同复配来制备高效阻燃体系的方法得到了更广泛的应用。

**(1) 无机阻燃剂**

无机阻燃剂具有无毒、无害、无烟、无卤的优点，被广泛应用于聚氨酯硬泡材料的阻燃改性。主要包括氢氧化铝、氢氧化镁、蒙脱土、层状硅酸盐、黏土、玻璃微珠和次磷酸铝等。

氢氧化物类阻燃剂是无机阻燃剂中最常见的一种，主要通过燃烧时分解吸热和释放水蒸气稀释可燃性气体来发挥阻燃抑烟作用[45]。Chai 等人[46] 制备了添加不同比例氢氧化铝和氢氧化镁的 RPUF 样品。当氢氧化镁和氢氧化铝的添加量比例为 1∶3 时，可显著提高样品的阻燃性能和热稳定性。点燃时间延长至 14.33s，总热释放量和热释放速率峰值分别降低到 2.60MJ/$m^2$ 和 50.79kW/$m^2$。然而样品的压缩强度随着阻燃剂含量的增加而降低。氢氧化物类阻燃剂添加量大，容易影响材料的力学性能，因此目前的研究热点主要是探索与其他阻燃剂在聚氨酯硬泡中的阻燃协同作用。Xi 等人[47] 利用氢氧化铝/氧化铝、*N*,*N*-2-羟乙基氨基甲基磷酸二甲酯（BH）和可膨胀石墨（EG）构建了三元高效阻燃聚氨酯硬泡体系。研究发现氢氧化铝能进一步降低 BH/EG/RPUF 的热释放速率峰值和总烟释放量，赋予材料更优异的阻燃性能。而氧化铝并不能进一步提高 BH/EG/RPUF 体系的阻燃性能。这种现象归因于 ATH 分解的水分子能有效降低温度和烟雾，并能与 BH/EG 阻燃体系分解后的产物进一步反应生成富磷炭层，从而黏附氧化铝和EG生成的蠕虫状炭层形成致密炭层，在凝聚相中发挥优异的阻隔作用。

(2) 有机磷阻燃剂

常用的有机磷阻燃剂主要包括磷酸酯类、磷腈类、磷杂菲类等。磷酸酯类是应用最为广泛的一类聚氨酯硬泡阻燃剂，添加量少，阻燃效率高，是一种环保型的添加型阻燃剂。磷酸酯类阻燃剂主要通过燃烧过程中分解释放具有猝灭效应的PO·和$PO_2$·自由基，捕捉可燃性自由基在气相发挥阻燃作用；以及生成具有催化聚合物成炭的偏磷酸等物质，从而形成更加完整致密的炭层阻隔热量和可燃性气体的传递发挥凝聚相阻燃作用[48-50]。主要包括甲基膦酸二甲酯（DMMP）、季戊四醇笼状磷酸酯（PEPA）、三（1-氯-2-丙基）磷酸酯（TCPP）、磷酸三苯酯（TPP）、磷酸二乙酯（DEEP）等。

甲基磷酸二甲酯（DMMP）磷含量高达25%，是聚氨酯硬泡材料中阻燃效率最高的一种添加型阻燃剂。Wang等[51] 研究了$SiO_2$纳米球/氧化石墨烯和DMMP复合体系对聚氨酯硬泡材料的力学性能、热性能和阻燃性能的影响。研究发现，复合体系能较大程度地提高材料的力学性能和阻燃性能，并且三者复合使用时比单独添加DMMP的聚氨酯硬泡材料的泡孔尺寸更小、更均匀。Zheng等人[52] 研究了APP和磷酸三苯酯（TPP）阻燃体系在聚氨酯燃烧过程中的成炭性，并在此基础上添加了OMMT进一步提高样品的阻燃性能。研究发现，当添加8% APP和4% TPP时，样品的残炭产率由纯样的8.9%提高至28.1%。OMMT的加入能进一步提高残炭产率，并有助于形成稳定紧密的炭层，从而发挥屏障阻隔作用。

磷腈类阻燃剂是以P、N交替双键排列为主链结构的一类无机化合物，以环状或线型结构存在。磷腈阻燃剂由于磷-氮之间较好的协同作用，具有较高的热分解温度和阻燃效果，并且产生的烟雾及有毒气体较少，是一种环境友好型阻燃材料[53]。聚磷腈化合物主要通过分解生成的磷酸、偏磷酸和聚磷酸在聚合物材料的表面形成一层保护膜，隔绝了热量和氧气，同时受热分解出二氧化碳、氨气、氮气、水蒸气等不燃烧的气体稀释氧气，实现了阻燃增效和协同的目的。并且燃烧时有PO·和$PO_2$·自由基形成，它可与H·和HO·活性基团结合，起到抑制火焰的作用。由于气相和凝聚相同时发挥阻燃作用，从而赋予体系良好的阻燃性能[54,55]。

磷杂菲类阻燃剂主要是由9,10-二氢-9-氧杂-10-磷杂菲-10-氧化物（DOPO）与其他不饱和基团发生反应制得，是目前阻燃聚氨酯硬泡领域常用的一种阻燃剂。磷杂菲衍生物因为键接基团的不同既可以作为添加型阻燃剂也可以用作反应型阻燃剂应用到聚氨酯材料中，主要通过分解释放苯氧和磷氧自由基燃烧链式反应，发挥高效的气相猝灭效应[56-58]。Zhang等人[59] 合成了一种新型的磷杂菲阻燃剂（DOPO-BA）（结构式如下所示)，并研究了其对 RPUF 的力学性能、热性能和阻燃性能影响。研究发现，样品的 LOI 随着 DOPO-BA 含量的增加而提高，并且 DOPO-BA 能降低样品的总热释放量和总烟释放量。当 DOPO-BA 的添加量为 20%时，样品的残炭产率能从 6.1%（纯样）提升到 15.3%。DOPO-BA 的加入在提高样品阻燃性能的同时并不会影响材料的泡孔结构、闭孔率和热导率。

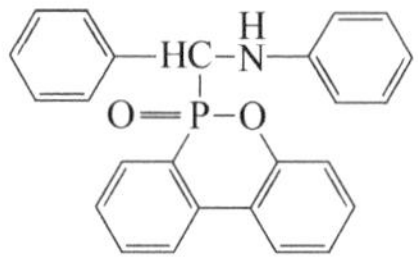

DOPO-BA

(3) 膨胀型阻燃剂

膨胀型阻燃剂是聚氨酯阻燃改性领域发展较快的一种绿色阻燃剂。该类阻燃剂受热时膨胀，在基体表面形成炭质保护层，隔绝氧气和热量，阻燃效率高，低烟低毒，是研究聚氨酯无卤阻燃的方向之一[60]。常用的膨胀型阻燃剂主要包括聚磷酸铵、可膨胀石墨和三聚氰胺及其衍生物。

聚磷酸铵（APP）由于分子结构中具有较高含量的磷氮元素，被广泛用作阻燃剂。但是由于吸湿性和水溶性较高，导致在聚合物中不宜分散并且阻燃持久性不好，因此目前的研究热点主要是对其进行改性后再进行应用[61]。Gao 等人[62] 采用聚二甲基硅氧烷优化了传统的溶胶-凝胶法制备了新的硅胶微胶囊化多聚磷酸铵（SiOCAPP)，相比于传统的溶胶-凝胶法制备的硅胶微胶囊化多聚磷酸铵（SiOAPP）疏水性更强。并研究了其对热塑性聚氨酯性能的影响，发现 SiOCAPP 阻燃样品相比 SiOAPP 的平均放热率和总放热量分别减少了 15.5%和 31.4%，残炭产率提高了 10%。此外，拉伸强度和断裂伸长率分别增加了 11.8%和 5.84%。

可膨胀石墨（EG）作为一种石墨插层化合物，在凝聚相中发挥着优异的阻燃作用，这是由于 EG 片层中含有浓硫酸，在受热的过程中浓硫酸能够与碳反应生成水、二氧化碳和二氧化硫，促使 EG 产生爆米花效应，在较短的时间内迅速膨胀，生成蠕虫状炭层，覆盖在聚合物的基体上起到表面隔绝热量的作用，从而延缓聚合物的分解[63]，被广泛地应用于阻燃聚氨酯泡沫材料中。可膨胀石墨的阻燃效率很高，但随着添加量的增加会影响泡沫的成型，因此经常与其他阻燃剂进行复配使用。Gama N V 等人[64] 研究了 EG 的添加量对聚氨酯硬泡材料的阻燃性能和力学性能的影响。随着 EG 含量的增加，样品的热释放速率、有效燃烧热、质量损失速率逐渐降低，但是当添加量超过 15%以后，进一步添加 EG 对样品的阻燃性能并没有进一步的提高。当添加 5%的 EG 时，对材料的泡孔结构几乎没有影响，但随着 EG 添加量的增加，其对材料泡孔结构的影响越严重，并且热导率也逐渐增加。

(4) 卤系阻燃剂

早期，用于阻燃聚氨酯的添加型阻燃剂研究主要集中在卤代磷酸酯，其具有阻燃效率高、黏度低、相容性好等优点，具体品种包括磷酸三（2-氯乙基）酯（TCEP）、磷酸三（1-氯-2-丙基）酯（TCPP）、磷酸三（2,3-二氯丙基）酯（TDCP）等[65,66]。王新灵等利用TCPP制备阻燃聚氨酯硬泡，随着TCPP含量的增加，材料的LOI提高，阻燃性能上升。TCPP添加10份时，LOI为20.8%，离火不能自熄；当TCPP用量提高至20份时，LOI达到24.0%，离火自熄时间为9.2s；继续提高TCPP用量，阻燃性能提高不明显，而压缩强度和泡沫的尺寸稳定性下降明显，这是TCPP增塑作用导致的，所以其用量不宜过大[67]。通常将卤代磷酸酯与甲基磷酸二甲酯（DMMP）复配用于聚氨酯材料的阻燃，如DMMP（14份）与TDCP（6份）复配时，其制备的阻燃聚氨酯的热释放速率较之于纯样下降了37%，总热释放量下降了42%，CO产量降低了近50%，对材料燃烧时的热释放和烟释放都发挥了较好的抑制效果[68]。

## 9.2.6 二元阻燃体系

### 9.2.6.1 二元阻燃体系-DMMP/EG的两相协同阻燃行为

(1) DMMP/EG两相协同阻燃RPUF的行为规律

为了降低EG在RPUF中的应用比例，提高RPUF原料加工过程中的流动性，通过将EG与液体的磷酸酯DMMP（甲基膦酸二甲酯）复合使用[33]，实现了降低物料黏度和提高阻燃效果的作用，并发现EG与DMMP之间存在两相协同阻燃效应。根据表9-7和表9-8所示配方，制备了二元阻燃RPUF。复合材料中DMMP与EG添加的总质

表 9-7 RPUF的基础配方 单位：g

| 组分A | | | | | | | 组分B |
|---|---|---|---|---|---|---|---|
| 450L/g | KAc/g | Am-1 | DMCHA | 141b | 水 | 匀泡剂 | PAPI |
| 72.00 | 0.36 | 0.36 | 1.44 | 14.40 | 0.90 | 2.70 | 108.00 |

表 9-8 RPUF中阻燃剂的配方

| 试样 | F0 | F1 | F2 | F3 | F4 | F5 | Fa | Fb | Fc | Fd |
|---|---|---|---|---|---|---|---|---|---|---|
| FR含量/% | 0 | 8 | 10 | 12 | 14 | 16 | 10 | 10 | 12 | 12 |
| DMMP/g | 0 | 3.49 | 4.46 | 5.47 | 6.52 | 7.63 | 22.32 | 0 | 27.36 | 0 |
| EG/g | 0 | 13.97 | 17.86 | 21.89 | 26.06 | 30.53 | 0 | 22.32 | 0 | 27.36 |

量分数范围从0到16%，DMMP与EG的质量分数最佳比例为1∶4。

如图9-22所示，LOI值从纯试样F0的19.2%急剧提高到含8%DMMP/EG试样F1的27.0%。紧接着，试样F1～F5的LOI值随着基体中阻燃剂质量分数的增加而呈线性关系提高到33.0%。而试样F2和F3的LOI值均高于添加相同质量分数单一阻燃剂的试样Fa、Fb和试样Fc、Fd，表明阻燃剂DMMP/EG同时应用在RPUF中具有协同效应，使基体拥有更高的LOI值。

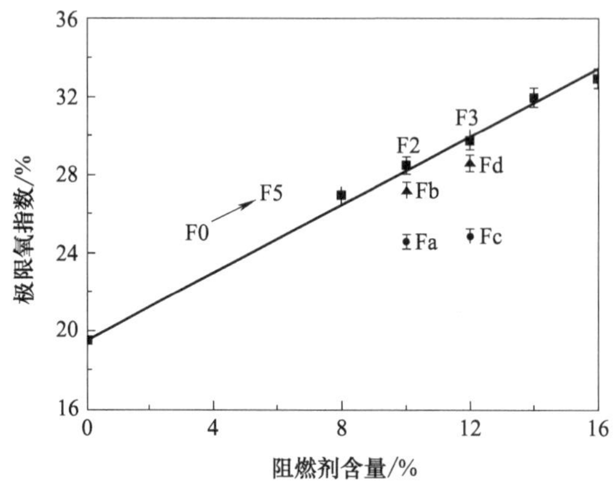


图9-22　RPUF的LOI值拟合曲线

在图9-23的HRR曲线中，试样在被快速引燃后，它们的热释放速率迅速上升到最大值。随着RPUF中DMMP/EG含量的增加，试样的热释放速率的峰值（pk-HRR）依次显著降低。试样F5中DMMP/EG的质量分数达到16%时，其pk-HRR值比试样F0降低64.9%。相应地，平均热释放速率（av-HRR）和总热释放量（THR）值也分别大幅降低67.4%和57.8%。抑烟性能方面，如表9-9所示，添加DMMP/EG的试样的总烟释放量（TSR）和一氧化碳产率（COY）均明显降低，有利于降低RPUF材料的烟毒性能。

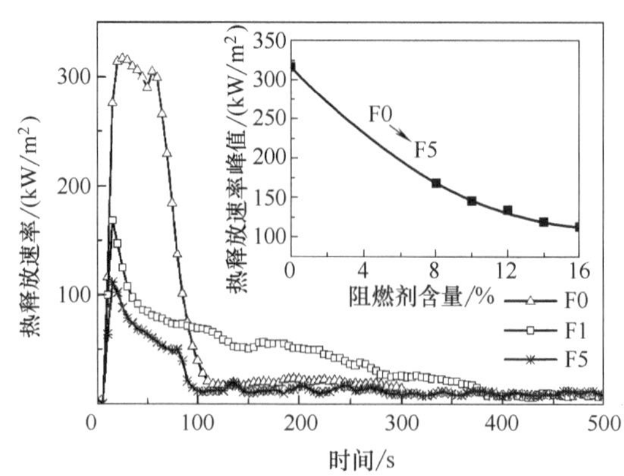


图9-23　DMMP/EG阻燃RPUF的热释放速率曲线和热释放速率峰值拟合曲线

表 9-9 DMMP/EG 阻燃 RPUF 的锥形量热仪测试结果

| 试样 | pk-HRR /(kW/m²) | av-HRR /(kW/m²) | THR /(MJ/m²) | TSR /(m²/m²) | COY /(kg/kg) |
|---|---|---|---|---|---|
| F0 | 317 | 84.9 | 25.1 | 955 | 87.9 |
| F1 | 168 | 60.9 | 21.2 | 540 | 16.7 |
| F2 | 146 | 57.3 | 21.5 | 437 | 20.6 |
| F3 | 134 | 55.5 | 20.5 | 390 | 22.6 |
| F4 | 119 | 49.4 | 18.0 | 287 | 24.6 |
| F5 | 111 | 27.7 | 10.6 | 581 | 21.0 |
| Fa | 230 | 73.0 | 21.8 | 1169 | 27.6 |
| Fb | 169 | 58.4 | 22.8 | 288 | 19.2 |

(2) DMMP/EG 两相协同阻燃 RPUF 的机理

图 9-24 是 DMMP 和 EG 的两相协同阻燃机理图。当阻燃 RPUF 被点燃或加热到降解时，由于 DMMP 的存在，它的分解产物 PO·碎片对于 RPUF 基体降解释放的可燃烷基自由基是极好的猝灭剂，迅速将基体的燃烧强度控制在一个较低的水平内。与此同时，受热的 EG 开始膨胀并填充已降解基体所形成的空隙。进一步，EG 形成疏松的蠕虫状膨胀石墨炭层具有优异的隔热性能，并能够抑制火焰中热量的传递与传导，进而将基体与热量隔绝开，降低或阻止了基体的降解。疏松膨胀的石墨炭层也有能力来过滤或吸收更大的可燃性碎片，这样就减少了可燃基体的数量并降低了燃烧强度。DMM/EG 二者的阻燃作用相结合明显优于 DMMP 或 EG 单独使用时的阻燃作用，不仅降低了燃烧强度而且抑制了对基体的热反馈，进而降低了基体的热降解速率。DMMP 和 EG 阻燃体系具有气相-凝聚相两相协同效应。

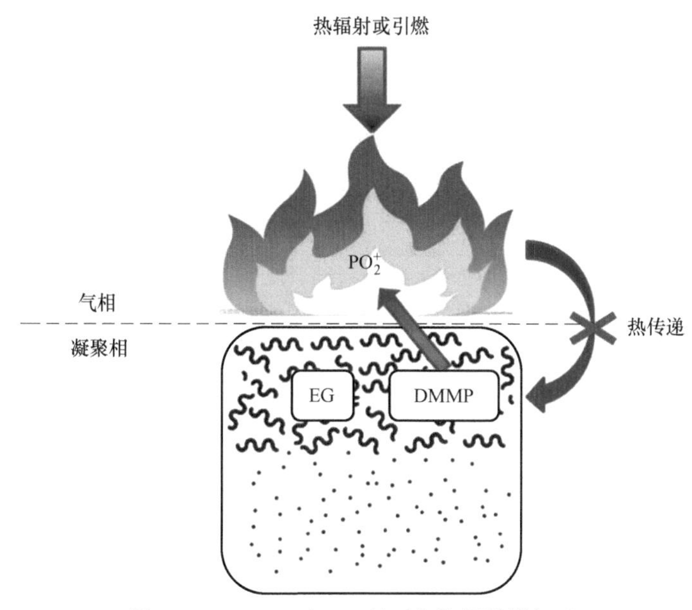


图 9-24 DMMP 和 EG 的两相协同阻燃机理

(3) DMMP/EG 两相协同阻燃 RPUF 的物理性能

如表 9-10 所示，DMMP/EG 的添加使基体的热导率出现轻微的提高，但是试样的热导率提高的幅度不超过 10%，这很可能是因为 DMMP/EG 的热导率要高于基体的值。随着 DMMP/EG 的添加，阻燃试样 F1～F5 的闭孔率与试样 F0 相比，仅有微小的提高，这意味着阻燃体系将不会妨碍发泡过程。这对于保持 RPUF 的加工性能和使用性能是非常重要的。在 RPUF 的制备期间，EG 是唯一的固体填料，无疑会增加发泡的密度。当然，所有阻燃试样的表观密度均低于 47.2kg/m$^3$。

表 9-10　DMMP/EG 阻燃 RPUF 的物理性能

| 试样 | 热导率/[W/(m·K)] | 闭孔率 /% | 表观密度/(kg/m$^3$) |
|---|---|---|---|
| F0 | 0.020 | 85.4 | 36.0 |
| F1 | 0.021 | 85.6 | 39.1 |
| F2 | 0.021 | 87.2 | 41.0 |
| F3 | 0.022 | 87.4 | 47.2 |
| F4 | 0.021 | 86.3 | 43.6 |
| F5 | 0.022 | 87.5 | 46.3 |

### 9.2.6.2　二元阻燃体系-HPCP/EG 的两相协同阻燃行为

(1) HPCP/EG 两相协同阻燃 RPUF 的行为规律

鉴于 EG 能够在凝聚相中高效地赋予 RPUF 优异的阻燃性能，因此与另一种能够在气相中起作用的阻燃剂相结合，通过两相协同效应获得具有更优异阻燃性能的 RPUF 材料。通过将六苯氧基环三磷腈（HPCP）与 EG 混合，根据表 9-11 制备了阻燃 RPUF 材料，获得了 HPCP/EG 的两相协同阻燃 RPUF 的行为规律和作用机理[33]。

表 9-11　HPCP/EG 阻燃 RPUF 的制备配方　　单位：g

| 试样 | | RPUF | PU/10%EG | PU/10%EG/5%HPCP | PU/10%EG/10%HPCP | PU/10%EG/15%HPCP |
|---|---|---|---|---|---|---|
| 组分 | EG/ % | 0 | 10 | 10 | 10 | 10 |
| | HPCP/ % | 0 | 0 | 5 | 10 | 15 |
| 450L | | 72.0 | 72.0 | 72.0 | 72.0 | 72.0 |
| PZ-550 | | 28.0 | 28.0 | 28.0 | 28.0 | 28.0 |
| SD-623 | | 2.7 | 2.7 | 2.7 | 2.7 | 2.7 |
| 水 | | 0.9 | 0.9 | 0.9 | 0.9 | 0.9 |
| KAc | | 0.4 | 0.4 | 0.4 | 0.4 | 0.4 |
| Am-1 | | 0.4 | 0.4 | 0.4 | 0.4 | 0.4 |
| DMCHA | | 1.5 | 1.5 | 1.5 | 1.5 | 1.5 |
| 141b | | 14.4 | 14.4 | 14.4 | 14.4 | 14.4 |
| EG | | 0 | 26.7 | 28.2 | 30.0 | 32.0 |
| HPCP | | 0 | 0 | 14.1 | 30.0 | 48.0 |
| PAPI | | 120 | 120 | 120 | 120 | 120 |

如表 9-12 所示，纯 RPUF 的 LOI 值是 23.3%，引入 10%的 EG 后该值提高到 31.2%。继续向基体中按次序添加 5%、10%、15%的 HPCP，相应含 HPCP 的 RPUF 的 LOI 值从 33.0%小幅提高到 33.3%，即表明 HPCP 的添加仅可轻微提高试样的 LOI 值，且不会随 HPCP 添加量的增加明显升高。

表 9-12　HPCP/EG 改性 RPUF 的阻燃性能

| 试样 | LOI/% | pk-HRR /($kW/m^2$) | THR /($MJ/m^2$) | TSR /($m^2/m^2$) | pk-EHC /(MJ/kg) |
|---|---|---|---|---|---|
| RPUF | 23.3 | 304.9 | 19.8 | 1166.4 | 74.9 |
| PU/10%EG | 31.2 | 141.0 | 23.1 | 491.4 | 71.3 |
| PU/10%EG/5%HPCP | 33.0 | 141.7 | 24.8 | 400.9 | 65.6 |
| PU/10%EG/10%HPCP | 33.3 | 118.6 | 11.3 | 632.2 | 40.0 |
| PU/10%EG/15%HPCP | 33.3 | 88.5 | 7.4 | 639.9 | 39.9 |

如图 9-25 所示，纯 RPUF 的 pk-HRR 高达 304.9$kW/m^2$，添加了 10%EG 后的 PU/10%EG 的 pk-HRR 值迅速下降为 141.0$kW/m^2$。而继续向基体中按次序添加 5%～15%的 HPCP 后，试样的 pk-HRR 和 THR 值依次持续显著降低。当基体中 HPCP 的质量分数达到 15%时，pk-HRR 和 THR 值分别降低到最低的 88.5$kW/m^2$ 和 7.4$MJ/m^2$，分别比纯 RPUF 的低 71.0%和 62.6%。但是对于烟释放量，热释放最低的 PU/10%EG/15%HPCP 试样的 TSR 值却比 PU/10%EG/10%HPCP 与 PU/10%EG/15%HPCP 增加了大约 50%，这是一个明显的提高。这一结果暗示着 TSR 的增加应归因于 HPCP 的猝灭效应抑制了燃烧过程，导致大量的裂解片段留在释放的气体中并最终形成浓烟。结合以上结果，可以确信 HPCP 能提高含 EG 的 RPUF 泡沫的阻燃效果，RPUF 阻燃性能的提高得益于燃烧过程 HPCP 裂解产物的猝灭效应。

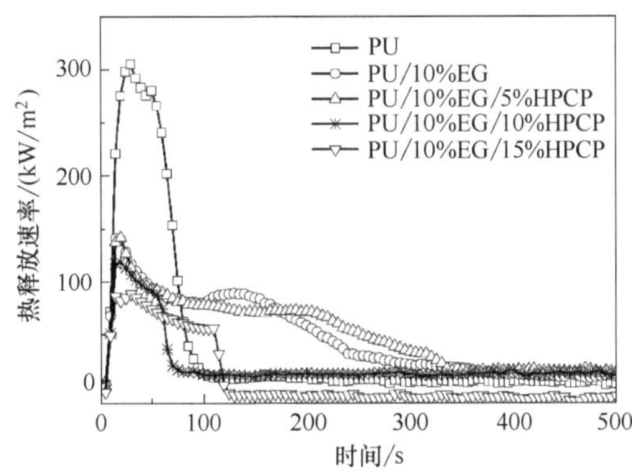


图 9-25　HPCP/EG 阻燃 RPUF 在 50$kW/m^2$ 热辐照下的热释放速率曲线

(2) HPCP/EG 两相协同阻燃 RPUF 的机理

图 9-26 是 HPCP 和 EG 的两相协同阻燃机理图。燃烧过程中，HPCP 分解并释放出苯氧基和 $PO_2$·自由基。这些自由基可猝灭基体产生的可燃自由基（如·H 和

·OH)，从而抑制燃烧的链式反应并降低 RPUF 泡沫的燃烧强度。裂解过程中来自 HPCP 的磷元素也可以与来自 RPUF 基体和膨胀石墨的降解产物反应，形成一个强而致密的炭层，从而提高残炭的阻隔效应。这样，HPCP 的两相阻燃作用就提高了 PU/EG/HPCP 基体的阻燃性能。

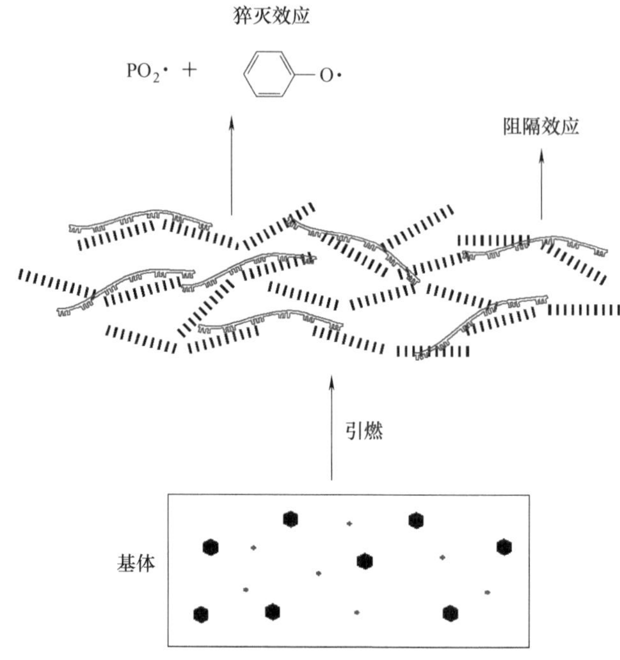


图 9-26　HPCP/EG 在 RPUF 泡沫中的两相阻燃作用机理

### 9.2.6.3　二元阻燃体系-N，N-2 羟乙基氨基甲基磷酸二甲酯与 EG 的加合阻燃效应

#### (1) BH/EG 两相加合阻燃 RPUF 的行为规律

通过将反应型液体阻燃剂 *N*,*N*-2 羟乙基氨基甲基磷酸二甲酯（BH）与 EG 复配用于 RPUF 材料时，一方面能够降低体系的加工黏度，另一方面固相的加入能够有效提升泡沫材料的尺寸稳定性。按照表 9-13，将两类阻燃剂优点进行互相补充，能够构建具有高效阻燃作用的 RPUF 材料，并获得了 BH 复配 EG 的加合阻燃机理[69]。

表 9-13　BH/EG 阻燃 RPUF 的制备配方

| 样品 | 450L/g | SD-622/g | 水/g | 催化剂/g | HCFC-141b/g | BH/g | EG/g | PAPI/g |
|---|---|---|---|---|---|---|---|---|
| 纯 RPUF | 72.0 | 2.7 | 0.9 | 2.52 | 14.4 | — | — | 108 |
| 8%EG/RPUF | 72.0 | 2.7 | 0.9 | 2.52 | 14.4 | — | 17.4 | 108 |
| 18%BH/RPUF | 36.0 | 2.7 | 0.9 | 2.52 | 14.4 | 36.0 | — | 108 |
| 8%EG/10%BH/RPUF | 47.0 | 2.7 | 0.9 | 2.52 | 14.4 | 23.5 | 18.0 | 108 |
| 8%EG/12%BH/RPUF | 44.4 | 2.7 | 0.9 | 2.52 | 14.4 | 26.4 | 17.6 | 108 |
| 8%EG/14%BH/RPUF | 39.0 | 2.7 | 0.9 | 2.52 | 14.4 | 31.0 | 17.4 | 108 |
| 8%EG/16%BH/RPUF | 36.0 | 2.7 | 0.9 | 2.52 | 14.4 | 33.8 | 17.0 | 108 |
| 8%EG/18%BH/RPUF | 31.4 | 2.7 | 0.9 | 2.52 | 14.4 | 38.0 | 17.2 | 108 |

如图 9-27 和表 9-14 所示，纯 RPUF 的 LOI 值为 19.4%，而添加 8%EG 后，RPUF 的 LOI 值上升到了 24.3%。而在设计的 BH/EG/RPUF 阻燃体系中，保持 EG 的添加量为 8%恒定不变，随着 BH 的含量增加，阻燃 RPPUF 的 LOI 值逐渐增加，而当 BH 与 EG 添加比例为 18∶8 时，其 LOI 值（33.0%）远高于分别单独添加 18%BH 与 8%EG 的 RPUF 材料的 LOI 值（24.7%和 24.3%）。这揭示在 BH/EG/RPUF 阻燃体系中，BH 与 EG 的单独添加并不能赋予材料较为优异的阻燃性能，而两者结合后则能发挥加合阻燃的作用，赋予材料更高的极限氧指数。

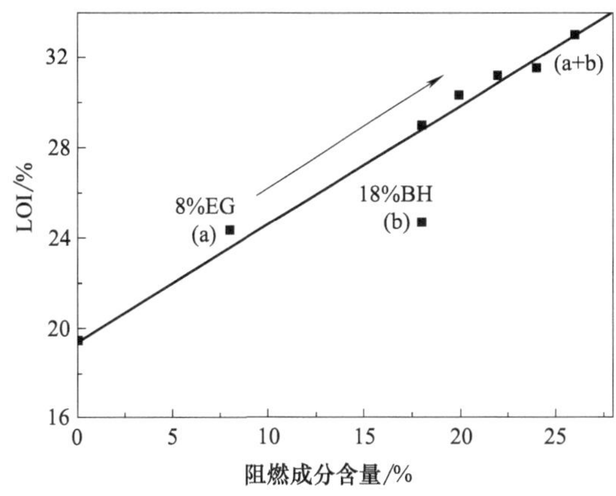


图 9-27　BH/EG 阻燃 RPUF 的极限氧指数拟合曲线

**表 9-14　BH/EG 阻燃 RPUF 的锥形量热仪测试结果**

| 样品 | LOI /% | pk-HRR /(kW/$m^2$) | av-EHC /(MJ/kg) | THR /(MJ/$m^2$) | TSR /($m^2$/$m^2$) | av-$CO_2$Y/ (kg/kg) | av-COY /(kg/kg) |
|---|---|---|---|---|---|---|---|
| 纯 RPUF | 19.4 | 322 | 22.2 | 27.4 | 902 | 2.53 | 0.24 |
| 8%EG/RPUF | 24.3 | 140 | 16.6 | 18.4 | 407 | 2.14 | 0.15 |
| 18%BH/RPUF | 24.7 | 140 | 11.1 | 12.7 | 1256 | 1.71 | 0.19 |
| 10%BH/8%EG/RPUF | 29.0 | 126 | 16.3 | 18.6 | 566 | 2.42 | 0.23 |
| 12%BH/8%EG/RPUF | 30.3 | 118 | 16.4 | 18.9 | 513 | 2.47 | 0.22 |
| 14%BH/8%EG/RPUF | 31.2 | 113 | 16.4 | 19.2 | 534 | 2.37 | 0.23 |
| 16%BH/8%EG/RPUF | 31.5 | 107 | 15.6 | 19.7 | 596 | 2.13 | 0.20 |
| 18%BH/8%EG/RPUF | 33.0 | 108 | 15.9 | 21.0 | 599 | 2.17 | 0.19 |

在图 9-28 的 HRR 曲线中和表 9-14 中，当 BH 与 EG 的添加量为 18%BH 与 8% EG 时，阻燃体系的热释放速率峰值从纯 RPUF 的 322kW/$m^2$ 下降到 108kW/$m^2$，比纯 RPUF 的 pk-HRR 下降了 66.5%，与 18%BH/RPUF 和 8%EG/RPUF 的 pk-HRR 相比下降了 32.9%。然而 18%BH/8%EG/RPUF 试样的 THR 和 TSR 值则介于 18% BH/RPUF 和 8%EG/RPU 之间，这一结果明显揭示了 BH 与 EG 在共同作用于 RPUF 时，通过而结合两种阻燃剂各自的功效，显著降低热释放速率峰值，从而有效抑制了燃烧强度，进而证明了 BH/EG/RPUF 阻燃体系发挥着加合阻燃作用。

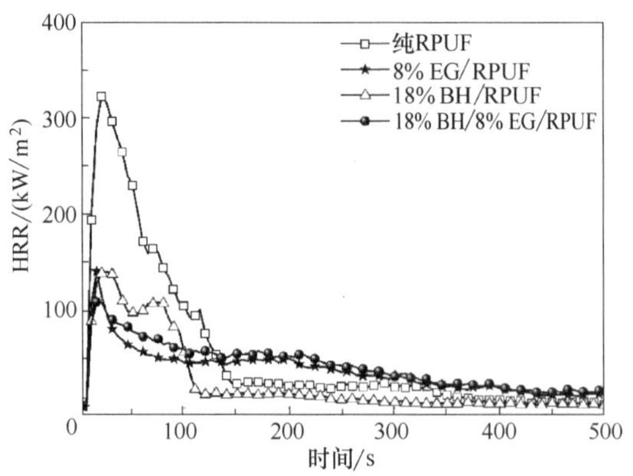


图 9-28 BH/EG 阻燃 RPUF 的热释放速率曲线

### (2) BH/EG 两相加合阻燃 RPUF 的机理

图 9-29 是 BH/EG 两相加合阻燃 RPUF 的阻燃机理。均匀接枝在聚氨酯分子的主链及支链上的 BH 分子在燃烧过程中分解释放出 DMMP，DMMP 进一步受热分解释放出含有猝灭作用的 PO・和 $PO_2$・自由基，在气相当中发挥着猝灭终止燃烧过程中链式反应的作用，有效抑制了火焰的燃烧强度。另一方面，BH 中的含磷含氮结构能够分解产生磷酸、醛类等物质促进基体产生致密炭层，这些炭层黏附膨胀后的 EG 在凝聚相中形成坚固并且致密炭层，从而表现出优异的火焰阻隔效应。所以 BH 与 EG 两相结合后在气相与凝聚相的共同发挥，通过加合阻燃效应、赋予了材料更为优异的阻燃防火性能。

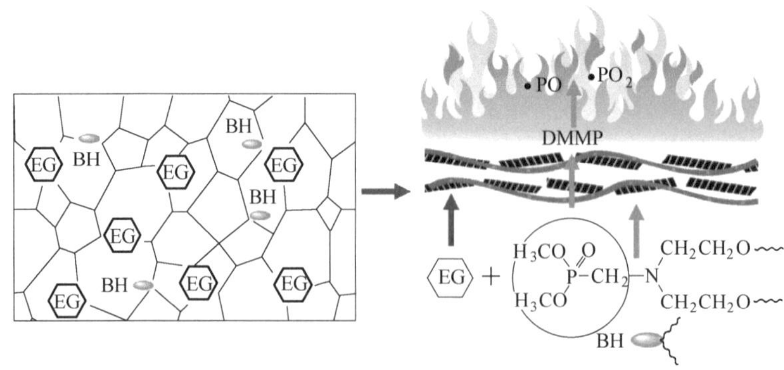


图 9-29 BH/EG 两相加合阻燃 RPUF 的机理

### (3) BH/EG 两相加合阻燃 RPUF 的物理性能

如表 9-15 所示，随着 BH/EG 体系中 BH 含量的增加，热导率下降了大约 10%，有助于提升 RPUF 材料的保温性能。BH/EG 两相阻燃 RPUF 材料的压缩强度提升 10%～40%，平均表观密度为 50kg/$m^3$ 左右，能满足其在工程上应用的条件，并且使得阻燃泡沫体系同时具有优异的加工和力学性能，满足工程上所需的基本条件。

表 9-15 BH/EG 阻燃 RPUF 的物理性能

| 样品 | 压缩强度/MPa | 热导率/[W/(m·K)] | 表观密度/(kg/m³) |
| --- | --- | --- | --- |
| 纯 RPUF | 0.20 | 0.025 | 35.2 |
| 8%EG/12%BH/RPUF | 0.22 | 0.022 | 48.1 |
| 8%EG/14%BH/RPUF | 0.23 | 0.021 | 50.4 |
| 8%EG/16%BH/RPUF | 0.28 | 0.023 | 50.0 |
| 8%EG/18%BH/RPUF | 0.25 | 0.023 | 49.6 |

## 9.2.6.4 二元阻燃体系-环状磷酸酯与 EG 的两相加合阻燃行为

### (1) EMD/EG 两相协同阻燃 RPUF 的行为规律

采用添加型环状磷酸酯（EMD）和 EG 按照表 9-16 配方共同应用于 RPUF 材料中，制备了两相阻燃 RPUF 复合材料，探究 EMD/EG 之间的加合阻燃行为和机理[70]，测试结果见表 9-17。EMD 结构式如下所示。

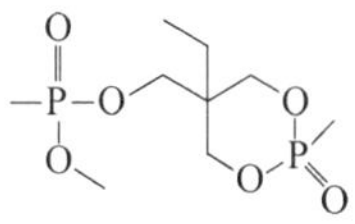

EMD

表 9-16 EMD/EG 阻燃 RPUF 的制备配方 单位：g

| 样品 | 450L/催化剂①/PAPI | 阻燃剂 | | $H_2O$ | 141b |
| --- | --- | --- | --- | --- | --- |
| | | EMD | EG | | |
| RPUF | 72/4.9/108 | — | — | 0.9 | 14.4 |
| 8%EG/RPUF | 72/4.9/108 | — | 17.4 | 0.9 | 14.4 |
| 18%EMD/RPUF | 72/4.9/108 | 40.6 | — | — | — |
| 18%EMD/8%EG/RPUF | 72/4.9/108 | 45.0 | 20.0 | — | — |

① 催化剂为 KAc、Am-1、DMCHA、SD-622 的混合物，各组分添加比例为 0.4∶0.4∶1.4∶2.7。

表 9-17 EMD/EG 阻燃 RPUF 的 LOI 和锥形量热仪测试结果

| 样品 | LOI/% | pk-HRR /(kW/m²) | THR /(MJ/m²) | av-EHC /(MJ/kg) | TSR /(m²/m²) | 残炭产率 400s/% |
| --- | --- | --- | --- | --- | --- | --- |
| RPUF | 19.6 | 357 | 31.3 | 24.5 | 1018 | 2.4 |
| 8%EG/RPUF | 25.6 | 216 | 25.5 | 24.9 | 445 | 35.0 |
| 18%EMD/RPUF | 25.3 | 304 | 25.7 | 18.4 | 1736 | 7.6 |
| 18%EMD/8%EG/RPUF | 31.3 | 159 | 18.3 | 18.7 | 550 | 30.5 |

如表 9-17 所示，纯 RPUF 的 LOI 值为 19.6%，单独添加 EG 后的 8%EG/RPUF 试样的 LOI 值增加到 25.6%。在此基础上，继续引入 EMD 于该体系后，18%EMD/8%EG/RPUF 试样的 LOI 值达到最高的 31.3%，而且样品 18%EMD/8%EG/RPUF 与纯 RPUF 的 LOI 差值大约等于样品 8%EG/RPUF 和 18%EMD/RPUF 分别与纯样的 LOI 差值之和，这意味着 EMD 和 EG 之间具有加合阻燃效应。

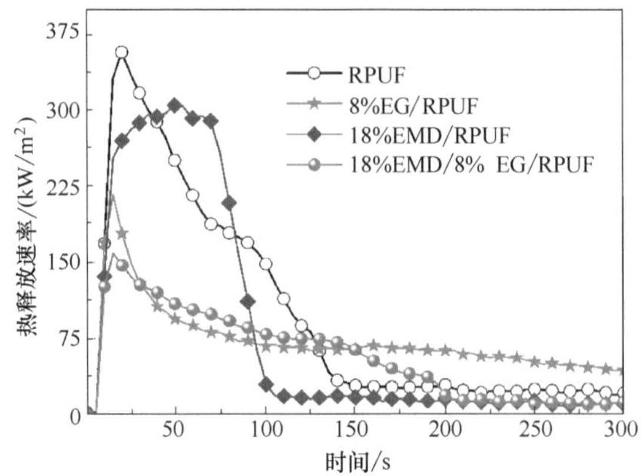


图 9-30 EMD/EG 阻燃 RPUF 的热释放速率曲线

如图 9-30 和表 9-17 所示，18%EMD/8%EG/RPUF 样品的 pk-HRR 值从纯 RPUF 的 $357kW/m^2$ 下降到 $159kW/m^2$，同时也低于分别单独添加纯 EG 和 EMD 的 8%EG/RPUF 和 18%EMD/RPUF 试样。更有趣的是，经过计算，如式（9-1）和式（9-2）所示，18%EMD/8%EG/RPUF 样品的 THR 和 av-EHC 相对于纯 RPUF 降低的数均约等于 8%EG/RPUF 和 18%EMD/RPUF 分别相对纯 RPUF 样品减少的数值之和。这一结果与 LOI 测试结果相印证，表明 EMD/EG 阻燃体系将 EMD/EG 各自对火焰的抑制作用加合到了一起。证实了 EG 和 EMD 二者之间的加合阻燃效应。

$$THR_{18\%EMD/8\%EG/RPUF} \approx THR_{8\%EG/RPUF} - (THR_{18\%EMD/RPUF} - THR_{RPUF}) \quad (9\text{-}1)$$

$$av\text{-}EHC_{18\%EMD/8\%EG/RPUF} \approx av\text{-}EHC_{8\%EG/RPUF} - (av\text{-}EHC_{18\%EMD/RPUF} - av\text{-}EHC_{RPUF}) \quad (9\text{-}2)$$

(2) EMD/EG 两相加合阻燃 RPUF 的机理

图 9-31 是 EMD/EG 体系在 RPUF 中的加合阻燃作用机理。由于 EG 没有气相阻燃

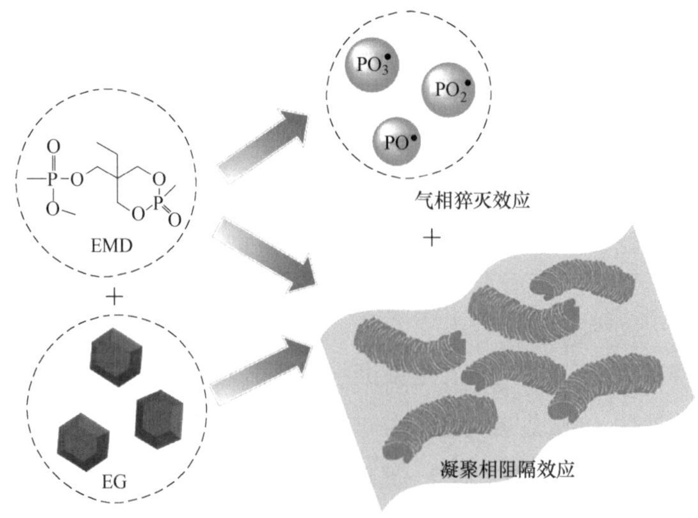


图 9-31 EMD 和 EG 的加合阻燃机理

作用，EMD/EG 体系依靠 EMD 通过释放 $PO_3$·、$PO_2$·和 PO·自由基发挥气相猝灭效应，从而降低样品的 THR 和 av-EHC 数值，并且提高了 LOI 值。EG 在凝聚相膨胀后与富磷残炭的良好结合，形成相对紧密的炭层，从而发挥了更好的阻隔和保护作用，能使样品的 LOI 值得到有效提高，pk-HRR 值明显降低。因此在燃烧过程中，EMD/EG 两相体系对 RPUF 基体表现出典型的加合阻燃效应。

(3) EMD/EG 两相加合阻燃 RPUF 的物理性能

如表 9-18 所示，EMD 的添加明显提升了材料的压缩强度。EMD/EG/RPUF 阻燃体系的压缩强度相对于纯 RPUF 有着一定程度的提升，而且该体系 EMD 和 EG 的添加并没有明显影响材料的表观密度，仍保持在 45kg/$m^3$ 左右，热导率则较纯 RPUF 有着轻微的提升。以上参数的变化都在工业应用中能够接受的范围，不会影响聚氨酯硬泡材料在实际中的应用。

表 9-18 EMD/EG 阻燃 RPUF 的物理性能

| 样品 | 压缩强度/MPa | 表观密度/(kg/$m^3$) | 热导率/[W/(m·K)] |
|---|---|---|---|
| RPUF | 0.28 | 46.48 | 0.022 |
| 8%EG/RPUF | 0.26 | 47.40 | 0.023 |
| 18%EMD/RPUF | 0.40 | 47.78 | 0.026 |
| 18%EMD/8%EG/RPUF | 0.30 | 44.81 | 0.025 |

### 9.2.6.5 二元阻燃体系-季戊四醇磷酸酯和 EG 的两相协同阻燃行为

(1) PEPA/EG 两相协同阻燃 RPUF 的行为规律

季戊四醇磷酸酯（PEPA）通过与异氰酸酯反应，可以被引入 PU 分子链中（图 9-32）。如表 9-19 配方所示，通过将 PEAP 与 EG 以 1∶3 的比例共同掺入 RPUF 中，可以弥补添加型阻燃剂迁移的缺陷，赋予 RPUF 材料优异阻燃性能的同时，获得 PEPA/EG 的协同阻燃行为规律和机理[71]。

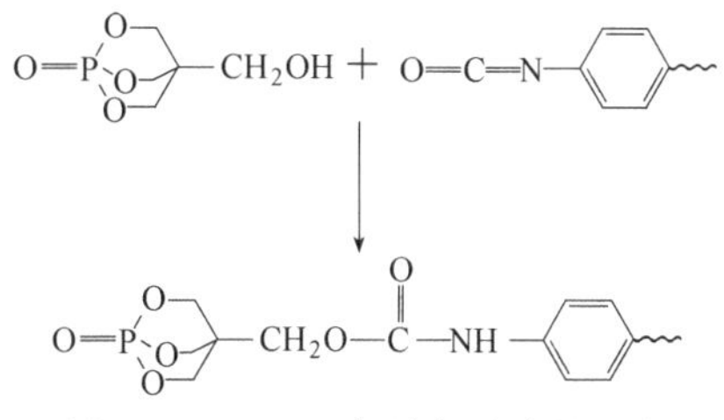

图 9-32 PEPA 与异氰酸酯的反应

表 9-19 PEPA/EG 阻燃 RPUF 的制备配方

| 样品 | PU | PU/10%FR | PU/15%FR | PU/20%FR | PU/15%PEPA | PU/15% EG |
|---|---|---|---|---|---|---|
| 阻燃剂含量/% | 0 | 10 | 15 | 20 | 15 | 15 |
| PEPA/g | 0 | 5.56 | 8.83 | 12.51 | 35.32 | 0 |
| EG/g | 0 | 16.68 | 26.49 | 37.53 | 0 | 35.32 |
| 450L/g | 72.00 | 72.00 | 72.00 | 72.00 | 72.00 | 72.00 |
| KAc/g | 0.36 | 0.36 | 0.36 | 0.36 | 0.36 | 0.36 |
| Am-1/g | 0.36 | 0.36 | 0.36 | 0.36 | 0.36 | 0.36 |

续表

| 样品 | PU | PU/10%FR | PU/15%FR | PU/20%FR | PU/15%PEPA | PU/15% EG |
|---|---|---|---|---|---|---|
| DMCHA/g | 1.44 | 1.44 | 1.44 | 1.44 | 1.44 | 1.44 |
| SD-623/g | 2.70 | 2.70 | 2.70 | 2.70 | 2.70 | 2.70 |
| $H_2O$/g | 0.90 | 0.90 | 0.90 | 0.90 | 0.90 | 0.90 |
| 141b/g | 14.40 | 14.40 | 14.40 | 14.40 | 14.40 | 14.40 |
| PAPI/g | 108.00 | 108.00 | 108.00 | 108.00 | 108.00 | 108.00 |

如表 9-20 所示，随着基体中 PEPA/EG 的质量分数增加，样品的 LOI 值持续升高，其中 PU/20%FR 的 LOI 值增加到最高的 31.9%。此外 PU/20%FR 试样的 LOI 值要高于相同添加量下，单独添加 PEPA 或 EG 的试样，因此可以确认，阻燃剂 PEPA 和 EG 在 RPUF 中具有协同阻燃作用。

**表 9-20　PEPA/EG 阻燃 RPUF 的 LOI 测试和锥形量热仪测试结果**

| 样品 | LOI /% | pk-HRR /($kW/m^2$) | THR /($MJ/m^2$) | av-EHC /(MJ/kg) | TSR /($m^2/m^2$) | 残炭产率 /% |
|---|---|---|---|---|---|---|
| PU | 19.2 | 323 | 27.4 | 22.2 | 902 | 1.53 |
| PU/10%FR | 25.3 | 158 | 20.5 | 18.5 | 542 | 23.6 |
| PU/15%FR | 29.2 | 126 | 19.1 | 17.9 | 293 | 34.1 |
| PU/20%FR | 31.9 | 113 | 17.2 | 16.5 | 236 | 40.0 |
| PU/15%PEPA | 22.6 | 282 | 20.0 | 20.0 | 1197 | 12.4 |
| PU/15% EG | 28.8 | 135 | 18.9 | 15.6 | 218 | 40.4 |

如表 9-20 所示，随着 PEPA/EG 的质量分数增加，RPUF 试样的 pk-HRR、THR 和 TSR 值持续降低。其中 PU/20%FR 试样的 pk-HRR 和 THR 值比纯 RPUF 分别降低了 65.1%、37.2%和 73.9%，表现出 PEPA/EG 两相体系优异的阻燃性能。而在相同的阻燃剂添加量下，如图 9-33 所示，尽管样品 PU/15%FR 仅包含 11.25%的 EG，但其 pk-HRR 值仅略低于 PU/15%EG 的 pk-HRR。这说明 PEPA 和 EG 均能充分发挥其阻燃作用，在适当质量比下，PEPA 和 EG 在阻燃 RPUF 过程中形成明显的协同效应。

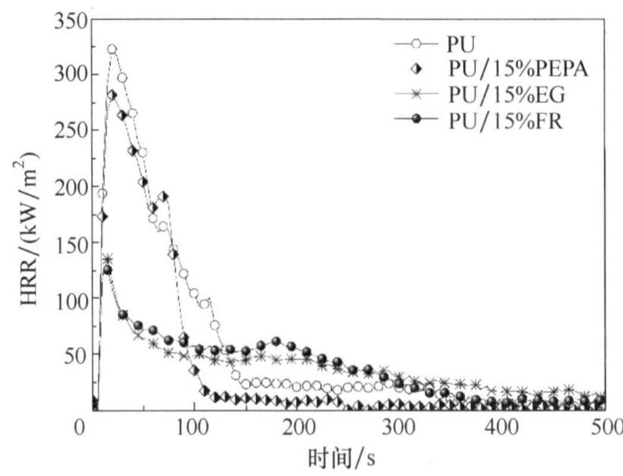


图 9-33　PU、PU/15%PEPA、PU/15%EG 和 PU/15%FR 的 HRR 曲线

（2）PEPA/EG 两相协同阻燃 RPUF 的机理

图 9-34 是 PEPA 和 EG 的凝聚相协同阻燃机理。当含有 PEPA/EG 的 RPUF 被点燃时，EG 迅速膨胀并形成蠕虫状的隔热层。同时基材中的 PEPA 生成了强脱水性的聚磷酸类物质，不挥发且非常黏稠。这些聚磷酸类物质覆盖在膨胀石墨的表面，形成相对致密的炭层。因此，PEPA/EG 体系增强的炭层不但可以更好防止可燃气体的转移，而且能够抑制对基材的热反馈行为，并进一步有效地降低基体的分解速度，发挥凝聚相协同阻燃效应。

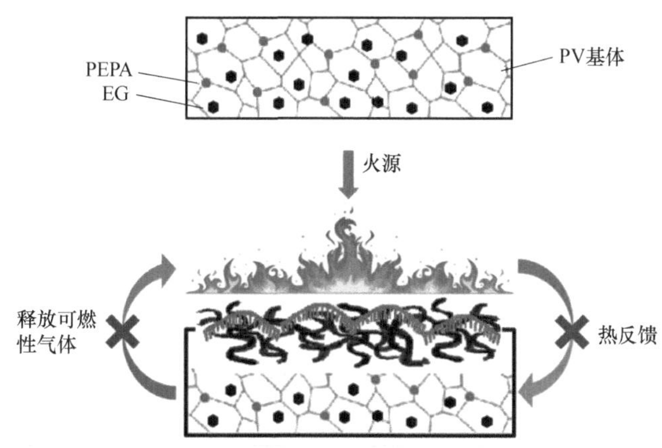


图 9-34 PEPA 和 EG 的凝聚相协同阻燃机理

## 9.2.7 三元阻燃体系

### 9.2.7.1 三元阻燃体系 DMMP/BH/EG 的逐级释放阻燃行为

（1）DMMP/BH/EG 的逐级释放阻燃行为规律

二元阻燃体系对 RPUF 材料的阻燃行为规律与机理的研究表明，多元复合体系对于赋予 RPUF 更优异的综合阻燃性能方面具有巨大优势。将 DMMP、BH 与 EG 三种在不同温度区间发挥作用的阻燃剂，按照表 9-21 的配方引入聚氨酯泡沫材料中，所有的阻燃 RPUF 样品中，阻燃剂的含量总量为 22%，EG 的量保持 6%恒定，发现了 DMMP/BH/EG 三元体系的温度逐级释放的阻燃效应[69]。当 DMMP/BH/EG 三者比例为 8/8/6 时，LOI 值达到最高的 30.7%，表明，在特定比例下的 DMMP/BH/EG 阻燃体系，能够赋予 RPUF 材料较为优异的阻燃性能。

表 9-21 DMMP/BH/EG 阻燃 RPUF 的制备配方

| 样品 | DMMP /g | BH /g | EG /g | 450L /g | 催化剂 /g | 141b /g | PAPI /g |
|---|---|---|---|---|---|---|---|
| 纯 PRUF | — | — | — | 51.2 | 6.2 | 14.4 | 108.0 |
| 16%DMMP /6%EG | 36.9 | 0.0 | 13.8 | 51.2 | 6.2 | 14.4 | 108.0 |
| 12%DMMP/4%BH/ 6%EG | 27.7 | 9.2 | 13.8 | 51.2 | 6.2 | 14.4 | 108.0 |
| 8%DMMP/8%BH/6%EG | 18.4 | 18.4 | 13.8 | 51.2 | 6.2 | 14.4 | 108.0 |
| 4%DMMP/12%BH/6%EG | 9.2 | 27.7 | 13.8 | 51.2 | 6.2 | 14.4 | 108.0 |
| 16%BH/6%EG | 0.0 | 36.9 | 13.8 | 51.2 | 6.2 | 14.4 | 108.0 |

从图 9-35 中的热释放速率曲线和表 9-22 的表可以反映出，当 DMMP/BH/EG 三者添加量为 4%、12%、6% 时，pk-HRR 和 THR 值均达到最低的 126kW/$m^2$ 和 14.5MJ/ $m^2$，相比纯 RPUF 分别下降了 43.2%和 19.0%，同时其 TSR 值也保持在较低值，表明 DMMP/BH/EG 三元体系在该比例下对火焰抑制作用来说比 DMMP/EG 与 BH/EG 二元阻燃体系效果更好，而该三元协同阻燃效应归因于 DMMP、BH 和 EG 三种阻燃剂在不同温度区间的连续释放的阻燃效应。

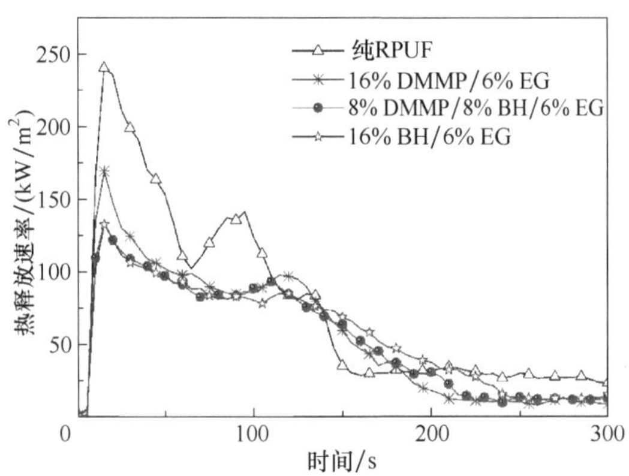


图 9-35 DMMP/BH/EG 阻燃 RPUF 样品的热释放速率曲线

表 9-22 DMMP/BH/EG 阻燃 RPUF 的 LOI 和锥形量热仪测试结果

| 样品 | LOI /% | pk-HRR /(kW/$m^2$) | THR /(MJ/$m^2$) | av-EHC /(MJ/kg) | TSR /($m^2$/$m^2$) | 残炭产率 /% |
|---|---|---|---|---|---|---|
| 纯 RPUF | 20.1 | 234 | 17.9 | 23.7 | 680 | 16.4 |
| 16%DMMP /6%EG | 30.3 | 165 | 15.1 | 17.6 | 619 | 34.6 |
| 12%DMMP/4%BH/ 6%EG | 30.3 | 152 | 14.9 | 18.3 | 721 | 32.3 |
| 8%DMMP/8%BH/6%EG | 30.7 | 139 | 14.5 | 18.3 | 698 | 32.0 |
| 4%DMMP/12%BH/6%EG | 29.2 | 126 | 14.5 | 18.9 | 706 | 27.5 |
| 16%BH/6%EG | 28.7 | 129 | 15.4 | 18.3 | 783 | 30.8 |

(2) DMMP/BH/EG 的逐级释放阻燃机理

图 9-36 所示是 DMMP/BH/EG 的三元协同阻燃机理，这种协同阻燃的效应归因于 DMMP、BH、EG 三种阻燃剂随着温度升高持续发挥阻燃的作用。燃烧初期，当温度超过 180℃，在这一阶段 DMMP 分解并释放含有猝灭作用的自由基，主要在气相当中

发挥阻燃效应。EG也在这一阶段开始膨胀，随后与富磷炭层黏附在一起，共同在凝聚相当中发挥着阻燃作用。随着燃烧温度的进一步升高，接枝在基体上的BH开始发生分解并且释放大量的不可燃碎片，这将有助于减少可燃物的释放并且促进PO·自由基的猝灭作用，终止燃烧过程中的链式反应。另一方面，BH能够促进基体产生富磷炭层，并与DMMP和BH产生的炭层相结合共同在凝聚相中发挥阻燃效应。所以DMMP/BH/EG三元阻燃体系在气相与凝聚相中发挥的协同作用赋予材料优异的阻燃性能，得益于三元阻燃体系的连续释放行为。

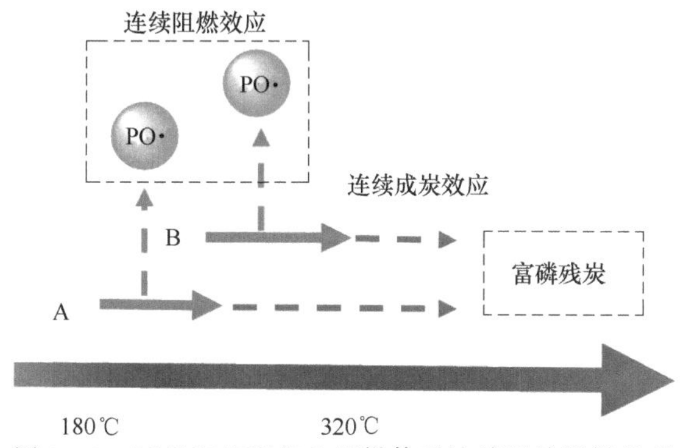


图9-36 DMMP/BH/EG阻燃体系连续释放阻燃机理

### 9.2.7.2 三元阻燃体系ATH/BH/EG的阻燃行为

#### (1) ATH/BH/EG的阻燃行为规律

通过在BH/EG体系中引入氢氧化铝（ATH）以增加体系的凝聚相阻燃的作用，从而构建新型高效的三元阻燃聚氨酯复合体系。按照表9-23的配方，控制BH/EG比例为14∶6的最佳比例，制备了ATH/BH/EG三元体系阻燃RPUF复合材料，并研究了ATH联合BH/EG在凝聚相当中的协同阻燃机理[69]。

表9-23 ATH/BH/EG阻燃RPUF的制备配方　　单位：g

| 样品 | ATH | $Al_2O_3$ | BH | EG | 450L | 催化剂 | 141b | PAPI |
|---|---|---|---|---|---|---|---|---|
| 纯RPUF | — | — | — | — | 72.0 | 6.2 | 14.4 | 108.0 |
| 8%ATH/14%BH/6%EG | 19.1 | — | 33.5 | 14.3 | 43.0 | 6.2 | 14.4 | 108.0 |
| 10%ATH/14%BH/6%EG | 24.0 | — | 34.0 | 14.0 | 43.0 | 6.2 | 14.4 | 108.0 |
| 12%ATH/14%BH/6%EG | 30.2 | — | 35.0 | 15.1 | 43.0 | 6.2 | 14.4 | 108.0 |
| 14%ATH/14%BH/6%EG | 35.5 | — | 35.5 | 15.5 | 43.0 | 6.2 | 14.4 | 108.0 |
| 8%ATH/14%BH/6%EG | — | 19.1 | 33.5 | 14.3 | 43.0 | 6.2 | 14.4 | 108.0 |
| 10%ATH/14%BH/6%EG | — | 24.0 | 34.0 | 14.0 | 43.0 | 6.2 | 14.4 | 108.0 |
| 12%ATH/14%BH/6%EG | — | 30.2 | 35.0 | 15.1 | 43.0 | 6.2 | 14.4 | 108.0 |
| 14%ATH/14%BH/6%EG | — | 35.5 | 35.5 | 15.5 | 43.0 | 6.2 | 14.4 | 108.0 |
| 19.6%BH/8.4%EG | — | — | 46.3 | 20.1 | 43.0 | 6.2 | 14.4 | 108.0 |
| 28%ATH | 78.0 | — | — | — | 72.0 | 6.2 | 14.4 | 108.0 |
| 28%AO | — | 78.0 | — | — | 72.0 | 6.2 | 14.4 | 108.0 |

如表 9-24 所示，在体系中保持 BH/EG 的含量为 20%（比例定为 14/6）恒定不变，在体系内引入 ATH 或氧化铝（AO），当 ATH 或 AO 的添加量为 14%时，14%ATH/14%BH%/6%EG 和 14%AO/14%BH%/6%EG 的 LOI 值能达到 34.0%和 30.7%，这表明 ATH 与 AO 都能够在 RPUF 中产生阻燃作用，且 ATH 的阻燃效率明显高于 AO，初步说明 ATH/BH/EG 在 RPUF 中能够发挥三元协同阻燃效应。

**表 9-24　ATH/BH/EG 阻燃 RPUF 的 LOI 与锥形量热仪测试结果**

| 样品 | LOI /% | pk-HRR /(kW/m²) | av-EHC /(MJ/kg) | THR /(MJ/m²) | TSR /(m²/m²) |
|---|---|---|---|---|---|
| 纯 RPUF | 19.4 | 322 | 20.8 | 27.1 | 899 |
| 8%ATH/14%BH/6%EG | 31.2 | 120 | 18.5 | 19.4 | 625 |
| 10%ATH/14%BH/6%EG | 31.5 | 117 | 17.9 | 20.0 | 598 |
| 12%ATH/14%BH/6%EG | 33.7 | 115 | 18.5 | 20.7 | 514 |
| 14%ATH/14%BH/6%EG | 34.0 | 117 | 18.8 | 20.1 | 496 |
| 8%AO/14%BH/6%EG | 30.6 | 129 | 17.1 | 21.7 | 709 |
| 10%AO/14%BH/6%EG | 30.2 | 136 | 16.2 | 22.8 | 776 |
| 12%AO/14%BH/6%EG | 30.4 | 124 | 16.9 | 21.5 | 711 |
| 14%AO/14%BH/6%EG | 30.7 | 129 | 17.3 | 21.1 | 707 |
| 19.6%BH/8.4%EG | 31.0 | 132 | 18.2 | 20.9 | 744 |
| 28%ATH | 22.3 | 285 | 21.0 | 35.5 | 1165 |
| 28%AO | 24.5 | 215 | 18.5 | 32.4 | 1091 |

如图 9-37 和表 9-24 所示，与 BH/EG/RPUF 二元体系相比，当阻燃成分总添加量同样为 28%时，ATH 的加入能够更进一步降低 HRR 的值，而 AO 却无明显作用。其中 8%ATH/14%BH/6%EG 的 pk-HRR 值较 19.6%BH/8.4%EG 下降了 9.1%，TSR 则下降了 16.0%。以上结果表明 ATH 比 AO 在抑制燃烧和烟释放强度方面都能够发挥更优异的作用，并且 ATH 能够与 BH/EG 在火焰抑制和发挥协同阻燃效应；而 ATH

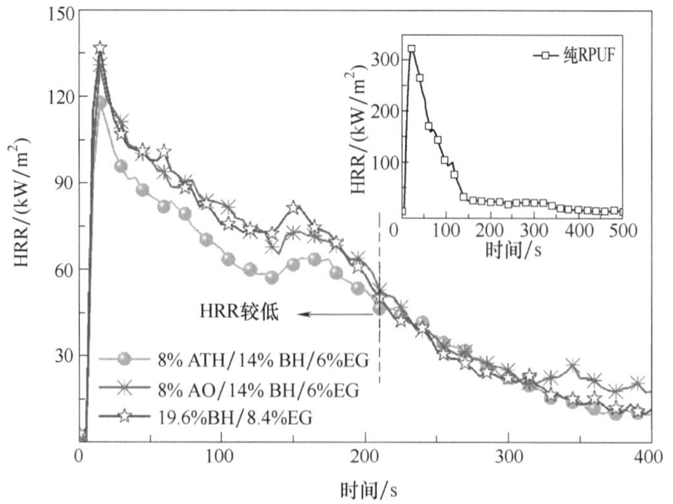


图 9-37　ATH/BH/EG 阻燃 RPUF 的热释放速率曲线

的分解吸热释放出水分子则是其发挥协同抑烟作用的关键因素。

(2) ATH/BH/EG 的阻燃机理

图 9-38 为 ATH/BH/EG 三元体系的协同阻燃机理。当 ATH/BH/EG/RPUF 被点燃时，EG 能够快速膨胀形成疏松的蠕虫状的隔热层，同时，ATH 分解释放水分子，降低燃烧过程中聚合物基体表面的环境温度。紧接着水分子直接与磷酸酯或者衍生物反应生成多磷酸类物质。蠕虫状膨胀后的炭层、AO 与多磷酸类物质紧密结合，从而形成完整致密且富磷的炭层。这些炭层不仅阻隔了可燃性气体的透过，抑制了热反馈，还有效降低了基体的燃烧分解速率。反应生成的多磷酸类物质能够在残炭中锁住更多的含磷含碳成分，从而减少了产烟量。因此 ATH/BH/EG 能够在凝聚相中发挥优异三元协同阻燃效应，从而赋予材料更好的阻燃性能。

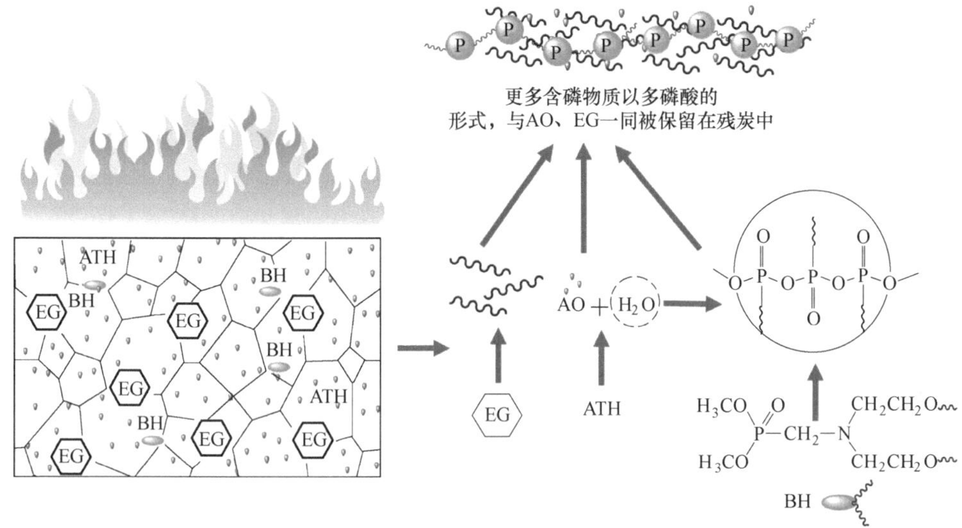


图 9-38　ATH/BH/EG 阻燃体系的协同阻燃机理

(3) ATH/BH/EG 阻燃 RPUF 的物理性能

如表 9-25 所示，随着 AO 和 ATH 含量的增加，同样都造成 RPUF 的密度也随之增加，密度范围在 $47\sim55\text{kg/m}^3$ 之间。这一密度在阻燃 RPUF 中属于轻质聚氨酯泡沫材料级别，说明 ATH/BH/EG 阻燃体系并不能影响泡沫的加工性能。此外，ATH 的添加会轻微降低 RPUF 的压缩强度，而 AO 则能比较大幅度地增加 RPUF 的压缩性能。

**表 9-25　ATH/BH/EG 阻燃 RPUF 的物理性能**

| 样品 | 表观密度/$(\text{kg/m}^3)$ | 压缩强度/MPa |
|---|---|---|
| 纯 RPUF | 35.2 | 0.20 |
| 8%ATH/14%BH/6%EG | 47.4 | 0.19 |
| 14%ATH/14%BH/6%EG | 55.5 | 0.18 |
| 8%AO/14%BH/6%EG | 51.8 | 0.24 |
| 14%AO/14%BH/6%EG | 54.8 | 0.27 |
| 19.6%BH/8.4%GE | 49.6 | 0.22 |

### 9.2.8 四元阻燃体系——含磷杂菲的四元体系的快速自熄阻燃行为

(1) TGD/DMMP/EG-ATH 四元体系阻燃 RPUF 的阻燃行为规律

RPUFs 在之前的研究中未能实现迅速熄灭，从而导致了大量热量的释放。结合运用了多种阻燃效应的综合效果，将反应型阻燃剂 TGD 通过羟基和异氰酸酯基团反应连接在 RPUF 基体中，再与添加型阻燃剂 EG、ATH 和 DMMP 按照表 9-26 的配方进行复合，构建了具有更好自熄效应的阻燃 RPUFs 材料，获得了 TGD/DMMP/EG-ATH 四元体系的协同阻燃机理[72]。

表 9-26 TGD/DMMP/EG-ATH 四元体系阻燃 RPUF 的制备配方 单位：g

| 样品 | 450L/催化剂①/PAPI | 阻燃剂 | | | $H_2O$ | 141b |
|---|---|---|---|---|---|---|
| | | TGD | DMMP | ATH/EG | | |
| 2TGD/8DMMP/EG-ATH | 70/4.9/108 | 5.3 | 22 | 37/16 | 0.9 | 15 |
| 2TGD/EG-ATH | 70/4.9/108 | 5.3 | — | 37/16 | 0.9 | 15 |
| 8DMMP/EG-ATH | 72/4.9/108 | — | 22 | 37/16 | 0.9 | 15 |
| 2TGD/8DMMP | 70/4.9/108 | 5.3 | 22 | — | 0.9 | 15 |
| RPUF | 72/4.9/108 | — | — | — | 0.9 | 15 |

① 催化剂为 KAc、Am-1、DMCHA、SD-622 的混合物，比例为 0.4∶0.4∶1.4∶2.7。

如表 9-27 所示，在三元体系 8DMMP/EG-ATH 的 LOI 值高达 32.7%，证明 DMMP、EG 和 ATH 在提高 LOI 性能方面形成了协同效应。继续引入 TGD 后，四元体系的样品 2TGD/ 8DMMP/EG-ATH 的 LOI 值能进一步轻微地到 32.9%。并且在锥量测试中，2TGD/8DMMP/EG-ATH 能够迅速熄灭火焰，在燃烧 49s 后火焰熄灭只留下不燃烧的烟雾。表明适当比例的磷杂菲基团被掺入 RPUF 基体中并与 DMMP、EG 和 ATH 共同作用，能够产生对火焰的快速熄灭效应。

表 9-27 TGD/DMMP/EG-ATH 阻燃 RPUF 的 LOI 和锥形量热仪测试结果

| 样品 | LOI /% | TTF /s | pk-HRR ($kW/m^2$) | THR /($MJ/m^2$) | av-EHC /(MJ/kg) | TSR /($m^2/m^2$) |
|---|---|---|---|---|---|---|
| 2TGD/8DMMP/EG-ATH | 32.9 | 49 | 114 | 8.3 | 8.4 | 943 |
| 2TGD/EG-ATH | 27.6 | 372 | 122 | 21.1 | 17.6 | 392 |
| 8DMMP/EG-ATH | 32.7 | 276 | 141 | 17.4 | 18.0 | 384 |
| 2TGD/8DMMP | 24.5 | 75 | 193 | 15.2 | 14.3 | 991 |
| RPUF | 19.4 | 153 | 357 | 31.3 | 24.5 | 1018 |

如图 9-39 所示，2TGD/8DMMP/EG-ATH 的 pk-HRR 值达到最低值 $114kW/m^2$，比纯 RPUF 降低了 68.1%。并且 2TGD/8DMMP/EG-ATH 的 av-EHC 值显著地降低至 8.4 MJ/kg，远远低于其他三元体系，两种含磷阻燃剂 TGD 和 DMMP 的结合使得

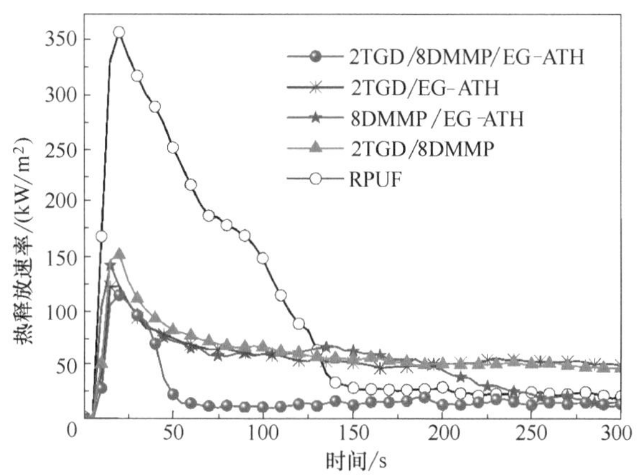

图 9-39 TGD/DMMP/EG-ATH 阻燃 RPUF 的热释放速率曲线

体系的猝灭效应显著加强，即 2TGD/8DMMP/EG-ATH 的快速自熄效应主要是由于气相优异的猝灭效应引起的。

(2) TGD/DMMP/EG-ATH 四元体系阻燃 RPUF 的快速自熄效应作用机理

图 9-40 为 TGD/DMMP/EG-ATH 的协同阻燃机理，在燃烧初始阶段，添加型阻燃剂 DMMP 通过释放含磷化合物在气相中发挥猝灭效应。然后，反应型阻燃剂 TGD 开始分解磷杂菲基团从而释放含磷化合物和苯氧基自由基，并在该燃烧阶段与 DMMP 形成连续猝灭效应。在这个阶段，TGD 还生成致密的富磷炭层，从而能够抑制基体进一步分解。除了猝灭效应和成炭效应外，来自基体燃料的减少，这有利于直接降低燃烧强度。上述这些阻燃效应在样品 2TGD/8DMMP/EG-ATH 的燃烧过程中共同发挥了作用，致使 RPUF 材料具有快速自熄效应。

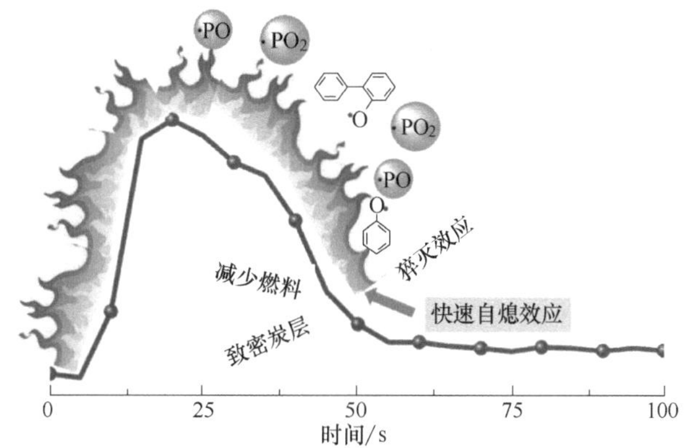

图 9-40 TGD/DMMP/EG-ATH 体系中的快速自熄效应作用机理

(3) TGD/DMMP/EG-ATH 四元体系阻燃 RPUF 的物理性能

如表 9-28 中所示，由于 TGD 将刚性的磷杂菲结构引入 RPUF 基体中，使得样品压缩强度略微增加，有助于提高 RPUF 材料的压缩强度，从而产生更好的应用价值。

而所有 RPUF 样品的表观密度都维持在 $45kg/m^3$ 以下，热导率都低于 0.024W/(m·K)，都不会影响材料的应用。因此在 RPUF 基体中加入快速自熄阻燃体系不会明显影响 RPUF 的力学性能。

**表 9-28　TGD/DMMP/EG-ATH 阻燃 RPUF 的物理性能**

| 样品 | 压缩强度/MPa | 表观密度/($kg/m^3$) | 热导率/[W/(m·K)] |
|---|---|---|---|
| 2TGD/8DMMP/EG-ATH | 0.19 | 43.8 | 0.023 |
| 2TGD/EG-ATH | 0.22 | 44.6 | 0.022 |
| 8DMMP/EG-ATH | 0.16 | 44.3 | 0.024 |
| 2TGD/8DMMP | 0.17 | 32.0 | 0.024 |
| RPUF | 0.18 | 36.5 | 0.022 |

## 9.2.9 软质聚氨酯泡沫材料阻燃研究现状

### 9.2.9.1 非反应型阻燃剂法阻燃 FPUF[38,73]

非反应型阻燃剂主要有磷系阻燃剂如磷酸酯和磷杂菲等、磷氮协同阻燃剂、无机阻燃剂及膨胀型阻燃剂。磷（膦）酸酯类阻燃剂结构中阻燃元素以磷元素为主，气相阻燃作用显著。

**(1) 磷系阻燃剂**

磷酸酯类是阻燃聚氨酯泡沫的一类高效有机阻燃剂，亚磷酸二甲酯（DP）是一种液体低分子量无卤阻燃剂，磷含量高达 28%，具有良好的气相阻燃作用；环状磷酸酯（EMD）是一种高分子量的液体阻燃剂，黏度较大，其气相和凝聚相具有良好的阻燃作用；甲基磷酸二甲酯（DMMP）是一种磷含量 25 %的低分子量液体阻燃剂，能够有效地提升 FPUF 的阻燃性能。

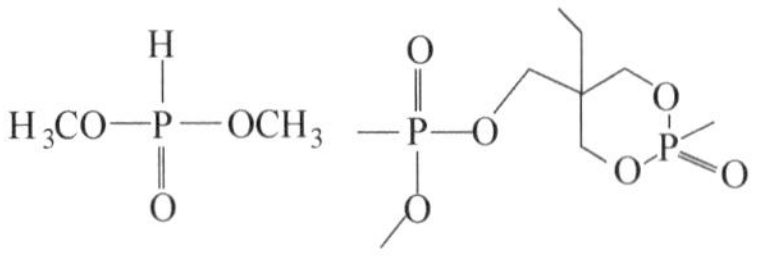

3 种磷酸酯/EG 复合体系的添加均能显著提高 RPUF 的极限氧指数，其中以 DP/EG 和 DMMP/EG 体系的阻燃效果更为突出，将 RPUF 材料的 LOI 从 19.6%提升至 30.0%以上。而同等添加量的 10%EMD/8%EG/RPUF 样品的 LOI 值只有 28.7%。在同等添加量下，上述 3 种磷酸酯/EG 体系阻燃效果的差异应该主要归因于不同磷酸酯化合物中磷酸酯结构的差异。其中，DP 和 DMMP 的磷含量相近，分别为 28.2%和 25.0%，而 EMD 的磷含量则仅为 10.8%。

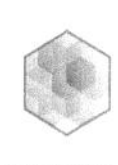



DMMP在聚氨酯中的应用较为广泛，它是一类磷含量高（25%）、化学稳定性好的液态阻燃剂，其黏度低（1.75mPa·s）、毒性低，相对于添加固态阻燃剂，DMMP在赋予FPUF阻燃性能的同时没有大幅降低泡沫力学性能。由于DMMP在聚氨酯泡沫中可以发挥优异的气相阻燃作用，而EG则能够在凝聚相中赋予聚氨酯泡沫优异的阻燃效果。选择DMMP/EG阻燃体系应用于FPUF中，在添加相同质量份数的情况下，单独添加DMMP的样品LOI值始终高于单独添加EG的样品，说明在相同的添加量下，DMMP对于提高泡沫LOI值的能力高于EG，这是由于DMMP燃烧过程中分解产生了气相碎片，通过气相猝灭效应终止燃烧；而EG主要是产生蠕虫状膨胀石墨阻隔氧气和热量，阻止进一步燃烧。并且随着EG添加量的增加，LOI值持续上升，而随着DMMP含量的增加，LOI上升渐缓。最终在DMMP和EG分别添加20份时，样品的LOI值分别为24.9 %和23.4 %，而样品10DMMP/10EG/FPUF的LOI值为25.5 %，显示了DMMP与EG的协同阻燃作用。

Wang等[74] 发现添加15%DMMP或可膨胀石墨（EG）使FPUF阻燃性能提升，LOI分别增加到24.5%和23%，DMMP因含磷量高使体系表现出更好的气相阻燃作用，其低黏度降低了发泡阻力，泡孔孔径增大；将两者复合使用能够进一步提高阻燃性能，当添加量总量为15%，DMMP/EG为2∶1时表现出协同作用，LOI升高到27.5%。此时泡孔结构均一，这是由于液态DMMP使体系黏度降低，EG分散得更加均匀，将软质聚氨酯泡沫形成过程中的发泡反应和凝胶反应维持在平衡状态。

9,10-二氢-9-氧杂-10-磷杂菲-10-氧化物（DOPO）是一种含磷阻燃剂中间体，其结构中含有联苯环，热稳定性和化学稳定性优于未成环的有机磷酸酯；P—H键可与含羰基、醛基和双键等基团的化合物反应生成多种DOPO衍生物。DOPO及其衍生物阻燃剂被证实可以在环氧树脂、聚酯树脂等材料中发挥优异的气相阻燃作用，其应用范围也逐渐扩展延伸到FPUF体系中。A. König等[75] 合成出甲基取代9,10-二氢-9-氧杂-10-磷杂菲-10-氧化物（甲基-DOPO），通过热失重测试（TG）发现在泡沫热解期间，甲基-DOPO的释放与氨基甲酸酯和双取代脲基的解聚发生在同一温度区间内。添加7.5份甲基-DOPO阻燃剂的聚氨酯泡沫可以在FMVSS 302测试中达到SE（离火自熄）级别。Przystas A等[76] 通过使用十二烷基磺酸钠作为乳化剂提高了乙二胺-DOPO（EDA-DOPO）在多元醇中的分散性和泡沫的耐火性能，促进阻燃剂发挥气相阻燃作用。

钱立军及团队将磷杂菲衍生物TAD与可膨胀石墨（EG）复合应用于阻燃FPUF中，通过一步发泡的方式制备了TAD/EG/FPUF阻燃体系。当10%的EG与10% TAD加入体系中时，泡沫的LOI由18.4%提升至24.8%，水平燃烧级别提高到HBF级别，且pk-HRR由450.6kW/$m^2$ 降低到164.1kW/$m^2$。这是因为一方面磷杂菲阻燃剂 TAD 在燃烧过程中释放出 PO·、$PO_2$·等可以在气相中捕获维持燃烧的 H·、OH·自由基等终止链式反应；另一方面 EG 受热膨胀时可以带走大量热量使泡沫燃烧的温度和热释放速率降低，同时产生的蠕虫状膨胀石墨表面积大可以吸附聚氨酯泡沫燃烧产生的残炭，实现对火焰的良好的阻隔效应，达到较好的阻燃效果。钱立军及团队还将 7%TAD 与 7%EG、7% DMMP 应用到阻燃 FPUF 制备了三元复合阻燃软质聚氨酯泡沫材料。研究发现三者复合阻燃泡沫的 LOI 进一步提高到 26.1%，热释放速率峰值和有效燃烧热均大幅下降，同时体系的残炭产率较纯样提高。最明显的变化是 7%TAD/7%DMMP/7%EG/FPUF 比 7% DMMP/7%EG/FPUF 体系的燃烧时间缩短 50s，这证明 TAD 的加入增强了 DMMP/EG 体系燃烧过程中的气相猝灭作用，提高了材料抑制火焰方面的能力。

(2) 磷氮协同阻燃剂

为了进一步优化阻燃性能，研究人员将 N 元素引入含 P 阻燃剂结构中发挥磷氮协同阻燃效应。磷酰胺结构中同时含有 P、N 两种阻燃元素，不仅促进 FPUF 基体的热分解过程生成磷酸、聚偏磷酸等覆盖在基材表面，还更有效地提高材料的热稳定性及成炭能力。Gaan S 等[77] 将丙胺、苄胺和乙二胺分别与 DOPO 反应得到 PA-DOPO、BA-DOPO、EDBA-DOPO 三种含磷氮阻燃剂并应用在阻燃软质聚氨酯泡沫上，研究发现含磷氮最高的 EDBA-DOPO 热稳定性最好，当三种阻燃剂添加量在 5%时，聚氨酯泡沫的表观密度几乎没有变化；5%EDBA-DOPO/FPUF 在 UL 94 HB 测试中阻燃等级达到 HF-1，而同等添加量下市面出售的阻燃剂 DOPO、磷酸三（2-氯丙基）酯（TCPP）阻燃 FPUF 等级均为 HBF，这也证实高含磷量阻燃剂可以在气相中发挥出更好的阻燃性能。Almeia K 等[78] 以 *N*-氯代丁二酰亚胺为氯化剂将亚磷酸二乙酯（DEP）、亚磷酸二苯酯（DPP）、DOPO 分别与丙胺、苄胺、烯丙基胺、二乙基胺、乙二胺反应合成了一系列磷酰胺阻燃剂。通过分析 TG 和微型燃烧量热仪（MCC）数据发现这些含磷氮化合物可以同时在气相和凝聚相中发挥作用。

(3) 无机阻燃剂

熊联明等[79] 研究了微胶囊红磷不同包覆、用量及与硼酸锌阻燃剂的协效作用等因素对软质聚氨酯泡沫塑料的阻燃性能、力学性能及抑烟性能的影响，如表 9-29 微胶囊红磷/硼酸锌阻燃 FPUF 应用数据所示。三聚氰胺-甲醛树脂/硼酸锌双层囊材包覆微胶囊红磷在聚氨酯中的阻燃性最好；3 份的微胶囊红磷（囊材含量 15%）添加量即可使 FPUF 的阻燃性能达 UL 94 V-0 级，氧指数（LOI）从 17.7%上升到 28.8%，最大有焰烟密度从 813.6 下降至 458.8，可明显克服熔滴现象，且对 FPUF 的力学性能影响很小。其机理可能是微胶囊红磷/硼酸锌体系在凝聚相能形成类似陶瓷的残渣，促进成炭量增加，且聚氨酯中的氮能促进磷酸、偏磷酸、聚偏磷酸等的脱水炭化作用，产生协同效应。

**表 9-29 微胶囊红磷/硼酸锌阻燃 FPUF 应用数据**

| 项目 | 微胶囊红磷添加量/份 | | | | | | | | |
|---|---|---|---|---|---|---|---|---|---|
| | 0 | 1 | 2 | 3 | 4 | 5 | 6 | 7 | 8 |
| LOI/% | 17.7 | 24.1 | 26.3 | 28.8 | 30.9 | 32.4 | 34.5 | 35.4 | 36.2 |
| UL 94 | V-2 | V-1 | V-1 | V-0 | V-0 | V-0 | V-0 | V-0 | V-0 |
| 熔滴现象 | 有 | 有 | 无 | 无 | 无 | 无 | 无 | 无 | 无 |
| 最大烟密度 | 813.6 | 677.3 | 551.5 | 458.8 | 372.6 | 300.4 | 223.8 | 157.2 | 92.8 |

**(4) 膨胀型阻燃剂**

具有片状石墨插层结构[80] 的可膨胀石墨（EG）作为新一代的物理膨胀型阻燃剂在降低高聚物发烟、熔滴和易燃性方面优势明显。当 EG 加热到大约 200℃时可以立即与插层硫酸反应生成二氧化碳、二氧化硫和 $H_2O$ 稀释氧气，高温下体积迅速膨胀形成蠕虫状膨胀炭层[81]。炭层表面和内部有大量的网络状微孔结构，可以起到隔绝氧气和热量的作用。单独添加可膨胀石墨作为阻燃剂的软质聚氨酯泡沫燃烧后热释放速率峰值显著降低，无熔滴现象且残炭产率大幅提高。但形成的炭层较为疏松[82,83]，微孔结构为氧气和热量的交换提供条件，通过改性或与其他阻燃剂协同使用可以获得更好的阻燃效果[84]。

研究表明，APP 与 EG 具有较好的协同阻燃效果，且 APP/EG 的质量比为 2∶1 时其协同阻燃效果良好，同时阻燃材料具有良好的力学性能。APP/EG 在受热过程中，APP 分解为黏稠状聚磷酸，与膨胀的 EG 形成连续、致密的炭层，可阻隔热、氧的传递并减少可燃性气体的挥发，从而获得较好的阻燃效果。虽然 APP 残炭连续致密，但热稳定性较差，且易生烟。氢氧化镁（MH）是一种常见的无卤阻燃剂，受热时释放出结晶水，吸收大量热量，可抑制温度升高，减缓聚合物降解。MH 分解产生的水蒸气也可稀释火焰区可燃气体的浓度，并有一定的冷却作用。MH 有助于聚合物表面形成炭化层，其主要分解产物氧化镁为耐热材料，在凝聚相起阻燃作用，有效抑制烟的产生，并与 EG 具有协同阻燃效应。晁春艳等[85] 采用 EG、APP 和 MH 对 FPUF 进行阻燃处理，并对其力学性能进行了研究。研究发现：当 APP/EG/ MH 质量比为 2∶1∶1 时，阻燃效果最佳，其中 APP/EG 阻燃性较好，而 MH 能有效地抑制烟和 CO 的释放，三者复配具有很好的阻燃抑烟效果，可使 FPUF 的氧指数达到 27.1%以上，且生烟量低。

王成群等[86] 研究了 EG 添加量对聚氨酯泡沫阻燃性能的影响。研究发现，随着 EG 含量的增加，LOI 值直线上升。Ming 等人[87] 为了提高 EG 的阻燃性能，用 EG 和磷酰氯合成了用磷改性的膨胀石墨（EGP），并将 EGP 作为 FPUF 的阻燃剂研究了其阻燃性能。添加 20 份 EG 时样品的 LOI 为 25.6 %，而添加 20 份 EGP 样品的 LOI 值为 26.2 %。并且 EGP 的加入显著降低了泡沫的热释放速率峰值。进一步研究表明 EGP 可以在 PU 泡沫的表面上形成比 EG 更紧密的炭层，这可以在燃烧过程中有效隔离氧气和热量。

### 9.2.9.2 反应型阻燃剂法阻燃 FPUF

由于添加型阻燃剂对于泡沫结构的严重破坏，以及添加型阻燃剂容易迁移的问题，反应型阻燃剂受到学术界广泛的关注，在发泡过程中，通过发泡反应将阻燃基团连接在聚氨酯泡沫的主链上，达到减少阻燃剂迁移的目的，也减少了原料的使用量。阻燃 FPUF 的反应型阻燃剂以含磷、含氮以及含磷氮的反应型多元醇为主。此类阻燃剂克服了非反应型阻燃剂易从材料中迁出的缺点，对泡沫力学性能影响较小[88]。

Rao 等[89] 通过酯交换反应将甲基磷酸二甲酯与二乙醇胺反应得到聚酯型多元醇 DMOP，将其与异氰酸酯反应制备 FPUF，发现 10%的 DMOP 使体系热释放速率降低 39.4%，这是因为含磷 DMOP 在燃烧时释放自由基发挥出气相阻燃作用。同时 DMOP 成为聚氨酯主链中的软段部分，提高了体系的拉伸强度和断裂伸长率。该课题组还用苯基膦酰二氯与乙二醇反应合成新型液体含磷多元醇 PDEO[90]，与可膨胀石墨协同阻燃 FPUF。5%PDEO 与 10%可膨胀石墨可以在气相和凝聚相中共同发挥作用，垂直燃烧测试中聚氨酯泡沫离火快速自熄且无滴落现象，同时烟密度测试中表现出显著的抑烟性能。

孔壮[91] 通过原位聚合法将高活性聚醚多元醇、甲醛、双氰胺和三聚氰胺等反应合成了阻燃聚醚多元醇（POP-A）并取代一部分反应物聚醚多元醇 KGF5020 应用于高回弹软质聚氨酯泡沫制备中。研究发现，当 POP-A/ KGF5020 两者质量比从 30/70 增加到 70/30 时，其制品的极限氧指数从 24.5%提升到 28.8%，且比与其密度接近的其他软质聚氨酯制品断裂伸长率高。Gómez-Fernández S 等[92] 以含磷多元醇（E560）与碳酸盐插层 Mg/Al 层状氢氧化物、硫酸盐木质素（lingin）为生态友好型阻燃剂制备出密度为（40±2）$kg/m^3$ 的软质聚氨酯泡沫塑料。单独添加 5%E560 的体系 LOI 达到 20%。额外添加 5%E560 的体系可将 5%L/3%LDH 体系的残炭产率从 2.4%提高到 4.3%，其中 E560 作为酸源加速催化具有芳香结构的木质素脱水成炭。

郭金全等[93] 合成了反应型氯羟丙基磷酸酯（CHPA），结构式如图 9-41 所示，作为阻燃剂添加入聚氨酯发泡配方。含 12 份 CHPA 的 FPUF 阻燃性能可达 GB 10800-89/I 级。进一步研究发现，燃烧初期放出不燃性 P/Cl 化合物，由于其扩散速度慢，可以在燃烧区域停留更长的时间，增加了气相阻燃作用；另一方面，燃烧中形成坚硬致密的富磷炭层，起到固相阻燃的作用。气相、凝聚相协同作用产生极佳的阻燃作用。

$$\underset{\text{(环氧)}}{Cl{-}CH{-}CH_2} + H_3PO_4 \longrightarrow [ClCH_2CH(OH)CH_2]_nPO(OH)_{3-n} \quad (n=1\sim3)$$

图 9-41 CHPA 的合成路线

Chen 等[94] 合成了一种名为磷酰三聚乙醇（PTMA）的无卤素含磷多元醇，如下所示，将其用作反应型阻燃剂制备阻燃 FPUF。当 PTMA 含量增加到 15 份时，样品的 pk-HRR 和总热释放量相比纯样降低了 27%和 56%。纯样几乎没有残炭生成，PTMA 引入聚氨酯链中显然增加了残炭量，PTMA 具有良好的成炭性，可以增加 FPUF 的阻燃性。PTMA 超过 60%的磷分解成多磷酸或其衍生物保留在残炭中。这表明 PTMA 主要在阻燃 FPUF 的凝聚相中发挥作用。

$$O{=}P(CH_2OH)_3$$

PTMA

### 9.2.9.3 表面涂覆法阻燃 FPUF

后处理法是近几年发展的阻燃聚氨酯泡沫制备方法，通过简单浸渍或者层层自组装（LBL）的方式，在聚氨酯泡沫表面形成阻燃涂层来得到优良的阻燃性能，同时尽量减少对聚氨酯泡沫结构的破坏，简单高效。图 9-42 为涂覆法简示图。

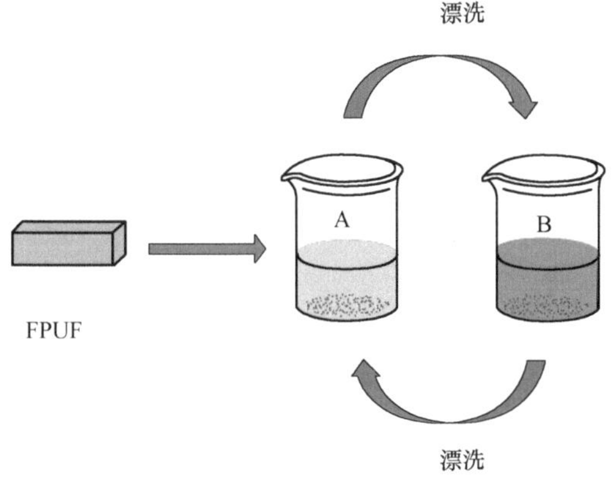


图 9-42 涂覆法简示图

Kim 等[95] 首次证实采用层层自组装技术制备的碳纳米纤维（CNF）涂层能够完全覆盖具有复杂三维结构的软质聚氨酯泡沫，改善其防火性能。4 个 CNF-PAA（聚丙烯酸）/CNF-PEI（聚乙烯亚胺）涂层使泡沫的热释放速率峰值（pk-HRR）下降 40%，

其中在泡沫表面生成保护性炭层的 CNF 的质量分数仅占 1.6%；添加 4%CNF 制备的阻燃型软质聚氨酯泡沫 pk-HRR 降低了 35%。

生物基高分子壳聚糖（CS）结构中具有反应活性较高的氨基以及羟基，燃烧时可以释放 $NH_3$，并表现出良好的成炭性而逐渐被应用于阻燃涂层领域。Lazar 等[96] 采用 LBL 技术将完全可再生的壳聚糖（CS）和蛭石黏土（VMT）沉积在软质聚氨酯泡沫上，表现出显著的热屏蔽性能。8BL CS/VMT 涂层将体系的热释放速率峰值和总烟雾释放分别降低 53%和 63%，这是由于壳聚糖燃烧后产生的残炭将 VMT 纳米片固定在一起在泡沫表面形成保护性屏障从而抑制了热量传递。Pan 等[97] 将壳聚糖、钛酸盐纳米管和海藻酸钠沉积在柔性聚氨酯泡沫表面，表现出优异的阻燃和抑烟性能。通过调节钛酸盐纳米管悬浮液的浓度和涂层的数量，发现占泡沫总质量 5.65%的涂层使体系 pk-HRR 降低了 70.2%，同时总烟雾释放（TSR）和 CO 产量峰值分别降低了 40.9%和 63.5%，这归因于钛酸盐纳米管较高的比表面积和良好的吸附效果，在燃烧过程中可以捕获大量自由基和小分子气体并凝聚在纳米管的表面，从而降低了有机物的挥发量。

除了壳聚糖和黏土以外，研究者们还将蒙脱土（MMT）、层状双氢氧化物、多壁碳纳米管（MWCNT）等纳米粒子组装在软质聚氨酯表面探究其阻燃作用。Laufer G 等[98] 首次将蒙脱土用在 FPUF 泡沫表面沉积阻燃涂层。10BL（bilayer，双层）的 CS/MMT 涂层使泡沫 pk-HRR 降低了 52%，且泡沫内部没有被引燃。Yang 等[99] 采用三种沉积方式将 LDH 与 MMT 应用于制备 FPUF 阻燃涂层。研究发现，5BL PAA/BPEI+LDH/FPUF 体系的 pk-HRR 降低 40%，其阻燃性能优于 PAA/BPEI 和 MMT/FPUF 体系。这是因为 LDH 在燃烧时可以释放出 $H_2O$ 带走部分热量，抑制燃烧过程。Holder K M 等[100] 利用 PEI-Py/PAA 和 MWCNT 在聚氨酯泡沫表面构建双层涂层，体系热释放速率峰值和总烟雾释放分别降低 67%和 80%；9BL 涂层使泡沫在移除测试火焰后立即自熄。

## 9.3 不饱和聚酯树脂

### 9.3.1 概述

不饱和聚酯树脂（UP）是由不饱和二元羧酸或者饱和二元羧酸和二元醇通过缩聚

反应而生成的具有酯键和不饱和双键的淡黄色线型聚合物。它经乙烯基单体固化、交联后为一种典型的热固性聚合物，综合性能良好，力学性能指标略低于环氧树脂，但优于酚醛树脂，具有较高的拉伸、弯曲、压缩等强度，并且耐腐蚀性能，介电性能优异。固化后的 UP 为脆性材料，需要使用填充增强剂，最常见的是玻璃纤维增强复合材料，而且其应用领域都对阻燃性能有着严格要求，如在化工厂的管道和其他工艺设备上，同时还有船舶、建筑、运输、消费产品和带电器用品等工业领域[101,102]。

## 9.3.2 不饱和聚酯树脂阻燃的必要性

UP 常用乙烯基单体（如 35%～40%的交联剂苯乙烯）稀释，以及其主链具有酯键和不饱和双键决定了材料具有易燃性，LOI 仅为 19%，在受热分解时聚酯会发生链的自由断裂，同时由于分子链单元间的氢原子进行分子内转移，进而生成可燃气体，如苯乙烯、二聚苯乙烯等，还有酯键断裂产生的自由基产物 RO・也会引发降解。可燃性气体外逸后，在树脂本体上留下很多空穴，在空气中的氧气与外部热源共同作用下，使得不饱和聚酯树脂很容易发生燃烧反应。另外树脂中常加入的催化剂、引发剂、促进剂（如 Cu、Co、Zn 等），可能会加速氧化降解，产生大量 OH・自由基，加速裂解，导致树脂结构严重破坏。不饱和聚酯材料的易燃性导致其在使用过程中存在严重的隐患，因此在一些特定情况下，需要对不饱和聚酯进行阻燃处理[103]。

## 9.3.3 溴系阻燃剂阻燃不饱和聚酯树脂

通常，我们将溴代二元羧酸、酸酐或二元醇（如四溴邻苯二甲酸酐、二溴新戊二醇等）通过缩聚反应引入不饱和聚酯分子链，制备含溴反应型阻燃 UPR。欧荣庆等[104]以二溴新戊二醇为反应型阻燃剂，制备阻燃 UPF 的玻璃钢，当溴含量为 19.6%时，其氧指数为 30%，通过 UL 94 水平燃烧测试 V-0 级，同时保持了优良的力学性能，说明溴系阻燃剂具有高效的阻燃性能。

## 9.3.4 无卤阻燃剂阻燃不饱和聚酯树脂

无卤阻燃剂可以通过添加和与聚合物分子链反应两种方式引入不饱和聚酯基体中。添加型无卤阻燃不饱和聚酯是指将红磷、聚磷酸铵、氢氧化镁、可膨胀石墨等无机填料或含磷、氮或硅的有机化合物通过物理共混方式引入不饱和聚酯基体中，从而使材料达到难燃或不燃的目的。添加型无卤阻燃不饱和聚酯材料阻燃效率相对低，高添加量的阻燃剂将降低材料的力学性能和加工性能，而且需要考虑阻燃剂在UP基体中的迁移析出和相容性。与添加型无卤阻燃不同，反应型无卤阻燃亦称为本征无卤阻燃，就是将磷、氮、硅、硼等阻燃元素引入不饱和聚酯分子链。目前，制备反应型无卤阻燃不饱和聚酯的方法可划分为两大类：一是将含磷、氮等阻燃元素的二元羧酸、二元酸酐或二元醇等阻燃单体在UP预聚体合成过程中通过缩聚反应引入UP分子链中；二是将含磷、氮等元素的阻燃交联剂添加到UP基体中，然后通过交联反应键合入UP结构中。

阻燃不饱和聚酯的无卤阻燃剂主要包括磷系阻燃剂、无机纳米粒子阻燃剂、硅系阻燃剂等。

**(1) 磷系阻燃剂**

基于磷系阻燃剂高效的阻燃能力，开发应用于不饱和聚酯的磷系阻燃剂是制备阻燃不饱和聚酯材料的重要研究方向之一。

Pan等[105] 通过复配的方法，将聚磷酸铵（APP）和磷酸三苯酯（TPP）引入不饱和聚酯中，构建了APP/TPP/UP阻燃体系。研究发现，当阻燃剂添加量为57.6%（APP和TPP各28.8%）时，不饱和聚酯固化物的LOI值从20.9%提高至27.2%，并通过了UL 94 V-0级。Lin等[106] 将APP和次磷酸铝（AHP）引入UP基体中，得到一种新型的阻燃不饱和聚酯。与纯UP相比，在APP和AHP添加量分别为10.3%和1.5%时，APP/AHP/UP复合体系LOI由23.0%增至31.0%，pk-HRR、THR分别降低49.3%和22.0%，并可通过UL 94 V-0级，阻燃效率明显提高。

目前，将含磷或氮等阻燃元素的阻燃单体在UP预聚体合成过程中通过缩聚反应引入UP分子链中，是阻燃不饱和聚酯领域中的重要研究思路，例如引入含有乙烯基的阻燃剂就具有不错的阻燃效果。这是因为含乙烯基单体能够参与到不饱和聚酯的固化过程中，与树脂基体键接，在提高不饱和聚酯交联密度的同时，还能构建本质阻燃不饱和聚酯体系，从而获得综合性能优异的不饱和聚酯复合材料。Wazarka K等[107] 合成一种四乙烯基磷系反应型阻燃剂DTAP，以工业不饱和聚酯和苯乙烯为基体（UP与苯乙烯质量比固定为65/35)，制备阻燃复合材料。当添加10份的DTAP（约9.1%）时，阻燃固化物表现出优异的阻燃性能，其中LOI值为29%，并且通过了UL 94 V-0级测试。同时，随着阻燃剂含量的增加，阻燃固化物的拉伸强度和邵尔硬度明显上升，但是，弯曲强度小幅度下降，冲击强度显著下降。热重分析表明，残炭的形成是复合材料阻燃性能显著提高的主要原因。

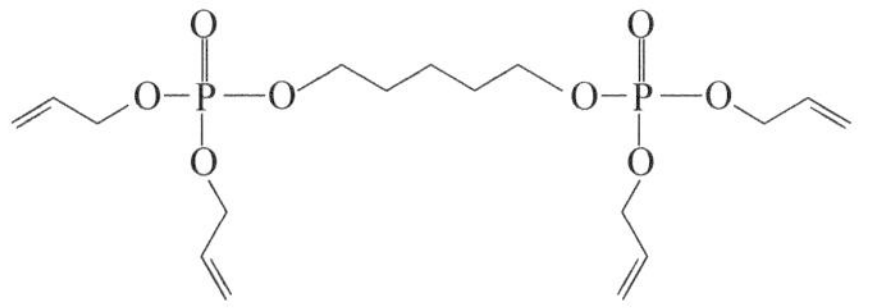

DATP

(2) 无机纳米粒子

无机纳米粒子包含一维（碳纳米管、碳纤维等）、二维（石墨烯、二硫化钼、层状双氢氧化物等）和三维（$Al_2O_3$、$NiFe_2O_4$ 等）纳米粒子等[108,109]。与大部分有机无卤阻燃剂不同，无机阻燃剂纳米粒子阻燃效率高，而且可提高 UP 基体的力学性能和热稳定性能等。纳米粒子可以阻隔质量和热量的传递，抑制氧气的渗透和热解气体的逸出，从而降低燃烧过程热和烟气的释放；含有过渡金属的纳米粒子可以催化成炭和催化一氧化碳氧化。

MXene 材料是一种新型二维层状材料，由其三维结构 MAX 通过化学液相蚀刻法制得的，包括过渡金属碳化物、氮化物、碳氮化物，其外形类似于片片相叠的薯片。第一个 MXene 成员在 2011 年首次被美国 Drexel 大学 Gogotsi Y 课题组合成出来。最近发现 MXene 对聚合物表现出良好的阻燃和抑烟作用，主要归因于二维纳米片的物理屏障效应。Yun 等[110] 分别将 MXene（$Ti_3C_2T_x$）和 MAX（$Ti_3AlC_2$）以相同的量（2.0%）引入不饱和聚酯树脂（UPR）中，它们的结构不同，但是化学成分相似，在 UPR 中添加 2%的 MAX 可使热释放速率峰值率（pk-HRR）降低 11.04%，总烟雾产率（TSP）降低 19.08%，一氧化碳产率（COY）降低 15.79%，证明了化学成分的重要作用：Ti 元素的存在对 UPR 纳米复合材料燃烧过程具有催化衰减作用。此外，由于 MXene 纳米片材的物理阻隔作用，MXene/UPR 具有比 MAX/UPR 纳米复合材料更好的防火性能（pk-HRR 降低了 29.56%，TSP 降低了 25.26%，COY 降低了 31.58%），证明除了物理屏障作用之外，化学成分也是提高 MXene 基纳米复合材料防火安全性的一个重要原因。

无机阻燃剂单独添加时往往效果不佳，故研究各种无机阻燃剂的复配协同效应进一步提高阻燃效率是一个重要的思路。游长江等[111] 将磷酸三甲酯（TMP）与可膨胀石墨（EG）复配于 UP，研究阻燃 UP 的阻燃性能和力学性能。当添加 5%的 TMP 和 4%的 EG 时，LOI 值约为 43%。锥形量热仪测试中，5%TMP/4%EG/UPR 体系的热释放速率由 754.17kW/$m^2$ 降低到 449.13kW/$m^2$。同时纯 UP 的冲击强度为 1.225kJ/$m^2$，当加入 4%的 EG 后，UP/EG 体系的冲击强度降到 0.7kJ/$m^2$，再加入 10%的 TMP 后冲击强度上升到 1.34kJ/$m^2$。TMP 的加入改善了石墨与 UP 之间的界面结合，提高了石墨与 UP 的相容性，有效提高了 UP 的冲击韧性，并且具有优异的阻燃性能。

除此之外，研究纳米级无机阻燃粉体，再选用适合 UP 的表面改性剂，增加阻燃体系的相容性及分散性，使无机阻燃剂具有更良好的阻燃特性，有利于产业化，也是一个重要的研究思路[112]。王冬[102] 合成了一种新型含磷氮硅多种元素的功能化介孔二氧化硅（$SiO_2$-PN3），它是纳米级无机阻燃剂，制备功能化二氧化硅/本质不饱和聚酯复合材料，以达到协同阻燃与纳米复合技术的有机结合的目的。研究结果：与纯样相比较，阻燃复合材料的 TTI 从 76s 延迟到 104s，pk-HRR 从 476.9kW/$m^2$ 下降到 353.5kW/$m^2$，SPR 从 0.208$m^2$/s 下降到 0.114$m^2$/s，说明添加该阻燃剂能抑制阻燃 UPR 的燃烧强度和生烟量。

**(3) 硅系阻燃剂体系**

郭清明等[113] 以单丁基氧化锡为催化剂，二苯基硅二醇为原料与邻苯二甲酸酐、顺丁烯二酸酐、1,2-丙二醇酯化缩合制备了主链含硅的不饱和聚酯预聚物，经苯乙烯稀释后降温得到主链含硅的 UPR-Si。通过 TGA 数据可以看出主链含硅基团的引入提高了不饱和聚酯树脂的热分解温度和主链骨架的热稳定性。含硅量越大，UPR 的阻燃性能效果越好。其阻燃机理：高温情况下 UPR-Si 分解生成二氧化硅保护层，延缓 UP 热裂解，维持 UP 骨架支撑结构的高温稳定性。

### 9.3.5 展望

不饱和聚酯树脂阻燃技术正在向高效化、多功能化、环保无毒方向发展。为满足不断增长的市场需求，今后应进一步发展与 UP 相容性好的复合阻燃剂，发挥其协同效应，并且保持甚至提高 UP 的其他性能。

## 9.4 酚醛树脂

### 9.4.1 酚醛树脂阻燃的必要性

酚醛树脂是被人类最早合成的一种树脂。它具有卓越的黏附性、优良的耐热性、独特的抗烧蚀性和良好的阻燃性等特点，被广泛应用于航天、电子、交通、建筑等领域。

通用的酚醛树脂分为热塑性酚醛树脂和热固性酚醛树脂。热塑性酚醛树脂主要用于制造模塑粉；而热固性酚醛树脂主要用于制造层压塑料、浸渍成型材料、涂料、各类用途黏合剂等[114]。

一般而言，热固性酚醛树脂 LOI 大约为 28%，不易燃烧，离开火源后即可自熄。但对于有特殊防火安全需求的场合，则仍需对其进行阻燃处理。

## 9.4.2 阻燃酚醛树脂的主要应用领域

采用固化剂固化的酚醛系纤维由于分子之间产生交联而形成立体网状结构，可以用作防火、耐热和耐化学品的材料，也可用作防火衣料制品、窗帘、毛毯、内壁材料、保温材料和各种滤布等。阻燃酚醛树脂主要应用领域如下：①耐光材料；②阻燃性酚醛层压材料；③滞火酚醛泡沫材料；④改性自熄酚醛层压材料；⑤耐冲击阻燃酚醛层压板；⑥自熄性酚醛树脂；⑦不燃性酚醛树脂复合材料；⑧阻燃溶剂型着色改性酚醛浸渍涂料；⑨阻燃性酚醛树脂泡沫料，如图 9-43 所示。

图 9-43 阻燃酚醛树脂的部分应用领域

## 9.4.3 酚醛树脂的阻燃方法

酚醛树脂结构上具有大量的交联结构以及芳环结构，具有在燃烧过程中易于成炭的特点，所以其本身具有良好的阻燃性能。但在对阻燃性能有特殊要求的场合或者采用易燃物作为增强材料的情况下，对酚醛树脂进行阻燃处理还是必要的。

酚醛树脂类阻燃剂主要有反应型和添加型两种，添加型阻燃剂是通过在酚醛树脂中添加不参与固化反应的无机填料或阻燃剂提高阻燃性能，又称非反应型阻燃法；反应型阻燃法是在酚醛树脂合成的过程中引入具有阻燃性能的分子链段或结构，赋予酚醛树脂永久的阻燃性能[115]。

### 9.4.3.1 酚醛树脂的化学改性阻燃方法

**(1) 开环聚合酚醛树脂**

开环聚合酚醛树脂又叫苯并噁嗪树脂，原料价廉易得，耐热性以及耐腐蚀性能均较好，各种力学性能优良。该树脂首先由胺类、酚类和甲醛合成含有 N、O 的六元杂环状化合物，然后通过开环聚合反应实现固化，形成类似酚醛树脂的交联网状结构，所以也称为开环聚合酚醛树脂，反应方程式如图 9-44 所示。

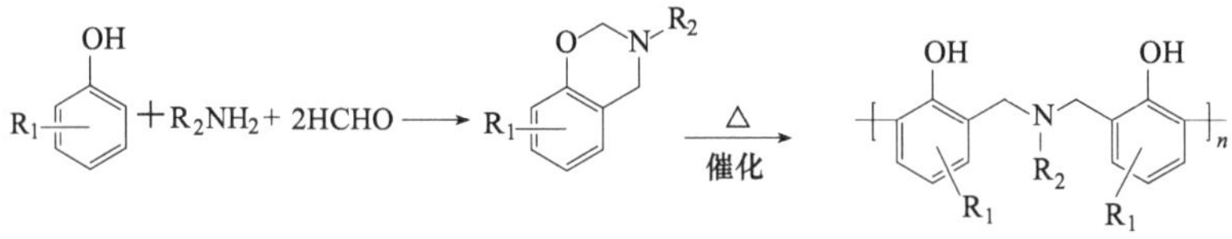

图 9-44　开环聚合酚醛树脂合成路线

Kim 等[116] 利用 TGA 和 DSC 研究了苯并噁嗪的耐热性。通过 TGA 确定，在 $N_2$ 氛围中，800℃下此类材料的残炭产率为 71%～81%，在空气中，700℃时残炭产率为 30%，失重 10%时的温度在 520～600℃的范围内。研究发现：这类苯并噁嗪树脂的高热稳定性是其乙炔末端官能团聚合和噁嗪开环聚合的综合作用。

Chen 等[117] 利用双羟基脱氧安息香素（BHDB）的阻燃特性，从 BHDB、多聚甲醛和三种典型的芳族二胺的曼尼希缩合反应制得了三种主链型苯并噁嗪聚合物（MCBP），开发了第一批属于 UL 94 VTM-0 不含卤和磷的苯并噁嗪热固性阻燃材料，反应如图 9-45 所示。这些基于 BHDB 的 MCBP 所有热固性薄膜在高温下均显示出柔韧性，高模量（350℃下 $E'>8\times10^8$ Pa），高热稳定性，高残炭产率（>60%）和阻燃性（UL 94 VTM-0 级）。

**(2) 硼改性酚醛树脂**

在酚醛树脂结构中引入硼元素，使得元素硼键接到酚醛树脂的主链上，酚醛树脂的结构中会生成具有更高键能的 B—O 键，可以赋予酚醛树脂更优异的耐热性和瞬间耐高温性，其反应方程式如图 9-46 所示。

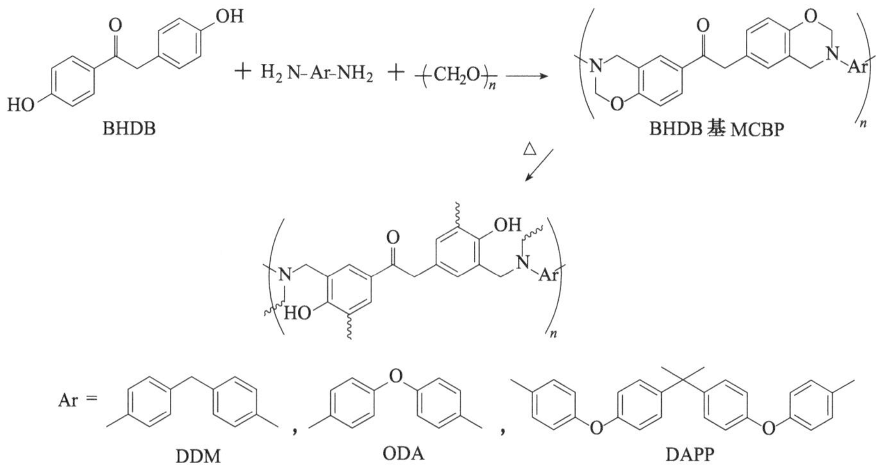

图 9-45　三种基于 BHDB 的 MCBP 热固性塑料的结构

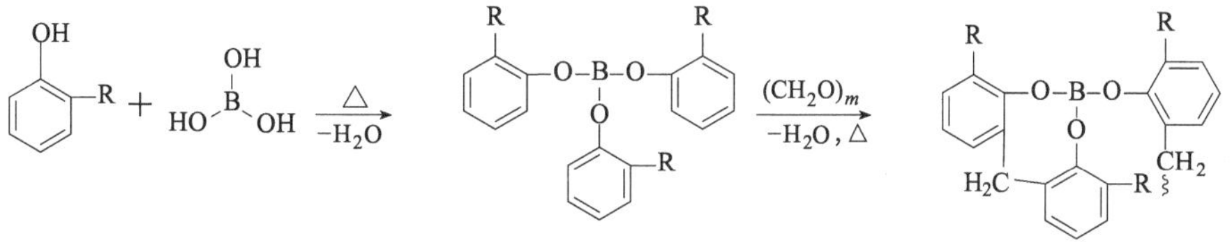

图 9-46　硼改性酚醛树脂合成路线

Wang 等[118] 通过向 PR 中引入苯硼酸（PBA），开发了一种具有高热分解温度和残炭产率的新型含芳基硼的酚醛树脂 PBPR。与固化 PR 相比，在固化的 PBPR 中形成的苯基硼酸酯提供了一种新的交联方式，在提高该 PBPR 的热分解温度和残炭产率方面非常有效。含有 10%PBA 的 PBPR 失重 5%时分解温度为 373℃，800℃时残炭产率（$N_2$ 氛围）达 76.4%。

此外，目前已经商业化生产的 FB 酚醛树脂也属于硼改性酚醛树脂，LOI 可达 48%，而且热释放量、发烟量以及 CO 等毒性都非常低[119,120]，是清洁型阻燃要求极高的飞机内装饰的理想材料。

**(3) 钼改性酚醛树脂**

将钼元素结合到树脂分子链上对酚醛树脂进行改性，可以显著提高酚醛树脂的耐热性，使酚醛树脂具备瞬间耐高温的特性。钼酸改性酚醛树脂的方程式如图 9-47 所示：

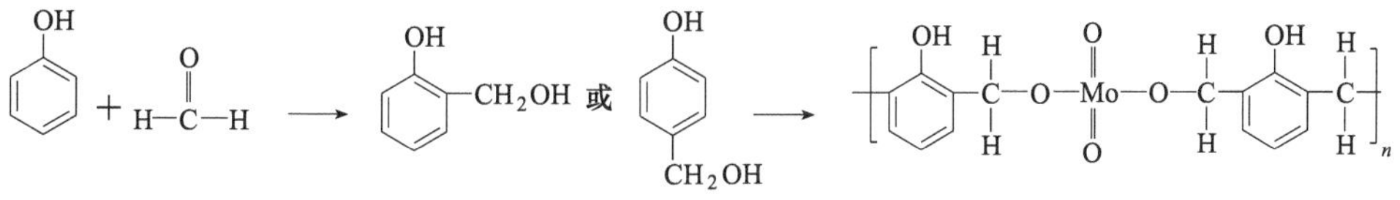

图 9-47　钼改性酚醛树脂合成路线

刘国勤等[121]利用钼酸铵改性酚醛树脂，将钼元素以钼氧键的形式引入酚醛树脂（PF）结构中。研究发现，酚醛树脂的耐热性显著提高，当钼含量为5%时，合成的PF耐热性最好，初始分解温度约为362℃，比纯PF提高112℃；500℃时失重约38%，比纯PF有明显提高。Park等[122]利用$MoSi_2$改性酚醛树脂，研究发现，改性酚醛树脂用于浸渍聚丙烯基碳纤维，可减少复合材料中的裂纹并形成可移动的氧气扩散阻挡层，从而显著提高材料的抗氧化性。

**（4）磷改性酚醛树脂**

酚醛清漆用磷酸酯化或与氧氯化磷反应获得磷改性酚醛树脂，改性处理后酚醛树脂在氧化介质中显示优异的耐热性和突出的抗火焰性。此外，利用磷酸酯衍生物也可制备磷改性酚醛树脂。

Yang等[123]通过二氯化磷酸苯酯与羟基封端的聚二甲基硅氧烷（HTPDMS）的反应产物与甲苯二异氰酸酯继续反应，合成了一种新型的含磷和硅的聚氨酯预聚物（PSPUP），制备了一系列不同含量的PSPUP增韧酚醛泡沫（PF）。压缩、冲击和脆性测试结果表明，将PSPUP掺入PF中可显著提高压缩强度、冲击强度并降低粉化率，表明PSPUP具有出色的增韧效果。PSPUP改性酚醛泡沫的极限氧指数仍然很高，UL 94结果表明所有样品均可以通过UL 94 V-0级，表明改性泡沫仍具有良好的阻燃性。

### 9.4.3.2 酚醛树脂添加改性阻燃方法

在树脂中添加阻燃剂的方法也是酚醛树脂有效的阻燃方法。

**（1）纳米蒙脱土**

Tasan等[124]将亲水性的钠基蒙脱土引入酚醛树脂制备酚醛树脂/层状硅酸盐纳米复合材料，蒙脱土添加量为0.5%时，复合材料的弯曲强度提高了7%，断裂弯曲应力增加了11%，冲击强度提高了16%，断裂韧性提高了66%。此外由于蒙脱土纳米片层的阻隔效应，复合材料的阻燃性能有了较为明显的提升。

**（2）纳米二氧化硅改性酚醛树脂**

Chiang等[125]通过溶胶-凝胶法合成了一种新型的酚醛/二氧化硅杂化陶瓷单体。SEM和TEM显微照片均显示尺寸小于100nm的二氧化硅颗粒均匀分散在整个聚合物基体中，基体透明性良好，且热稳定性以及力学性能有明显提高，LOI达37%，并且能够通过UL 94 V-0级。

**（3）碳化硅改性酚醛树脂**

碳化硅（SiC）填料是一种颗粒状的阻燃功能填料，加入酚醛树脂后，它能够抑制火焰向深层树脂蔓延，从而隔绝里层树脂与氧的接触，起到阻燃作用。SiC的用量越

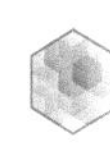



大，所覆盖的面就越大。隔绝火焰与里层树脂接触的面积也就越大，所以阻燃效果越好[126]。

朱铭铮等[126] 用无机填料 SiC 和鳞片石墨填充实验合成的酚醛树脂，研究了无机填料的种类和含量对酚醛复合材料的阻燃性的影响。研究表明，SiC 的加入可达到较好的阻燃效果，当 SiC 质量分数为 15%时，LOI 为 60.9%；混合填料因为协同效应阻燃效果更好，当 SiC 和鳞片石墨含量各为 2.5%时，LOI 达到了 76.6%。

**(4) 氢氧化铝**

王凌侃[127] 采用无卤添加型阻燃剂来提高酚醛树脂的阻燃性能，改性酚醛树脂体系中，$Al(OH)_3$、磷、氮三者的质量分数分别为 14.2%、4.8%、1.7%时，体系的弯曲强度仍能达到 301MPa，阻燃性能达到 UL 94 V-0 级，并达到无烟效果。加 $Al(OH)_3$ 的阻燃树脂裂解产物中不含氰化物和卤化物这两种毒性较大的物质，毒性较小物质的含量也较低；体系中 $Al(OH)_3$ 含量越多，裂解产物中的多环物质就越多，从而更好地促进了隔热层的生成。

### 9.4.3.3 酚醛树脂复合材料的阻燃改性

用于酚醛树脂复合材料的增强纤维主要有玻璃纤维、碳纤维、芳纶纤维、金属纤维等，用作改性的材料主要为超细的有机、无机和金属粉末等，这些增强纤维和填料大部分属难燃甚至不燃的，再加上酚醛树脂本身优异的低生烟特性，大多数酚醛树脂复合材料的阻燃性能都较好，所以关于酚醛树脂复合材料阻燃性能研究的报道很少[115]。

Yu 等[128] 通过直接共聚和纳米级相分离策略，以苯酚和甲醛为单体，TEOS 为无机前体，设计了具有 3D 二元网络的新型酚醛树脂（PFR）/$SiO_2$ 复合气凝胶。在得到的 PFR/$SiO_2$ 气凝胶中，PFR 和无机 $SiO_2$ 成分形成互穿的二元网络结构，其畴尺寸小于 20nm。高度多孔的 PFR/$SiO_2$ 复合气凝胶具有机械弹性，可以压缩 60%以上而不会破裂，并且干燥空气中的 24～28 mW/(m・K) 的热导率明显低于 EPS 和玻璃棉等商业隔热材料。互穿的二元网络结构赋予 PFR/$SiO_2$ 气凝胶出色的阻燃性，并且能够承受 1300℃高温火焰而不会崩解。

殷锦捷等[129] 以聚磷酸铵（APP）、三聚氰胺（MEL）和季戊四醇（PER）为阻燃剂，聚乙二醇和玻璃纤维改性酚醛树脂为基体，制备改性阻燃酚醛泡沫塑料。研究发现：酚醛树脂 100 份，聚乙二醇 12 份，复合阻燃剂 15 份，制备的改性阻燃酚醛泡沫塑料具有优异的韧性和阻燃性能，其冲击强度为 5.54kJ/$m^2$，达到 B1 难燃材料的标准。

Liu 等[130] 用乙酰化试剂处理杨树纤维，并用乙酰化纤维制备改性酚醛泡沫塑料

(FTPFs)，成功地解决了由于杨木纤维在树脂基材中结块而导致泡沫结构破坏的现象。结果发现，与PF相比，FTPF-5%的压缩强度和压缩模量分别提高了28.5%和37.9%，粉碎率降低了32.3%，隔热性能和阻燃性能（LOI）得到改善。

# 9.5 双马来酰亚胺树脂

## 9.5.1 双马来酰亚胺树脂阻燃的必要性

双马来酰亚胺（BMI）是一类端基具有活性双键的聚合物，加热后交联固化，是一种高性能热固性树脂基体，具有突出的耐热性、耐辐射性、低介电常数和介电损耗、高强度和高模量等特点，已广泛应用于交通运输、航空航天、机械电子等领域[131]。随着高分子材料在各个领域的广泛应用，人们对其阻燃性、自熄性要求越来越高。BMI树脂含有氮元素，在热氧化分解过程中可产生$N_2$、NO等不燃气体，从而稀释可燃性气体或自由基，可以起到一定的自熄作用[132]。

## 9.5.2 阻燃双马来酰亚胺树脂的主要应用领域

双马来酰亚胺树脂以其突出的耐热性、良好的力学性能、电性能、耐环境性以及耐腐蚀性成为目前高性能热固性树脂的典型代表，作为高性能胶黏剂、先进复合材料树脂基体、绝缘漆等在航空航天、电子电器、交通运输等众多领域中都显示出巨大的应用价值，例如辐射固化BMI树脂、泡沫BMI材料、高频印制电路板用基体树脂、电机用绝缘胶和无溶剂浸渍树脂等（图9-48）。在上述BMI应用领域，对于材料的阻燃性能都有较高的要求。

图9-48　阻燃双马来酰亚胺树脂的应用

## 9.5.3 阻燃双马来酰亚胺树脂的研究进展

提高双马来酰亚胺树脂的阻燃性主要有以下两种方法：

① 通过机械混合的方法向树脂中添加合适的填料型阻燃剂（一般为无机填料阻燃剂）。要使材料达到理想的阻燃效果，无机填料型阻燃剂添加量比较大，而且由于无机填料在树脂中分散不均匀，会造成其与树脂的界面结合性较差，这将降低材料的耐热性、粘接性等性能。

有些研究人员以玻璃纤维、二氧化硅空心管、碳纤维、石墨烯等对 BMI 树脂进行阻燃改性，不仅可起到增韧作用，而且也能达到很好的阻燃效果。Liang 等[133] 用玻璃纤维、2,2′-二烯丙基双酚 A 和 [(6-氧代-6H-二苯并 [c，e] [1，2] 氧磷杂己环-6-基) 甲基] 丁二酸（DDP）改性 BMI，其复合材料的极限氧指数超过了 40%，而且还通过了 UL 94 测试的 V-0 级，并且层间剪切强度也提高到了 22GPa。

② 采用添加反应型阻燃剂使双马来酰亚胺树脂中含有阻燃元素或基团。目前常用反应型阻燃剂主要有卤系阻燃剂或者磷、氮系阻燃剂。

Yoshioka Shingo 等[134] 采用溴化酚醛环氧树脂阻燃 BMI 来制备高性能的印刷电路板（PCB），以二甲基甲酰胺（DMF）作为溶剂，将二氨基二苯甲烷（MDA）和 *N*，*N*′-4,4′-二苯甲烷双马来酰亚胺（BDM）的共聚体与溴化酚醛环氧树脂等进行预聚制得 PCB，其介电常数（1MHz）为 4.2、层间粘接强度为 1471N/m，并且耐热性优异，阻燃性也达到了 UL 94 的 V-0 级。

2,4,6-三溴苯基马来酰亚胺（TBPMI）是一种耐热、高效活性的阻燃单体，与 BMI 树脂相容性好，Kan 等[135] 在溶剂二甲基乙酰胺（DMAC）或 *N*-甲基吡咯烷酮（NMP）中将 BMI 和二元胺混合，并加入 5～15 份 TBPMI 进行预聚，制成的预浸料树脂的阻燃性能达到 UL 94 的 V-0 级。

Lin 等[136] 将二苯甲烷双马来酰亚胺和 9，10-二氢-9-氧杂-10-磷杂菲-10-氧化物（DOPO）溶解于二甲苯中进行溶液预聚合，然后浇板固化后得到含磷 BMI。通过热重分析可以得知，固化后的含磷 BMI 具有较高的热稳定性，残炭产率随着磷含量的增加而增加，根据极限氧指数的测试结果可以看出，当磷含量从 0 增加到 1.0%时，LOI 从 32%急剧增加到 38%。在双马来酰亚胺中加入 DOPO 可以使合成的双马来酰亚胺具有较高的热稳定性和良好的阻燃性能。

Chen 等[137] 制备了一种含磷杂菲的梯状聚硅氧烷（PN-PSQ），将 5%的 PN-PSQ 加入 BMI 中，极限氧指数达到了 41%，是纯 BMI 树脂极限氧指数的 1.6 倍。根据锥形量热仪数据可以得知，5% PN-PSQ/BMI 的残炭产率从纯 BMI 的 36.1% 提升到了 60.9%，而热释放速率、总烟释放量和有效燃烧热等均有大幅的下降。

Li 等[138] 用自制的含磷笼状聚倍半硅氧烷（P-POSS）与 *O*，*O'*-二烯丙基双酚 A-双马来酰亚胺（DBMI）制备微发泡阻燃材料。当 DBMI 中加入 6.0% 的 P-POSS 时，极限氧指数从 25.5% 提升到了 35.4%，UL 94 达到了 V-0 级，残炭产率提高了 31.5%，而且与纯 DBMI 相比，6.0% P-POSS 提升 DBMI 的弯曲强度和冲击强度分别为 42.3% 和 30.8%。上述实验结果表明，P-POSS 不仅能使 DBMI 具有良好的热稳定性和阻燃性，还能提高力学性能。

Jin 等[139] 制备了一种环磷腈杂化六方氮化硼（CPBN）阻燃剂，将 5% CPBN 用于改性 BMI，可以使极限氧指数从 26% 提高到 32%，此外由于片层状 CPBN 的加入还使得 BMI 树脂热导率由 0.4W/(m·K) 提高到了 0.8W/(m·K)。热释放速率、总烟释放量分别下降了 41% 和 54%。

Zhang 等[140] 使 4,4'-双马来酰亚胺二苯甲烷（BMI）和六（丁香酚）环三磷腈（HECTP）反应，制得马来酰亚胺/烯丙基单位比为 1/1、1.5/1、2/1、2.5/1 和 3/1 的 BMI-HECTP 树脂。TGA 的表征结果表明，HECTP 可以大大提高热稳定性，BMI-HECTP 1/1、1.5/1、2/1、2.5/1 和 3/1 树脂的残渣分别为 61%、63.9%、68%、66.2% 和 65%。此外，它们的阻燃性极好，BMI-HECTP 树脂的 LOI 值分别为 39%、48.4%、50.1%、49.8% 和 48.9%，并且所有 BMI-HECTP 树脂在 UL 94 垂直燃烧测试中能达到 V-0 等级并在移开点火装置后立即熄灭。

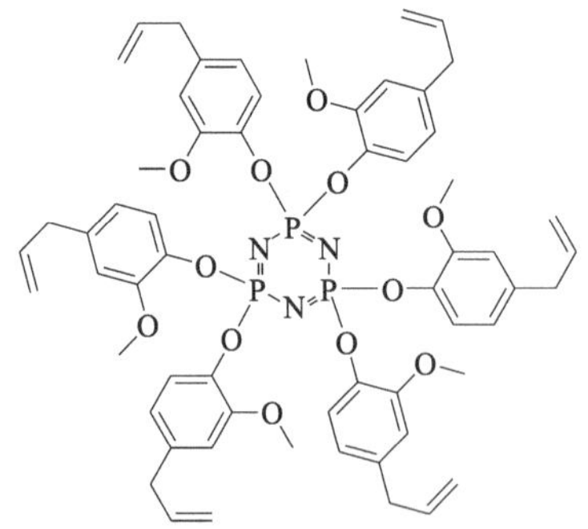

HECTP

Miao 等[141] 由可再生丁香酚通过水相合成多功能磷酸盐（TAMPP），其中可再生碳含量高达 100%，用于部分或全部替代石油基的 2,2'-二烯丙基双酚 A（DBA）来改性 4,4'-双马来酰亚胺二苯甲烷（BDM），然后开发了四种双马来酰亚胺（BMI）树脂（BDTP 或 BTP）。与传统的 DBA 改性 BDM 树脂（BD）相比，BTP 具有更好的综合性能，包括更高的可再生碳含量（可达 45.0%），大约高 70℃ 的玻璃化转变温度（$T_g$ >

380℃)，出色的阻燃性（LOI>32.4%，UL 94 V-0）和良好的力学性能。

TAMPP

## 参考文献

[1] Hu J H，Shan J Y，Wen D H，et al. Flame retardant，mechanical properties and curing kinetics of DOPO-based epoxy resins [J]. Polymer Degradation and Stability，2014，109：218-225.

[2] Zhong L，Zhang K X，Wang X，et al. Synergistic effects and flame-retardant mechanism of aluminum diethyl phosphinate in combination with melamine polyphosphate and aluminum oxide in epoxy resin [J]. Journal of Thermal Analysis and Calorimetry，2018，134 (3)：1637-1646.

[3] Huo S Q，Liu Z T，Li C，et al. Synthesis of a phosphaphenanthrene/benzimidazole-based curing agent and its application in flame-retardant epoxy resin [J]. Polymer Degradation and Stability，2019，163：100-109.

[4] Yu B，Shi Y Q，Yuan B H，et al. Enhanced thermal and flame retardant properties of flame-retardant-wrapped graphene/epoxy resin nanocomposites [J]. Journal of Materials Chemistry A，2015，3 (15)：8034-8044.

[5] Qian L J，Qiu Y，Wang J Y，et al. High-performance flame retardancy by char-cage hindering and free radical quenching effects in epoxy thermosets [J]. Polymer，2015，68：262-269.

[6] Ho T H，Hwang H J，Shieh J Y，et al. Thermal，physical and flame-retardant properties of phosphorus-containing epoxy cured with cyanate ester [J]. Reactive and Functional Polymers，2009，69 (3)：176-182.

[7] 邱勇. 磷杂菲/三嗪双基化合物阻燃环氧树脂的性能与机理研究 [D]. 北京：北京工商大学，2015.

[8] Christoph K，Lin Z，Manfred D. 基于DOPO的阻燃剂合成及其对不同高分子材料的阻燃效率 [J]. 中国材料进展，2013，32 (3)：144-158.

[9] 钱立军. 磷杂菲DOPO及其化合物的制备与性能 [M]. 北京：化学工业出版社，2010：14-37.

[10] 王鹏. 基于DOPO含氮化合物阻燃环氧树脂的制备、性能与阻燃机理研究 [D]. 东华大学，2016.

[11] 孟烨，王丹，刘杰. 高分子溴系阻燃剂发展现状及前景 [J]. 盐业与化工，2012，41 (1)：

8-11.

[12] 刘迎，孙跃明，邢晓华. 高热稳定性溴化环氧树脂合成研究 [C]. 2014 年全国阻燃学术年会会议论文集. 2014：490-494.

[13] 王碧武，何岳山，杨虎. 用于溴化改性环氧覆铜板的耐热性填料及用于覆铜板的溴化环氧树脂组合物 [P]. CN：102796281A，2012-11-28.

[14] Shree M K，Pradeep J S E，Ananda K S，et al. Development and characterization of novel DOPO based phosphorus tetraglycidyl epoxy nanocomposites for aerospace applications [J]. Progress in Organic Coatings，2011，72 (3)：402-409.

[15] Qian L J，Qiu Y，Liu J，et al. The flame retardant group-synergistic-effect of a phosphaphenanthrene and triazine double-group compound in epoxy resin [J]. Journal of Applied Polymer Science，2014，131 (3)：39709.

[16] 钱立军，叶龙健，韩鑫磊，等. 基于磷杂菲基团化合物的构建与性能 [J]. 化学进展，2010，22 (9)：1776-1783.

[17] Wang C S，Lin C H. Synthesis and properties of phosphorus-containing epoxy resins by novel method [J]. Journal of Polymer Science Part A：Polymer Chemistry，1999，37 (21)：3903-3909.

[18] Tang S，Qian L J，Liu X X，et al. Gas-phase flame-retardant effects of a bi-group compound based on phosphaphenanthrene and triazine-trione groups in epoxy resin [J]. Polymer Degradation and Stability，2016，133：350-357.

[19] 洪臻，王长松，梁兵，等. 环氧树脂胺类固化剂的研究进展 [J]. 化工新型材料，2014，42 (8)：12-15.

[20] Wang X，Hu Y，Song L，et al. Thermal degradation mechanism of flame retarded epoxy resins with a DOPO-substitued organophosphorus oligomer by TG-FTIR and DP-MS [J]. Journal of Analytical and Applied Pyrolysis，2011，92 (1)：164-170.

[21] Spontón M，Lligadas G，Ronda J C，et al. Development of a DOPO-containing benzoxazine and its high-performance flame retardant copolybenzoxazines [J]. Polymer Degradation and Stability，2009，94 (10)：1693-1699.

[22] Wang X，Hu Y，Song L，et al. Synthesis and characterization of a DOPO-substitued organophosphorus oligomer and its application in flame retardant epoxy resins [J]. Progress in Organic Coatings，2011，71 (1)：72-82.

[23] Yao Z Y，Qian L J，Qiu Y，et al. Flame retardant and toughening behaviors of bio-based DOPO-containing curing agent in epoxy thermoset [J]. Polymers for Advanced Technologies，2020，31 (3)：461-471.

[24] Jin S L，Liu Z，Qian L J，et al. Epoxy thermoset with enhanced flame retardancy and physical-

mechanical properties based on reactive phosphaphenanthrene compound [J]. Polymer Degradation and Stability, 2020, 172: 109063.

[25] 孙楠，钱立军，许国志，等. 六苯氧基环三磷腈的热解及其对环氧树脂的阻燃机理 [J]. 中国科学：化学，2014，44 (7)：1195-1202.

[26] Qiu Y, Qian L J, Feng H S, et al. Toughening effect and flame-retardant behaviors of phosphaphenanthrene/phenylsiloxane bigroup macromolecules in epoxy thermoset [J]. Macromolecules, 2018, 51 (23): 9992-10002.

[27] Qiu Y, Qian L J, Chen Y J, et al. Improving the fracture toughness and flame retardant properties of epoxy thermosets by phosphaphenanthrene/siloxane cluster-like molecules with multiple reactive groups [J]. Composites Part B-Engineering, 2019, 178: 1-12.

[28] Zhang W C, Li X M, Yang R J. Novel flame retardancy effects of DOPO-POSS on epoxy resins [J]. Polymer Degradation and Stability, 2011, 96 (12): 2167-2173.

[29] Wu K, Song L, Hu Y, et al. Synthesis and characterization of a functional polyhedral oligomeric silsesquioxane and its flame retardancy in epoxy resin [J]. Progress in Organic Coatings, 2009, 65 (4): 490-497.

[30] Yang S, Zhang Q X, Hu Y F. Synthesis of a novel flame retardant containing phosphorus, nitrogen and boron and its application in flame-retardant epoxy resin [J]. Polymer Degradation and Stability, 2016, 133: 358-366.

[31] 汤朔，孟乃奇，刘祯，等. 无机硅化合物与磷杂菲/硼酸酯双基分子复合阻燃环氧树脂的研究 [J]. 中国塑料，2019，33 (5)：25-29.

[32] 赵哲，张鹏，夏祖西，等. 阻燃聚氨酯软泡的研究进展 [J]. 应用化工，2008 (5)：565-567+572.

[33] 冯发飞. 多组分复合无卤阻燃聚氨酯硬泡材料的阻燃行为及机理 [D]. 北京：北京工商大学，2014.

[34] Dasari A, Cai G P, Mai Y W, et al. Flame retardancy of polymer - clay nanocomposites [J]. Physical Properties and Applications of Polymer Nanocomposites, 2010, 347-403.

[35] Li L J, Chen Y J, Qian L J, et al. Addition flame-retardant effect of nonreactive phosphonate and expandable graphite in rigid polyurethane foams [J]. Journal of Applied Polymer Science, 2018, 135 (10), 45960.

[36] 王国建，徐伟，郑晓瑞. 聚氨酯硬泡无卤阻燃研究进展 [J]. 高分子通报，2014，11：53-61.

[37] Ravey M, Pearce E M. Flexible polyurethane foam. I. Thermal decomposition of a polyether-based, water-blown commercial type of flexible polyurethane foam [J]. Journal of Applied Polymer Science, 2015, 63 (1): 47-74.

[38] 冯文静，李守平，陈雅君，等. 软质聚氨酯泡沫阻燃技术的研究进展 [J]. 中国塑料，2020，

34 (03): 93-102.

[39] Zarzyka I. Foamed polyurethane plastics of reduced flammability [J]. Journal of Applied Polymer Science, 2017, 135 (4): 45748.

[40] Shi X, Yang P, Peng X, et al. Bi-phase fire-resistant polyethylenimine/graphene oxide/melanin coatings using layer by layer assembly technique: smoke suppression and thermal stability of flexible polyurethane foams [J]. Polymer, 2019, 170: 65-75.

[41] Pan H F, Wang W, Pan Y, et al. Formation of Layer-by-Layer Assembled Titanate NanotubesFilled Coating on Flexible Polyurethane Foam with Improved Flame Retardantand Smoke Suppression Properties [J]. ACS Applied Materials and Interfaces, 2015, 7 (1): 101-111.

[42] Xiang F, Parviz D, Givens T M, et al. Stiff and transparent multilayer thin films prepared through hydrogen-bonding layer-by-layer assembly of graphene and polymer [J]. Advanced Functional Materials, 2016, 26 (13): 2143-2149.

[43] Richardson J J, Cui J, Bjornmalm M, et al. Innovation in layer-by-layer assembly [J]. Chemical Reviews, 2016, 116 (23): 14828-14867.

[44] Holder K M, Huff M E, Cosio M N, et al. Intumescing multilayer thin film deposited on clay-based nanobrick wall to produce self-extinguishing flame retardant polyurethane [J]. Journal of Materials Science, 2015, 50 (6): 2451-2458.

[45] Yang H Y, Wang X, Song L, et al. Aluminum hypophosphite in combination with expandable graphite as a novel flame retardant system for rigid polyurethane foams [J]. Polymers for Advanced Technologies, 2014, 25 (9): 1034-1043.

[46] Chai H, Duan Q L, Jiang L, et al. Effect of inorganic additive flame retardant on fire hazard of polyurethane exterior insulation material [J]. Journal of Thermal Analysis and Calorimetry, 2019, 135: 2857-2868.

[47] Xi W, Qian L J, Li L J. Flame retardant behavior of ternary synergistic systems in rigid polyurethane foams [J]. Polymers, 2019, 11 (2): 207.

[48] Xu D F, Yu K J, Qian K. Thermal degradation study of rigid polyurethane foams containing tris (1-chloro-2-propyl) phosphate and modified aramid fiber [J]. Polymer Testing, 2018, 67: 159-168.

[49] Xu W, Wang G J. Influence of thermal behavior of phosphorus compounds on their flame retardant effect in PU rigid foam [J]. Fire and Materials, 2016, 40 (6): 826-835.

[50] Liu X, Salmeia K A, Rentsch D, et al. Thermal decomposition and flammability of rigid PU foams containing some DOPO derivatives and other phosphorus compounds [J]. Journal of Analytical and Applied Pyrolysis, 2017, 124: 219-229.

[51] Wang Z Z, Li X Y. Mechanical properties and flame retardancy of rigid polyurethane foams con-

taining $SiO_2$ nanospheres/graphene oxide hybrid and dimethyl methylphosphonate [J]. Polymer-Plastics Technology and Engineering, 2018, 57 (9): 884-892.

[52] Zheng X R, Wang G J, Xu W. Roles of organically-modified montmorillonite and phosphorous flame retardant during the combustion of rigid polyurethane foam [J]. Polymer Degradation and Stability, 2014, 101: 32-39.

[53] Yang R, Wang B, Han X F, et al. Synthesis and characterization of flame retardant rigid polyurethane foam based on a reactive flame retardant containing phosphazene and cyclophosphonate [J]. Polymer Degradation and Stability, 2017, 144: 62-69.

[54] Qian L J, Feng F F, Tang S. Bi-phase flame-retardant effect of hexa-phenoxy- cyclotriphosphazene on rigid polyurethane foams containing expandable graphite [J]. Polymer, 2014, 55: 95-101.

[55] Liu D Y, Zhao B, Wang J S, et al. Flame retardation and thermal stability of novel phosphoramide/expandable graphite in rigid polyurethane foam [J]. Journal of Applied Polymer Science, 2018, 135 (27): 46434.

[56] Liu S, Fang Z P, Yan H Q, et al. Superior flame retardancy of epoxy resin by the combined addition of graphene nanosheets and DOPO [J]. RSC Advances, 2016, 6 (7): 5288-5295.

[57] Liu Y L, He J Y, Yang R J. The preparation and properties of flame-retardant polyisocyanuratee polyurethane foams based on two DOPO derivatives [J]. Journal of Fire Sciences, 2016, 34 (5): 431-444.

[58] Gaan S, Liang S Y, Mispreuve H, et al. Flame retardant flexible polyurethane foams from novel DOPO-phosphonamidate additives [J]. Polymer Degradation and Stability, 2015, 113: 180-188.

[59] Zhang M, Luo Z Y, Zhang J W. Effects of a novel phosphorus-nitrogen flame retardant on rosin-based rigid polyurethane foams [J]. Polymer Degradation and Stability, 2015, 120: 427-434.

[60] Yang R, Ma B B, Zhang X, et al. Fire retardance and smoke suppression of polypropylene with a macromolecular intumescent flame retardant containing caged bicyclic phosphate and piperazine [J]. Journal of Applied Polymer Science, 2019, 136 (25): 47593

[61] Li J, Mo X H, Li Y, et al. Influence of expandable graphite particle size on the synergy flame retardant property between expandable graphite and ammonium polyphosphate in semi-rigid polyurethane foam [J]. Polymer Bulletin, 2018, 75 (11): 5287-5304.

[62] Gao W Y, Qian X D, Wang S J, et al. Preparation of hybrid silicon materials microcapsulated ammonium polyphosphate and its application in thermoplastic polyurethane [J]. Journal of Applied Polymer Science, 2018, 135 (4): 45742.

[63] Zhang X L，Duan H J，Yan D X，et al. A facile strategy to fabricate microencapsulated expandable graphite as a flame-retardant for rigid polyurethane foams [J]. Journal of Applied Polymer Science，2015，132 (31)：42364.

[64] Gama N V，Silva R，Mohseni F，et al. Enhancement of physical and reaction to fire properties of crude glycerol polyurethane foams filled with expanded graphite [J]. Polymer Testing，2018，69：199-207.

[65] 高玉玲，尹国永，惠继星，等. 聚氨酯泡沫的阻燃方法研究进展 [J]. 化工科技，2013，21 (04)：76-79.

[66] 袁铁. 阻燃聚氨酯硬泡的研究进展 [J]. 中国新技术新产品，2014，16：3-4.

[67] 彭智，郑震，王新灵. 全水发泡阻燃聚氨酯硬质泡沫塑料的制备与性能 [J]. 聚氨酯工业，2009，24 (01)：14-17.

[68] 史以俊，罗振扬，何明，等. 含磷阻燃剂对聚氨酯硬泡燃烧特性影响的研究 [J]. 聚氨酯工业，2009，24 (05)：23-25.

[69] 奚望. 反应型磷酸酯/石墨复合阻燃聚氨酯硬泡的行为与机理 [D]. 北京：北京工商大学，2017.

[70] Li L J，Chen Y J，Qian L J，et al. Addition flame-retardant effect of nonreactive phosphonate and expandable graphite in rigid polyurethane foams [J]. Journal of Applied Polymer Science，2017，135 (10)：45960.

[71] Wang S J，Qian L J，Xin F. The synergistic flame-retardant behaviors of pentaerythritol phosphate and expandable graphite in rigid polyurethane foams [J]. Polymer Composites，2018，39 (2)：329-336.

[72] Qian L J，Li L J，Chen Y J，et al. Quickly self-extinguishing flame retardant behavior of rigid polyurethane foams linked with phosphaphenanthrene groups [J]. Composites Part B，2019，175：UNSP 107186.

[73] 王泽. 磷酸酯/可膨胀石墨复合阻燃聚氨酯泡沫的研究 [D]. 北京：北京工商大学，2018.

[74] Wang C Q，Ge F Y，SUN J，et al. Effects of expandable graphite and dimethyl methylphosphonate on mechanical，thermal，and flame-retardant properties of flexible polyurethane foams [J]. Journal of Applied Polymer Science，2013，130 (2)：916-926.

[75] König A，Kroke E. Methyl-DOPO-a new flame retardant for flexible polyurethane foam. Polymers for Advanced Technologies，2010，22 (1)：5-13.

[76] Przystas A，Jovic M，Salmeia K，et al. Some key factors influencing the flame retardancy of EDA-DOPO containing flexible polyurethane Foams [J]. Polymers，2018，10 (10)：1115.

[77] Gaan S，Liang S，Mispreuve H，et al. Flame retardant flexible polyurethane foams from novel DOPO-phosphonamidate additives [J]. Polymer Degradation and Stability，2015，113：

180-188.

[78] Almeia K, Flaig F, Rentsch D, et al. One-pot synthesis of P (O) -N containing compounds using N-Chlorosuccinimide and their inflluence in thermal decomposition of PU foams [J]. Polymers, 2018, 10 (7): 740.

[79] 熊联明，舒万艮，刘又年. 微胶囊红磷阻燃剂在软质聚氨酯泡沫塑料中的应用研究 [J]. 中国塑料，2004，06：84-88.

[80] Duquesne S, Bras M L, Bourbigot S, et al. Expandable graphite: a fire retardant additive for polyurethane coatings [J]. Fire and Materials, 2003, 27 (3): 103-117.

[81] Jiao C, Zhang C, Dong J, et al. Combustion behavior and thermal pyrolysis kinetics of flame-retardant epoxy composites based on organic-inorganic intumescent flame retardant [J]. Journal of Thermal Analysis and Calorimetry, 2015, 119 (3): 1759-1767.

[82] Feng F F, Qian L J. The flame retardant behaviors and synergistic effect of expandable graphite and dimethyl methylphosphonate in rigid polyurethane foams [J]. Polymer Composites, 2014, 35 (2): 301-309.

[83] Camino G, Duquesne S, Delobel R, et al. Mechanism of expandable graphite fire retardant action in polyurethanes [J]. ACS Symposium Series, 2001, 797 (34): 90-109.

[84] Chao C, Gao M, Chen S J. Expanded graphite borax synergism in the flame-retardant flexible polyurethane foams [J]. Journal of Thermal Analysis and Calorimetry, 2018, 131 (1): 71-79.

[85] 晁春艳，高明，孙英娟，等. 软质聚氨酯泡沫的改性及阻燃抑烟性能研究 [J]. 塑料科技，2016，44 (5)：23-27.

[86] Wang C Q, Ge F Y, Sun J, et al. Effects of expandable graphite and dimethyl methylphosphonate on mechanical, thermal, and flame-retardant properties of flexible polyurethane foams [J]. Journal of Applied Polymer Science, 2013, 130 (2): 916-926.

[87] Ming G, Chen S, Sun Y, et al. Flame retardancy and thermal properties of flexible polyurethane foam containing expanded graphite [J]. Combustion Science and Technology, 2016, 189 (5): 793-805.

[88] Liu Y, He J, Yang R. The synthesis of melamine-based polyether polyol and its effects on the flame retardancy and physical-mechanical property of rigid polyurethane foam [J]. Journal of Materials Science, 2016, 52 (8): 4700-4712.

[89] Rao W H, Xu H X, Xu Y J, et al. Persistently flame-retardant flexible polyurethane foams by a novel phosphorus-containing polyol [J]. Chemical Engineering Journal, 2018, 343: 198-206.

[90] Rao W H, Zhu Z M, Wang S X, et al. A reactive phosphorus-containing polyol incorporated into flexible polyurethane foam: self-extinguishing behavior and mechanism [J]. Polymer Degradation and Stability, 2018, 153: 192-200.

[91] 孔壮. 阻燃聚醚多元醇的合成及其用于制备软质聚氨酯泡沫塑料的研究 [D]. 山东：青岛科技大学，2012.

[92] Gómez-Fernández S，Gunther M，Schartel B，et al. Impact of the combined use of layered double hydroxides，lignin and phosphorous polyol on the fire behavior of flexible polyurethane foams [J]. Industrial Crops and Products，2018，125：346-359.

[93] 郭金全，黄耀煌，袁亿文. 氯羟丙基磷酸酯对软质聚氨酯泡沫阻燃机理的研究 [J]. 高分子材料科学与工程，1995，03：103-107.

[94] Chen M J，Chen C R，Tan Y，et al. Inherently flame-retardant flexible polyurethane foam with low content of phosphorus-containing cross-linking agent [J]. Industrial&Engineering Chemistry Research，2014，53 (3)：1160-1171.

[95] Kim Y S，Davis R，Cain A A，et al. Development of layer-by-layer assembled carbon nanofiber-filled coatings to reduce polyurethane foam flammability [J]. Polymer，2011，52 (13)：2847-2855.

[96] Simone L，Federico C，Anne-lise D，et al. Extreme heat shielding of clay/chitosan nanobrick wall on flexible foam [J]. ACS Applied Materials and Interfaces，2018，10：31686-31696.

[97] Pan H，Wang W，Pan Y，et al. Formation of layer-by-layer assembled titanate nanotubes filled coating on flexible polyurethane foam with improved flame retardant and smoke suppression properties [J]. ACS Applied Materials and Interfaces，2015，7 (1)：101-111.

[98] Laufer G，Kirkland C，Cain A A，et al. Clay-Chitosan nanobrick walls：completely renewable gas barrier and flame-retardant nanocoatings [J]. ACS Applied Materials and Interfaces，2012，4 (3)：1643-1649.

[99] Yang Y H，Li Y C，Shields J，et al. Layer double hydroxide and sodium montmorillonite multilayer coatings for the flammability reduction of flexible polyurethane foams [J]. Journal of Applied Polymer Science，2015，132 (14)：41767.

[100] Holder K M，Cain A，Plummer M G，et al. Carbon nanotube multilayer nanocoatings prevent flame spread on flexible polyurethane foam [J]. Macromolecular Materials and Engineering，2016，301 (6)：665-673.

[101] 陈乐怡. 不饱和聚酯树脂的生产技术及应用领域 [J]. 中国科技成果，2001，000 (022)：13-17.

[102] 王冬. 含磷氮阻燃单体和功能化二氧化硅的设计与阻燃不饱和聚酯的研究 [D]. 合肥：中国科学技术大学，2017.

[103] 黄君仪. DOPO 衍生物阻燃不饱和聚酯树脂的研究 [D]. 广州：华南理工大学，2010.

[104] 欧荣庆，李燕月. 二溴新戊二醇不饱和聚酯树脂及其阻燃玻璃钢性能 [J]. 塑料助剂，2004，06：31-34.

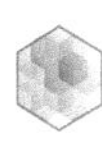




[105] Pan L L, Li G Y, Su Y C, et al. Fire retardant mechanism analysis between ammonium polyphosphate and triphenyl phosphate in unsaturated polyester resin [J]. Polymer Degradation and Stability, 2012, 97 (9): 1801-1806.

[106] Lin Y Q, Jiang S H, Hu Y, et al. Hybrids of aluminum hypophosphite and ammonium polyphosphate: highly effective flame retardant system for unsaturated polyester resin [J]. Polymer Composites, 2018, 39 (5): 1763-1770.

[107] Wazarkar K, Kathalewar M, Sabnis A. Flammability behavior of unsaturated polyesters modified with novel phosphorous containing flame retardants [J]. Polymer Composites, 2017, 38 (7): 1483-1491.

[108] Yun H, Jiang S H, Qian X D, et al. Ultrathin beta-nickel hydroxide nanosheets grown along multi-walled carbon nanotubes: a novel nanohybrid for enhancing flame retardancy and smoke toxicity suppression of unsaturated polyester resin [J]. Journal of Colloid and Interface Science, 2018, 509: 285-297.

[109] Wang D, Mu X D, Cai W, et al. Constructing phosphorus, nitrogen, silicon-co-contained boron nitride nanosheets to reinforce flame retardant properties of unsaturated polyester resin [J]. Composites Part A-Applied Science and Manufacturing, 2018, 109: 546-554.

[110] Yun H, Jiang S H, Zhou C L, et al. Fire-safe unsaturated polyester resin nanocomposites based on MAX and MXene: a comparative investigation of their properties and mechanism of fire retardancy [J]. Dalton Transactions, 2020, 49 (18): 5803-5814.

[111] 游长江，谢青，冯健中，等. 可膨胀石墨/磷酸酯协同阻燃不饱和聚酯的研究 [J]. 中国塑料，2008，22 (9)：38-42.

[112] 汪关才，卢忠远，胡小平，等. 无机阻燃剂的作用机理及研究现状 [J]. 材料导报，2007，2：47-50.

[113] 郭清明，陈双俊. 主链含硅不饱和聚酯的合成及其热解行为研究 [J]. 热固性树脂，2015，30 (5)：7-13.

[114] 鲁小城，闫红强，王华清，等. 阻燃苎麻/酚醛树脂复合材料的制备及性能 [J]. 复合材料学报，2011，28 (3)：1-5.

[115] 鲁小城. 阻燃苎麻/酚醛树脂复合材料的制备及性能研究 [D]. 杭州：浙江大学，2011.

[116] Kim H J, Brunovska Z, Ishida H. Synthesis and thermal characterization of polybenzoxazines based on acetylene-functional monomers. Polymer, 1999, 40 (23): 6565-6573.

[117] Chen C H, Lin C H, Hon J M, et al. First halogen and phosphorus-free, flame-retardant benzoxazine thermosets derived from main-chain type bishydroxydeoxybenzoin-based benzoxazine polymers [J]. Polymer, 2018, 154: 35-41.

[118] Wang S, Jing X, Wang Y, et al. High char yield of aryl boron-containing phenolic resins:

The effect of phenylboronic acid on the thermal stability and carbonization of phenolic resins [J]. Polymer Degradation and Stability, 2014, 99: 1-11.

[119] Abdalla M O, Ludwick A, Mitchell T. Boron-modified phenolic resins for high performance applications [J]. Polymer, 2003, 44 (24): 7353-7359.

[120] Wang D C, Chang G W, Chen Y. Preparation and thermal stability of boron-containing phenolic resin/clay nanocomposites [J]. Polymer Degradation and Stability, 2008, 93 (1): 125-133.

[121] 刘国勤，谢德龙，付强. 钼改性酚醛树脂的制备与表征 [J]. 材料导报，2011，25 (S2): 398-400.

[122] Park S J. Seo M K. The effects of $MoSi_2$ on the oxidation behavior of carbon/carbon composites [J]. Carbon, 2001, 39 (8): 1229-1235.

[123] Yang H Y, Wang X, Yu B, et al. A novel polyurethane prepolymer as toughening agent: preparation, characterization, and its influence on mechanical and flame retardant properties of phenolic foam [J]. Journal of Applied Polymer Science, 2013, 128: 2720-2728.

[124] Tasan C C, Kaynak C. Mechanical performance of resol type phenolic resin/layered silicate nanocomposites [J]. Polymer Composites, 2009, 30 (3): 343-350.

[125] Chiang, C L, Ma C C M. Synthesis, characterization, thermal properties and flame retardance of novel phenolic resin/silica nanocomposites [J]. Polymer Degradation and Stability, 2004, 83 (2): 207-214.

[126] 朱铭铮，朱秀芳，李力. 无机填料填充酚醛树脂的阻燃性研究 [J]. 国外建材科技，2004，3: 34-42.

[127] 王凌侃. 酚醛树脂防火阻燃改性技术 [J]. 消防科学与技术，2016，35 (2): 262-264.

[128] Yu Z L, Yang N, Apostolopoulou-Kalkavoura V, et al. Fire-retardant and thermally insulating phenolic-silica aerogels [J]. Angewandte Chemie-International Edition, 2018. 57 (17): 4538-4542.

[129] 殷锦捷，戴英华，赵志超. 新型增韧阻燃酚醛树脂泡沫塑料的研制 [J]. 应用化工，2010，39 (2): 247-250.

[130] Liu J, Wang L L, Zhang W, et al. Phenolic resin foam composites reinforced by acetylated poplar fiber with high mechanical properties, low pulverization ratio, and good thermal insulation and flame retardant performance [J]. Materials, 2019, 13 (1): 148.

[131] 冯书耀，颜红侠，李婷婷. 含磷阻燃型双马来酰亚胺树脂的研究进展 [J]. 热固性树脂，2014，29 (04): 43-48.

[132] 李松. 新型含磷 POSS 阻燃剂的合成及其应用研究 [D]. 西安：西北工业大学，2017.

[133] Chen X X, Yuan L, Zhang Z Y, Wang H, Liang G Z, Gu A J. New glass fiber/bismaleimide

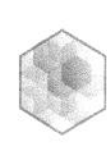



composites with significantly improved flame retardancy, higher mechanical strength and lower dielectric loss [J]. Composites Part B Engineering, 2015, 71: 96-102.

[134] Yoshioka S; Yoshimitsu T. Polyimide resin compsn. for forming prepreg. for laminate board prodn. -additionally comprises allyl gp. -contg. bisphenol=A deriv., accelerator and solvent. JP 4222861. 1992-8-12.

[135] Kan K; Suga K; Jiro K. Imide prepolymer from bisimide, di: amine and tri: bromo: phenyl maleimid-obtd. from bis: imide, di: amine and tri: bromo: phenyl maleimide provides highly heat resistant pcb laminates. US 424135. 1991-4-24.

[136] Lin C H, Wang C S. Synthesis and property of phosphorus-containing bismaleimide by a novel method [J]. Journal of Polymer Science Part A: Polymer Chemistry, 2000, 38 (12): 2260-2268.

[137] Chen X X, Ye J H, Yuan L, et al. Multi-functional ladderlike polysiloxane: synthesis, characterization and its high performance flame retarding bismaleimide resins with simultaneously improved thermal resistance, dimensional stability and dielectric properties [J]. Journal of Materials Chemistry A, 2014, 2 (20): 7491-7501.

[138] Li S, Yan H, Tang C, et al. Novel phosphorus-containing polyhedral oligomeric silsesquioxane designed for high-performance flame-retardant bismaleimide resins [J]. Journal of Polymer Research, 2016, 23 (11): 238.

[139] Jin W Q, Yuan L, Liang G Z, et al. Multifunctional cyclotriphosphazene/hexagonal boron nitride hybrids and their flame retarding bismaleimide resins with high thermal conductivity and thermal stability [J]. Acs Applied Materials & Interfaces, 2014, 6 (17): 14931.

[140] Zhang X F, Akram R, Zhang S K, et al, Zhanpeng Wu, Dezhen Wu. Hexa (eugenol) cyclotriphosphazene modified bismaleimide resins with unique thermal stability and flame retardancy [J]. Reactive and Functional Polymers, 2017, 113.

[141] Miao J T, Yuan L, Liang G Z, et al. Biobased bismaleimide resins with high renewable carbon content, heat resistance and flame retardancy via a multi-functional phosphate from clove oil [J]. Materials Chemistry Frontiers, 2018, 3 (1): 78-85.

# 第10章 其他阻燃材料

## 10.1 橡胶

### 10.1.1 橡胶阻燃的必要性

橡胶分为天然橡胶与合成橡胶两种，交联后的橡胶受外力作用发生变形时，具有迅速复原的能力，并具有良好的物理力学性能和化学稳定性，广泛用于制造轮胎、胶管、胶带、电缆及其他各种作为重要国民经济基础的橡胶产业。橡胶的种类很多，按照其分子的组成和易燃程度可分为三类[1]：①大分子链只含碳、氢的橡胶，又称为烃类橡胶，如丁苯橡胶（SBR），天然橡胶（NR），丁腈橡胶（NBR）和乙丙橡胶（EPR、EPDM）等。它们是橡胶中数量最大最重要的一类，都是易燃或可燃的材料。②大分子主链除含碳、氢以外，还含有其他元素的橡胶，如硅橡胶等，它们多数也是可燃的或易燃的，但燃烧速度相对较慢。③含卤素的橡胶，如氯丁橡胶（CR）、氯磺化聚乙烯橡胶（CSM）、氯化聚乙烯（CPE）、氟橡胶（FKM）等，卤素含量大多在28%～40%之间，这类橡胶一般是较难燃烧的。而以上橡胶中，除了含卤素的橡胶外，天然橡胶和大多数的合成橡胶都具有可燃性，未经阻燃处理的橡胶制品存在火灾隐患，因此对于电线、电缆、橡胶输送带和矿井下用的橡胶导风管等制品来说，阻燃处理对其安全使用的重要性是毋庸置疑的[2]。

### 10.1.2 阻燃橡胶的主要应用领域

阻燃橡胶的应用领域主要包括电线、电缆护套、橡胶绳索、矿井下使用的输送带、胶管、导风管及真空泵上使用的橡胶带，电子电器工业使用的橡胶制品、公共场所使用的橡胶板等，其在阻燃性能方面都已有相应的要求和法规。

### 10.1.3 卤系阻燃剂阻燃橡胶的方法

卤系阻燃剂能够在高温下裂解释放出含卤自由基，来捕捉橡胶降解生成的活泼自由基，从而延缓或中断燃烧链式反应的进行；同时释放出的卤化氢是一种密度很大的难燃气体，可覆盖于材料表面，通过阻隔氧气来抑制燃烧，具有添加量小、阻燃效果显著等优点[2]。这类阻燃剂在与其助阻燃剂协同使用时，阻燃效果更加显著。如氯化石蜡与三氧化二锑并用，可生成沸点高、密度大的氯化锑，覆盖在树脂表面，隔绝空气起到较好的阻燃协同效应[3]。但是卤系阻燃剂燃烧时产生大量烟雾、毒性物质和强腐蚀性物质而危害环境及人类健康。而烟毒性大恰好是橡胶材料燃烧时有别于聚烯烃等材料的一大特征，因此在一定程度上更加限制了卤系阻燃剂在阻燃橡胶领域的应用。

### 10.1.4 无卤阻燃剂阻燃橡胶的方法

用于阻燃橡胶的无卤阻燃剂包括无机金属阻燃剂、磷系阻燃剂、氮系阻燃剂膨胀型阻燃剂、硅系阻燃剂等。

**(1) 无机金属阻燃剂**

针对橡胶材料燃烧过程中产烟量大、烟毒性强等特点，金属氢氧化物以及无机金属盐具有热稳定性好、不挥发、阻燃效果持久和价格低廉等优点，添加无机阻燃剂的橡胶在燃烧或受热时，不产生腐蚀性气体、烟雾小，具有很高的安全性[4]。常用的无机阻燃剂是无机金属化合物，包括氢氧化铝（ATH）、氢氧化镁（MH）、水镁石、硼酸锌、三氧化二锑和碳酸钙等，其中最典型的是氢氧化铝、氢氧化镁和水镁石。对于丁腈橡胶（NBR），由于氢氧化镁脱水反应较氢氧化铝发生慢、工艺性能较差（混炼时易发生粘辊现象）及价格相对较高，因此氢氧化铝更适宜作为 NBR 的阻燃剂[5]。

无机金属阻燃剂在阻燃橡胶时往往用量大，阻燃效率低，而阻燃剂的纳米化、表面处理以及多种阻燃剂的协同使用是降低添加量和保持力学性能的主要手段。其中

氢氧化铝粒径的微细化能有效提高阻燃丁苯橡胶的极限氧指数，当用量为 120 份时，LOI 值达 27%[6]。而当纳米氢氧化镁在三元乙丙橡胶中的用量达到 150 份时，其 LOI 值可达 30%，而此时试验测得其拉伸强度为 14MPa，断裂伸长率为 164%，可以作为无卤阻燃电线电缆护套材料[7]。在协效体系中，氢氧化铝可分别与硼酸锌、三氧化二锑等构成协效体系制备阻燃橡胶材料，而氢氧化镁常与红磷协同阻燃橡胶材料。

**(2) 磷系阻燃剂**

用于阻燃橡胶的磷系阻燃剂按组成可分为无机磷系阻燃剂和有机磷系阻燃剂，前者主要有红磷和磷酸盐，后者主要有磷酸酯和亚磷酸酯等。

红磷由于稳定性差和易吸潮等缺陷，直接应用会受到诸多限制，采用微胶囊化处理后能够显著提高其阻燃作用。以三聚氰胺-甲醛树脂包覆的微胶囊红磷（MRP）与 MH 和 ATH 以 10/90/90 的份数比例添加到三元乙丙橡胶当中，硫化胶的 LOI 值从 19% 提高至 37%，并通过了 UL 94 V-0 级别，拉伸强度为 4.4MPa，断裂伸长率为 225%，实现了硫化胶阻燃性能和物理力学性能的良好平衡[8]。

**(3) 膨胀型阻燃剂**

膨胀型阻燃剂的出现为无卤阻燃橡胶提供了一种新的途径，这包括可膨胀石墨阻燃剂，也包括多组分的膨胀型阻燃剂，能够将各阻燃剂的优点进行结合，发挥良好的协同阻燃效果。

以笼状季戊四醇磷酸酯（PEPA）和可膨胀石墨（EG）构成协同阻燃体系能够赋予天然橡胶（NR）优异的阻燃性能，当共同添加 37% 的 PEPA 和 7% 的 EG 于 NR 时，阻燃 NR 复合材料的 LOI 值由 17.0% 提高至 28.1%，并通过 UL 94 V-0 级别[9]。常用于天然橡胶的膨胀阻燃体系为 APP/PER、APP/PER/MEL 体系，其中采用原位聚合法制备出的微胶囊化膨胀型阻燃剂（微胶囊的囊核是由 APP、PER 和 MEL 按 3∶1∶1 混合而成，囊壳为三聚氰胺-甲醛树脂），在天然橡胶中的阻燃效果要优于 APP/PER/MEL 简单的共混物，而且微胶囊化后的阻燃剂与天然橡胶的相容性也有较大改善，所得到的阻燃天然橡胶胶料的物理性能和耐磨性能也得到提高。而在该体系中继续引入微量的 4A 分子筛化合物，则能进一步发挥协同阻燃效果[1]。

**(4) 其他阻燃剂**

部分含硅化合物如二氧化硅、聚倍半硅氧烷以及层状无机填料如纳米黏土、有机改性蒙脱土、绢云母粉、陶土、碳酸钙等其他类无机填料也逐渐被用于橡胶制品中，通过与氢氧化物阻燃剂或膨胀阻燃体系间的协同作用，可以进一步改善橡胶材料的阻燃性能。

# 10.2 涂料

## 10.2.1 涂料阻燃的必要性

涂料是涂覆在物体表面起到保护或装饰作用，并且能与被涂物形成牢固附着的连续状物质，主要由基料和助剂两部分组成。基料通常为树脂、乳液等物质，决定了涂料的成膜性或可应用性；助剂则根据涂料不同的应用场合而变化，赋予涂料以不同的功能。经过阻燃改性后的涂料，不仅具有防燃阻燃的功能，还有隔热功能，减小因温度升高造成基材力学性能丧失的危险。

## 10.2.2 阻燃涂料的主要应用领域

阻燃涂料的主要应用领域包括钢结构、电线电缆、木制品、纺织品和薄膜制品。阻燃涂料最主要的用途是建筑物中钢结构的防火。提高建筑构件的耐火时间，使其符合建筑设计防火规范的设计要求，以防止钢材在火灾环境中，高温下屈服强度急剧下降，并因此失去承载力，导致钢材的机械强度几乎完全丧失。防火涂料涂刷在钢结构表面，能够有效隔绝火场的高温，使钢结构保持在临界温度以下，极大地延长了钢结构的耐火时间，有效降低了火灾损失。此外，阻燃涂料还可应用于电缆、预应力混凝土楼板和车辆、飞机等交通工具上。

根据作用原理，阻燃涂料可分为非膨胀型涂料和膨胀型涂料两大类[10]。

## 10.2.3 非膨胀型阻燃涂料

非膨胀型阻燃涂料，其作用原理一般是利用阻燃涂层的难燃性、低热导率和吸热性能等延缓钢结构的升温速率。常用的阻燃剂有八溴醚和十溴二苯乙烷等，下面以溴锑协同阻燃涂层举例。

将八溴醚与 $Sb_2O_3$ 以 3∶1 的比例复配成溴锑协同体系，用于阻燃含羧基环氧丙烯酸树脂。基料与阻燃剂的质量比为 100∶3。在该配方下，阻燃涂层材料本身的 LOI 值从 19.8%提高到 30.6%，其作用机理为：溴-锑协同阻燃效应。此外，燃烧所生成的 $SbOBr_3$ 还能在固相中促进基料的炭化[11]。

### 10.2.4 膨胀型阻燃涂料

目前，大多数阻燃涂料都为膨胀型防火涂料，尤其是薄型（3～7mm）和超薄型（3mm 以下）阻燃涂料，因为较薄的涂层即使具有优异的难燃性，其抵抗热传递的能力还是不够的，特别是在火灾条件下，温度极高，传热极快。而膨胀型炭层能在被涂覆物与高温环境之间形成良好的隔热屏障，从而减小热传递的速度，赋予钢材等材料更长的耐热时间。膨胀型阻燃涂料主要组成物质为成膜物、炭源、酸源、发泡剂、填料等，常用原料及功能见表 10-1[10]。

表 10-1 膨胀型阻燃涂料常用原料及功能

| 成分 | 常用物质 | 功能 |
| --- | --- | --- |
| 成膜物 | 丙烯酸树脂、环氧树脂、氯化橡胶、高氯化聚乙烯树脂、醇酸树脂等 | 基料、决定涂料的成膜性 |
| 炭源 | 季戊四醇、二季戊四醇、淀粉等 | 泡沫炭层的骨架 |
| 酸源 | 聚磷酸铵、磷酸二氢铵、磷酸氢二铵等 | 促进成炭剂脱水炭化 |
| 发泡剂 | 三聚氰胺、聚磷酸铵、磷酸尿素等 | 生成气体使泡沫炭层膨胀 |
| 填料 | 珍珠岩、钛白粉、蛭石、氢氧化铝、氢氧化镁、水滑石、二氧化硅等 | 改善涂料性能及颜色 |

#### (1) 膨胀阻燃环氧树脂涂料实例

膨胀型阻燃涂料中最典型的阻燃体系为 APP/PER/MEL 体系。具体应用配方及效果如以下实例。

一种阻燃环氧树脂涂料配方为[12]：环氧树脂乳液，100 份，8g；环氧树脂固化剂，62.5 份，5g；APP，150 份，12g；PER，67.5 份，5.4g；MEL，90 份，7.2g；水滑石（LDH），50 份，4g；分散剂、增稠剂、成膜助剂、消泡剂、流平剂，各 2 滴；去离子水，16.8g。向研磨机中按配比加入 APP/PER/MEL 阻燃体系、LDH、去离子水及分散剂，高速搅拌 45min；然后将溶液倒入 100mL 烧杯中，加入环氧树脂、环氧树脂固化剂、增稠剂、成膜助剂、消泡剂、流平剂，放入磁子，将烧杯置于磁力搅拌器上低速搅拌 30min，充分混合，出料。

该配方所得到的阻燃涂料涂覆于钢板，厚为 1mm，涂料涂覆钢板测试的烟密度降低至 30%以下，烟密度等级仅为 4.9，表现出良好的阻燃、抑烟效果。机理为：APP/PER/MEL 体系形成的膨胀型炭层起到的阻隔效果，LDH 的热解产物也可促进聚合物表面脱水炭化过程；同时，LDH 在受热时释放大量的 $H_2O$、$CO_2$ 等非可燃性气体，这

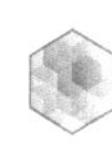



些气体稀释了可燃性气体和表面氧气的浓度，减缓了燃烧的趋势，起到气相阻燃效果，并且 LDH 可以吸附燃烧释放的烟雾。

**(2) 膨胀阻燃丙烯酸树脂涂料实例**

作为涂料基料的丙烯酸类树脂主要有：硅丙乳液、苯丙乳液、纯丙乳液。硅丙乳液是由含有不饱和键的有机硅单体与丙烯酸单体聚合而成，目的是将有机硅结构的耐高温、耐候、耐化学品、疏水等性能同丙烯酸类树脂的高保色性、柔韧性、附着性结合起来，多用于外墙，价格较贵。苯丙乳液是由苯乙烯单体和丙烯酸单体聚合而成，耐候性一般，多用于内墙，价格较便宜。纯丙乳液的性能和价格介于二者之间。

一种阻燃硅丙乳液涂料的配方为[13]：密胺树脂包覆聚磷酸铵（MF-APP）、双季戊四醇（DPER）、三聚氰胺（MEL）、硅丙乳液四者的比例为 28：8：22：22.3。将水、分散剂、消泡剂、防闪锈剂等加入分散罐中，低速搅拌几分钟后，加入膨胀阻燃体系填料，以 3000r/min 的转速高速分散 30min。最后，加入硅丙乳液，以 800r/min 的转速低速分散 20min 后，添加增稠剂调节体系的黏度，出料即得水性膨胀型钢结构防火涂料。该配方所得到的阻燃涂料涂覆于钢板，厚为 2mm，干燥后进行防火性能测试。涂料膨胀倍率为 10.73 倍，炭层结构密度为 0.0206g/cm$^2$，炭层强度为 175g，钢板背温达到恒温平台的时间仅为 7.75min，即在 7.75min 时已经膨胀出完整的炭化层。此外，该阻燃涂料的耐水时间达到了 42h，浸水 48h 后涂层的质量损失率仅为 5.22%。

一种阻燃苯丙乳液涂料的配方为[14]：苯丙乳液、磷酸二氢铵、季戊四醇、三聚氰胺四者的质量比为 2.82：3.68：2.00：3.06。涂覆于 4.62mm 厚木板进行测试，干燥后涂料厚度为 2.9mm。燃烧后炭层厚度达到 62.9mm，而苯丙乳液涂料燃烧后的炭层高度仅为 22.62mm。该研究进一步优化了上述配方：苯丙乳液、磷酸二氢铵、季戊四醇、三聚氰胺四者的质量比为 2.82：11.04：6.00：3.06 时，炭层能获得最大的高度和光洁的表面，且不会出现涂层脱落的现象。作用机理为：磷酸氢二铵和季戊四醇在 100～238℃过程中通过脱氨和水，生成偏磷酸铵与季戊四醇及磷酸与季戊四醇的交联物，并形成炭层；三聚氰胺在 250～380℃分解出气体，使炭层发泡，形成多孔泡沫炭层，从而达到阻燃的目的。

**(3) 膨胀阻燃聚氨酯涂层实例**

一种以氢氧化镁（MH）、可膨胀石墨（EG）、聚磷酸铵（APP）为阻燃剂的阻燃聚氨酯涂层配方 1 为：聚醚多元醇、MDI、APP、MH、EG（178μm）五种物质的比例为 5：7：3：3：1。一种以氢氧化铝（ATH）、可膨胀石墨（EG）、聚磷酸铵（APP）为阻燃剂的阻燃聚氨酯涂层配方 2 为：聚醚多元醇、MDI、APP、ATH、EG

(178μm) 五种物质的比例为 5∶7∶3.6∶2.4∶1。先将聚醚多元醇及阻燃助剂在高速搅拌机下搅拌均匀，随后加入 MDI 搅拌均匀。将得到的混合物放入真空烘箱抽真空，直至液面不升高且气泡小时候取出，浇注成标准样条待测[15]。

两种阻燃配方将聚氨酯的 LOI 值提高 10%左右，配方 1、配方 2 的热释放速率峰值较之于纯样分别下降了 72.7%和 51.0%，极大地抑制了涂层材料的燃烧强度，并且保留了约 30%的残炭在凝聚相中，降低了总热释放量和有效燃烧热，同时也极大地抑制了烟的释放量。此外，配方 1 的聚氨酯涂层的炭层高度达到了 5cm，配方 2 的聚氨酯涂层的炭层高度达到了 3cm。

**(4) 膨胀阻燃醇酸树脂涂料实例**

一种醇酸树脂阻燃涂料的配方为[16]：醇酸树脂（以固含量计），66%；IFR（由 APP、PER、MEL 三者以 5∶3∶1.7 的比例组成），30%；超细氢氧化镁，4%；阻燃涂料涂覆于木材上，每根氧指数样条上涂料的涂覆量为 0.50g 左右。该阻燃醇酸树脂涂料/木材复合材料的 LOI 值达到 30.1%，远高于纯木材的 LOI 值（25.3%）和未经阻燃处理的醇酸树脂涂料的 LOI 值（23.1%）。阻燃涂层涂覆木材的热释放速率峰值仅为 $206kW/m^2$，比清漆涂覆木材的热释放速率峰值下降了约 60%。超细氢氧化镁对膨胀型阻燃清漆具有良好的阻燃协效作用，降低了其热释放速率和总热释放量，特别是具有很强的抑烟作用，可以解决膨胀型阻燃清漆发烟量大的问题。

# 10.3 木材

## 10.3.1 木材阻燃的必要性

木材是四大建材（钢筋、混凝土、塑料、木材）之一，无毒、无害，是公认的可再生的绿色环保材料[17]。虽然木材及其制品的优良特性很多，但木材的易燃性、可燃特性使其使用受到了很大的限制。建筑中大量采用木质装修，直接加大了火灾荷载和火灾时火势蔓延速度；木材燃烧过程中产生的有害烟气也给人员疏散带来了潜在压力，增大了建筑物的火灾危险性，对人们生命财产安全构成极大的威胁。此外在众多的古建筑中，木材也是主要建筑材料。一旦发生火灾，一些文物古迹也可能就此毁于一旦，造成不可挽回的文化艺术的损失。因此对木质材料的阻燃处理就显得尤为重要[18,19]。

### 10.3.2 阻燃木材的主要应用领域

阻燃木材主要应用于以下几个方面[20]：

① 工业建筑和民用建筑的阻燃建筑结构材料和构件。如承重柱、屋顶支架、防火门框等。

② 用作建筑内部装饰材料。《建筑内部装修设计防火规范》规定，天然木材的燃烧性能等级为B2级，不能作为各种场所的顶棚装修材料，而对其进行阻燃处理能够解决装修材料燃烧等级不够的问题，既能满足现实需要，又不降低整体安全性能。

③ 用在车辆和船舶的内部装修材料。

④ 用在军事部门，如军火弹药的木制包装箱。

⑤ 用于地下建筑，如作为矿井中的坑道支架。

### 10.3.3 木材的阻燃机理

木材是固体可燃物，由90%的纤维素、半纤维素、木质素及10%的挥发油、树脂、鞣质和其他的酚类化合物等组成。其燃烧过程包括一系列复杂的物理化学反应；木材受热首先是水分的蒸发，其化学组成没有明显变化；温度继续升高，热分解反应加快，半纤维素开始分解，当温度达到木材的燃点范围时将产生氢气、一氧化碳和烃类物质等，它们从木材中逸出并形成可燃性气体，此时的木质材料或自燃或被点燃，产生光和火焰，形成有焰燃烧，放出热量，这些热量又传递到未燃烧的部分，如此循环就形成了燃烧链式反应[21]。

抑制木材燃烧需要阻燃剂在上述一个或多个阶段发挥作用，达到阻止或减缓燃烧的目的。目前，木材阻燃机理主要有[22,23]：

① 气体稀释机理　热作用使阻燃剂分解产生出难燃烧或不燃烧气体，稀释了混合气体中可燃性气体的浓度，也降低了木质材料表面氧气的浓度，从而达到阻燃目的；

② 成炭机理　阻燃剂受热分解产生有吸水或脱水功效的酸性成分，促使纤维素脱水形成可以隔热隔氧的炭化层；

③ 连锁反应阻止机理（热机理）　以阻燃剂热分解产生的气体作为催化剂，与可燃性气体发生化学反应变为不燃或难燃性气体，从而中断可燃性气体的链式反应；

④ 覆盖机理　多种阻燃剂在受热熔融时形成流体或泡沫状物覆盖在木材表面，阻

碍了木材热分解产生的可燃性气体的逸出，同时也隔绝了热量及氧气的供给，从而达到阻燃的目的；

⑤ 自由基捕集理论　在热解温度下，阻燃剂释放自由基抑制剂，能捕集木材燃烧放出的自由基，并与之作用生成不燃物，从而破坏燃烧过程中的链增长反应机理；

⑥ 氢结合机理　阻燃剂受热分解产生的磷酸、硫酸盐中的—OH、—NH 等与木材中的纤维素及木素的氢结合，形成不可燃物，抑制木材的热分解，从而达到阻燃的目的。

## 10.3.4　木材的阻燃方法

阻燃木材的阻燃性能不仅取决于阻燃剂的性能和用量，而且与阻燃剂在木材中的分布状态有关。阻燃处理对木材强度、吸湿性等的影响取决于所用阻燃剂的种类、酸碱性及处理工艺条件。因此，选择合适的阻燃处理工艺，既能提高阻燃性能又不破坏木材物理力学性能和工艺性能。木材的阻燃处理方法多种多样，其中多数方法是由移植或改良木材防腐处理方法而来，包括浸注法、喷涂法、贴面法、热压法、复合法、超声波法、高能喷射法、辐射法、溶胶-凝胶法等[24,25]。

**(1) 浸注法**

浸注法是在常压、真空、加压或者综合运用几种压力条件下，将阻燃剂溶液注入木材或木质人造板中的阻燃处理方法。根据压力不同，可分为加压浸注法、常压浸注法和分段浸注法。

**(2) 喷涂法**

在对阻燃性能要求不高或古建筑木构件不便浸注处理时，可采用涂刷或喷涂阻燃涂料方式，隔离热源，阻止木材表面接触空气，降低燃烧性能，但也覆盖了实木原有纹理及质感。该法多用于喷涂有机阻燃涂料，其抗流失性好，喷涂工艺简单，但成本高。

**(3) 贴面法**

将石膏板、硅酸钙板、铁皮及金属箔等不燃物覆贴在木材或木质材料表面起阻燃作用，该法仅限于表面处理，而且覆盖木材原有纹理，失去了木材质感。

**(4) 热压法**

适用于人造板生产，对板材物理力学性能影响甚微。其方法一是将粉状阻燃剂均匀撒在板面上，在热压条件下使其熔融渗入板内，避免了加压浸注时板材表面的膨胀及处理后的干燥，缺点是难以施加足够剂量，热压时也难免有阻燃剂停留在板面；二是在板面涂刷或喷涂液体阻燃剂，热压时使其渗入板内，但易使板材表面鼓泡。

**(5) 复合法**

在人造板生产中，在胶黏剂或刨花、木纤维中拌入阻燃剂。阻燃剂的加入可能会影响胶黏剂的固化，故需调整配方或固化剂用量。复合法以其节约木材、阻燃、防腐、价低等优势而具有强劲的发展势头。

**(6) 超声波法**

超声波作用于溶液时会产生“超声空化”现象，产生数以万计的微小气泡，这些气泡迅速闭合，产生微激波，局部有很大的压强，能在木材表面产生加压浸注效果。

### 10.3.5 阻燃木材的制备与应用

木材阻燃相对于合成高分子材料来讲，由于材料加工方法的不同，其阻燃处理方法和原理也明显不同。由于木材的主要成分是木质纤维素，具有较好的成炭性，因此在对木材进行阻燃处理时，目前以磷氮硼系无卤阻燃材料为主，并具有非常优异的阻燃效果。

根据目前阻燃剂的研究和发展，现将木材阻燃剂分为磷氮硼系阻燃剂、金属化合物阻燃剂、树脂型阻燃剂、反应型阻燃剂、纳米阻燃剂及微胶囊阻燃剂六类[26]。

**(1) 磷氮硼系阻燃剂**

磷氮硼系阻燃剂由磷氮系阻燃剂与硼系阻燃剂复配而成的。磷-氮系阻燃剂受热分解出不燃气体，可以降低热分解温度，提高成炭率，减少可燃性气体的产生，主要包括磷酸铵、磷酸氢二铵、磷酸二氢铵、聚磷酸铵等，其中磷酸二氢铵使用最多；硼系阻燃剂能明显提高制品的耐火性能，且毒性低，对木材物理力学性能影响小，兼有防腐、防虫功能，包括多硼酸钠、硼酸铵、硼酸锌、硼酸、硼砂等。

阻燃剂 FRW 是借鉴美国国家防腐协会标准和 20 世纪 90 年代后期国际木材阻燃剂技术的基础上发明的一种新型磷-氮-硼复合体系阻燃剂，由高纯度脒基脲磷酸盐、硼酸和少量助剂组成，适用于木材及其他纤维类材料的阻燃处理。FRW 阻燃剂不仅具有优异的阻燃、防腐作用，而且具有吸湿性弱、处理后的木材不变色、基本不影响木材的力学性能、无毒、在生产和使用过程中不污染环境等优点。综合技术经济指标优于国内外同类技术。将木材阻燃剂 FRW 与聚磷酸铵复配处理樟子松材，与用单一 FRW 相比，制剂成本可降低约 12%，复配处理木材的热释放速率、总热释放量、有效燃烧热、质量损失和 CO、$CO_2$ 释放量均有不同程度的降低，在促进木材成炭的同时减少了烟气毒害[27]。而以磷酸、硼酸、双氰胺等为主要组分制备新型磷氮硼阻燃剂用于阻燃杨木，经阻燃处理后杨木的氧指数从 23.4%提高至 60%以上，而烟密度由 40.64%降至 25.0%以下，阻燃和抑烟性能均有提高[28]。

(2) 金属化合物阻燃剂

金属化合物阻燃剂具有阻燃、抑烟作用，包含有金属氢氧化物、钼化合物、锡化合物和锰化合物等，可以作为助剂，与磷氮型阻燃剂发挥协同作用。

为提高磷氮阻燃剂处理杨木的抑烟性，在磷氮阻燃剂合成过程中添加了少量氢氧化镁，研究发现，复配阻燃剂处理木材的最大烟密度（SDR）值为 34.4，比磷氮阻燃剂处理木材降低约 31.81%，远低于国家标准规定的 SDR≤75 的要求；CO 产量最大可降低 74.68%，大大减少了有毒气体的危害，改善了磷氮阻燃剂在木材阻燃中产生毒气的不足[29]。而适量钼酸钠可以有效提高纤维素的活化能，使其更难分解，从而进一步提高阻燃性[30]。

(3) 树脂型阻燃剂

树脂型阻燃剂是将阻燃剂和低聚合度树脂复配后浸注处理木材，对易流失阻燃成分产生包覆固着作用，改善阻燃剂的流失、迁移和吸湿性[31]，价格处于无机和有机阻燃剂之间，耐腐蚀，但阻燃效果不如某些无机阻燃剂，常用于提高软质木材的整体性能，如 UDFP 树脂（尿素-双氰胺-甲醛-磷酸）、MDFP 树脂（三聚氰胺-双氰胺-甲醛-磷酸）等。近年来，随着人工林木材提质增效利用的不断扩大，树脂型阻燃剂发展迅速，市场规模逐渐扩大。采用三聚氰胺脲醛树脂复配硼化物浸渍处理人工林杨木，可明显改善杨树木材的尺寸稳定性、力学性能、阻燃性和抑烟性等综合性能[32]。

(4) 反应型阻燃剂

反应型木质阻燃剂利用化学反应，将阻燃元素或含阻燃元素的基团通过形成稳定的化学键反应到木质分子上，所得的阻燃木材的阻燃性能不仅具有抗流失、耐久的优点，而且由于阻燃元素实际上是以单分子状态分布在木材上（远较添加型阻燃剂分散程度高），因而单位物质量阻燃剂的阻燃效率很高。木材上适合于阻燃处理的常用官能团有羟基和苯环，可通过酯化、酯交换、醚化、酰化和卤代等反应与阻燃元素或含阻燃元素有活性基团的化合物反应实现阻燃效果。例如，通过磷酸酯化（磷酰化）可将磷元素以化学键合方式反应到木材上；通过硼酸酯与木材羟基的酯交换反应，可将硼元素以形成硼酸酯的方式反应到木材上；而将氮元素反应到木材上的最简单化学方法，就是通过氨基化合物与木材的酸性磷酸酯成盐。日本专利 JP05069415 用含有磷酸和脲或胺类或酰胺类的磷酸酯化试剂浸渍木材，然后在高于 100℃但低于木材降解温度下加热，生成稳定的酸性磷酸酯盐，所得材料具有很高的阻燃性[33,34]。

# 10.4 纸张

## 10.4.1 纸张阻燃的必要性

纸是文明传承的载体，也是日常生活中不可缺少的一种材料。纸张以植物纤维为原料，但是植物纤维的易燃性使纸张容易燃烧，因此在包装、建筑、装饰、电子电器、机械、汽车、航天、军工等领域应用时，需要对纸张进行阻燃处理[35,36]。

## 10.4.2 纸张的阻燃机理

植物纤维纸张的主要成分是纤维素（$C_6H_{10}O_5$）$_n$，另外还含有半纤维素和木质素等。纸张燃烧时的反应属于剧烈的自由基反应，是热解反应与氧化反应的结合。燃烧时，纤维素热解发生任意键的断裂，生成活泼的 HO·自由基和碳氢化合物自由基等，并引发燃烧链式反应。燃烧的过程中，纤维素不断分解生成葡萄糖、可燃性焦油和挥发性气体等易燃物质，挥发性气体的扩散和热传导，使火焰蔓延到邻近的纸张表面，使燃烧不断进行下去。因此对纸及纸制品进行阻燃，就是设法阻碍纤维素的热分解，抑制可燃性气体的生成，或者通过隔离热和空气以及稀释可燃性气体等一种或几种途径达到阻燃目的[37,38]：

① 吸热效应　利用阻燃剂在受热分解吸收热量以及热分解产生不燃性挥发物的汽化热，使纸及纸制品在受热情况下温度难以升高而阻止聚合物热降解的发生，起到阻燃作用。

② 隔离效应　阻燃剂燃烧时能在纸及纸制品表面形成一层隔离层，起到阻止热传递、降低可燃性气体释放量和隔绝氧气的作用。

③ 稀释效应　在燃烧温度下分解产生大量不燃性气体，如水、二氧化碳、氨气等，将可燃性气体浓度稀释到可燃浓度范围以下。

④ 抑制效应　阻燃剂产生的裂解碎片抑制产生自由基的连锁反应。

### 10.4.3 纸张的阻燃方法

关于纸制品的阻燃最早可追溯到19世纪，早期采用的阻燃剂多为硅酸盐、硫酸铵、磷酸铵等无机盐。到今天，纸张阻燃剂的种类繁多，一般按使用方法可以分为反应型阻燃剂和添加型阻燃剂，而在造纸中普遍应用的都是添加型阻燃剂。

#### 10.4.3.1 添加型阻燃剂制造阻燃纸的方法[39, 40]

**(1) 浆内添加法**

将不溶性氧化物、氢氧化铝、氢氧化镁等超细粉末状阻燃剂加入纸浆中抄造成纸的方法。该法适用性广，工艺简单，阻燃成分分布均匀，但因阻燃剂和填料易流失，必须用助留剂加以固定助留，该法适用于纸浆模压制品、绝缘板和硬板等。

**(2) 浸渍法**

在抄纸后，用阻燃剂的水溶液或水分散液进行纸的浸渍而制得阻燃纸的方法。如用氨基磺酸胍、聚磷酸铵等可溶性阻燃剂，方法简单易行、效果好、成本低，适用于棉短绒纸、装饰用纸、无纺布、建材用浸渍纸等。

**(3) 涂布法**

将不溶于水的阻燃剂分散在涂料中涂布于纸面或先制成阻燃纸芯再涂布制成复合阻燃纸。涂布法适用于热压硬质纤维板、壁用板纸、瓦楞箱衬纸板、顶棚板等。

**(4) 施胶压榨法**

利用施胶压榨使阻燃剂附着在纸的表面而制得阻燃纸。

**(5) 喷雾法**

将阻燃剂溶解于溶液中，喷成雾状，然后将纸从该雾中穿过，经干燥箱干燥后，即得成品。

#### 10.4.3.2 反应型阻燃剂制造阻燃纸的方法

反应型阻燃剂的作用原理主要是利用纤维素的化学改性即通过纤维素的接枝共聚和和交联反应，从而提高纤维素的强度、抗吸湿性、阻燃性、结构尺寸的稳定性等。而纤维素的交联反应则是提高纤维素阻燃的重要途径。将*N*-六羟甲基氨基环三磷腈（HHMAPT）和甲醚化三聚氰胺甲醛树脂（HMMM）复合配制成溶液，采用喷雾法制备阻燃纸。纤维素可与该磷腈阻燃剂完成醚的交联反应，使阻燃剂成为纤维素组成的一部分，这样所制得的阻燃纸阻燃效果长久，且物理性能变化很小[41,42]。

## 10.4.4 纸张的阻燃体系

### 10.4.4.1 卤系阻燃纸张

卤系阻燃剂具有阻燃效率高等优点，通常与$Sb_2O_3$共用，$Sb_2O_3$起协效作用共同提高阻燃效果。

以硅酸钙为填料与$Sb_2O_3$和十溴二苯乙烷协同作用，通过纸张表面涂布法能够制备阻燃箱纸板[43]。其中阻燃纸以淀粉用量为1%、原纸中硅酸钙填料添加量10%、$Sb_2O_3$与十溴二苯乙烷配比为2∶1、涂料中硅酸钙填料用量为10%、涂布量为$30g/m^2$为实验条件时，达到物理强度和阻燃性能的较好组合。

### 10.4.4.2 无卤阻燃纸张

**(1) 金属氢氧化物**

金属氢氧化物阻燃剂主要有氢氧化镁（MH）、氢氧化铝（ATH）、层状双氢氧化物（LDHs）等，具有环境友好、无腐蚀性气体、良好的稳定性等优点。以氢氧化镁为主、红磷为辅的阻燃体系可以通过涂布加工工艺对纸张进行阻燃处理，在氢氧化镁用量43份、红磷用量10份时，纸张阻燃效果最佳[44]。采用浆内添加法，添加20%的水滑石（Zn∶Mg∶Al＝2∶1∶1），制备的阻燃纸LOI值可达22.9%[45]。

**(2) 磷系阻燃剂**

用于纸用阻燃剂的含磷化合物，近年来常用的有磷酸盐、聚磷酸胺及磷酸酯衍生物等有机化合物。为了更好地应用于纸张的加工，目前所使用的多为液体磷系阻燃剂，而且挥发性高、留着率低、热性差是其最大的缺点。采用三聚氰胺甲醛树脂微胶囊化可以降低小分子聚磷酸铵在水中的溶解度，增加阻燃纸张的LOI值[46]。并且当微胶囊化反应时间为2h时，能最有效地发挥聚磷酸铵与三聚氰胺甲醛树脂间的相互作用，提高其在纸张中的留着率，从而提高纸张的阻燃性。

**(3) 膨胀型阻燃体系**

膨胀型阻燃体系通过发挥气源、炭源、酸源间的相互作用，在受热时形成均匀多孔的膨胀炭层，能起到隔热、隔氧、抑烟、防熔滴的阻燃作用。当季戊四醇双磷酸三聚氰胺盐、APP和PER的复配用量为10%、3%和2%时，成纸的LOI值为33%，通过了UL 94 V-0级，阻燃纸的力学性能更好[47]。金属氢氧化物和膨胀阻燃体系协同应用时能更好地发挥阻燃效果，采用表面涂布法制备氢氧化镁（MH）基复配膨胀型阻燃剂（IFR）的阻燃纸，当阻燃配方为 MH∶APP∶MEL∶PER＝50∶30∶10∶10，在涂布量为 66.0g/$m^2$ 时，纸张损毁长度最低，为 80mm；续燃时间为 0.0s；阴燃时间为 3.0s。MH 基复配 IFR 纸张阻燃性能达到公共场所阻燃织物燃烧性能阻燃 2 级的要求[48]。

## 参考文献


[1] 王正洲，孔清锋，江平开．橡胶膨胀型阻燃研究进展［J］．高分子材料科学与工程，2012．28（4）：160-163．

[2] 王雅．阻燃技术在橡胶中的研究与应用进展［J］．橡胶科技市场，2007（14）：15-20．

[3] 柳学义，栗继宏，徐志红，等．氯化丁基橡胶阻燃材料研究［J］．特种橡胶制品，2003，24（2）：9-11．

[4] 欧育湘，李建军．阻燃剂——性能、制造及应用［M］．北京：化学工业出版社，2006：40-41．

[5] 罗权焜，王真智．氢氧化铝对 NBR 硫化胶阻燃性能的影响［J］．橡胶工业，2000，47（9）：534-537．

[6] 张保卫，谭英杰．氢氧化铝在丁苯橡胶中的阻燃性研究［J］．特种橡胶制品，2003，24（2）：16-17．

[7] 张琦，胡伟康，田明，等．纳米氢氧化镁/橡胶复合材料的性能研究［J］．橡胶工业，2004，51（1）：14-19．

[8] 隋毅，彭宗林．微胶囊红磷阻燃剂在三元乙丙橡胶中的应用［J］．橡胶工业，2012，59（8）：483-486．

[9] 王娜，于芳，王升，等．笼状季戊四醇磷酸酯-可膨胀石墨协同阻燃天然橡胶［J］．复合材料学报，2018，35（11）：2966-2972．

[10] 王智峤．防火涂料的分类及研究现状［J］．电镀与涂饰，2019，38（24）：1373-1376．

[11] 黄之杰，孙世安．溴-锑复配体系对机场油库混凝土设施迷彩涂料阻燃性研究［J］．涂料工业，2016，46（10）：33-36．

[12] 韩易，谷晓昱，扈中武，等．水滑石在膨胀阻燃涂料中的阻燃抑烟性能的研究［J］．材料导报，2016，30（8）：109-112．

[13] 陈中华，朱远．膨胀阻燃体系对水性超薄钢结构防火涂料性能影响的研究［J］．中国涂料，2018，33（10）：30-35．

[14] 杜武青，毕静仪，李敏，等．苯丙乳液基膨胀型阻燃涂料的配方研究［J］．中国安全科学学报，2017，27（8）：38-43．

[15] 李琳珊，刘志琦，姚媛媛，等．可膨胀石墨的氧化处理对复配阻燃 PU 涂层性能的影响［J］．中国塑料，2017，31（2）：43-50．

[16] 王贵武，丁礼金，柳婷，等．超细氢氧化镁对涂料阻燃抑烟性能研究［J］．化工新型材料，2015，43（6）：178-180．

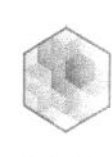



[17] 嘎力巴，刘姝，王鲁英，等. 木材阻燃研究及发展趋势 [J]. 化学与黏合，2012，34 (4)：68-71.

[18] 王梅，胡云楚. 木材及木塑复合材料的阻燃性能研究进展 [J]. 塑料科技，2010，38 (3)：104-109.

[19] 杨守生，陆金侯. 木材浸渍阻燃处理新配方研究 [J]. 消防技术与产品信息，2000，4：41-43.

[20] 白荔，王建民，李怀民. 木材阻燃技术及应用和存在的问题 [J]. 石家庄铁路职业技术学院学报，2006 (S1)：99-101.

[21] 王正平，王坚. 木材阻燃处理工艺 [J]. 应用科技，2003，(9)：54-56.

[22] 唐皓，刘程，刘长安. 木质材料及制品阻燃技术的研究与进展 [J]. 消防技术与产品信息，2007，5：33-35.

[23] 刘其梅，彭万喜，张明龙，等. 木质材料阻燃技术研究现状与趋势 [J]. 世界林业研究，2006，(1)：42-46.

[24] 崔会旺，杜官本. 木材阻燃研究进展 [J]. 世界林业研究，2008，(3)：43-48.

[25] 王飞，刘君良，吕文华. 木材功能化阻燃剂研究进展 [J]. 世界林业研究，2017，(2)：62-66.

[26] 何明明，于广和，孙玉泉. 国内外木材阻燃研究现状、处理技术及发展趋势 [C]. 2012 年中国阻燃学术年会论文集. 2012.

[27] 王石进，王奉强，王清文，等. 木材阻燃剂 FRW 与聚磷酸铵复配的阻燃协同效应研究 [J]. 木材工业，2014，28 (3)：17-21.

[28] 姚春花，卿彦，吴义强. 磷-氮-硼复合木材阻燃剂配方优化及处理工艺 [J]. 林业科技开发，2010，24 (5)：91-93.

[29] 张晓滕，母军，储德森，等. MH 复合 N-P 阻燃剂的合成及其浸渍处理杨木的阻燃抑烟性研究 [J]. 化工新型材料，2015，43 (1)：126-129.

[30] 谷天硕，陈志林. 钼元素对木材热解的影响初步探讨 [C]. 2012 年中国阻燃学术年会论文集. 2012.

[31] Jiang T , Feng X , Wang Q , et al. Fire performance of oak wood modified with N-methylol resin and methylolated guanylurea phosphate/boric acid-based fire retardant [J]. Construction & Building Materials，2014，72：1-6.

[32] 柴宇博，刘君良，孙柏玲，等. 三聚氰胺脲醛树脂复配硼化物改性杨木的性能 [J]. 木材工业，2015，29 (3)：5-9.

[33] 吕文华，赵广杰. 木材/木质复合材料阻燃技术现状及发展趋势 [J]. 木材工业，2002，6：31-34.

[34] 汪勇. 木质阻燃剂的研究及发展趋势 [J]. 安防科技，2010，10：53-55.

[35] 何为，刘雨佳，刘新新. 纸张阻燃的现状及发展趋势 [J]. 广州化工，2013，41 (24)：37-38.

[36] 刘连丽. 阻燃纸生产技术的研究现状 [J]. 纸和造纸，2019，38 (2)：30-35.

[37] 公维光，高玉杰. 造纸阻燃剂的研究进展 [J]. 造纸化学品，2002 (3)：26-28.

[38] 徐程程，刘明友，侯铁，等. 纸张阻燃剂的应用与发展 [J]. 陕西科技大学学报，2005，2：126-130.

[39] 赵强，邓桂林. 阻燃剂在造纸工业中的应用 [J]. 中华纸业，2006，27 (6)：58-61.

[40] 李超，惠岚峰，刘忠 . 阻燃纸的研发现状及趋势 [J]. 中华纸业，2010，31 (23)：62-66.

[41] Hebeish A，Waly A，Abou-Okeil A M. Flame retardant cotton [J]. Fire & Materials，2015，23 (3)：117-123.

[42] 何为，刘雨佳，唐林生. 复合阻燃剂制备的阻燃纸 [J]. 造纸科学与技术，2014：52-56.

[43] 唐鑫，惠岚峰，刘忠，等. 新型硅酸钙填料对涂布阻燃纸性能影响的研究 [J]. 中华纸业，2014，35 (2)：24-27.

[44] 周辉，刘忠，魏亚静. 以氢氧化镁为阻燃剂制备阻燃纸的研究 [J]. 中国造纸，2009，28 (1)：13-16.

[45] 陈建荣，李敏，刘志方，等. Zn/Mg/Al 水滑石的合成及其对纸张阻燃性能的研究 [J]. 广东化工，2016，43 (1)：23-24.

[46] 莫紫玥，赵会芳，吴春良，等. 三聚氰胺甲醛树脂微胶囊化聚磷酸铵制备阻燃纸的研究 [J]. 纸和造纸，2016，35 (7)：35-38.

[47] 郭丹丹，李运涛. 无卤膨胀性阻燃剂的合成及在纸张中的应用 [J]. 纸和造纸，2012，31 (11)：54-57.

[48] 刘连丽，曾英，戚天游. 氢氧化镁基复配膨胀型阻燃剂制备阻燃纸的研究 [J]. 纸和造纸，2019，38 (1)：36-39.

# 第11章 阻燃性能测试仪器与方法

## 11.1 氧指数测定仪

### 11.1.1 氧指数测定仪介绍

氧指数测定仪是用来测定聚合物燃烧过程中所需要最低氧的体积百分比的仪器，它主要由试样夹、燃烧筒、流量计、气源、控制系统等构成，如图 11-1 所示。主要性能测试指标为极限氧指数（limited oxygen index，缩写为 LOI），又叫氧指数（OI），是在通入 23℃±2℃的氧、氮混合气体时，刚好维持材料燃烧所需的最低氧浓度，以体积分数表示[1]。

氧指数测定仪是常见的评定材料的燃烧性能的仪器，它既适用于试样厚度小于 10.5mm 能直立自撑的条状或片状材料，也适用于试样厚度小于 10.5mm 的非自支撑的软片或薄膜材料，还适用于表观密度大于 100kg/m$^3$ 的均质固体材料、层压材料或泡沫材料，以及某些表观密度小于 100kg/m$^3$ 的泡沫材料[1]。

### 11.1.2 氧指数测定法测试原理

如图 11-2 所示，将一个试样垂直固定在向上流动的氧、氮混合气体的透明燃烧筒里，点燃试样顶端，并观察试样的燃烧特性，把试样连续燃烧时间或试样燃烧长度与给定的判据相比较，通过在不同氧浓度下的一系列试验，得到能够维持燃烧的氧浓度的最

小值[1]。

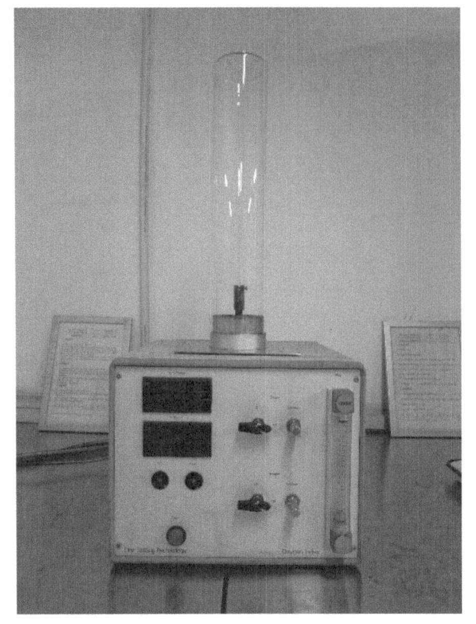

图 11-1　氧指数测定仪

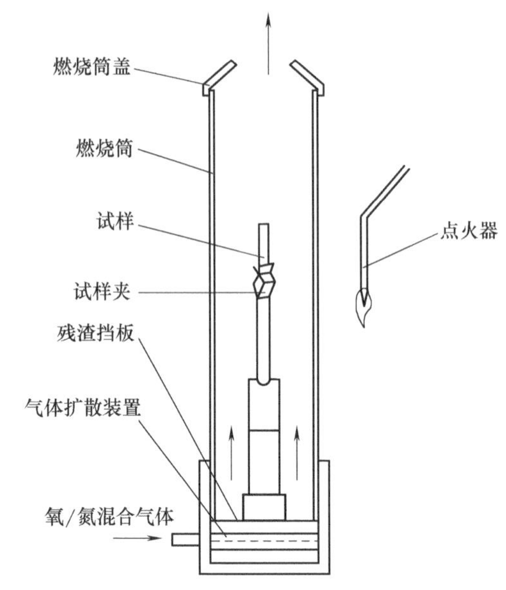


图 11-2　氧指数测定示意图

氧浓度公式[1] 如下：

$$C_{\mathrm{O}}=\frac{100V_{\mathrm{O}}}{V_{\mathrm{O}}+V_{\mathrm{N}}}$$

式中　$C_{\mathrm{O}}$——氧浓度，以体积分数表示；

$V_{\mathrm{O}}$——23℃时，混合气体中每单位体积的氧的体积；

$V_{\mathrm{N}}$——23℃时，混合气体中每单位体积的氮的体积。

如使用氧指数测定仪，则氧浓度可在仪器上读取。

为了与规定的最小氧指数值进行比较，测试三个试样，根据判据判定至少两个试样熄灭。

## 11.1.3　氧指数测定仪测试方法

**(1) 准备阶段**

氧指数测定对象形状各异，形态亦不相同。为了保证试验结果的可重复性，在试验前需要将试样加工至标准形状。对于不可以自己支撑的试样，要通过专用的夹具将其固定起来。同时对于部分试样，还应该在特定湿度、温度环境中静置一定时间，排除环境因素对测试结果的影响。在准备阶段也应对设备进行检查，有需要的应例行校准，以保

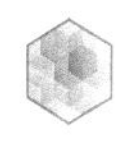



证供气精度。

(2) 试样点火试验

准备阶段完成后，即可开始试样的点火试验。标准中，根据试样的形态选择合适的点燃方法，主要分为顶面点燃法（应用最广泛）和扩散点燃法。

顶面点燃法[1] 是在试样顶面使用点火器点燃。将火焰的最低部分施加于试样的顶面，如需要可覆盖整个顶面，但不能使火焰对着试样的垂直面或棱。施加火焰 30s，每隔 5s 移开一次，移开时恰好有足够时间观察试样的整个顶面是否被点燃，在确认试样顶面被点燃后开始记录燃烧时间并观察燃烧长度。

扩散点燃法[1] 是使点火器产生的火焰通过顶面下移到试样的垂直面。下移点火器把可见火焰施加于试样顶面并下移到垂直面近 6mm。施加火焰 30s，每 5s 检查一次试样的燃烧中断情况，直到垂直面处于稳态燃烧或可见燃烧部分达到支撑框架的上标线为止。如果使用Ⅰ、Ⅱ、Ⅲ、Ⅳ和Ⅵ型（表 11.1）试样，则燃烧部分直到试样的上标线为止。

(3) 燃烧行为判定

点燃试验结束后，判断试样的燃烧行为。试验过程中，若试样燃烧时间超过规定值，或火焰前沿超过标线，试验记录为“×”，之后应降低氧浓度再进行试验。反之则记录为“○”，之后应增加氧浓度。

(4) 更换试样

试样在经历过一次点火试样后，即使剩余的部分满足长度要求，试样顶端的形态也会因为燃烧或者点火器火焰的作用发生变化，影响氧指数的测定准确性。所以即使试样长度足够也应掉过头来，或者把烧过的端头截掉后再次使用。

(5) 逐步调整气流氧浓度

进行氧浓度的调整，若（3）中试验记录为“×”，降低氧浓度；若记录为“○”，则增加氧浓度。然后重复步骤（2）、(3)、(4) 对试样进行反复测试。当调节到氧浓度值的增加或减少之差小于 0.5%时，并且一次为“○”、一次为“×”时，应以降低的氧浓度值计算材料的氧指数。

### 11.1.4 氧指数测定仪测试结果依据标准及结果判定方法

目前国内主要标准为 GB/T 2406.2—2009《塑料 用氧指数法测定燃烧行为 第 2 部分：室温试验》，它等同于国际标准 ISO 4589-2：1996《塑料通过氧指数测定其燃烧性 第 2 部分：室温试验》。

氧指数判定标准见表 11-1[1]，试样的选择见表 11-2。

表 11-1　氧指数测定的判据

| 试样类型 | 点燃方法 | 判据(二选一)[①] | |
|---|---|---|---|
| | | 点燃后的燃烧时间/s | 燃烧长度[②] |
| Ⅰ、Ⅱ、Ⅲ、Ⅳ和Ⅵ | A 顶面点燃 | 180 | 试样顶端以下 50mm |
| | B 扩散点燃 | 180 | 上标线以下 50mm |
| Ⅴ | B 扩散点燃 | 180 | 上标线(框架上)以下 80mm |

① 不同形状试样采用不同点燃方式及实验过程。

② 当试样上任何可见燃烧部分，包括垂直表面流淌燃烧滴落物，通过规定标线，认为超过了燃烧范围。

表 11-2　试样尺寸

| 试样形状 | 尺寸 | | | 用途 |
|---|---|---|---|---|
| | 长度/mm | 宽度/mm | 厚度/mm | |
| Ⅰ | 80～150 | 10±0.5 | 4±0.25 | 模塑材料 |
| Ⅱ | 80～150 | 10±0.5 | 10±0.5 | 泡沫材料 |
| Ⅲ | 80～150 | 10±0.5 | ≤10.5 | 片材"接受状态" |
| Ⅳ | 70～150 | 6.5±0.5 | 3±0.25 | 电器用自撑模塑料或板材 |
| Ⅴ | $140^{0}_{-5}$ | 52±0.5 | ≤10.5 | 软膜或软片 |
| Ⅵ | 140～200 | 20 | 0.02～0.10 | 能用规定的杆缠绕"接受状态"的薄膜 |

### 11.1.5　氧指数测定仪测试结果的分析举例

以某阻燃 PP 复合材料为例，它的燃烧测试数据记录如表 11-3 所示。

氧指数测定仪是测定维持燃烧所需的最小氧浓度的试验器材，第 4 号样品在氧气浓度为 27.0%下可以燃烧，第 5 号样品在氧气浓度为 26.8%下不能燃烧，在误差允许的±0.5%之间，可以认为该材料的极限氧指数为 27.0%。

表 11-3　某阻燃 PP 的极限氧指数测试结果

| 样品编号 | 1 | 2 | 3 | 4 | 5 |
|---|---|---|---|---|---|
| 氧气浓度/% | 25.5 | 27.3 | 26.4 | 27.0 | 26.8 |
| 是否燃烧(○/×) | ○ | × | ○ | × | ○ |

## 11.2　燃烧试验箱

### 11.2.1　燃烧试验箱介绍

燃烧试验箱是根据美国保险协会颁布的关于针对塑料和泡沫材料的防火测试标准设

计的，主要用以检测设备和器具部件材料的可燃性能，如图 11-3 所示。UL 94 等级用来评估材料燃烧后熄灭的能力，可依据燃烧速度、燃烧时间、抗滴落能力及滴落物是否引燃脱脂棉等评判燃烧等级。测试范围：塑料（包括泡沫塑料、薄膜）、纺织物、涂料、橡胶等，不适用于建筑类材料。样品要求：长×宽为（125±5）mm×（13.0±0.5）mm，最大厚度不超过 13mm。水平燃烧应制备至少 6 根试样，垂直燃烧应制备至少 20 根试样。

图 11-3 燃烧试验箱

UL 94 共 12 个防火等级：HB，V-0，V-1，V-2，5VA，5VB，VTM-0，VTM-1，VTM-2，HBF，HF-1，HF-2。常见等级测试方法如下：

① HB 级：水平燃烧测试。

② V-0，V-1，V-2 级：垂直燃烧测试。

③ 5VA，5VB 级：5V 级防火试验 500W（125mm）。

④ RP 级：辐射板火焰蔓延测试。

⑤ VTM-0，VTM-1，VTM-2 级：薄膜材料的垂直燃烧测试。

⑥ HBF，HF-1，HF-2 级：发泡材料水平燃烧测试。

常见术语定义[2]：

① 余焰（afterflame）：引燃源移去后，在规定条件下材料的持续火焰。

② 余焰时间（afterflame time）：余焰持续的时间 $t_1$、$t_2$。

③ 余辉（afterglow）：在火焰终止后，或者没有产生火焰时，移去引燃源后，在规定的试验条件下，材料的持续辉光。

④ 余辉时间（afterglow time）：余辉持续的时间 $t_3$。

其中，余焰时间和余辉时间为测试性能参数。

## 11.2.2 燃烧试验箱测试原理

将长方形条状试样的一端固定在水平或垂直夹具上，其另一端暴露于规定的试验火

焰中。通过测量线性燃烧速率，评价试样的水平燃烧行为；通过测量其余焰和余辉时间、燃烧的范围和燃烧颗粒滴落情况，评价试样的垂直燃烧行为[2]。

## 11.2.3 燃烧试验箱测试方法

### 11.2.3.1 水平燃烧试验

#### (1) HB级水平燃烧试验

水平燃烧试验示意图如图 11-4 所示。

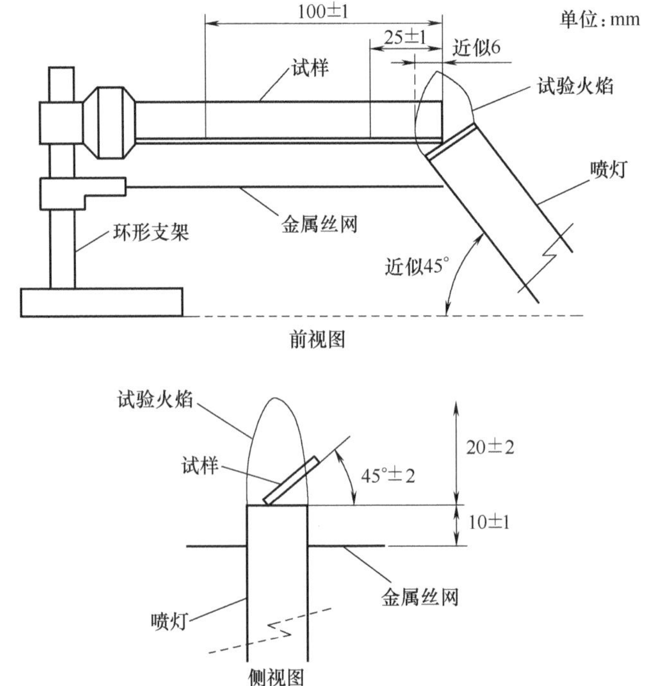


图 11-4 水平燃烧试验示意图

测试步骤[2] 如下：

① 测量三根试样，每个试样在垂直于样条纵轴处标记两条线，各自离点燃端 25mm±1mm 和 100mm±1mm。

② 在离 25mm 标线最远端夹住试样，使其横截面的长与支架杆成 45°±2°的夹角，如图 11-4 所示。在试样的下面夹住一片呈水平状态的金属丝网，试样的下底边与金属丝网的距离为 10mm±1mm，而试样的自由端与金属丝网的自由端对齐。每次试验应清除先前试验遗留在金属丝网上的剩余物或使用新的金属丝网。

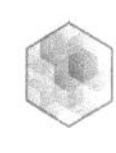



③ 保持喷灯管中心轴与水平面近似45°角同时斜向试样自由端，把火焰加到试样自由端的底边，并使火焰浸入试样自由端约6mm的长度。

④ 不改变火焰的位置施焰30s±1s，如果低于30s试样上的火焰前端达到25mm处，就立即移开火焰，当火焰端达到25mm标线时，启动计时器。

⑤ 在移开试验火焰后，若试样继续燃烧，记录经过的时间$t$，单位为s，火焰前端通过100mm标线时，要记录损坏长度$L$为75mm。如果火焰前端通过25mm标线但未通过100mm标线的，要记录经过的时间$t$，单位为s，同时还要记录25mm标线与火焰停止前标痕间的损坏长度$L$，单位为mm。

⑥ 另外再试验两个试样。如果第一组三个试样中仅一个试样不符合判据，应再试验另一组三个试样。第二组所有试样应符合相关级别的判据。

计算：

每个试样的线性燃烧速率$v$的计算公式[2] 如下：

$$v=\frac{60L}{t}$$

式中 $v$——线性燃烧速率，mm/s；

$L$——损坏长度，mm，如果火焰前端越过100mm标线，则$L=75$mm；

$t$——记录时间，s。

**(2) 泡沫塑料水平燃烧试验**

UL测定泡沫塑料阻燃性按照UL 94 HBF、HF-1及HF-2分级，试验时，一个由特制喷灯产生的火焰施加于水平放置于丝网上的泡沫塑料试样一侧，再测定试件的燃烧速率。

此法所用试件为2组，每组5个，尺寸为（150±1)mm(长)×(50±1)mm(宽)×13.0mm(最大厚度)。从施加火焰的试件末端算起，在试件的25mm、60mm及120mm三处均做有参考标记。两组试样的厚度，一组应为材料使用时的最大厚度，另一组应为最小厚度。根据试验结果，还有可能需检测更多组试件。试件预处理条件同UL 94 V。试件系水平放置于一定网孔的丝网上。离试件305mm处，放置50mm×50mm×6mm的脱脂棉层。点火源为本生灯或具特制喷嘴的喷灯，用以产生宽47mm、高（88±1）mm的火焰。施加火焰时间为60s。

### 11.2.3.2 垂直燃烧试验

**(1) UL 94 V-0、V-1及V-2垂直燃烧试验**

垂直燃烧试验示意图如图11-5所示。

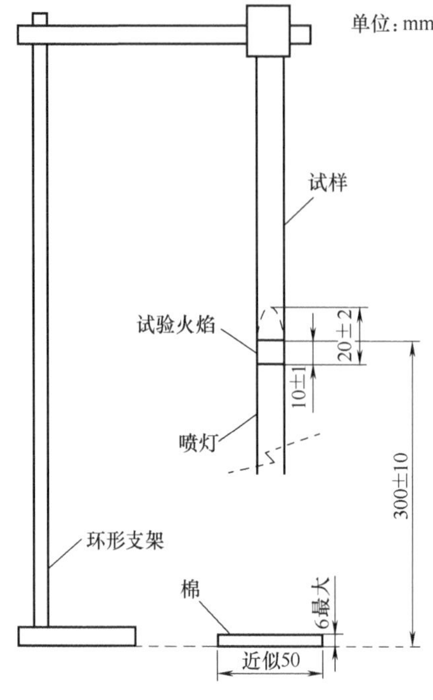


图 11-5　垂直燃烧试验示意图

测试步骤如下：

① 一组五根条状试样，将样条垂直夹在试样夹中。

② 打开燃烧试验箱的 Power 和 Light。

③ 打开甲烷气体，打开试验箱的 Gas On，试样下方垫上脱脂棉。

④ 点燃喷灯，使得火焰高度 20mm±1mm，火焰源倾斜 45°，火焰正对样品正中央。

⑤ 点燃试样，记录第一次样条点燃 10s 后余焰时间 $t_1$，再次点燃试样，记录第二次样条点燃 10s 后余焰时间 $t_2$ 和余辉时间 $t_3$。同时记录样品余焰或余辉是否蔓延至夹具，以及燃烧滴落物是否引燃下方的脱脂棉。

⑥ 如果在给定条件下处理一组 5 根试样，其中仅一个试样不符合某种分级的所有判据，应该再试验同样状态调节处理的另一组 5 根试样。作为总的余焰时间 $t_f$，当 V-0 级的余焰总时间在 51～55s 或 V-1 和 V-2 级的余焰总时间在 251～255s 时，应外加一组 5 个试样进行试验。第二组所有的试样应符合该级别所有规定的判据。

计算：

由两种条件处理的各 5 根试样，采用以下公式[2] 计算该组总余焰时间 $t_f$：

$$t_f = \sum_{i=1}^{5}(t_{1,i} + t_{2,i})$$

式中　$t_f$——总的余焰时间，s；

$t_{1,i}$——第 $i$ 个试样的第一个余焰时间，s；

$t_{2,i}$——第 $i$ 个试样的第二个余焰时间，s。

(2) UL 94 5V 垂直燃烧试验（500W）

能够通过 UL 94 V-0 和 UL 94 V-1 测试的样品可以采用 UL 94 5V 垂直燃烧试验分级。它与 UL 94 V 试验的差别在于，5V 试验系对每一试件施加火焰 5 次，而 UL 94 V 试验仅 2 次。5V 试验最初系采用杆状试样（A 法）。为通过此试验，试件续燃和灼烧的时间不能大于 60s，且不能产生熔滴。对某些热塑性塑料，5V 试验的要求是相当苛刻的。5V 试验也可采用同样厚度的水平放置的片状塑料（B 法）。UL 94 5V 试验装置见图 11-6。

UL 94 5V 法所用试件，对方法 A 为两组，每组 5 个，尺寸为（125±5)mm(长)×

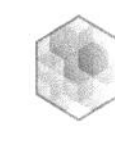



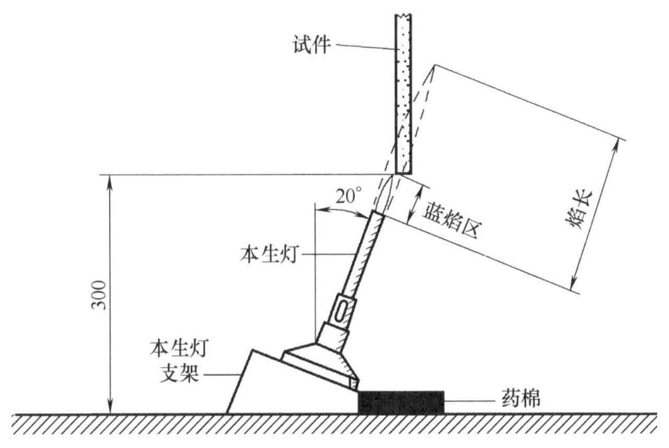


图 11-6 UL 94 5V（方法 A）试验装置

(13.0±0.5)mm(宽)×13.0mm(最大厚度)(或所提供试样的最小厚度)。对方法 B 为片材，尺寸为（150±5)mm(长)×(150±5)mm(宽)×提供试样的最小厚度。试验数同方法 A。无论是杆状试件还是片状试件，均应以使用的最大厚度和最小厚度进行试验。根据试验结果，还可能需补充测试。试件预处理条件同 UL 94 V。关于试件位置，方法 A 系将试件垂直悬挂，火焰以与铅直线成（20±5)°施加于试样下方；方法 B 系将试件水平放置，火焰以与铅直线成（20±5)°施加于试件下面的中部。点火源为实验室喷灯，其轴线与铅直线成 20°放置，火焰长（125±10）mm，蓝色焰心长（40±2）mm。施加火焰时间为每个试样施加 5 次，每次 5s，两次间隔 5s。

### (3) UL 94 VTM-0、VTM-1 及 VTM-2 垂直燃烧试验

此试验用于测定那些不能用 UL 94 V 测定的塑料薄膜的阻燃性。其试验过程与 UL 94 V 试验类似，不过不是采用杆状固体塑料试样，而是将塑料薄膜绕在杆上，并用胶带固定形成的试样。试验时，将杆抽出，而将塑料薄膜卷垂直夹住。为了防止烧及胶带和影响试验结果，胶带应粘贴于 127mm 标记（从试样下端算起）以上。点燃源的火焰系施加于薄膜卷的下端。UL 94 VTM 试验的主要评价标准与 UL 94 V 试验是一样的，即明燃时间和熔滴，不过在细节上也有一些差别。定向的塑料膜应在定向轴的经向及纬向检测，因为膜的收缩将严重影响试验结果。UL 94 VTM 方法的试验装置见图 11-7。

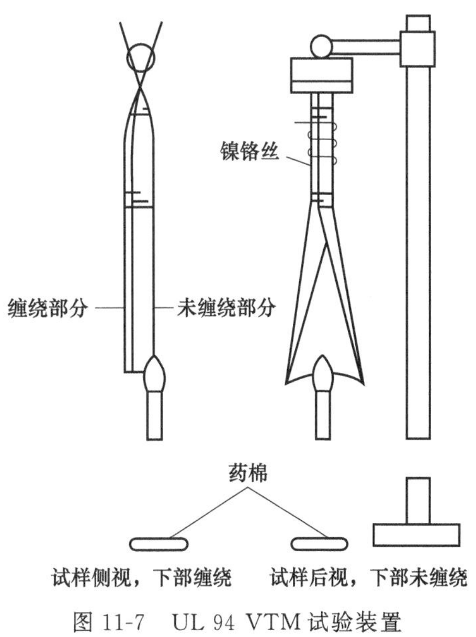


图 11-7 UL 94 VTM 试验装置

此法所用试件为两组，每组 5 个。系用 200mm 长、50mm 宽薄膜绕在一根直径为 12.7mm 的圆棒上而成。在从一端算起的 127mm 处做标记。根据试验结果，有可能需补充试验。试样预处理条件同 UL 94 V。试件（塑料薄膜卷）垂直夹住，其顶部应夹紧，但底部松平。离试件底部 305mm 处，放有 51mm×51mm×6mm 的脱脂棉。点火源为本生灯或提利（Tirril）灯，火焰高 19mm，无发光火焰。施加火焰时间为每个试样施加 2 次，每次 3s，第二次应在第一次施加而试样自熄后马上进行。

### 11.2.4 燃烧试验箱测试结果依据标准及结果判定方法

目前国内主要标准为 GB/T 2408—2008《塑料 燃烧性能的测定 水平法和垂直法》，它等同于采用国际标准 IEC 60695-11-10：1999《着火危险试验——第 11-10 部分：试验火焰——50W 水平和垂直火焰试验方法》及 2003 年 8 月对 IEC 60695-11-10：1999 发布的修订单。

其判定方法如下：

#### 11.2.4.1 水平燃烧试验

（1）HB 级水平燃烧试验

水平燃烧试验将材料分成 HB、HB40 和 HB75（HB＝水平燃烧）级，判据如下[2]。

① HB 级材料应符合下列判据：

a. 移去引燃源后，材料没有可见的有焰燃烧；

b. 在引燃源移去后，试样出现连续的有焰燃烧，但火焰前端未超过 100mm 标线；

c. 如果火焰前端超过 100mm 标线，但厚度为 3～13mm、其线性燃烧速率未超过 40mm/min，或厚度低于 3mm 时未超过 75mm/min；

d. 如果试验的试样厚度为 3mm±0.2mm，其线性燃烧速率未超过 40mm/min，那么降至 1.5mm 最小厚度时，就应自动地接受为该级。

② HB40 级材料应符合下列判据：

a. 移去引燃源后，没有可见的有焰燃烧；

b. 移去引燃源后，试样持续有焰燃烧，但火焰前端未达到 100mm 标线；

c. 如果火焰前端超过 100mm 标线，线性燃烧速率不应超过 40mm/min。

③ HB75 级材料应符合下列判据：

如果火焰前端超过 100mm 标线，线性燃烧速率不应超过 75mm/min。

(2) 发泡材料水平燃烧试验

表 11-4 为发泡材料水平燃烧级别[3]。

表 11-4 发泡材料水平燃烧级别

| 材料性能 | 级别 | | |
|---|---|---|---|
| | HF-1 | HF-2 | HBF |
| 线性燃烧速率 $v$/(mm/min) | NA | NA | ≤40 |
| 每个样品的余焰时间/s | 5 个样品有 4 个≤2；<br>5 个样品有 1 个≤10 | 5 个样品有 4 个≤2；<br>5 个样品有 1 个≤10 | NA |
| 每个样品的余辉时间/s | ≤30 | ≤30 | NA |
| 燃烧颗粒或滴落物是否引燃棉垫 | 否 | 是 | NA |
| 每个样品损失的长度($L_d$+25mm)/mm | ≤60 | ≤60 | ≥60 |

注：NA=不适用。

### 11.2.4.2 垂直燃烧试验

(1) UL 94 V-0、V-1 和 V-2 级垂直燃烧试验

根据试样的行为，按照表 11-5 所示的判据[2]，把材料分为 V-0、V-1、和 V-2 级(V=垂直燃烧)。

表 11-5 垂直燃烧级别

| 判据 | 等级 | | |
|---|---|---|---|
| | V-0 | V-1 | V-2 |
| 单个试样余焰时间($t_1$ 和 $t_2$)/s | ≤10 | ≤30 | ≤30 |
| 任一状态调节的一组试样总的余焰时间 $t_f$/s | ≤50 | ≤250 | ≤250 |
| 第二次施加火焰后单个试样的余焰加上余辉时间($t_2+t_3$)/s | ≤30 | ≤60 | ≤60 |
| 余焰和(或)余辉是否蔓延至夹具 | 否 | 否 | 否 |
| 火焰颗粒或滴落物是否引燃棉垫 | 否 | 否 | 是 |

注：如果试验结果不符合规定的判据，材料不能使用本试验方法分级。可采用水平燃烧试验方法对材料的燃烧行为分级。

(2) UL 94 5V 垂直燃烧试验 (500W)

满足下述条件的材料为 UL 94 5VA 级；第 5 次点燃的点燃源移走后，试样明燃总时间不大于 60s。无熔滴，棉花不被点燃。

满足下述条件的材料为 UL 94 5VB 级；试件可被烧孔，其他条件同 5VA 级。另外，分类为 5VA 或 5VB 的材料，还应满足 UL 94 V-0、V-1 或 V-2 的要求 (同样试件)。

(3) UL 94 VTM 薄膜材料垂直燃烧试验

表 11-6 为 UL 94 VTM 薄膜材料垂直燃烧等级[4]。

表 11-6 UL 94 VTM 薄膜材料垂直燃烧等级

| 判别标准 | 等级 | | | |
|---|---|---|---|---|
| | VTM-0 | VTM-1 | VTM-2 | 不适用 |
| 单件试样的余焰时间($t_1$ 和 $t_2$)/s | ≤10 | ≤30 | ≤30 | >30 |
| 总余焰时间 $t_{FS}$/s | ≤50 | ≤250 | ≤250 | >250 |
| 第二次是施加火焰后,单件试样的余焰时间 $t_3$/s | ≤30 | ≤60 | ≤60 | >60 |
| 余焰或余辉是否蔓延到 125mm 标线 | 否 | 否 | 否 | 是 |
| 燃烧颗粒或滴落物是否引燃棉垫 | 否 | 否 | 是 | 是或否 |

## 11.2.5 燃烧试验箱测试结果的分析举例

表 11-7 为垂直燃烧数据。

表 11-7 垂直燃烧数据

| | | | | | | |
|---|---|---|---|---|---|---|
| 样品 1 | $t_1$/s | 3.1 | 6.8 | 27.8 | 3.6 | 22.6 |
| | 是否滴落/引燃 | 不滴落 | 不滴落 | 不滴落 | 不滴落 | 不滴落 |
| | $t_2$/s | 14.7 | 1.8 | 3.1 | 14.2 | 12.4 |
| | 是否滴落/引燃 | 不滴落 | 不滴落 | 不滴落 | 不滴落 | 不滴落 |
| 样品 2 | $t_1$/s | 24.1 | 26.8 | 76.8 | 43.3 | 38.3 |
| | 是否滴落/引燃 | 不滴落 | 不滴落 | 不滴落 | 不滴落 | 不滴落 |
| | $t_2$/s | 41.9 | 4.8 | 5.6 | 5.7 | 16.8 |
| | 是否滴落/引燃 | 不滴落 | 不滴落 | 不滴落 | 不滴落 | 不滴落 |
| 样品 3 | $t_1$/s | 25.0 | 27.8 | 9.5 | 13.2 | 17.2 |
| | 是否滴落/引燃 | 滴落引燃 | 滴落引燃 | 不滴落 | 滴落不引燃 | 滴落引燃 |
| | $t_2$/s | 3.4 | 1.6 | 0 | 0 | 3.5 |
| | 是否滴落/引燃 | 滴落不引燃 | 滴落引燃 | 滴落引燃 | 滴落引燃 | 滴落引燃 |
| 样品 4 | $t_1$/s | 0 | 1.4 | 1.2 | 1.2 | 0 |
| | 是否滴落/引燃 | 滴落不引燃 | 滴落不引燃 | 滴落不引燃 | 滴落不引燃 | 滴落不引燃 |
| | $t_2$/s | 0 | 2.4 | 0 | 0 | 0 |
| | 是否滴落/引燃 | 滴落不引燃 | 滴落不引燃 | 滴落不引燃 | 滴落不引燃 | 滴落不引燃 |

① 样品 1：$t_{1max}=27.8s \leqslant 30s$，$t_{2max}=14.7s \leqslant 30s$，$t_f=110.1s \leqslant 250s$，$(t_2+t_3)_{max}=14.7s+0s \leqslant 60s$，并且无滴落无引燃现象，符合 UL 94 V-1 级的判据。

② 样品 2：$t_{1max}=76.8s>30s$，$t_{2max}=41.9s>30s$，虽然无滴落无引燃现象，但是已经不符合 UL 94 垂直燃烧任一级别的判据，因此阻燃样品 2 为无级别。

③ 样品 3：$t_{1max}=27.8s \leqslant 30s$，$t_{2max}=3.5s \leqslant 30s$，$t_f=101.2s \leqslant 250s$，$(t_2+t_3)_{max}=3.5s+0s \leqslant 60s$，并且有滴落和引燃现象，符合 UL 94 V-2 级的判据。

④ 样品 4：$t_{1max}=1.4s \leqslant 10s$，$t_{2max}=2.4s \leqslant 10s$，$t_f=6.2s \leqslant 50s$，$(t_2+t_3)_{max}=2.4s+0s \leqslant 30s$，虽然有滴落但是无引燃现象，符合 UL 94 V-0 级的判据。

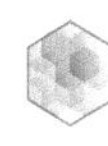



# 11.3　锥形量热仪

## 11.3.1　锥形量热仪介绍

锥形量热仪（cone calorimeter）是以燃烧过程中的耗氧量为原理而设计的一种聚合物材料燃烧性能测试设备，以其锥形的加热器而得名，如图 11-8 所示。锥形量热仪

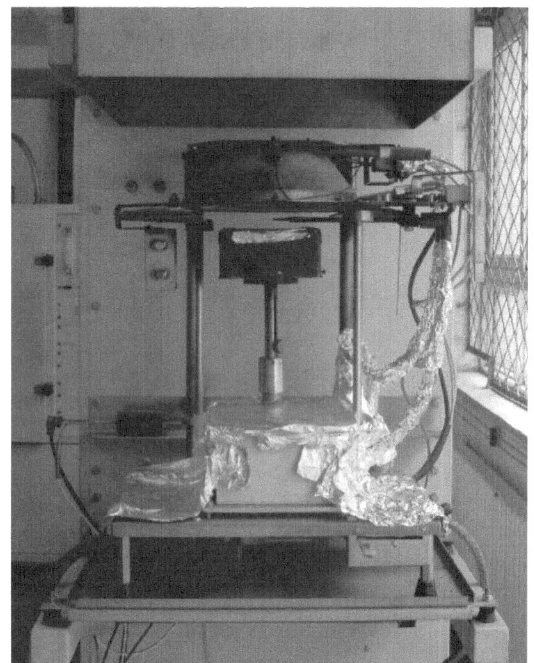

图 11-8　锥形量热仪

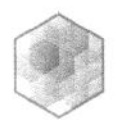



是当前表征材料燃烧性能的最为理想的试验仪器，许多教学科研机构把锥形量热仪测试材料燃烧过程的数据作为研究材料阻燃性能的一种必不可少的手段和理论依据。

锥形量热法与现行其他大多数小型火灾实验方法相比，其最大的优点是与真实火灾比较接近，而且结果可以用于火灾模拟计算。锥形量热法有比较合理的科学依据，试验结果一般也与大尺寸试验的相关性比较好。而传统的小尺寸试验方法往往是限于某种特定条件下的燃烧，局限性很大，例如水平和垂直燃烧测试。

此外，聚合物样品在传统的热分析方法（如 TG、DSC）测试下，升温速率小且受热均匀，而锥形量热仪是在燃烧条件下经历的热解，特点是热流强度大、加热速率高、且基本为单向热传递。由于聚合物的热解受加热条件的影响很大，所以传统热分析方法的结果与真实火灾过程中热解差别较大，而锥形量热法的结果更接近于火灾实际。因此，锥形量热仪不仅能够提供模拟火灾热辐射强度不等的火情，特别是高热流强度、高加热速率、燃烧的气氛环境，还能模拟与火灾中实际燃烧相同的热传递模式，这些特点是传统热分析方法无法达到的。

锥形量热仪主体测试部分的构成如图 11-9 所示，其主要由燃烧区域、气体分析系统（用于氧气、一氧化碳、二氧化碳）、烟测量系统、质量监控系统、加热冷却系统、通风系统等组成。此外，数据处理系统也是锥形量热仪的重要组成部分。

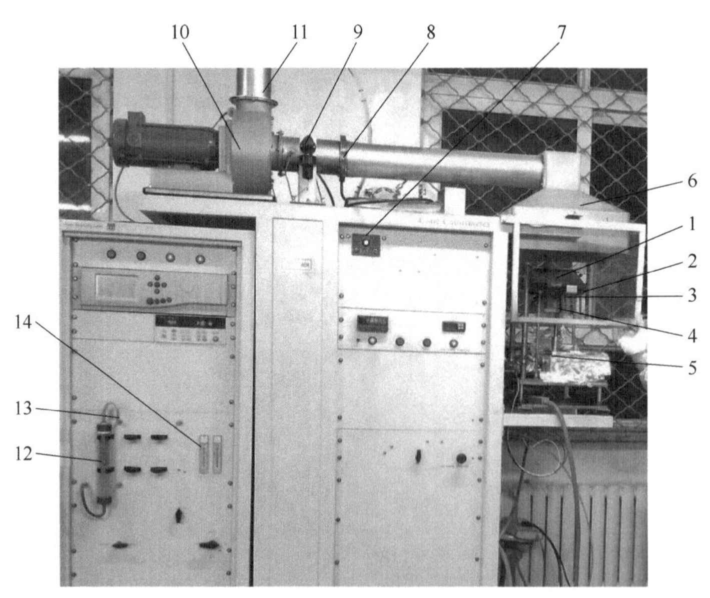


图 11-9　锥形量热仪的主要结构

1—锥形加热器；2—百叶窗；3—点火器；4—样品台；5—质量传感器；6—引风罩；7—气流调节阀；8—样品气取样环；9—激光测烟系统；10—鼓风机；11—排风管；12—过滤管；13—样品气进气管；14—气体流量计；此外，气体分析仪及真空泵位于箱体内部，未作标注。

常用的锥形量热仪实验参数有如下几种：

**(1) 引燃时间**（time to ignition，TTI）

样品在设定的辐射功率下的点燃时间，单位为 s，也称为耐点燃时间。材料引燃时间一般随着辐射强度的升高而缩短，随着样品的厚度增加而延长，因此引用锥形量热仪的引燃时间参数，必须指明实验条件。TTI 可用来评估和比较材料的耐火性能。

**(2) 热释放速率**（heat release rate，HRR）

热释放速率为样品点燃后单位面积释放热量的速率，单位为 $kW/m^2$。其大小能够反映出材料的燃烧强度。与 HRR 相关的重要参数包括热释放速率峰值、平均热释放速率、火灾性能指数。

热释放速率峰值（peak heat release rate，pk-HRR）是材料重要的火灾特性参数之一，单位为 $kW/m^2$。一般材料燃烧过程中有一处或两处峰值，其初始的最大峰值往往代表材料的典型燃烧特性。成炭的材料在燃烧过程中一般会出现两个峰值，即初始的最高峰和熄灭前的另一个高峰，这种现象被认为是燃烧时材料炭化形成炭层，减弱了热向材料内层的传递，以及阻隔了一部分挥发物进入燃烧区的结果，使热释放速率在最初的第一个峰值后趋于下降。

平均热释放速率（mean heat release rate，MHRR），单位为 $kW/m^2$。平均热释放速率值与截取的时间有关，因此有多种表示方法。在实际使用中，经常采用被测样品从燃烧开始至 60s、180s、300s 等初期的平均热释放速率，即 MHRR60、MHRR180、MHRR300 来表示。采用初期的平均值，主要是因为在实际火灾过程中，初期的热释放速率有重要作用，因为阻燃材料就是着眼于火灾早期的防治。在实际使用时采取哪种平均值要根据实际研究的对象来决定，原则上是要能更好地反映真实火灾的情况。

火灾性能指数（fire performance index，FPI）为 TTI 与 pk-HRR 的比值。它同封闭空间（如室内）火灾发展到轰燃临界点的时间，即“轰燃时间”有一定的相关性。FPI 越大，轰燃时间越长。而轰燃时间值是消防工程设计中的一个重要参数，它是设计消防逃生时间的重要依据。

**(3) 总热释放量**（total heat release，THR）

指材料从点燃到火焰熄灭所释放热量的总和，单位为 $MJ/m^2$，计算公式如下。将 HRR 和 THR 结合起来，可以更好地评价材料的燃烧性能。

$$\mathrm{THR}=\int_{t=0}^{t=\mathrm{end}}\mathrm{HRR}$$

**(4) 质量参数**

根据实时质量（mass，$m$）数据，可以画出材料燃烧时的失重曲线，一般换算成百

分比。其曲线反映出材料分解失重的趋势。不同材料之间热失重特征相差较大。

更重要的是，可以得到样品测试结束时的残炭产率（residue，*R*），单位为%，该数据反映样品凝聚相阻燃效果，尤其是对成炭材料。

质量损失速率（mass loss rate，MLR），其单位为kg/s，其大小一般随辐射功率的升高而变大。

通过热失重曲线和MLR曲线的比较，可以推断材料燃烧过程的难易程度和相关的特征。不过，对有显著气相阻燃作用的材料，不宜同其他一般材料之间进行比较。

**(5) 有效燃烧热**（effective heat of combustion，EHC）

表示燃烧过程中材料受热分解形成的挥发物中可燃烧成分燃烧释放的热，单位为MJ/kg，计算公式如下。EHC的降低可能是由于分解产物中有不燃烧的成分，比如HCl、HBr等，或由于燃烧产物中释放出阻燃的物质导致原来的可燃物不再燃烧。此外，成炭增多也能使EHC降低，因为更多的成分留在凝聚相导致更少的可燃烧成分的释放。有效燃烧热可以反映材料在气相中有效燃烧成分的多寡，能够帮助分析材料燃烧和阻燃机理。一般使用平均有效燃烧热（av-EHC）。

$$\mathrm{EHC}=\mathrm{HRR}/\mathrm{MLR}$$

**(6) 烟参数**

① 比消光面积（specific extinction area，SEA）表示挥发每单位质量材料所产生烟的能力，单位为$m^2/kg$，具体计算公式为：

$$\mathrm{SEA}=\frac{\mathrm{OD}\times V_{\mathrm{f}}}{\mathrm{MLR}}$$

式中　OD——光密度；

$V_{\mathrm{f}}$——烟道中燃烧产物的体积流速。

SEA不直接度量烟的大小，而是计算生烟量时的一个转换因子。锥形量热法中许多有关生烟量参数的计算需要通过SEA获得。

② 生烟速率（smoke production rate，SPR）被定义为比消光面积与质量损失速率之比，单位为$m^2/s$。

$$\mathrm{SPR}=\mathrm{SEA}/\mathrm{MLR}$$

③ 总烟释放量（total smoke release，TSR）为样品单位面积燃烧时的累计生烟总量，单位是$m^2/m^2$。累计时间可是任意指定的时间段（根据需要），也可以是从燃烧开始到结束。

$$\mathrm{TSR}=\int \mathrm{SPR}$$

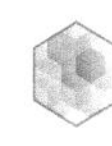



④ 总烟产量（total smoke production，TSP），单位为 $m^2$，是样品生烟总量。

⑤ 烟释放速率（rate of smoke release，RSR），单位为 $s^{-1}$，其表达式如下，A 代表样品面积。

$$RSR=V_f \times OD \times In\frac{10}{A \times L}$$

⑥ 烟参数（smoke parameter，SP），单位为 kW/kg，其表达式如下：

$$SP=SEA_{平均}\times PHRR\ 或\ SP=SEA\times HRR$$

⑦ 烟因子（smoke factor，SF），单位为 $kW/m^2$，其表达式如下：

$$SF=HRR\times TSP$$

以上出现许多不同有关烟参数的表示方式，主要是因为烟不是一个孤立的特征量，而是火灾燃烧过程的一种结果，所以烟必须同火灾燃烧过程联系起来考虑，是一个动态的特征量。SEA 没有考虑烟生成的速率、峰值热释放速率等等。如果一种材料有低的热释放速率但高的 SEA，另一种材料有高的热释放速率但低的 SEA，则未必前者产生的烟比后者多。若用 SEA 表示，则是前者多，但用 SP 表示，则不然。如 PVC 的 SEA 很高，但 SP 值较低。有一种观点认为，就实际火灾而言，低烟高热释放速率的材料未必比高烟低热释放速率的材料的生烟量小。因为实际火灾中高烟低热释放速率的材料可能烧不起来，或者很快熄灭，终止大量生烟；而低烟高热释放速率的材料则可能导致火灾，从而导致大量烟的产生。采用不同的生烟参数正是为了针对不同的情况而采取不同的表达方式，以求表征和比较能更加符合火灾的实际情况。

**(7) 一氧化碳、二氧化碳参数**

一氧化碳产量（carbon monoxide yield，COY），单位为 kg/kg，更大的 COY 表示有更多的不完全燃烧现象。

二氧化碳产量（carbon dioxide yield，$CO_2Y$），单位 kg/kg。与 COY 有一定的对立关系，但在实际测试中，可能出现一个样品的 COY 和 $CO_2Y$ 比另一个样品的都要高，与样品质量等也有关系。

一般使用平均一氧化碳、二氧化碳产量（av-COY，av-$CO_2Y$）。

## 11.3.2 锥形量热仪测试原理

锥形量热仪是一种先进的燃烧实验仪器。它是根据耗氧原理而设计的，耗氧原理是指："燃烧过程中，每消耗单位质量的氧所释放的热，即耗氧燃烧热近似是一个常数"。这样根据物质在燃烧实验中燃烧时，消耗的氧的量来计算，来测量材料在燃烧过程中的热释放量。

在热物理学中，燃烧热指每摩尔燃料与氧完全燃烧所产生的热量，以热焓 $\Delta H_C$ 表示，单位为 kJ/mol 或 kJ/g。耗氧燃烧热是指燃料与氧完全燃烧时反应掉（消耗掉）每克氧所产生的热量，以 $E$ 表示，单位为 kJ/g，式中 $r^0$ 为完全燃烧反应中，氧与燃料的质量比。

$$E=\frac{\Delta H_C}{r^0}=\frac{\Delta H_{C燃料}}{\dfrac{反应的氧的量}{反应的燃料量}}$$

以甲烷为例，完全反应燃烧式为：

$$CH_4+2O_2 \longrightarrow CO_2+2H_2O$$

查 $CH_4$ 的热力学数据燃烧热 $\Delta H_C$ 为－50.01kJ/g，氧的原子量为 16，碳的原子量为 12.01，氢的原子量为 1.008，则：

$$E=\frac{\Delta H_C}{r^0}=\frac{-50.01}{\dfrac{2\times 32}{12.01+4\times 1.008}}=-12.54(\text{kJ/g})$$

Thornton 早在 1917 年对大量有机气体和液体物质的燃烧热结果进行了计算，结果发现这些化合物尽管燃烧热值各不相同，但耗氧燃烧热值却极为相近。因此他提出有机物燃烧时其耗氧燃烧热值可以看成是个常数。Huggett 正是基于这一原理于 1980 年进一步对一些常用的有机聚合物及天然有机高分子材料做了系统的计算，结果表明，绝大多数所测材料的耗氧燃烧热值接近 13.1kJ/g 这一平均值，偏差大约为 5%。虽然个别材料，像聚乙炔和聚甲醛，偏差较大，计算平均值时也未包括这些材料，因为这些材料极少出现在实际火灾中，即使出现往往用量也很少。这样，这个平均值通常被用作火灾情况下有机材料的耗氧燃烧热值。当然，如果能确切知道是某种材料在火灾中燃烧及其确切的燃烧反应过程，也可计算出该材料的耗氧燃烧值并采用更为准确的耗氧燃烧热值进行计算。不过，在实际火灾中，往往多种材料同时燃烧，不可能确切知道每种材料的组成及其化学反应，因此，采用上述耗氧燃烧热平均值 13.1kJ/g 计算热释放速率还是比较现实可行的。虽然耗氧原理主要用来考虑实际火灾中有机材料燃烧的情况，但原则上，只要完全氧化反应方程已知，任何物质都可以用耗氧原理来计算燃烧释放热。

### 11.3.3 锥形量热仪测试方法

#### （1）样品的制备

通常情况下，样品尺寸是：面积 $100\times100\text{mm}^2$、对聚合物样品一般厚度是 3～4mm。有些材料也可是适当地加厚至 10mm、20mm、30mm，如一些发泡材料、棉质

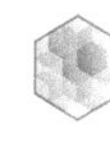


纤维材料等。

样品件可以用模具压制，也可以用成品的板材切割而成。总之不管用那一种形式制作的样品件，其材料的尺寸必须规矩、质量必须均匀。决不能出现厚薄不均、周边凸凹不齐的现象。这样，在燃烧测试时才能得到最准确的结果。

需要进行对比研究的样品，需尽量保持质量一致，以具有更好的对比性。

**(2) 测试过程**

测试之前，仪器需要预热以及调试校准。主要校准步骤如下：

① 清空冷凝管。

② 打开仪器和软件。

③ 检查过滤器和干燥管。取样后，样品气须通过管道进入气体分析仪，但是样品气中会含有炭颗粒、水分等物质，所以需要过滤、干燥处理。

④ 设置管路流量。系统在计算许多参数结果时需要使用该数据，因此每次设置的管路流量应保持一致。

⑤ 校准烟雾系统。

⑥ 校准气体分析仪。对氧气、一氧化碳、二氧化碳等进行校正。

⑦ 检查样品台的高度。为了使所有测试样品受到的热辐射强度一致，样品位置与锥形加热器的距离应保持一致。

⑧ 执行 C-Factor 校准。C-Factor 对测试结果有较大的影响，与测试环境等有密切关系，因此需要经常校正。

⑨ 设置热通量。校准完成后，将样品包在一层重型铝箔层内，铝箔层的光面朝外，把侧面和顶部包住，将样品放入燃烧盒中只露出要测试的表面，如图 11-10 所示。然后输入样品信息，使仪器稳定一段时间。将燃烧盒放置在样品台上，并开始实验。

图 11-10 铝箔包样品的图片

测试时间根据不同的样品长短不一，如聚氨酯泡沫为 200～400s，环氧树脂为 500～600s，膨胀型阻燃剂阻燃聚烯烃材料可能需要 1000s 以上。大体的准则是：样品基本完成燃烧，其热释放速率降到相对低的水平，如 20kW/m$^2$ 以下甚至更低，并且稳定 100s 以上，即可停止。

## 11.3.4 锥形量热仪测试结果依据标准

目前国内标准主要为 GB/T 16172—2007《建筑材料热释放速率试验方法》，它等同于国际标准 ISO 5660-1：2002《对火反应试验 热释放、产烟量及质量损失速率 第 1 部分：热释放速率（锥形量热仪法）》。而目前国外执行的有效国际标准为 ISO 5660-1：2015，国际标准 ISO 5660-1：2015 与我国现行标准 GB/T 16172—2007 存在一定差异。

## 11.3.5 锥形量热仪测试结果的分析举例

以 PP 及添加 25％膨胀型阻燃剂的阻燃 PP 材料为例，分析其锥形量热仪的典型数据。表 11-8 为典型参数。

**表 11-8 锥形量热仪典型测试数据**

| 样品 | TTI /s | pk-HRR /(kW/m$^2$) | THR /(MJ/m$^2$) | av-EHC /(MJ/kg$^2$) | TSR /(m$^2$/m$^2$) | av-COY /(kg/kg) | av-$CO_2$Y /(kg/kg) | 残炭产率 /％ |
|---|---|---|---|---|---|---|---|---|
| PP | 21 | 1242 | 111 | 42.9 | 1540 | 0.05 | 3.13 | 3.6 |
| 25IFR/PP | 22 | 330 | 103 | 40.5 | 1980 | 0.09 | 3.06 | 20.1 |

PP 与 25％IFR/75％PP 的 TTI 几乎一致，表示 IFR 的加入不会引起 PP 材料的提前燃烧，两者耐火性能接近。这是因为 IFR 主要通过自身的成炭反应发挥作用，而不会引起 PP 的提前分解。

从图 11-11 和表 11-8 数据可以看出，与 PP 纯样相比，阻燃样品 25％IFR/75％PP 的 pk-HRR 下降了约 73％，并且样品在整个燃烧过程中的热释放速率趋势也表现出了较大的差别（pk-HRR 代表了材料燃烧时的最大燃烧强度）。PP 材料的 HRR 曲线只有一个峰，而 25％IFR/75％PP 的 HRR 曲线呈现多个峰，且整个燃烧过程的燃烧强度都被抑制在了一个较低的水平上。说明 IFR 在阻燃 PP 的过程中明显降低了材料气相燃烧的剧烈程度，对气相燃烧链式反应表现出一定的抑制作用；而且最大燃烧强度的下降除了与燃烧链式反应的强度有关以外，还与膨胀型阻燃剂形成的膨胀炭层良好的阻隔性能有关，即膨胀炭层阻隔了燃烧热量对聚合物基材的热量反馈过程，削弱了基材受热分解

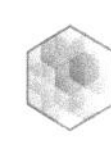



释放的可燃性气体量，同时膨胀炭层也锁住了很多可燃性成分并将其转化为炭层的一部分，减少了燃烧所需的燃料，从而降低了基材燃烧的强度，使 HRR 一直处于较低水平。进一步观察可以看出，PP 材料接近 400s 时 HRR 接近于 0，而阻燃样品 25%IFR/75%PP 材料在 800s 以上才逐渐完成燃烧反应，这也说明阻燃剂 IFR 的加入实现了对于基材可燃性成分的保护和锁定，在长时间外加热源辐射的作用下，也实现了基材的缓慢热分解，使可燃性成分缓慢燃烧，这对于防止极易燃烧的聚烯烃发生火灾以及控制火灾蔓延的速度具有极其重要的意义。

由于阻燃 PP 整体的热量释放都被控制在了一个极低的水平上，其累计热量释放的曲线 THR 值也相应地得到了体现，即阻燃样品在图 11-12 的 THR 值达到最大值的时间被明显延后了。这与前面对燃烧强度的解释有很多相通的地方。阻燃 PP 在燃烧过程中的影响，一是在气相，阻燃剂对于可燃性气体的燃烧链式反应的抑制导致不完全燃烧产生，减少热量释放；二是在凝聚相膨胀炭层的阻隔性能降低了热量反馈，导致了材料的热分解速度下降；三是膨胀炭层也锁住了一部分可燃性组分，减少了燃料的释放。三者共同作用，有效地减缓了热量释放，极大延长了燃烧过程到达 THR 最大值的时间。

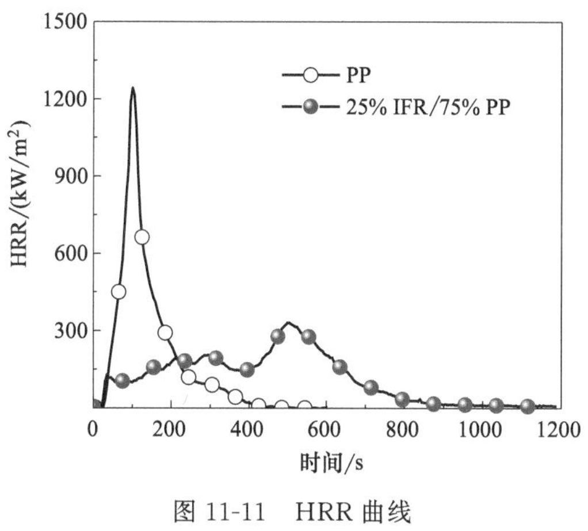


图 11-11 HRR 曲线

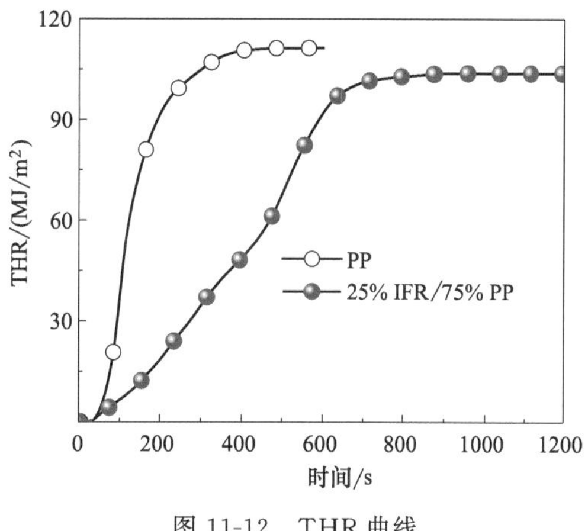


图 11-12 THR 曲线

其中膨胀炭层对于降低基材分解速率的作用从图 11-13 质量损失曲线可以清晰地观测到。阻燃样品 25%IFR/75%PP 的质量损失速率从分解开始就与纯 PP 产生了明显的不同。阻燃样品的质量损失速率相较于纯样品变得极为缓慢，是由于阻燃剂产生膨胀炭层的阻隔效应和成炭效应发挥了明显作用，导致基材的热分解速率下降并促进了更多基材成炭。

前面提到的气相的燃烧链式反应的强度下降可以从表 11-8 的数据中有效燃烧热 av-EHC 值下降得到充分的证明。av-EHC 值从计算上是通过热量释放速率与质量损失速率的比得到的，av-EHC 值的下降意味着通过质量损失释放的气相组分燃烧所产生的热量下降，也就是燃烧充分程度下降了。

这个结果也可以从COY值的上升和$CO_2$Y值的下降得到印证，CO产生的数量或者比例的增加和$CO_2$数量的下降也直接意味着不充分燃烧反应增加。样品的COY值和$CO_2$Y值主要是代表着燃烧的充分程度和燃烧有毒物质的释放数量。从这两个参数可以看出燃烧过程气体的释放数量，并且与基材分解数量呈现一定的相关性。从其数量和比例也可以看出，燃烧反应的充分程度。

25%IFR/75%PP的TSR比PP更高，这说明IFR的加入会引起总烟释放量的增加。但是IFR的加入会延缓烟的释放，如图11-14所示。在600s之前，25%IFR/75%PP的烟释放量要低于PP，烟雾作为火灾的次生危害，这种现象有利于火灾发生前期减少烟雾释放，为顺利逃生赢得时间。总烟释放量一般与测试时间也有一定关系。在很多情况下，如果阻燃剂在气相中具有燃烧链式反应的抑制作用，会导致由不完全燃烧产生的发烟量增加。在这里，重点区分发烟量与燃烧释放的气体之间的区别，烟雾是由不完全燃烧的固体颗粒或者大的碎片组成的，而气体产物是纯粹的气相组分。烟雾的增加通常代表着增加了不完全燃烧过程。

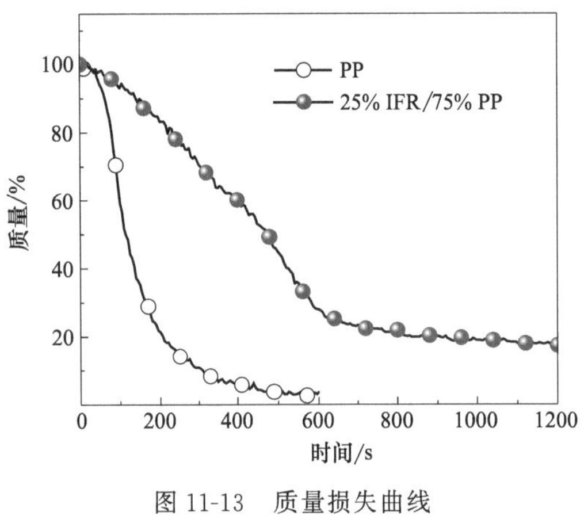


图11-13　质量损失曲线

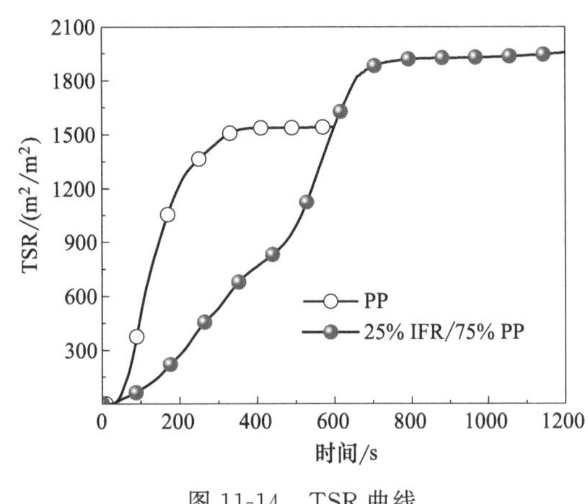


图11-14　TSR曲线

# 11.4　微型量热仪

## 11.4.1　微型量热仪介绍

美国哥马克阻燃实验室与英国火灾测试技术公司等单位基于ASTM D7309-2013标

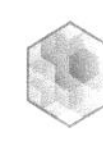


准成功开发了微型量热仪（又称作微尺度裂解燃烧量热仪），并将其推入市场，微型量热仪见图 11-15。

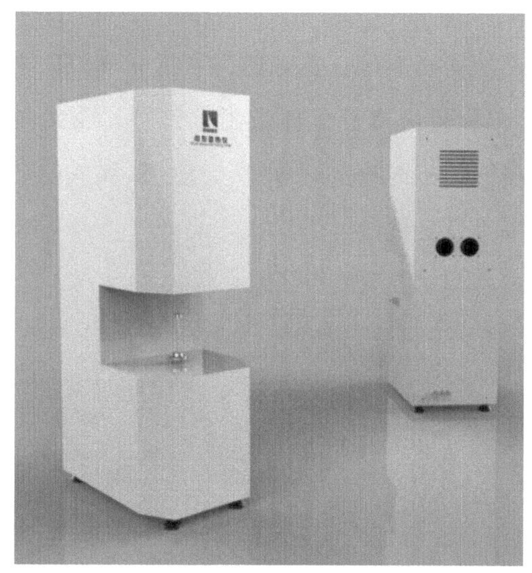
图 11-15 微型量热仪

微型量热法（MCC），主要用来测试各种塑料、木材、纺织品或合成物的主要燃烧参数，仅需数毫克的试样，数分钟的时间，就能得到材料燃烧和易燃危险性的充分信息。

微型量热仪性能参数为：

① 特殊双加热器，KANTHAL 型用于高加热率和长持续时间加热，ALUMINA 型为常规加热；

② 热解温度范围：常温～1000℃（温度可控）；

③ 燃烧温度范围：常温～1000℃；

④ 加热速率：6～300℃/min；

⑤ 样品加热速率：0～10K/s；

⑥ 精密控制燃气流量计：0～50$cm^3$/min；

⑦ 精密控制氮气流量计：0～100$cm^3$/min；

⑧ 高精度氧气传感器：0～100%$O_2$（体积比）；

⑨ 试样规格：0.5～50mg；

⑩ 检测限：5mW；

⑪ 重复性：±2%（5mg 样品量）。

测试性能指标主要为：燃烧温度和放热温度（K）；热释放速率 HRR（W/g）；总热释放量 THR（J/g）；气体燃烧比热容 $h_{c,gas}$（J/g）等。

## 11.4.2 微型量热仪测试原理

微型量热仪采用传统的耗氧原理，首先把样品在分解炉以一定的升温速率加热（典型的是1～5K/s），分解产物通过惰性气体带出分解炉，与氧气混合后，喷射进900℃的燃烧室内，分解产物在燃烧室内被完全氧化；通过氧气浓度和燃烧过程中氧气的损耗量，从而得到热释放速率以及其他数据。

其工作原理主要如图11-16所示。

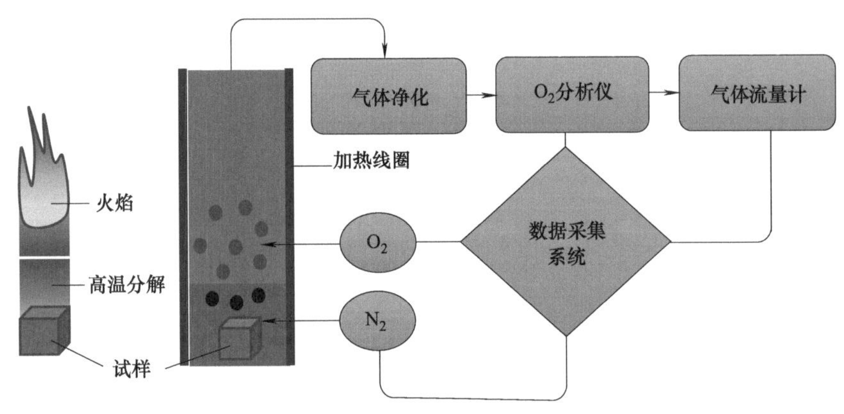


图11-16 微型量热仪原理示意图

## 11.4.3 微型量热仪测试方法

根据最新标准ASTM D7309-2013，本试验方法提供了利用受控加热和耗氧量量热法测定材料在实验室试验中可燃特性的两种程序。测试可燃性特点是使用温度控制程序迫使样品气体的释放，试样气体（试样残渣）在过量氧气中热氧化，并测量耗氧量，以及计算固体试样在受控加热过程中燃烧释放的热量、速率和温度。微裂解燃烧测试方法[5] 分为两种：

**(1) 受控热裂解**

试样在无氧/厌氧环境下受控加热，即受控热分解。在受控热分解过程中，试样释放的气体由非氧化/惰性气体（通常为氮气）从试样室中吹出，随后与过量的氧气混合，在高温燃烧炉中完全氧化。试验过程中连续测量出炉气流的流速和体积氧浓度，利用耗氧量计算出放热率。在该方法中，只测量试样中挥发分（特殊气体）的燃烧热，而不测量任何固体残渣的燃烧热。

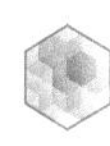



测量参数包括：单位质量热释放速率（HRR，W/g）、单位质量总热释放量（THR，J/g）、单位质量样品热释放能力［$\eta_c$，J/(g·K)］、放热温度（$T^O_{max}$，K）、残炭产率（$Y_p$，g/g）和气体燃烧比热容（$h_{c,gas}$，J/g）等。

**(2) 受控热氧化裂解**

试样在氧化/好氧环境下受控加热，即受控热氧化分解。在受控加热程序中形成的试样气体，在进入高温燃烧炉完全氧化之前，由氧化净化气体（例如，干燥空气）从试样室中吹出，并在必要时与额外的氧气混合。在试验过程中对出炉气流进行连续测量，测得气流的流速和体积氧浓度，利用耗氧量计算出燃烧速率。该方法测定了试验过程中试样气体和固体残渣的净热值。

测试参数包括：燃烧温度（$T_{max}$，K）、残炭产率（$Y_c$，g/g）、净热值（$Q^O_c$，J/g）等。净热值为通过初始试样的单位质量控制氧化分解过程所测定试样完全燃烧的净热量。

计算[5]：

① 计算升温过程中 $t$ 时刻的放热率 $Q(t)$（W/g）为：

$$Q(t)=\frac{\mathrm{EPF}}{M_O}\Delta[O_2]$$

② 只适用受控热裂解法：

a. 计算放热能力 $\eta_c$［J/(g·K)］如下：

$$\eta_c=\frac{Q_{max}}{\beta}$$

式中　$Q_{max}$——试验中 $Q(t)$ 的最大值，W/g；

$\beta$——测试过程中平均升温速率。

b. 计算热解残炭产率 $Y$（g/g）：

$$Y_P=\frac{M_P}{M_O}$$

式中　$M_P$——厌氧热解后残余试样质量，g；

$M_O$——初始试样质量，g。

c. 计算试样气体燃烧比热容（J/g）：

$$h_{c,gas}=\frac{h_c}{1-Y_P}$$

③ 只适用于受控热氧化裂解：

a. 计算燃烧温度，$T$ 为燃烧速率最大时的温度，$Q(T)=Q_{max}$。

b. 计算燃烧残炭产率 $Y$（g/g）：

$$Y_C = \frac{M_C}{M_O}$$

式中　$M_C$——氧化热解后残余试样质量，g。

c. 计算净热值，$h_O$（J/g）为 $Q(t)$ 曲线下面积。

仪器具体操作过程：

① 检查位于仪器表面的进气干燥剂（干燥剂一般选用变色硅胶），需要经常更换；

② 确定仪器电源接通，打开电脑，打开仪器，预热 1～1.5h；

③ 接通 $N_2$ 及 $O_2$ 入口，确保 $N_2$ 及 $O_2$ 流量指示阀指在 0.1～0.2MPa；

④ 预热完成后点击电脑桌面 MCC 程序按钮，看仪器顶杆自动落下后，进入 MCC 程序操作界面，点击“Press to test”将顶杆升上；

⑤ 将顶杆升上后，预热反应炉。点击“combustion”将裂解室升温至 900℃；

⑥ 升温结束后，观察 $O_2$ 流量及总流量，总流量在 95cm$^3$/min，氧气流量在 19.9～20.1cm$^3$/min 方可进行测试；

⑦ 校正结束后，称量物料的质量范围在 1.9～2.1mg，称量后物料置于坩埚内并用镊子放置于顶杆上（勿使镊子触碰顶杆以防顶杆无法升至腔内）；

⑧ 点击“Start”开始测试，测试温度范围 75～750℃，测试结束后重复操作，并收集处理数据，实验数据界面如图 11-17 所示。

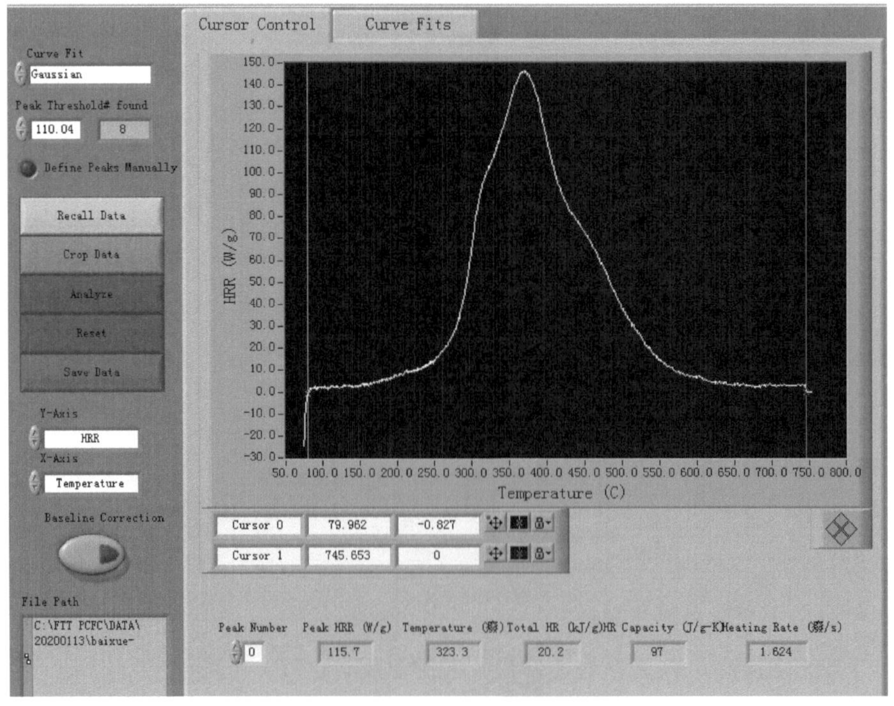


图 11-17　MCC 数据处理截图

### 11.4.4 微型量热仪测试结果依据标准

目前，微型量热仪主要参考标准为美国标准：ASTM D7309-2013《用微型燃烧量热法测定塑料和其他固体材料易燃性特性的标准试验规范》。

### 11.4.5 微型量热仪测试结果的分析举例

对两组样品进行MCC测试分析，分别为纯样和阻燃样品，得到HRR曲线图11-18及数据表格表11-9。未阻燃纯样品的HRC单位样品热释放能力为278J/(g·K)，总热释放量THR为23.7kJ/g，热释放速率峰值pk-HRR为500W/g，其在353.6℃时达到最大热释放速率值。阻燃样品的pk-HRR相较于纯样大幅度降低了52.9%，表明阻燃剂的加入明显抑制了材料的燃烧强度，而HRC和THR分别降低了55.8%和39.7%，表明阻燃样品在燃烧过程中总的热量释放能力也被充分抑制了。这就极大降低了材料的可燃性和火灾危险性。阻燃样品的$T_{max}$出现了下降，表明阻燃剂可能会提前分解，诱导基体材料提前分解，有助于阻燃成分在低温时就充分发挥阻燃作用，形成保护层进而阻止材料进一步燃烧。

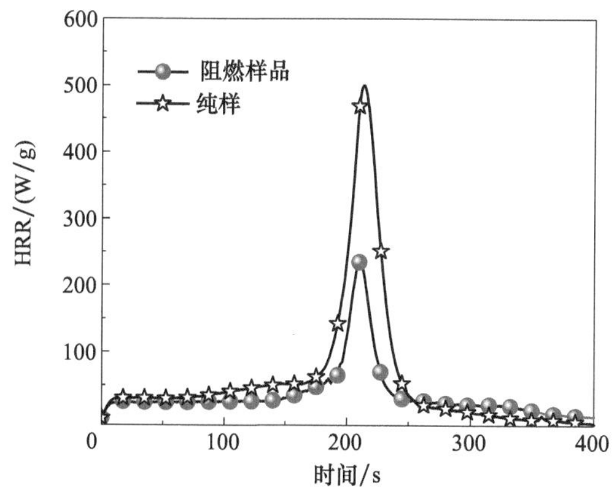


图11-18 HRR曲线图

表11-9 MCC测试数据

| 样品 | HRC/[J/(g·K)] | pk-HRR/(W/g) | THR/(kJ/g) | $T_{max}$/℃ |
|---|---|---|---|---|
| 纯样 | 278 | 500 | 23.7 | 353.6 |
| 阻燃样品 | 123 | 235.1 | 14.3 | 341.3 |

# 11.5 烟密度试验箱

## 11.5.1 烟密度试验箱简介

比光密度（$D_s$）表示材料或部件在规定的试验条件下产烟浓度的光学特性，亦称烟密度。烟密度试验箱是测定塑料、橡胶、纺织品覆盖物、木材等材料燃烧静态产烟量的仪器，由测试箱体、加热系统、供气系统、光学系统等系统组成，见图11-19。通过烟密度试验可以得出材料燃烧时的烟密度、平均发烟速度、最大烟密度（MSD）、烟密度等级（SDR）等数据以及烟密度与时间的关系曲线，从而表征出材料的产烟性能。

图 11-19　烟密度试验箱

主要技术指标：

① 烟密度值测量范围：0～100%；

② 校准滤光片规格：30%、50%、70%左右共三块；

③ 测量精度≤3%；

④ 电源电压：AC220V±10% V，50Hz；

⑤ 最大使用功率：0.5kW；

⑥ 燃烧气源：>95%丙烷气；

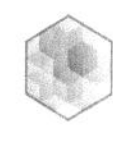



⑦ 主燃烧器工作压力：276kPa；

⑧ 辅助烧器工作压力：138kPa；

⑨ 本生灯喷嘴直径 0.13mm，工作倾角 45°。

## 11.5.2 烟密度试验箱测试原理

试样在烟箱中燃烧时产生烟雾，烟雾中固体尘埃对通过烟箱的光反射，造成光通量的衰减。通过测定平行光束穿过烟雾时透过率的变化，计算出在规定试样面积和光程长度下的光密度即比光密度，从而确定在燃烧和分解条件下材料释放烟雾的程度。试验试样分有焰燃烧和无焰燃烧两种。

无焰燃烧：当试样只受辐射炉的辐射作用而进行的试验，称为无焰燃烧。

有焰燃烧：试验箱内置有辐射炉的燃烧系统，当试样在试验箱中既受辐射的作用，又受燃烧系统的火焰燃烧，称之为有焰燃烧。

计算：

对每个样品，建立透过率-时间曲线图，并测得最小透过百分比 $T_{min}$，使用下面的公式[5] 计算最大比光密度 $D_{s,max}$，结果保留 2 位有效数字：

$$D_{s,max}=132\lg\left(\frac{100}{T_{min}}\right)$$

其中 132 是从测试箱的表达式 $V/AL$ 算出的因子，$V$ 为测试箱容积，$A$ 为试样的曝露面积，$L$ 为光路的长度。

若有要求，用在 10min 时的透过率 $T_{10}$ 代入该公式，用 $T_{10}$ 代替 $T_{min}$，可得到 $D_s$ 在 10min 时的值（$D_{s10}$）。

## 11.5.3 烟密度试验箱测试方法

塑料类材料测试采用 GB/T 8323.2—2008《塑料 烟生成 第 2 部分：单室法测定烟密度试验方法》。方法[6] 如下：

① 预热。打开烟密度试验箱总开关和气泵，预热 2h。

② 样品制备。将样品裁剪成标准尺寸，称重并测量厚度，然后用两层铝箔包覆，铝箔暗面与试样接触。样品尺寸为 76mm（长）×76mm（宽），厚度为（1±0.2）mm，泡沫塑料试样厚度为（8±0.5）mm，每个试验 6 个试样。

③ 仪器调试。通过零压校准、气密性测试确定仪器是否气密性良好，进行热辐照

调试使热辐照量达到 24.5～25.0kW/m² 范围内。

④ 样品测试。录入样品信息，校准滤光器后开始测试，测试时间为 1200s，每个样品测试结束后必须完全清洁箱体内壁及透镜。

⑤ 数据保存及处理。

### 11.5.4 烟密度试验箱测试结果依据标准

目前国内主要标准有 GB/T 8323.2—2008《塑料 烟生成 第 2 部分：单室法测定烟密度试验方法》，GB/T 8323.1—2008《塑料 烟生成 第 1 部分：烟密度试验方法导则》等。国际标准主要为 ISO 5659-2：2017《塑料-烟产生-第 2 部分：用单燃烧室试验测定光密度》。

以电线电缆等套管、电器设备外壳及附件的燃烧性能等级和分级判据为例，见表 11-10[7]。

表 11-10 电线电缆等套管、电器设备外壳及附件的分级判据

| 燃烧性能等级 | 制品 | 试验方法 | 分级判据 |
|---|---|---|---|
| B1 | 电线电缆套管 | GB/T 2406.2<br>GB/T 2408<br>GB/T 8627 | 氧指数 OI≥32.0%；<br>垂直燃烧性能 V-0 级；<br>烟密度等级 SDR≤75 |
| | 电器设备外壳及附件 | GB/T 5169.16 | 垂直燃烧性能 V-0 级 |
| B2 | 电线电缆套管 | GB/T 2406.2<br>GB/T 2408 | 氧指数 OI≥26.0%；<br>垂直燃烧性能 V-1 级 |
| | 电器设备外壳及附件 | GB/T 5169.16 | 垂直燃烧性能 V-1 级 |
| B3 | 无性能要求 | | |

### 11.5.5 烟密度试验箱测试结果的分析举例

#### (1) 软质 PVC 阻燃配方

以软质 PVC 添加量 100 份为基准，分别加入 10 份、15 份、20 份和 25 份 $Mg(OH)_2$ 制备样品，见表 11-11。阻燃剂 $Mg(OH)_2$ 的加入使样品的 SDR 和 MSD 明显下降，并且随着阻燃剂含量的增加，尤其是 SDR 下降约 30%，说明 $Mg(OH)_2$ 是 PVC 良好的消烟剂。

表 11-11　软质 PVC 的烟密度数据

| 样品 | 烟密度等级/% | 最大烟密度/% |
|---|---|---|
| PVC | 92 | 100 |
| PVC/10$Mg(OH)_2$ | 84 | 95 |
| PVC/15$Mg(OH)_2$ | 76 | 90 |
| PVC/20$Mg(OH)_2$ | 62 | 86 |
| PVC/25$Mg(OH)_2$ | 62 | 85 |

(2) 硬质 PVC 阻燃配方

以 PVC 100 份、有机锡 2 份、加工助剂 3 份、液体石蜡 0.7 份为基本配方，添加不同份数的 $MoO_3$、ZnO、APP 制备三元复合抑烟阻燃硬质 PVC 复合材料片材，见表 11-12。加入阻燃剂的样品比纯硬质 PVC 的 SDR 和 MSD 低，高份数 APP 的添加并没有展现出抑烟效果；通过提高 $MoO_3$ 的添加量和降低 APP 的添加量使样品的 SDR 和 MSD 大幅度下降，其中添加 3 份 $MoO_3$ 和 2 份 ZnO 的样品烟密度等级下降约 30.6%，最大烟密度下降约 25%，在降低阻燃剂添加量的同时表现出优异的抑烟效果。

表 11-12　硬质 PVC 的烟密度数据

| 样品 | 烟密度等级/% | 最大烟密度/% |
|---|---|---|
| PVC | 85 | 100 |
| PVC/1ZnO/10APP | 73 | 90 |
| PVC/1$MoO_3$/3ZnO/8APP | 68 | 86 |
| PVC/2$MoO_3$/6APP | 58 | 77 |
| PVC/3$MoO_3$/2ZnO | 59 | 75 |

# 11.6 灼热丝试验机

## 11.6.1 灼热丝试验机介绍

灼热丝试验机是模拟灼热元件与过载电阻等热源在短时间内所造成的热应力效应并评估着火危险性的设备，它主要由测试架、测试台、试样架、滴落盘、选购配件（燃烧室）各个部分组成[8]，见图 11-20。它适用于电工电子设备及其元件、部件，也适用于固体电气绝缘物料或其他固体可燃材料的测试。

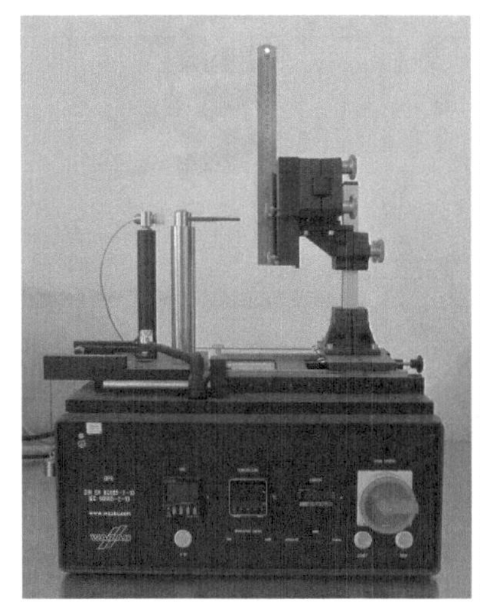

(a) 主视图

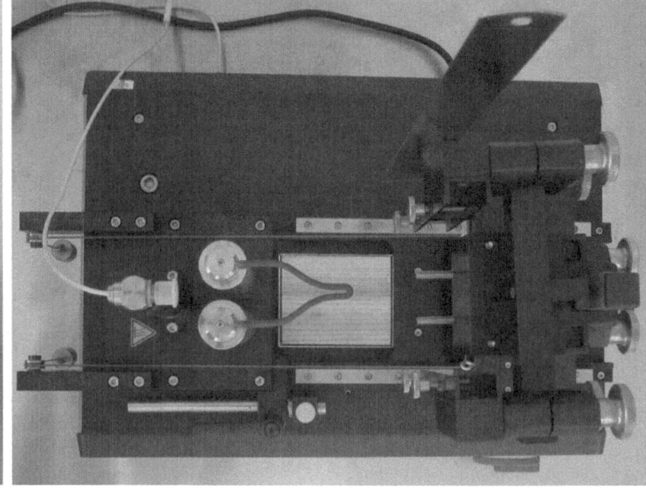

(b) 俯视图

图 11-20 灼热丝试验机

灼热丝是用外径为 4.00mm±0.07mm（弯曲前）的镍/铬（>77%Ni/20%±1%Cr）丝制成的，尺寸如图 11-21 所示。一个新的灼热丝在应用于试验之前应在 120A 以上的电流中退火至少 10h。总的退火时间可以是累计的。为了避免损坏热电偶，退火期间不应安装热电偶。在退火的最后，热电偶微孔的深度需要确认[9]。

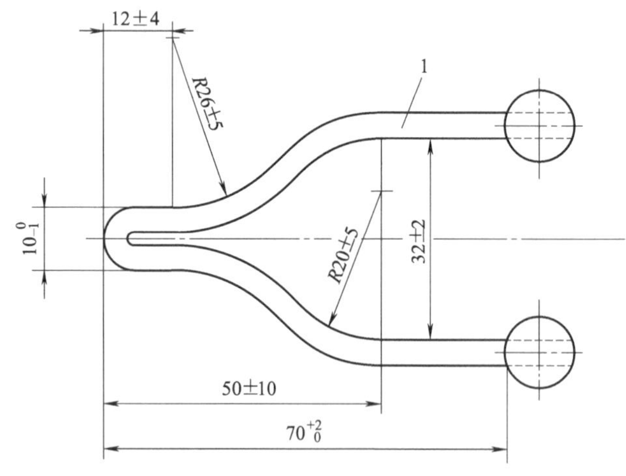


图 11-21 灼热丝尺寸

灼热丝试验机的技术数据[8]：

灼热丝试验机型号名称：GPG；

灼热丝为镍铬丝：镍含量>77%，铬含量 20%±1%；

测温范围：385～1600℃；

试样最小尺寸（高×宽）：50mm×120mm；

试样最大尺寸（高×宽×深）：120mm×120mm×20mm；

灼热丝应用于试样的力：0.95±0.1N；

标称穿透深度：0～7mm，以1mm为增量；

标秤火焰高度：300mm；

适用标准：IEC 60695-2-10；

可测试的标准：IEC 60695-2-11，IEC 60695-2 12，IEC 60695-2-13；

外型尺寸：520mm×600mm×400mm（宽×高×深）；

重量：大约30kg；

电源电压：230VAC，50～60Hz；

能量消耗：大约500 VA 。

灼热丝测试是为了测试电子电器产品在工作时的稳定性，可以测定固体绝缘材料及其他固体可燃材料的起燃性、起燃温度（GWIT)、可燃性和可燃性指数（GWFI)，以评估材料的可燃性和耐火性。

起燃温度[9]：比连续三次试验均不会引起规定厚度的试验样品起燃的灼热丝顶部最高温度高25K（900～960℃之间高30K）的温度。

可燃性指数[9]：指的是一个规定厚度的试验样品在连续三次试验中的最高试验温度，应满足以下条件之一：

① 在移开灼热丝后的30s内试验样品的火焰或灼热熄灭，并且放置在试验样品下面的包装绢纸没有起燃；

② 试验样品没有起燃。

## 11.6.2 灼热丝试验机测试原理

灼热丝试验机将规定材质（直径4mm，Ni80/Cr20）和U形状的电热丝用大电流加热至试验温度（550～960℃）1min后，以规定压力（1.0N）垂直灼烫试验样品30s，通过试验样品和铺垫物是否起燃以及持燃时间来测定电工电子设备成品的着火危险性。

## 11.6.3 灼热丝试验机测试方法

以下仪器操作流程全部依据灼热丝试验机型号GPG的配套说明。

(1) 准备条件

① 电源：230VAC，10A 插座，带接地保护。

② 空间：如果在试验箱内进行测试，其空间不得小于 0.5$m^3$，并能够确保足够的通风。

③ 光强：不超过 20 lx。

(2) 设备组装与操作

(警告：灼热丝温度能够达到 1000℃，在触摸之前，必须确保灼热丝已关闭并且处于室温状态，需要带防护手套)

① 仪器固定就位，稳固。

② 将高温计连接到设备背面标有 PYROMETER 的插孔中。

③ 将样品架放置在垂直导杆上，并固定。

④ 将收集托盘放在灼热丝下方和导轨之间。

⑤ 将重物的绳索放置在滑轮槽中。

⑥ 接通供电电源，启动操作面板正面的 MAIN SWATCH。

⑦ 等待至少 5min，直到高温计工作稳定。

⑧ 将样品固定在样品架中（样品尺寸 50mm×120mm 至 120mm×120mm，厚度最大 20mm）

⑨ 通过水平或垂直调整样品的位置，使灼热丝的尖端对向样品的中心。

⑩ 将样品固定在适当位置：确保温度控制开关处于关闭状态（STOP)，按下 MAIN SWATCH 下方按钮（START)，将样品架移动到灼热丝旁边，不要碰它（样品架与水平竖直挡板对齐)，对齐调整完成后，按下 MAIN SWATCH 下方按钮（STOP)，测试台重新回到原始位置。

⑪ 设置最大穿透深度：确保温度控制开关处于关闭状态（STOP)，松开刻度尺固定的滚花螺丝，将缩放的圆柱体拧到底（刻度上每个可见环都是 1mm，最大值为 7mm)，按下 MAIN SWATCH 下方按钮（START)，将样品架移动到灼热丝旁边，松开手柄，移动挡块使其接触到测试台，然后拧紧手柄，按下 MAIN SWATCH 下方按钮（STOP)，测试台重新回到原始位置，将缩放的圆柱体向外松开（刻度上每个可见环都是 1mm，最大值为 7mm)，设置需要的穿透深度。

⑫ 调整试验台与自由移动位置之间的距离：确保温度控制开关处于关闭状态（STOP)，松开主轴上的锁紧螺母螺丝，按下 MAIN SWATCH 下方按钮（START)，将样品架移动到灼热丝旁边，按下按钮（时间停止)，测试台停留在此位置，并且曝光时间结束后也不会自由移回原始位置。调整驱动器和螺纹杆之间的距离，使两个部件尽

可能彼此靠近而不接触，驱动器不直接接触主轴，通过最大穿透深度的值增加驱动器和螺纹杆之间的距离。再次拧紧锁紧螺母。按下 MAIN SWATCH 下方按钮（STOP），测试台重新回到原始位置。

⑬ 设置灼热丝在样品上的暴露时间：确保温度控制开关处于关闭状态（STOP），测试台处于起点位置，在操作面板上的 Timer 计时器中设置需要的时间，通过 UP 或 DOWN 键增加或减小。

⑭ 开始与停止时间测量：

a. 按下 MAIN SWATCH 下方按钮（START），样品架移向灼热丝。

b. 一旦测试台到达自由移动位置，或样品移动到灼热丝，计时器会自动启动。

c. 灼热丝到达暴露时间后或达到标称值，测试台自动回到原始位置。

d. 如果样品在灼热丝暴露时间内点燃，可以使用计时器记录火焰熄灭前的时间，一旦火焰熄灭就按下按键（TIME STOP），则时间测量停止。

⑮ 设定灼热丝的温度：测试台处于原始位置，将按钮 TEMPERATURE CONTROL 设置为 RUN，按钮 MODE 设置为 AUTOMATIC。通过上下符号，设置工作的温度（高温计工作范围 385～1600℃，如果灼热丝温度低于 385℃，则一直显示 385℃）。如果将按钮 TEMPERATURE CONTROL 设置为 STOP，按钮 MODE 设置为 MANUAL，此时绿色设定值的范围为 0～100%。上方红色显示的为温度值。旁边 CURRENT 表中显示的为当前电流值。

⑯ 开始测试步骤：

a. 以上工作全部完成。

b. 按下 MAIN SWATCH 下方按钮（START），此时温度控制模式自动切换到手动操作模式，标有 MANU 的 LED 指示灯闪烁黄色。

c. 样品移向灼热丝并保持在该位置；

d. 如果样品在暴露时间内样品没有被点燃，待暴露时间结束后，测试台自动回到原始位置。

e. 如果样品在暴露时间内样品被点燃，待暴露时间结束后，测试台自动回到原始位置，等到样品上的火焰熄灭后，按按钮（TIME STOP），读取样品的燃烧时间，并且使用样品架上的测量刻度读取火焰高度。

f. 如继续测试，更换新的样品，开始下一个测试。

⑰ 完成测试关机：将按钮 TEMPERATURE CONTROL 设置为 STOP，转动开关 MODE 到 AUTOMATIC。关闭主开关 MAIN SWATCH。测试完毕。

⑱ 清洁：使用无绒布进行清洁，避免使用酸性清洁剂。

## 11.6.4 灼热丝试验机测试结果依据标准及结果判定方法

目前国内标准主要有：

① GB/T 5169.10—2017《电工电子产品着火危险试验 第10部分：灼热丝/热丝基本试验方法 灼热丝装置和通用试验方法》；

② GB/T 5169.11—2017《电工电子产品着火危险试验 第11部分：灼热丝/热丝基本试验方法 成品的灼热丝可燃性试验方法（GWEPT）》；

③ GB/T 5169.12—2013《电工电子产品着火危险试验 第12部分：灼热丝/热丝基本试验方法 材料的灼热丝可燃性指数（GWFI）试验方法》；

④ GB/T 5169.13—2013《电工电子产品着火危险试验 第13部分：灼热丝/热丝基本试验方法 材料的灼热丝起燃温度（GWIT）试验方法》；等等。

国际标准主要有：

① IEC 60695-2-11《着火危险试验 第2-11部分：灼热丝/热丝基本试验方法 成品的灼热丝可燃性试验方法（GWEPT）》[Fire hazard testing—Part2-11：Glowing/hot-wire based test methods—Glow-wire flammability test method for end-products (GWEPT)]；

② IEC 60695-2-12《着火危险试验 第2-12部分：灼热丝/热丝基本试验方法 材料的灼热丝可燃性指数（GWFI）试验方法》[Fire hazard testing—Part2-12：Glowing/hot-wire based test methods—Glow-wire flammability index (GWFI) test method for materials]；

③ IEC 60695-2-13《着火危险试验第2-13部分：灼热丝/热丝基本试验方法 材料的灼热丝起燃温度（GWIT）试验方法》[Fire hazard testing—Part2-13：Glowing/hot-wire based test methods—Glow-wire ignition temperature (GWIT) test method for materials]；等等。

其中GB/T 5169.12—2013[9]（等同于IEC 60695-2-12：2010）的结果判定如下所示：

**(1) 灼热丝可燃性指数（GWFI）结果的评定**

如果试验样品没有起燃或满足以下所有条件，则认为经受住了本试验：

① 灼热丝顶部移开试样后，试样有焰或无焰燃烧的最长持续时间不超过30s；

② 试样未燃尽；

③ 包装绢纸没有起燃。

如果不满足上述任何条件，则选一个较低的试验温度，用一个新试验样品重复试验。

如果同时满足上述三个条件，则再选一个较高的试验温度，用一个新试验样品重复试验。

应在试验样品满足了条件①、②和③的最高试验温度下再重复进行试验。

所要确定的 GWFI 是连续三次试验都满足所有条件的最高试验温度。

注：灼热丝可燃性指数（GWFI）应从下列试验温度进行选择。试验温度（℃）：550/600/650/700/750/800/850/900/960。

**(2) 灼热丝起燃温度（GWIT）结果的评定**

应确定施加灼热丝期间试验样品的起燃温度，将比连续三次试验均未引起试验样品起燃的灼热丝顶部最高温度高 25K（900～960℃之间为 30K）的试验温度记录为 GWIT。

注：灼热丝起燃性温度（GWIT）应从下列试验温度进行选择。试验温度（℃）：500/550/600/650/700/750/800/850/900/960。

### 11.6.5 灼热丝试验机测试结果的分析举例

例 1：对 3mm 厚的试验样品，试验温度为 625℃，则记录为：

起燃温度 GWIT：650/3.0（注意：650℃＝625℃＋25℃）。

例 2：对 3mm 厚的试验样品，试验温度为 700℃，则记录为：

可燃性指数 GWFI：700/3.0。

## 11.7 漏电起痕试验仪

### 11.7.1 漏电起痕试验仪介绍

电器产品在使用过程中，绝缘材料受到环境中盐露、水分、灰尘等污秽物的污染，在表面形成电解质，在电场作用下，材料表面出现一种特殊放电破坏现象。在材料表面导电通路的逐步形成过程称为漏电起痕（tracking）。

漏电起痕试验仪是按 GB/T 4207—2012、IEC 60112—2009 等标准要求设计制造的

专用检测仪器，适用于模拟电工电子产品、家用电器的固体绝缘材料及其产品在潮湿条件下对电蚀损、相比电痕化指数（CTI）和耐电痕化指数（PTI）的测定，具有简便、准确、可靠、实用等特点，见图 11-22。

图 11-22　漏电起痕试验仪

指标参数：

CTI[10]：连续 5 个试样通过 50 滴试验的最大电压值，同时，在低于该电压 25V 时，连续五个试样通过 100 滴试验；若在低于该电压 25V 时，100 滴试验未通过，则需继续测出 100 滴试验耐受最大电压值，单位为 V。

PTI[10]：规定数量的试样（推荐数量为 5 个）经受住 50 滴试液滴，期间未电痕化失效且不发生持续燃烧（燃烧多于 2s）所对应的耐电压数值，以 V 表示。

注：只需要进行耐电痕化试验时，试验在规定电压下进行。

电蚀损：由于放电作用使电气绝缘材料产生耗损。

## 11.7.2　漏电起痕试验仪测试原理

漏电起痕试验是在固体绝缘材料表面上，在规定尺寸（2mm×5mm）的铂电极之间，施加某一电压并定时（30s）定高度（35mm）滴下规定液滴体积的导电液体（0.1% $NH_4Cl$）。当电压低于某一数值时，不形成漏电痕迹；电压高于某一值时，材料表面形成漏电痕迹，出现放电破坏现象。故可用以评价固体绝缘材料表面在电场和潮湿或污染介质联合作用下的耐漏电性能，测定其相比电痕化指数（CTI）和耐电痕化指数（PTI）。

## 11.7.3 漏电起痕试验仪测试方法

### 11.7.3.1 准备阶段

以下为准备阶段的控制要点（表 11-13）[10]：

表 11-13 漏电起痕指数测试控制要点

| 项目 | 标准要求 |
| --- | --- |
| 试样 | 表面平整洁净，没有灰尘、脏物、指印、油脂、油、脱模剂等污染物；<br>推荐尺寸不小于 20mm×20mm，特殊试样可 15mm×15mm；<br>总厚度：3～10mm，必要时可两块或多块叠加；<br>预处理：除非另有规定，试样应在(23±5)℃，相对湿度(50±10)%下保持至少 24h |
| 电极 | 电极材质：铂金(纯度大于 99%)；<br>矩形截面：(5±0.1)mm×(2±0.1)mm；<br>电极长度：≥12mm |
| 电极装置 | 两电极面垂直相对，电极之间夹角：(60±5)°；<br>电极间距：(4.0±0.1)mm；<br>电极施加于试样的力：(1.0±0.05)N |
| 试验溶液 | 优先 A 溶液：(0.1±0.002)%分析纯 $NH_4Cl$ 溶液；<br>模拟侵蚀强污染时用 B 溶液：(0.1±0.002)%分析纯 $NH_4Cl$ 和(0.5±0.002)%二异丁基萘磺酸钠混合溶液；<br>(23±1)℃下：A 电阻率(3.95±0.05)Ω·m；B 电阻率(1.98±0.05)Ω·m |
| 滴液装置 | 时间间隔(30±5)s，滴液高度(35±5)mm；滴在两电极间试样表面的中间；<br>连续 50 滴液滴质量应在 0.997～1.147g，连续 20 滴液滴的质量 0.380～0.480g |
| 实验电路 | 100～600V 正弦交流电压，频率 48～62Hz；<br>电源功率：≥0.6kW；<br>短路电流(1.0±0.1)A，电压值下降≤10%；<br>当电流有效值为 0.5A，误差±10%，持续 2s 时，过电流装置发生过流报警 |
| 试样支撑台 | 一块或几块平玻璃板，总厚度≥4mm，大小适合，试验时以支撑试样 |
| 实验环境 | 无通风；(23±5)℃ |

### 11.7.3.2 实验步骤概述

图 11-23 为电极示意图，每次试验前应将电极擦净；如果电极边缘已被蚀损，应重新研磨。试样应水平地放置在绝缘（或金属）支撑板上。电极按图 11-24 所示放置，并以规定的压力与试样表面良好接触，用量规检查两电极间的距离为（4.0±0.1）mm。接通电源，调节一个电压值，使它是 25V 的倍数。调节可调电阻，使两电极间短路时，

回路电流为（1.0±0.1）A，当试验电压不同时，可调电阻值要作相应的改变，以使短路电流在允许的公差范围内。然后使两电极间开路，对试验回路供电同时使电解液液滴以（30±5）s的时间间隔滴到两电极中间的试样上，继续试验直到发生如下情况之一。

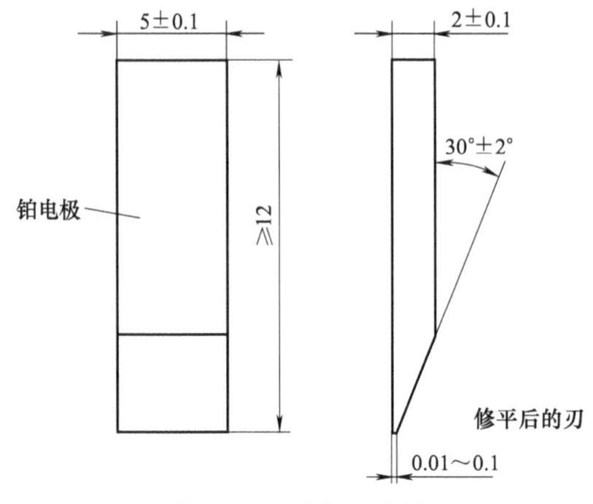


图 11-23　电极示意图

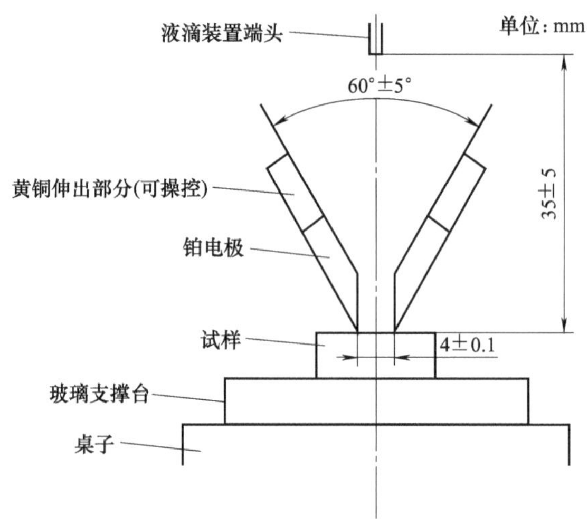


图 11-24　电极/试样装配

① 过流装置过流报警（短路电流超过 0.5A 且维持 2s）；

② 发生持续燃烧（燃烧大于 2s）；

③ 第 50（100）滴落下后至少经过 25s 无①或②情况发生。

试验结束后，排除箱内有毒气体，移开试样。

(1) CTI 的测定

按实验步骤概述的基本程序，用已选择的水平调节电压，试验直到 100（50）滴已经滴下后，至少经过 25s 或上述失效发生。

由于试样上产生空气电弧，过电流装置过流报警，试验无效。在清洗电极装置之

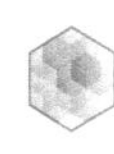



后，用不同的试样或位置在同样电压下重复试验过程，如果同样事件发生，渐渐降低电压，重复试验，直到有效破坏或通过发生。由于试样表面因过电流导致过流装置过流报警或发生持续燃烧，在试验电压下试样失效，清洗电极装置后在不同位置/试样上用较低电压重复试验。

如果上述情况未发生，在100（50）滴液滴已经滴下后经过至少25s，过流装置过流报警，试验有效，认为试样已经通过试验。在不同的位置/试样上以进一步高的电压重复试验，确定最大电压直到在试验电压下，前5次试验100（50）滴液滴已经滴下后直到至少25s，试验期间不发生失效。清洗装置后用5个独立试样或在一个试样上的5个不同位置试验。

（2）PTI 的测定

如果只需要进行耐电痕化试验，应进行50滴试验，但试验只在规定电压下进行。规定数量的试样应经受住在第50滴液滴已经滴下后，至少25s无电痕化失效，无持续燃烧发生。由于空气电弧，过流装置过流报警，不再继续，电痕化失效[10]。

（3）蚀损的测定

按要求，50滴试验后未失效试样应清除掉粘在其表面的碎屑或松散附着在其上面的分解物，然后将它放在深度规（图11-25）的平台上，用一个具有半球端部直径为1.0mm的探针来测量每个试样的最大蚀损深度，以毫米表示，精确到0.1mm。测量5次，结果取最大值。蚀损深度小于1mm时以＜1mm表示[10]。

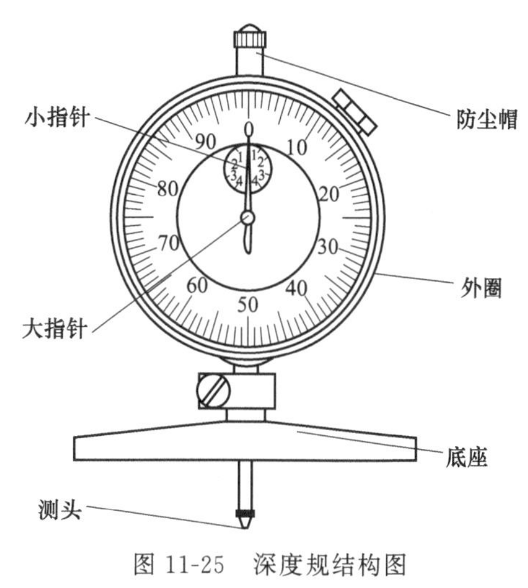


图11-25 深度规结构图

PTI试验时，对在规定电压下经受住50滴液滴的试样进行蚀损深度测量。

CTI试验时，在5个最大试验电压下进行50滴试验的试样上进行蚀损深度测量。

## 11.7.4 漏电起痕试验仪测试结果依据标准及结果判定方法

在国家标准GB 4207—2012《固体绝缘材料耐电痕化指数和相比电痕化指数的测定方法》中没有等级划分的说法。漏电起痕CTI等级一般是沿用美国保险商试验室UL或国际电工委员会IEC的等级划分方法。其分别对应的试验电压范围及等级划分如下，见表11-14。

表 11-14 CTI 不同等级划分[10]

| CTI 值/V | UL 等级 | IEC 等级 |
|---|---|---|
| CTI≥600 | 0 | Ⅰ |
| 600>CTI≥400 | 1 | Ⅱ |
| 400>CTI≥250 | 2 | Ⅲa |
| 250>CTI≥175 | 3 | Ⅲa |
| 175>CTI≥100 | 4 | Ⅲb |
| 100>CTI≥0 | 5 | — |

### 11.7.5 漏电起痕试验仪测试结果的分析举例

例 1：相比电痕化指数（CTI）为 5 个试样耐受 50 滴液滴，不失效的最大电压。若实验中连续五次记录的有效数据分别为 300V、325V、300V、325V、350V，则其 CTI 为 350V。

例 2：某阻燃 PBT 配方如下表 11-15 所示，其相比电痕化指数（CTI）为 575V，UL 94 垂直燃烧测试通过 V-0 级，拉伸强度为 47.2MPa，说明该材料在拥有基本的力学强度下，还具有优异的阻燃性能及耐漏电性能，可满足电器长期使用。

表 11-15 某阻燃 PBT 配方及性能参数

| 配方 | 用量/%(质量分数) |
|---|---|
| PBT | 80.9 |
| 得克隆 | 15.2 |
| 三氧化二锑 | 3.8 |
| 特氟龙 | 0.1 |
| 性能 | 指标 |
| UL 94 (0.8mm) | V-0 |
| 拉伸强度/MPa | 47.2 |
| CTI/V | 575 |

## 参考文献


[1] GB/T 2406.2—2009：塑料 用氧指数法测定燃烧行为 第 2 部分：室温试验.

[2] GB/T 2408—2008：塑料 燃烧性能的测定 水平法和垂直法.

[3] ISO 9772-2012（E）：Cellular plastics-Determination of horizontal burning characteristics of small specimens subjected to a small flame.

[4] ISO 9773-1998：Plastics-Determination of burning behaviour of thin flexible vertical specimens in contact with a small -flame ignition source.

[5] ASTM D7309-2013：Standard test method for determining flammability characteristics of plastics

and other solid materials using microscale combustion calorimetry.

[6] GB/T 8323.2—2008：塑料 烟生成 第2部分：单室法测定烟密度试验方法.

[7] GB/T 8624—2012：建筑材料及制品燃烧性能分级.

[8] IEC 60695-2-10：Fire hazard testing—Part 2-10：Glowing/hot-wire based test methods—Glow-wire apparatus and common test procedure.

[9] GB/T 5169.12—2013：电工电子产品着火危险试验 第12部分：灼热丝/热丝基本试验方法 材料的灼热丝可燃性指数（GWFI）试验方法.

[10] GB/T 4207—2012：固体绝缘材料耐电痕化指数和相比电痕化指数的测定方法.

# 第12章 阻燃材料与环境安全

## 12.1 阻燃材料环境安全的重要性和意义

阻燃剂和阻燃材料为我们现代生活带来了安全，但是随着阻燃剂的广泛使用，人们逐渐发现了多溴二苯醚（PBDEs）和六溴环十二烷（HBCD）这两种溴系阻燃剂的危害。人们在大气圈、岩石圈、生物圈、水圈中都能检测到PBDEs的存在。研究表明，PBDEs和HBCD具有生物累积性、环境持久性和生物毒性，能够随大气进行长距离迁移，通过多种途径进入环境中。由于这两种阻燃剂的持久性有机污染，人们将其列入持久性有机污染物（persistent organic pollutants，POPs）名单中。另外一种添加型阻燃剂得克隆目前不是POPs物质，但是研究表明其也具有部分POPs物质的特性。

POPs[1]是一类具有持久性、生物蓄积性、长距离迁移性和高生物毒性的物质，可通过各类环境介质（大气、水、土壤、生物等）的长距离迁移作用对人类健康和生态环境造成严重危害。

PBDEs与HBCD都是添加型阻燃剂，容易通过挥发、渗出等方式从产品表面脱落而进入环境，并通过大气循环造成广泛的污染。比如西藏高原地区人口稀少且远离工业污染源，其被检测出的高溴代二苯醚主要来自PBDEs随大气流动的长距离迁移行为。即使在非常偏远的地区，如挪威北部的海鸟和鸟蛋中也发现了HBCD的存在，在南极企鹅的蛋壳中以及在北极爱斯基摩人的乳汁中也发现了PBDEs的存在[2,3]。得克隆与十溴二苯醚类似，在干燥和高风速条件下，得克隆可附着在空气悬浮颗粒上迁移很长的地理距离。

# 12.2 阻燃材料环境安全性国际公约和法规

鉴于十溴二苯醚和 HBCD 两种溴系阻燃剂对环境的危害，在国际上制定的限制 POPs 物质的相关法律法规也对这两种阻燃剂的使用进行了限制。另外，氯系阻燃剂得克隆由于具有持久性和生物累积性也被多国法律法规限制使用。目前，涉及对这三种阻燃剂进行限制的法律法规包括：

**（1）斯德哥尔摩公约**

2001 年 5 月 22 日，原联合国环境署（UNEP）在瑞典斯德哥尔摩通过了《关于持久性有机污染物的斯德哥尔摩公约》（以下简称公约）[4]，旨在减少或消除 POPs 排放和释放，是国际社会对有毒化学品采取优先控制行动的重要步骤。

2009 年 5 月瑞士日内瓦举行的斯德哥尔摩公约缔约方大会第四届会议决定将商用五溴二苯醚、商用八溴二苯醚新增列入公约附件 A（图 12-1），我国则在 2014 年生效，禁止多溴联苯、四溴二苯醚、五溴二苯醚、六溴二苯醚和七溴二苯醚的生产、流通、使用和进出口。2017 年将十溴二苯醚增列进入附件 A，从此最主要的商用 PBDEs 类物质被纳入了禁用范围，各缔约方相继对以十溴二苯醚为代表的 PBDEs 类物质采取禁用措施，我国也完成了履行公约的基本准备工作，但修正案尚未对我国生效。

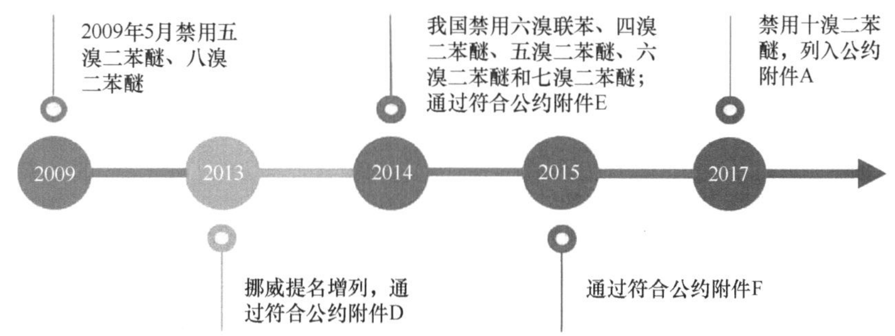


图 12-1 PBDEs 禁用时间轴

HBCD 在 2008 年被欧盟提名增列为 POPs 物质（图 12-2）；2009 年通过公约附件 D 审查，认为该物质具有持久性、生物累积、远距离迁移、有害性等特性；2010 年通过公约附件 E 的审查，确定该物质具有远距离迁移并产生危害的特性；2011 年通过公约附件 F 的审查，完成了社会经济影响分析；2012 年 5 月补充替代技术信息；2013 年 5 月，斯德哥尔摩公约缔约方大会讨论并最终将其增列至公约附件 A；公约对 HBCD 的控制使用于 2014 年生效。

同时在公约的附件第七部分强调：缔约方需采取必要措施，确保含有 HBCD 的发泡聚苯乙烯和挤塑聚苯乙烯在其整个生命周期内，能够通过使用标签或其他方式达到易于识别的目的。我国已申请 5 年的豁免期来寻找和开发 HBCD 替代品及其生产技术，并计划于 2021 年 12 月 26 日豁免期结束之前全面淘汰 HBCD 的生产和使用[5]。PBDEs 和 HBCD 作为公约管控的 POPs 物质都被列入附件 A。

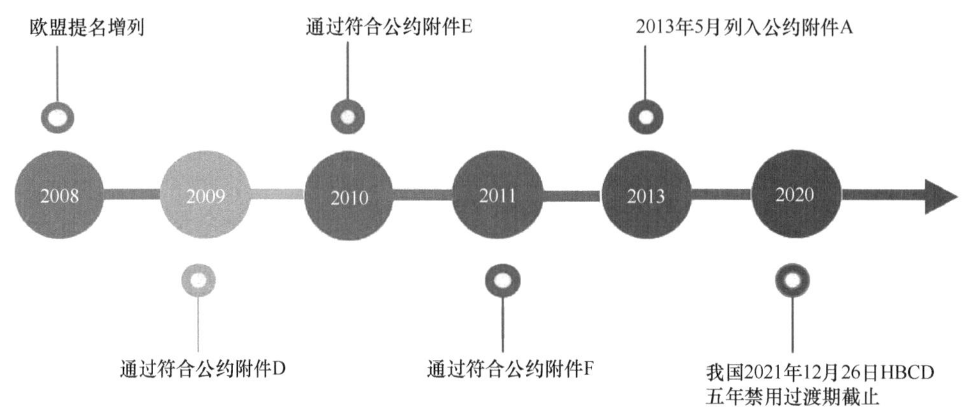


图 12-2　HBCD 禁用时间轴

**(2) 欧盟 RoHS 指令**

2003 年 1 月 27 日，欧盟议会和欧盟理事会通过了“在电子电气设备中限制使用某些有害物质指令”（The Restriction of the Use of Certain Hazardous Substances in Electrical and Electronic Equipment），简称 RoHS 指令[6]。

RoHS 指令从 2006 年 7 月 1 日起开始生效，2013 年新 RoHS 开始实行。指令生效后，规定在新投放欧盟市场的电子电气设备产品中，严禁使用铅（Pb）、汞（Hg）、镉（Cd）、六价铬［Cr(Ⅵ)］、多溴联苯和多溴二苯醚这六种有害物质。其中多溴二苯醚包括了十溴二苯醚。

当时，由于含有多溴二苯醚阻燃剂的电子电气产品已经不允许进入欧盟市场，因此 RoHS 指令的出台推动了其他国家对多溴二苯醚阻燃剂的限制使用。各国也开始纷纷出台相应的法律法规。

**(3) 欧盟 REACH 法规**

《化学品的注册、评估、授权和限制》（简称 REACH）是由欧盟建立，并于 2007 年 6 月 1 日起实施的化学品监管体系。这是一个涉及化学品生产、贸易、使用安全的法规提案，旨在保护人类健康和环境安全，保持和提高研发无毒无害化合物的创新能力，增加化学品的使用透明度。

REACH 法规适用于所有的化学物质，不仅包括在工厂中使用的化学物质，也包括我们日常生活中的物质[7]。因此，REACH 法规的实施，影响了涉及化工、纺织、电子等几乎所有行业的欧盟企业及出口欧盟国家和其他非欧盟国家的企业。

该提案明确规定自 2019 年 3 月 2 日起，不得制造 PBDEs 或将其投放市场，也不能作为组分或作为混合物使用，且从 2019 年 3 月 2 日起，在欧盟销售的产品中 PBDEs 含量高于 0.1%时将不得投放市场。

2018 年，得克隆因其持久性和生物累积性而被确定为高度关注物质，并被列入《关于化学品注册、评估、授权和限制的法规》的候选清单[8]。列入该清单意味着此类物质须接受进一步审查，并且仅在严格管控条件下用于具体核定用途。2018 年 9 月，得克隆被列入欧洲化学品管理局关于拟列入《关于化学品注册、评估、授权和限制的法规》附件十四（须经授权的物质清单）的优先物质的建议草案。公开磋商于 2018 年 12 月结束，关于将得克隆列入附件十四的最终决定由欧盟委员会在 REACH 委员会表决后作出。

挪威 2019 年将得克隆列入国家优先物质清单，其全国目标是在 2020 年前逐步淘汰得克隆的使用[9,10]。

**(4) 欧盟 EC 指令**

2016 年 3 月 1 日，欧盟官方公报发布新法规，对欧盟持久性有机污染物（POPs）EC 法规 No850/2004 进行修订，将 HBCD 作为禁用物质。法规指出，HBCD 浓度小于或等于 100mg/kg（以重量计 0.01%）的物质，必须在 2019 年 3 月 22 日前接受欧盟委员会的审查。对于建筑用发泡聚苯乙烯有一定的豁免时间。该法规于 2016 年 3 月 22 日生效。

**(5) 美国《有毒物质控制法》**

《有毒物质控制法》（TSCA）由美国环保署 1976 年颁布实施。TSCA 对化学品生命周期中的各个阶段（生产、加工、销售、使用、处置）进行监督与管理。一旦发现某一化学品对人类健康和环境构成过高风险，环保署有权禁止或限制该化学品的生产和使用[11]。

2012 年 4 月，美国环境保护署提出一个针对《有毒物质控制法》的 HBCD 重要使用规则，若 HBCD 为有意添加到阻燃纺织品当中，则 HBCD 会被限制或者禁止使用。

在美国，得克隆被列入《有毒物质管制法》中的名录，须遵守《化学数据报告规则》，这项规则要求制造商和进口商向美国环境保护署提供生产量、进口量和使用量数据以及其他相关信息[12]。

**(6) 加拿大《禁止特定有害物质法规》及其他法规**

2016 年 10 月 5 日，加拿大发布公告，修订 SOR/2012-285《禁止特定有害物质法规》。此次修订内容提出将主要用于建筑业绝热材料中的阻燃剂 HBCD 作为有害物质，明令禁止该物质的生产、使用、销售或者供应以及进口。在 2017 年 1 月 1 日之前，在建筑工程中该物质仍然被允许在 EPS 和 XPS 泡沫塑料中使用[13]，并且还可用于实验室分析或科学研究。

2019 年得克隆被列入加拿大国内物质清单，其制造或进口数量超过 0.1t[14]。2019 年加拿大对得克隆是否符合毒性标准进行了评估，如果评估认定得克隆符合毒性标准，加拿大环境和气候变化部将提议修正相关法规，禁止生产、进口、使用、出售和要约出售得克隆和所有含有该物质的产品[15]。

**(7) 新加坡《环境保护和管理法案》修正案**

2016 年 6 月 1 日，新加坡检察院（AGC）发布的《环境保护和管理法案》中，No. S263 明确将 PBDEs 列为危险物质。该修订法案于 2017 年 6 月 1 日开始实施。

以家用设备中的空调、平板显示电视、移动电话、智能手机、手提电脑、冰箱、洗衣机为主要管控对象，要求 PBDEs 在均质材料中含量不超过 0.1%，但对二手的电子电气设备、电子电气设备商使用的电池和蓄电池或仅设计用于工业用途的产品予以豁免。

**(8) 我国《废弃家用电器与电子产品污染防治技术政策》**

我国的《废弃家用电器与电子产品污染防治技术政策》在 2006 年 4 月 27 日开始实施，这一政策中对有毒有害物质做了具体的定义，该政策适用于电器与电子产品的环境设计，废弃产品的收集、运输与贮存、再利用和处置全过程的环境污染防治，为废弃家用电器与电子产品再利用和处置设施的规划、立项、设计、建设、运行和管理提供技术指导，引导相关产业的发展[16]。

该政策规定含有包括多溴二苯醚在内的溴系阻燃剂阻燃的电子元件要进行单独的拆除和收集，含多溴联苯或多溴二苯醚阻燃剂的电线电缆、塑料机壳要进行分类收集并无害化处理。

## 12.3 现存具有环境危害的阻燃剂

PBDEs 和 HBCD 是现存具有环境危害的溴系阻燃剂，这两种阻燃剂对于环境的危

害已经经过大量的科学研究证实。它们存在于环境当中，对水生生物、土壤、鸟类、哺乳动物造成广泛影响。人类作为食物链的最顶端，环境中微量的POPs阻燃剂通过生物放大作用进入人体当中，对人们的身体健康造成威胁。另外，一种对于环境具有危害的氯系阻燃剂得克隆由于具有持久性和生物累积性被列入高关注物质。表12-1就这三种阻燃剂的危害情况进行举例说明[2,3]。

**表 12-1 PBDEs与HBCD对环境危害的数据汇总**

| 特性 | 《斯德哥尔摩公约》筛选标准 | HBCD | 十溴二苯醚 | 得克隆 |
|---|---|---|---|---|
| 持久性 | 水中半衰期>2个月 | 水中半衰期>2个月 | 水中半衰期从几小时到660天(依赖实验条件) | 水中的半衰期大于两个月，在沉积物和土壤中的半衰期大于六个月 |
| 生物蓄积性① | 生物蓄积系数>5000；lg $K_{OW}$>5 | 生物蓄积系数为18100；lg $K_{OW}$>5.62 | 生物蓄积系数>5000；lg $K_{OW}$=7.5 | 生物蓄积系数大于5000；lg $K_{OW}$>5 |
| 远距离迁移能力 | 在远离排放源地点测得，空气半衰期>2天 | 广泛分布于北极环境中，且空气半衰期为2～3天，在水生生态系统中生物放大系数>1 | 广泛分布于水体等环境中，空气中半衰期为94天，生物放大系数>1 | Sverko等[17]还发现得克隆在悬浮沉积物中具有持久性，半衰期约为17年，生物放大系数>1 |
| 高生物毒性 | 对人类或环境有不利影响 | 对水生生物种毒性较高，对哺乳动物和鸟类具有生殖、发育和神经毒性 | 影响鱼类，鸟类和哺乳动物生殖系统、神经系统、内分泌系统 | 得克隆有可能对水生生物、蚯蚓、哺乳动物引发毒性作用。这些作用包括氧化应激与氧化损伤、神经毒性和可能干扰内分泌 |

① lg $K_{OW}$为正辛醇/水分配系数对数值。

## 12.3.1 持久性有机污染物阻燃剂和含氯磷酸酯对水生生物的影响

PBDEs虽然水溶性有限，但对于水生生物的生长过程仍然会产生一定的不利影响。欧盟最近研究表明，虽然仅有极微量的PBDEs可以溶解在水中，但对鱼类和两栖动物的生殖、发育、神经系统、内分泌系统、生长和体能却都能够产生影响。毒性数据表明，PBDEs及其降解的产物，可以延缓非洲爪蛙蝌蚪的发育，减少雄蛙叫声数量以及平均呼叫量，从而影响其交配行为。如果野生青蛙在蛙卵阶段接触到PBDEs，当它生长到12周时，其大脑和睾丸中也检测到PBDEs的存在。

有机磷酸酯类阻燃剂[18,19]具有良好的水溶性，虽然不是POPs阻燃剂，但是含氯的有机磷酸酯类阻燃剂在光照下并不容易发生降解，能够在环境介质中长期存在。研究表明，有机磷酸酯类阻燃剂具有一定的水生生物毒性，能够对大型溞、斑马鱼等水生生物造成神经、生殖与发育和脏器的损害。

## 12.3.2 持久性有机污染物阻燃剂对土壤中动物和植物的影响

在土壤中生长的生物和植物同样会受到POPs阻燃剂的影响，如图12-3[20]、图12-4[20]所示。研究表明，PBDEs在低剂量下对植物和土壤生物没有剧毒毒性，但在高剂量时可以观察到不良影响。但这并不意味着低剂量的PBDEs对土壤微生物和植物没有毒性。当土壤中PBDEs含量为0.01～10mg/kg时，蚯蚓体内的羟基自由基的数量有显著增加，这会导致其蛋白质和脂类的氧化损伤以及抗氧化能力降低。在PBDEs含量为100mg/kg的土壤中种植黑麦草幼苗，其根系生长程度被抑制了35%，叶绿素b和类胡萝卜素含量下降30%。这是由于PBDEs引起了氧化应激和损伤，改变了几种抗氧化酶的活性，降低了黑麦草非酶类物质抗氧化的能力。HBCD则对生存于土壤中的蚯蚓，对土壤中种植的玉米、黄瓜、洋葱、黑麦草、大豆和番茄，都会产生一定的影响，这种影响将会随着HBCD浓度的提高而越来越明显，直至影响到蚯蚓的繁殖，影响上述植物的出苗率。

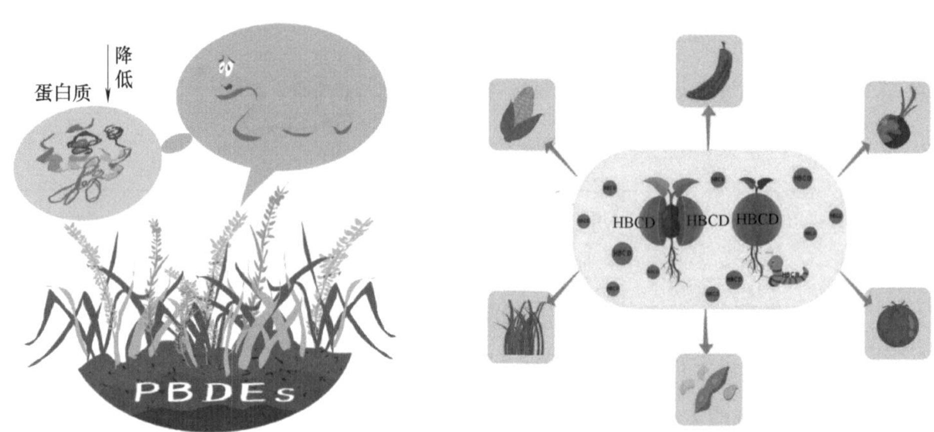


图12-3　PBDEs对水生土壤生物的影响　　图12-4　HBCD对土壤生物的影响

## 12.3.3 持久性有机污染物阻燃剂对鸟类的影响

鸟类是生态系统中不可或缺的一部分。研究发现，鸟类体内PBDEs浓度在野生动物中含量最高，面临很大风险。通过实验（图12-5）[20]观察到圈养鸡胚胎若一次性注射80μg的PBDEs，其死亡率高达98%，而野生鸟蛋中的浓度通常在1～100μg/kg之间。在一项关于美国红隼暴露于PBDEs的研究中，虽然其浓度处于符合环保要求的2.5%，但仍然使雄性红隼在求偶期间和以后的育雏过程中的外出飞行时间增多，这对

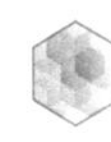



鸟类的生存和繁殖有很大影响。

日本的一项研究表明，HBCD对鸟类的发育和繁殖过程具有毒性（图12-6）[20]。在这项研究中，用混有浓度为0ppm、125ppm、250ppm、500ppm和1000ppm（1ppm＝1mg/kg）HBCD的粳稻喂养日本鹌鹑6周。HBCD会导致孵化率降低。在浓度超过125ppm时，蛋壳厚度也有所降低。在HBCD浓度分别为500ppm和1000ppm时，鹌鹑蛋的重量和产蛋率都有所下降，破裂的鹌鹑蛋数量也有所增加。此外，研究人员也对分别含有0ppm、5ppm、15ppm、45ppm和125ppm浓度的HBCD粳稻进行了观测，在15ppm及以上的HBCD时，喂养的母鸡孵出的小鸡存活率显著降低；在浓度为15ppm甚至更高时，也可以观察到HBCD降低母鸡的孵化能力。

图12-5 PBDEs对鸟类的影响

图12-6 HBCD对鸟类发育和繁殖的影响

## 12.3.4 持久性有机污染物阻燃剂对哺乳动物的影响

对陆地哺乳动物-啮齿类动物的毒性实验观察，发现PBDEs对处于幼年期动物的神经发育有影响（图12-7）[20]。实验研究表明刚出生的转基因小鼠在含有PBDEs的环境中生长一段时间以后，其空间学习和记忆能力上与同期生长的小鼠有很大差距。PBDEs及其分解产物对于大鼠的影响主要导致了其左右脑之间（胼胝体区）神经减少以及白质部分的不完全发育，扰乱胆碱能系统从而导致认知功能紊乱。实验中暴露于浓度为0.05mg/kg的大鼠还出现了氧化应激现象和葡萄糖动态平衡受损现象。

## 12.3.5 持久性有机污染物阻燃剂的生物放大作用

人类作为食物链的最顶端，POPs阻燃剂在食物链中的生物放大作用对人类的影响

图 12-7 PBDEs 对小鼠大脑发育的影响

最大，直接威胁人们的生命健康（图 12-8）。例如，在海豹和港湾海豚等顶级捕食者中的 HBCD 浓度比海星等水生大型无脊椎动物高几个数量级。同样，作为捕食者的鸬鹚和燕鸥，它们体内的 HBCD 浓度要高于它们所捕食的鳕鱼和黄鳗。也就是说，食物链级别越高，HBCD 生物放大作用越明显。

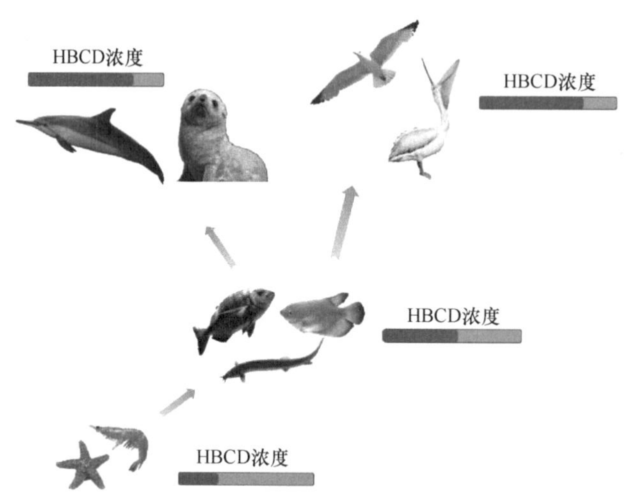


图 12-8 HBCD 的生物放大作用

HBCD 的生物放大作用会严重危害食物链顶端生物的生存。如今，在北极地区也已经检测到了 HBCD 的存在，并且其广泛地存在于北极食物链中。2001 年，研究人员在加拿大北极地区检测到白鲸脂肪中含有 HBCD；2002 年，在北极熊的脂肪组织中也

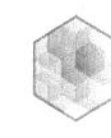



检测到了 HBCD。由此可以得出 HBCD 已经进入到北极食物链当中。

### 12.3.6 持久性有机污染物阻燃剂对人类的危害

(1) POPs 阻燃剂通过各种形式进入人体

由于人类的饮食习惯不同，在全球各地区之间人体中 HBCD 浓度都存在差异。研究表明，在所有的食物中，各种肉制品都含有很高的 HBCD 浓度，而肉制品也是人体摄入 HBCD 的主要途径。欧洲人身体中 HBCD 的浓度要明显高于亚洲人，这是由于欧洲人主要以肉食为主，并且与 HBCD 使用量大、使用时间长有关。人体通过食用肉类摄入 HBCD，再经血液运转至全身，并在脂肪内蓄积，会对人体的健康造成一定的危害。除了肉制品之外，研究人员在发展中国家抽取的鸡蛋中也检测到了 HBCD 的存在；同时，有研究人员在蔬菜中也检测到了 HBCD。

从二十世纪七八十年代开始，由于人们的防火意识不断增强，对于 HBCD 的需求量不断增加，从而导致环境和人体组织中的 HBCD 含量也在逐渐增加，在接近 HBCD 污染源和市区的地区 HBCD 水平更高（图 12-9）[20]。目前已经确定在欧洲、日本及中国华南沿海水域以及 HBCD 的生产基地附近，工作人员在处理含有 HBCD 废物的过程中会产生带有 HBCD 的灰尘，而灰尘也是人体接触 HBCD 的一种重要接触途径。人们在日常的生活中也总会接触被 HBCD 污染的灰尘，还会经常吸入房间内商品和居住环境中释放出的 HBCD。

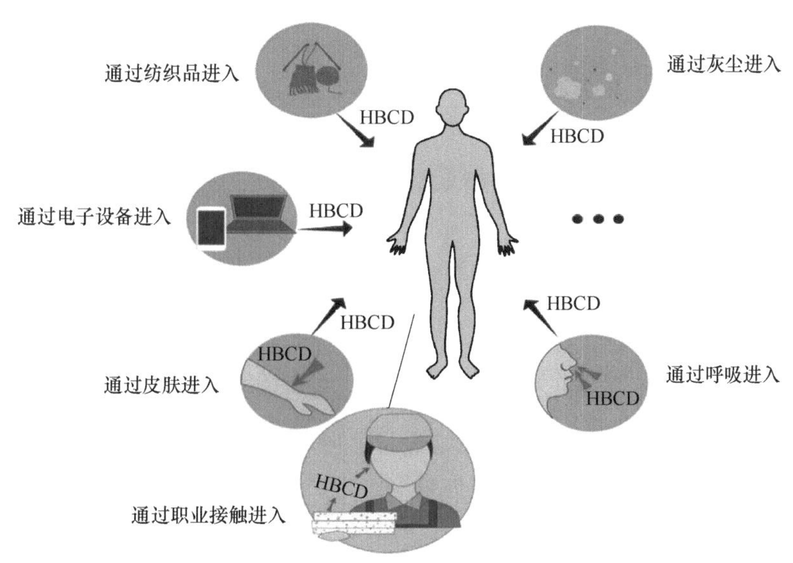


图 12-9 HBCD 以多种形式进入人体

(2) POPs 阻燃剂对人体的危害

在 PBDEs 对人类的危害研究中，表明 PBDEs 将会影响人类神经系统的发育。而人类和 PBDEs 的接触在人类发育的早期阶段就已经开始了，如图 12-10 所示[20]。PBDEs 在子宫内通过胎盘转移到胎儿体内，出生以后通过母乳转移婴儿体内。研究表明，12～18 月龄儿童体内的 PBDEs 含量与其智力发育之间存在关联。孕妇产前或产后接触过多 PBDEs 会降低婴儿的认知能力，影响神经发育。虽然根据 2010 年美国卫生部的调查，婴儿每日的饮食和母乳喂养所摄入的微量 PBDEs 不太可能导致神经发育毒性，但其毒性也确实存在。

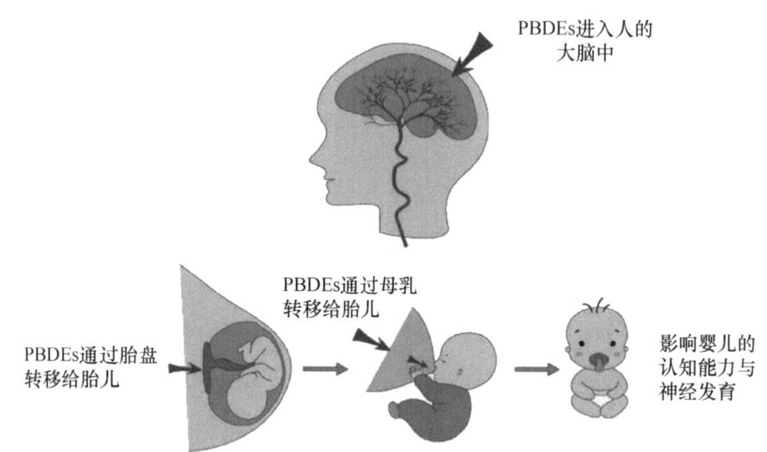


图 12-10　PBDEs 对人类神经系统发育的影响

HBCD 的毒性表明，它可能会对下丘脑-垂体-甲状腺（HPT）轴有影响，并且干扰人体正常发育，影响中枢神经系统，对生殖和发育造成影响。也就是说，HBCD 将会对包括婴幼儿在内的全体人群造成潜在的健康风险。

## 12.3.7 得克隆生物危害的相关研究结果

尽管得克隆的生产历史已有几十年，但在 2006 年它才首次被确定是一种环境污染物。有关其毒性作用的研究较少，但事实表明得克隆有可能在不同生物体中引发毒性作用。所报道的影响包括氧化应激与氧化损伤、神经毒性还有可能干扰内分泌。据报道，得克隆还能穿过血-脑屏障，并且在一些物种中能通过母体向后代转移。有关实验动物的现有急性毒性研究表明，对通过口服、吸入或皮肤接触途径产生的急性毒性的程度较低。不过，对于生物累积性和持久性化合物，更恰当的描述是长期接触可能会对环境和人类造成危害。

海洋双壳类生物（紫贻贝）通过口腔暴露于不同浓度得克隆 6 天之后，均出现血细

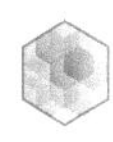



胞 DNA 链断裂现象[21]。对斑马鱼胚胎/幼鱼进行的短时间暴露研究表明，得克隆可以引起氧化应激和神经行为改变[22-24]。

在蚯蚓体内观察到得克隆对蚯蚓具有氧化应激反应和神经毒性[25,26]。将蚯蚓（赤子爱胜蚓）暴露于浓度为 0.1mg/kg、0.5mg/kg、6.25mg/kg 和 12.5mg/kg 的得克隆 28 天或浓度高达 50mg/kg 的得克隆 14 天，没有在其体内观察到任何急性毒性。然而，机体组织中超氧化物歧化酶（SOD）、丙二醛、谷胱甘肽、谷胱甘肽过氧化物酶、过氧化氢酶和 8-羟基脱氧鸟苷等标志物的变化，以及经分离的腔体细胞彗星试验中尾部 DNA 含量的变化，表明机体存在氧化应激。此外，即使低剂量的得克隆也会降低蚯蚓的乙酰胆碱酯酶（AChE）和纤维素酶活性，表明可能对蚯蚓产生神经毒性作用。

根据现有评估，对哺乳动物进行的实验室研究表明，得克隆不会对生殖具有致癌性、诱导有机体突变或产生有毒影响。不过，根据报道得克隆对哺乳动物有其他影响。Wu 等[27] 报道了小鼠暴露于高剂量下的肝脏损伤情况。在实验剂量下，口服暴露 10 天均可导致雄性小鼠肝脏发生氧化应激反应和损伤，肝脏中糖类、脂类、核苷酸和能量代谢及信号传导过程均发生了改变。据 Ben 等[28] 的研究，在中国电子废物回收区附近的人类母婴中，血清甲状腺激素与得克隆水平之间存在关联。得克隆可能对人类的甲状腺激素有一些影响。

## 12.4 替代技术

由于 POPs 阻燃剂具有以上的诸多环境危害，在保证防火安全的前提下，人们通过工业上的替代技术来解决其环境危害问题。

### 12.4.1 十溴二苯醚的工业替代技术

目前十溴二苯醚[29] 的替代产品主要包括以下四个类别的阻燃剂：十溴二苯乙烷、高分子溴系阻燃剂、磷系阻燃剂以及无机阻燃剂等等。

十溴二苯乙烷[30] 是所有替代产品中最为贴近十溴二苯醚的溴系阻燃剂产品，研究表明，在十溴二苯醚的各种应用领域，十溴二苯乙烷都基本能够等量替代十溴二苯醚，而且所获得的阻燃制品各方面性能都十分接近。而且十溴二苯乙烷从 2005 年开始投放市场至今，在十溴二苯醚的主要应用领域，基本已经实现了对十溴二苯醚的替代。而且

十溴二苯乙烷的耐热性、耐光性和不易渗析性等特点都优于十溴二苯醚，其阻燃的塑料还可以回收使用。只是十溴二苯乙烷的市场价格高于十溴二苯醚。

其他品种的高分子溴系阻燃剂、磷系阻燃剂以及无机阻燃剂也可以在一定范围的塑料制品中替代十溴二苯醚使用，但这种替代往往需要更加细致的产品性能对比后才能实施。

## 12.4.2 六溴环十二烷的工业替代技术

目前，已经开发生产的HBCD替代品包括甲基八溴醚和溴化苯乙烯-丁二烯-苯乙烯共聚物[31-33] 产品。虽然这两个产品在替代HBCD过程中，需要调整聚苯乙烯泡沫板保温材料的生产工艺，但是这两个产品基本上能够使聚苯乙烯泡沫板保温材料获得与HBCD相近的阻燃性能（图12-11）。因此，甲基八溴醚和溴化苯乙烯-丁二烯-苯乙烯是HBCD最主要的替代产品。

此外，也可以采用硬泡聚氨酯、膨胀珍珠岩和岩棉替代聚苯乙烯泡沫板保温材料，从而可以从根本上杜绝使用HBCD的可能。当然，硬泡聚氨酯材料价格较高，膨胀珍珠岩和岩棉的保温效果不如聚苯乙烯泡沫板材且密度大，因此这些材料在性价比和性能方面与聚苯乙烯泡沫板保温材料存在一定的差距。

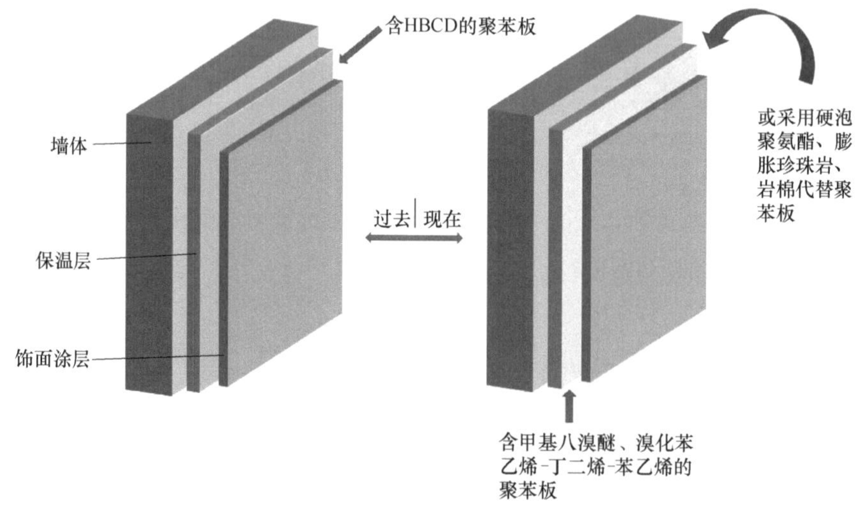


图12-11　HBCD的工业替代

## 参考文献

[1] 武丽辉，张文君.《斯德哥尔摩公约》受控化学品家族再添新丁 [J]. 农药科学与管理，2017，38 (10)：17-20.

[2] Report of the persistent organic pollutants review committee on the work of its sixth meeting, addendum, risk profile on hexabromocyclododecane [C]. Geneva, 11-15 October 2010.

[3] Report of the persistent organic pollutants review committee on the work of its tenth meeting, addendum, risk profile on decabromodiphenyl ether (commercial mixture, c-decaBDE) [C]. Rome, 27-30 October 2014.

[4] 斯德哥尔摩公约简介及我国履约进展 [N]. 中国环境报, 2013/09/25.

[5] 田亚静. 六溴环十二烷修正案对我国的影响及对策建议 [J]. 生态经济, 2017, 33 (12): 180-183.

[6] The restriction of the use of certain hazardous substances in electrical and electronic equipment, 2002/95/EC, (RoHS 1).

[7] 曲连艺. 生态纺织品中禁限用物质高分辨质谱检测技术研究 [D]. 青岛大学, 2019.

[8] ECHA (2017a). Agreement of the Member State Committee in accordance with Article, 59 (8): 1, 6, 7, 8, 9, 14, 15, 16, 17, 17, 18, 18-Dodecachloropentacyclo- [12. 2. 1. $1^{6,9}$. $0^{2,13}$. $0^{5,10}$] octadeca-7, 15-diene ("DechloranePlus" TM) [covering any of its individual anti-and syn-isomers or any combination thereof] is identified as a substance of very high concern because it meets the criteria of Article 57 (e) of Regulation (EC) 1907/2006 (REACH) as a substance which is very persistent and very bioaccumulative (vPvB), in accordance with the criteria and provisions set out in Annex XIII of REACH Regulation. https: //echa. europa. eu/documents/10162/15b88a69-2162-9385-4089-7c247cba4da6.

[9] Norwegian Environment Agency (2019). Prioritetslisten. Published 18. 01. 2019. http: //www. miljostatus. no/prioritetslisten (Accessed 27. 03. 2019).

[10] Norwegian Environment Agency (2018). Screening program 2017. AMAP Assessment Program. Report M-1080.

[11] 张静, 陈会明, 李晞, 等. 美国化学品法规改革新进展及应对建议 [J]. 现代化工, 2011, 31 (03): 82-86.

[12] Canada (2016). Dept. of the Environment Dept. of Health. Draft Screening Assessment Certain Organic Flame Retardants Grouping 1, 4: 7, 10-Dimethanodibenzo [a, e] cyclooctene, 1, 2, 3, 4, 7, 8, 9, 10, 13, 13, 14, 14-dodecachloro-1, 4, 4a, 5, 6, 6a, 7, 10, 10a, 11, 12, 12 adodecahydro-Dechlorane Plus (DP), Chemical Abstracts Service Registry Number 13560-89- 9.

[13] 国际资讯 [J]. 中国洗涤用品工业, 2016 (11): 73-78.

[14] ECCC (2019a). Environment and Climate Change Canada. Domestic Substances List. https: //www. canada. ca/en/environment-climate-change/services/canadian-environmental-protection-act-registry/substances-list/domestic. html.

［15］ ECCC（2019b）. Environment and Climate Change Canada.（https：//www. canada. ca/en/environment-climate-change/services/canadian-environmental-protection-act-registry/proposed-amendments-certain-toxic-substances-2018-consultation/chapter-2. html＃toc31）.

［16］ 楼婷渊，胡强，李绩才. 废弃电器电子产品回收再制造政策法规综述［J］. 科技经济导刊，2020，28（11）：5，71.

［17］ Sverko E D，Tomy G T，Marvin C H，et al. Dechlorane Plus levels in sediment of the lower great lakes［J］. Environmental ence & Technology，2008，42（2）：361.

［18］ 徐怀洲，王智志，张圣虎，等. 有机磷酸酯类阻燃剂毒性效应研究进展［J］. 生态毒理学报，2018，13（003）：19-30.

［19］ Regnery J，Wilhelm P. Occurrence and fate of organophosphorus flame retardants and plasticizers in urban and remote surface waters in Germany［J］. Water Research，2010，44（14）：4097-4104.

［20］ 钱立军，孙阳昭，苏畅，等. POPs 知多少之溴系阻燃剂［M］. 北京：中国环境出版社，2019，9：1-82.

［21］ Matsutani T，Nomura T. In vitro effects of serotonin and prostaglandins on release of eggs from the ovary of the scallop，Patinopecten-yessoensis［J］. General and Comparative Endocrinology，1987，67（1）：111-118.

［22］ Hang X M，Jiang Y，Liu Y，et al. An integrated study on the toxicity of Dechlorane Plus in zebrafish［J］. Organohalogen Compounds，2013，75：1085-1089.

［23］ Noyes P D，Haggard D E，Gonnerman G D，et al. Advanced morphological behavioral test platform reveals neurodevelopmental defects in embryonic zebrafish exposed to comprehensive suite of halogenated and organophosphate flame retardants［J］. Toxicol Science，2015，145（1）：177-195.

［24］ Chen X，Dong Q，Chen Y，et al. Effects of Dechlorane Plus exposure on axonal growth，musculature and motor behavior in embryo-larval zebrafish［J］. Environmental Pollution，2017，224：7-15.

［25］ Zhang L，Ji F，Li M，et al. Short-term effects of Dechlorane Plus on the earthworm eisenia fetida determined by a systems biology approach［J］. Journal of Hazardous Materials，2014，273（30）：239-246.

［26］ Yang Y，Ji F，Cui Y，et al. Ecotoxicological effects of earthworm following long-term Dechlorane Plus exposure［J］. Chemosphere，2016，144：2476-2481.

［27］ Wu B，Liu S，Guo X，et al. Responses of mouse liver to Dechlorane Plus exposure by integrative transcriptomic and metabonomic studies［J］. Environmental ence and Technology，2012，46（19）：10758-10764.

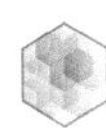



[28] Ben Y J, Li X H, Yang Y L, et al. Placental transfer of dechlorane plus in mother-infant pairs in an e-waste recycling area (Wenling, China) [J]. Environmental Science and Technology, 2014, 48 (09), 5187-5193.

[29] 于洋，刘艳. 溴系阻燃剂十溴二苯醚的性能及替代品 [J]. 电子工艺技术，2009，30 (02)：96-98.

[30] 新型环保阻燃剂十溴二苯乙烷 [J]. 粘接，2008，08：46.

[31] 有机保温材料阻燃剂 HBCD 大限将至 [J]. 塑料助剂，2018，03：54-55.

[32] 美国环境保护署确定阻燃剂安全替代品-丁二烯苯乙烯溴化共聚物替代六溴环十二烷 [J]. 墙材革新与建筑节能，2014，08：68.

[33] 吴多坤，张国强，秦善宝，等. 六溴环十二烷替代品-溴化丁二烯共聚物合成研究 [J]. 山东化工，2016，45 (17)：18-20，24.